● 이론과 실제 연습

시퀀스 제어 일반

최승길 · 이영우 공편

 일진사

개정판을 내면서 . . .

시퀀스 제어는 많은 기본 회로로 구성되어 있다. 기본 회로는 구체적으로 릴레이, 유·무접점 및 로직 시퀀스 회로로 구성되어 전반적으로 상당히 복잡한 양상을 보이고 있으므로 보다 확실한 지식이 요구되는 분야라 하겠다.

이 책은 시퀀스 제어 전반에 걸쳐 실무적으로 체계화하여 알기 쉽게 설명하려는 데 최대한의 노력을 함으로써 초보자라도 쉽게 기술을 습득하고 실무 능력을 향상시킬 수 있도록 하는 데 주력하였다.

필자는 오랫동안의 축적된 실무 강의 경험을 바탕으로 삼아 순서에 따라 자동제어에 관한 개념과 전기용 기호 및 접속도, 시퀀스에 사용되는 기기, 공사 방법과 테스터 및 계기의 활용, 유접점·무접점 시퀀스 회로를 서로 조화있게 구성하였으며, 특히 다음 사항에 역점을 두고 이 책을 엮었다.

첫째, 자동화 설비의 시공을 체계적으로 다루어 전기 배선 공사 실무에 응용할 수 있도록 실제의 배선도를 다양하게 다루어 줌으로써 전체의 구성을 실감나게 하였다.

둘째, 초보자를 위한 전기용 심볼 및 그림기호, 접속도는 물론, 이를 IEC(국제 전기 표준 회의) 및 KS 규격에 정합하여 수록하였고, 제어 설비의 작동 순서대로 알기 쉽게 설명하였다.

셋째, 일상 생활에 사용되는 각종 기계장치의 회로도를 많은 실례로 들어 수록하여 줌으로써 현장 적응력을 쌓을 수 있게 하였다.

저자는 이 책이 각 분야에서 실용되고 있는 '시퀀스 제어 회로집'으로서도 손색없이 이용될 수 있도록 최선을 다하였으나 본의 아니게 어느 한 부분에서나마 오류가 발견된다면 이를 즉시 수정·보완하여 더욱 알찬 내용으로 다듬어 나갈 것을 약속하면서,

출간을 맡아 수고를 해주신 도서출판 **일진사** 직원 여러분에게 깊은 감사를 드린다.

저자 씀

차 · 례

제1장 자동제어

제2장 전기용 기호 및 접속도

제 3 장   시퀀스에 사용되는 기기

제4장 공사방법과 테스터 및 계기

제 5 장　　　　　유접점 회로

<table>
<tr><td width="20%">제 6 장</td><td><h1>무접점 시퀀스 제어</h1></td></tr>
</table>

부　록

제 **1** 장

자동제어(自動制御)

1. 제어의 종류

1·1 시퀀스 제어(sequence control)

시퀀스 제어란, 정해진 순서에 따라 제어의 동작을 차례로 행하는 것으로써 다음과 같이 분류한다.

① 제어의 순서와 제어시간이 기억되어 정해진 제어 순서를 정해진 시간에 행하는 **시한제어**와
② 제어의 순서만이 기억되고 시간은 검출기에 의해 이루어지는 **순서제어**가 있으며,
③ 검출결과에 따라 제어명령이 결정되는 **조건제어**가 있다.

> 시퀀스 제어는 전기 세탁기, 냉장고, 밥솥 등과 리프트장치, 컨베이어 등의 운반기계나 프레스, 선반 등의 공작기계 그리고 자동판매기, 광고탑, 발전소, 변전소 등의 여러방면에 응용되며, 제어의 규모도 기동정지의 간단한 것에서부터 신호처리를 필요로 하는 복잡한 것에 이르기까지 대단히 넓은 범위에 쓰인다.

1·2 피이드 백 제어(feed back control)

출력측의 일부를 입력측으로 돌리는 조작에 의하여 제어량을 측정하며, 기준치와 비교하여 오차를 자동으로 수정하여 항상 일정한 상태를 유지시키는 것을 말한다.

> 피이드 백 장치에는 서어보 기구(servo mechanism) 제어(위치, 방위자세)와 프로세스 제어(process control ; 온도, 유량, 압력, 액면, 습도, 밀도, 점도, 색, 도전율) 그리고 자동조절(automatic regulation ; 전압, 주파수, 장력, 속도) 등이 있고, 예를들면 열대어 수조의 물온도를 일정하게 유지하는 것과 같은 것이다.

* 자동화란?

어떤 일이든지 신속하고, 정확하며, 경비를 적게들여서 안전하게 작업하는 것이 가장 바람직하다는 것은 말할 필요가 없을 것이다.

인간이란 모든 능력(사고력, 판단력, 임기응변력, 신속성 등)에서 우수한 것이 사실이나 장기적인 같은 일의 반복에서는 피로와 권태 또는 주의력이 나빠지는 결점이 있다.

또, 상대적으로 인건비의 상승으로 말미암아 자동화를 서두르지 않으면 안되게 된 현실에 도달한 것이다.

자동화란 종래 인간의 인력으로 하고 있던 일을 기계가 대신하여 주거나 또는, 인간이 할수 없는 일이나 안전에 저해되는 작업요소 등 모든 분야에서 기계를 사용하여 작업을 가능하게 하는 것이다.

2. 시퀀스의 종류

시퀀스에는 릴레이(relay), 마그네트(magnet) 등 접점을 가진 유접점 시퀀스와 다이오드, 트랜스, 집적회로 등을 이용한 무접점 시퀀스가 있다. 다같이 작동하는 상태는 같으나 각자의 특성이 다르므로 아래에 소개하고자 한다.

〔유접점 방식과 무접점 방식의 비교〕

항 목	유 접 점 방 식	무 접 점 방 식
동 작 의 빈 번 도	적은 경우에 사용한다.	많은 경우에 사용한다.
수 　 명	수명이 짧다.	반영구적이다.
작 동 속 도	늦으며 한계가 있다(ms).	빠르다(μs).
주 위 온 도	온도 특성이 양호하다.	열에 약하며 보호대책이 필요하다.
환 경 조 건	진동이나 충격에 약하다.	나쁜 환경에 잘 견딘다.
서 어 지	전기적 노이즈에 안정하다.	약하며, 보호대책이 필요하다.
소 비 전 력	많 다.	적 다.
작 동 확 인 상 태	용이하다.	테스터에 의한 점검을 할 수 있다.
제 어 장 치 의 외 형	일반적으로 크다.	작아진다(무접점의 장점).
입 · 출 력 수	독립된 다수의 출력을 동시에 얻을 수 있다.	다수 입력, 소수 출력에 용이하다.
가 　 격	소규모에서 염가이다.	대규모에서 염가이다.
전 　 원	별도 전원이 필요없다(직·교류 사용).	별도 전원이 필요하다(직류).

〔작동설명〕

출력 X를 나오게 하여 다른 기기를 작동 혹은 정지시키는 AND 회로이다.

① 유접점 방식에서 PBS_1과 PBS_2를 동시에 누르면 릴레이 ⓧ가 작동하여 릴레이의 a접점 X-a 에서 작동출력이 나온다.

② 무접점 방식에서도 SW_1과 SW_2를 ON 시키면 회로의 흐름이 정지되어 출력 X가 나온다.

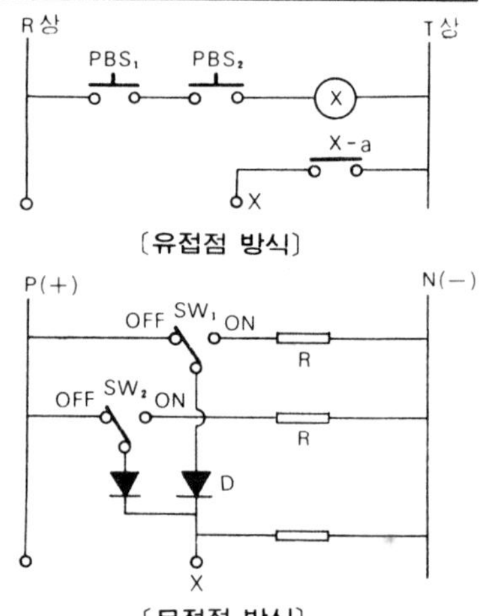

옆 그림에서, 　ⓧ : 릴레이　　PBS : 누름 버튼 스위치
　　　　　　　SW : 스위치　　X-a : 릴레이의 a접점
　　　　　　　OFF : 꺼짐　　ON : 켜짐　　X : 출력
　　　　　　　R : 저항기　　D : 다이오드

유접점 방식은 릴레이 방식이라고도 말하고, 무접점 방식은 반도체 방식이라고도 말한다.

3. 접점의 표시방법

접점이란 회로가 연결되거나 떨어지는 동작을 행하는 곳을 말하며, 동작 상태에 따라 a접점, b접점, c접점으로 나누며, 릴레이 등에서는 접점수에 따라 $1a$, $2b$, $3a$, $3b$ 또는 $3c$ 등으로 표시한다.

접점부는 항상 기기가 작동하지 않은 상태에서 말하며, 외부의 어떠한 힘도 작용하지 않은 상태로 나타낸다.

(1) a접점(arbeit contact) : 일하는 접점이란 뜻으로 항상 열려있다가 외부의 힘에 의하여 닫히는 접점을 말한다.

(2) b접점(break contact) : 열리는 접점이란 뜻으로 항상 닫혀 있다가 외부의 힘에 의하여 열리는 접점을 말한다.

(3) c접점(change-over contact) : 전환 접점이란 뜻으로 a접점과 b접점을 공유한 접점을 말한다.

〔접점의 기호형태〕

항 목	a 접 점		b 접 점		c 접 점	
	횡 서	종 서	횡 서	종 서	횡 서	종 서
수동조작접점 — 수 동 복 귀						
수동조작접점 — 자 동 복 귀						
릴레이접점 — 수 동 복 귀						
릴레이접점 — 자 동 복 귀						
타이머접점 — 한 시 동 작						
타이머접점 — 한 시 복 귀						
기 계 적 접 점						

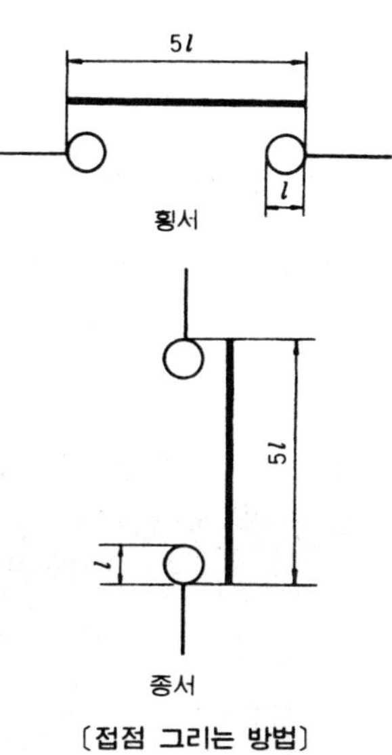

〔접점의 작동(PBS 의 예)〕

① a접점의 작동

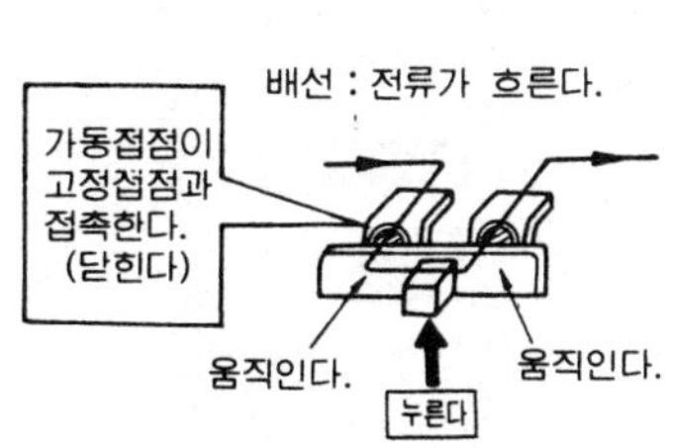

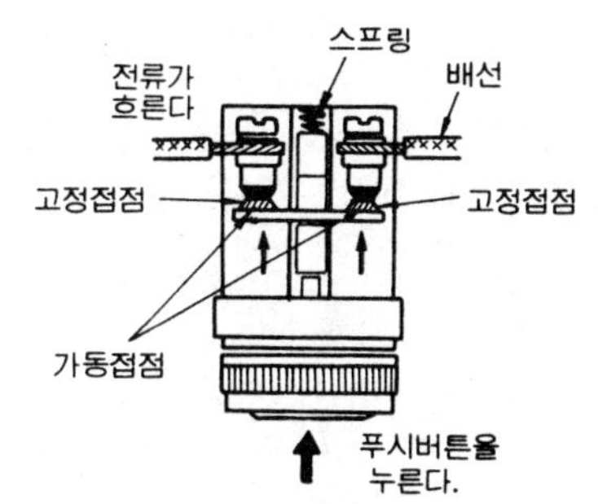

② b접점의 작동

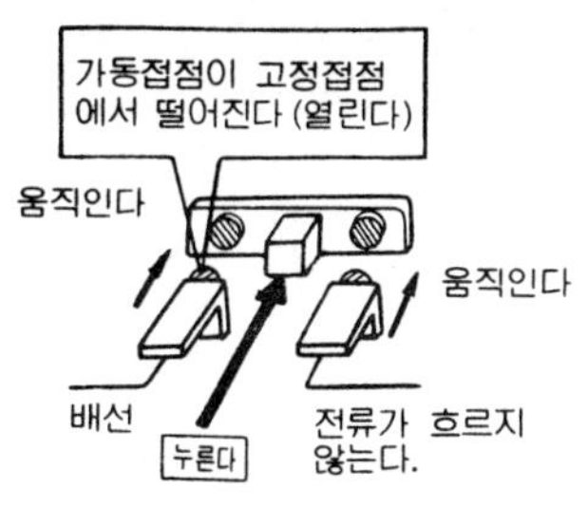

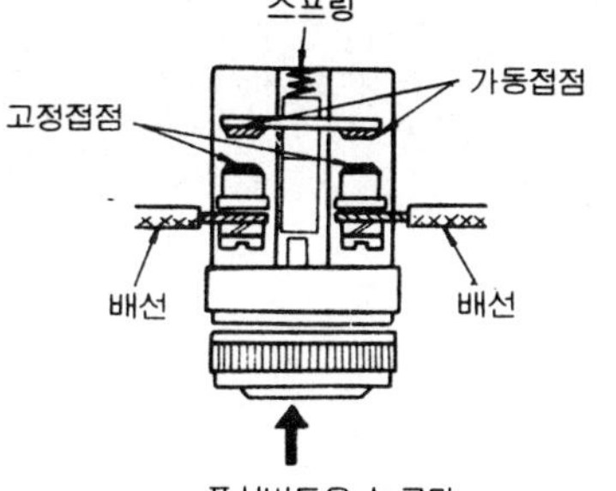

③ c 접점의 작동

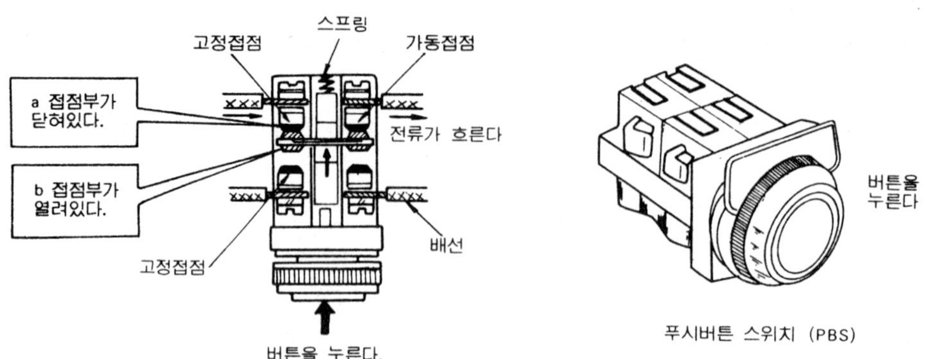

- **시퀀스 제어의 효과**
  - ① 인원 대폭 감소(1인 제어도 있음)
  - ② 같은 물건의 품질 균일화
  - ③ 생산속도 증가 및 설비의 효율적 사용
  - ④ 위험방지 및 작업장 환경 청결

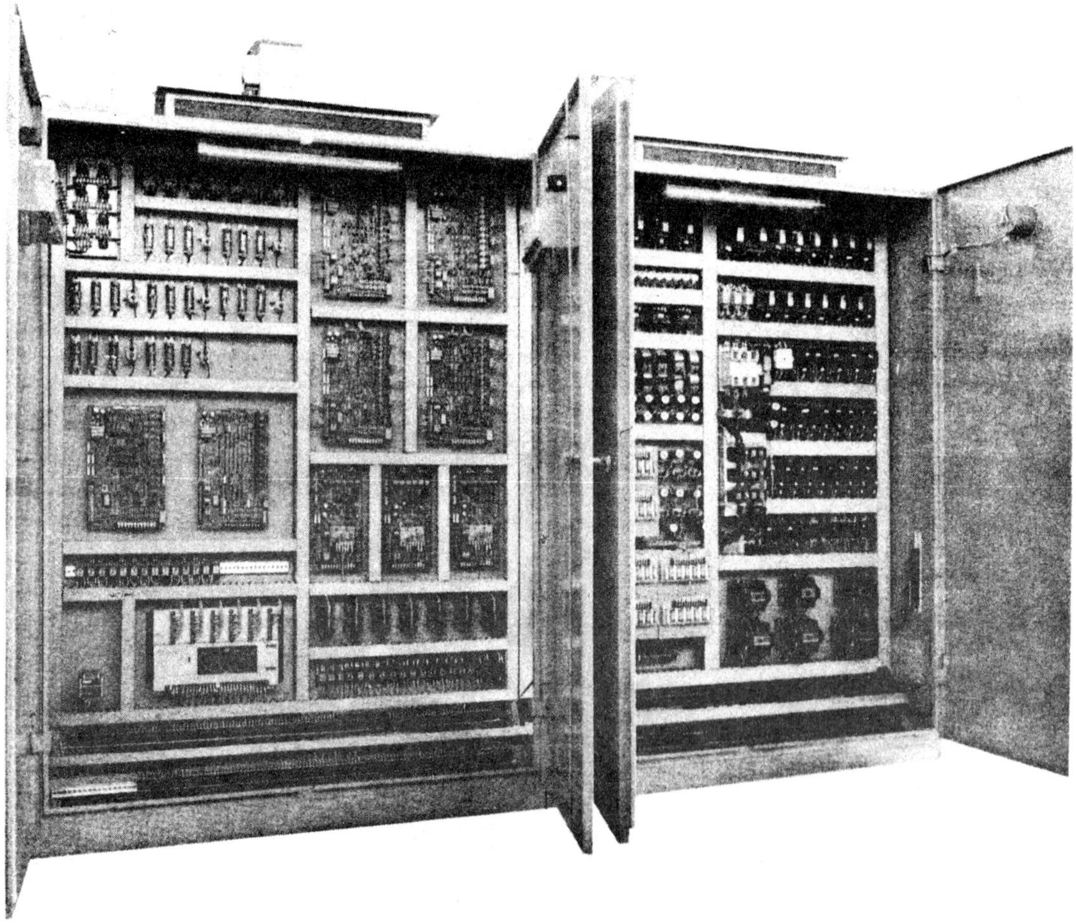

제 **2** 장

전기용 기호 및 접속도

1. 적용범위

이 규격은 전기 회로의 접속관계를 나타내는 도면에 사용하는 도식 기호(이하 심볼이라 한다)를 정한 것으로서, 기본 심볼은 일반적으로 전기 회로에 널리 적용하며, 그외의 심볼은 주로 전기 기계 기구를 사용하는 장소(발전소, 변전소, 개폐소 및 공장 등)에서의 회전기, 변압기, 정류기, 계기용 변압기 및 변류기, 배전반 부착기구, 콘덴서 및 리액턴스 보호장치, 계전기 및 접점 계기, 발·변전소 전선로 지지물 및 부속품, 고장표시 등을 표시하는 도면에 대하여 규정한다.

〔비고〕
1. 심볼의 크기는 마음대로 바꿀 수 있으나 되도록 닮은 꼴이 되어야 한다. 다만, 선의 굵기를 바꿔서 용도를 구별하여도 무방하다.
2. 같은 내용에 대하여 두개 이상의 심볼이 정해져 있을 경우에는 동일 도면에서는 동일 계열의 심볼을 사용하여야 한다. 특히, 심볼 중 (1), (2)라고 기재한 것은 (1)의 사용을 권장한다.
3. 단선도용 혹은 복선도용의 어느 한쪽 심볼이 정해지지 않은 경우에는 필요에 따라서 다른 쪽을 준용하는 것을 권장한다.
4. 복선도용 심볼의 상수 혹은 선수가 실제로 적용하는 상수 혹은 선수와 다를 경우에는 이를 변경하여 적용하는 것으로 한다.
5. 개폐 접점이 있는 심볼인 경우에는 이 규격에 정해진 접점의 가동부 상태를 기준으로 하여 다음 상태 중 어느 하나를 나타내는 것으로 한다.
   (1) 그 접점부가 전기 에너지에 의하여 구동되는 경우에는 그 구동부의 전원 및 기타의 에너지원이 전부 끊어진 상태.
   (2) 그 접점부가 수동적으로 조작되는 경우에는 그 조작부에 손이 닿지 않은 상태.
   (3) (1) 또는 (2)의 상태에 있어서 그 접점부가 두개 이상의 서로 다른 상태를 취할 수 있는 경우에는 복귀된 상태 혹은 정지 상태에서 통상적으로 있을 수 있는 상태.
      보기를 들면, 고장표시가 있는 경우에는 복귀된 상태, 운전중 주접점이 닫혀진 차단기에서는 열린 상태.
   (4) 보기를 들면, 제어방식을 자동과 수동으로 바꾸는 교환 접점과 같이 (3)에 기술한 두개 이상의 서로 다른 상태가 거의 대등한 내용을 가지며, 정지 상태에서는 어느 상태에 놓아도 지장이 있는 경우에는 임의의 상태.
6. 일반적으로 도면에서, 특히 특정 상태를 지정하지 않은 경우, 보기를 들면, 그 도면에서 전원(전지, 발전기 등)이 접속된 상태로 그려져 있어도 개폐 접점의 표현 등을 포함한 심볼은 〔비고〕5의 상태, 즉 이 규격에 정해진 심볼로 나타내는 것으로 한다.
   다만, 〔비고〕5.(4)의 교환 접점과 같은 것은 임의의 상태로 표시할 수 있으나, 동일 기기 부분은 동일 상태하에서 표시하여야 하며, 또한 그것이 어떤 상태를 의미하는가를 명시하여야 한다.
   또한, 리미트 스위치가 달린 다이얼형 가감 저항기의 리미트 스위치와 저항기와의 상호 관계를 나타내기 위하여 양자의 심볼을 조합시켜 나타낼 경우, 가감 저항기의 가동부 위치 역시 〔비고〕5.(3)의 상태를 나타내야 한다.
7. 동작 과정을 설명하는 도면 등과 같이 개폐 접점의 표현을 나타내는 심볼을 사용하면서 〔비고〕6의 상태와 다른 상태를 나타낼 경우에는 그 도면에 직접 원하는 상태를 명시하여야 한다. 이러한 도면에서는 그것이 나타내는 상태에 따라서, 이 규격에 정해진 심볼의 가동 접점부 위치의 보기를 들면

 등은 와 같이 적당히 변경 사용한다.

8. 필요에 따라서 심볼에 번호 등을 병기하고, 별도로 대조표를 만들어, 그 구별을 명시하여도 좋다.
9. 심볼은 성능이 유사한 다른 것에 준용할 수도 있지만, 이 경우에는 부호 또는 기타 적당한 방법에 따라서 그
 성능을 명백하게 할 필요가 있다.
10. 이 규격에 정하여져 있지 않은 것, 또는 이 규격에서 불충분한 것에 대하여는 기본 심볼의 조합에 따르거나 또
 는, 새로이 기타 심볼의 조합이든지 글자나 기호 등의 병기에 따라 표시하는 것을 권장한다.

2. 기본 심볼

(1) 전 류

번 호	명 칭	심 볼	적 요
1.1	직 류 (direct current)	——	보기 : (A) (G)
1.2	교 류 (alternating current)	∿	보기 : (A̰) (G̰)
1.3	고 주 파 (high-frequency wave)	⋀⋀	보기 : (A̎)

(2) 도선 및 접속

번 호	명 칭	심 볼	적 요
2.1	도 선 (conductor)	——	① 전선 및 모선 등에 널리 사용된다. ② 필요에 따라서 굵기를 구별한다. ③ 도선의 가닥수를 명시하고 싶을 때는 다음과 같이 표시할 수 있다. (a) 2 가닥의 경우 : ⫻ (b) 3 가닥의 경우 : ⫼ (c) n 가닥의 경우 : ─
2.2	속(束) 선 (line of flux)		① 원호의 부분을 사선으로 해도 된다. ② 꺾어진 방향은 배선의 방향을 표시한다.
2.3	연 결 선 (line of coupler)		① ○속에 대조번호를 기입한다. ② 번호가 불필요할 때는 ○를 생략한다.
2.4	단 자 (terminal)	(a) ○ (b) ●	보기 : ──○──
2.5	도 선 의 분 기 (branch of conductor)		
2.6	도 선 의 접 속 (joint of conductor)		아래 그림과 같이 표시해도 된다.
2.7	도선이 접속하지 않은 경우		

2.8	접　　　지 (earth)		차질이 생길 염려가 없을 때에는 사선의 일부 또는 전부를 생략할 수 있다.
2.9	케이스에 접속 (joint of case)		

(3) 가변 및 연동

번 호	명　　　칭	심　　　　　　　볼	적　　　　　　　　　요
3.1	가변을 나타내는 일반 심볼	(a)　　(b)　　(c)	① (b)는 반고정을 나타낼 경우에 사용한다. ② (c)는 탭 절환을 나타낼 경우에 사용한다. ③ 특히 비직선상을 나타낼 경우에는 아래　그림과 같이 표시한다.
3.2	연동을 나타내는 일반 심볼	ー ー ー ー	보기 : 4.10의 적요를 참조.

(4) 인덕턴스 및 저항, 콘덴서

번 호	명　　　칭	심　　　　　　　볼	적　　　　　　　　　요
4.1	저항 또는 저항기 (resister)	(a) (b)	① 특히 필요가 있을 경우에는 산의 수를 바꿀 수 있다. ② (b)는 무유도를 나타낼 때 사용한다.
4.2	가변저항 또는 가변저항기 (rheostat)	(a) (b) (c) (d)	① 특히 필요할 때에는 산의 수를 바꿀 수 있다. ② (c) 및 (d)는 특히 무유도를 나타낼 때　사용한다.
4.3	탭 붙이 저항기	(a) (b)	① 특히 필요할 때는 산의 수를 바꿀 수 있다. ② (b)는 특히 무유도를 나타낼 경우에 사용된다.
4.4	인덕턴스 또는 코일 (inductance or coil)	(a) (b)	① 특히 필요할 때는 산의 수를 바꿀 수 있다. ② (c)는 저항과 혼동될 우려가 없을 경우에는 코일을 표시하는데 사용해도 된다. ③ 전력용 부분에서 코일을 표기할 때는 아래　그림을 사용해도 된다. ④ 특히 철심이 들어 있는 것을 표시할　경우에는

		(c) 	아래와 같이 표시한다.  또한 압분 철심이 들어 있는 것을 나타낼 경우에는 —— 을 ----- 으로 해도 된다.
4.5	가변 인덕턴스 (variable inductance)	(a)  (b) 	특히 필요한 경우에는 산의 수를 바꿀 수 있다.
4.6	탭 붙이 인덕턴스	(a)  (b) 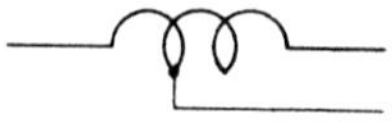	
4.7	상호 인덕턴스 또는 변압기(변성기) (mutual inductance or transformer)	(a) 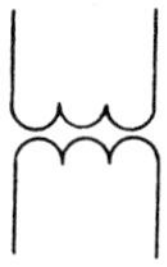 (b) 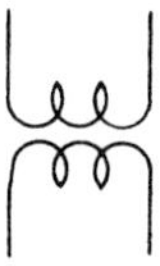 (c) 	① 특히 필요한 경우에는 산의 수를 바꿀 수 있다. ② 특히 철심이 들어 있는 것을 나타낼 경우에는 다음과 같이 나타낸다. 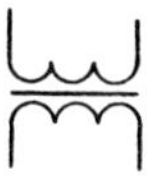 ③ (c)는 변압기를 사용하는 경우에 한해서 사용해도 된다.
4.8	가변 상호 인덕턴스 (variable mutual inductance)	(a)  (b) 	특히 필요가 있을 경우에는 산의 수를 바꿀 수가 있다.
4.9	정전용량 또는 콘덴서 (electrostatic capacity or condenser)	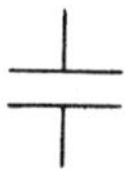	① 단선 심볼에 사용되지 않는 선은 생략하고  으로 해도 된다. ② 콘덴서의 전극을 구별할 필요가 있을 때에는 저전위의 소자를 곡선으로 나타내어  로 해도 된다.
4.10	가변 정전용량 또는 가변콘덴서 (variable electrostatic capacity or variable condenser)	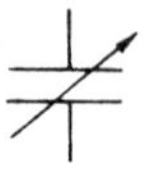	① 특히, 로우터를 구별할 필요가 있을 경우에는  와 같이 표시한다. ② 특히, 가변 평형형 콘덴서를 표시할 경우에는 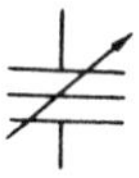 을 사용한다.

번 호	명 칭	심 볼	적 요
			③ 특히, 가변 차동 정전용량 또는 콘덴서를 표시 할 때에는 을 사용한다. ④ 특히, 연동 가변 정전용량 또는 콘덴서를 나타 낼 경우에는 을 사용한다.
4.11	반고정 콘덴서		
4.12	전해 콘덴서 (chemical condenser)		① 극성을 명시하고 싶을 때에는 로 할 수 있다. ② 특히 전해 콘덴서라는 것이 명확할 때에는 사 선을 생략하고 으로 해도 된다.
4.13	임 피 던 스 (impedance)		
4.14	가변 임피던스 (variable impedance)	(a) (b)	

(5) 전원 및 장치

번 호	명 칭	심 볼	적 요
5.1	전지 또는 직류 전원 (battery or D.C electric source)		① 번거로울 때에는 으로 해도 된다. ② 극성은 긴 선을 양극, 짧은 선을 음극으로 한다. ③ 다수 연결일 때는 으로 해도 된다.
5.2	정 류 기 (rectifier)	(a) (b)	화살표는 정삼각형으로 하고, 직류가 통하는 방 향을 나타낸다.
5.3	교 류 전 원 (AC electric source)		상수 및 주파수를 나타낼 경우에는 다음에 따른다. 보기 : 3 ϕ~60 Hz (상수) (주파수)
5.4	전 원 플 러 그 (electric source plug)	(a) (b)	① (a)는 2극을 나타낸다. ② (b)는 3극을 나타낸다.

5.5	회　전　기 (rotating instrument)	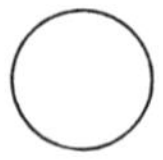 ○	① ○속에 종류를 표시하는 기호를 넣는다. 보기 : 발전기　　　전동기　　　발전 전동기 　　　　　　　　　　　　　　　　　　(가역형) 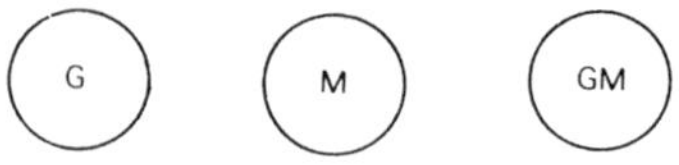 Ⓖ　　　Ⓜ　　　GM ② 특히 교류·직류의 구별을 필요로 할 때는 아래 그림에 따른다. 교류의 경우　　　　　　　　직류의 경우
5.6	기기 또는 장치 (instrumèntal or setting)	(a)　　(b)  □　　▭	 ▭ 속에 종류를 나타내는 문자 또는 심볼을 넣는다.
5.7	차　폐 (시일드) (shield)	-------	보기 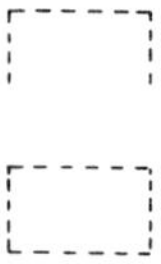 :

(6) 개폐기류

번　호	명　　　칭	심　　　볼	적　　　요
6.1	개　폐　기 (switch)		
6.2	절 환 개 폐 기 (change over switch)		
6.3	회 전 개 폐 기 (로터리 스위치) (rotary switch)	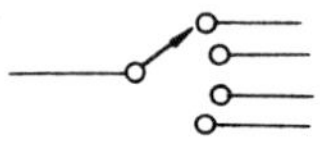	
6.4	잘린쪽 붙이 로터리 스위치	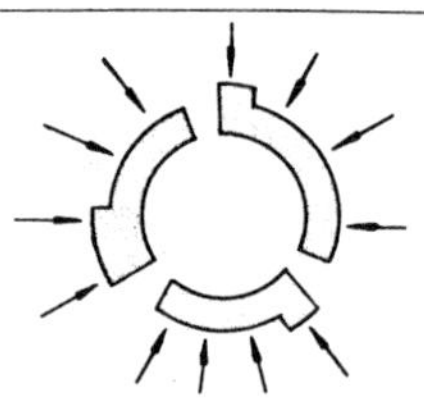	① 잘린쪽의 모양은 한 보기를 나타낸다. ② 스위치의 절환접점 (화살표) 의 위치는 절환 개시의 접점 위치로 한다.

(7) 계측기 및 열전대

번　호	명　　　칭	심　　　볼	적　　　요
7.1	계기 또는 측정기 (meter or measu-rement intrument)	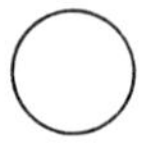 ○	① ○속에 종류를 나타내는 문자 또는 심볼을 넣는다. 보기 : 전류계 　Ⓐ 전압계 　Ⓥ

번 호	명　　　칭	심　　　볼	적　　　요
			전력계 ⓦ 오실로 스코오프 ⓞsc 오실로 그래프 ② 특히 직류·교류·고주파의 경우를 구별할 때는 아래 그림과 같이 한다. 　직류　　　교류　　　고주파 ③ 지침의 한쪽 진동 또는 양쪽 진동을 나타낼 경우에는 다음과 같이 한다. 한쪽 진동의 경우 양쪽 진동의 경우
7.2	열　전　대 (thermo couple)		① 특히 직렬형 열전대를 표시하는 경우  ② 특히 방열형 열전대를 표시하는 경우  ③ 특히 진공 직렬형 열전대를 표시하는 경우 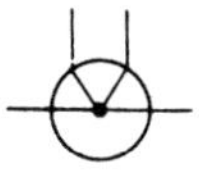 ④ 특히 진공 방열형 열전대를 표시하는 경우 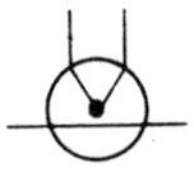

(8) 보호장치 및 램프

번 호	명　　　칭	심　　　볼	적　　　요
8.1	피　뢰　기 (arrester) (접지할 경우)	(a)　　　　(b) 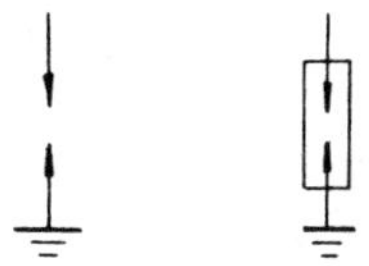	3극 피뢰기는 아래 그림과 같이 표기한다. 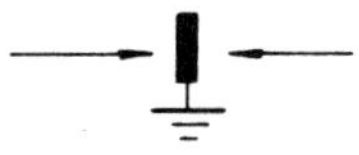 
8.2	방　전　캡 (discharge cap)		특히 전극의 형상을 구별하고 싶을 경우에는 아래 그림의 보기에 따른다. 보기 : 각형  침형 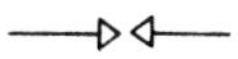 구 

8.3	퓨　　　즈 (fuse)		특히 개방형, 포장형을 구별하고 싶을 경우에는 다음과 같이 한다. 개방형  :　　　　포장형  :
8.4	경 보 퓨 즈		특히 개방형, 포장형을 구별하고 싶을 경우에는 다음과 같이 한다. 개방형  :　　　　포장형 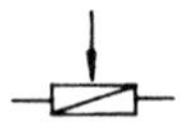 :
8.5	히 이 트 코 일 (heat coil)	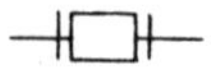	히이트 코일형 퓨즈를 포함한다.
8.6	램　　　프 (lamp)	(a) (b) (c) 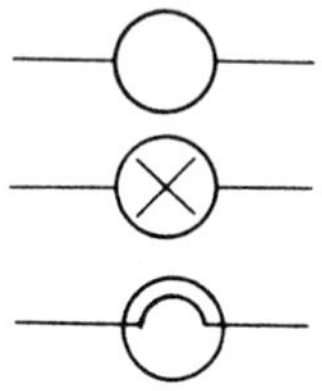	특히 색이나 용도를 구별할 경우에는 보기에 따라야 하고, 아래 그림과 같이 기입한다. 보기 : 적색(RL), 황적(OL), 녹색(GL), 청색(BL), 백색(WL), 황색(Y), 투명은(TC), 파일롯(PL) RL 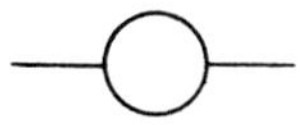
8.7	저　항　기 (resister)		안정 저항관(바렛터를 포함)을 표시할 경우에는 아래 그림과 같이 표시한다. 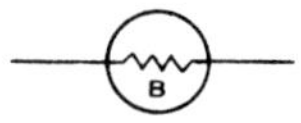 B

3. 전력용 심볼

⑴ 회전기

① 심볼 중에 조합해서 사용하는 코일은 기본 심볼(인덕턴스 또는 코일)의 (a), (b) 또는 (c)에 따라야 한다. 또한, 이하의 심볼에서는 보기로서 (c)를 사용한 것을 나타낸다.

② 동일 심볼 속에서 2개 이상의 코일을 사용하고 있는 것으로, 코일의 크기를 특별히 구별하고 싶을 때는 코일의 산수를 바꿔서 나타낼 수 있다.

번 호	명　　　칭	심　　볼		적　　　요
		단 선 도 용	복 선 도 용	
1.1	직류 분권 발전기 (DC shunt 　　generator)	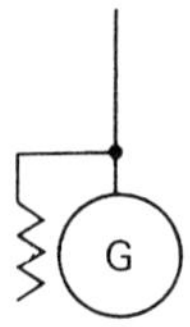 G	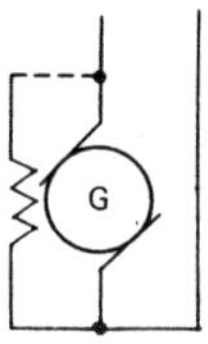 (a) G (b) G 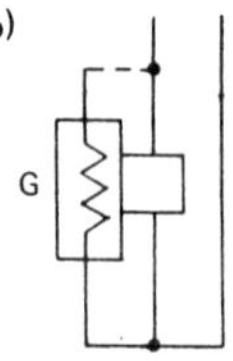	① 타 여자일 경우에는 다음에 따른다. 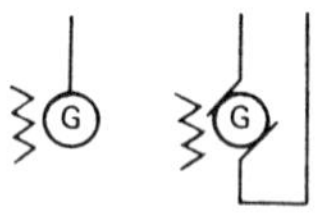 　　　G　　G ② 파선부는 저항기류를 접속할 경우, 그것이 없을 때는 실선으로 한다. ③ 여자형임을 표시할 때는 G 대신 Ex 를 사용한다. ④ 보극권선 또는 보상권선은 필요에 따라서 추가한다.

1.2	직류 분권 전동기 (DC shunt motor)	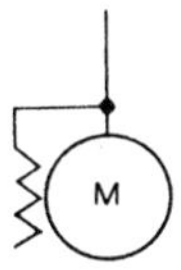	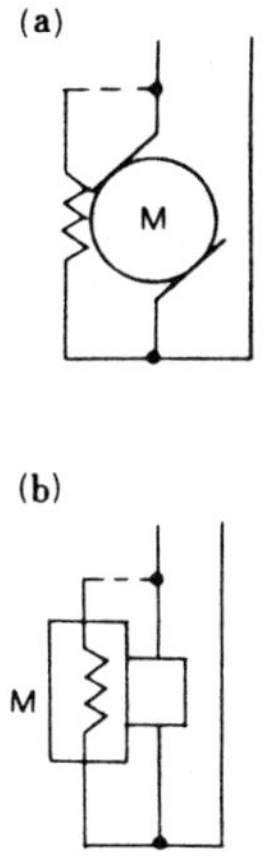 (a) (b)	① 타 여자일 경우에는 다음에 따른다. 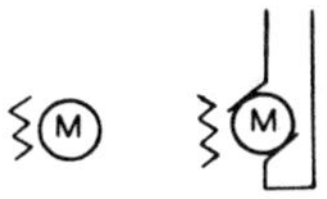 ② 파선부는 저항기류를 접속할 경우, 그것이 없을 때는 실선으로 한다. ③ 보극권선 또는 보상권선은 필요에 따라서 추가한다.
1.3	직류 직권 발전기 (DC series dynamo)		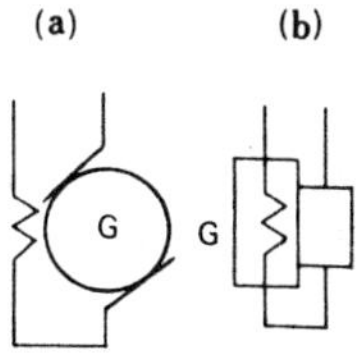 (a)　　(b)	보극권선 또는 보상권선은 필요에 따라서 추가한다.
1.4	직류 직권 전동기 (DC series motor)		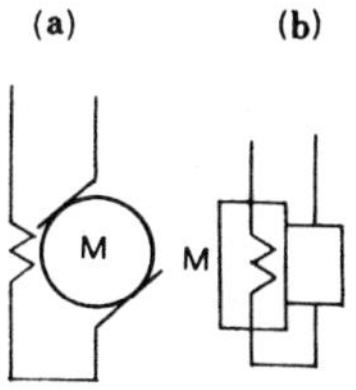 (a)　　(b)	보극권선 혹은 보상권선은 필요에 따라서 추가한다.
1.5	직류 복권 발전기 (DC compound generator)	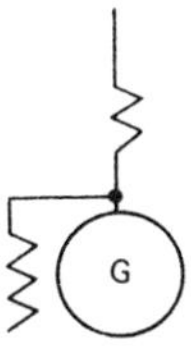	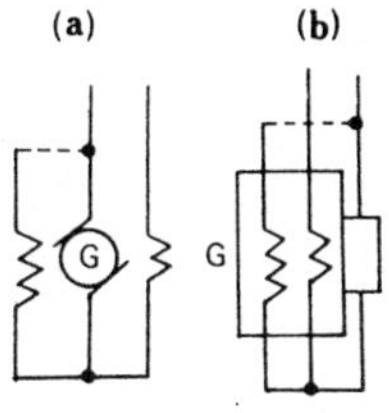 (a)　　(b)	① 파선부는 저항기류를 접속할 경우를 나타내고 그것이 없을 때는 실선으로 한다. ② 보극권선 또는 보상권선은 필요에 따라서 추가한다.
1.6	직류 복권 전동기 (DC compound motor)	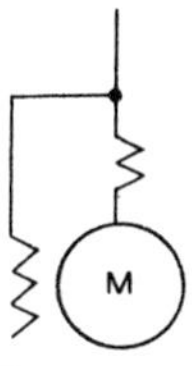	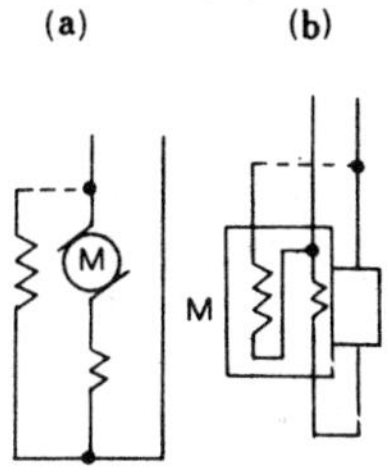 (a)　　(b)	
1.7	동기 발전기 (synchronous generator)	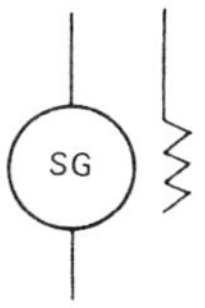	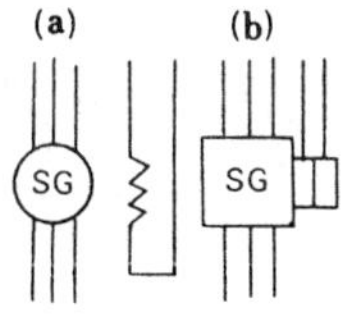 (a)　　(b)	① 동기 발전기라는 것이 명확할 때는 단순히 G로 기입해도 된다. ② 전기자의 아래쪽에 표시한 선은 중성점측 인출을 나타낸다. ③ 단선 심볼에서 계자코일의 기호를 필요로 하지 않을 때에는 생략해도 된다.

				④ 복선도용은 3상일 경우를 나타낸다.
1.8	동기 전동기 (synchronous motor)	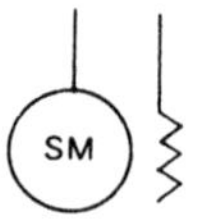 SM	(a) SM (b) 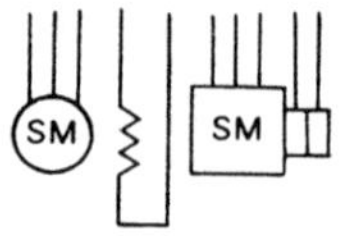 SM	단선 심볼에서 계자코일의 기호를 필요로 하지 않을 경우에는 생략해도 된다.
1.9	동기 발전 전동기 (가역형) (synchronous generator motor)	 SGM	(a) SGM (b) 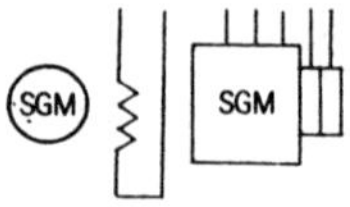 SGM	
1.10	동기 조상기 (synchronous phase modifier)	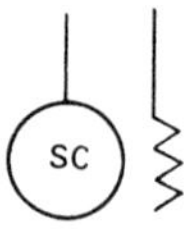 SC	(a) SC (b) 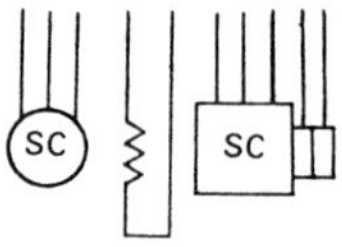 SC	
1.11	유도전동기 (일반) (induction motor)	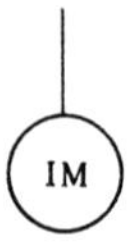 IM	(a) IM (b) 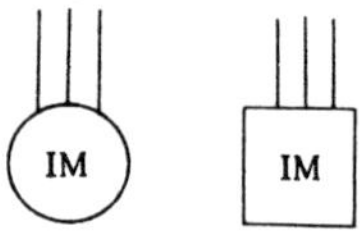 IM	① 유도 전동기라는 것이 명확할 때에는 M 이라고 기입해도 된다. ② 복선도용은 3상일 경우를 나타낸다.
1.12	6선식 3상농형 유도 전동기		(a) IM (b) 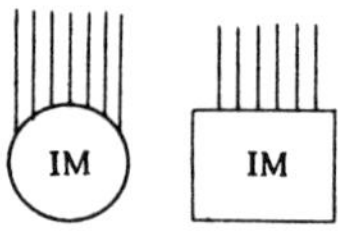 IM	
1.13	권선형 유도 발전기 (wound rotor ty pe induction ge nerator)	 IM	(a) IM (b) 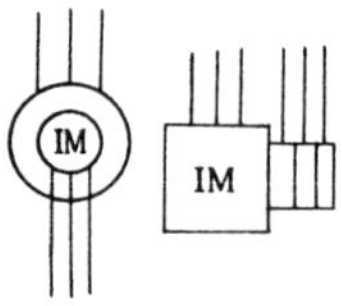 IM	
1.14	유도 발전기 (induction generator)	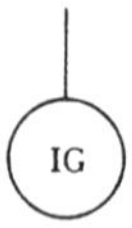 IG	(a) IG (b) 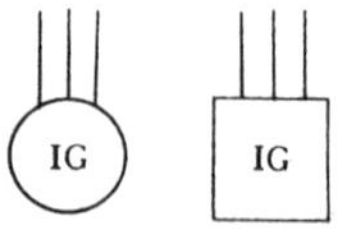 IG	
1.15	단상 반발 전동기 (single plase repulsion motor)		(a) M (b) 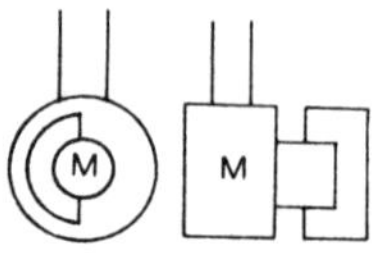 M	

1.16	직권 정류자 전동기 (series commut ator motor)		 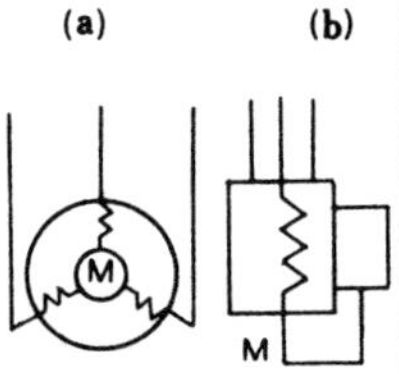 복선도용은 3 상인 경우를 나타낸다.
1.17	3 상 분권 정류자 전동기 (threephase sh- unt commutator motor) 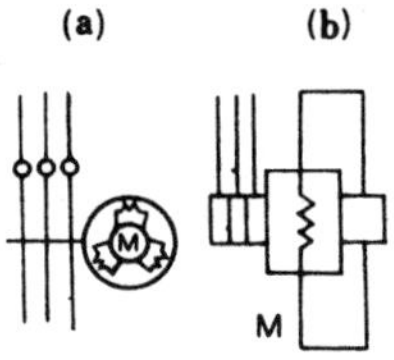		
1.18	회전 변류기 (synchronous converter)		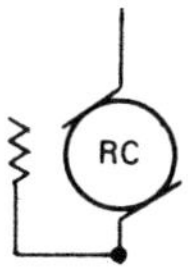 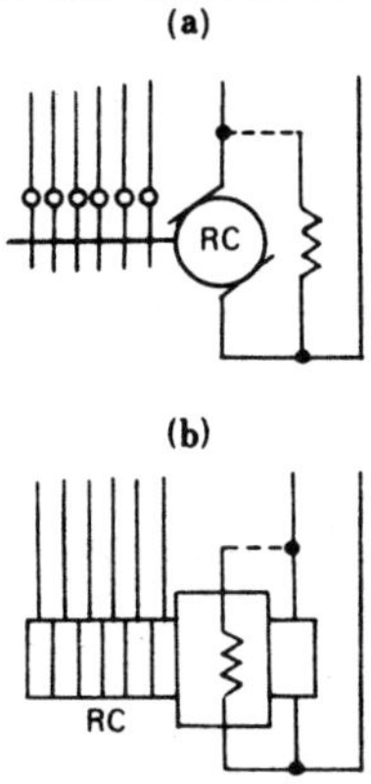 ① 단선도용으로 상부는 교류측, 하부는 직류측을 나타낸다. ② 단선도로 계자코일은 필요가 있을 때에만 붙인다. ③ 복선도용은 6 상 분권일 경우를 나타낸다.
1.19	전동 발전기 (motor - generator)		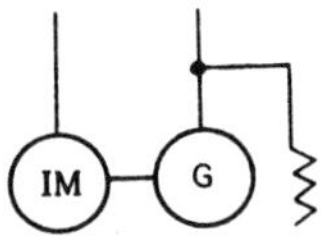 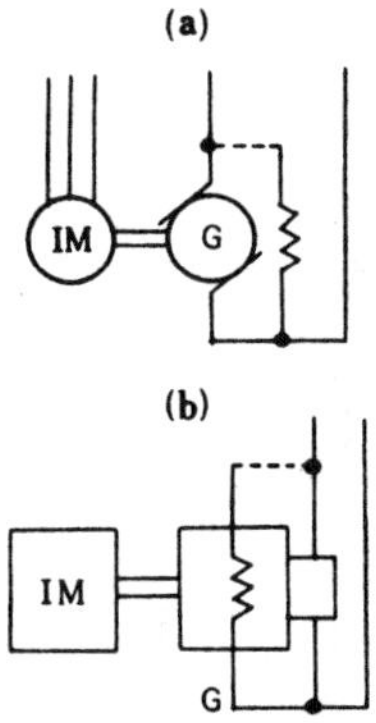 ① 유도 전동기로 직류 분권 발전기를 구동할 경우를 나타낸다. ② 단선도로 계자코일은 필요가 있을 경우에 붙인다.
1.20	주파수 변환기 (frequency changer)		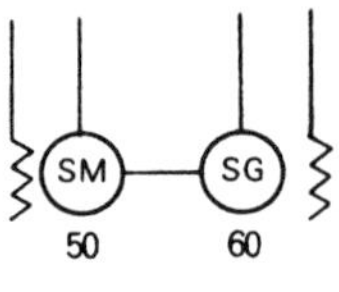 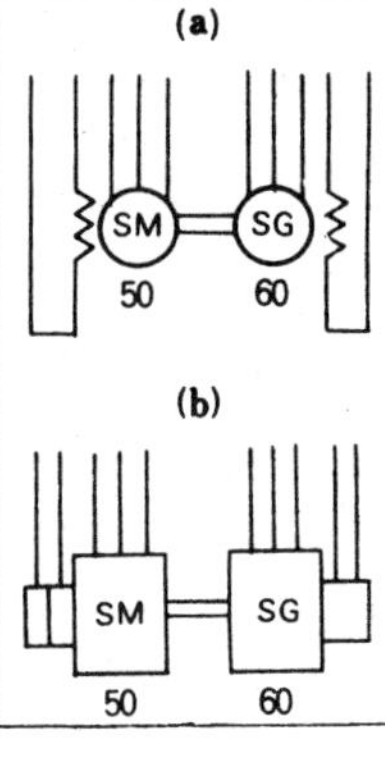 ① 동기 전동기로 동기 발전기를 구동해서 50 Hz 를 60 Hz 로 변환할 경우를 나타낸다. ② 단선도로 계자코일은 필요가 있을 경우에 붙인다.

| 1.21 | 회전기기용 원동기 | 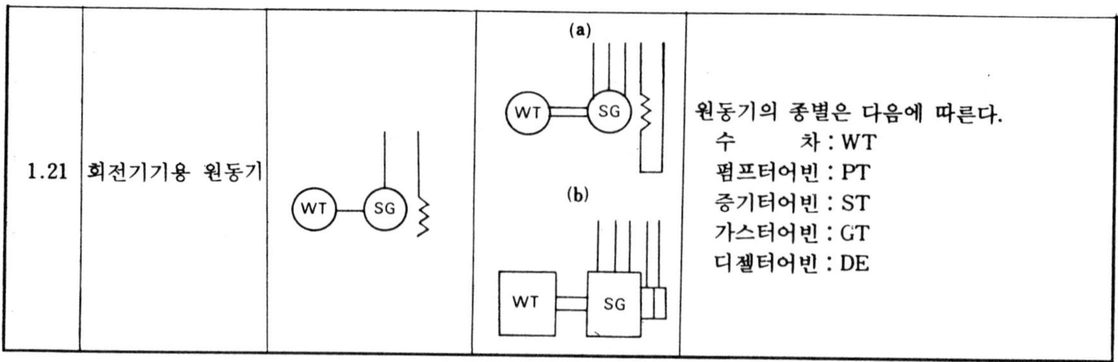 | | 원동기의 종별은 다음에 따른다.
　수　　　차 : WT
　펌프터어빈 : PT
　증기터어빈 : ST
　가스터어빈 : GT
　디젤터어빈 : DE |

(2) 변압기

번 호	명　　칭	심　　　　볼		적　　　　　　　　요
		단 선 도 용	복 선 도 용	
2.1	변　압　기(일반) (transformer)	(a)　　　(b)		혼촉 방지판이 붙은 것은 다음에 따른다.
2.2	단상 변압기 (single phase transformer)	(a)　(c)　(d)　(b)　(e)	(a)　(b)　(c)	단선도용 (b), (d), (e) 및 복선도용 (b), (c)는 3권선 변압기의 경우를 표시한다.
2.3	삼상 변압기 (three phase transformer)	(a)　(c)　(d)　(b)　(e)	(a)　(b)	① 단선도용 (b), (d), (e) 및 복선도용 (b) 는 3권선 변압기의 경우를 표시한다. ② 복선도용 (a)는 △人 접속, (b)는 人△人 접속의 경우를 표시한다.

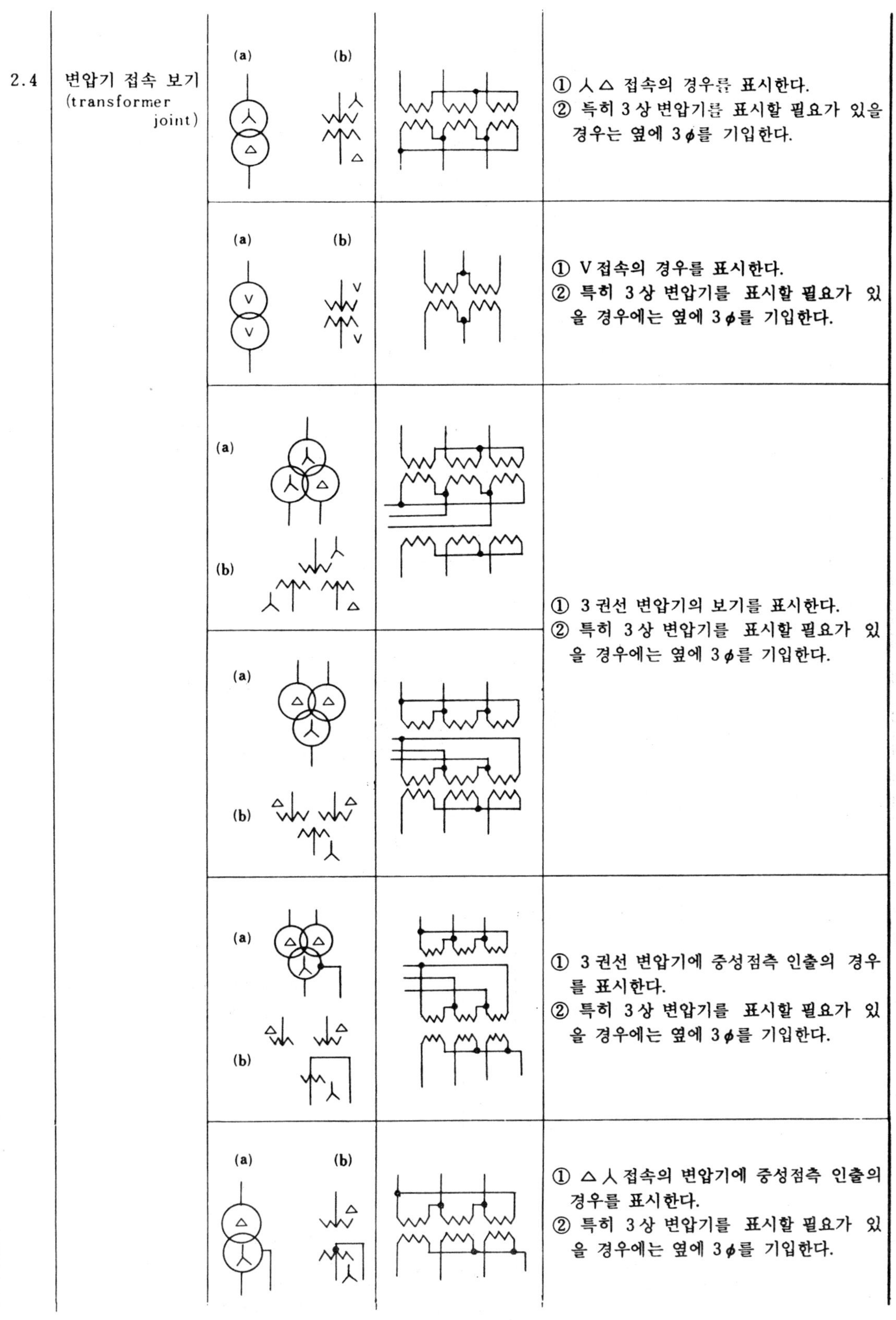

2.4	변압기 접속 보기 (transformer joint)		① 人△ 접속의 경우를 표시한다. ② 특히 3상 변압기를 표시할 필요가 있을 경우는 옆에 3ϕ를 기입한다.
			① V접속의 경우를 표시한다. ② 특히 3상 변압기를 표시할 필요가 있을 경우에는 옆에 3ϕ를 기입한다.
			① 3권선 변압기의 보기를 표시한다. ② 특히 3상 변압기를 표시할 필요가 있을 경우에는 옆에 3ϕ를 기입한다.
			① 3권선 변압기에 중성점측 인출의 경우를 표시한다. ② 특히 3상 변압기를 표시할 필요가 있을 경우에는 옆에 3ϕ를 기입한다.
			① △人 접속의 변압기에 중성점측 인출의 경우를 표시한다. ② 특히 3상 변압기를 표시할 필요가 있을 경우에는 옆에 3ϕ를 기입한다.

		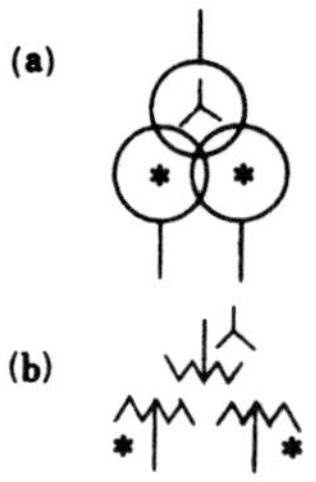 (a) (b)		6상 회전 변류기 2대용의 경우를 표시한다.
		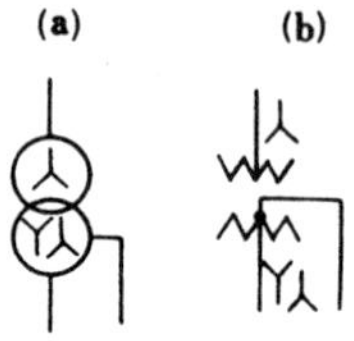 (a) (b)	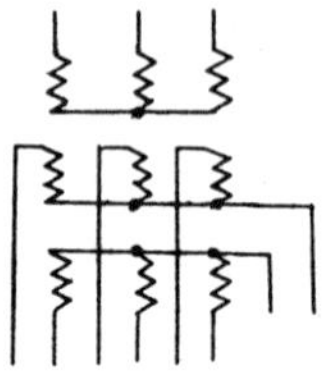	6상 6극 수은 정류기용의 경우를 표시한다.
		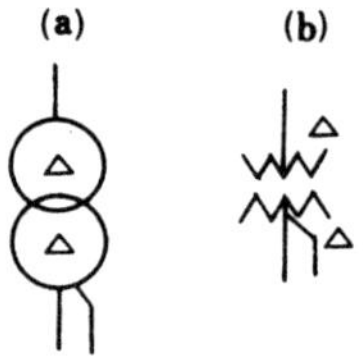 (a) (b)	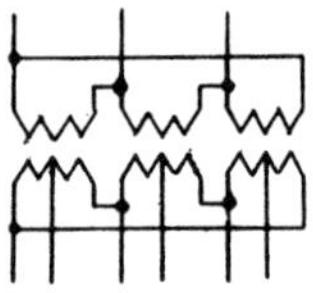	① 2중 탭 변압기로서 △ 접속의 경우를 표시한다. ② 단선도용에서 절선 인출선은 중간 인출선을 표시한다.
		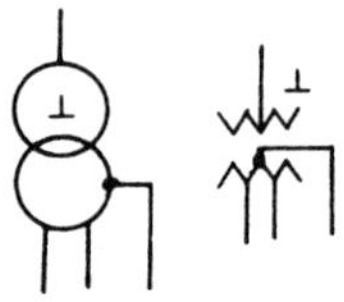	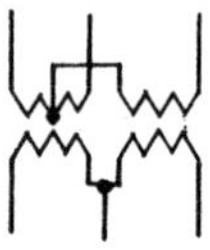	교류 전철용 스코트 결선 전용 변압기의 경우를 표시한다.
2.5	삼상 부하시 전압 조정 변압기	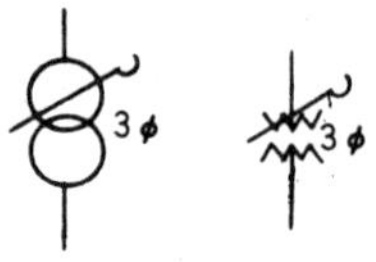	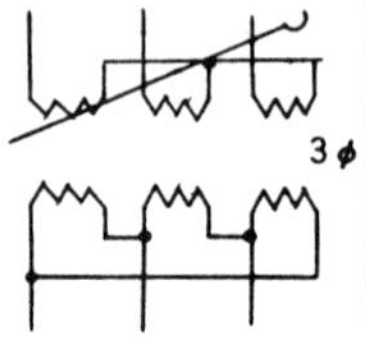	① 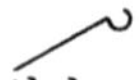 〜 는 조정장치가 있는 쪽에 붙인다. ② 복선도용은 2차측 △ 접속의 경우를 표시한다. ③ 특히 조정장치가 별치형인 것을 나타

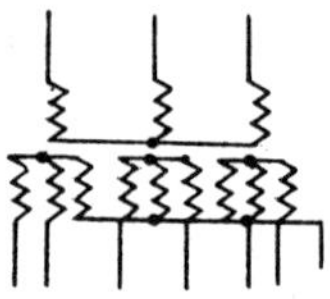

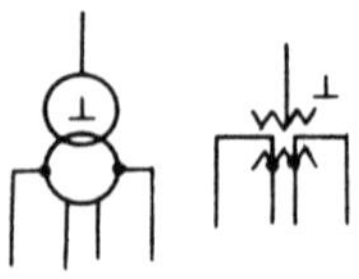

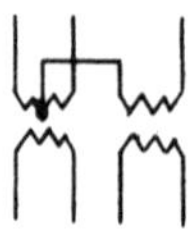

				내는 경우는 그 취지를 부기한다.
2.6	단상 단권 변압기 (single phase auto transformer)	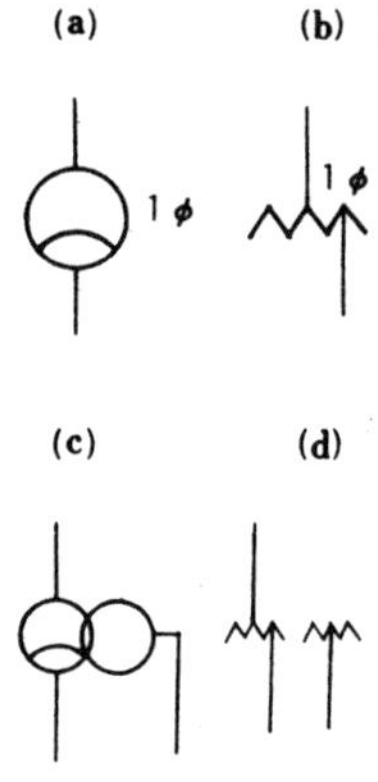 (a) (b) (c) (d)	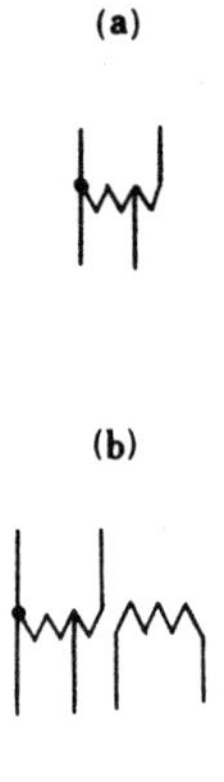 (a) (b)	① 상부는 고전압측, 하부는 저전압측을 표시한다. ② 역인 경우는 아래와 같다. 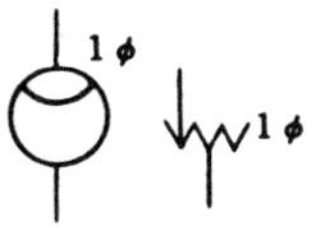 ③ 단선도용 (c), (d) 및 복선도용 (b)는 3 차권선 붙이 경우를 표시한다. ④ 부하시 전압 조정기 붙이 경우는 아래 와 같다. 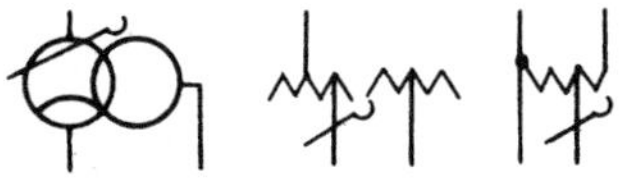
2.7	삼상 단권 변압기 (three phase auto transformer)	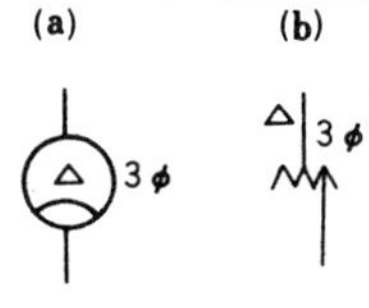 (a) (b)	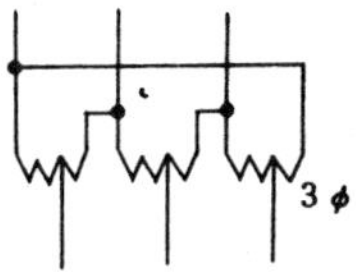	△ 접속의 경우를 표시한다.
2.8	접지 변압기 (earth transformer)	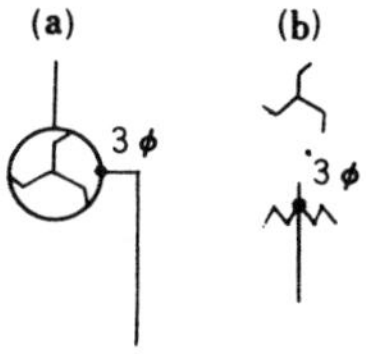 (a) (b)	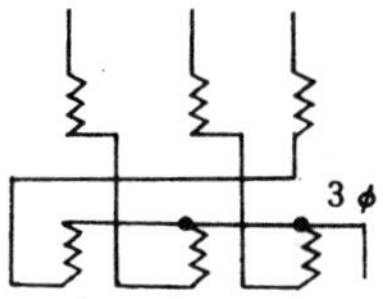	3 상 천조(千鳥) 접속의 경우를 표시한다.
2.9	소호 변압기 (arc suppressing transformer)	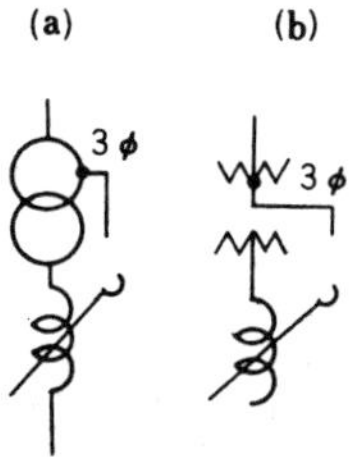 (a) (b)	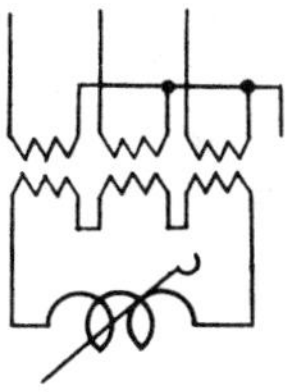	리액터 부분은 아래와 같이 나타낼 수 있다. 
2.10	단상 유도 전압 조정기 (single phase induction voltage regulator)	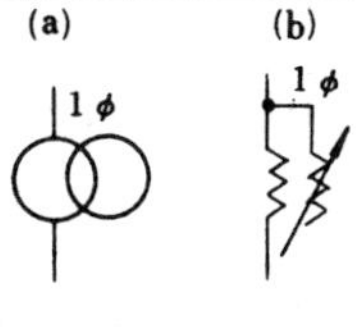 (a) (b)	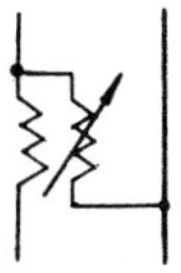	은 생략할 수 있다.
2.11	3 상 유도 전압 조정기 (three phase induction voltage regulator)	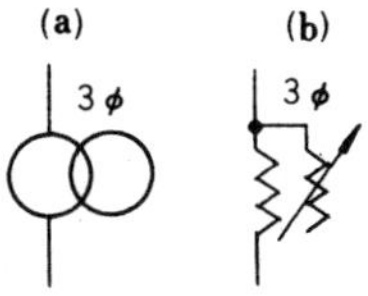 (a) (b)	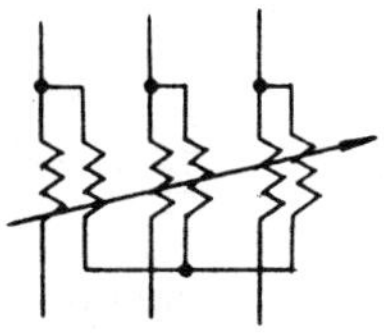	

2.12	3상 부하시 전압 조정기	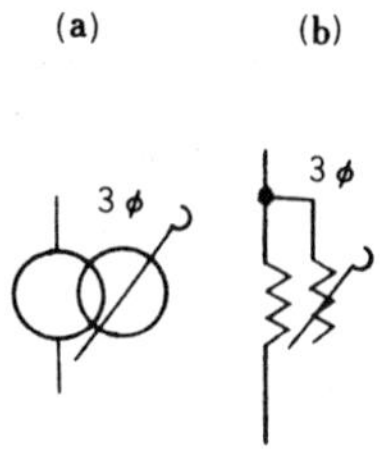 (a) (b)	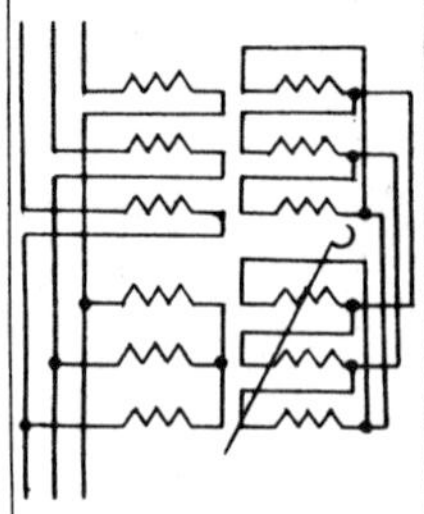	복선도용은 한 보기를 표시한다.
2.13	3상 이상기	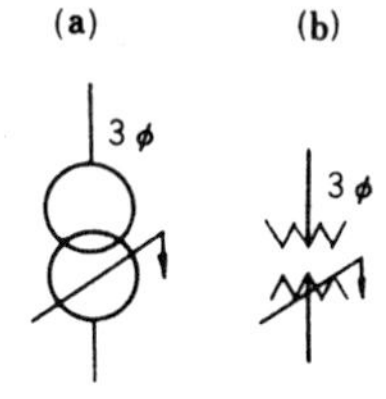 (a) (b)	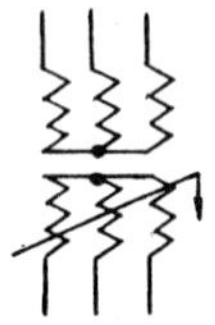	

(3) 정류기

번 호	명　　칭	심	볼	적　　요
		단 선 도 용	복 선 도 용	
3.1	정류기 (일반) (rectifier)	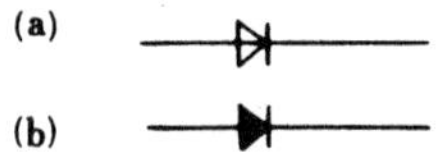 (a) (b)		화살표는 정삼각형으로 하고　직류가 통하는 방향으로 한다.
3.2	정 류 기 (브리지형 접속)	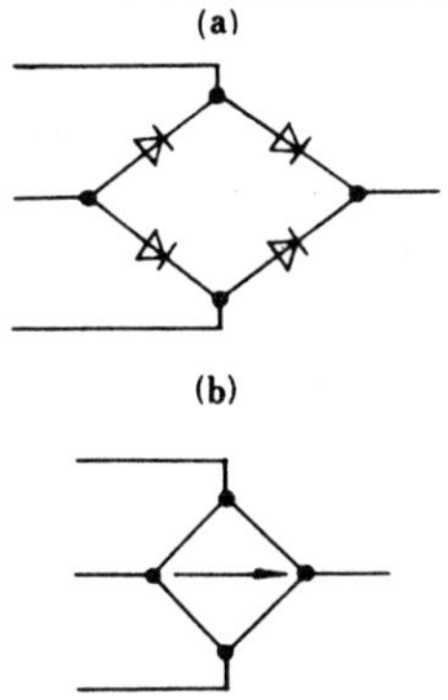 (a) (b)		(b)의 화살표는 직류가 통하는 방향이다.
3.3	제어 정류 소자	 (a)	(b)	(a)는 P 게이트를 표시한다. (b)는 N 게이트를 표시한다.
3.4	수은 정류기 (일반) (mercury rectifier)	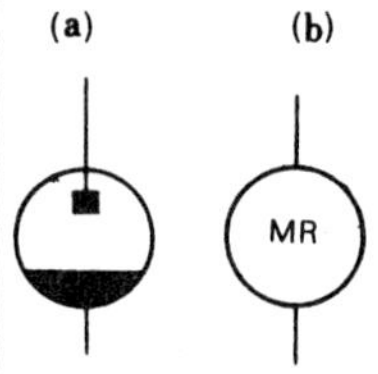 (a) (b)	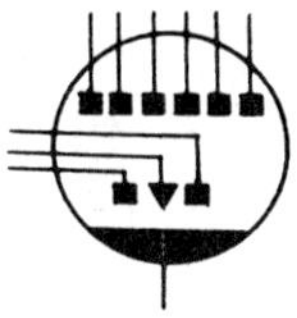	① 유리제 수은 정류기는 이것을 사용한다. ② 전극 및 수은은 도장을 하지 않은 것도 좋다.

3.5	철제 수은 정류기			① 격자붙이 보기를 표시한다. ② 전극 및 수은은 도장을 하지 않은 것 　도 좋다.
3.6	기계적 정류기		(a) (b)	단선도용은 단상, 3 상 어느 경우에도 쓰인다.

(4) 계기용 변압기 및 변류기

번 호	명　　　칭	심　　　볼		적　　　　　　　　　요
		단 선 도 용	복 선 도 용	
4.1	계기용 변압기 (일반) (instrument 　transformer)	(a) PT (b)　　(c) PT　PT	(a) PT (b)　　(c) PT　PT	① 주 변압기와 구별할 때는 가늘게　그린 　다. ② (a)는 2 권선의 경우를 표시한다. ③ (b), (c)는 3 권선의 경우를 표시한다. ④ 혼동할 우려가 없는한 2.1 변압기(일 　반)의 (a)의 기호를 사용한다.　조합하면 　2.4의 보기와 같다.
4.2	단상 계기용 변압기	(a) PT 1φ (b)　　(c) PT　PT 1φ　1φ	(a) PT 1φ (b)　　(c) PT　PT	① 주변압기와　구별할 때는 가는 글씨를 　써 넣는다. ② 단선도에는 필요에 따라 접속을 옆에 기 　입한다. ③ (a)는 2 권선, (b), (c)는 3 권선의 경우 　를 표시한다.
4.3	3 상 계기용 변압기	(a) PT 3φ	(a) PT 3φ	

		(b) PT 3φ (c) PT 3φ	(b) PT 3φ (c) PT 3φ	① 주변압기와 구별할 때는 옆에 가는 글씨를 써 넣는다. ② 복선도용의 (a), (b)는 V 접속의 경우, (c)는 人人Ⅱ 의 경우를 표시한다. ③ 단선도용에는 필요에 따라 접속을 옆에 기입한다. ④ (a)는 2권선, (b), (c)는 3권선의 경우를 표시한다.
4.4	부싱형 계기용 변압기	(a) (b) (c)	(a) (b)	① 주변압기를 구별할 때는 그옆에 가는글씨를 써 넣는다. ② (a)는 교류 차단기에 장치할 경우를 나타낸다. ③ (b), (c)는 변압기에 장치할 경우를 나타낸다. ④ 복선도용 (b)는 3상 변압기에 장치할 경우를 나타낸다.
4.5	콘덴서형 계기용 변압기	(a)	(a)	① 주 변압기와 구별할 때는 가늘게 그린다.

		(b) 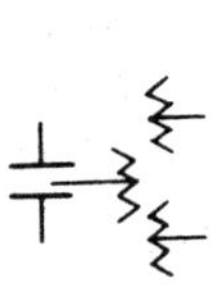 (c) 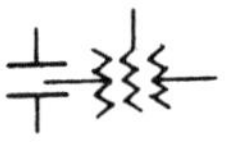	(b) 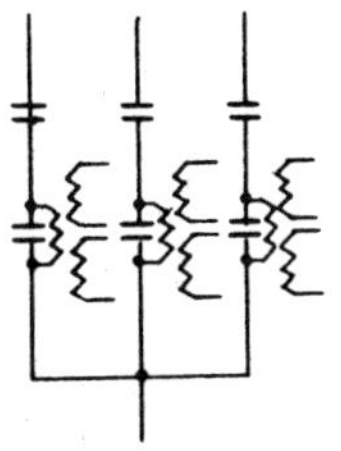 (c) 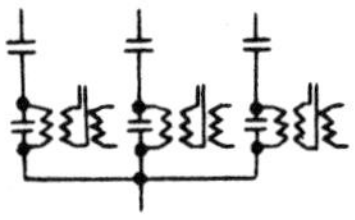	② (a)는 2 권선의 경우를 나타낸다. ③ (b), (c)는 3 권선의 경우를 나타낸다. ④ 송전 계통도에서 단선도용 (a), (b), (c)를 그리기 곤란할 경우에는 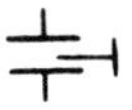 와 같이 표시할 수 있다.
4.6	변 류 기 (current transformer)	(a) 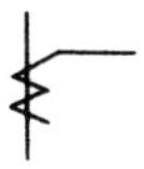 (b) 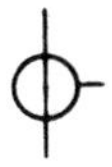 (c) 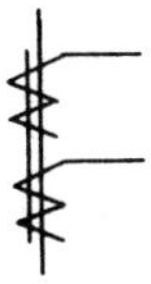 (d) 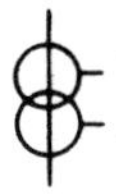 (e) 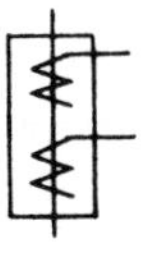	(a) 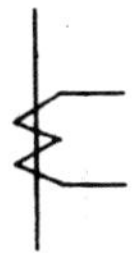 (b) 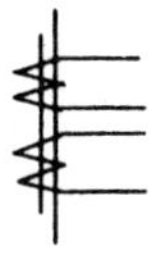 (c) 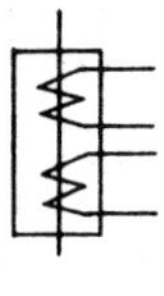	① 단선도용 (a), (b) 및 복선도용의 (a)는 2 권선의 경우를 표시한다. ② 단선도용의 (c), (d) 및 복선도용의 (b)는 3 권선의 경우를 표시한다. ③ 단선도용의 (e) 및 복선도용의 (c)는 2중 철심의 경우를 표시한다.
4.7	부싱형 변류기 (bushing type current transformer)	(a) 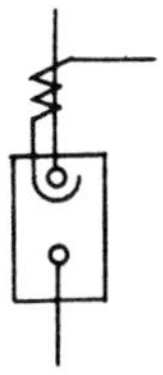 (b) 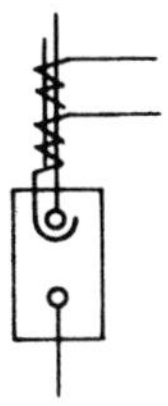	(a) 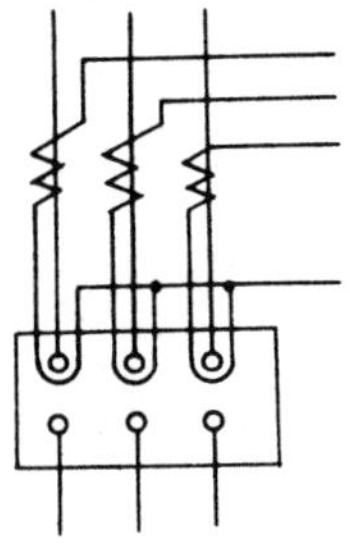	

		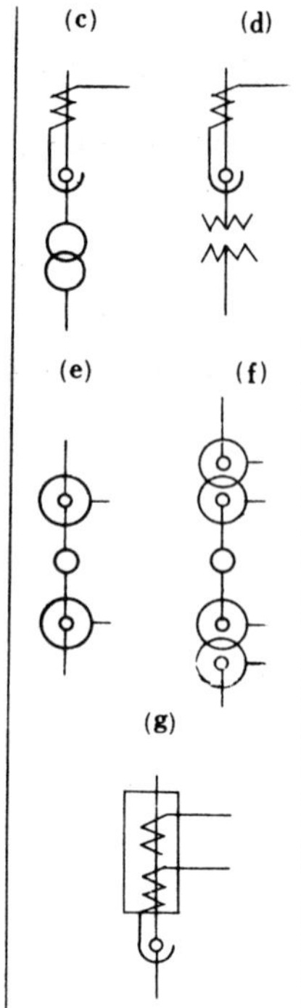 (c)　(d)　(b) (e)　(f) (c) (g)	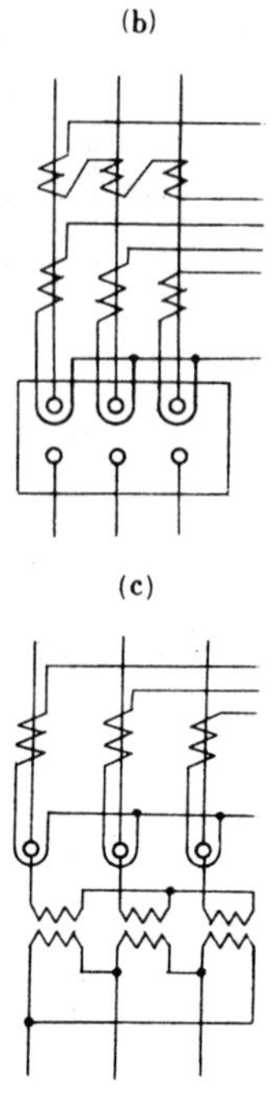	① (a), (b), (e), (f)는 교류 차단기에 장치할 경우를 표시한다. ② (c), (d)는 변압기에 장치할 경우를 나타낸다. ③ (b), (f)는 3 권선의 경우를 표시한다. ④ (g)는 2 중 철심의 경우를 표시한다.
4.8	계기용 변압 변류기	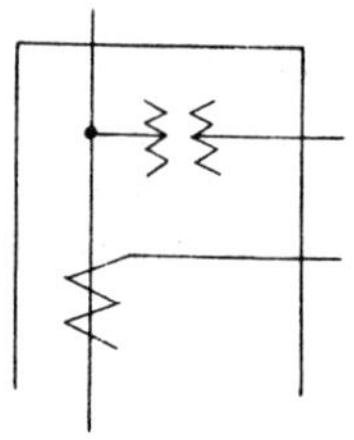	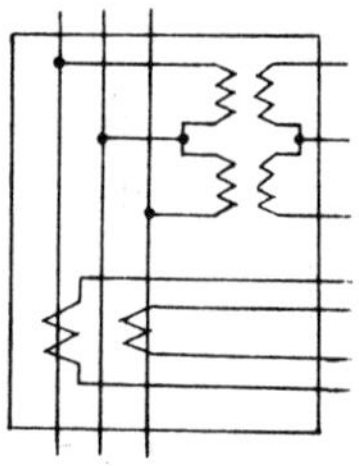	주 변압기와 구별하기 위하여 가늘게 그린다.
4.9	영상 계기용 변압기	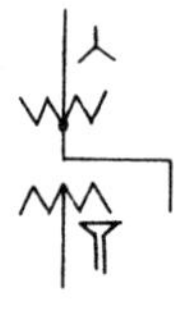	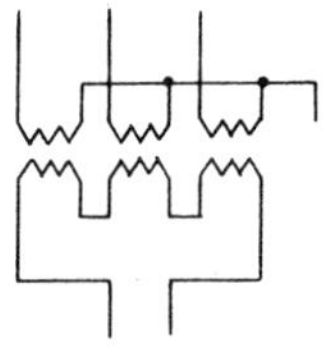	
4.10	영상 변류기 (zero-phase sequence current transformer ZCT)	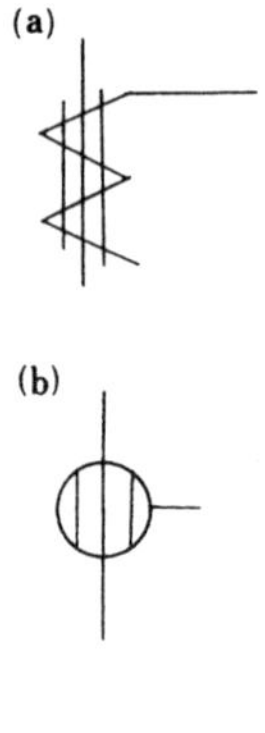 (a) (b)	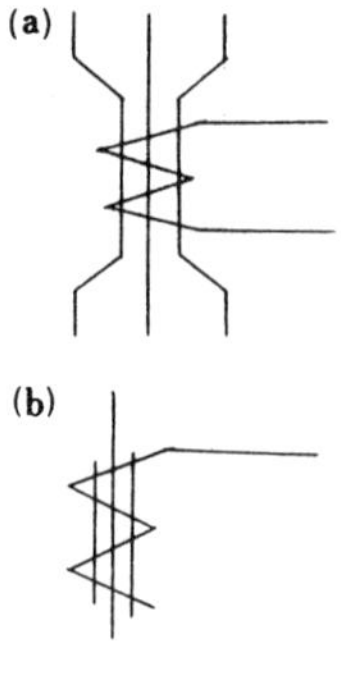 (a) (b)	복선도용 (b)는 3 심 케이블용을 나타낸다.

(5) 배전반 부착기구

번 호	명 칭	심 볼		적 요
		단 선 도 용	복 선 도 용	
5.1	계기용 절환 개폐기	(a) (b) 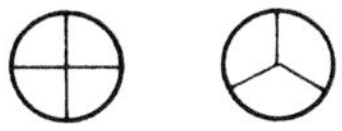		① (a)는 전압 회로용에 쓰인다. ② (b)는 전류 회로용에 쓰인다.
5.2	전류계용 분류기	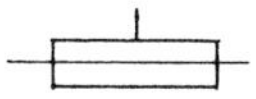	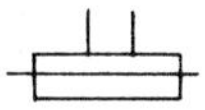	
5.3	시험용 전압 단자	(a) (b) (c) 		보기 : (a) (b) (c) 
5.4	시험용 전류 단자			보기 : 

(6) 전력용 접점

① 이 규격의 적용범위〔비고〕5 에 표시한 상태에서 개로하는 것에 대하여는 가동부분을 오른쪽 혹은 위쪽에 나타내고, 폐로하는 것에 대해서는 가동부분을 왼쪽 혹은 아래쪽에 나타낸다.

② 이 규격의 적용범위〔비고〕5 이외의 상태를 나타내는 경우에는 보기를 들면

6.5의 a접점을 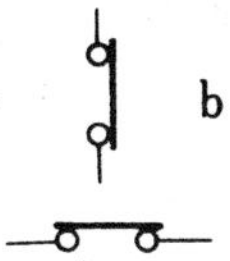   b접점을 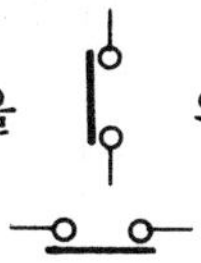   와 같이 나타낼 수 있다.

번 호	명 칭	심 볼		적 요
		a 접 점	b 접 점	
6.1	접점 (일반) 혹은 수동 접점	(a) (b) 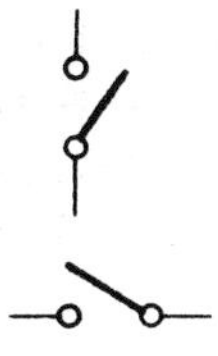	(a) (b) 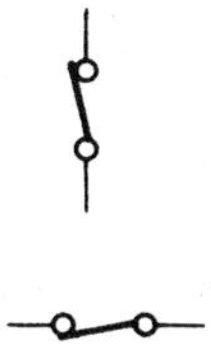	
6.2	수동 조작 자동 복귀 접점	(a) (b) 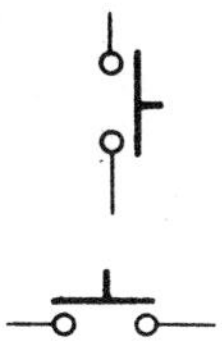	(a) (b) 	손을 떼면 복귀하는 접점이며 단추 스위치, 조작 스위치 등의 접점에 쓰인다. (눌림형, 인장형, 비틀림형에 공통)

6.3	기계적 접점	(a) (b)	(a) (b)	리미트 스위치와 같이 접점의 개폐가 전기적 이외의 원인에 의해서 이루어지는 것에 쓰인다.
6.4	조작 스위치 잔류 접점	(a) (b)	(a) (b)	
6.5	계전기 접점 혹은 보조 스위치 접점	(a) (b)	(a) (b)	
6.6	한시(限時) 동작 접점	(a) (b)	(a) (b)	특히 한시 접점임을 나타낼 필요가 있는 경우에 사용한다.
6.7	한시 복귀 접점	(a) (b)	(a) (b)	
6.8	수동 복귀 접점	(a) (b)	(a) (b)	인위적으로 복귀시키는 것으로 전자석으로 복귀시키는 것도 포함된다. 　보기를 들면, 수동 복귀의 열동 계전기 접점, 전자 복귀식 벨 계전기 접점 등.
6.9	전자 접촉기 접점	(a) (c) (b) (d)	(a) (c) (b) (d)	혼동될 우려가 없는 경우에는 계전기 접점과 같은 심볼을 쓸 수 있다. 　특히 (c), (d)인 경우 캐파시터의 혼동을 피하기 위하여 크기를 크게 한다.

6.10	제어기 접점(드럼형 혹은 캠형)			그림은 접점 한개를 표시한다.

(7) 개폐기 및 제어장치

번호	명칭	심볼		적요
		단선도용	복선도용	
7.1	개폐기(일반) (switch)	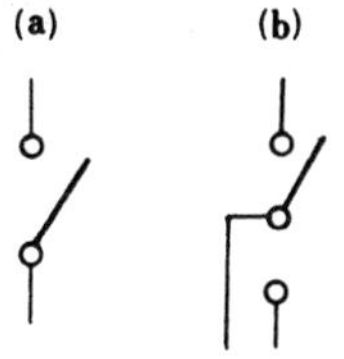 		(b)는 단극 쌍투의 경우에 쓰인다.
7.2	단로기(일반) (disconnecting switch)	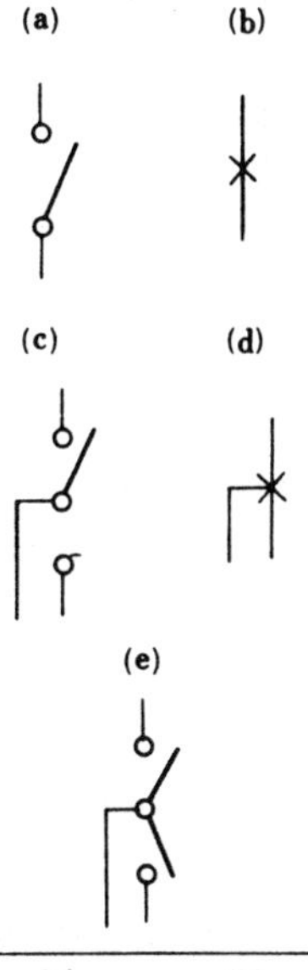 	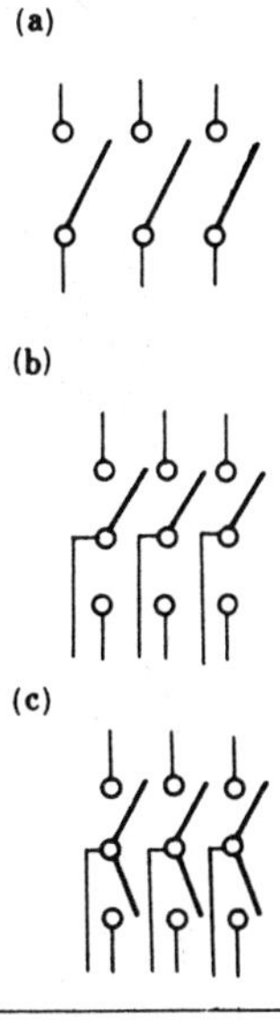 	① 단선도용 (b), (d)는 특별히 간단하게 나타낼 필요가 있는 경우 ② 단선도용 (c), (d) 및 복선도용 (b)는 쌍투형의 경우 ③ 단선도용 (e), 복선도용 (c)는 쌍투쌍날형의 경우
7.3	링크(link) 기구에 의한 수동 조작의 단로기	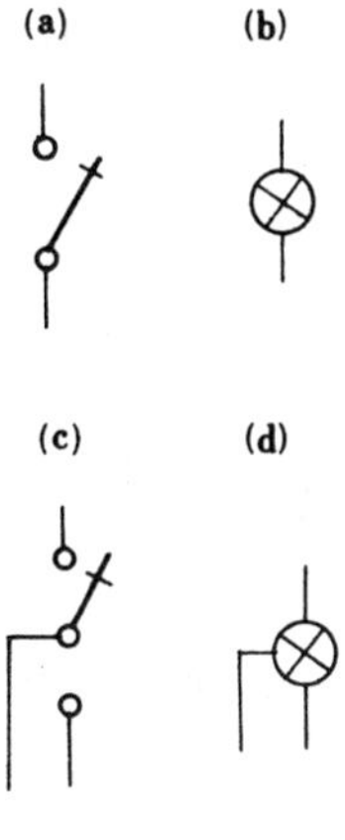 	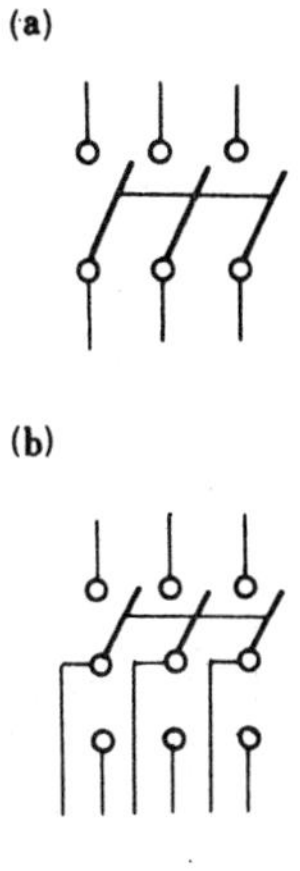 	① 단선도용 (b), (c), (f)는 특별히 간단하게 나타낼 필요가 있는 경우 ② 단선도용 (c), (d) 및 복선도용 (b)는 쌍투형의 경우 ③ 단선도용 (e), (f) 및 복선도용 (c)는 쌍투 쌍칼형의 경우 ④ 단선도에 있어서 반 그래프형 또는 직립투입형을 나타낼 필요가 있는 경우에는 다음과 같다. 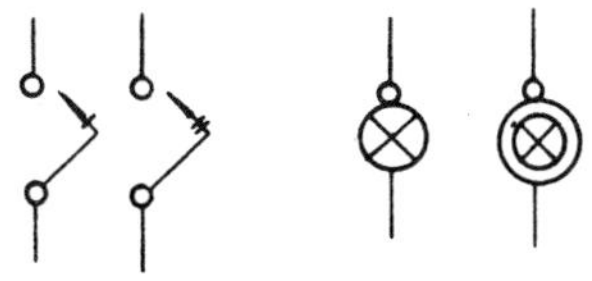 "○"는 고정 접속부에 부착

		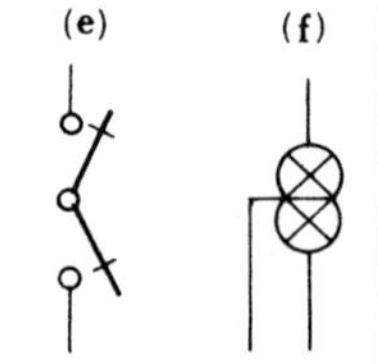	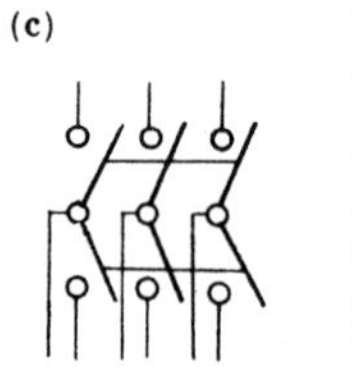	⑤ 접지 기구부를 나타낼 필요가 있는 경우에는 다음과 같다. 접지기구의 수동조작 / 접지기구의 동력조작 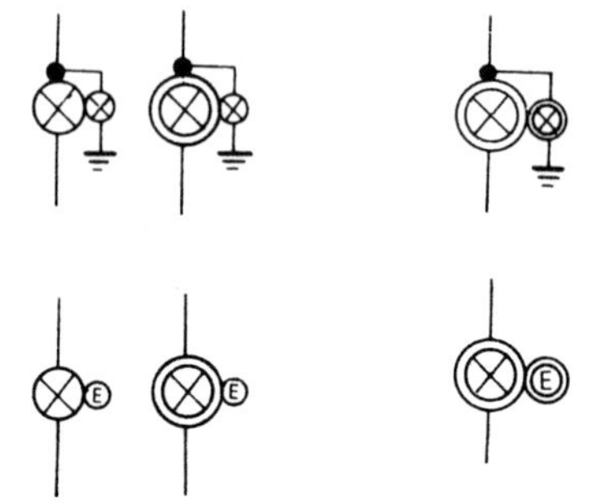
7.4	동력 조작의 단로기	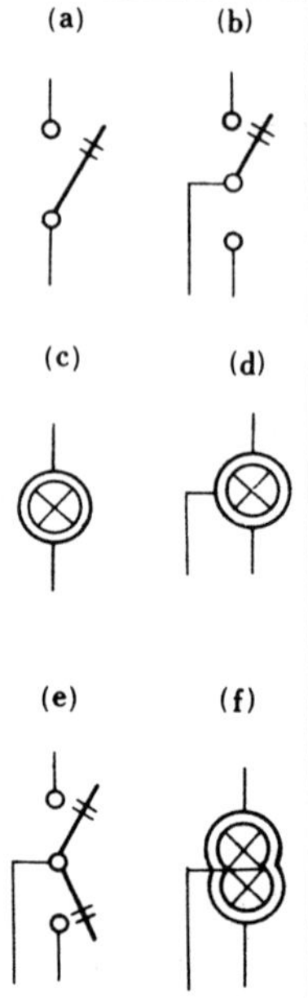	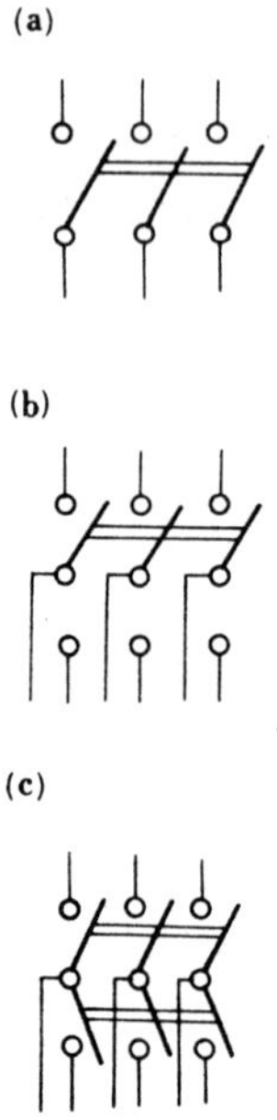	
7.5	수동 조작의 단로기형 부하 개폐기	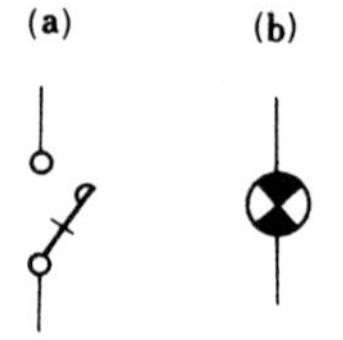	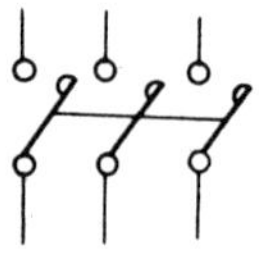	(b)는 특히 간단하게 나타낼 필요가 있는 경우에 쓰인다.
7.6	동력 조작 단로기형 부하 개폐기	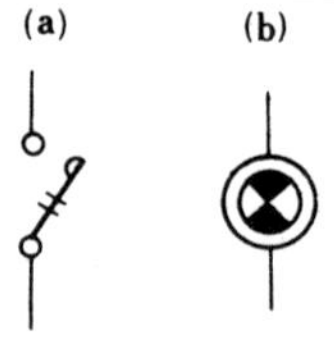	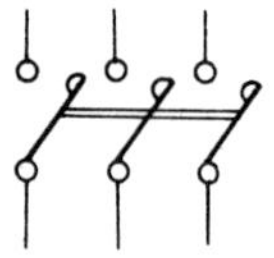	(b)는 특히 간단하게 표시할 필요가 있는 경우에 쓰인다.
7.7	플러그형 단로기			
7.8	나이프 스위치 (knife switch)		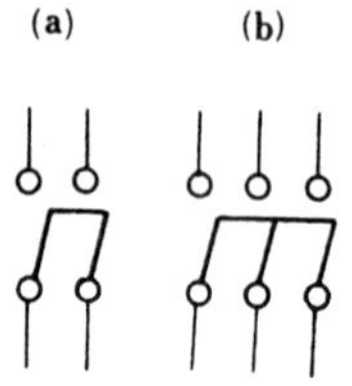	① (a)는 2극인 경우 ② (b)는 3극인 경우

7.9	2극 계자 개폐기		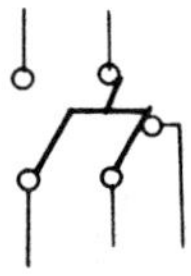	
7.10	기중 차단기 (일반) (air circuit breaker)		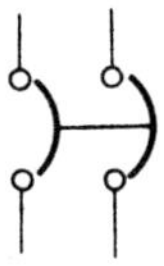	① 배선용 차단기도 포함한다. ② 복선도용은 2극인 경우이다.
7.11	기중 차단기 트립 코일부의 보 기(단극의 경우)	보기 1 		직렬 트립 코일 붙이의 보기
		보기 2 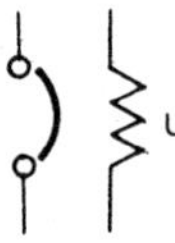 UV		부족 전압 트립 코일 붙이의 보기
		보기 3 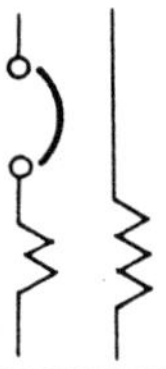 RC		역류 트립 코일 붙이의 보기
		보기 4 		인장 코일에 보조 스위치가 있는 경우
7.12	직류 고속도 차단기 (DC high speed circuit breaker)			
7.13	교류 차단기 (일반) (AC circuit breaker)	(a)  (b) 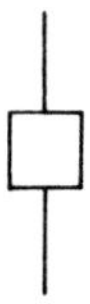 (c) 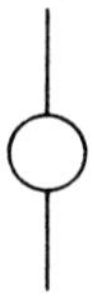	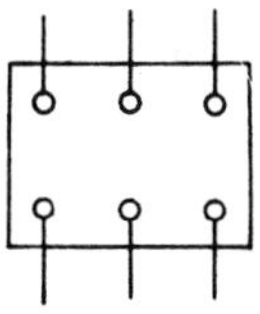	① 종류를 나타내는 경우에는 옆에 다음글 자를 부가한다. 　기름 차단기 : OCB 　공기 차단기 : ABB 　자기 차단기 : MBB ② (b)는 간단히 나타낼 필요가 있을 경우 ③ (c)는 전자 코일과 혼동되지 않을 경 우에 사용할 수 있다.

7.14	교류 차단기 트립부의 보기	보기 1 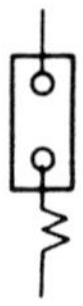	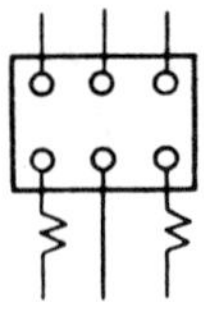	직렬 트립 코일부의 보기
		보기 2 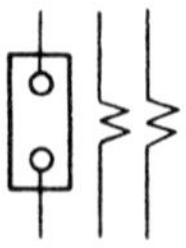	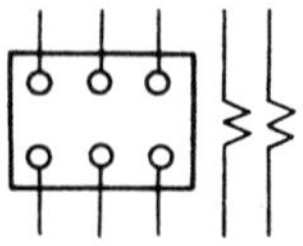	변류기 2차 전류 트립 보기
		보기 3 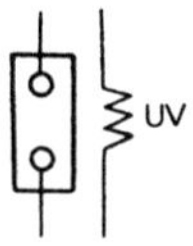	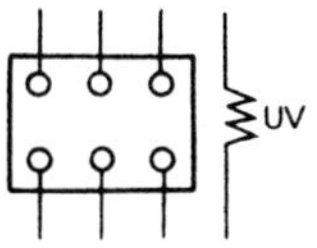	부족 전압 트립 코일 붙이의 보기
		보기 4 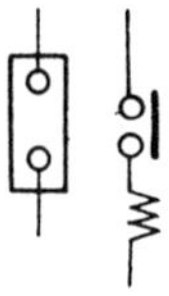	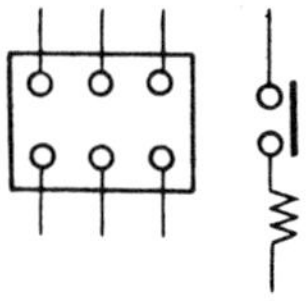	트립 벌린 코일의 보조 개폐기 붙이의 보기
7.15	고압 교류 부하 개폐기	(a) (b) (c) 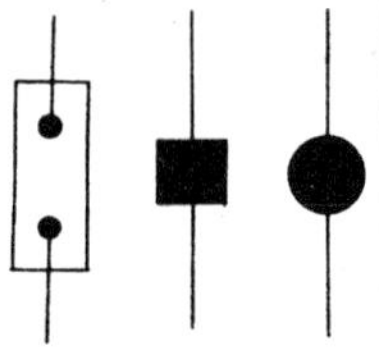	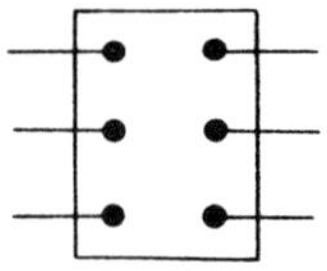	① 종류를 나타낼 경우에는 옆에 다음의 문자를 기입한다. 유부하 개폐기 : OS 기중 개폐기 : AS 진공 개폐기 : VS 가스 개폐기 : GS ② (b)는 간단히 표시할 필요가 있는 경우 ③ (c)는 다른 심볼과 혼동될 염려가 없는 경우
7.16	보조 스위치 (auxiliary switch)	(a - 가)  (b - 가) (a - 나) (b - 나) 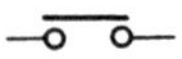	 	
7.17	누름 단추 스위치 (push button switch)	(a - 가)  (b - 가)		① (a)는 누르는 조작에 따라 폐로가 되는 경우

		 (a - 나)　　　(b - 나)	② (b)는 누르는 조작에 따라 개로가 되는 경우
7.18	트립 단추 스위치 (trip button switch)	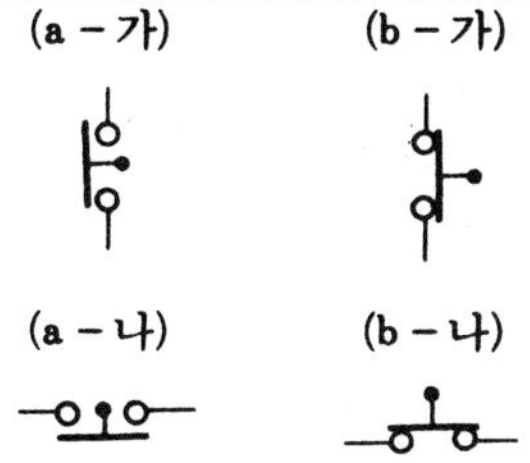 (a - 가)　　　(b - 가) (a - 나)　　　(b - 나)	① (a)는 당기는 조작에 따라 폐로가 되는 경우 ② (b)는 당기는 조작에 따라 개로가 되는 경우
7.19	쌍누름 단추 스위치 (double push button switch)	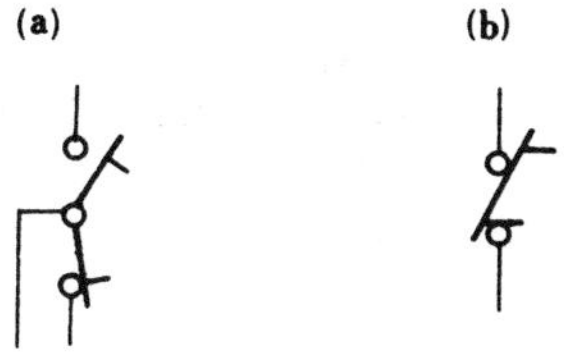 (a)　　　　　　(b)	① (a)는 쌍투용 ② (b)는 단투용
7.20	전자 접촉기 (electromagnetic contactor)	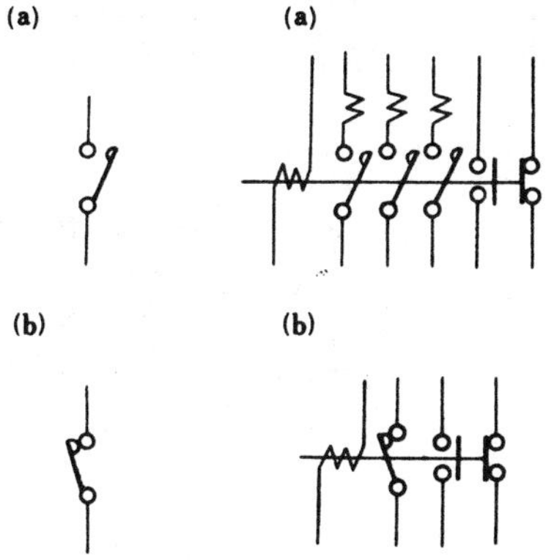 (a)　　　　　(a) (b)　　　　　(b)	① (a)의 휴지(rest) 상태에서 여는 경우를 나타내고, 복선도용은 3극 취소 코일 및 보조 스위치 붙이의 보기 ② (b)는 휴지(rest) 상태에서 닫는 경우를 나타내고, 복선도는 단극 취소(吹消) 코일 및 보조 스위치의 보기
7.21	열동 과전류 계전기의 히터	(a)　　　　　(b)	
7.22	제어기(일반) (controller)	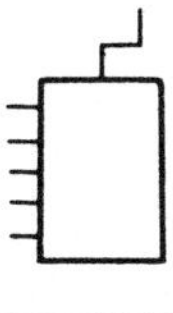	
7.23	드럼형 제어기 (전개) (drun type controller)	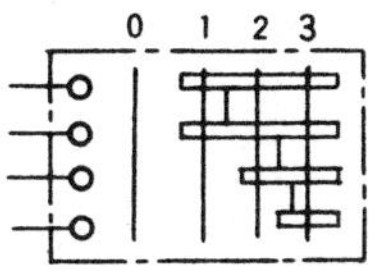 0　1　2　3	

7.24	캠 제어기 (전개) (cam controller)		귀선이 공통인 경우
7.25	리미트 스위치 (limit switch)	(a)　　　　(b)	① (a)는 작동의 경우에 폐로 되는 경우 ② (b)는 작동의 경우에 개로 되는 경우
7.26	텀블러 스위치 혹 은 로터리형 스위 치 (tumbler switch or rotary switch)	(a)　　(b)　　(c)	① (a)는 단극 단투용 ② (b)는 단극 쌍투용 ③ (c)는 쌍극 단투용
7.27	부동 스위치·압력 스위치 등 (floating switch pressure switch)	(a)　　(b)　　(c)	① (a)는 작동하면 폐로 되는 것. ② (b)는 작동하면 개로 되는 것. ③ (c)는 단극 절환용
7.28	속도 개폐기 (speed switch)	(a)　　　　(b)	① 특히 원심력 스위치임을 나타내고 싶을 때 사용 ② (a)는 작동하면 폐로가 되는 것. ③ (b)는 작동하면 개로가 되는 것.
7.29	다이얼형 스위치 (dial switch)		쌍극 단투의 경우
7.30	갸눕 스위치	(a)　　　　(b) (c)	① (a)는 단투로서 최소 코일 및 퓨즈 붙 이의 보기 ② (b)는 단투로서 최소 코일 및 퓨즈가 없는 보기 ③ (c)는 쌍투로서 최소 코일 및 퓨즈 붙 이의 보기

7.31	다이얼형 가감 저항기 (dial type rheostat)	(a)　　(b) 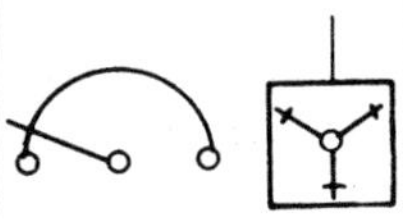　　(a)　　(b)	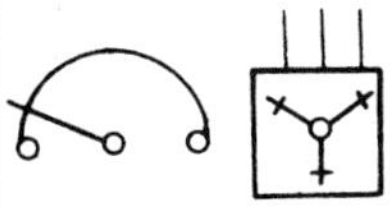	① (a)는 3상용의 것을 나타낸 것이다. ② 단선도 (a)에 있어서 단자를 필요로 하지 않는 부분의 ○은 떼어도 좋다.
7.32	액체 저항기 (liquid resitor)	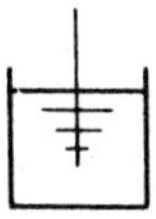	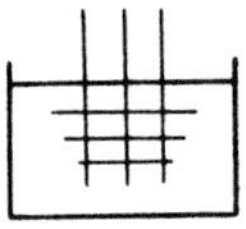	
7.33	시동 보상기 (auto starter)	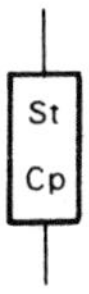 St Cp	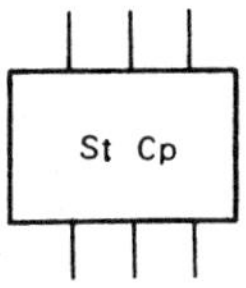 St Cp	
7.34	스타델타 시동기 (star-delta starter)		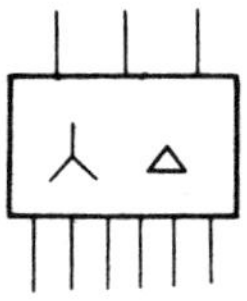	
7.35	자동 조정기 (automatic regulator)	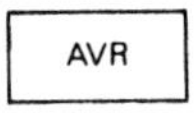 AVR		① 그림은 자동 전압 조정기의 보기이다. 이외의 경우에는 다음 문자를 사용한다. 자동 전류 조정기 : ACR 자동 무효 전력 조정기 : AQR 자동 역률 조정기 : APFR 자동 부하 조정기 : ALR ② 교류, 직류를 구별할 필요가 있는 경우에는 다음과 같다. 교류  AVR　　직류 AVR 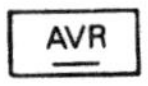
7.36	판다 그래프 (panto graph)	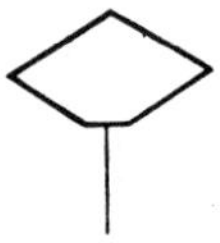		
7.37	집 전 자 (collector shoe)	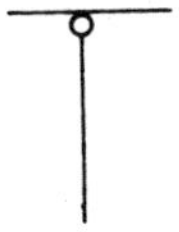	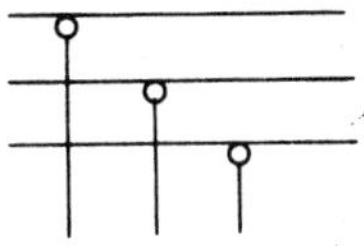	복선도용은 세개의 경우
7.38	슬 립 링 (collector ring)		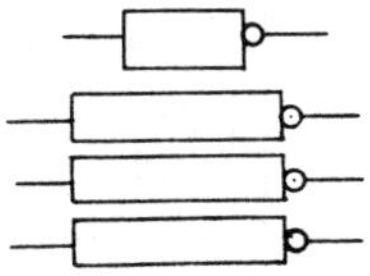	복선도용은 네개의 경우

7.39	플러그형 접속기 (plug type connector)	(a)　(b) 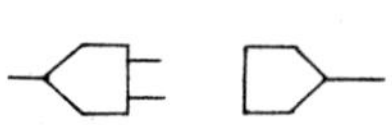	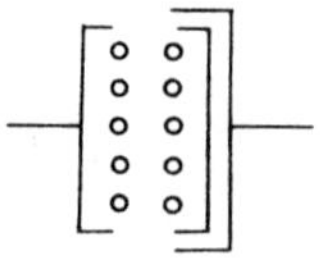	① 단선도용의 (a)는 플러그, (b)는 플러그 받이임을 나타낸다. ② 복선도용의 ○의 수는 단자 수와 같다.
7.40	제어용 전자 코일	(a) 	(b) 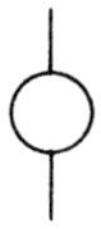	용도를 나타낼 경우, 다음과 같이 글자를 부기할 수 있다. 보기 1. 브레이크용 전자석으로서 　(a)는 전압 코일의 경우 　(b)는 전류 코일의 경우 　(a) BM　(b) BM 보기 2. 투입 코일의 경우 　(a) CC　(b) CC 보기 3. 잡아빼기 코일의 경우 　(a) TC　(b) TC

(8) 콘덴서 및 리액터

번 호	명　　　칭	심 볼		적　　　　　요
		단 선 도 용	복 선 도 용	
8.1	전력용 콘덴서	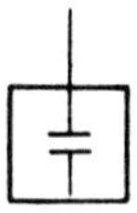	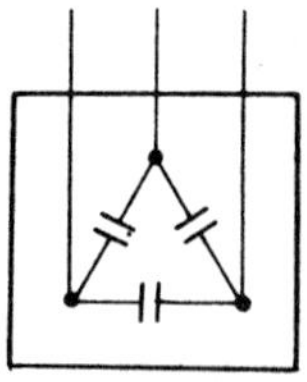	① 단선도의 도면상에서 접속되어 있지 않은 경우에는 다음과 같이 그 선은 삭제할 수 있다. 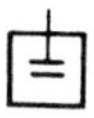 ② 복선도용은 △결선의 보기 ③ 간편 표시의 경우 다음과 같은 심볼을 사용한다. 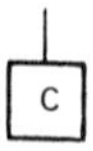　C
8.2	전력용 분로 리액터	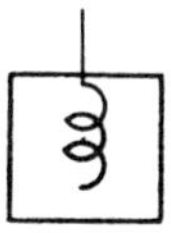	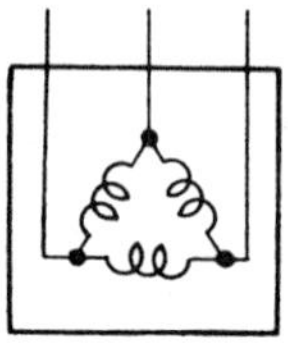	① 복선도용은 △ 결선의 보기 ② 간편 표시의 경우, 다음과 같은 심볼을 사용한다. 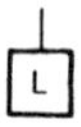　L

(9) 보호장치

번 호	명　　　칭	심　　　볼		적　　　　　　　　요
		단 선 도 용	복 선 도 용	
9.1	피 뢰 기	(a)　　(b)		방전캡의 유무에 상관없이 이것으로 나타낸다.
9.2	피뢰기 방전 전류 측정기			
9.3	정전 방전기			
9.4	퓨즈(일반)	(a)	(b)	실 퓨즈, 판 퓨즈를 포함한다.
9.5	포장 퓨즈	(a)	(b)	① 통형 퓨즈, 전력 퓨즈, 플러그퓨즈를 포함한다. ② 사선은 우상(右上)으로 한다.
9.6	퓨즈 붙이 단로기	(a)	(b)	
9.7	한류(限流) 리액터	(a)	(b)	

9.8	소호(消弧) 리액터	(a) (b) (c)　(a) (b) (c)	① (b), (c)는 탭을 가진 것을 나타낸다. (2) (c)는 2차 코일을 가진 것을 나타낸다. ③ 리액터의 부분은 아래와 같이 그려도 좋다.

⑽ 계전기 및 접점

① 계전기

㈎ 다른 기기와 혼동될 우려가 없는 경우에는 ☐ 대신에 ○을 사용할 수 있다.

㈏ 이들의 심볼은 계전 방식을 나타내는 경우에도 사용할 수 있다.

㈐ 계전 방식과 계전기를 조합할 경우, 아래의 보기에 따른다.

  [보기]　• 단락 방향 계전 방식용의 과전류 계전기　DS-OC

        • 반송 계전 방식용의 방향 거리 계전기　Cr - Dz

        • 계통 분리 계전 방식용의 부족 주파수 계전기　DI-UF

㈑ 특히 교류, 직류의 구별을 할 경우에는 OC̲　O̲C 로 구별한다.

㈒ 아래 표의 적요란 ①, ②는 다음을 의미한다.

  ①은 O(과, 過), U(부족) 혹은 OU(과부족)을 달수 있는 것

    [보기] 10.4, 10.18 등

  ②는 S(단락) 혹은 G(지락)을 끝에 첨가할 수 있는 것.

    [보기] 10.20, 10.26 등

㈓ 고속도인 경우 표의 글자의 선두에 H를 첨가한다.

  [보기] 10.4를 HC 로

㈔ 전압 억제부가 있는 것은 표의 글자 끝에 v를 첨가한다. 다만, S 혹은 G의 앞에 단다.

  [보기] 전압 억제부 단락 과전류 계전기 OCvS

번 호	명　　　칭	심　　　　볼	적　　　요
10.1	계전기 (일반) (relay)	☐	
10.2	단락 계전기 (short circuit relay)	S	
10.3	지락 계전기 (ground relay)	G	
10.4	전류 계전기 (current relay)	C	①
10.5	과전류 계전기 (over current relay)	(a) OC　　(b) ○	
10.6	지락 과전류 계전기 (over current ground relay)	(a) OCG　　(b) ●	

10. 7	부족 전류 계전기 (under current relay)	UC	
10. 8	역류 계전기 (reverse-current relay)	RC	
10. 9	과부하 계전기 (over load relay)	OL	
10. 10	한류 계전기 (current limiting relay)	CL	
10. 11	반상(反相) 전류 계전기 (phase current relay)	R Φ C	RPhC 로 표시할 수 있다.
10. 12	섬락 계전기 (flash over relay)	FO	
10. 13	전압 계전기 (voltage relay)	V	①
10. 14	과전압 계전기 (over voltage relay)	(a) OV　(b)	
10. 15	지락 과전압 계전기 (over voltage ground relay)	(a) OVG　(b)	
10. 16	부족 전압 계전기 (under voltage relay)	(a) UV　(b)	
10. 17	반상 전압 계전기 (reverce voltage relay)	R Φ V	RPhV 로 표시할 수 있다.
10. 18	주파수 계전기 (frequency relay)	F	①
10. 19	극성 계전기 (polarity relay)	P l	
10. 20	방향 계전기 (directional relay)	D	②
10. 21	단락 방향 계전기 (directional circuit relay)	(a) DS　(b)	
10. 22	지락 방향 계전기 (directional ground relay)	(a) DG　(b)	
10. 23	전력 계전기 (power relay)	P	①
10. 24	역전력 계전기 (reverce power relay)	RP	
10. 25	무효 전력 계전기 (reactive power relay)	Q	①

10. 26	차동 계전기 (differential relay)	(a) Df	(b) ⊖	②
10. 27	비율 차동 계전기 (percentage differential relay)	(a) RDf	(b) ⊙	②
10. 28	위상 비교 계전기 (phase comparison relay)	Φ		② Ph 로 표시할 수 있다.
10. 29	평형 계전기 (balance relay)	B		
10. 30	단락 회전 선택 계전기 (selective short circuit relay)	(a) SS	(b)	
10. 31	지락 회전 선택 계전기 (selective ground relay)	(a) SG	(b) ■	
10. 32	전류 평형 계전기 (current balance relay)	CB		
10. 33	전압 평형 계전기 (voltage balance relay)	VB		
10. 34	상평형 계전기 (phase balance relay)	ΦB		PhB 로 표시할 수 있다.
10. 35	상선별 계전기 (phase)	ΦSl		② PhSl 로 표시할 수 있다.
10. 36	비율 계전기 (percentage relay)	R		
10. 37	거리 계전기 (distance relay)	(a) Z	(b) Ⓩ	②
10. 38	방향 거리 계전기 (directional distance relay)	(a) DZ	(b) △Z	
10. 39	동기 투입 계전기 (synchronizing relay)	Sy		동기 검출 계전기 포함
10. 40	탈조 계전기 (step-out relay)	SO		
10. 41	계자 지락 계전기 (loss-of-excitation relay)	FG		

10. 42	계자 상실 계전기 (loss-of-field relay)	(a) LF	(b) ⊕	
10. 43	계통 분리 계전기	DI		②
10. 44	모선 계전기 (bus bar relay)	BP		②
10. 45	열동 계전기 (thermal relay)	Th		
10. 46	열동 과전류 계전기 (thermal over current relay)	ThOC		
10. 47	열동 과부하 계전기 (thermal over load relay)	ThOL		
10. 48	한시 계전기 (timing relay)	(a) TL	(b) ⊕	
10. 49	보조 계전기 (auxiliary relay)	(a) Ax	(b) ⊕	
10. 50	다접촉 계전기 (many contact relay)	(a) MC	(b) ⊕	
10. 51	폐쇄 계전기 (locking relay)	L		
10. 52	연동 계전기 (inter locking relay)	Il		
10. 53	자유 잡아빼기 계전기 (trip free relay)	TF		
10. 54	재폐로 계전기 (reclosing relay)	(a) ReC	(b) ⊕	
10. 55	노칭 계전기 (notching relay)	Nch		
10. 56	프리커 계전기 (flicker relay)	Fc		
10. 57	고장 표시기 (fault indicater)	FI		

10. 58	온도 계전기 (temperature relay)	T	①
10. 59	압력 계전기 (pressure relay)	Pr	①
10. 60	흐름 계전기 (flow relay)	Fl	①
10. 61	유류 계전기 (oil flow relay)	OlFl	①
10. 62	기류 계전기 (air flow relay)	ArFl	①
10. 63	수류 계전기 (water flow relay)	WtFl	①
10. 64	위치 계전기 (position relay)	Po	
10. 65	속도 계전기 (speed relay)	Sp	①
10. 66	진공 계전기 (vacuum relay)	Vc	
10. 67	부후홀쯔 계전기 (buchholtz relay)	BH	
10. 68	고장 검출 계전기 (fault check relay)	FDt	②
10. 69	반송 계전기 (carrier relay)	Cr	
10. 70	반송 수신 계전기 (carrier receiver relay)	CrRe	
10. 71	방향 비교식 반송 계전기 (directional comparison carrier relay)	CrD	②
10. 72	위상 비교식 반송 계전기 (phase comparison carrier relay)	Cr Φ	② CrPh 로 하여도 좋다.
10. 73	전송 잡아빼기식 반송 계전기 (transferred tripping carrier relay)	CrTT	②

번호	명 칭	심 볼	적 요
10. 74	표시선 계전기 (pilot wire relay)	Pw	②
10. 75	방향 비교식 표시선 계전기 (directional comparison pilot wire relay)	PwD	②
10. 76	차동식 표시선 계전기 (differential pilot wire relay)	PwDf	②
10. 77	전송 잡아빼기식 표시선 계전기 (transferred tripping pilot wire relay)	PwTT	②
10. 78	표시선 감시 계전기 (pilot wire monitor relay)	PwMo	②
10. 79	마이크로파 계전기 (micro wave relay)	M	
10. 80	방향 비교식 마이크로파 계전기 (directional comparison micro wave relay)	MD	②
10. 81	위상 비교식 마이크로파 계전기 (phase comparison micro wave relay)	M Φ	② MPh 로 하여도 좋다.
10. 82	전송 잡아빼기식 마이크로파 계전기(transferred tripping micro wave relay)	MTT	②
10. 83	전송 잡아빼기 계전기 (transferred tripping relay)	TT	②

② **계전기 접점 심볼**

 (개) 이 규격의 적용범위〔비고 5 에서〕기술된 상태에서 개로 되는 것에 대하여는 가동부분을 오른쪽 혹은 위쪽에 쓰고, 폐로된 것에 대하여는 가동부분을 왼쪽 또는 아래쪽에 쓴다.

 (내) 이 규격의 적용범위〔비고 5〕이외의 상태를 나타내는 경우에는

 10. 84의 a접점을 ⊸⊸ 10. 85의 b접점을 ⊸○⊸ 와 같이 표시할 수 있다.

번 호	명 칭	심 볼		적 요
		(a)	(b)	
10. 84	a 접 점		⊸○⊸	

10. 85	b 접 점	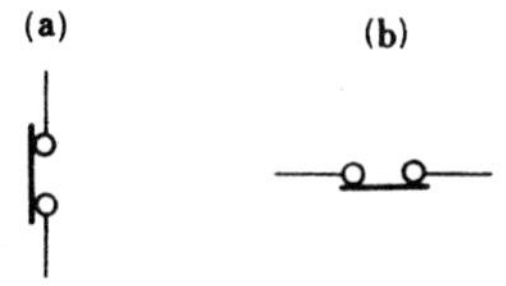 (a) (b)	
10. 86	c 접 점	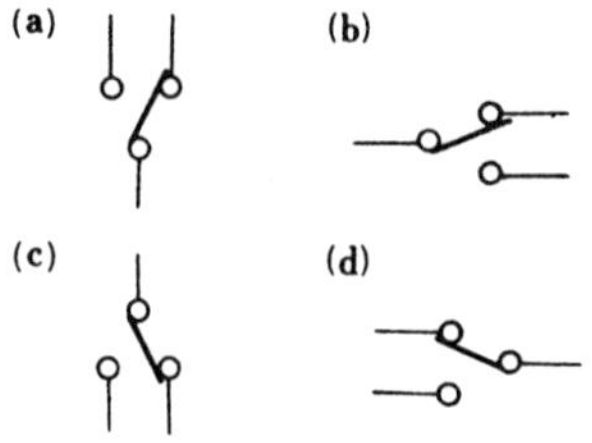 (a) (b) (c) (d)	
10. 87	l 접 점	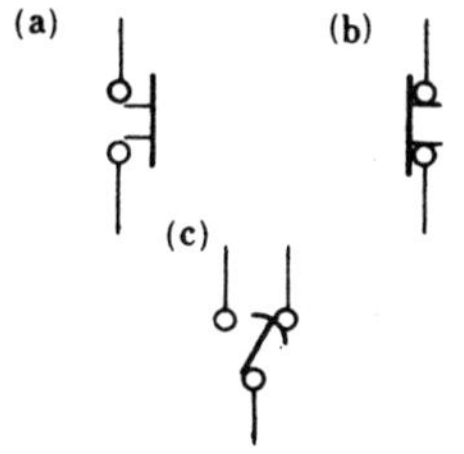 (a) (b) (c)	계전기의 동작 혹은 복귀시 개로접점이 개로하기 전에 폐로 접점이 폐로하여 일시적으로 쌍방의 접점이 폐로 상태를 유지하는 절환 접점을말함. (a)는 al접점, (b)는 bl접점 (c)는 cl접점
10. 88	쌍방향 접점	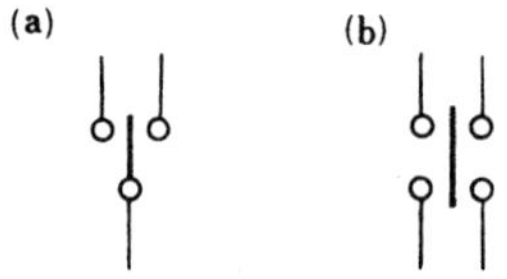 (a) (b)	a접점의 경우
10. 89	3 단자 접점	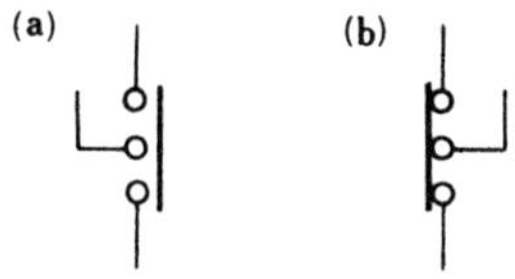 (a) (b)	(a)는 3단자 a접점 (b)는 3단자 b접점
10. 90	수동 복귀 계전기 및 전기 복귀 계전기의 접점	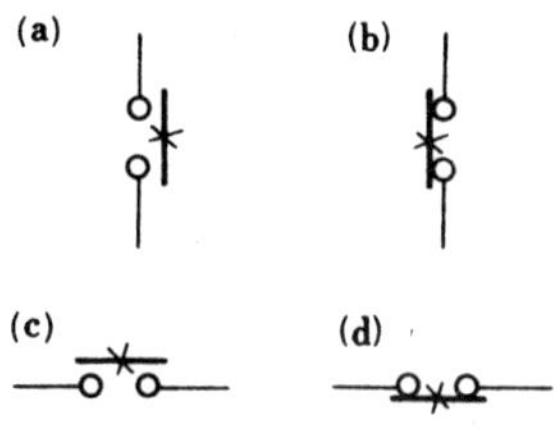 (a) (b) (c) (d)	(a)(c)는 a접점 (b)(d)는 b접점
10. 91	한	폐로에 한시(限時)가 있는 접점	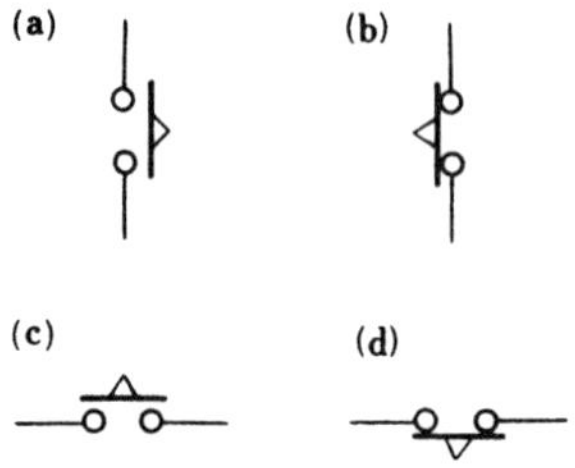 (a) (b) (c) (d)	

| 시

접

점 | 개로에 한시(限時)가
있는 접점 | (a) (b) (c) (d) | |
| | 폐로 및 개로에 한시
(限時)가 있는 접점 | (a) (b) (c) (d) | |

(11) 계기 심볼

① 기록형은 심볼의 글자의 첫머리에 R 자를 붙인다.

② 종합형은 심볼의 글자의 첫머리에 T 자를 붙인다.

③ 인자형은 심볼의 글자의 첫머리에 Pt 자를 붙인다.

④ 최대, 최소를 표시할 수 있는 것은 심볼의 글자의 첫머리에 M 자를 붙인다.

번 호	명 칭	심 볼	적 요
11. 1	계 기 (일반) (meter)	○	○ 속에 종류를 나타내는 글자를 넣는다. 특히 직류, 교류, 고주파의 구별은 다음과 같다. 직류　교류　고주파 지침의 한쪽 흔들림 또는 양쪽 흔들림을 나타낼 경우는 다음과 같다. ：한쪽 방향으로 지침이 움직임 ：양쪽 방향으로 지침이 움직임
11. 2	전 류 계 (ammeter)	A	
11. 3	기록 전류계 (recording ammeter)	RA	
11. 4	적산 전류계 (ampere-hour meter)	AH	
11. 5	전 압 계 (volt meter)	V	

11. 6	기록 전압계 (recording voltmeter)	(RV)	
11. 7	저 항 계 (ohm meter)	(Ω)	
11. 8	하이로 전압계 (high-low meter)	(HLV)	
11. 9	전 력 계 (watt meter)	(W)	
11. 10	기록 전력계 (recording watt meter)	(RW)	
11. 11	종합 전력계 (totalizing watt meter)	(TW)	
11. 12	기록 종합 전력계(recording totalizing watt meter)	(RTW)	
11. 13	최대 수용 전력계(maximun demand watt meter)	(MDW)	최대 수용 전력계(최대, 최소 지침 부 포함)의 경우는 (MDA) 로 한다.
11. 14	전력량계 (watt-hour meter)	(a) (WH)　　(b) ((WH))	(b)는 검정필한 것을 나타내는 경우
11. 15	무효 전력계 (reactive V.A meter)	(VAR)	
11. 16	적산 무효 전력계 (var-hour meter)	(VARH)	
11. 17	역 률 계 (power factor meter)	(PF)	
11. 18	무효율계(reactive factor meter)	(Sn)	
11. 19	주파수계 (frequency meter)	(F)	
11. 20	속 도 계 (speed meter)	(S)	
11. 21	회 전 계 (tacho meter)	(N)	
11. 22	위치 지시계 (position indicator)	(PI)	
11. 23	수 위 계 (water lever meter)	(WLI)	
11. 24	검 류 기 (ground detector)	(GD)	
11. 25	검 전 기 (voltage detector)	(VD)	발광 검전기를 포함.

11. 26	동기 검전기 (synchroscope)	Sy	
11. 27	온 도 계 (temperautre indicator)	T	
11. 28	최대 전류계 (maximum ammeter)	MA	
11. 29	최대·최소 전압계 혹은 최대 전압계 (maximum volt meter)	MV	
11. 30	영상 전류계 (zero-phase sequence ammeter)	Ao	
11. 31	영상 전압계 (zero-phase sequence volt meter)	Vo	
11. 32	최대 영상 전압계 (maximum zero-phase sequence volt meter)	MVo	
11. 33	시 간 계 (hour meter)	H	1. 용도를 명시할 경우, 보기를 들면 고장 시간계를 FH 와 같이 적당한 글자를 부기한다. 2. 계산 시간계도 이것을 사용한다.
11. 34	유 량 계 (flow meter)	Fl	
11. 35	적산 유량계 (flow-hour meter)	FlH	
11. 36	인자형(印字形) 전력량계 (printing watt-hour meter)	PtWH	
11. 37	송량기(일반) (transmission meter)	Tm	송량기임이 확실한 경우, 측정 요소의 종류를 구별하면 다음과 같다. 전류 송량기 : AT 전압 송량기 : VT 전력 송량기 : WT 무효 전력 송량기 : VART 주파수 송량기 : FT 전압 주파수 송량기 : VFT
11. 38	배전선 고장구간 표시기	SI	

4. 시퀀스 제어 기호 (KS C 0103)

4·1 적용범위

이 규격은 일반 산업의 시퀀스 제어계에 있어서 전기계통의 전개 접속도에 사용되는 기기 및 장치의 문자기호, 그림기호 및 전개 접속도의 표시 방법에 대하여 규정한다.

〔비 고〕

1. 이 규격은 시퀀스 제어계 중의 전기계통을 대상으로 하고, 그 이외의 부분에 대해서는 규정하지 않는 것을 원칙으로 한다.
2. 전력 설비에 있어서의 시퀀스 제어는 일단 적용범위 외로 했으나, 지장이 없는한 이 규격을 준용함이 바람직하다.
3. 시퀀스라 함은 현상이 일어나는 순서를 말하며, 시퀀스 제어라 함은 미리 정해 놓은 순서 또는 일정한 논리에 의하여 정해진 순서에 따라 제어의 각 단계를 순차적으로 진행하는 제어를 말한다.

4·2 기기 및 장치의 문자 기호

문자 기호는 기기 또는 장치를 표시하는 기기 기호와 기기 또는 장치가 하는 기능 등을 표시 하는 기능 기호의 2종류로 하고, 양자를 조합하여 사용할 때는 기능 기호, 기기 기호의 순서로 쓰며, 원칙으로는 그 사이에 "——"를 넣는다.

(1) **기기 기호** : 기기 기호의 중요한 것은 다음과 같다.

① 회 전 기

문자 기호	용 어	대 응 영 어
EX	여 자 기	Exciter
FC	주파수 변환기	Frequency Changer, Frequency Converter
G	발 전 기	Generator
IM	유도 전동기	Induction Motor
M	전 동 기	Motor
MG	전동 발전기	Motor – Generator
OPM	조작용 전동기	Operating Motor
RC	회전 변류기	Rotary Converter
SEX	부 여자기	Sub - Exciter
SM	동기 전동기	Synchronous Motor
TG	회전 속도계 발전기	Tachometer Generator

② 변압기 및 정류기류

문자 기호	용 어	대 응 영 어
BCT	부싱 변류기	Bushing Current Transformer
BST	승 압 기	Booster
CLX	한류 리액터	Current Limiting Reactor
CT	변 류 기	Current Transformer
GT	접지 변압기	Grounding Transformer
IR	유도 전압 조정기	Induction Voltage Reguiator
LTT	부하시 탭 전환 변압기	On-load Tap-changing Transformer
LVR	부하시 전압 조정기	On-load Voltage Regulator
PCT	계기용 변압 변류기	Potential Current Transformer Combined Voltage and Current Transformer

PT	계기용 변압기	Potential Transformer, Voltage Transformer
T	변 압 기	Transformer
PHS	이 상 기	Phase Shifter
RF	정 류 기	Rectifier
ZCT	영상 변류기	Zero-phase-sequence Current Transformer

③ 차단기 및 스위치류

문자 기호	용　　　어	대 응 영 어
ABB	공기 차단기	Airblast Circuit Breaker
ACB	기중 차단기	Air Circuit Breaker
AS	전류계 전환 스위치	Ammeter Change-over Switch
BS	버튼 스위치	Button Switch
CB	차 단 기	Circuit Breaker
COS	전환 스위치	Change-over Switch
CS	제어 스위치	Control Switch
DS	단 로 기	Disconnecting Switch
EMS	비상 스위치	Emergency Switch
F	퓨 즈	Fuse
FCB	계자 차단기	Field Circuit Breaker
FLTS	플로우트 스위치	Float Switch
FS	계자 스위치	Field Switch
FTS	발밟음 스위치	Foot Switch
GCB	가스 차단기	Gas Circuit Breaker
HSCB	고속도 차단기	High-speed Circuit Breaker
KS	나이프 스위치	Knife Switch
LS	리밋 스위치	Limit Switch
LVS	레벨 스위치	Level Switch
MBB	자기 차단기	Magnetic Blow-out Circuit Breaker
MC	전자 접촉기	Electromagnetic Contactor
MCB	배선용 차단기	Molded Case Circuit Breaker
OCB	기름 차단기	Oil Circuit Breaker
OSS	과속 스위치	Over-speed Switch
PF	전력 퓨즈	Power Fuse
PRS	압력 스위치	Pressure Switch
RS	회전 스위치	Rotary Switch
S	스위치, 개폐기	Switch
SPS	속도 스위치	Speed Switch
TS	텀블러 스위치	Tumbler Switch
VCB	진공 차단기	Vacuum Circuit Breaker
VCS	진공 스위치	Vacuum Switch
VS	전압계 전환 스위치	Voltmeter Change-over Switch
CTR	제 어 기	Controller
MCTR	주 제어기	Master Controller
STT	기 동 기	Starter
YDS	스타델타 기동기	Star-delta Starter

④ 저 항 기

문자 기호	용　　　어	대 응 영 어
CLR	한류 저항기	Current-Limiting Resistor
DBR	제동 저항기	Dynamic Braking Resistor
DR	방전 저항기	Discharging Resistor

문자 기호	용어	대응 영어
FRH	계자 조정기	Field Regulator, Field Rheostat
GR	접지 저항기	Grounding Resistor
LDR	부하 저항기	Loading Resistor
NGR	중성점 접지 저항기	Neutral Grounding Resistor
R	저 항 기	Resistor
RH	가감 저항기	Rheostat
STR	기동 저항기	Starting Resistor

⑤ 계 전 기

문자 기호	용　　　　어	대　　응　　영　　어
BR	평형 계전기	Balance Relay
CLR	한류 계전기	Current Limiting Relay
CR	전류 계전기	Current Relay
DFR	차동 계전기	Differential Relay
FCR	플릭커 계전기	Flicker Relay
FLR	흐름 계전기	Flow Relay
FR	주파수 계전기	Frequency Relay
GR	지락 계전기	Ground Relay
KR	유지 계전기	Keep Relay
LFR	계자손실 계전기	Loss of Field Relay, Field Loss Relay
OCR	과전류 계전기	Over－current Relay
OSR	과속도 계전기	Over-speed Relay
OPR	결상 계전기	Open-phase Relay
OVR	과전압 계전기	Over－voltage Relay
PLR	극성 계전기	Polarity Relay
PR	역전 방지 계전기(플러깅 계전기)	Plugging Relay
POR	위치 계전기	Position Relay
PRR	압력 계전기	Pressure Relay
PWR	전력 계전기	Power Relay
R	계 전 기	Relay
RCR	재폐로 계전기	Reclosing Relay
SOR	탈조(동기 이탈) 계전기	Out-of-step Relay, Step-out Relay
SPR	속도 계전기	Speed Relay
STR	기동 계전기	Starting Relay
SR	단락 계전기	Short-circuit Relay
SYR	동기투입 계전기	Synchronizing Relay
TDR	시연 계전기	Time Delay Relay
TFR	자유트립 계전기	Trip-free Relay
THR	열동 계전기	Thermal Relay
TLR	한시 계전기	Time-lag Relay
TR	온도 계전기	Temperature Relay
UVR	부족전압 계전기	Under-voltage Relay
VCR	진공 계전기	Vacuum Relay
VR	전압 계전기	Voltage Relay

⑥ 계 기

문자 기호	용　　　　어	대　　응　　영　　어
A	전 류 계	Ammeter
F	주 파 수 계	Frequency Meter
FL	유 량 계	Flow Meter
GD	검 루 기	Ground Detector

HRM	시 계	Hour Meter
MDA	최대 수요 전류계	Maximum Demand Ammeter
MDW	최대 수요 전력계	Maximum Demand Watt-meter
N	회전 속도계	Tachometer
PI	위치 지시계	Position Indicator
PF	역 률 계	Power-factor Meter
PG	압 력 계	Pressure Gauge
SH	분 류 기	Shunt
SY	동기 검정기	Synchronoscope, Synchronism Indicator
TH	온 도 계	Thermometer
THC	열 전 대	Thermocouple
V	전 압 계	Voltmeter
VAR	무효 전력계	Var Meter, Reactive Power Meter
VG	진 공 계	Vacuum Gauge
W	전 력 계	Watt-meter
WH	전 력 량 계	Watt-hour Meter
WLI	수 위 계	Water Level Indicator

⑦ 기 타

문자 기호	용 어	대 응 영 어
AN	표 시 기	Annunciator
B	전 지	Battery
BC	충 전 기	Battery Charger
BL	벨	Bell
BL	송 풍 기	Blower
BZ	부 저	Buzzer
C	콘 덴 서	Condenser, Capacitor
CC	폐로 코일	Closing Coil
CH	케이블 헤드	Cable Head
DL	더미 부하(의사 부하)	Dummy Load
EL	지락 표시등	Earth Lamp
ET	접지 단자	Earth Terminal
FI	고장 표시기	Fault Indicator
FLT	필 터	Filter
H	히 터	Heater
HC	유지 코일	Holding Coil
HM	유지 자석	Holding Magnet
HO	호 온	Horn
IL	조 명 등	Illuminating Lamp
MB	전자 브레이크	Electromagnetic Brake
MCL	전자 클러치	Electromagnetic Clutch
MCT	전자 카운터	Magnetic Counter
MOV	전동 밸브	Motor-operated Valve
OPC	동작 코일	Operating Coil
OTC	과전류 트립 코일	Over-current Trip Coil
RSTC	복귀 코일	Reset Coil
SL	표 시 등	Signal Lamp, Pilot Lamp
SV	전자 밸브	Solenoid Valve
TB	단자대, 단자판	Terminal Block, Terminal Board
TC	트립 코일	Trip Coil
TT	시험 단자	Testing Terminal
UVC	부족 전압 트립 코일	Under-voltage Release Coil, Under-voltage Trip Coil

(2) 기능 기호 : 기능 기호 중 중요한 것은 다음과 같다.

문자 기호	용　　어	대 응 영 어
A	가 속·증 속	Accelerating
AUT	자　　동	Automatic
AUX	보　　조	Auxiliary
B	제　　동	Braking
BW	후　방　향	Backward
C	제　　어	Control
CL	닫　　음	Close
CO	전　　환	Change-over
CRL	미　　속	Crawling
CST	코 우 스 팅	Coasting
DE	감　　속	Decelerating
D	하 강·아 래	Down, Lower
DB	발 전 제 동	Dynamic Braking
DEC	감　　소	Decrease
EB	전 기 제 동	Electric Braking
EM	비　　상	Emergency
F	정　방　향	Forward
FW	앞　으　로	Forward
H	높　　다	High
HL	유　　지	Holding
HS	고　　속	High Speed
ICH	인　　칭	Inching
IL	인 터 록	Inter-locking
INC	증　　가	Increase
INS	순　　시	Instant
J	미　　동	Jogging
L	왼　　편	Left
L	낮　　다	Low
LO	록 크 아 웃	Lock-out
MA	수　　동	Manual
MEB	기 계 제 동	Mechanical Braking
OFF	개 로, 끊 다	Open, Off
ON	폐 로, 닫 다	Close, On
OP	열　　다	Open
P	플　러　깅	Plugging
R	기　　록	Recording
R	반대로, 역으로	Reverse
R	오　른　편	Right
RB	재 생 제 동	Regenerative Braking
RG	조　　정	Regulating
RN	운　　전	Run
RST	복　　귀	Reset
ST	시　　동	Start
SET	세　　트	Set
STP	정　　지	Stop
SY	동　　기	Synchronizing
U	상 승, 위 로	Raise, Up

(3) 무접점 계전기의 문자 기호

① 무접점 계전기의 문자 기호 : 무접점 계전기에 대해서는 다음 문자 기호를 사용한다.

문자 기호	용 어	대 응 영 어
NOT	논 리 부 정	Not, Negation
OR	논 리 합	Or
AND	논 리 적	And
NOR	노 어	Nor
NAND	낸 드	Nand
MEM	메 모 리	Memory
ORM	복 귀 기 억	Off Return Memory
RM	영 구 기 억	Retentive Memory
FF	플 립 플 롭	Flip Flop
BC	이 진 카 운 터	Binary Counter
SFR	시프트 레지스터	Shift Register
TDE	동작 시간 지연	Time Delay Energizing
TDD	복귀 시간 지연	Time Delay De-energizing
TDB	시 간 지 연	Time Delay (Both)
SMT	시밋트 트리거	Schmidt Trigger
SSM	단 안정 멀티바이브레이터	Single Shot Multi-vibrator
MLV	멀티 바이브레이터	Multi-vibrator
AMP	증 폭 기	Amplifier

비고 : ORM (복귀 기억)은 전원 투입시의 상태가 항상 출력 “0”이고, RM (영구 기억)은 전원 재투입시도 이
　　　전의 상태를 재현할 수 있다.

② **입출력 문자 기호** : 무접점 계전기의 입출력을 명확히 할 필요가 있을 때는 다음의 문자 기
호를 사용한다.

문자 기호	용 어	문자 기호	용 어
X	정 상 입 력	SE	익스팬드 입력 세트
Y	역 상 입 력	RE	익스팬드 입력 리세트
Z	보 조 입 력	F	중간 입출력
A	정 상 출 력	JK	절연 입력
B	역 상 출 력	LM	영 조정 입력
S	세 트 입 력	PN	직류 (바이어스 포함)
R	리 세 트 입 력	UVW	교 류
XE	익스팬드 입력 정상	O	공통 모선 또는 중성점
YE	익스팬드 입력 역상		

비고 : 1. 전원 단자 번호에 첨부 숫자를 붙일 때는 전위가 높은 것으로부터 1, 2로 한다.
　　　 2. 정상, 역상의 정의는 그 요소의 기능을 기준으로 하여 정한다.

4·3 기기 및 장치의 그림 기호

(1) **상세 그림 기호** : (KS C) 0102에 정해진 그림 기호로서 대부분 상세 전개 접속도에 사용된다.
(2) **간략 그림 기호** : ▭ 또는 ○ 속에 그 기능 이나 장치의 문자 기호, 명칭 혹은 약호를 써
넣는 것으로 대부분 간략한 전개 접속도에 사용된다.

비고 : KS C 0102에 정해진 그림 기호 중 문자 부분이 그 규격의 문자 기호와 다를 때는 이 규격의 문자 기호
를 사용한다.

4·4 전개 접속도의 표시 방법

(1) **전개 접속도의 종류**
　① 상세 전개 접속도 및 간략 전개 접속도

㈎ 상세 전개 접속도 : 제어계의 시퀀스를 명확히 표시하기 위해서 제어계의 기기와 장치 등의 접속을 상세히 전개하여 표시한 그림이다. 간단히 전개 접속도라 불러도 무방하다.

㈏ 간략 전개 접속도 : 제어계의 중요한 기기와 장치 등의 연결을 표시하고, 제어의 중요한 시퀀스를 표시하는 그림이다.

② 세로 쓰기와 가로 쓰기

㈎ 그림 위의 요소들의 접속선 방향이 대부분 상하 방향인 전개 접속도를 세로 쓰기의 전개 접속도라 부른다.

㈏ 그림 위의 요소들의 접속선의 방향이 대부분 좌우 방향인 전개 접속도를 가로쓰기의 전개 접속도라 부른다.

(2) 상세 전개 접속도

① 상세 전개 접속도에 사용하는 기호 : 기기 및 장치는 주로 4·3 (1)에 정한 그림 기호로 표시하고, 원칙적으로 문자 기호를 이에 부기한다. 다만, 접점의 표시는 다음에 정하는 방법에 따른다.

② 구성 : 제어계의 기기 및 장치 등을 ①에 정한 기호로 표시하고 상호간의 접속을 실선으로 표시한다. 특히 접점 등에 대해서는 제어의 시퀀스가 명확하게 표시한다.

③ 동종의 기기 또는 장치에 대한 보조 번호 : 동종의 기기 또는 장치가 복수개 있어 그들을 구별할 필요가 있을 때는, 그 기기 또는 장치의 문자 기호에 보조 번호를 첨부한다.

④ 보조 계전기에 대한 보조 기호 : 주 계전기의 동작을 보조하는 계전기가 있어 주 계전기와 구별할 필요가 있을 때는 주 계전기의 문자 기호에 보조 기호를 첨부한다. 보조 기호로서는 X, Y, Z 등을 사용한다.

⑤ 접점의 표시

㈎ 표시법 : 전개 속도의 접점을 KS C 0102에 정하는 그림 기호를, 그가 소속되는 기구의 문자 기호를 첨부하여 표시한다. 또 필요에 따라서는 그 기구가 표시되어 있는 그림상의 위치를 적당한 방법으로 부기한다.

㈏ 기구의 접점의 수 및 위치의 표시 : 기구가 표시되어 있는 그림상의 적당한 장소에 그 기구에 소속되는 접점수와 그 위치를 적당한 방법으로 표시한다. 다만, 위치의 표시는 생략해도 무방하다.

(3) 간략 전개 접속도

① 간략 전개 접속도에 사용하는 기호 : 기기 및 장치는 주로 4·3 (2)에 정한 그림 기호로 표시한다. 다만, 접점의 표시는 ⑤에 정하는 방법에 따른다.

② 구성 : 제어계의 중요한 기기 및 장치 등을 ①에 정한 기호로 표시하고 상호간의 중요한 접속 관계를 실선으로 표시한다.

③ 동종의 기구에 대한 보조 번호 : (2)의 ③에 따른다.

④ 보조 계전기에 대한 보조 기호 : (2)의 ④에 따른다.

⑤ 접점의 표시 : 중요한 접점은 4.4(2)⑤㈎에 정한 방법에 따라 표시한다.

토막상식 ① 기전력(EMT)이라 함은, 전류가 흘러 전자가 한 전하로부터 다른 전하로 움직일 때에 그것을 움직이게 한 힘.
② 저항이라 함은, 자유전자의 이동을 방해하는 것 즉, 전류의 흐름을 방해하는 것.

4·5 자동제어 기구번호

(1) 자동제어 기구번호란 ? (**KS C 0103**)

① 자동제어 기구번호란 제어기기에 정해진 고유의 번호로서 1부터 99까지의 기본번호와 기기의 종류, 성질, 용도 등을 표시하기 위한 알파벳을 기초로 한 보조부호로 구성되어 있다.

② 이 기구번호는 한국 전기 공업회 표준규격 KS C 0103(자동제어 기구번호)이 기본으로 되어 있으며, 종래부터 변전소, 발전소 등 주로 전력용 설비의 시퀀스 제어에 사용되어 일종의 전문용어로서 통용되고 있다.

(2) 기본번호란 ?

기본번호란 1부터 99까지의 숫자에 기기 및 기구의 종류, 용도, 성질 등의 의미를 부여하여 기호화한 것이다. 따라서 기본번호는 기기의 용도, 기능 자체를 표시하는 사고적인 연관이 없으므로 오로지 기억하는 수밖에 없다.

⑨ **차단기의 기본번호** : 차단기에는 그 주회로의 차이, 주기, 보기, 또는 운전용 등에 따라 기본번호가 구별된다.

기 본 번 호	기 구 명 칭	기 본 번 호	기 구 명 칭
6	기동 차단기	54	직류고속도 차단기
41	계자 차단기	72	직류 차단기
42	운전 차단기	73	단락용 차단기
52	교류 차단기		

〔자동제어 기본 번호〕

기구번호	기 구 명 칭	설 명
1	주 제어기 또는 릴레이	주요 기기의 기동정지를 개시하는 것
2	기동 또는 폐로(閉路) 시간 지연 릴레이	기동 또는 폐로 개시전에 시간의 여유를 갖게 하기 위한 것
3	조작 개폐기	기기를 조작하는 것
4	주 제어회로용 접촉기 또는 릴레이	주 제어회로의 개폐를 하는 것
5	정지 개폐기 또는 릴레이	기기를 정지시키는 것
6	기동 차단기, 접촉기 또는 개폐기	기계를 기동회로에 접속하는 것
7	조정 개폐기	기기를 조정하는 것
8	제어전원 개폐기	제어전원을 개폐하는 것
9	계자전극 개폐기, 접촉기 또는 릴레이	계자전류의 방향을 반대로 하는 것
10	순서 개폐기	2조 이상의 기기의 기동 또는 정지의 순서를 정하는 것
11	시험 개폐기	기기의 동작을 시험하는 것
12	과속도 개폐기 또는 릴레이	과속도로 동작하는 것
13	동기속도 개폐기 또는 릴레이	동기속도 또는 동기속도 부근에서 동작하는 것
14	저속도 개폐기 또는 릴레이	저속으로 동작하는 것
15	속도 조정장치	회전기의 속도를 조정하는 것
16		(예비번호)
17		(예비번호)
18	가속 또는 감속 접촉기 또는 릴레이	가속 또는 감속이 예정치로 되었을 때 다음 단계로 옮기는 것
19	기동·운전 전환 접촉기 또는 릴레이	기기를 기동에서 운전으로 전환시키는 것
20	보기(補機) 밸브	보기의 주요(메인) 밸브
21	주기(主機) 밸브	주기의 주요(메인) 밸브
22		(예비번호)
23	온도 조정 릴레이	온도를 일정한 범위로 유지하는 것
24		(예비번호)
25	동기 검출장치	교류회로의 동기를 검출하여 병렬로 하는 것

기구번호	기　　구　　명　　칭	설　　　　　　　　　　명
26	정지기 온도 릴레이	트랜스, 정류기 등의 온도가 예정치 이상 또는 이하일 때 동작하는 것
27	교류 부족 전압 릴레이	교류전압이 부족할 때 동작하는 것
28	화재 경보기	화재발생시 동작하는 것
29	소화장치	
30	기기의 상태 또는 고장 표시장치	기기의 동작상태 또는 고장을 가리키는 것
31	타여자(他勵磁) 차단기 또는 개폐기	계자권선을 타여자 전원에 접속하는 것
32	직류 역류 릴레이	직류가 반대로 흐를 때 동작하는 것
33	위치 개폐기	위치와 관련하여 개폐하는 것
34	전동순서 제어기	기동 및 정지동작 중 주요장치의 동작순서를 정 하는 것
35	브러쉬 조작장치 또는 슬립링 단락장치	브러쉬를 승강 또는 이동시키는 것, 또는 슬립링을 단락시키는 것
36	극성 릴레이	극성에 의해 동작하는 것
37	부족전류 릴레이	전류가 부족할 때 동작하는 것
38	축받침(베어링) 온도 릴레이	축받침이 과열했을 때 동작하는 것
39	계자 감소 접촉기	이상이 있는 경우 계자를 약하게 하는 것
40	계자전류 릴레이	계자전류의 유무에 의해 동작하는 것
41	계자 차단기, 접촉기 또는 개폐기	기계를 여자시키거나 또는 이 여자를 제거하는 것
42	운전 차단기, 접촉기 또는 개폐기	기계를 운전회로에 접속하는 것
43	제어회로 전환 접촉기, 개폐기, 릴레이	자동에서 수동으로 옮기는 것과 같이 제어회로를 전환하는것
44	단락거리 릴레이 또는 접지거리 릴레이	단락 또는 접지 고장점까지의 거리에 의해 작동하는 것
45	직류 과전압 릴레이	직류의 과전압에 의해 작동하는 것
46	역상 또는 상 불평형 전류 릴레이	역상 또는 상 불평형 전류에 의해 작동하는 것
47	단상 또는 역상(逆相) 전압 릴레이	단상 또는 역상 전압일 때 작동하는 것
48	기동보호 릴레이	기동이 늦어질 때 작동하는 것
49	회전기 온도 릴레이	회전기의 온도가 예정치 이상 또는 이하일 때 작동하는 것
50	선택 단락 릴레이 또는 과전류 접지 릴레이	단락 또는 접지회로를 선택하는 것
51	교류 과전류 릴레이 또는 과전류 접지 릴레이	교류의 과전류 또는 접지 과전류에 의해 작동하는 것
52	교류 차단기 또는 접촉기	교류회로를 개폐하는 것
53	여자 릴레이 또는 여호 릴레이	여자 또는 여호의 예정상태에 의해 작동하는 것
54	직류 고속도 차단기	직류회로를 고속도로 차단하는 것
55	자동 역률 조정기 또는 역률 릴레이	역률을 어떤 범위로 조정하는 것 또는 예정 역률에 의해 작동하는 것
56	슬립(미끄러짐) 릴레이	예정된 미끄러짐에 의해 작동하는 것
57	자동 전류 조정기 또는 전류 릴레이	전류를 어떤 범위로 조정하는 것 또는 예정 전류에 의해 작동하는 것
58		(예비번호)
59	교류 과전압 릴레이	교류의 과전압에 의해 작동하는 것
60	자동 전압 평형 조정기 또는 전압 평형 릴레이	2개 회로의 전압차를 어떤 범위로 유지하는 것 또는 예정 전압차에 의해 작동하는 것
61	자동 전류 평형 조정기 또는 전류 평형 릴레이	2개 회로의 전류차를 어떤 범위로 유지하는 것 또는 예정 전류차에 의해 작동하는 것
62	정지 또는 개로(開路) 지연 릴레이	정지 또는 회로가 열리기 전에 시간의 여유를 갖게 하는 것
63	압력 릴레이	유체(流体)의 압력에 의해 작동하는 것
64	접지 릴레이	기기의 접지 회로에 삽입한 접지 고장전류 또는 전압에 의해 작동하는 것
65	조속기(調速機)	원동기의 속도를 조정하는 것
66	노칭 릴레이	일정한 스텝에 따라 작동하는 것
67	교류 전력방향 릴레이 또는 접지방향 릴레이	교류회로의 전력방향 또는 접지방향에 의해 작동하는 것
68		(예비번호)

기구번호	기 구 명 칭	설 명
69	유동(흐름) 릴레이	유체의 흐름에 의해 작동하는 것
70	가감 저항기	가감하는 저항기(이를테면 계자조정기)
71		(예비번호)
72	직류 차단기 또는 접촉기	직류회로를 개폐하는 것
73	제한 저항기의 단락 차단기 또는 접촉기	전류제한 저항, 진동방지 저항 등을 단락시키는 것
74	조정 밸브	수차(水車)의 가이드 핀 또는 니들 밸브와 같은 것
75	제동장치	기계를 제동하는 것
76	직류 과전류 릴레이	직류의 과전류에 의해 작동하는 것
77	부하 조정장치	부하를 조정하는 것
78		(예비번호)
79	교류 재폐로 릴레이	교류회로의 재폐로를 제어하는 것
80	직류 부족전압 릴레이	직류 전압이 부족할 때 작동하는 것
81	조속기 구동장치	조속기를 구동하는 장치
82	직류 재폐로 릴레이	직류회로의 재폐로를 제어하는 것
83	선택 접촉기, 개폐기 또는 릴레이	어떤 전원을 선택하거나 어떤 장치의 상태를 선택하는 것
84	전압 릴레이	예정 전압에 의해 작동하는 것
85	신호 릴레이	송신 또는 수신 릴레이
86	폐쇄 릴레이	이상이 일어났을 때 폐쇄하는 것
87	전류 차동 릴레이	단락 또는 접지 차전류에 의해 작동하는 것
88	보기(補機)용 접촉기 또는 개폐기	보기(전동 펌프, 전동 송풍기, 전열기 등)의 운전용 접촉기 또는 개폐기
89	단로기	직류 또는 교류 회로용 단로기
90	자동 전압 조정기	전압을 어떤 범위로 조정하는 것
91	자동 전압 조정기 또는 전력 릴레이	전력을 어떤 범위로 조정하는 것 또는 예정 전력에 의해 작동하는 것
92	게이트	풍동(風洞) 또는 출입구 게이트와 같은 것
93	계자변경 접촉기 또는 릴레이	기계의 여자 정도 또는 여자 전원을 바꾸는 것
94	자유차단 접촉기 또는 릴레이	폐로 조작 중에도 차단장치의 동작을 마음대로 하는 것
95	자동 주파수 조정기 또는 주파수 릴레이	주파수를 어떤 범위로 조정하는 것 또는 예정 주파수에 의해 작동하는 것
96	부흐홀츠 릴레이	
97	러 너	커프린 수차의 러너와 같은 것
98	연결장치	2개의 장치를 연결하여 동력을 전달하는 것

1. 송배전선에 사용하는 경우, 특히 기구번호를 구별하고자 할 때는 상기 기구번호에 100 및 100의 배수를 붙여서(이를테면 1 대신 101, 201, 301 등) 사용한다.
2. 원격제어(리모트 콘트롤) 등에 사용하는 경우, 특히 기구번호를 구별하고자 할 때에는 상기 기구에 100의 배수를 붙여서(이를테면 901에서 반대로 801, 701 등) 사용한다.

⑶ 보조부호란?

보조부호는 기본번호만으로는 상세히 기기 및 기구의 종류, 용도, 성질 등을 표시하는데 불충분할 때 사용하는 것으로서 원칙적으로 전기용어의 영문 머리문자를 딴 알파벳으로 나타낸다. 보조부호는 하나의 문자라도 여러가지 의미를 지니므로 그 가운데 어떤 의미로 사용되는가는 경우에 따라 다르다.

例 보조부호 "A"의 내용

교 류	Alternating Current	자 동	Automatic
양 극	Anode	공 기	Air
액튜에이터	Actuator	증 폭	Amplifier
전 류	Ampere	보 조	Auxiliary

[자동제어 보조부호]

보조부호	주요내용	영 어 명	보조부호	주요내용	영 어 명
A	교 류	Alternating Current	M	계 기	Meter
	자 동	Automatic		주	Main
	양 극	Anode		동 력	Motive Force
	공 기	Air		전 동 기	Motor
	전 류	Ampere	N	중 성	Neutral
B	단 선	Broken Wire		음 극	Negative
	벨	Bell	O	외 부	Outer
	전 지	Battery	P	펌 프	Pump
	모 선	Bus		1 차	Primary
	제 동	Brake		양 극	Positive
C	공 통	Common		전 력	Power
	투입코일	Closing Coil	Q	기 름	관 습
	냉 각	Cooling		무효전력	관 습
	제 어	Control	R	복 귀	Reset
D	직 류	Direct Current		원 격	Remote
	차 동	Differential		수 전	Receiving
E	비 상	Emergency		저 항	Resistor
	여 자	Excitation	R (RY)	계 전 기	Relay
F	플로우트	Float	S	동 작	Sequence
	고 장	Fault		단 락	Short
	퓨 즈	Fuse		2 차	Secondary
	주 파 수	Frequency	T	변 압 기	Transformer
G	지 락	Ground Fault		시 간	Time
	발 전 기	Generator		트 립	Trip
H	높 음	High	U	사 용	Use
	집 안	House	V	전 압	Voltage
	보 존	Hold		밸 브	Valve
	전 열	Heater	W	물	Water
	고 주 파	High Frequency		우 물	Well
I	내 부	Internal	X	보 조	——
J	결 합	Joint	Y	보 조	——
K	3 차 측	관 습	Z	부 저	Buzzer
L	램 프	Lamp		보 조	——
	낮 음	Low	Φ	상	Phase

4·6 자동제어 기구번호의 구성

시퀀스도에 있어서 전기용 그림기호에 부기하는 자동제어 기구번호에는 기본번호, 보조부호 및 보조번호로 구성되며, 다음과 같이 조합, 사용된다.

(1) 기본번호에 의한 표시법

① **기본번호뿐인 경우** : 기본번호만으로 기기의 용도를 표현할 수 있는 경우에는 기본번호를 그대로 사용한다.

기본번호	기 구 명 칭
2	기동 또는 폐로시간 지연 릴레이(기동 또는 폐로 개시전에 시간의 여유를 주는 것을 말한다).
4	주 제어회로용 접촉기 또는 릴레이(주 제어회로의 개폐를 하는 것을 말한다).
27	교류 부족 전압 릴레이(교류전압이 부족할 때 동작하는 것을 말한다).

② 기본번호와 기본번호의 경우 : 기본번호만으로는 기기의 용도를 표현할 수 없을 때에는 이 것과 조합할 수 있는 기본번호를 붙이되 기본번호를 나타내는 숫자와 숫자 사이에 하이폰을 붙인다.

기 본 번 호	기 본 번 호	기 구 명 칭
43 (제어회로전환개폐기)	95 (주파수릴레이)	주파수 릴레이 전환개폐기
3 (조작개폐기)	52 (교류 차단기)	교류 차단기용 조작개폐기
7 (조정개폐기)	65 (조속장치)	조속기용 조정개폐기

(a) 기동 시정 릴레이

(b) 푸시 버튼 스위치를 교류 차단기의
조작 개폐기로 사용할 경우

〔자동 제어기구 번호의 예〕

(2) 기본번호와 보조부호에 의한 표시법

① 기본번호와 보조부호의 경우 : 기본번호만으로는 기기의 용도를 표현할 수 없을 때는 그것과 조합할 수 있는 기본번호를 붙이나 이에 해당하는 기본번호가 없을 때에는 다시 보조부호를 붙인다. 이 경우에는 기본번호와 보조부호 사이에 하이폰을 쓰지 않는다.

기 본 번 호	보 조 부 호	기 구 명 칭
8 (제어전원개폐기)	A (교 류)	교류 제어 전원 개폐기
51 (교류 과전류릴레이)	M (전동기)	전동기 교류 과전류 릴레이
88 (보기용접촉기)	W (물)	냉각수 펌프용 접촉기

② 기본번호와 보조부호 및 보조부호의 경우 : 기본번호 외에 보조부를 2종류 이상까지 필요로 할 때에는 원칙적으로 다음 서순에 의한다.

㈎ 일반적인 기구번호

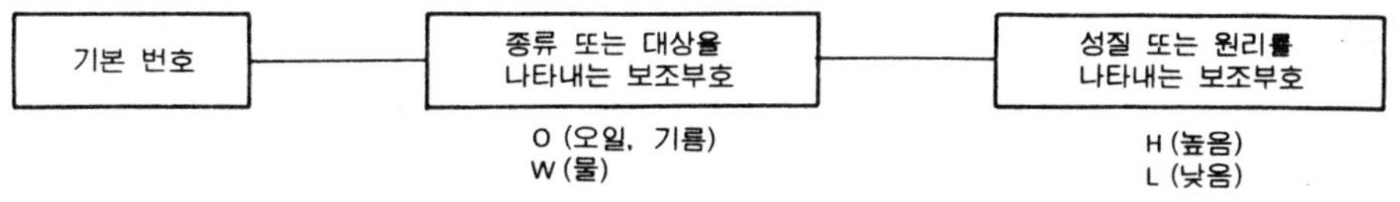

㈏ 보호 단전기 관계의 기구번호

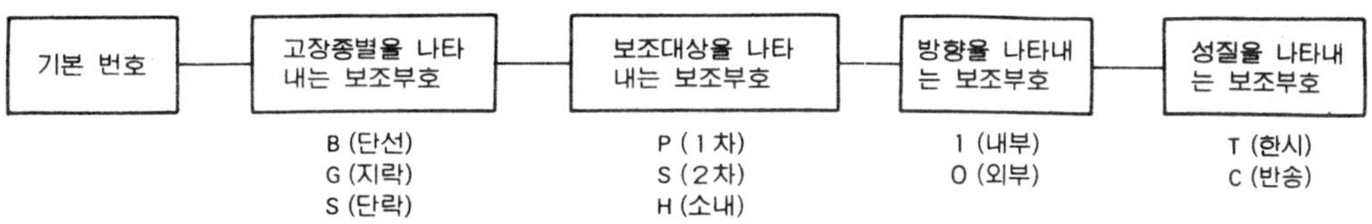

5. IEC 규격기호

5·1 IEC 규격이란 ?

(1) IEC 란 : International Electrotechnical Comission(국제전기표준회의)라 불리우는 기관의 약
칭으로서, 이 기관은 전기에 관한 세계 각국간의 규격을 조정, 통일하는 것을 목적으로 1906
년에 창립되었으며(우리나라도 가맹), 가맹국은 국정이 허용하는 범위에서 규격을 제정하거나
개정하는 경우 되도록 IEC 규격을 존중하고 조화시키는데 노력하는 것을 원칙으로 하고
있다.

(2) 또 최근에는 무역불균형 시정을 위한 시장 개방의 요청이 모든 부문에서 일어나고 있어 이들
문제를 개선하기 위하여 KS 등의 국내 규격이 그 장애가 되지 않도록 노력을 기울인다는 입장
에서도 IEC 규격과 KS 규격의 정합은 불가피하다고 하겠다.

5·2 실제그림 및 IEC 기호와 KS 기호의 비교

(1) IEC 전기 기기의 그림기호

기　　기　　명	그림기호 계열 1	그림기호 계열 2	그림기호의 표시법(예)
푸시버튼 스위치 	(a) IEC (b) 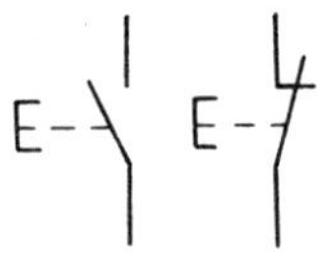 (a접점)　(b접점)	(a) (b) 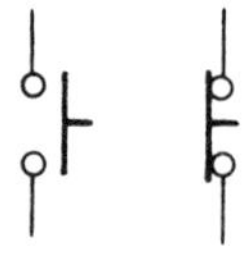 (a접점)　(b접점)	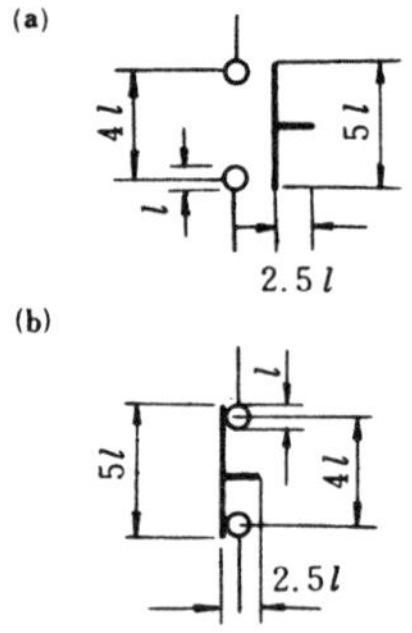 (a) (b)
전지 또는 직류전원 	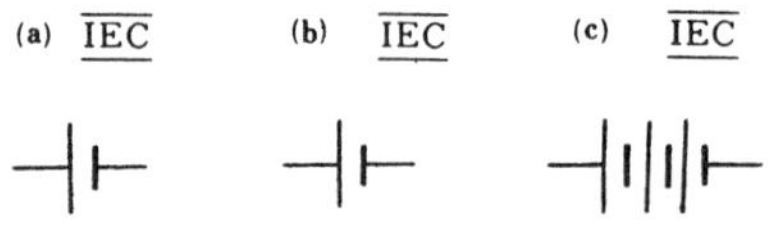 (a) IEC　(b) IEC　(c) IEC 3개의 경우		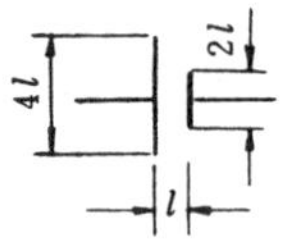
기중차단기 (배선용 차단기) 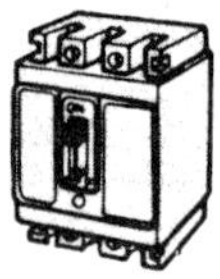	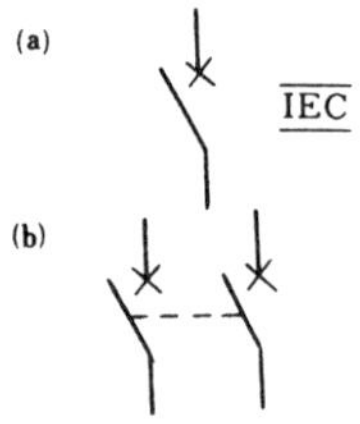 (a)　IEC (b)	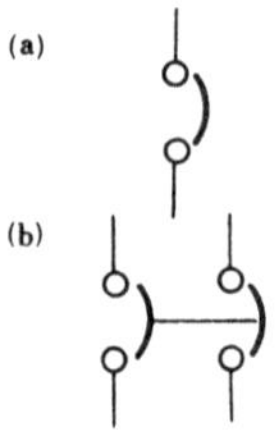 (a) (b)	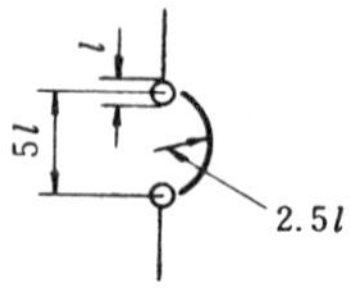

기　　기　　명	그림기호 계열 1	그림기호 계열 2	그림기호의 표시법 (예)
나이프 스위치 	(a) IEC (b) 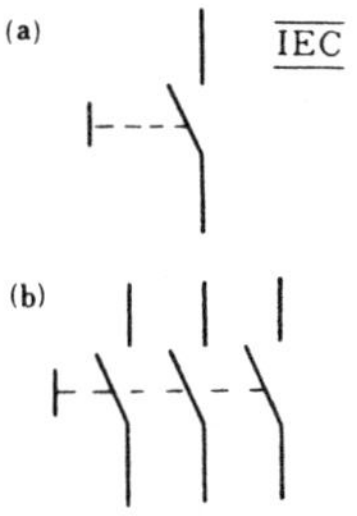	(a) (b) 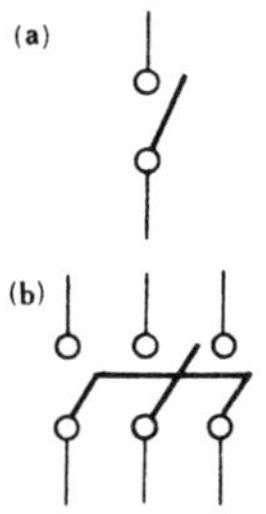	(a) 30° (b) 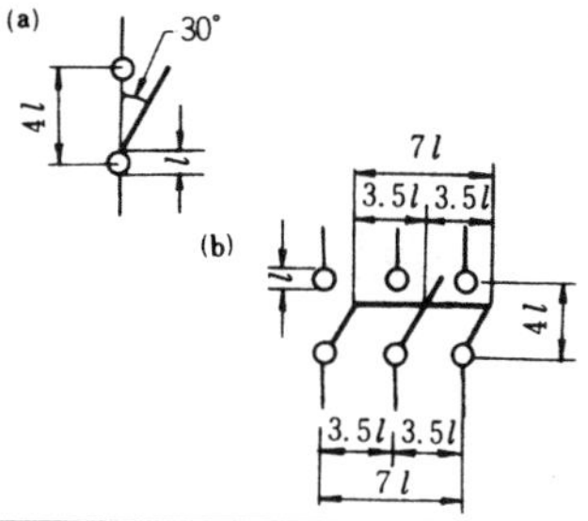
리밋 스위치 	(a) IEC　(b) IEC 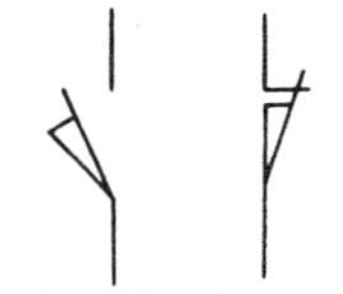 (a접점)　(b접점)	(a)　　(b) 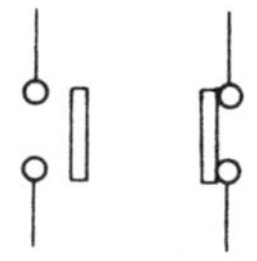 (a접점)　(b접점)	• (a)는 작동에 따라 폐로되는 곳에 사용 • (b)는 작동에 따라 개로되는 것에 사용
교류차단기 (일반) 	(a) IEC (b) 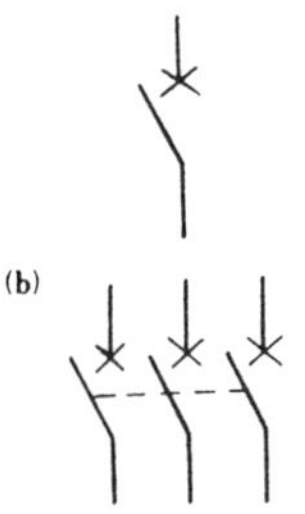	(a) (b) 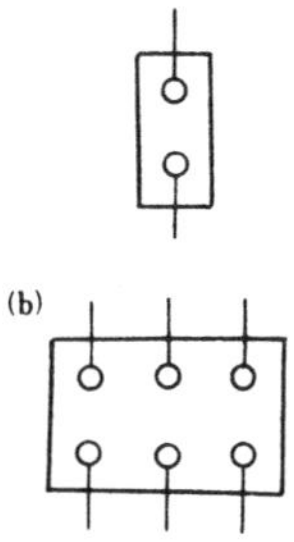	• 유입차단기의 경우에는 옆에 OBC 의 문자를 쓴다. 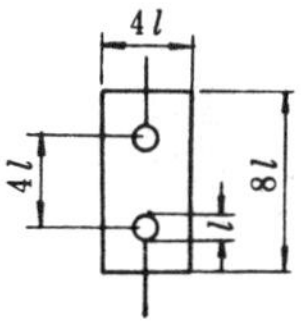
전자릴레이 	(a) IEC 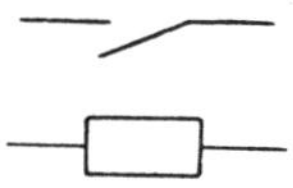 (a접점) (b) IEC 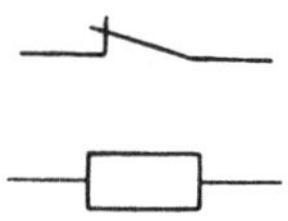 (b접점)	(a) 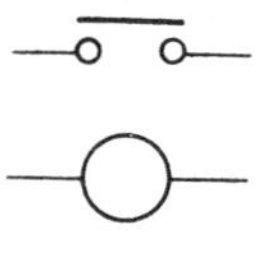 (a접점) (b) 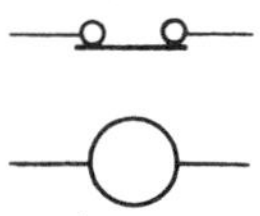 (b접점)	• (a)는 전자코일에 전류가 흐르면「폐로」로 되는 것에 사용. • (b)는 전자코일에 전류가 흐르면「개로」로 되는 것에 사용. 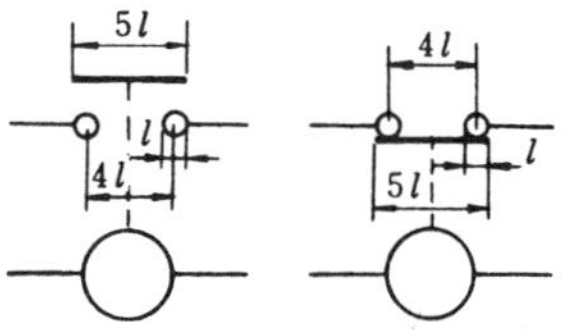
전　동　기  발　전　기	주  ○	〔예〕  (M) IEC 전동기 (G) IEC  발전기	• ○ 속에 종류를 나타내는 기호를 기입한다. • 특히 교류, 직류의 구별이필요한 경우에는 아래에 의한다. 교류의 경우 　　직류의 경우 

기　기　명	그　림　기　호	그림기호의 표시법
계　기 (일반)	주　　　　　　　〔예〕 ◯ Ⓥ IEC Ⓐ IEC Ⓦ IEC	• ◯ 속에 종류를 나타내는 문 　자를 기입한다. • 특히 직류, 교류, 고주파의 　구별이 필요할 때에는 다음 　에 의한다. 　직류　　　교류　　　고주파

(2) 주요 전기기기의 그림기호

기　기　명	그　림　기　호	그림기호의 표시법
변　압　기	(a) IEC　　　(b)	(a)　　　(b)
정　류　기	(a) IEC　　　(b) IEC	• 화살표는 정삼각형으로 하되 　직류가 흐르는 방향을 표시 　한다.
저　　항	(a) IEC　　　(b) IEC (c) IEC	(b) (c)
퓨　즈	(개방형) (a)　　　(b) (포장형) (c) IEC　　(d)　　(e)	(a)　　　(b) (d)　　　(e)

기　　기　　명	그림기호 계열 1	그림기호 계열 2	그림기호의 표시법(예)
제어용 전자코일 전자릴레이의 전자코일 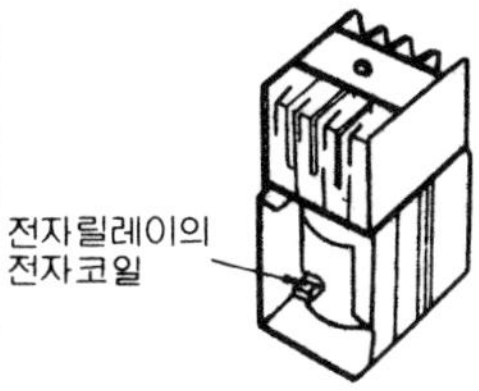	(a) IEC  (b) IEC 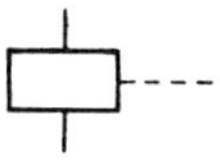	(a)　(b)　(c) 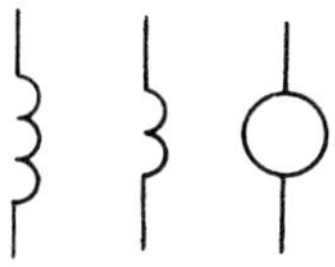	(a) 전압 코일 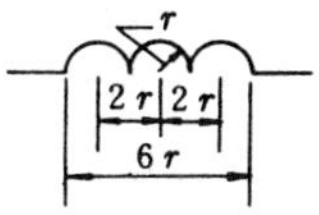 (b) 전류 코일 (c) 전압, 전류를 구별할 필요 가 없는 경우 예 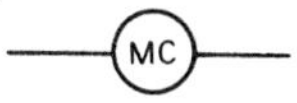 : MC
콘 덴 서 	(유극성) (a) IEC 　(b) IEC  (전해 콘덴서) (a-1) IEC 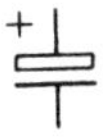　(a-2) IEC 　(b) 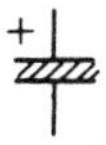		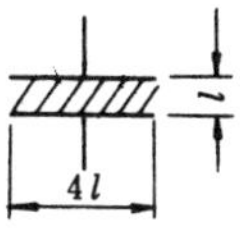 (a) 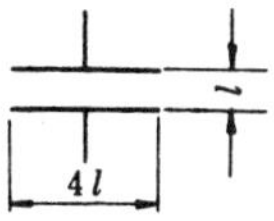 $4l$ (b) $4l$
벨  부저 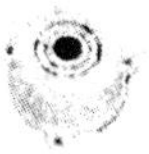	(a) IEC 　(b)  (a) IEC 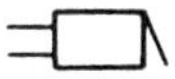　(b) 	(b) BEL (b) BZ	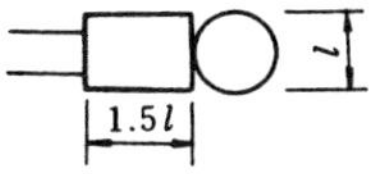 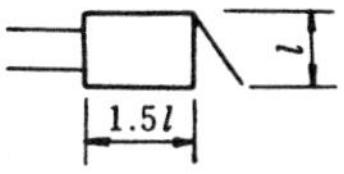 (a) $1.5l$ (b) $1.5l$
램 프 	(a) IEC  (b) 	컬러 코드 기호 C 2 : 적　C 5 : 녹 C 3 : 황적　C 6 : 청 C 4 : 황　C 9 : 백 RL : 적　GL : 녹 OL : 황적　BL : 청 YL : 황　WL : 백	(a) 색깔을 명시하고 싶을 때에 는 컬러 코드에 의한 기호를 옆에 쓴다. (b) 〔예〕 RL  적색램프

5·3 주요 접점기능 기호와 조작방식 기호

접점기능 기호 및 조작방식 기호란 단독으로 사용하는 것이 아니라 계열 1 에 있어서는 접점기호와 조합하여 사용하는 보조기호를 말한다.

(1) 접점기능 기호(예)

〔접점기능기호〕

접 점 기 능	⊐	IEC	부 하 개 폐 기 능	○	IEC	지 연 기 능	⊂	IEC
차 단 기 능	×	IEC	자 동 분 리 기 능	□	IEC	스 프 링 복 귀 기 능	◁	IEC
단 로 기 능	—	IEC	리 밋 스 위 치 기 능	▽	IEC	잔 류 기 능	○	IEC

(2) 조작방식 기호(예)

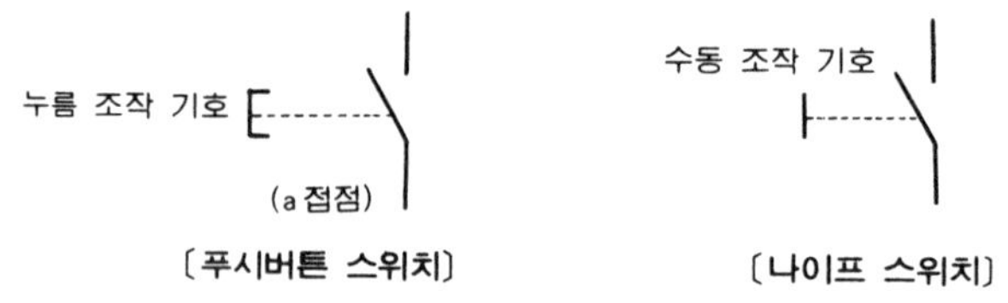

〔조작방식기호〕

수 동 조 작 (일반)	├------	IEC	둥 근 핸 들 조 작	⊗ - - - -	IEC	캠 조 작	◖ - - - -	IEC
분 리 조 작	⌐ - - -	IEC	페 달 조 작	✓ - - - -	IEC	전 동 기 조 작	(M) - - - -	IEC
비 틀 림 조 작	⌐ - - -	IEC	레 버 조 작	⊸ - - - -	IEC	공 기 조 작 또는 유 압 조 작	⊞ - - -	IEC
누 름 조 작	⊏ - - - -	IEC	손 잡 이 분 리 조 작	◇ - - - -	IEC	전 자 조 작	⌒⌒⌒	IEC
제 약 부	⌐ - - -	IEC	키 이 조 작	♀ - - - -	IEC		▭ - - -	IEC
비 상 용	⊐ - - -	IEC	크 랭 크 조 작	⌐ - - -	IEC	기타의 방식에 의한 조작	□ - - - -	IEC

5·4 주요 개폐접점의 그림기호

개폐접점 명칭		그림기호 계열 1 (IEC) a 접점	그림기호 계열 1 (IEC) b 접점	그림기호 계열 2 a 접점	그림기호 계열 2 b 접점	설명
수동조작개폐기접점	전력용 접점	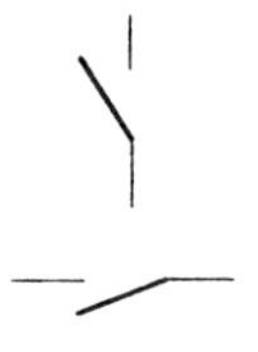	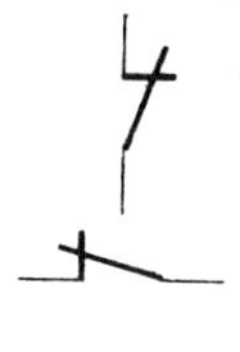	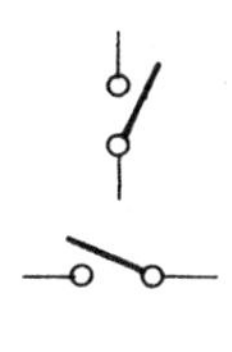	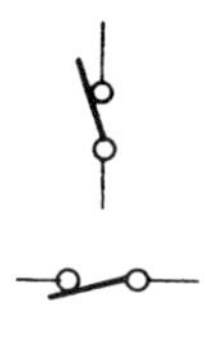	접점조작에 있어서 개회로, 폐회로를 모두 수동으로 하는 접점. 예 : 나이프 스위치, 코드 스위치, 텀블러 스위치는 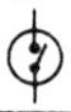 으로 표시
수동조작개폐기접점	수동조작 자동복귀 접점 (푸시형)	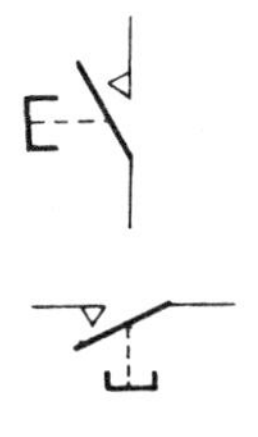	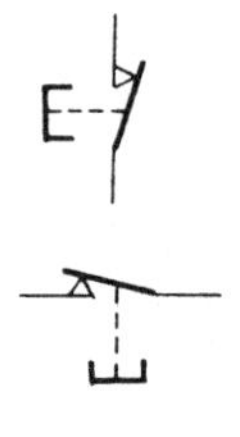	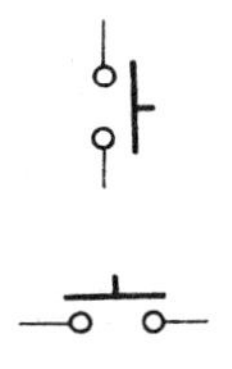	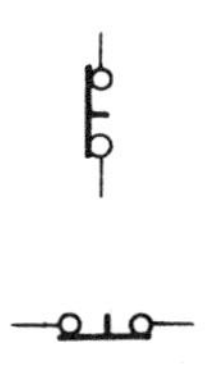	수동으로 조작하면 폐회로 또는 개회로로 하나 손을 떼면 스프링 등의 힘으로 자동 복귀하는 접점. 계열 1에 있어서 푸시버튼 스위치의 접점은 일반적으로 자동 복귀하므로 따로 자동 복귀 표시를 하지 않아도 된다. 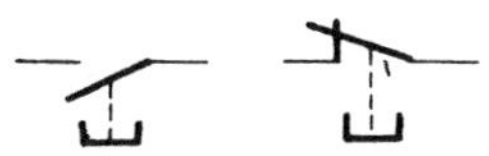
전자릴레이접점	계전기 접점	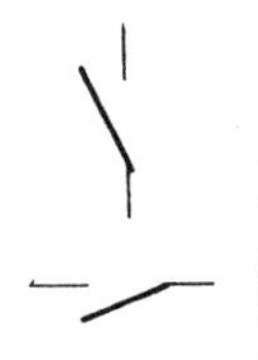	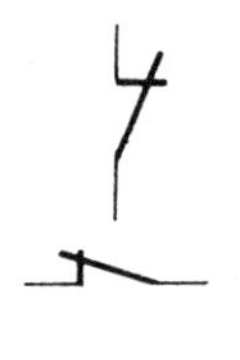	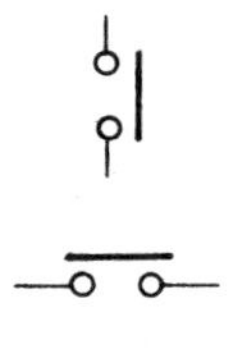	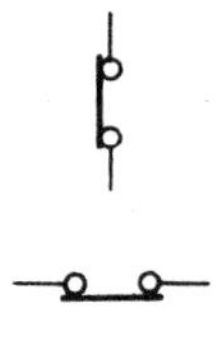	전자 릴레이가 부세(전자코일에 전류가 흐르는 것)되면 a 접점은 닫히고 b접점은 열리며, 소세(전자 코일의 전류를 끊는 것)하면 원래의 상태로 복귀하는 접점을 말한다. 일반적으로 전자릴레이 접점이 이에 해당한다.
전자릴레이접점	수동복귀 접점	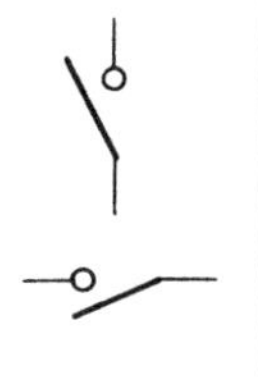	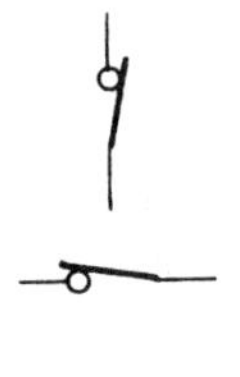	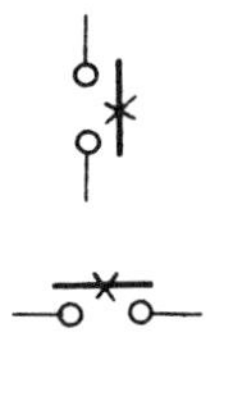	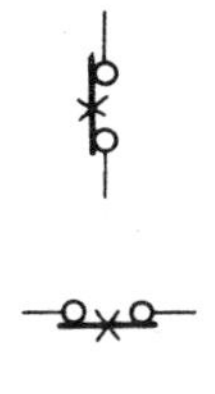	전자릴레이가 부세되면 폐(a 접점) 또는 개(b 접점)로 되나 소세하더라도 기계적 또는 자기적으로 유지되어 다시 수동으로 복귀조작을 하든가 전자코일을 부세하지 않으면 원래의 상태로 복귀하지 않는 접점을 말하며, 수동복귀의 열동 릴레이 접점이 이에 해당한다.
한시릴레이접점	한시동작 접점	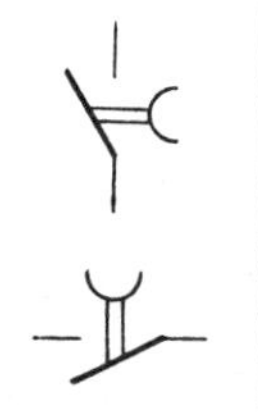	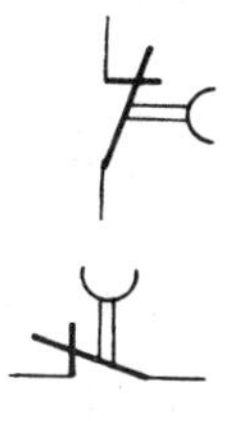	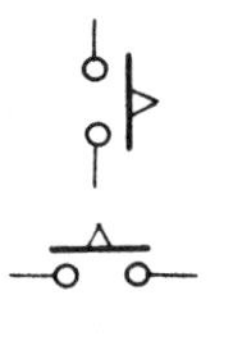	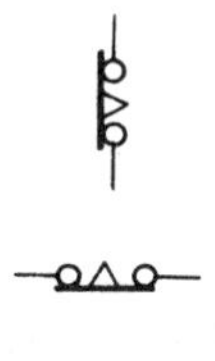	전자릴레이 가운데 소정의 입력이 주어진 다음 접점이 폐로 또는 개로되는데, 특히 시간 폐회로, 개회로 간격을 일정하게 설정한 것을 시한릴레이(타이머)라한다. 한시동작접점 : 시한릴레이가 동작할 때 시간 지연(시한)을 맡는 접점. 한시복귀접점 : 시한릴레이가 복귀할 때 시간지연(시한)을 맡는 접점.
한시릴레이접점	한시복귀 접점	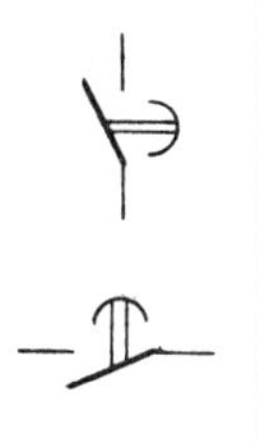	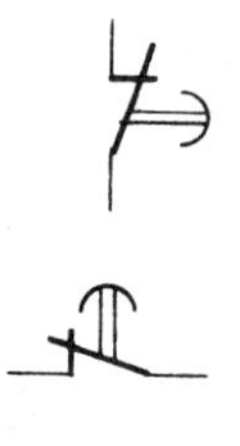	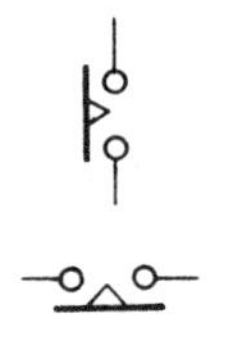	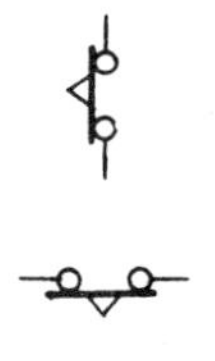	

6. 전기접속도의 종류

6·1 단선 접속도(single-line diagram)

단선 접속도란 전기기기의 계통과 전기적인 접속관계를 단선으로 표시한 접속도로서 발전소, 변전소 플랜트 등 전기설비 관계의 계통구성을 나타내기 위한 전반적인 접속 및 주요 기간의 접속 계기 및 계전기의 접속에 사용된다.

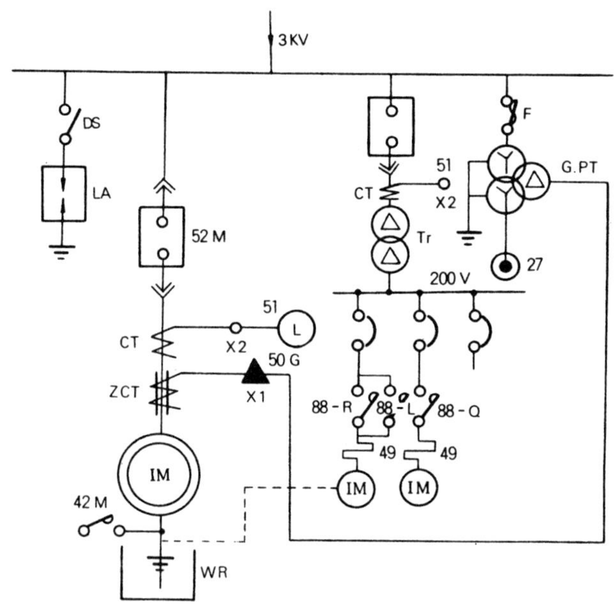

DS : 단로기 (LA 점검용)
LA : 피뢰기
52 M : 차단기
42 M : 2차 회로 단락용 전자접속기
88 : 보조기기용 전자개폐기
IM : 유도 전동기
WR : 액체 저항기
Tr : 트랜스

G.PT : 접지용 트랜스
CT : 변류기
ZCT : 영상 변류기
F : 단로기형 고압용 퓨즈
27 : 저전압 릴레이
51 : 과전류 릴레이
50 G : 선택 접지 릴레이
49 : 열동형 과전류 릴레이

㊟ 모두 한본의 선으로 그려져 있어 전체는 알수 있으나 CT 이나 PT 의 접속 접지상태를 알 수가 없다.

위의 그림은 액체 저항기에 의한 시동회로의 단선 접속도로서 다음 조건이 되지 않았을 때는 시동하면 안된다.

① 윤활상태가 좋을 것 : 강제 급유법을 사용하며, 오일 모터를 시동하여 유압 릴레이나 유류 릴레이의 인터록 상태를 확인한다.

② 시동용 저항기가 시동위치에 있을 것 : 시동시 전압강하에 주의한다.

③ 시동을 할 때 될수 있으면 무부하로 한다.

④ 항상 안전에 주의하고 주위를 살피며, 경보를 발한 후 시동하는 습관을 가진다.

6·2 복선 접속도(double-line diagram)

복선 접속도란 CT 나 PT 등의 접속 접지상태를 실체의 상태로 하며, 계기 및 계전기 등의 접속상태를 선의 수대로 표시하고, 주회로와 기기와의 모든 접속을 전부다 그려서 회로의 이해가 쉬우나 복잡해지는 결점이 있다.

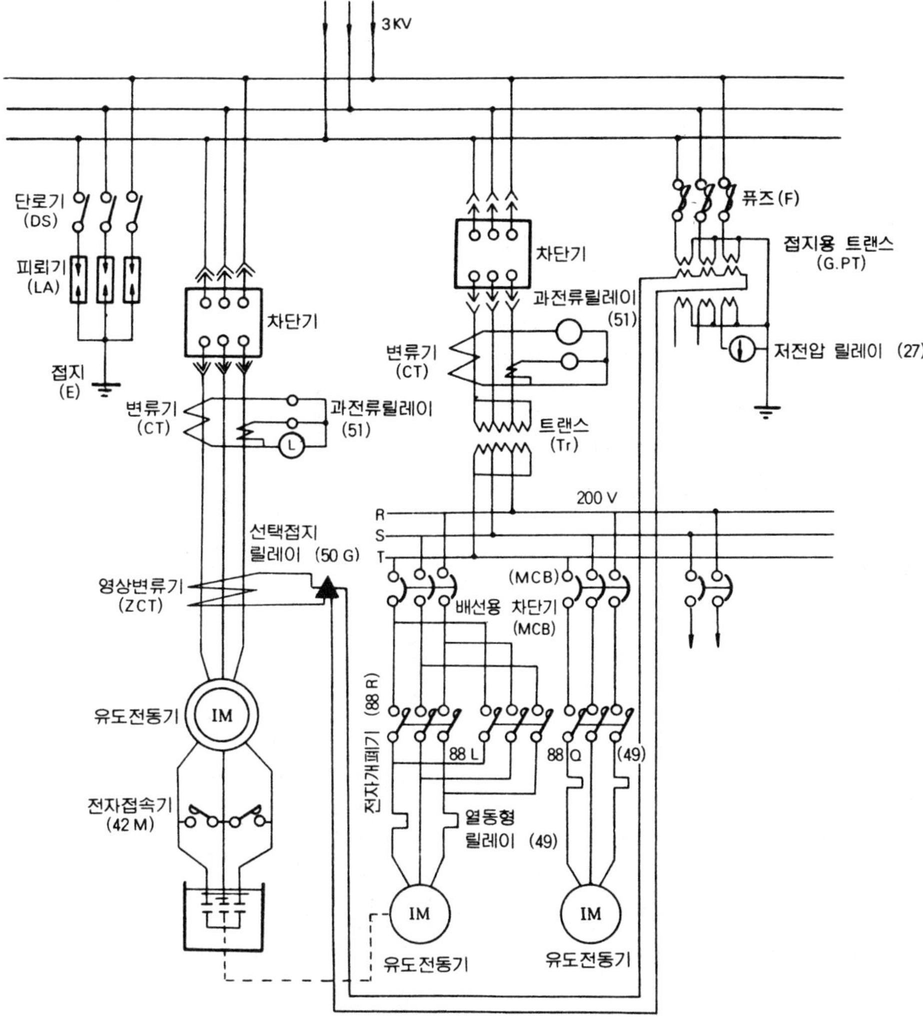

참고 1. 단선 접속도와 비교해보기 바라며 설명은 전개 접속도에서 한다.
　2. 88 R 과 88 L 의 결선상태를 확인하고 이해하기 바란다.
　3. CT 의 결선방법과 PT 의 결선방법에 주의할 것.
　4. 42 M 이 작동하면 저항이 없어짐을 확인할 것.
　5. R 상과 T 상에 열동형 계전기(49)의 설치상태를 확인할 것.

6·3 전개 접속도(elementary wiring diagram)

전개 접속도란 전기기기의 동작순서에 따라 나열한 것이며, 자동 제어장치의 동작이나 운전을 이해할 수 있도록 한 도면이며, KSC 0301에서 규정된 심볼을 사용하여 나타내며 기구번호를 병용한다.

〔작동설명〕

① 시동용 푸시버튼 스위치 PB₁을 누르면 시동용 릴레이 ①이 작동하여 접점 1-a로 자기 유지되며, 표시등 PL₁이 점등된다.

② 접점 1-a로 오일펌프용 전자 개폐기 88-Q를 작동시키면 접점 88-Q_a로 자기 유지하고, PL₂를 점등시킨다.

③ t초 후 69Q가 ON되어 시동 조건 완료 표시등 PL₃이 점등되고 시동용 벨이 울리며, 릴레이 ②가 작동하여 타이머를 작동시킨다.

④ t초 후 접점 T-a가 ON되고 52M용 보조 릴레이 ⓧ가 작동하여 투입코일 CC에 전류가 흐르고 차단기 52M이 닫혀 보조접점 52M-a로 보조릴레이 ⓨ가 작동하고 ⓧ가 열려 CC의 전류를 차단한다.

⑤ 52M-b로 벨을 정지 타이머로 복귀시키며 52M-a로 PL₄를 점등시키고 88-R이 액체 저항을 감소시킨다.

⑥ 가속중 전류값이 커지면(규정보다) 접점 L-b가 OFF되어 가속 동작을 일시정지 시키고, 액체저항이 최소로 되면 33-2가 OFF되어 88-R을 비동작 시킨다.

⑦ 33-4가 ON되어 42M을 닫고, 표시등 PL₅가 점등되고 PL₁이 소등된다.

〔기호설명〕

    30F : 고장표시기
    69Q : 유류 릴레이
    PL : 표시등
    L : 한류계전기
    33-1~33-4 : 제한개폐기
    CC : 투입 코일
    TC : 트립 코일
    T : 타이머

정지시에는 푸시버튼 PB₂를 누르면 릴레이 ⑤가 동작하여 차단기 52M을 차단하며, 42M이 열리고 88-L이 동작하여 2차 저항을 크게 한다. WR이 시동위치로 되면 33-1이 ON으로 되고 릴레이 5X가 작동 5X-b가 OFF되어 88-Q가 비작동되며, 릴레이 5도 비작동되어 정지한다.

6·4 접속도 (connection diagram)

접속도란 배전반이나 기구의 내부 및 이면 접속도로서 기기의 결합상태를 도면상에 나타내어 배전반이나 제어반의 구성을 제대로 하여 기능을 충족시킬 수 있도록 하는 것이다(메이커마다 방식이 다르다).

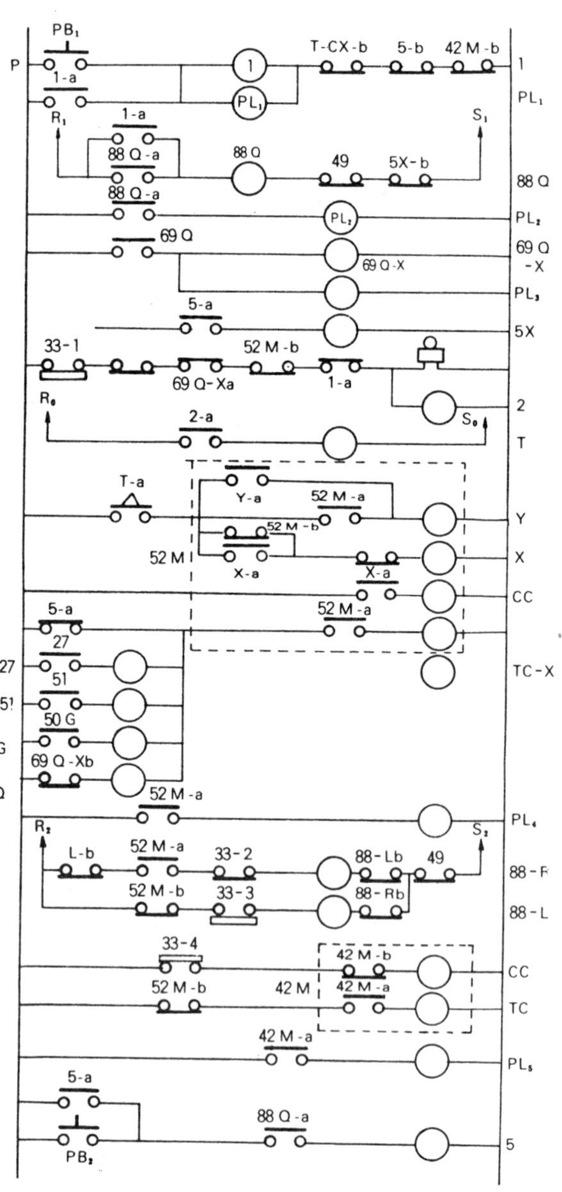

〔작동설명〕

① A3 램프의 번호 V 121 − A 1 과 연결되는 곳을 알려면 먼저 A 1 에서 A 3 의 문자가 있는 곳을 찾아보면 V 131 − A 3, V 121 − A 3 의 두개가 있을 것이다. 두개 중 V 121 − A 3 단자와 V 121 − A 1 단자가 서로 연결되는 것이다.

② 같은 방법으로 V 131 − A 1 도 찾을 수 있을 것이다.

③ V 122 − D 2 와 연결되는 곳을 알아보기 위하여 D 2 의 V 122 번호가 적혀 있는 것을 찾으면 V 122 − A 3 가 될 것이다.

④ 이상과 같은 방법으로 A₂, B₂와 C₁, C₂, C₃ 그리고 D₁, D₂, T₁, T₂의 각 단자와 연결되는 단자를 찾아보자.

[참고] 기구번호는 도면위로부터 A, B, C, D, E……로 하며, 같은 부호일 때 왼쪽에서 오른쪽으로 1, 2의 번호를 붙인다. A₃은 램프, A₂는 전압계, B₂는 전류계, A₁, B₁, T₁, T₂는 단자대, C₃은 램프, C₁은 정류기, D₁, D₂는 과전류 릴레이임을 확인할 것.

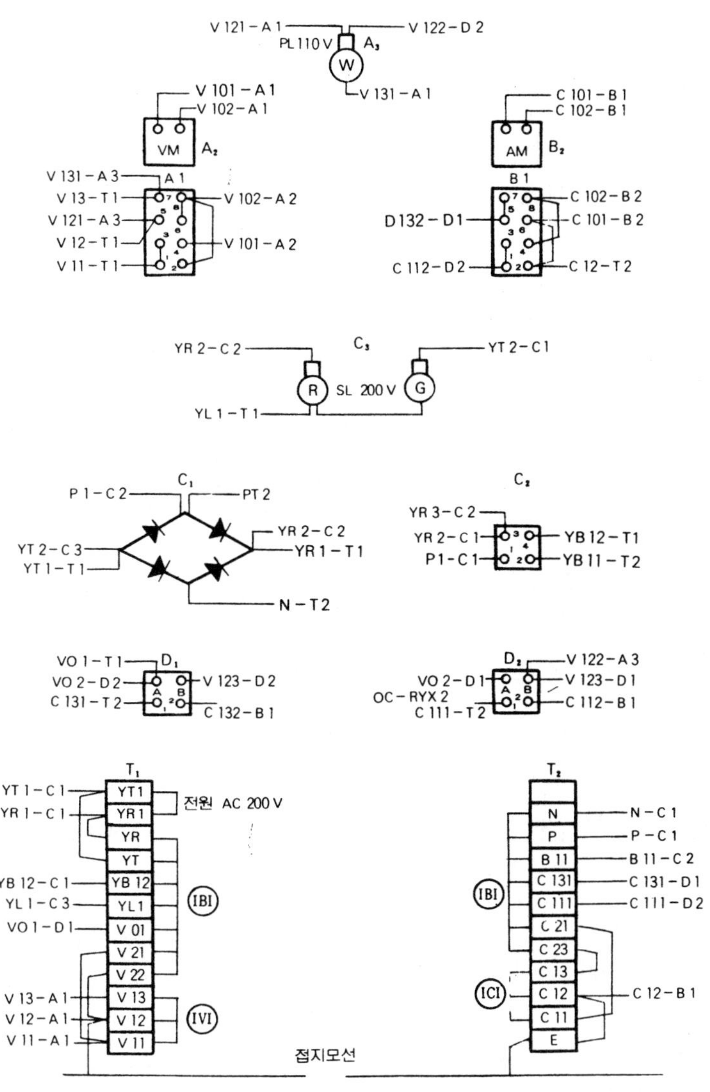

6·5 플로우 차트와 타임 차트(flow chart and time chart)

(1) 플로우 차트

시퀀스 제어에서는 각종의 기기가 결합되어서 복잡한 회로가 구성되므로 각 구성기기간의 작동순서를 상세하게 그리면 복잡하여 오히려 전체를 이해하기 어렵게 되는 수가 있다. 이때에 기호와 화살표로 간단하게 표시한 것 즉, 작동순서를 나타낸 것이다.

〔작동설명〕

① 먼저 PBS를 누르면 ®이 작동한다.

② ®이 작동하면 R-a 접점이 연동된다.

③ R-a 접점이 닫히면 램프가 점등한다.

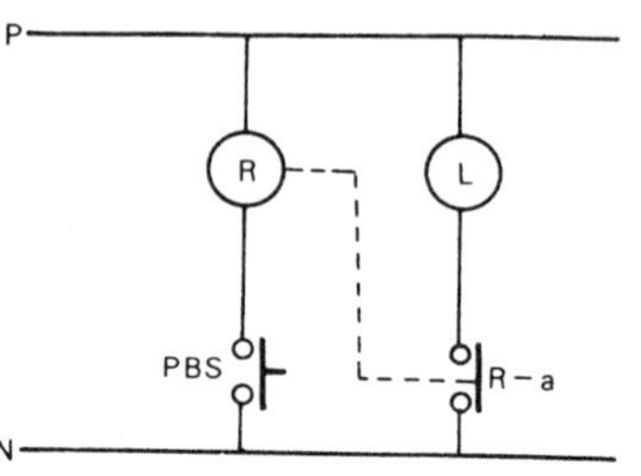

® : 릴레이
ⓛ : 램프
PBS : 푸시버튼 스위치
R-a : 릴레이 a접점
······ : 릴레이 연동선
P, N : 전원극성

〔플로우차트에 쓰이는 기호〕

기 호	명 칭	설 명
—	흐 름 선 (flow line)	기호끼리의 연결을 나타내며, 교차와 결합의 2가지 상태가 있다.
—	병 행 처 리 (parallel mode)	둘 이상의 동시 조작 개시 또는 종료를 나타낸다.
○	결 합 자 (connector)	플로우 차트 다른 부분으로부터의 입구 또는 다른 부분의 출구를 나타낸다.
⬭	단 자 (terminal interrupt)	플로우 차트의 단자를 표시하며, 개시, 종료, 정지, 중단 등을 나타낸다.
▭	처 리 (process)	모드 종류의 작동 조작 등 처리기능을 나타낸다.
◇	판 단 (decision)	몇개의 경로에서 어느 것을 선택하는가의 판단 또는 YES, NO 중의 선택 등을 나타냄
⬡	준 비 (preparation)	프로그램 자체를 바꾸는 등의 명령 또는 변경을 나타낸다.
▽	병 합 (merge)	두개 이상의 집합을 하나의 집합으로 결합하는 것을 나타낸다.
△	추 출 (extract)	하나의 집합중에서 한개 이상의 특정 집합을 빼내는 것을 나타낸다.
▱	입 · 출 력 (in put / out put)	입·출력 기능이 0이냐 1이냐를 나타낸다 즉, 정보의 처리를 가능하게 한다.
⬭	카 드 (punched card)	펀칭 카드를 매개체로 하는 입·출력 기능을 나타낸다.

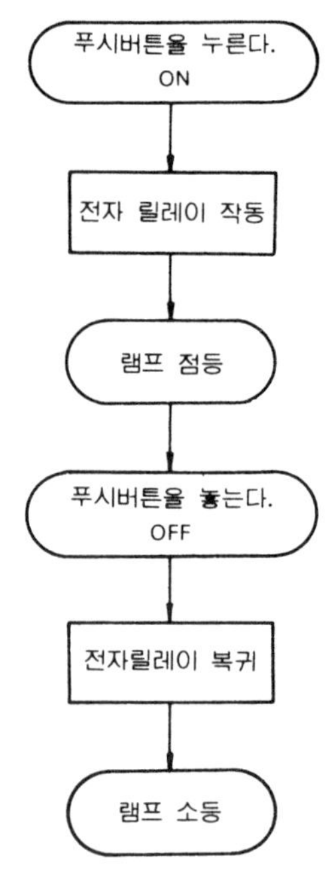

〔램프 점멸의 기기동작 플로우 차트〕

(2) 타임 차트

시간적 변화를 나타내는 것이며, 시퀀스 제어에 있어서 그 작동순서의 시간적 변화를 알기 쉽게 나타낸 그림으로 세로선에 제어기기를 대략 제어의 순서로 놓고 그리며, 가로축에는 이들의 시간적 변화를 선으로 표시한다. 그리고 어느 제어기기의 동작이 다른 어느 기기의 작동과 어떤 관계가 있는가를 점선으로 나타내는 수도 있으며 기동, 정지, 누르다, 떼다, 전원입(ON)·절(OFF) 등의 작동 구분은 타임 차트의 위 또는 아래에 그린다.

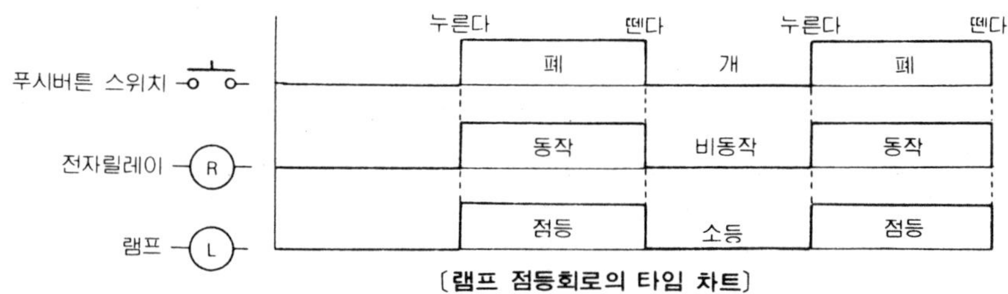

[램프 점등회로의 타임 차트]

6·6 시퀀스도의 작도법

(1) 시퀀스 작도법의 규칙

최근과 같이 각종 장치에 복잡한 제어회로가 사용되는 기회가 많아지면 기기 상호간의 접속을 표시할 때 단선 접속도나 복선 접속도, 배치도 등을 보아서는 작동이 어떻게 이루어지는지, 제어는 어떤 형태로 이루어지는지 이해하기 어려울 때가 많다. 이런때에 제어방식이나 작동순서를 알기쉽게 표시한 접속도의 필요성이 대두된 것이다. 시퀀스도란 이와같은 목적으로 만들어진 도면이며, 표현방법도 일반 접속도와는 차이가 있다.

여기서는 시퀀스도를 그리는데 필요한 기본적인 사항을 설명하므로 충분히 익혀서 기억하기 바란다.

(2) 시퀀스도(sequence diagram)의 작도법

① 제어 전원 모선은 전원 도선으로서 도면 상하에 가로선으로 표시하든지 도면 좌우에 세로선으로 표시하며, 상세하게 표시하지 않는다.

② 제어기기를 연결하는 접속선은 상하 제어 전원 모선사이에 수직선으로 표시하든지 또는 좌우 제어 전원 모선 사이에 수평선으로 표시한다.

③ 접속선은 작동순서에 따라서 좌에서 우로 또는 위에서 아래로 그린다.

④ 제어기기는 비작동상태로 하며, 모든 전원을 모두 차단한 상태로 표시한다.

⑤ 개폐 접점을 가진 제어기기는 그 기구부분이나 지지 보호부분 등 기계적 관련상태를 생략하고 접점 코일 등으로 표시하며, 접속선에 분리해서 표시한다(접속선을 차단후 차단부에 그린다).

⑥ 제어기기가 분산된 각 부분에는 그 제어기기명을 표시한 문자기호를 첨가하여 기기의 관련상태를 표시한다.

(3) 시퀀스도의 종서와 횡서

시퀀스 도면상의 대부분은 접속선의 방향이나 제어 전원 모선의 방향 또는 제어작동의 진행방향 등에 의해서 여러가지로 생각할 수 있지만 접속선내의 신호의 흐름방향을 기준으로해서 종서와 횡서로 구분된다. 그러므로 제어 전원 모선을 기준으로 하면 서로 명칭이 바뀔 수 있다. 즉, 종서는 횡서가 되고, 횡서는 종서가 되므로 주의한다.

① 종서 시퀀스도의 작도법(신호의 흐름을 상하 방향으로 표시)

㈎ 제어 전원 모선을 도면 상하에 가로선으로 그린다.

㈏ 접속선은 상하방향, 즉 제어 전원 모선 사이에 세로선으로 표시한다.

㈐ 접속선은 작동순서에 따라 좌에서 우로 그리는 것을 원칙으로 한다.

예

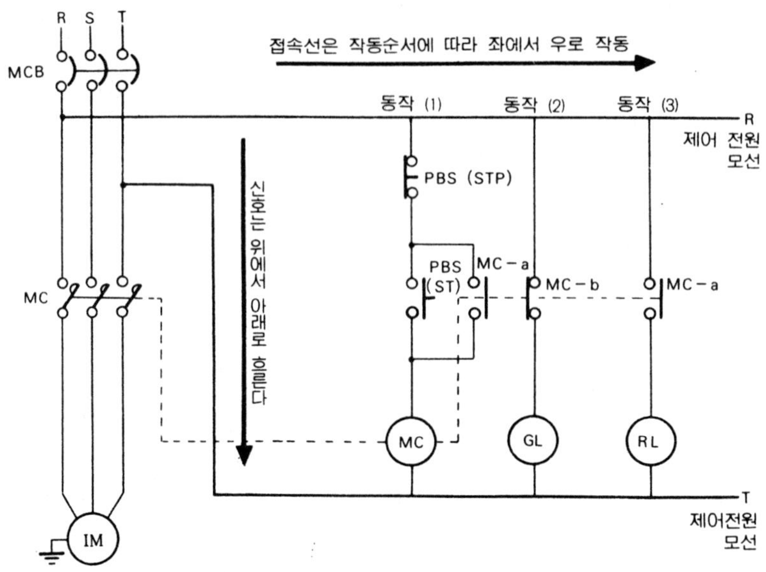

MCB : 배선용 차단기
MC : 마그네트 접점
MC-b : 마그네트 보조 b접점
PBS(STP) : 스톱 누름 버튼 스위치
MC-a : 마그네트 보조 a접점
PBS(S.T) : 시동 누름 버튼 스위치

MC : 마그네트 코일
RL : 적색 표시등
IM : 유도 전동기
GL : 녹색 표시등

② 횡서 시퀀스도의 작도법

(가) 제어 전원 모선은 도면 좌우 방향으로 세로선으로 표시한다.

(나) 접속선은 좌우 방향, 즉 제어 전원 모선 사이에 가로선으로 표시한다.

(다) 접속선은 작동순서에 따라 위에서 아래로 표시하는 것을 원칙으로 한다.

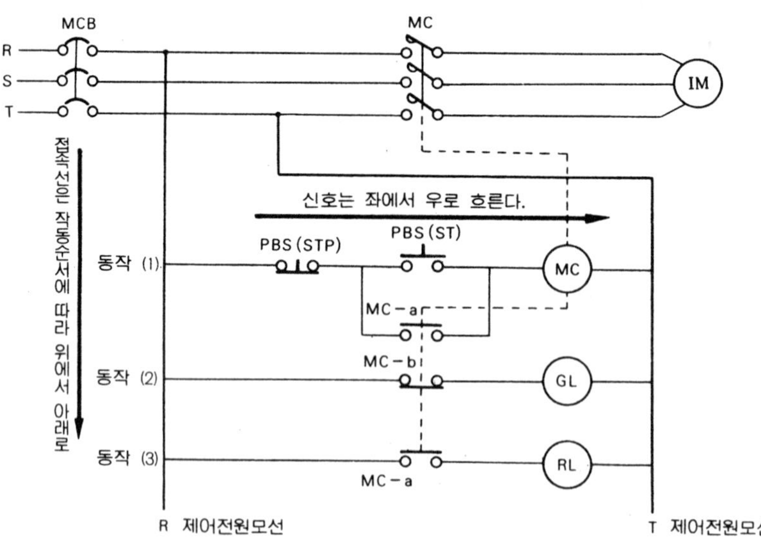

이 도면은 전동기의 기동 정지 회로이다.

〔작동설명〕

① 배선용 차단기 MCB를 넣으면 R 상에서 마그네트 보조 b접점 MC－b를 통하여 녹색등 ⒼⓁ 에서 T 상으로 흘러 녹색등이 점등된다.

② 기동 누름 버튼 스위치 PBS (ST)를 누르면 R 상 → PBS (STP) → PBS (ST) → ⓂⒸ → T 상으로 전원이 흘러 마그네트 코일 ⓂⒸ 가 작동된다.

③ 마그네트 코일 ⓂⒸ 가 작동하면 접점 MC와 보조 a접점 MC－a가 작동하여 유도전동기 ⒾⓂ 은 작동하고 ⓂⒸ 는 자기 유지되며, 녹색등 ⒼⓁ 은 꺼지고 적색등 ⓇⓁ 가 작동한다.

④ 정지 누름 버튼 스위치 PBS (STP)를 누르면 회로가 차단되어 원상태로 돌아온다.

(4) 직류, 교류 제어 전원 모선의 표시법

제어기기중 일부는 직류 제어전원 P.N 으로, 나머지는 교류 전원 R.S 또는 T 에 접속되어 있는 경우(저전압 회로등)에는 직류 및 교류 전원을 각각 1 선씩 나누어 표시한다.

• 시퀀스도 종서 : 제어 전원 모선은 가로선으로 한다.

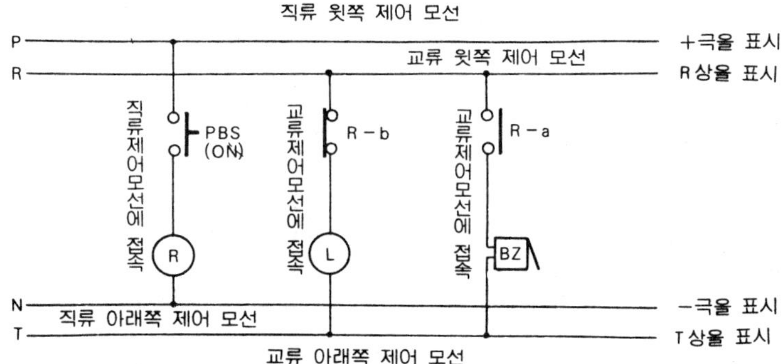

PBS (ON) : 푸시버튼 스위치　　Ⓡ : 릴레이　　R－b : 릴레이 b접점　　BZ : 부저
Ⓛ : 표시등　　R－a : 릴레이 a접점

• 시퀀스도 횡서 : 제어 전원 모선은 세로선으로 한다.

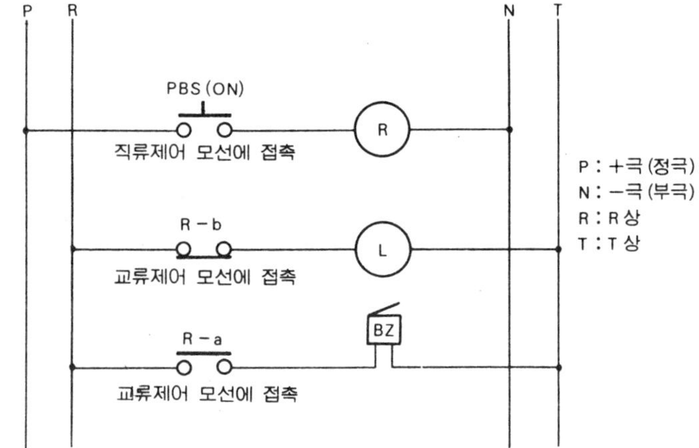

(5) 시퀀스도의 제어 전원 모선의 표시법

시퀀스도에서는 제어 전원 모선을 하나하나 전원 심볼로 표시하지 않고 전원도선으로 표시한다.

① 직류 제어 전원 모선의 표시법 : 직류전원은 P (positive) 선과 N (negative) 선으로 표시하며,

P는 +(정)를 표시하고 윗쪽이나 좌측에 그리며(+극), N은 -(부)를 표시하고, 아랫쪽이나 우측에 그린다(-극).

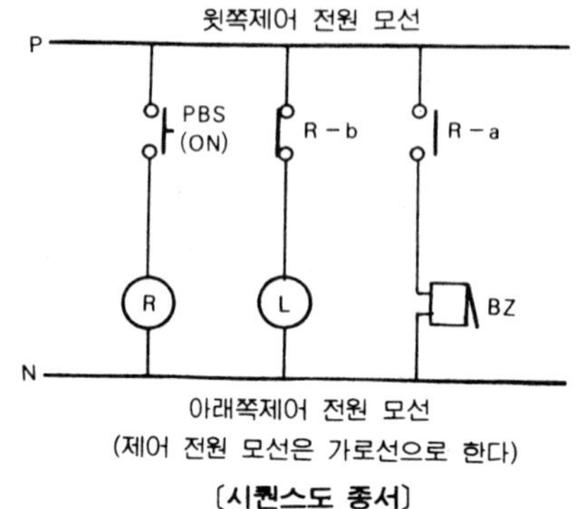

(제어 전원 모선은 가로선으로 한다)

〔시퀀스도 종서〕

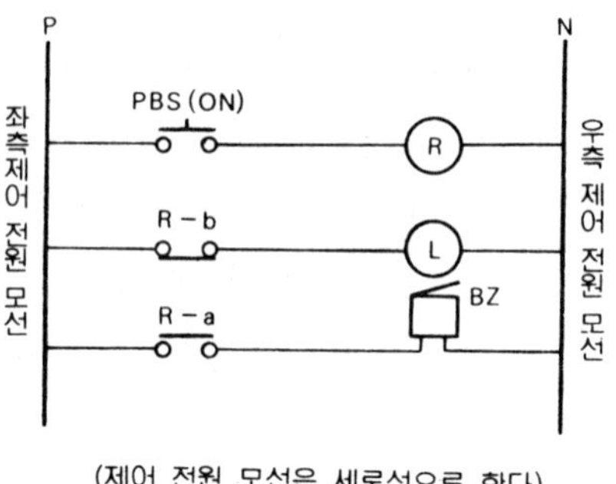

(제어 전원 모선은 세로선으로 한다)

〔시퀀스도 횡서〕

② **교류 제어 전원 모선의 표시법** : 교류전원은 R.S 또는 R.T로 표시하며 극성은 극히 중요하지 않다.

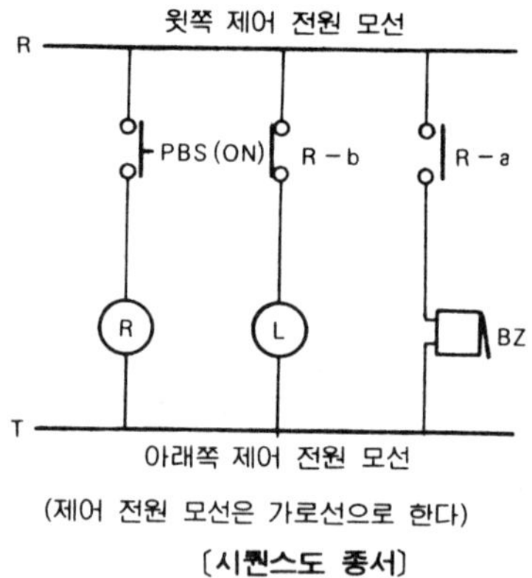

(제어 전원 모선은 가로선으로 한다)

〔시퀀스도 종서〕

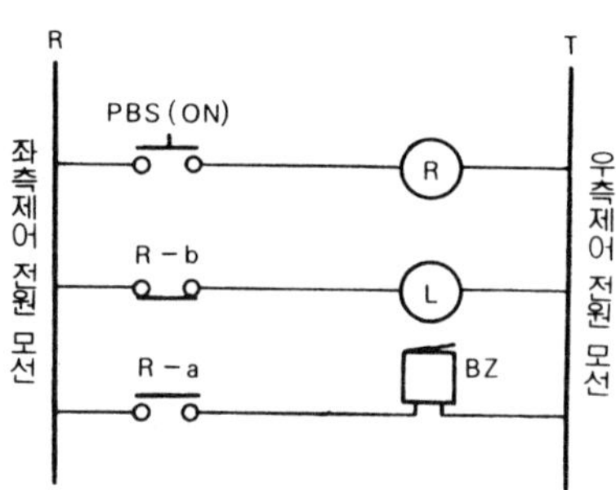

(제어 전원 모선은 세로선으로 한다)

〔시퀀스도 횡서〕

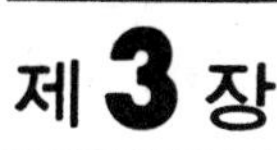

제 **3** 장

시퀀스에 사용되는 기기

1. 수동 조작 스위치

(1) 토글 스위치(toggle switch)

텀블러 스위치의 일종으로 핸들조작에 의해 회로의 개폐를 하는 것이며, 전원 스위치 등으로
쓰인다.

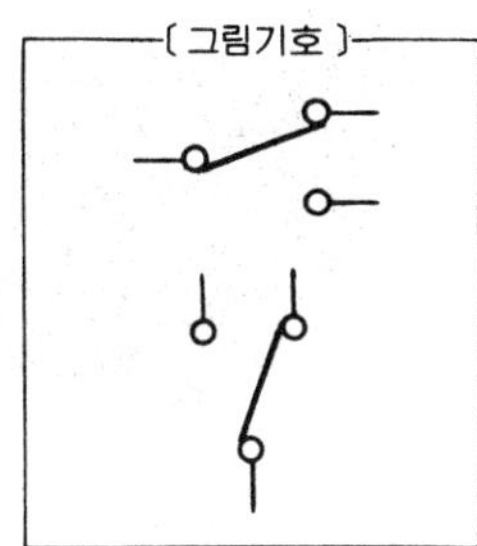

(2) 로터리 스위치(rotary switch)

회전작동에 의해서 접점을 변환회로로 선택하는 스위치이며, 원주상으로 접촉단자를 배열하고
중심단자(회전축과 연결된 단자)와의 접속으로 회로가 연결된다.

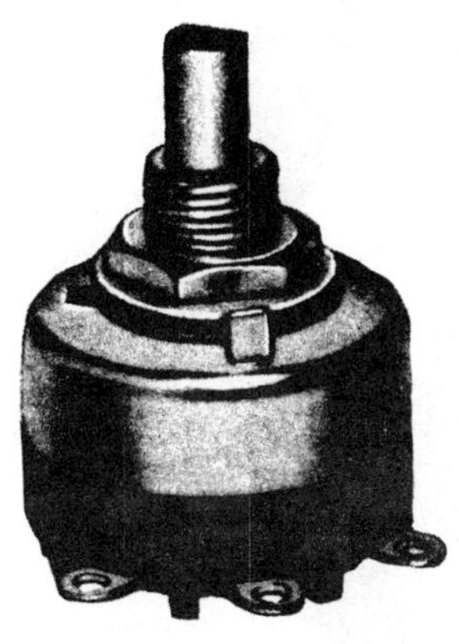
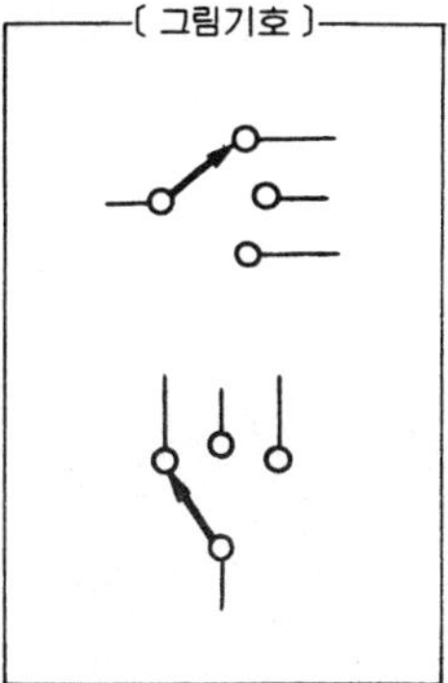

[참고] 스위치 제작시에는 접속저항, 전열내력, 절연저항, 전기적 수명시험, 과부하시험, 기계적 수명시험, 내
진성시험, 내부식성시험, 내습시험 등의 시험을 거쳐서 기기를 제작한다.

(3) 푸시버튼 스위치 (push button switch)

버튼을 누르는 것에 의하여 개폐되는 스위치이며, 손가락으로 누르는 기구와 이것에 의하여 조작되어 접점을 작동시키는 기구로 구분되어 있다.

  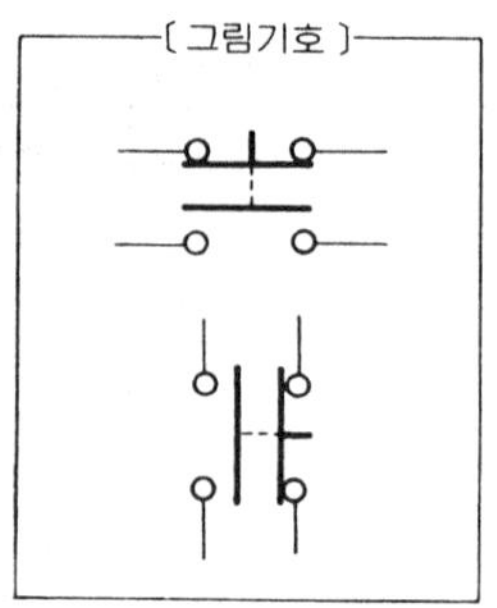

(4) 슬라이드 스위치 (slide switch)

접점부가 미끄러져서 다른 곳으로 이동되는 것이며, 위치를 고정시키는 볼이 들어 있다.

  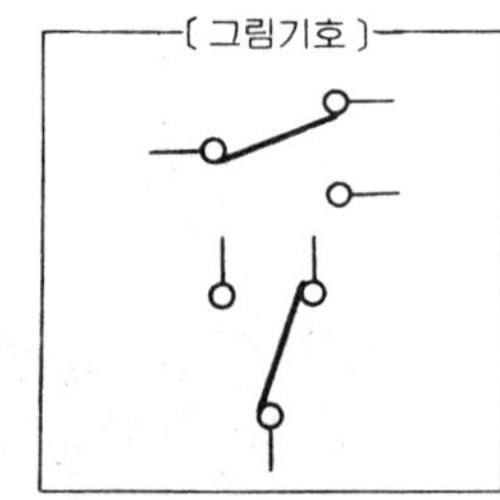

(5) 캠 스위치 (cam switch)

캠의 작동에 의하여 접점이 개폐되는 스위치이며, 여러개의 단자를 이용할 수 있다.

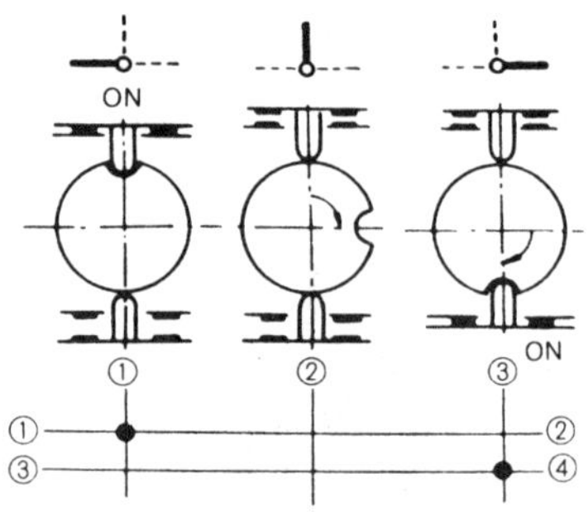

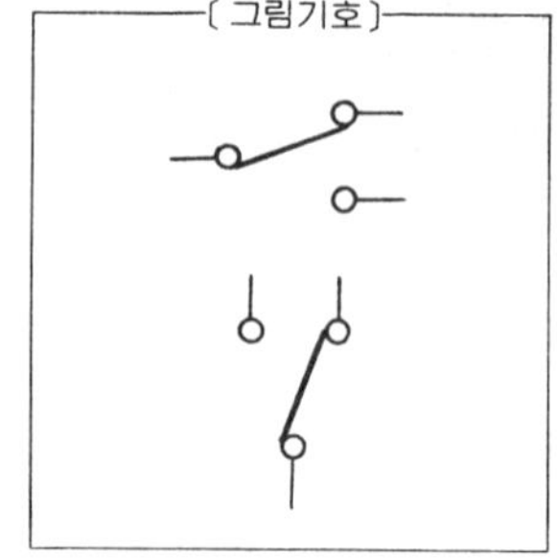

(6) 커버 나이프 스위치(cover knife switch)

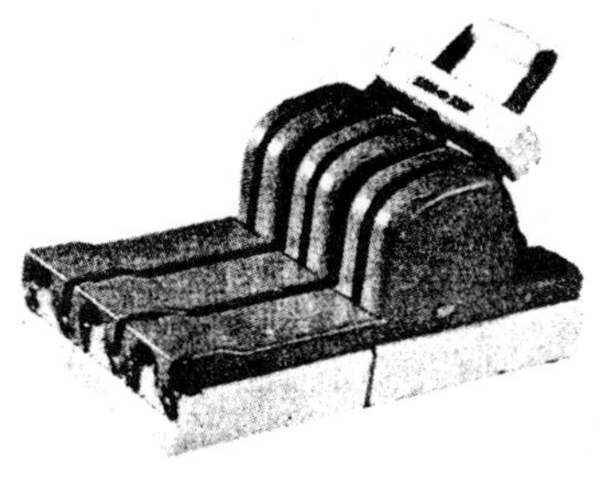  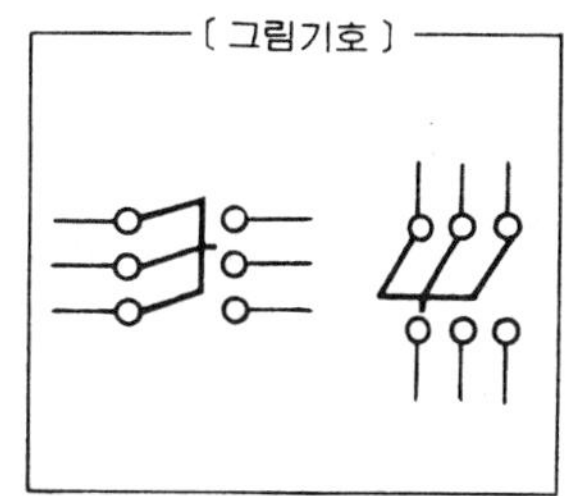

　나이프 스위치의 전면에 베이크라이트 또는 도자기 외피를 입힌 것이며, 단투와 쌍투 커버 나이프 스위치가 있고 밑부분에는 퓨즈가 달려 있는 것이 대부분이다.

(7) 트리거 스위치(trigger switch)

　형상이 방아쇠(trigger)와 유사하게 생긴 것으로 전기톱, 전기해머 등 전동공구나 전원 절환스위치로 많이 사용된다.

  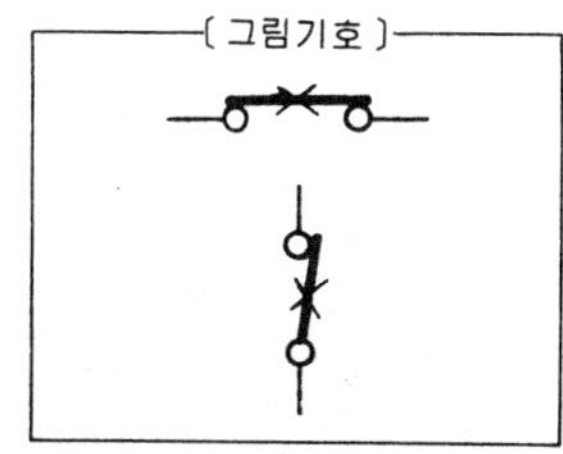

(8) 전압 절환용 스위치(voltage selector switch)

　사용전압에 맞게 절환시키는 스위치이며, 슬라이딩 스위치의 일종이다. 특별히 기기안에 트랜스를 내장한 곳에 사용된다.

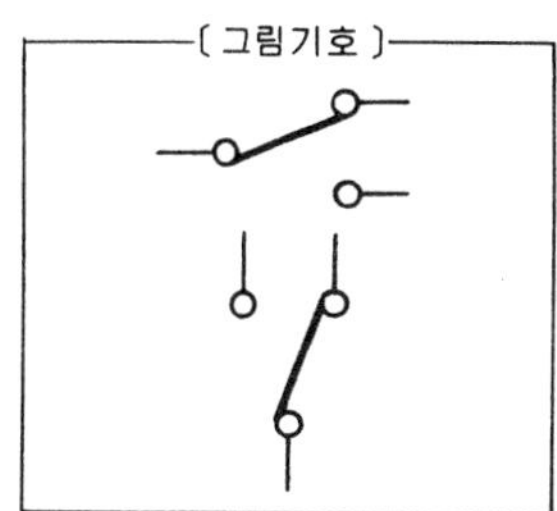

(9) 파형 스위치(rocker switch)

　파형 손잡이부를 누르면 스프링의 힘을 갖는 접점기구에 의하여 회로를 개폐시키는 동작을 하는 스위치를 말한다.

  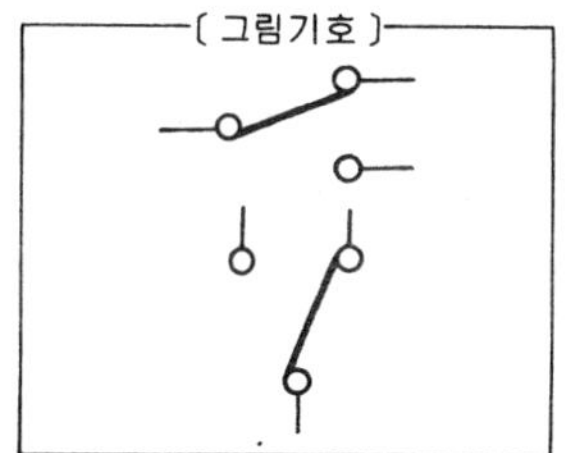

2. 퓨즈 및 퓨즈 홀더(fuse links and fuse holder)

전선에 적정전류 이상이 흐를 때 자동으로 끊어져서 회로를 차단시켜주는 역할을 하는 것이 퓨즈이며, 퓨즈를 고정시키는 것이 퓨즈 홀더이다.

퓨즈의 형태는 걸이형, 통형, 실형 등의 여러가지가 있다.

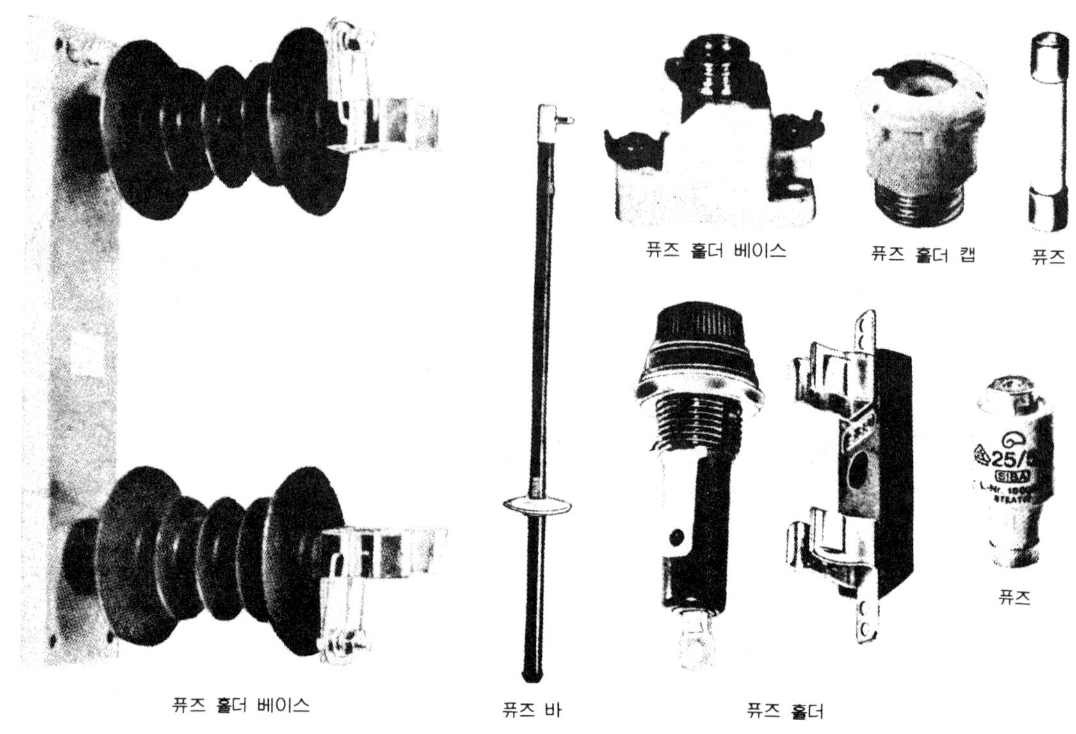

〔퓨즈의 종류〕

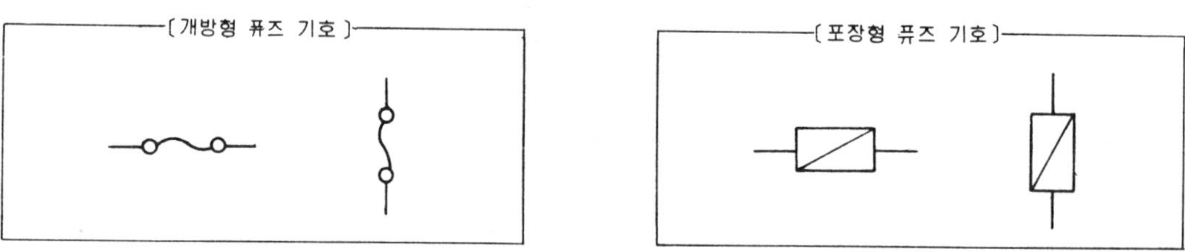

〔**퓨즈 사용시 주의사항**〕

① 퓨즈는 꼭 정격의 것을 사용하여야 한다(퓨즈대신 동선이나 다른 선을 사용해서는 절대로 안된다).

② 개방형 퓨즈 설치시 확실히 고정시켜야하며, 길이의 여유가 있도록 해야 한다(인장력을 받지 않도록 할 것).

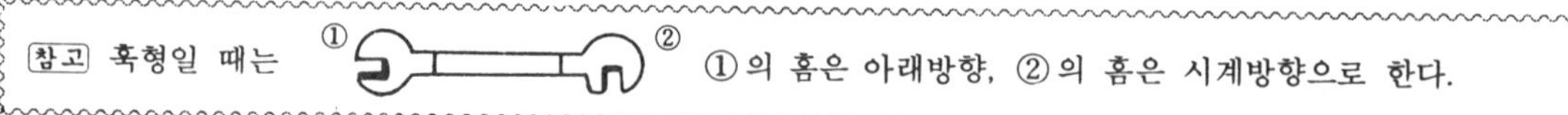

참고 혹형일 때는 ① ② ①의 홈은 아래방향, ②의 홈은 시계방향으로 한다.

3. 표 시 등

　표시등은 기기의 작동상태를 나타내는 것이며, 트랜스를 내장한 것과 내장하지 않은 것이 있고
상태에 따라서는 푸시버튼 스위치와 같이 붙어있는 조광형 스위치도 있다(형태에는 4각형과 6
각형, 원형, 화살표 등 여러가지가 있다.)

〔표시등의 종류〕

 기기를 나타내는 기호와 같은 형태이며, 원안에 아래와 같은 기호를 써넣는다.

- G.L (green lamp) : 녹색등 (비작동 표시)
- R.L (red lamp) : 적색등 (작동표시)
- O.L (orange lamp) : 황적등
- Y.L (yellow lamp) : 황색등
- B.L (blue lamp) : 청색등
- W.L (white lamp) : 백색등

예　─○─ G.L　　　─○─ R.L

〔숫자판 (7 소자) 숫자 표시방법〕

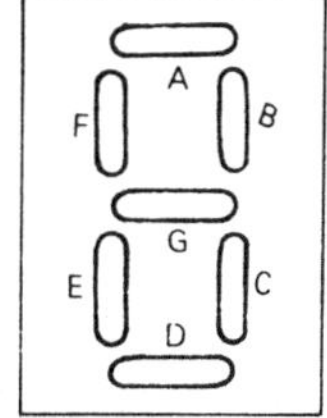

0 : A, B, C, D, E, F 점등	5 : A, C, D, F, G 점등
1 : B, C 점등	6 : C, D, E, F, G 점등
2 : A, B, D, E, G 점등	7 : A, B, C 점등
3 : A, B, C, D, G 점등	8 : A, B, C, D, E, F, G 점등
4 : B, C, F, G 점등	9 : A, B, C, F, G 점등

　표시회로에는 작동상태를 등 1개로 표시하는 1등회로, 작동과 비작동상태를 등 2개로 나타
내는 2등회로, 개폐와 작동중의 상태를 등 3개로 나타내는 3등회로, 상태가 변화하는 것을 나
타내는 상태 표시회로, 코일이나 선의 단선을 감시하는 감시회로 등이 있다.

4. 단자대 (therminal block)

　전류가 출입하는 출입구를 터미널 또는 단자라 한다. 접속하는 방법에는 압착단자에 의한 방
법, 링고리에 의한 방법, 누름판 압착방법 등 여러가지가 있다.

번호부착 10P 용

번호부착 3P 용

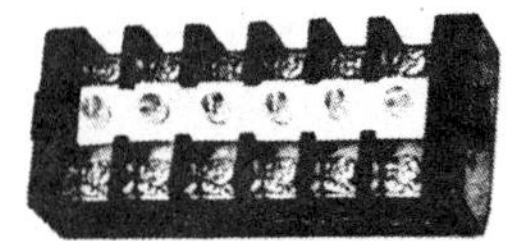

번호부착 6P 용　　　6P 용

단자대의 선정시는 배선 본수 적정전류 등을 감안해서 정격치를 선정 사용한다.

(1) 터미널에 3상 교류회로를 배치할 경우의 순서

① 배선도체를 상하로 배치할 경우에는 위로부터 제1상, 제2상, 제3상 접지순으로 한다.

② 배선도체를 원근으로 배치할 경우에는 가까운 곳부터 제1상, 제2상, 제3상 접지 순으로 한다.

③ 배선도체를 좌우로 배치할 경우에는 왼쪽에서부터 제1상, 제2상, 제3상 접지순으로 한다.

(2) 배선도체의 단말색(3상교류)

① 제1상 : 적색　　② 제2상 : 백색　　③ 제3상 : 청색　　④ 제4상 : 흑색(녹색)

배선도체의 색은 피복의 색으로 하든지 혹은 압착단자 비닐캡의 색깔이나 비닐 테이프를 감는 방법 등 여러가지가 있다.

[참고] 터미널에 선연결시 고유번호를 부여하여 같은 부호의 선끼리 연결되도록 하며, 선의 색상도 같은 색으로 하는 것이 보수, 설치에 용이하다.

---

5. 콘 덴 서

콘덴서는 전하를 축적하는 축전기로서 직류는 저지하고 교류만 흐르게 하는 성질이 있다. 콘덴서는 고정 콘덴서, 반고정 콘덴서, 가변 콘덴서로 나눈다.

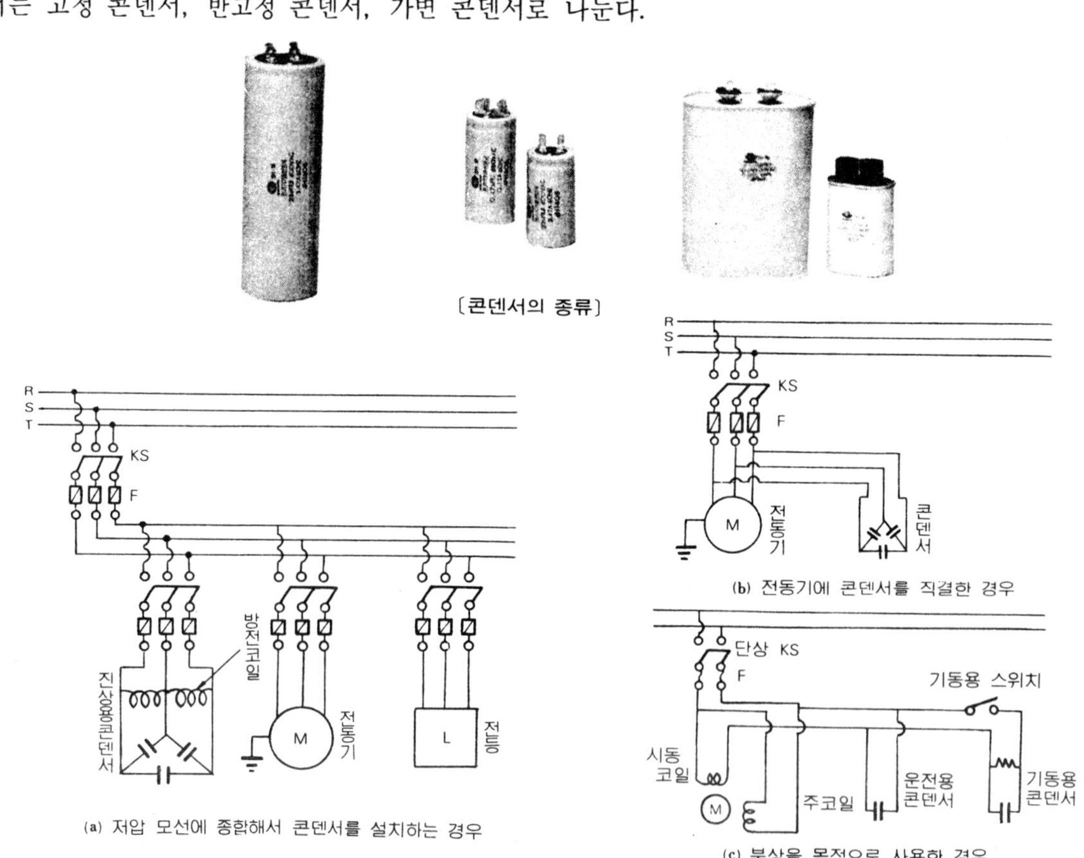

〔콘덴서의 종류〕

〔역률 개선용 콘덴서의 각종 결선도〕

컬 러	특 성	제1유효 숫 자	제2유효 숫 자	배 율	허 용 차
흑 색	–	0	0	$10^0=1$	±20%(M)
갈 색	B	1	1	$10^1=10$	–
적 색	C	2	2	10^2	±2%(G)
오렌지	D	3	3	10^3	–
황 색	E	4	4	10^4	–
초록색	F	5	5	10^5	–
청 색	–	6	6	10^6	–
보라색	–	7	7	10^7	–
회 색	–	8	8	–	–
백 색	–	9	9	–	–
금 색	–	–	–	–	±5%(J)
은 색	–	–	–	–	±10%(K)

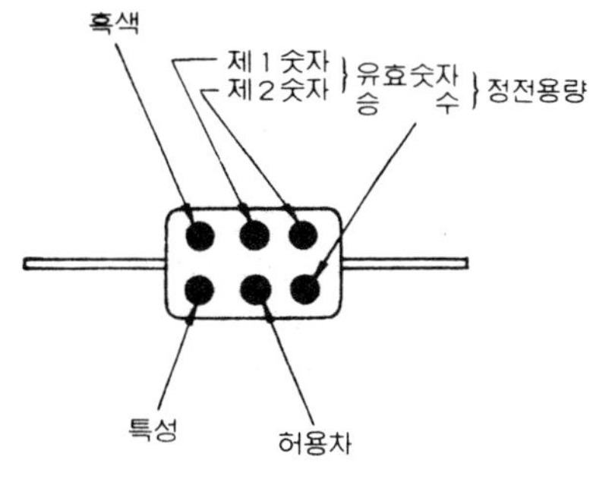

〔콘덴서 컬러 코드 보는법〕

注: 콘덴서는 무극성 및 모터 기동용을 제외하고는 모두다 (+), (−)가 표시되어 있으므로 배선시 주의하기 바란다. 콘덴서는 유전체의 종류에 따라 마이카(운모) 콘덴서, 페이퍼(종이)콘 덴서, 필름(폴리에틸렌) 콘덴서, 세라믹(자기) 콘덴서, 전해(알루미늄) 콘덴서 등이 있다.

6. 타이머(timer)

전원을 넣으면 미리 정해진 시간이 경과한 후에 회로를 전기적으로 개폐하는 접점을 가진 릴레 이를 말하며 기계식 타이머, 공기식 타이머, 전자식 타이머 등이 있으며, 전자식의 경우 **콘덴서** 의 충·방전 원리를 이용한 것이다.

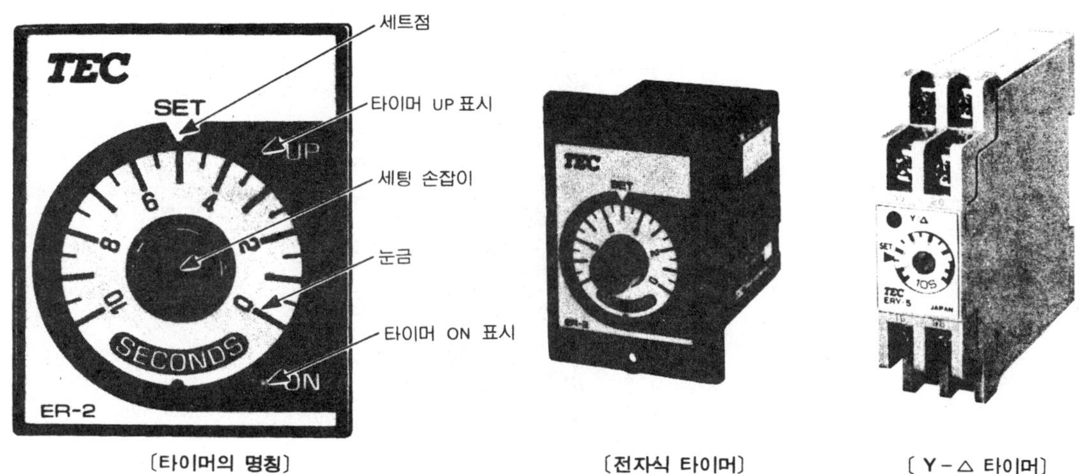

〔타이머의 명칭〕   〔전자식 타이머〕   〔 Y − △ 타이머〕

(1) 타이머 회로결선시 주의사항

① 타이머 회로는 타이머 베이스에서 이루어진다. 베이스의 핀 번호는 반드시 확인하기 바라며 번호의 순서는 시계 반대방향으로 이루어진다.

② 타이머 베이스에 타이머 부착시 꼭 홈을 확인하고 凹와 凸이 맞도록 한다.

(2) 타이머 작동설명

통상 200V 작동시 ②와 ⑦에 전원을 입력시키며, 100V일 때는 ④와 ⑦에 전원을 넣는다.

- ①과 ③ : 순시 접점이라고 하며, ②⑦ 혹은 ④⑦에 전원 투입시 작동한다.
- ⑧과 ⑤ : 타이머 작동 세팅 시간이 지난후 접점이 떨어진다(한시 b접점).
- ⑧과 ⑥ : 타이머 작동 세팅시간이 지난후 접점이 붙어 회로가 연결된다(한시 a접점이라고도 하며, 타이머에 따라서는 잠시동안만 작동하는 것도 있다).

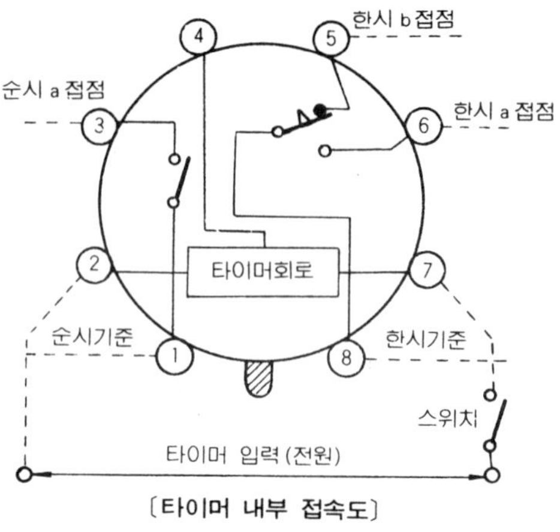

7. 리밋 스위치(limit switch)

기기의 ●●●● 중 정해진 위치에서 작동하는 스위치이며, 작동부와 스위치부로 나뉜다. 스위치는 견고한 케이스속에 들어 있으며, 마이크로 스위치를 사용한다. 형태에 따라 로울러 레버형, 포크 레버형, 로드 조절 레버형, 코일 스프링형, 로울러 플런저형, 횡형, 입형 등으로 나눈다.

(1) 구조 및 외형

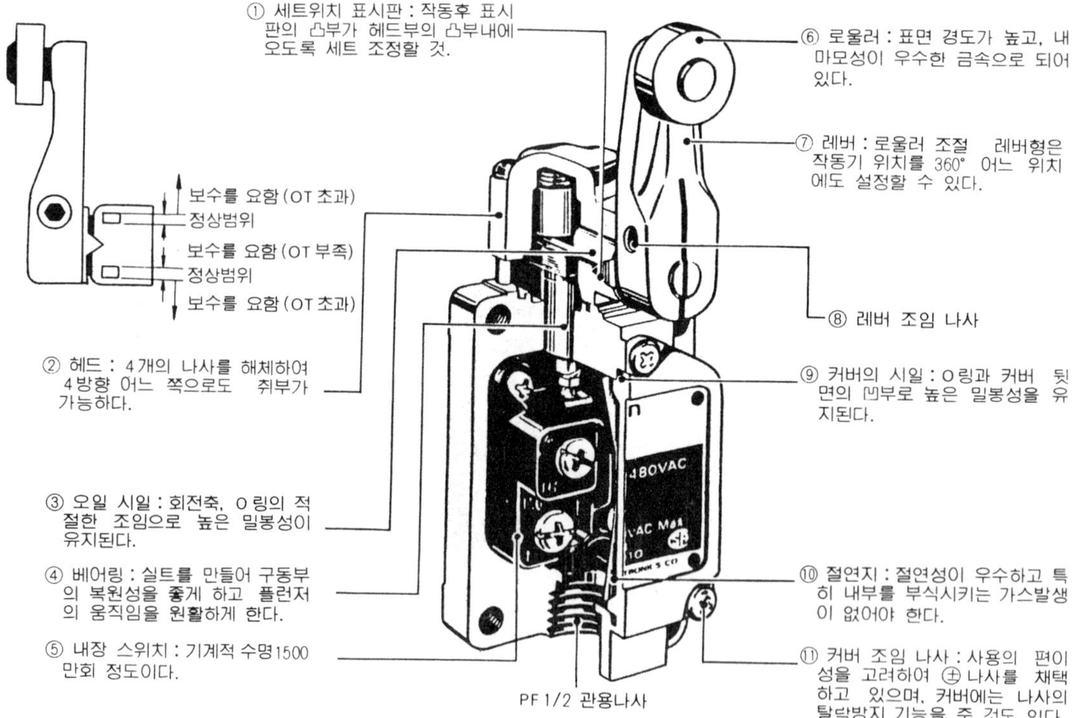

〔외　형〕

(2) 올바른 사용법

① **작동기의 취부위치 변경요령** : 작동기(액튜에이터) 레버의 육각구멍 조임볼트를 풀고 작동기 위치를 360° 어느 위치로도 세트할 수 있다.

② **헤드(head)의 방향 변경요령** : 헤드의 나사를 풀면 4 방향 어느 곳으로도 세트할 수 있다. (이때 내부 조작용 플런저도 같이 변경할 것)

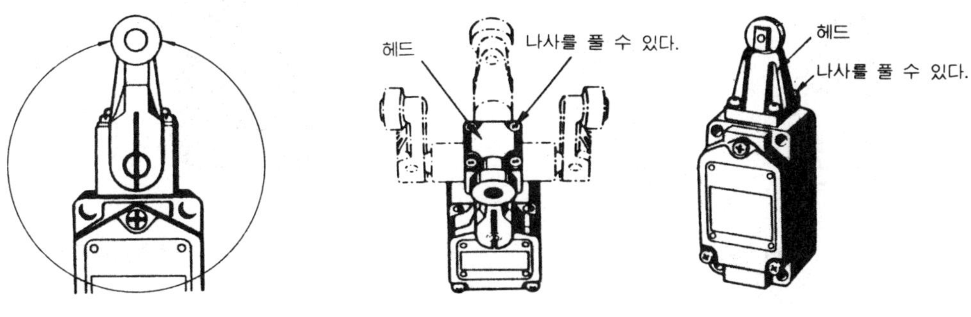

〔작동기의 취부 위치 변경 요령〕　　〔헤드의 방향 변경 요령〕

③ **작동방향의 변경요령** : 헤드를 풀고 조작용 플런저 방향을 변경하면 3 종류의 작동방향을 선택할 수 있다.

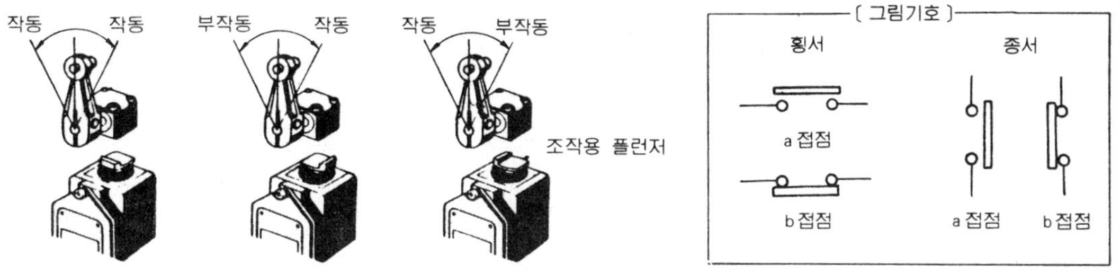

〔작동 방향의 변경 요령〕

④ **로울러를 내측으로 취부하는 방법** : 육각구멍 볼트를 풀고 로울러 레버를 돌려서 취부하여 로울러를 내측으로 할 수 있다 (이때 수평으로 180° 의 범위에서 작동이 완료하도록 설정할것)

⑤ **로울러 위치선택의 가능(포크로울러 레버형)** : 그림과 같이 레버를 역으로(로울러를 축방향 으로) 사용할 수 있다.

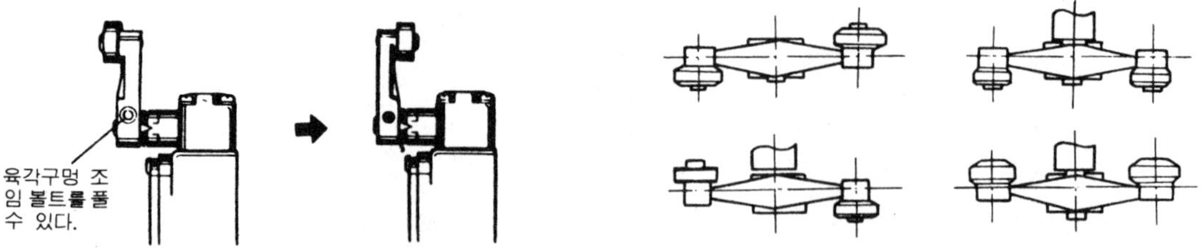

〔로울러를 내측으로 취부하는 방법〕   〔포크 로울러 레버형〕

⑥ **레버 로드의 길이조정** : 아래 그림에서와 같이 육각구멍 볼트나 나사를 풀어서 레버 및 로드 의 길이를 조정할 수 있다.

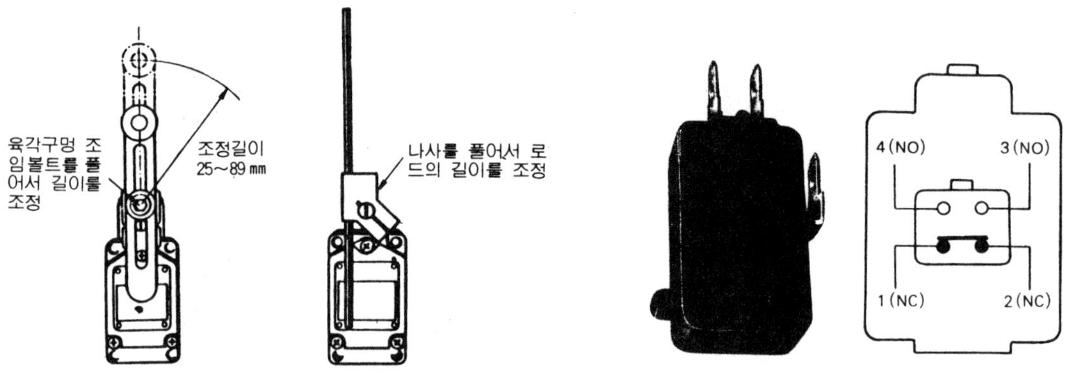

〔레버 로드의 길이 조정〕   〔마이크로미터 형태와 접속 형식〕

〔마이크로미터 스위치 용어설명〕

- OF(operating force) : 작동에 필요한 힘
- RF(release force) : 복귀에 필요한 힘
- RT(pre-travel) : 버튼의 자유위치에서 작동위치까지의 거리
- OP(operating position) : 작동위치
- OT(over travel) : OP에서 작동한도 위치까지의 거리
- MD(movement differential) : 작동위치와 복귀위치와의 거리차

토막상식

전압의 기본 단위 계산

① $26\,V = 26,000\,mV = 0.026\,kV$

② $37,000\,mV = 37\,V = 0.037\,kV$

③ $45\,kV = 45,000\,V = 45,000,000\,mV$

④ $38,000,000\,mV = 38,000\,V = 38\,kV$

⑤ $4,750\,V = 4.7\,kV$

⑥ $250\,A = 0.25\,kA$

⑦ $36,000\,mA = 36\,A$

⑧ $35,000\,\mu A = 35\,mA = 0.035\,A$

8. 배선용 차단기(molded-case circuit breaker)

"전동기의 과부하 보호장치의 설치와 전동기용 차단기의 선정"

전기시설 보안에 관한 상공부령에 있는 전기설비 기술기준에는 실내에 시설하는 정격출력이 0.2kW를 넘는 전동기에는 소손방지를 위해 특별한 경우를 제외하고 전동기용 퓨즈(fuse), 열동 계전기(thermal relay), 전동기 보호용 배선용 차단기(전동기용 차단기), 유도형 계전기 등의 전동기용 과부하 보호장치를 사용하든지 과부하시 경보를 발하는 장치를 사용하지 않으면 안되도록 의무로 규정되어 있다.

〔전동기 간선에의 배선용 차단기의 적용〕

전동기 용량의 총계〔kW〕이하	최　대 사용전류〔A〕이하	직입시동 및 Y－△ 시동의 전동기중 최대것의 용량(kW)											
		0.75이하	1.5	2.2	3.7	5.5	7.5	11	15	18.5	22	30	37~55
		차 단 기 의 정 격 전 류〔A〕											
3	15	20	20	20	—	—	—	—	—	—	—	—	—
4.5	20	30	30	30	30 (40)	—	—	—	—	—	—	—	—
6.3	30	40	40	40	40	50	—	—	—	—	—	—	—
8.2	40	50	50	50	50	50	75	—	—	—	—	—	—
12	50	60	60	60	60	60	75	100	—	—	—	—	—
15.7	75	100	100	100	100	100	100	100	125	—	—	—	—
19.5	90	100	100	100	100	100	100	100	125	150	—	—	—
23.2	100	125	125	125	125	125	125	125	125	150	175	—	—
30	125	150	150	150	150	150	150	150	150	150	175	225	—
37.5	150	175	175	175	175	175	175	175	175	175	175	225	—
45	175	200	200	200	200	200	200	200	200	200	200	225	350
52.5	200	225	225	225	225	225	225	225	225	225	225	225	350
63.7	250	300	300	300	300	300	300	300	300	300	300	300	400
75	300	350	350	350	350	350	350	350	350	350	350	350	400 (500)
86.2	350	400	400	400	400	400	400	400	400	400	400	400	500

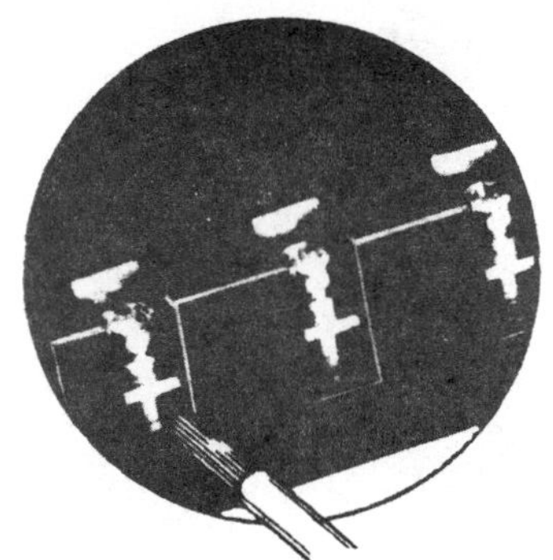

삽입식 (solderless 단자)

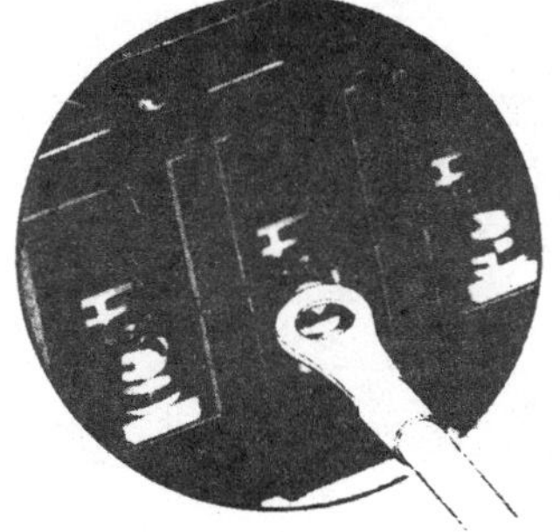

압착단자식

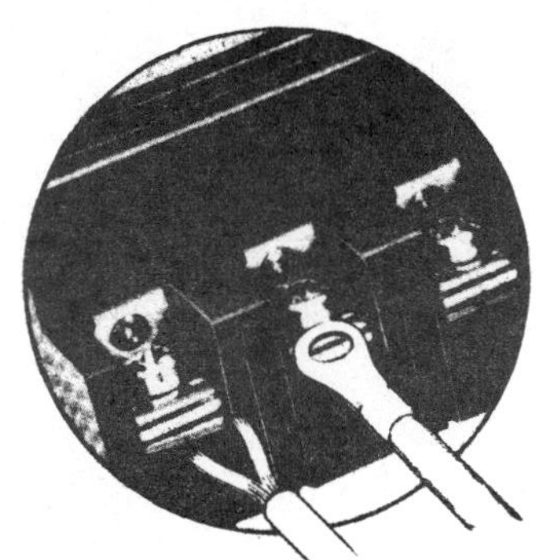

삽입·압착단자식

〔단자의 배선 고정 형태〕

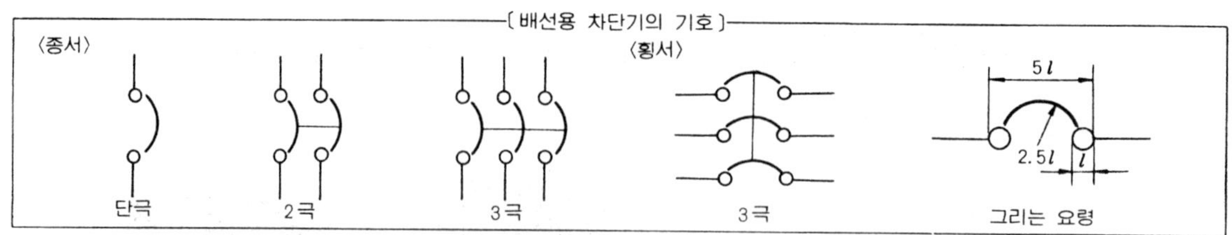

- **부속품** : 이면접속형, 매입형, 경보스위치, 보조스위치 등이 있다.

(1) **이면접속형**(stud부) : 표면부착, 이면접속을 하는 경우에 사용하며, 금속판 부착용의 절연 부싱, 단자 커버가 붙어 있다.

(2) **매입형**(flash plate stud부) : 매입부착, 이면접속을 하기 때문에 스터드가 견고하고, 아름다운 디자인의 플래시 플레이트 등이 첨부된다.

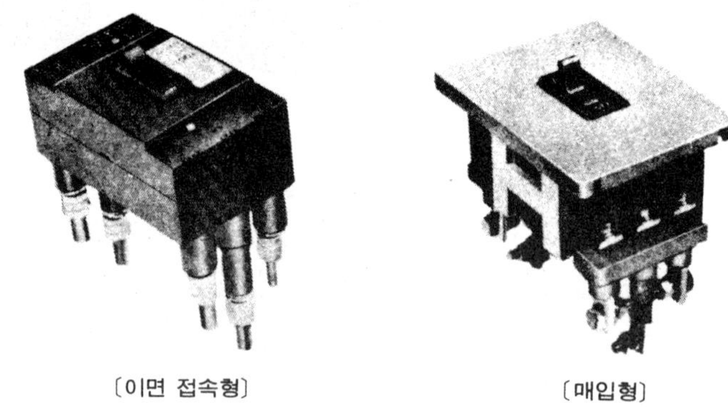

〔이면 접속형〕   〔매입형〕

(3) **경보 스위치** : 차단로가 회로의 이상에 의해 작동할 때 경보나 신호를 낼 수 있으며, 이 경우 핸들은 개(開)와 폐(閉)의 중간위치로 되어 트립표시를 한다. 재투입시는 핸들을 폐의 위치까지 내린 후 해야한다.

(4) **보조 스위치** : 차단기의 개폐기구에 스위치를 연동시킨 것으로서 주회로의 개폐표시, 그외의 기기와의 연결 등에 사용된다.

(5) **전압 트립장치** : 차단기를 먼곳에서 누름 버튼 스위치로 트립시킬 경우, 또는 차단기를 그외의 장치와 연결하여 트립작동을 시킬 경우에 사용된다.

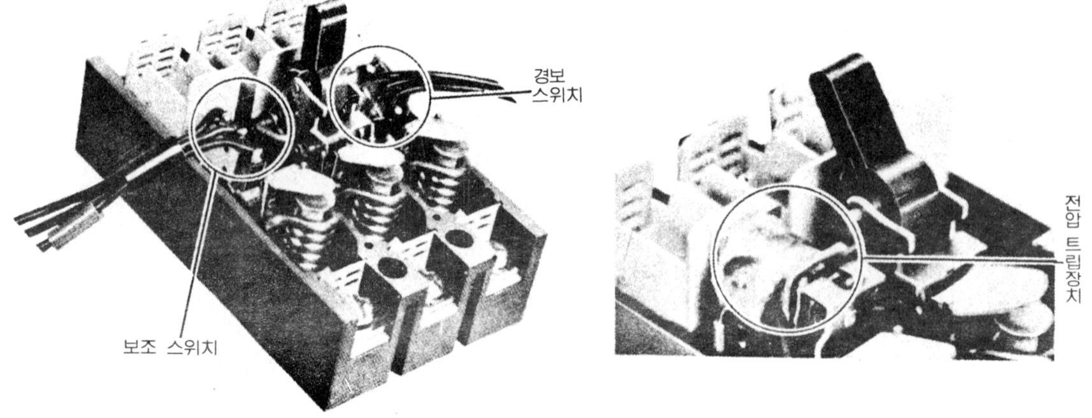

〔경보스위치와 보조스위치〕   〔전압 트립장치〕

〔전동기 등을 포함한 회로의 간선용 브레이크의 선정〕

부 하 의 종 류	조　　건	전선의 전류	브레이크의 정격전류 IN
(M) IM₁ (M) IM₂ [L] IL₁ [L] IL₂　　IN —o o— IW	$\Sigma I_M \leqq \Sigma I_L$	$I_W \geqq \Sigma I_M + \Sigma I_L$	$I_N \leqq 3\,\Sigma I_M + \Sigma I_L$ 또는 $I_N \leqq 2.5\,I_W$ 보다 더 적은 것
I_M : 전동기 등의 부하전류	$50\,A \geqq \Sigma I_M > \Sigma I_L$	$I_W \geqq 1.25 \geqq \Sigma I_M + \Sigma I_L$	그러나 $I_M > 100\,A$ 의 경우 근사치의 윗쪽 정격도 무방
I_L : 전동기 등 이외의 부하전류	$50\,A < \Sigma I_M > \Sigma I_L$	$I_W \geqq 1.1\,\Sigma I_M + \Sigma I_L$	함.

　자동 트립(trip) 방식에는 완전 전자식과 열동 전자식 등이 있고, 단락 전류에 대해서는 즉시, 과전류에 대해서는 전기회로 혹은 모터의 열특성에 맞추어서 반한시(反限時) 특성을 갖고 작동하여 확실하고 안전하게 회로를 보호한다.

• 구　조

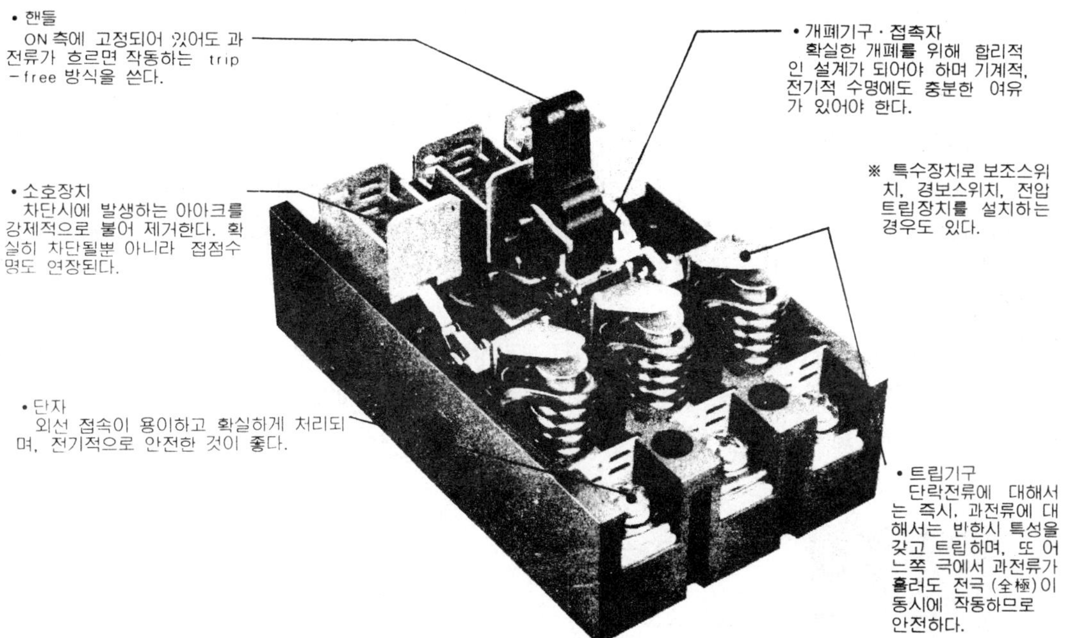

• 완전 전자식과 열동 전자식의 비교

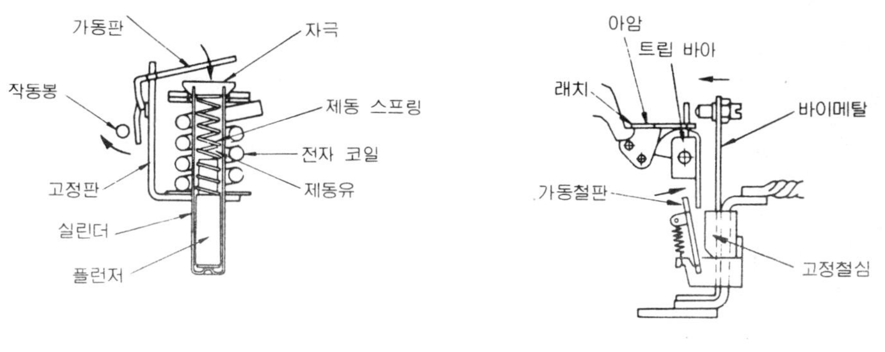

〔완전 전자식〕　　　　　　〔열동 전자식〕

① **완전 전자식 :** 코일에 단락전류가 흐르는 경우에는 대단히 큰 자력이 발생하므로 플런저가 이동을 하지 않고도 가동판을 즉시 끌어당겨 트립을 하게 한다.

② **열동 전자식**

㈎ 회로에 흐르는 전류가 일정치를 초과하면 히터의 발열량이 크게 되어 바이메탈이 과열하게 된다. 바이메탈은 서서히 휘어지고, 발열량에 의해 결정되어진 일정시간 후 트립 바를 작동시켜 트립을 하게 한다.

㈏ 단락전류가 흐를 경우에는 고정철심에 대단히 큰 자력이 발생하므로 바이메탈이 만곡하지 않고 가동철판을 즉시 끌어당겨 트립을 하게 한다.

9. 누전차단기

전기기기 등에 발생하기 쉬운 누전, 감전 등의 재해를 방지하기 위하여 누전이 발생하기 쉬운 곳에 설치하며, 이상 발생시 감지하고 회로를 차단시키는 작용을 한다.

(1) 누전차단기 사용상의 주의

① 진동, 충격이 많은 장소 혹은 부식성가스, 인화성가스, 먼지, 습기가 많은 분위기 등의 장소를 피하고 수직으로 바르게 부착해야 한다.

② 누전 검출부에 반도체회로를 사용하고 있기 때문에 정격전압 이외에서의 사용은 피한다.

③ 사용개시 직전 및 월 1회 또는 2회 테스트 버튼을 눌러 작동을 확인하여야 한다.

④ 누전차단기가 작동하면 우선 원인을 제거한 후 누전작동의 경우에는 리셋 버튼을 누르고 투입해야 한다.

⑤ 부하측 전로의 절연저항측정을 할 경우에는 각상과 대지간의 측정은 그대로 할 수 있지만 상간을 측정하는 경우는 누전차단기의 접속을 하지 않은 상태에서 하여야 한다.

⑥ 전원측, 부하측을 올바르게 접속하여야 한다.

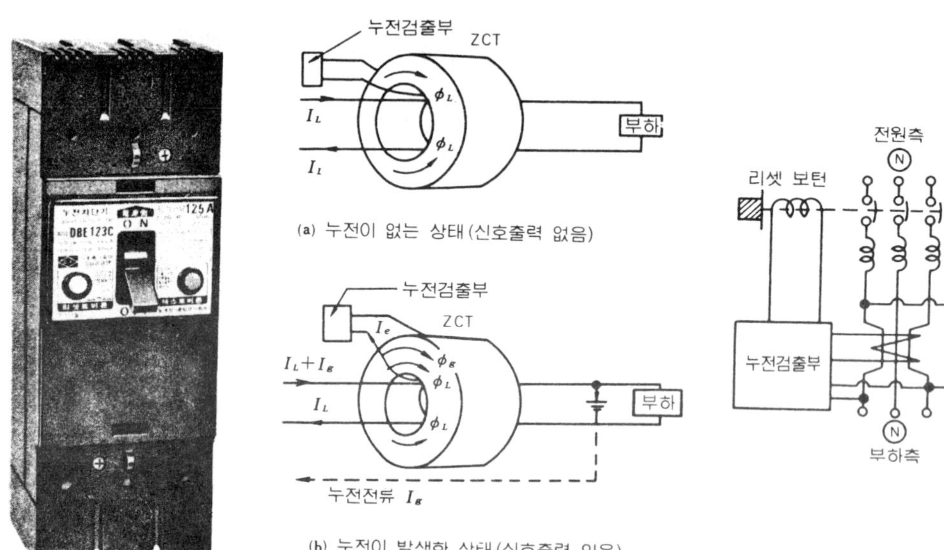

〔누전 차단기 및 작동 원리〕

(2) 누전차단기의 작동원리

　　누전차단기의 내부는 누전검출부, 영상변류기, 차단부로 구성되어 있으나(누전차단기　내부 접속도 참조) 대단히 적은 누설전류를 정확하게 잡는 것은 영상변류기와 누전검출부이다.　앞 페이지　그림은 영상변류기의 작동원리를 표시한 것이다.

　　(a)의 누전이 없는 상태에서는 영상변류기를 통해 흐르는 전류가 돌아가는 전류와 같은 수치로 되어있고, 흐르는 전류에 따라 영상변류기에 발생하는 자속(ϕL)은 서로 상쇄된다. 그러나 (b)와 같이 누전이 발생한 상태에서는 영상변류기를 통해 흐르는 전류에 차가 생기며, 이 전류차에 따라서 영상변류기 2차권선의 누전 검출부에 신호를 보내고, 이 신호에 따라서 누전검출부가 누전 트립기구를 작동시키며, 누전차단기는 회로를 차단하게 된다.

　　전류차이(I_g)의 수치에 따라서 누전차단의 작동을 구분하고, 누전차단기가 작동하는 전류를 누전차단기의 정격감도 전류라 부른다.

(3) 구　조

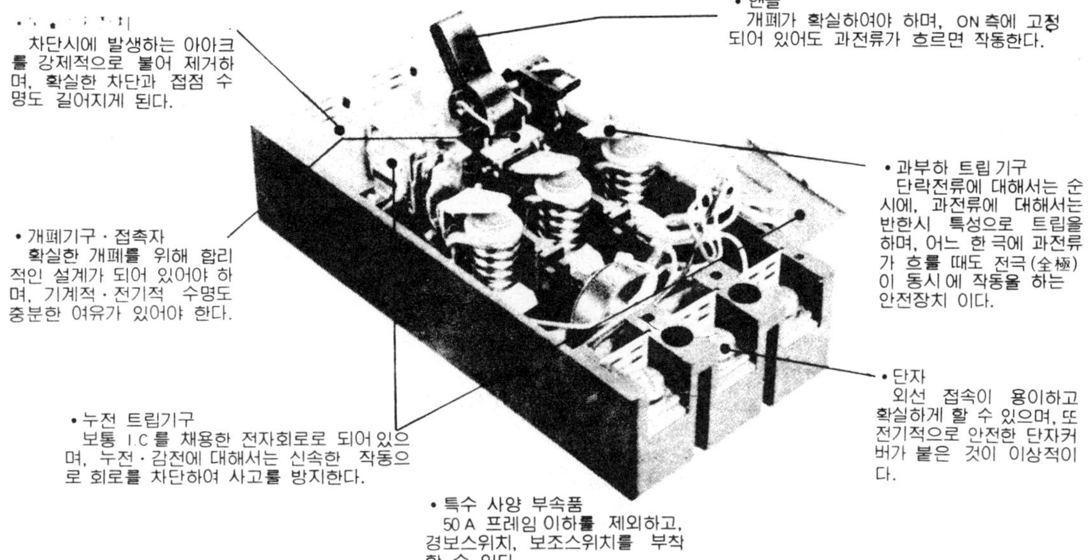

(4) 필요개소의 예

① 공　장

　(가) 리프트, 크레인 등 옥외 전기설비

　(나) 물이나 습기가 많은 도금장치, 급배수설비, 정화장치

　(다) 400 V 의 회로

　(라) 화약, 폭약 등의 저장고

② 주　택

　(가) 정원등 등 옥외의 전기설비

　(나) 욕실에 설치하는 콘센트 세탁기

　(다) 옥외에 설치하는 우물펌프, 룸 에어콘, 실외 유니트

　(라) 심야전력 이용의 전기 온수기

③ 점 포

(가) 습기가 많은 냉동, 냉장고, 식기세척기, 전시관

(나) 옥외에 놓은 자동판매기

(다) 아케이트의 조명, 전기용 장식

(라) 220 V 이상의 배전회로의 에어콘, 드라이크리닝 기기

④ 농어업

(가) 전기온상, 가정용 환풍기

(나) 한해(旱害)용 펌프, 우물 펌프

(다) 탈곡기, 살수기

(라) 양어장의 에어 펌프, 그외의 여러가지 펌프, 여과장치

⑤ 건설현장

(가) 벨트 콘베이어, 드릴, 콤프레서 등 이동식, 가반식 기기

(나) 리프트, 크레인 등 옥외 전기설비

(다) 조명용 전등, 용접기 등 임시시설

(라) 물기있는 장소에서 사용하는 수중 펌프

⑥ 기 타

(가) 푸울, 공중욕장에 사용하는 순환여과, 급배수 펌프용 전동기설비 및 푸울 사이드의 조명 설비

(나) 옥외에 놓은 놀이용의 전기설비

(다) 오락장의 전기설비

(라) 감상용 수조에 사용하는 펌프, 히터

10. 릴레이(relay)

릴레이란 전자코일에 전원을 주어 형성된 자력을 이용하여 가동철편을 움직이며, 가동 철편과 연동되는 기구에 의하여 접점을 개폐시키는 것으로 즉, 전자력에 의하여 개폐하는 기능을 갖는 것을 말한다.

릴레이를 사용해서 하나의 시스템을 구성하는 경우, 그 신뢰성은 각 구성부품의 신뢰성에 따라 크게 좌우되며, 시스템 구성품 중 중요한 비중을 차지하는 릴레이의 신뢰성도 사용상태에 따라 크게 변화한다.

따라서, 시스템을 설계할 경우 릴레이 사용상 주의점을 충분히 검토한 후 신뢰성이 높은 릴레이 사용방법을 강구하여야 한다.

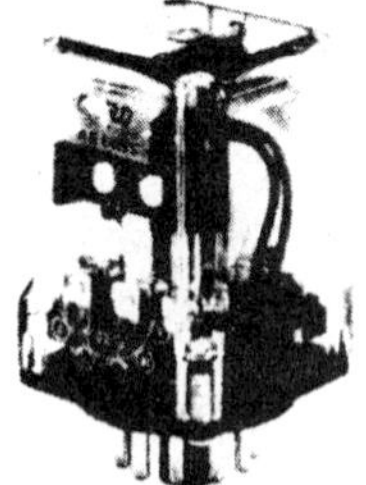

[릴레이 외형]

코일의 온도상승 : 릴레이 코일에 전압을 가할 경우 코일선의 동손에 의한 발열과 교류분의 로스(loss)로서의 철손 등에 의한 발열로 코일의 온도는 일정온도까지 상승하며, 코일의 온도가 상승하면 코일의 저항은 증가하고 코일 전류는 감소하여 릴레이 작동전압은 높아지게 된다.

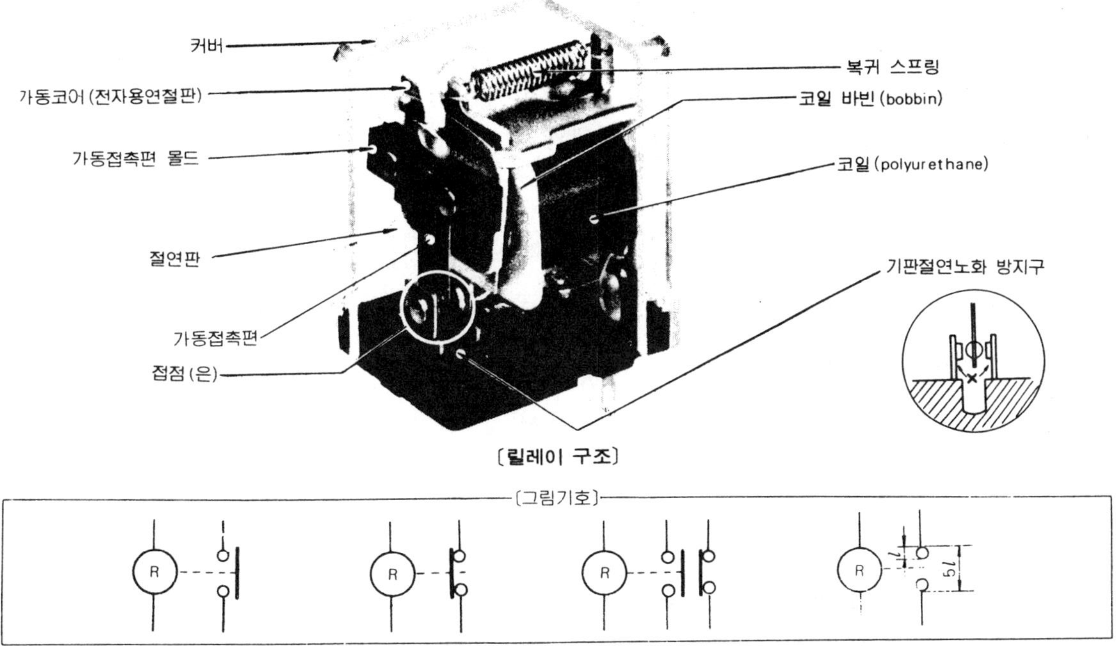

(1) 직류 릴레이의 인가전압

직류 릴레이에 인가하는 전압은 완전한 직류성분만이 요망되는 것이지만 일반적으로 전원을 교류에서 정류, 평활하는 회로의 경우에는 직류에 맥류성분이 포함되어 있다. 이 맥류성분의 비율을 리플률이라 하며, 맥류분과 직류 평균치의 비(%)로 나타낸다.

직류 릴레이는 리플률이 크면 릴레이의 떠는 잡음 및 작동전압의 변화등이 생겨 좋지 않으며, 직류 릴레이를 사용할 경우에는 리플률을 20% 이내가 되도록 전원회로의 정수를 결정해야 한다. 다시말하면 20% 이상의 리플률이 되면 내진성 등에 영향이 미치므로 주의가 필요하다.

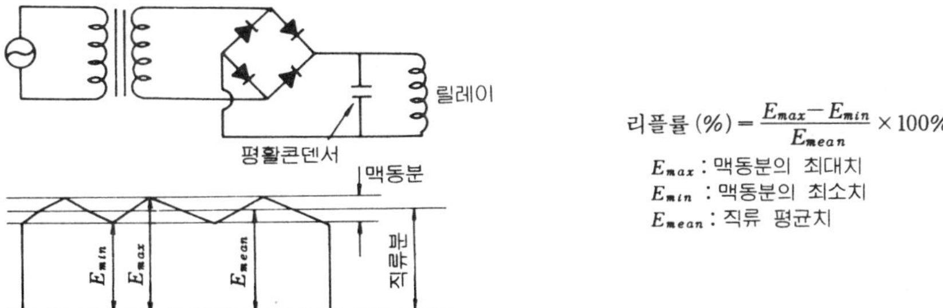

$$리플률 (\%) = \frac{E_{max} - E_{min}}{E_{mean}} \times 100\%$$

E_{max} : 맥동분의 최대치
E_{min} : 맥동분의 최소치
E_{mean} : 직류 평균치

〔점류 및 리플률〕

(2) 교류 릴레이의 인가전압

교류 릴레이에는 정현파형의 교류전압을 인가하여 주어야 한다. 찌그러짐이 많은 파형의 전압을 인가하면 떠는 잡음이 발생하기도 하며, 규정치보다 온도상승이 높아지는 경우가 있기 때문에 특히 주의를 요한다.

(3) 투입 전류(부하특성)

순저항부하의 경우는 문제가 없으나 솔레노이드 부하, 모터 부하, 백열등 부하 등은 투입시에 정상전류의 수배에서 수십배까지의 돌입전류가 흘러 접점용착의 큰 원인이 되기 때문에 이것을 충분히 고려하여 여유있는 릴레이를 선택하여 주어야 한다.

참고로 부하종류에 따른 투입전류값은 아래와 같다.

투입전류

① 저항부하 : $\dfrac{투입전류}{정격전류} \fallingdotseq 1$ 배

② 백열등 : $\dfrac{투입전류}{정격전류} \fallingdotseq 10 \sim 15$ 배 (약 1/3초)

③ 수은등 : $\dfrac{투입전류}{정격전류} \fallingdotseq 3$ 배 (3 ~ 5 분)

④ 모터부하 : $\dfrac{투입전류}{정격전류} \fallingdotseq 5 \sim 10$ 배 (0.2~0.5초)

⑤ 솔레노이드부하 : $\dfrac{투입전류}{정격전류} \fallingdotseq 10 \sim 20$ 배 (0.07~0.1초)

⑥ 전자접촉기 부하 : $\dfrac{투입전류}{정격전류} \fallingdotseq 3 \sim 10$ 배 (1/60~1/30초)

⑦ 콘덴서 부하 : $\dfrac{투입전류}{정격전류} \fallingdotseq 20 \sim 40$ 배 (1/120~1/30초)

---

(4) 접점 보호회로

솔레노이드 및 모터 등의 유도부하 등을 개폐할 경우 수백 볼트에 이르는 서어지(surge) 전압이 발생하여 접점의 이상, 마모현상을 일으키는 수가 있다. 이를 방지하기 위하여 다음과 같은 보호회로를 접점회로, 부하회로에 넣는다.

① 직류회로

(가) 접점과 병렬로 콘덴서와 저항기 접속 : 차단시 발생하는 이상 전압은 C.R 회로를 통할 수 있으므로 불꽃 발생을 방지할 수 있다.

(나) 릴레이와 병렬로 정류기 접속 : 정류기를 전원전압과 반대로 접속하여 이상 상태시 도통된다(평소에는 흐르지 않는다).

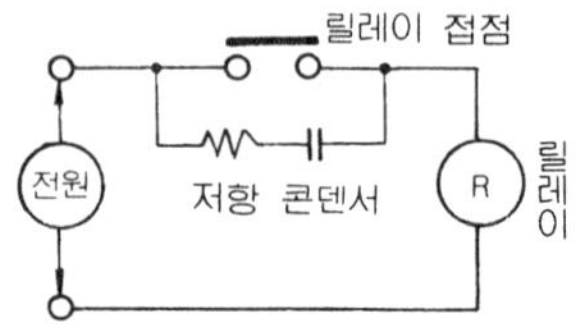

(가) 접점과 병렬로 콘덴서와 저항기 접속

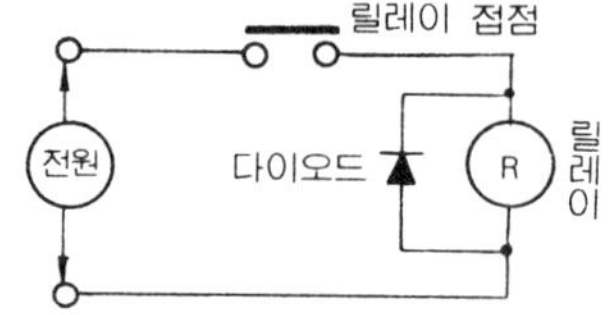

(나) 릴레이와 병렬로 정류기 접속

② 교류 및 직류회로

(가) 릴레이와 병렬로 콘덴서와 저항기 접속 : 차단시 발생하는 유도 기전력이 C.R 회로를 통할 수 있으므로 이상 전압은 나타나지 않는다.

(나) 릴레이와 병렬로 바리스터 접속 : 릴레이 작동에서는 저항치가 커지고 이상 전압에서는 낮은 저항치로 불꽃을 방지한다.

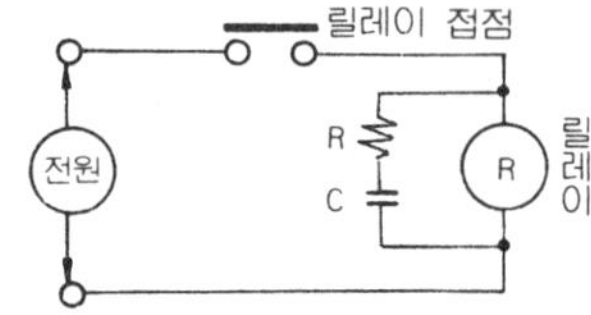

(가) 릴레이와 병렬로 콘덴서와 저항기 접속

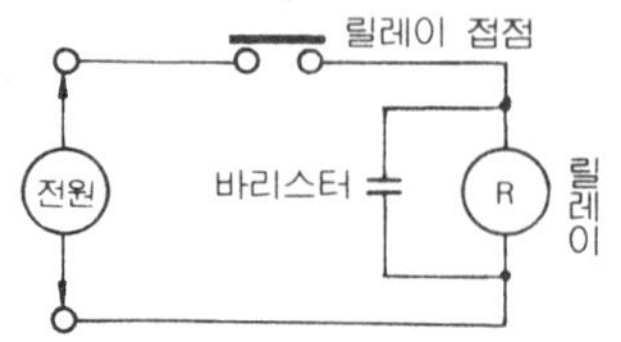

(나) 릴레이와 병렬로 바리스터 접속

③ **직류부하의 개폐** : 직류 부하에서 대전류의 개폐를 반복하면 한쪽의 접점재료가 용착, 증발하여 다른쪽의 접점에 부착되어 옆그림과 같이 된다. 이것을 접점 이전이라고 하며, 이런 상태대로 사용을 계속하면 凹부와 凸부가 서로 붙어 접점이 떨어지지 않을 가능성도 있다.

이러한 이전현상은 대전류 용량부하의 개폐 및 투입전류가 큰 경우에 발생하며, 이전의 방향과 정도는 접점에 걸리는 전압 전류 및 접점 재질에 따라 변하기 때문에 충분한 주의를 요한다.

작동빈도가 적은 수 mA, 수 V 이하의 낮은 레벨의 개폐에서는 접촉불량이 발생하는 경우가 있으므로 특별히 주의하기 바란다.

> **바리스터**(variable resistor ; 가변저항) : 저항치가 전압에 의해서 변하는 비직진성소자이다.

(5) 시퀸스 회로에서의 주의사항

릴레이를 사용하여 시퀸스 회로를 구성하는 경우 전원 라인을 접점계와 부하계로 구분 하여 구성해야 하며, 혼용시 동일 릴레이의 접점간이 이극화(異極化) 되어 절연불량이나 누설 회로 등이 구성되면 릴레이의 채터링이나 복귀불량의 원인이 될 수 있다.

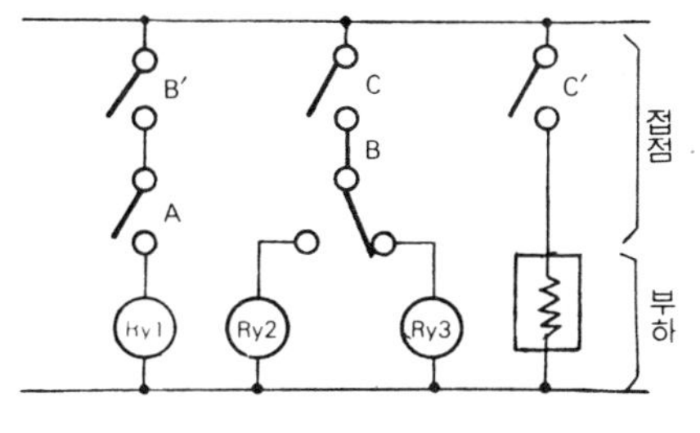

(a) 좋은 예

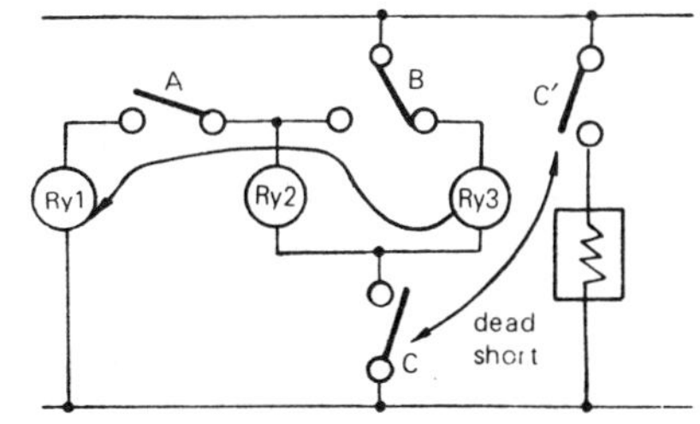

(b) 나쁜 예

위 그림 (b)에서는 Ry 1의 접점 A가 ON, Ry 3의 접점 C가 OFF될 때 Ry3 - Ry 2 - Ry 1의 누설회로가 되며, Ry 3의 접점 C와 C′는 이극화된다.

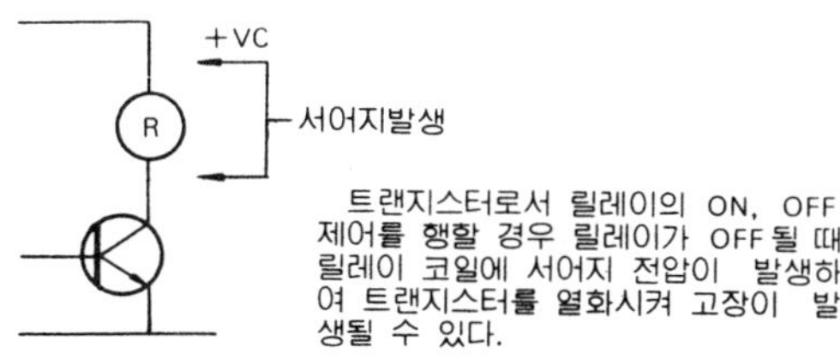

〔트랜지스터 제어 회로〕

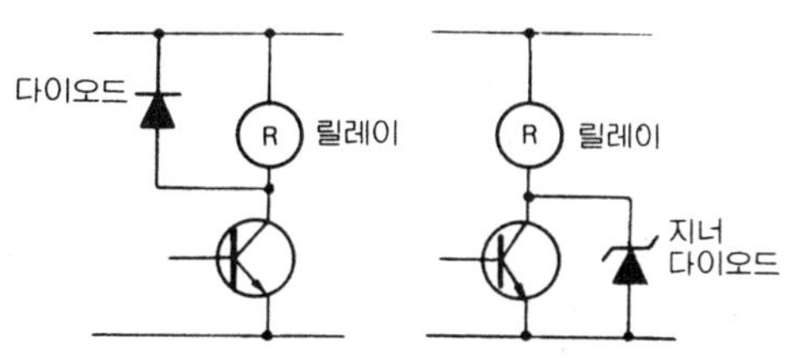

서어지 방지 회로(다이오드 사용, 트랜지스터 보호)〕

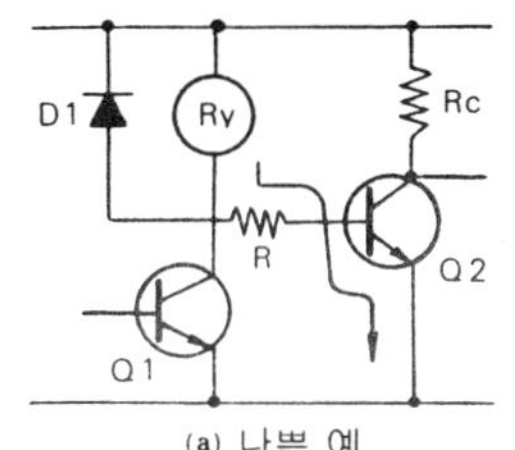

(a) 나쁜 예

Ry - R - Q2 베이스를
통해 전류가 흐른다.

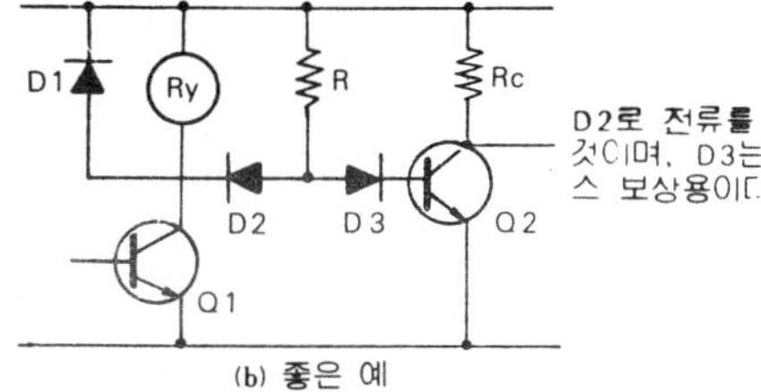

(b) 좋은 예

D2로 전류를 저지하는
것이며, D3는 바이어
스 보상용이다.

〔릴레이를 구동하는 트랜지스터로부터 신호를 만들어 회로를 구성하는 경우〕

앞 페이지 그림 (a)와 같이하면 복귀불량의 원인이 되므로, 그림 (b)와 같이하여 회로를변경하거나 신호를 다른 장소에서 만들어 사용한다.

(6) 코일선의 전기부식

고온다습의 환경에서 릴레이 코일에 직류전압을 장시간 인가할 경우 회로에 따라서 코일이 전기적으로 부식되는 경우가 있으며, 이를 방지하기 위하여 다음 사항을 유의한다.

① 전원을 (+)접지한다.

② (+)접지 불가능시 스위치를 (+)쪽에 연결하여 코일과 철심 사이에 전위차가 없도록 한다.

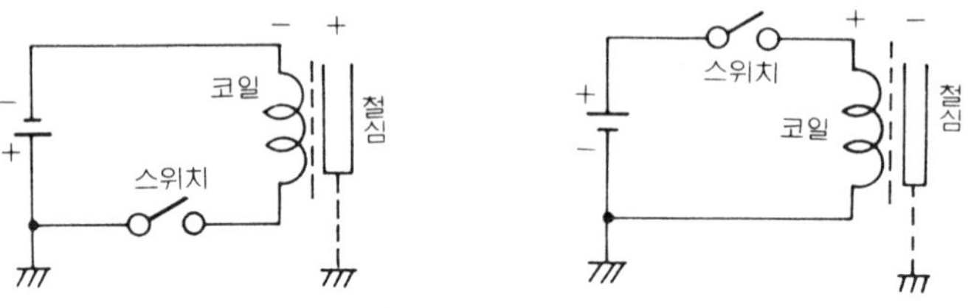

〔코일선의 회로구성〕

다음과 같은 회로구성은 절대로 하지 말 것.

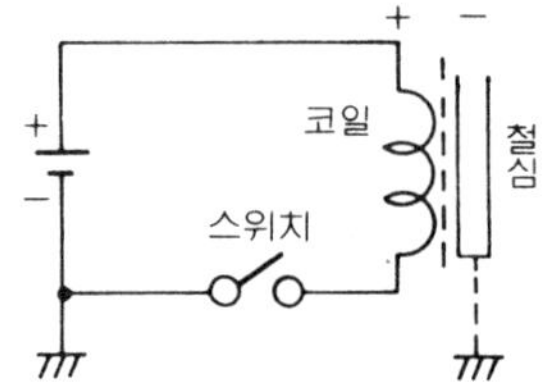

> • **프린트 기판의 릴레이 부착시 주의사항 (납땜시)**
> ① 단자의 납땜시 신속히 작업하여야 하며, 30 W 정도의 인두끝의 온도는 대략 300~350℃ 이며, 2 ~ 3 초 내에 완료한다.
> ② 납의 양은 단자부의 2/3 이내로 한다.
> ③ 용제는 필요량 이상이 되지 않도록 하며, 균일하고 얇게 도포한다.
> ④ 용제는 송진계의 부식성이 없는 것을 사용한다.
> ⑤ 용제 도포후 반드시 예비 가열을 하여 용제를 건조시킨다.
> ⑥ 특별히 온도관리에 주의한다.
> ⑦ 세척은 용제가 릴레이의 내부에 유입될 가능성이 있으므로 되도록 피한다.

릴레이 취부는 접점 마모등에 의한 금속 이물질의 부착을 방지하기 위하여 접점면이 수직이 되도록 하며, 일반적으로 단자면이 밑이 되도록 설치하면 접점면이 수직이 된다.

> 참고 변압기
>
> 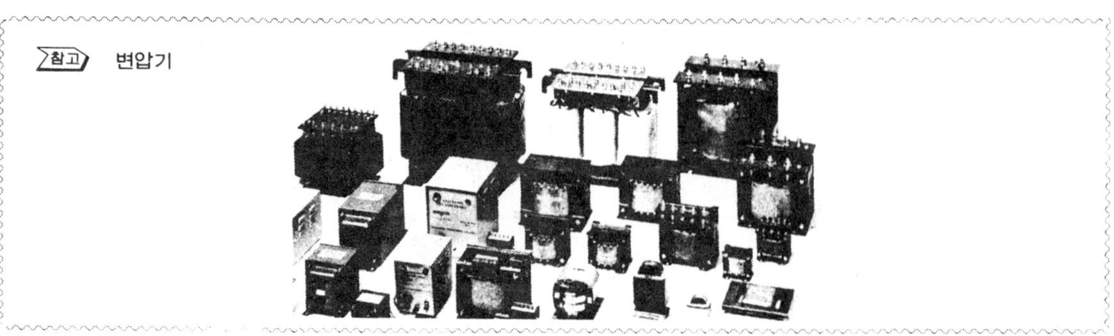

11. 전자개폐기(magnet switch)

전자개폐기는 전자석의 여자에 의하여 개로하고 소자에 의하여 폐로하는 개폐부(contactor)와 전류가 예정치 이상에 도달했을 때 폐로시키는 과전류 보호장치(thermal relay)가 있으며, 접점에는 주접점과 보조접점이 있다.

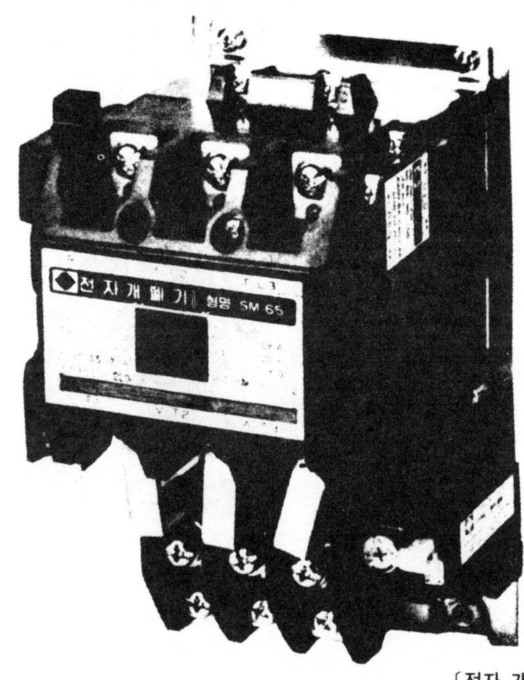

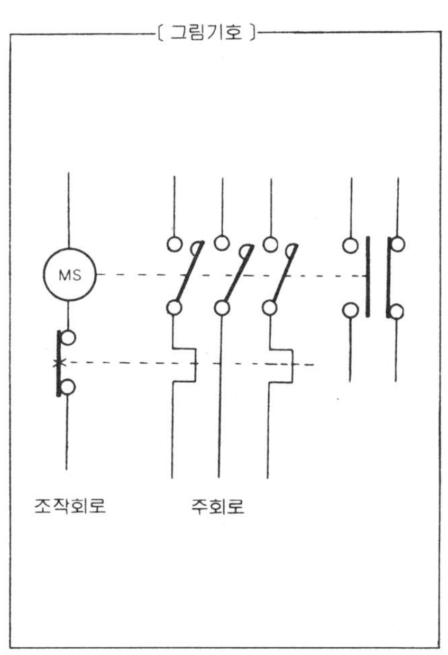

〔전자 개폐기〕

(1) 전자 접속기(contactor)

전자개폐기의 주접점 및 보조접점 구성부로 전체를 감싸는 몰드 케이스(mold case)와 작동상태의 확인이나 수동조작도 가능한 테스트 로드(test rod) 동력선의 주회로 접속에 사용되고, 주접점(main contactor) 조작회로에 이용되는 보조접점 등을 가지고 있다.

(2) 열동형과 부하계전기(thermal relay)

주로 전동기의 과부하로 인한 소손을 방지하는 목적으로 사용되며, 적정전류로 조정하는 전류 조정 다이얼 과부하시 돌출되는 리셋 버튼(reset button) 경보회로용 a접점과 조작회로용 b접점을 가지고 있으며, 전원측 단자와 부하측 단자를 가지고 있다.

(3) 설치시 주의사항

① 선정시 부하에 맞는 것을 택해야 한다.
② 가능한 한 건조하고, 먼지나 진동이 적도록 한다.
③ 설치시 수직을 유지한다(횡 취부시 수명 감소).
④ 두개의 개폐기를 병렬 취부시 간격을 주어야 한다.
⑤ 본체 취부시 확실히 고정할 것(투입시 충격으로 수명에 악영향).

(4) 전자개폐기의 고장과 대책

① 기동 버튼 스위치를 눌러도 개폐기가 투입하지 않는 경우

㈎ 리셋 버튼이 튀어나와 있지 않는가?
  • 대책 : 과부하 원인 제거후 리셋 버튼을 눌러줄 것
㈏ 정격전압이 인가되어 있는가?
  • 대책 : 투입시 전압강하 및 퓨즈 절단이나 주파수 측정
㈐ 코일의 소손이나 단선은 없는가?
  • 대책 : 개폐기 코일 교체
㈑ 부품의 소손이나 변형은 없는가?
  • 대책 : 설치장소 변경 및 개폐기 교체
㈒ 제어기기의 불량 결선의 헐거움은 없는가?
  • 대책 : 특히 스위치부와 그 배선 확인

② 정지 버튼을 눌러도 개폐기가 개방하지 않는 경우
㈎ 접점이 용착하고 있지 않은가?
  • 대책 : 단락전류나 인칭 운전시의 선정 실수 등으로 일
    어나며, 접점이나 개폐기 교환
㈏ 이물질이 부착하고 있지 않은가?
  • 대책 : 마른천으로 닦아준다.
㈐ 철심이 파손되어 있지 않은가?
  • 대책 : 개폐기를 교환한다.
㈑ 부품의 파손 변형은 없는가?
  • 대책 : 설치장소 고려, 개폐기를 교환한다.
㈒ 기타 스위치 불량, 결선 불량(오배선) 등을 점검한다.

③ 작동중 전자석의 진동
㈎ 코일의 정격 적용에 잘못이 없는가?
  • 대책 : 전압, 주파수 등을 체크하고 다른 경우 교환
㈏ 전자석의 접촉면에 녹은 없는가?
  • 대책 : 마른천으로 닦고 설치장소 변경이나 특수 케이
    스 개폐기 사용
㈐ 전자석 접촉면의 마모는 없는가?
  • 대책 : 개폐기 교환
㈑ 쉐이드 링(shade ring)이 단선되지 않았는가?
  • 대책 : 개폐기 교환

④ 투입시 진동으로 소리가 나는 경우
㈎ 코일의 정격에 잘못은 없는가?
  • 대책 : 주파수, 전압 등을 체크하고 다른 경우 개폐기
    교환
㈏ 접점이 마모 한계에 도달하지 않았는가?
  • 대책 : 수명에 의한 마모시 접점교환, 선정잘못에 의한
    마모시 개폐기 교환
㈐ 접점이 손상되지 않았는가?

　　　• 대책 : 접점교환 및 마른천으로 닦는다.
　㈐ 개폐기의 설치장소에 진동은 없는가?
　　　• 대책 : 설치장소를 바꾸어 부착
　㈑ 기타 스위치 불량, 결선의 헐거움 등 점검
⑤ **전자개폐기 또는 열동형 계전기에서 열이 나는 경우**
　㈎ 용량의 잘못은 없는가?
　　　• 대책 : 부하상태 및 사양 확인 후 개폐기 교환
　㈏ 코일 정격적용에 잘못은 없는가?
　　　• 대책 : 전압 주파수를 체크하고 다른 경우 개폐기
　　　　교환(코일 소손, 투입 불능, 잡음, 접점진동 등의
　　　　사고)
　㈐ 방열대책은 충분한가?
　　　• 대책 : 저항기나 발열체에서 충분히 떨어질 것.
　㈑ 단자나사의 헐거움은 없는가?
　　　• 대책 : 확실하게 조일 것.
⑥ **열동형 계전기가 이상 작동하는 경우**
　㈎ 열동형 정격전류가 바르게 조정되어 있는가?
　　　• 대책 : 조정 다이얼을 돌려서 조정하며, 조정범위
　　　　이상일 때는 교환할 것.
　㈏ 주위온도는 높지 않은가?
　　　• 대책 : 기준온도 이하에서 사용하며, 온도가 높을시
　　　　방열대책을 마련할 것.

> **• 점검 및 수리시 주의사항**
> ① 반드시 배선용 차단기나 커버 나이프 스위치를 열 것.
> ② 접점이나 전자석 수리시 줄이나 기름을 사용하지 말 것.
> ③ 드라이버는 나사에 맞는 것을 사용할 것.

(5) 전자개폐기의 종류

　전자개폐기, 전자접속기, 정역 전자개폐기, $Y-\Delta$ 시동기, 보조계전기 등이 있으며, 케이스가 있는 것과 없는 것 등이 있다.
① **전자개폐기** : 전자접촉기와 열동형 계전기를 조합한 것으로 유도 전동기의 운전제어에 사용된다. 인칭(inching), 브레이킹(breaking) 운전이 포함되는 경우에는 전자접촉기의 용량을 낮추어 사용하여야 한다.
② **전자접촉기** : 전자개폐기의 개폐부분으로 열동형 계전기(thermal relay)가 부착되어 있지 않으며, 조명 히터등 일반 저항부하 외에 배선용 차단기, 모터, 릴레이와 조합하여 전동기 운전제어에도 사용된다.
③ **정역 전자개폐기** : 동일 규격의 전자접촉기 2대와 열동형 계전기를 조합한 것으로 호이스트(hoist), 크레인(crane) 그리고 반송기계, 각종 자동기계 등의 정전, 역전의 절환운전에 사용된다.

④ **$Y-\Delta$ 자동 시동기** : 시동전류를 제어하는 목적으로 사용되는 감전압 시동기의 일종이다. 전자접촉기 2 대 또는 3 대, 열동형 계전기 및 전용 타이머를 조합한 것으로 무부하 또는 비교적 경부하에서 기동할 수 있는 $Y-\Delta$ 전동기에 사용된다.

⑤ **보조계전기** : 소형의 전자 접촉기로서 제어회로등에 사용되며, 제어 계전기라고도 한다.

〔전자 개폐기〕

〔전자 접촉기〕

〔보조 계전기〕

〔정역 전자 개폐기〕

〔Y-△ 자동 시동기〕

(6) 적용 전선

전자개폐기, 전자접촉기의 배선은 적정한 전선 압착단자를 사용하여 충분히 조인다. 전선이 너무 가늘거나 조임이 불충분하면 이상 과열을 일으켜 전자개폐기를 소손하는 일도 있다.

호칭전류 (A)	단자나사치수		최대적용전선 (mm²)		최대적합환형압착 단자(폭 mm)		조임 TORQUE (kg ·cm)	
	주 회 로	조작회로	주 회 로	접촉기조작회로	주 회 로	접촉기조작회로	주 회 로	조작회로
5	M 3.5	M 3.5	3.5 ϕ1.6	3.5 ϕ1.6	2－3.5 (7)	2－3.5 (7)	10〜13	10〜13
7	M 3.5	M 3.5	3.5 ϕ1.6	3.5 ϕ1.6	2－3.5 (7)	2－3.5 (7)	10〜13	10〜13
10	M 3.5	M 3.5	3.5 ϕ1.6	3.5 ϕ1.6	2－3.5 (7)	2－3.5 (7)	10－13	10〜13
10	M 3.5	M 3.5	3.5 ϕ1.6	3.5 ϕ1.6	2－3.5 (7)	2－3.5 (7)	10〜13	10〜13
18	M 4	M 4	5.5 ϕ2	5.5 ϕ2	5.5－4 S (9)	2－4 (9)	14〜18	14〜18
25	M 5	M 4	22	5.5 ϕ2	14－5 (13)	2－4 (9)	22〜28	14〜18
35	M 5	M 4	22	5.5 ϕ2	14－5 (13)	2－4 (9)	22〜28	14〜18
50	M 6	M 4	30	5.5 ϕ2	22－6 (18.5)	2－4 (9)	40〜50	14〜18
65	M 6	M 4	30	5.5 ϕ2	38－6 (20)	2－4 (9)	40〜50	14〜18
80	M 6	M 4	30	5.5 ϕ2	38－6 (20)	2－4 (9)	40〜50	14〜18
100	M 8	M 4	－	5.5 ϕ2	60－8	2－4 (9)	80〜100	14〜18
125	M 8	M 4	－	5.5 ϕ2	60－8	2－4 (9)	80〜100	14〜18
150	M 10	M 4	－	5.5 ϕ2	100－8	2－4 (9)	150〜200	14〜18
180	M 10	M 4	－	5.5 ϕ2	100－10	2－4 (9)	150〜200	14〜18
300	M 10	M 4	－	5.5 ϕ2	150－10	2－4 (9)	150〜200	14〜18

🔗 가역전자개폐기, 스타 델타(star delta) 자동시동기 등도 이것에 준한다.

[차단전류급 및 폐로전류의 급별, 전기적 시험의 시험조건]

급별	폐로급 및 차단전류용량 시 험 조 건				전 기 적 수 명 시 험 시 험 조 건				대 표 적 적 용 예
	폐 로		차 단		폐 로		차 단		
	전 류	역 률	전 류	역 률	전 류	역 률	전 류	역 률	
AC 1	1.5 le	0.95	1.5 le	0.95	le	0.95	le	0.95	비유도성 또는 소유도성의 저항부하의 개폐
AC 2 B	4 le	0.65	4 le	0.65	2.5 le	0.65	le	0.65	(1) 권선형 유도전동기의 시동 (2) 운전중의 권선형 유도전동기의 개방
AC 2	4 le	0.65	4 le	0.65	2.5 le	0.65	2.5 le	0.65	(1) 권선형 유도전동기의 시동 (2) 권선형 유도전동기의 인칭 또는 역전제동
AC 3	10 le	0.35	8 le	0.35	6 le	0.35	le	0.35	(1) 농형 유도전동기의 시동 (2) 운전중의 농형 유도전동기의개방
AC 4	12 le	0.35	10 le	0.35	6 le	0.35	6 le	0.35	(1) 농형 유도전동기의 시동 (2) 농형 유도전동기의 인칭 혹은 역전제동

㊟ le : 정격사용전류

[개폐빈도의 호별]

호 별	1 호	2 호	3 호	4 호	5 호	6 호
개폐빈도 회 / 시	1200	600	300	150	30	6
사 용 률	25%	40%			60%	

① 이 사용률은 AC 1, AC 2 B 및 AC 3 급에 적용된다.

② 사용률 $(\%) = \dfrac{1\,시간중의\ 통전시간의\ 총화(초)}{3600} \times 100$

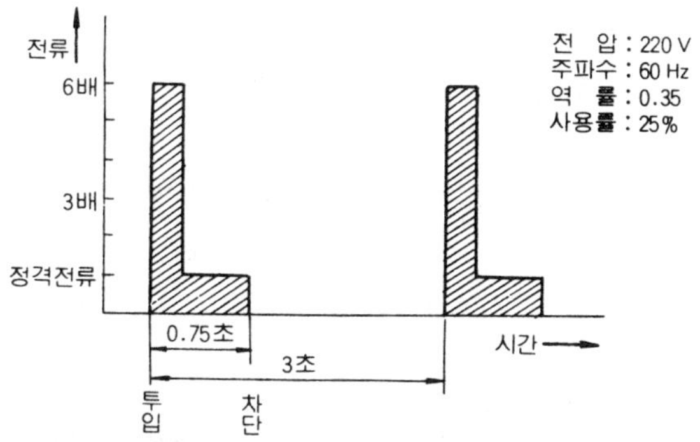

전기적 수명시험은 규격에 준하여 정격전류의 6배를 투입하고
즉시 정격전류로 낮추어 차단하는 시험을 말한다.

[종 별 수 명]

종 별	기 계 적 수 명	종 별	전 기 적 수 명
0 종	1000만회 이상	0 종	100만회 이상
1 종	500만회 이상	1 종	50만회 이상
2 종	250만회 이상	2 종	25만회 이상
3 종	100만회 이상	3 종	10만회 이상
4 종	25만회 이상	4 종	5만회 이상
5 종	5만회 이상	5 종	1만회 이상
6 종	0.5만회 이상	6 종	0.1만회 이상

㊟ 기계적 수명과 전기적 수명이 동일의 경우는 공통의 종별로 호칭한다.

> ① **정격 통전전류** : 닫혀있는 접점에 개폐기 각부의 온도상승치가 규정된 값이 넘지않게 연속하여 흘리는 전류
> ② **개로 전류** : 정해진 조건에서 개로할 수 있는 전류
> ③ **차단 전류** : 정해진 조건에서 차단할 수 있는 전류
> ④ **정격 사용전류** : 정격 사용전압에 대하여 폐로용량, 차단용량, 개폐빈도 및 수명을 만족시키는 최대 적용 전류로서 정격용량과 같은 전류

(7) 인칭 적용 용량

인칭(寸動)이란 전동기에 단시간의 반복전압을 인가하여 기계에 미소한 움직임을 시키는 조작을 말한다. 전 운전회수에 대한 인칭 운전회수의 백분율을 인칭의 비(%)라 하고, 이것이 크게됨에 따라 과혹한 사용조건이 되고, 전자개폐기의 수명이 짧아지지만 동일 형식에 대해서는 적용 용량을 낮추어 사용하면 수명을 길게 할 수 있다. 브레이킹 역전 제동이라는 것은 회전하고 있는 전동기에 역전시키는 방향으로 전기 접속을 해서 급속하게 정지 또는 역전시키는 조작을 말한다. 개로전류는 통상의 시동전류보다도 크고 시동전류값에 상당하는 전류를 차단하는 것이 되기 때문에 인칭 적용 용량보다도 또다시 적용 용량을 낮추어서 사용해야 하는 것이다.

운전조작에 인칭이나 브레이킹을 같이 사용하면 통상보다 많은 전류를 단시간에 개폐하게 되므로 수명이 상당히 짧게 되고 또한 사용률, 분위기 등의 사용조건에 의해서도 영향을 받을 수가 있으므로 기종 선정에는 충분히 주의하기 바란다.

12. 무접점 스위치

(1) 비임 광원 스위치(beam switch)

투광부에서 광원을 발사하고 수광부에서 이 빛을 받게되어 있으나 인체나 기타 물건에 의하여 차단되면 작동하도록 되어 있다.

(2) 초음파 스위치(ultrasonic switch)

음파보다 높은 초음파를 발사하여 검지범위에 들어온 물체에 의한 반사파를 수신하여 작동하게 되어 있다. 대체적으로 검지거리는 1 ~ 3 m 이며, 조사각도는 전방향 30° 이고 특히, 눈비에 영향이 없는 곳에 설치하여야 한다(사용전원은 AC 100 V 혹은 200 V 이다).

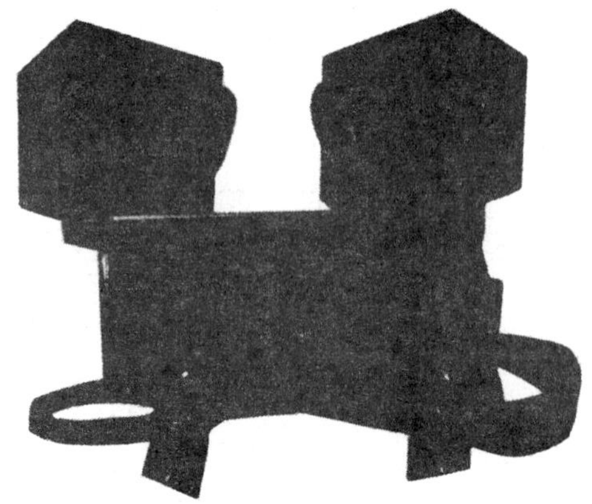

〔비임 광원 스위치〕

〔초음파 스위치〕

(3) 마이크로파 스위치(micro wave switch)

밴드의 일정한 전파를 발사해서 검지범위내에 물체가 들어오면 전파가 난파로 되어 수신부에 들어와서 작동한다(난파 검지이므로 정지물은 검출되지 않으며 진동이 있는 곳에 설치하면 안된다).

(4) 전장 스위치

매설된 검지판으로부터 전파를 발사하고 인체 및 금속이 통과하면 검지판의 전자적 조건이 변화하여 작동한다.

(5) 카드 스위치

자기 카드에 수록된 신호를 읽게하여 작동한다.

〔마이크로파 스위치〕

(6) 루프 스위치

고주파 발진 코일을 형성해서 검출 루프에 금속이 접근하면 발진 주파수가 변화하여 작동한다.

(7) 레디콘 스위치

일정한 주파수를 발사하여 수신기를 검지 작동한다.

(8) 터치 스위치

손에 닿게 함으로서 검지기 내부의 전자회로 또는 스위치의 조건을 변하게 하여 작동한다.

(9) 메트 스위치

출입구 바닥에 설치하여 사람이나 출입물의 무게로 작동하는 스위치이다.

〔자기 근접 스위치의 여러가지 형태〕

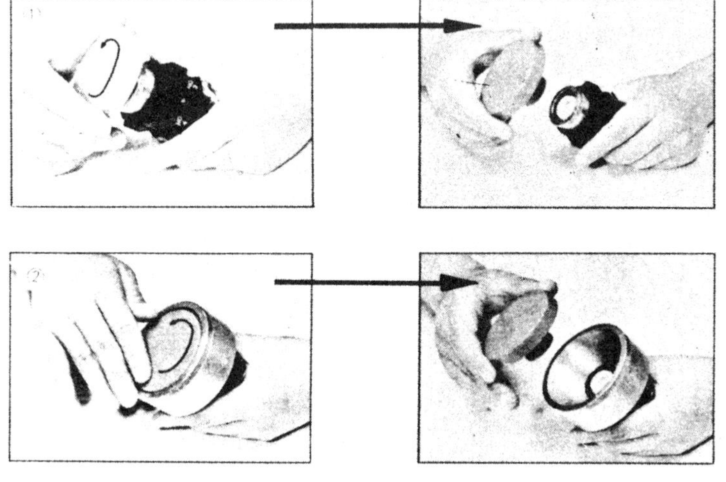

〔비상 정지 스위치 핸들 분해 방법〕

13. 전동기(motor)

전자작용, 전자 유도작용 등에 의하여 토오크(torque)를 받아 회전하는 기계로 전기 에너지를 기계적 에너지로 바꾸는 장치이며, 직류 및 교류 전동기가 있다.

(1) 직류 전동기

자계내에 있는 도체에 전류가 흐르면 도체는 플레밍의 왼손법칙에 따르는 방향의 힘을 받는다. 이 원리에 따라 도체를 코일로 하고 전류를 흐르게 하면 도체 양쪽의 전류방향이 역으로 되기 때문에 회전력이 작용하여 회전운동을 일으키며, 회전력은 자계의 세기와 도체에 흐르는 전류에 비례한다.

〔직류 전동기〕

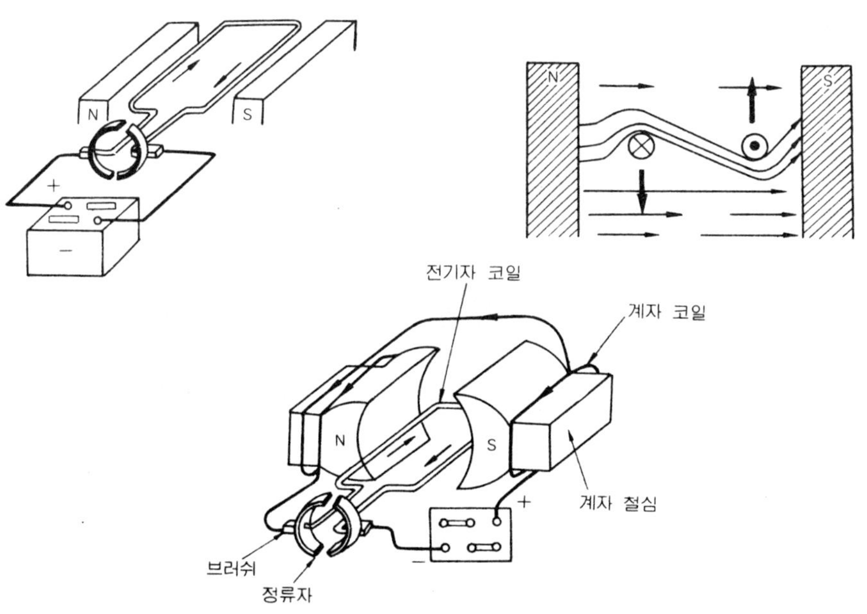

〔**직류 전동기의 원리**〕

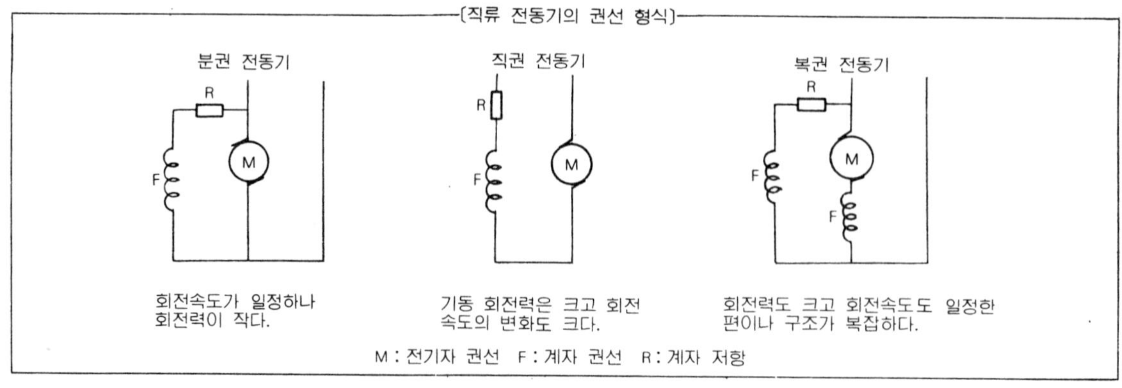

(2) 교류 전동기

대체로 유도 전동기(induction motor)이며, 1차 권선과 그 권선이 만든 자계의 유도를 받아서 회전하는 2차 권선으로 이루어져 있으며, 2차 권선이 권선 형식의 권선형 유도전동기, 철 등으로 만들어진 바구니 형태의 농형(체바퀴형) 유도 전동기가 있다.

〔교류 전동기〕

〔유도전동기의 기동법〕

① **권선형 전동기** : 2차 권선을 슬립링, 브러쉬를 거쳐 금속저항 또는 수저항에 접속하고, 이 저항치를 전동기의 가속과 더불어 작게하여 전류(기동 토오크)를 조정하는 것이다.

② **농형 전동기**

(가) 직입 기동 : 제어방법이 가장 간단하므로 널리 사용된다. 그러나 기동시 정격전류의 7 ∼ 8 배의 기동전류가 흐르므로 전원용량이 작을 때에는 기동전류에 의한 전압강하가 커져서 기동이 불가능하게 되거나 기동시간이 길어져서 과열된다.

(나) $Y - \Delta$ 기동 : 전동기 고정자 권선의 결선을 전동기 외부의 개폐기에 의하여 바꾸어 기동하는 방법으로 기동시에는 Y 결선으로 해서 인가되는 전압을 $1/\sqrt{3}$로 감압하고 기동 완료후 Δ 결선으로 바꾸어 선간 전압을 인가한다.

(다) 리액터 기동 : 전동기의 1차 회로와 직렬로 리액터를 접속하여 전동기에 전원전압을 분압 인가하여 기동하며, 고압 전동기에 사용된다.

(라) 기동보상기 기동 : 단권 변압기에 선로전압을 인가하고, 그 중간의 탭에 전동기를 접속하여 기동하며, 기동 완료후 직접 연결한다.

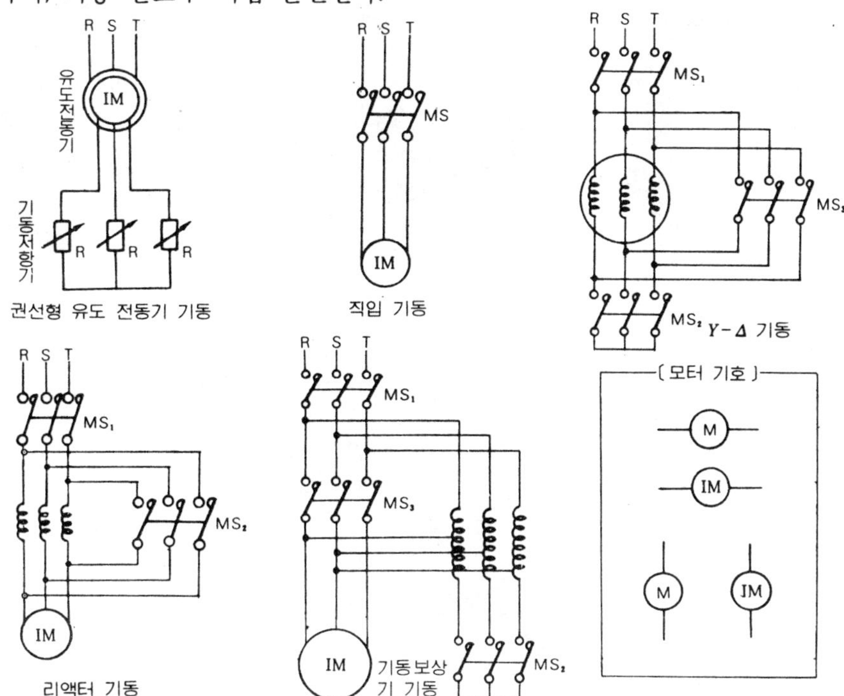

14. 전자 클러치 및 전자 브레이크

　클러치는 동심 축상에 있는 구동측으로부터 피동측의 기계적 접속에 의해 동력전달과 차단하는 기능을 가진 요소이며, 브레이크는 운동체와 정지체의 기계적 접속에 의하여 운동체를 감속하거나 정지 또는 정지상태를 유지하는 요소이다.

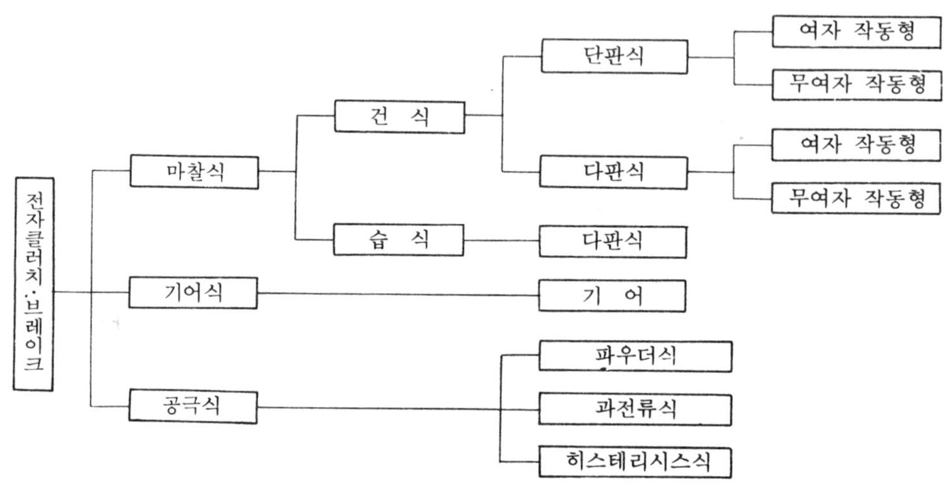

〔전자클러치 · 브레이크의 종류〕

(1) 클러치의 형태 및 구조

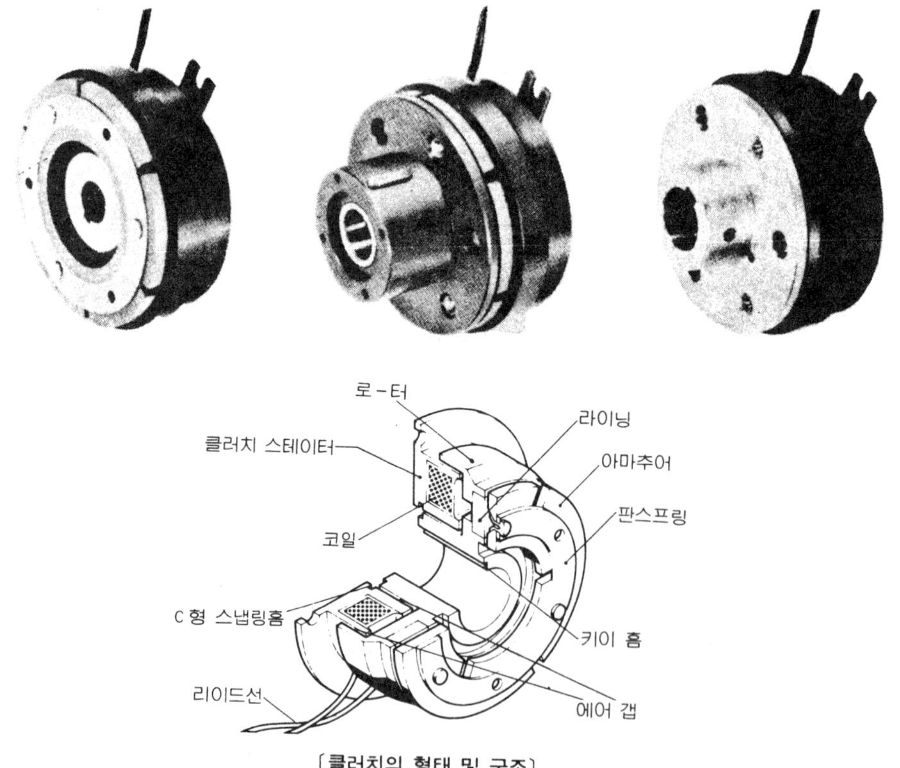

〔클러치의 형태 및 구조〕

(2) 브레이크의 형태 및 구조

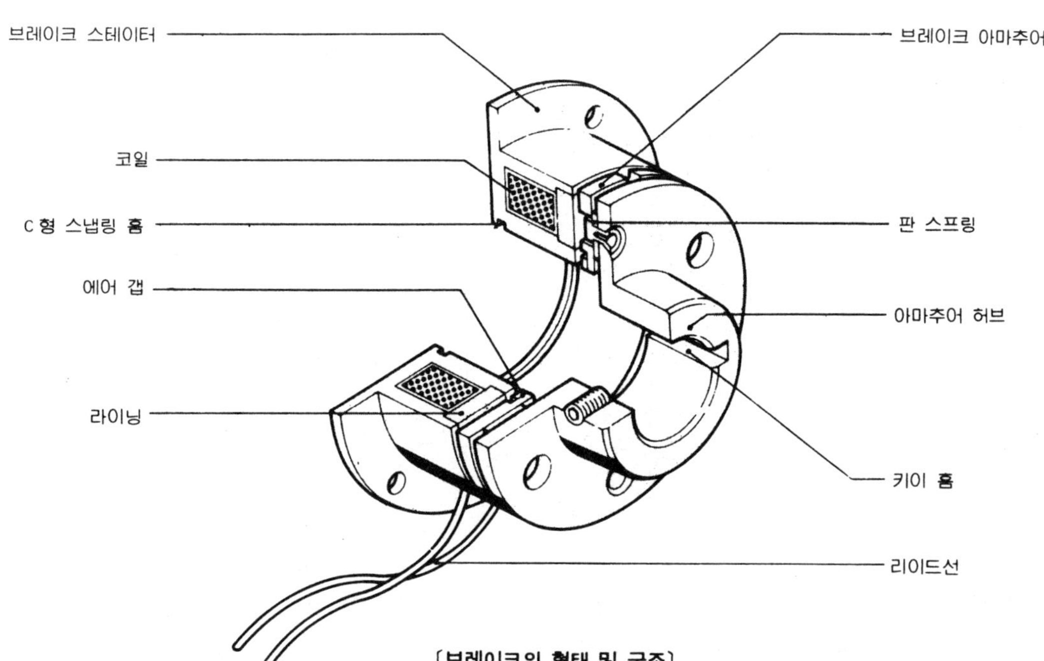

〔브레이크의 형태 및 구조〕

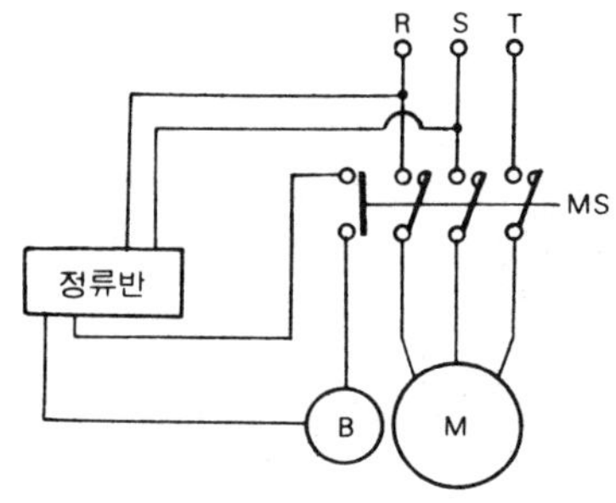

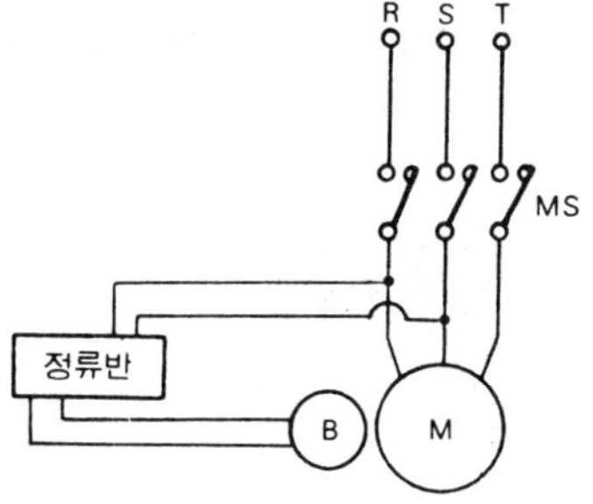

• 브레이크의 신속한 제동성이 요구될 때　　　• 브레이크의 제동이 완만하여도 될 때

(모터 ON, OFF 빈도가 잦을 경우)　　　(모터 ON, OFF 빈도가 잦지 않을 경우)

〔외부 기기와의 접속도〕

(3) 기본적인 용도

① **연결·분리**: 구동부와 종동부와의 사이에 클러치를 부착, 구동측은 정지하지 않고 종동측을 필요에 의하여 연결, 분리하는 곳에 사용된다.

② **제동·유지**: 부하관성의 정지나 비상시의 기계정지, 작업 도중에서의정지, 유지 등에 브레이크를 사용한다.

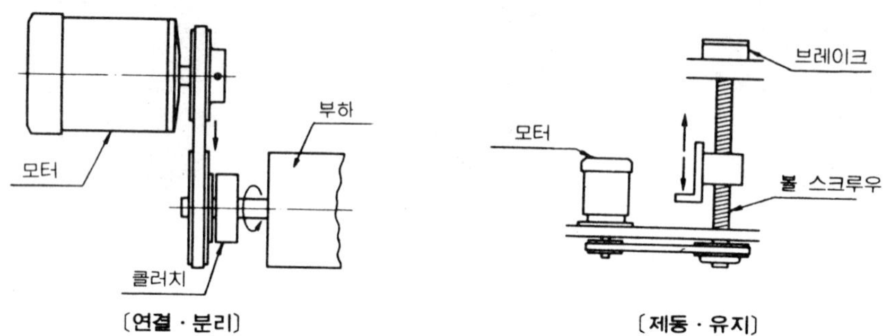

③ **변속**: 작업 도중에 속도를 저속 – 고속으로 바꾸어서 사용하는 경우에 클러치를 사용하면, 구동측은 정지하지 않고 변속할 수 있다.

④ **정역전**: 부하측의 회전을 정역으로 바꾸어 사용할 때, 클러치를 조합하여 사용하면 구동측은 동일방향, 부하측은 정역전 시킬 수 있다.

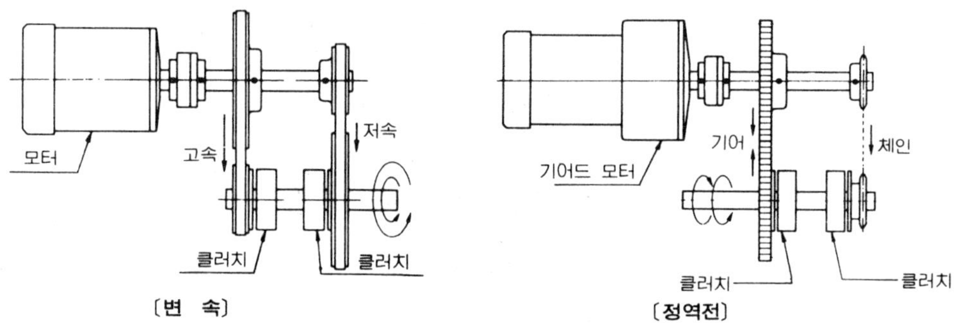

⑤ **고빈도 운전**: 대단히 빠른 싸이클로서의 단속 운전은 모터의 ON – OFF 반복에는 능력의 한계가 있으므로 클러치, 브레이크를 사용하여 작동하게 하면 응답이 빠르고 정도가 높은 제어가 된다.

⑥ **위치결정·분할**: 정해진 위치에 멈추게 한다든지, 정량의 이송 등에는 고정도의 정위치 정지가 요구될 때 클러치, 브레이크로서 정확히 작동된다.

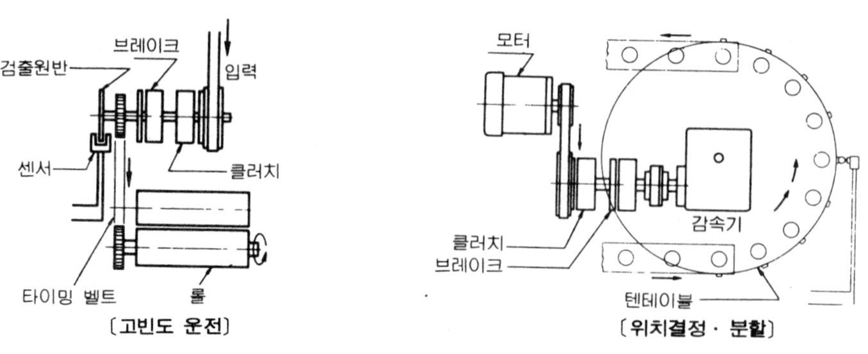

⑦ 인칭(寸動) : 기계의 시동시라든지 위치를 맞추는 등 이때에 클러치, 브레이크로서 미작동이 가능하다.

⑧ 소프트 스타트 스톱 : 부하에 주는 충격을 적게하고, 원활한 이동, 정지를 할 경우 토오크를 조절하여 사용한다. 이 경우 발열이 많으므로 슬립 시간을 단축할 필요가 있다.

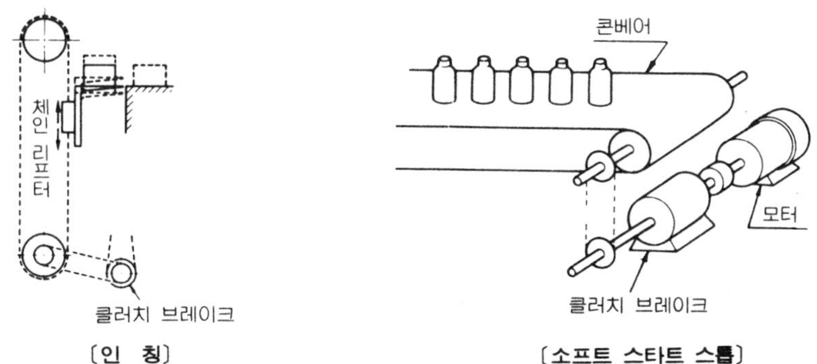

(4) 사용기계의 예

① 포장·하조, 지공기계

㈎ 계량기 : 계량 콘베어 구동(위치결정), 스케일, 셔터 개폐(고빈도운전)

㈏ 포장기 : 콘베어 구동(위치결정), 필름이송(위치결정), 커터 구동(연결, 제동)

㈐ 성형기 : 성형 필름 우송(위치결정), 커터구동(정역전 제동)

㈑ 충전기 : 충전롤 구동(위치결정), 테이블 인덱스(분활)

㈒ 제대기 : 필름 우송 롤구동(고빈도운전, 위치결정)

㈓ 곤색기 : 메안구동(정역전)

② 식품기계

㈎ 슬래셔 : 대왕복구동(정역전) 커터 1 회전 구동(연결, 제동)

㈏ 정미기 : 건조팬 구동(연결, 절환)

㈐ 제다기 : 탈수기 구동(변속, 위치결정)

③ 운반기계

㈎ 콘베어 : 간결구동(위치결정, 정지유지), 위치결정(촌동)

㈏ 리프터 : 구동(위치결정, 촌동) 비상정지장치(제동, 유지)

㈐ 엘리베이터 : 비상정지장치(제동, 유지)

㈑ 호이스트·크레인 : 구동(연결, 제동유지)

㈒ 자주·대차 : 트래버스장치(위치결정, 정역전), 비상정지장치(제동, 유지)

④ 인쇄·제본기계

㈎ 윤전기 : 간결구동(연결, 절환)

㈏ 스크린 인쇄기 : 스키지 왕복(제동, 유지)

㈐ 씰크쇄기 : 구동(연결, 제동, 촌동), 커터 1 회전 구동(연결, 제동유지)

㈑ 재단기 : 커터 1 회전 구동(위치결정, 정지유지)

⑤ 섬유기계

㈎ 직기 : 메인구동(비상정지, 고빈도운전)

㈏ 편기 : 구동(연결, 제동), 장력조정(정역전)

㈐ 재단기:커터 구동(연결, 제동)

⑥ **공작기계**

㈎ 소형선반·자동반 : 주축구동(변속)

㈏ 드릴링반 : 구동(제동, 변속), 수치제어(유지)

㈐ 절단기 : 이송, 구동(위치결정)

⑦ **목공기계**

㈎ 제재기 : 구동(연결, 제동)

㈏ 합판기계 : 재료이송 콘베어 구동(고빈도운전), 커터구동(연결, 제동)

⑧ **사무기계, 계측기, 정밀기기**

㈎ 전자복사기 : 광원의 이송(연결, 절환)

㈏ 자동판매기 : 선택구동(연결, 절환)

㈐ 영사기 : 슬라이드 프로젝트 구동(정역전, 위치결정)

㈑ 계측기 : 속도절환(변속)

⑨ **가공기, 설비기계, 기타**

㈎ 권선기 : 권선구동, 권수제어(변속, 위치제어), 균일 권선 트래버스(정역전)

㈏ 연마기 : 연마 속도변환(변속)

㈐ 프레스 : 크랭크 1회전 구동(고빈도운전, 연결제동), 롤피더 구동(위치결정)

㈑ 도금장치 : 피재이송(연결, 절환)

㈒ 선박 : 펌프, 발전기 구동(연결, 절환)

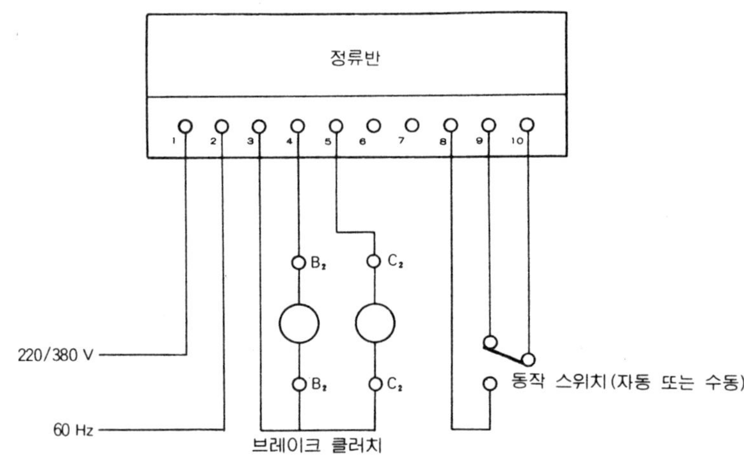

〔클러치와 브레이크를 복합 연동 사용할 경우〕

○ 오옴의 법칙(ohm law) : 전류는 전압에 비례하고 저항에 반비례 한다.
  • 전압이 일정할 때 저항이 증가하면 전류는 감소한다.
  • 저항이 일정할 때 전압이 증가하면 전류는 증가한다.

$$I = \frac{E}{R}, \quad E = I \times R$$

$$R = \frac{E}{I}, \quad P = I \cdot E = I^2 E$$

I : 전류(A)
E : 전압(V)
R : 저항(Ω)
P : 전력(W)

15. 모터 콘트롤 센터

모터의 각종 성능 및 특성을 감안, 가장 합리적으로 운전되도록 제작된 것으로 철강, 상하수도, 섬유, 제지, 석유화학 등 각종 산업에 쓰이는 많은 갯수의 저압 전동기 부하의 개폐 기류를 집중 배치하여 설비의 연속운전 및 효율적 활동을 위해 종합적으로 관리할 수 있도록 한 제어장치이다.

〔제어 회로 단자실〕

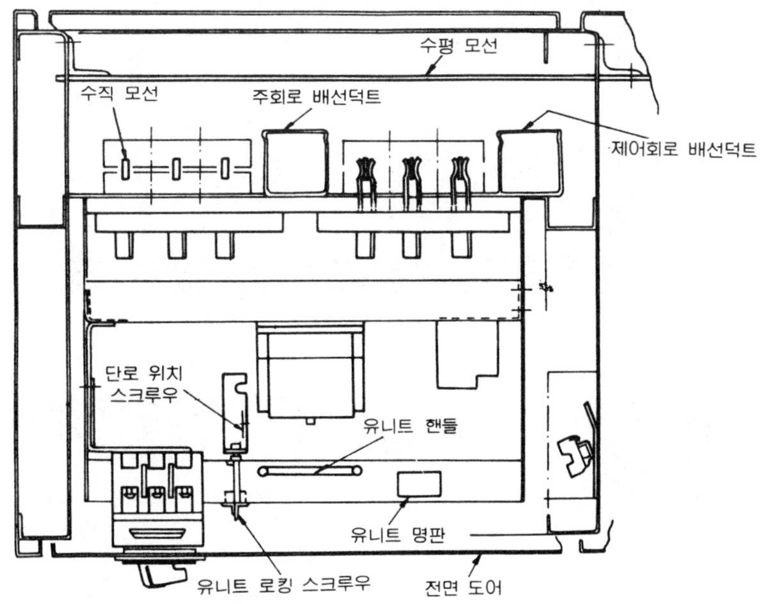

〔배치 평면도〕

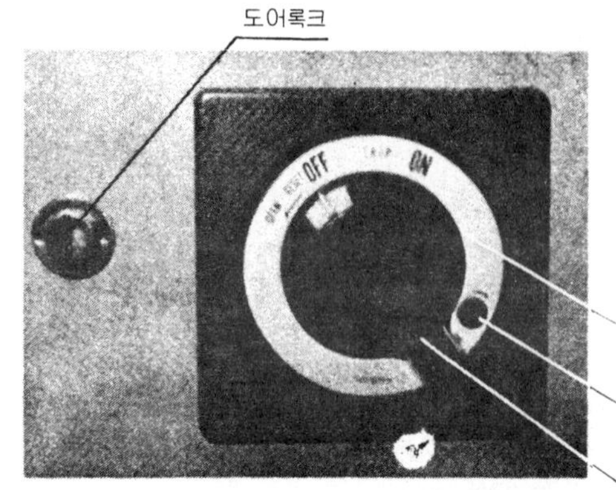

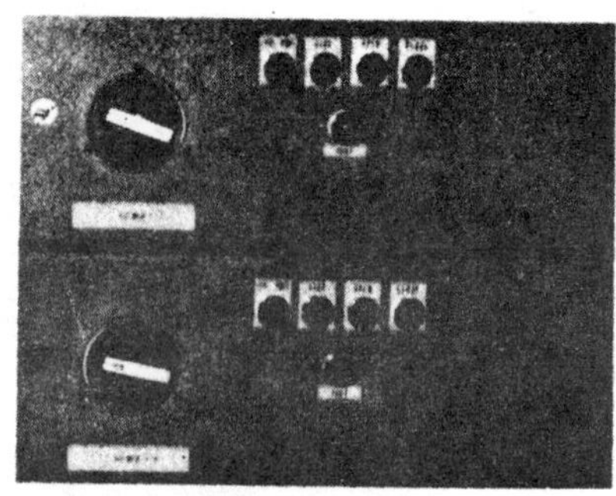

〔유니트 전면〕

〔인출 유니트〕

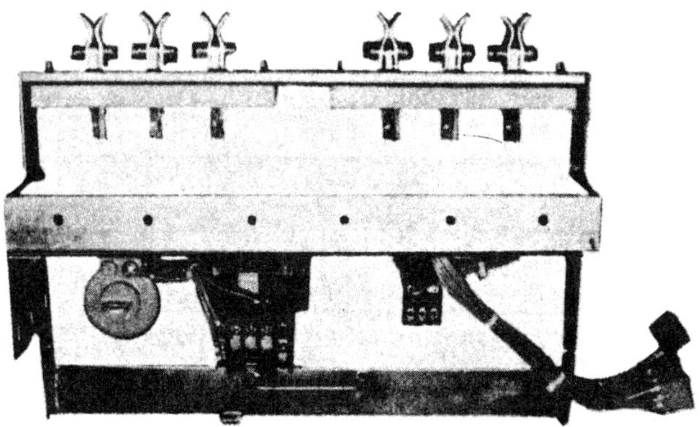

〔버스 클립〕

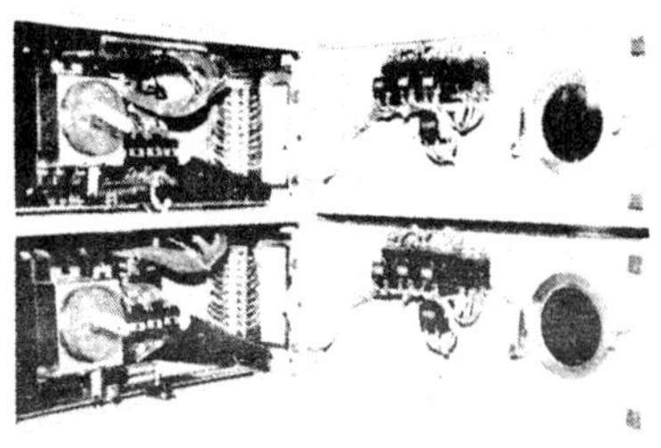
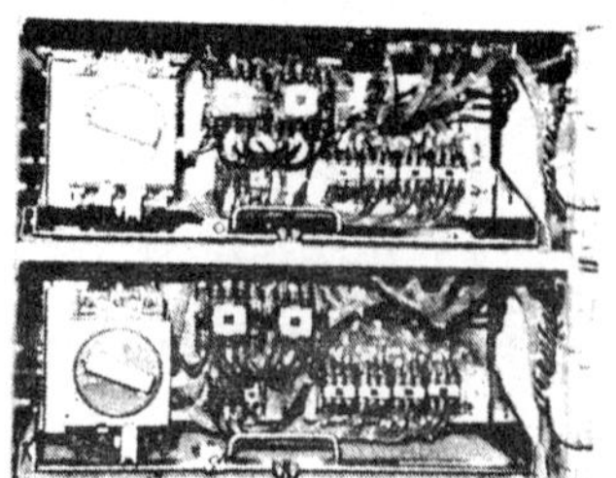

〔유니트 내부〕

16. 인버터 (inverter)

 농형 유도전동기는 소형, 경량, 견고해서 보수가 용이하고 가격이 저렴한 전동기이다. 또한 개방형, 방폭형, 방부식형, 수중형 등 설치환경에 대응한 보호구조의 제작이 가능하기 때문에 전 산업에 많이 사용되고 있다. 그러나 현재까지는 상용전원으로 일정 회전시키고 팬이나 펌프 등의 유량, 압력 등을 콘트롤 밸브를 제어하여 조절하므로 많은 에너지 손실이 생길뿐만 아니라, 콘베어 등 생산량에 따른 속도제어 용도에는 기계식등의 변속장치가 사용되어 에너지의 소모, 보수, 설치 등에 큰 불편이 있었다.

 이들 손실을 줄이거나 기계장치등을 줄일 수 있도록 범용 유도전동기의 속도를 자유자재로 가변속하는 장치가 인버터(inverter)이다.

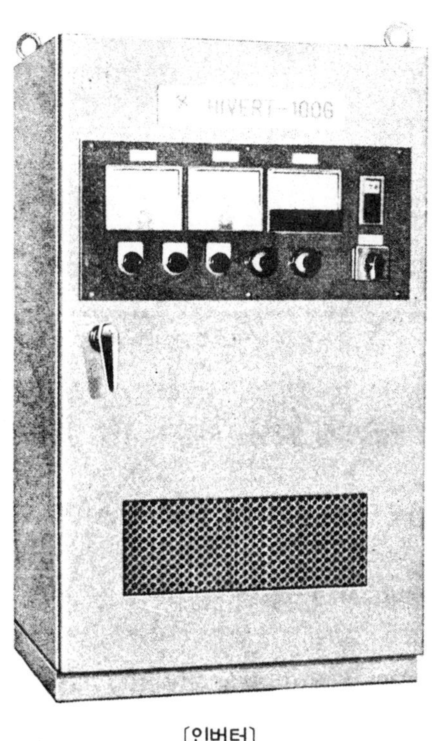

[인버터]

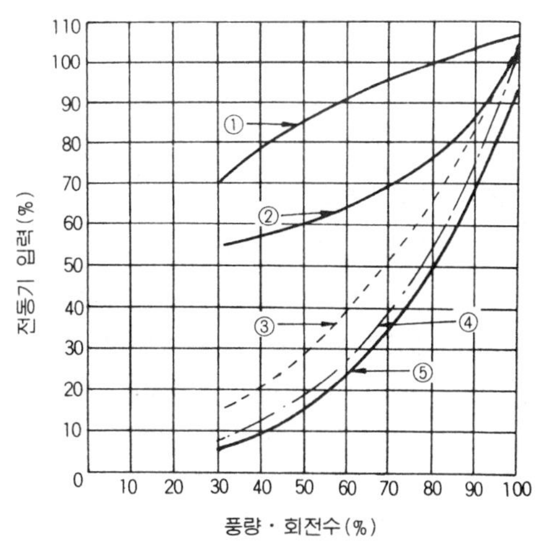

[팬 모터의 소비전력 곡선]

 팬, 펌프 등의 풍량, 유량조절은 댐퍼나 조절밸브에 의하여 조절하는 것보다 **회전수제어**에 의하면 적은 에너지의 운전이 가능하다. 인버터에 의한 **회전수 제어**로는 (유량) $\propto$ (회전수), (소요동력) $\propto$ (유량)^3 의 관계가 있다.

 예를 들면 80% 유량에서 동력 = $(0.8)^3 \fallingdotseq 50\%$ 정도로 된다. 즉, 유량변화에 따라서 적은 에너지가 된다.

 유도전동기의 회전속도 $(N.\mathrm{rpm})$는 다음식과 같이 표시된다.

$$N = \frac{120f}{P}(1-S)\ [\mathrm{rpm}]$$

 단, N: 전동기 회전수(rpm)　　f: 전동기 전원 주파수(Hz)　　P: 전동기 극수　　S: 전동기 슬립 따라서, 전동기의 회전속도를 변속하는 방법은 극수, 슬립, 주파수를 변경하는 3가지 방법이 있다. 이들 제어의 특징은 다음표와 같다.

〔유도전동기 속도제어의 3요소〕

요　소	방　　　　　법	특　　　　　징
극　　수	전동기 극수를 변환	단계적인 변속가능, 구조간단
슬　　립	전동기에 가하는 전압을 변환	부하와의 관계로 속도결정, 용량에 제한
주 파 수	전동기에 가하는 주파수와 전압변환	기존의 유도전동기의 회전속도를 연속적인 가변가능

17. 무접점 소자

(1) 다이오드 (기호 D ; diode)

① 다이오드의 그림기호는 애노드를 표시하는 화살표를 정3각형으로 나타내고, 캐소드를 정3 각형의 정점에 접하는 선분으로 나타낸다.

② 화살표 방향은 전류가 흐르는 방향을 나타낸다.

③ 혼란의 염려가 없을 때에는 원을 모두 생략해도 된다.

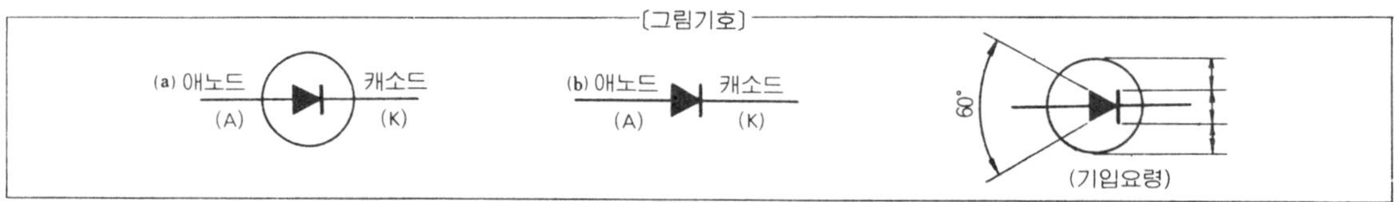

(2) 정전압 다이오드 (기호 ZD ; zener diode)

① 정전압 다이오드는 제너 다이오드라고도 하며, 반대방향으로 전압을 인가하면 규정전압 이 하에서는 전류가 거의 흐르지 않으나 어떤 전압(제너 전압이라 한다) 이상이 되면 급속히 전 류가 흘러 전압이 일정하게 되는 소자를 말한다.

② 전압이 일정하게 되는 것을 이용하여 전압 레벨의 검출, 정전압 회로 등에 사용된다.

(3) 포토 다이오드 (기호 SPD ; silicon photo diode)

① 포토 다이오드란 광전 감광면에 입사하는 광의 양에 따라서 전도율이 달라지는 소자를 말 한다.

② 이 광의 양에 따라서 전도율이 달라지는 성질을 이용하여 광의 변화를 전기적인 변화로 변 환하는 회로에 사용된다.

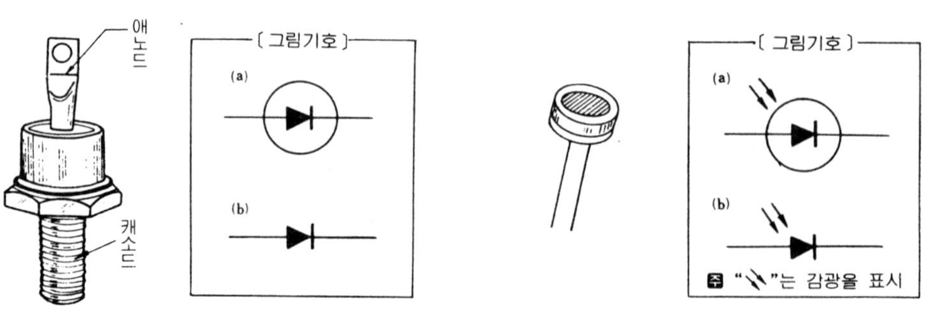

〔정전압 다이오드〕　　　　〔포토 다이오드〕

(4) 발광 다이오드(기호 LED ; light-emission diode)

① 발광 다이오드란 전류가 흐르면 광을 발생하는 소자로 정방향의 전류에 대해서만 작동 한다.

② 백열전구에 비하여 저전압, 저전류로 발광하는데 발광량은 적으나 응답이 빠른 특징이 있다.

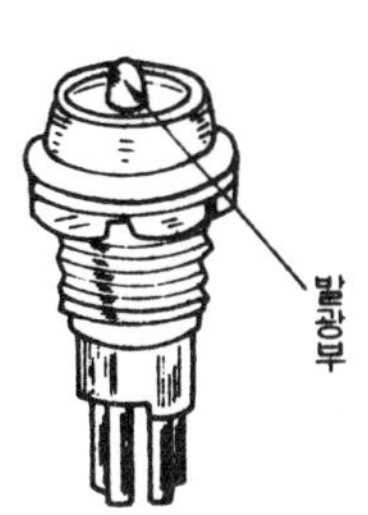

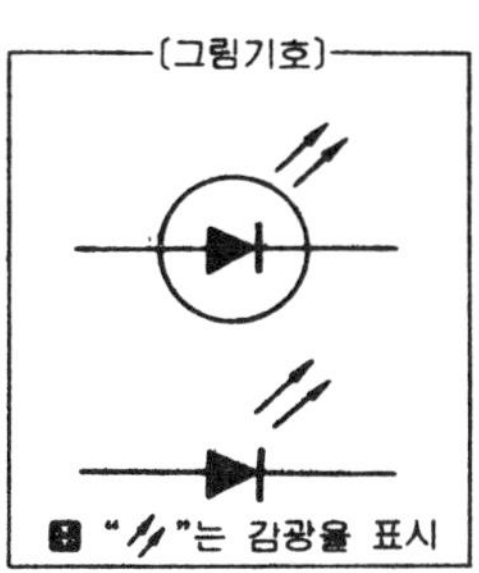

〔발광 다이오드〕

(5) 트랜지스터(기호 Tr ; transistor)

〔트랜지스터의 그림기호 기입요령〕

① 원에 접하는 정방향을 그린다.

② 정방향의 2정점을 지나는 60°의 선을 긋는다.

③ 작은 정방향의 대각선에서 베이스를 나타내는 선의 길이와 위치를 정한다.

④ 에미터의 화살표는 PNP형 트랜지스터에서는 베이스에 접하도록, 또 NPN형 트랜지스터에서는 원에 접하도록 그린다.

⑤ NPN형 트랜지스터의 "●" 표는 콜렉터가 외주기에 접촉되어 있다는 것을 표시한다.

⑥ 혼란의 염려가 없을 때는 원을 생략해도 된다.

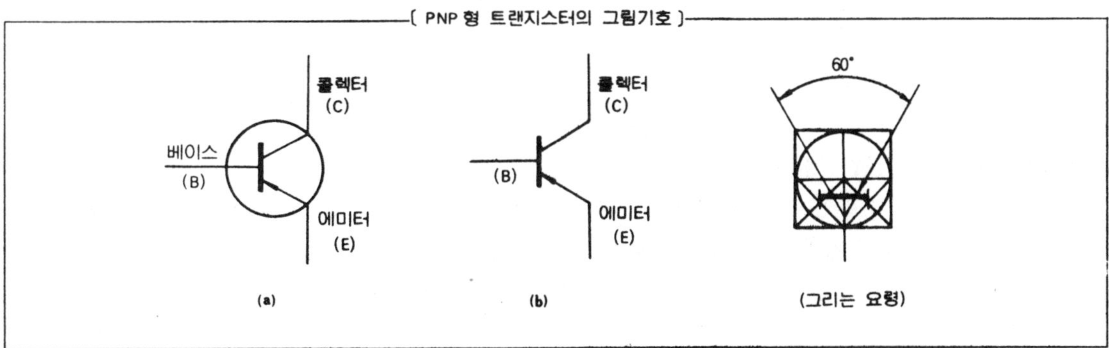

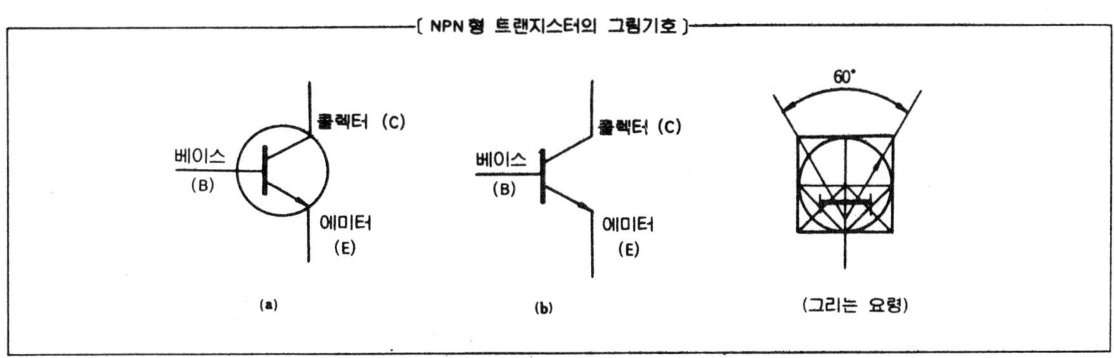

(6) 유니정션 트랜지스터(기호 UJT ; uni-junction transistor)

유니정크션 트랜지스터란 2개의 베이스 B_1, B_2와 에미터(E)로 구성되며, 에미터 전압이 어떤 일정 레벨 이상으로 되면 에미터 전류가 증가하고, 급격히 전압이 낮아지는 마이너스 저항성을 나타내는 소자를 말하며, 타이머 회로나 발진회로에 사용된다.

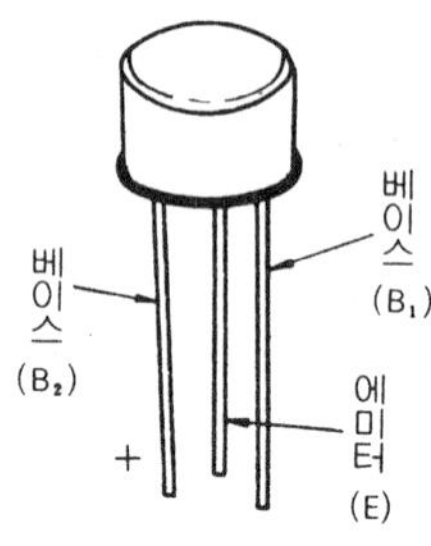

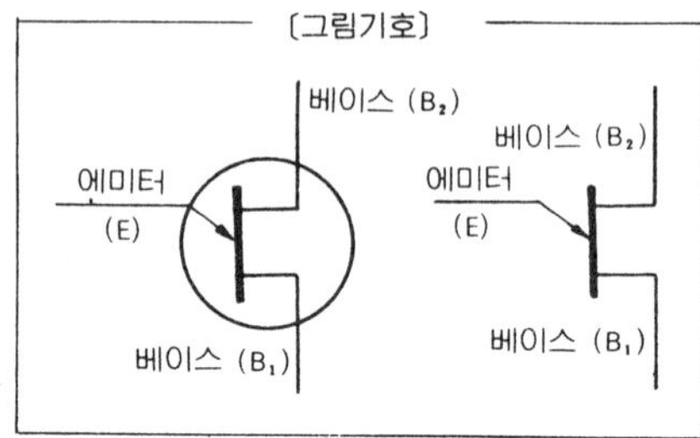

〔유니정크션 트랜지스터〕

(7) 포토 트랜지스터 (기호 PT ; Photo Transistor)

포토 트랜지스터란 베이스(B)에 입사하는 광량에 따라서 콜렉터 C와 에미터 E 간을 제어하는 소자를 말하며, 빛의 증대작용이 있으므로 다이오드 보다도 광전감도가 좋은 특징을 지니고 있다.

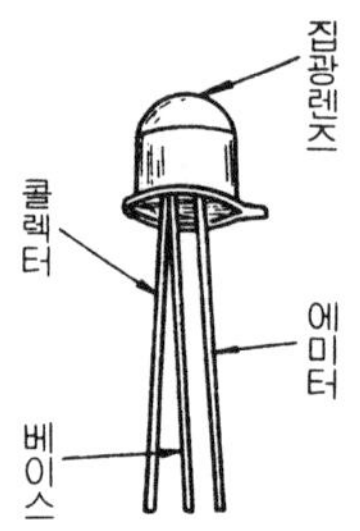

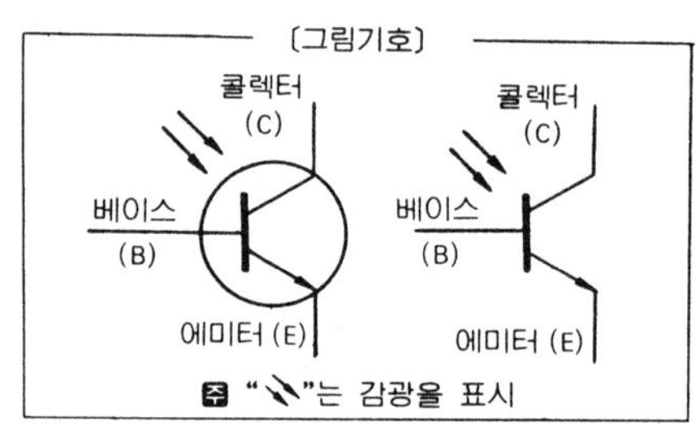

〔포토 트랜지스터〕

(8) 다이리스터(기호 THY ; thyristor)

① 다이리스터는 일반적으로 실리콘 제어 정류소자(SCR ; silicon controlled rictifier)를 말하며, 3개소 이상의 접합을 포장하되 양극, 음극 및 P 영역에 접속된 게이트의 3종류 단자를 갖추고 마이너스의 양극 전압에 있어서는 저지 특성을 표시하고 플러스의 양극전압에 있어서는 OFF 상태 및 ON 상태의 두가지 안정 상태가 가능할 뿐만 아니라 OFF 상태에서 ON 상태로의 이행이 게이트 전류에 의하여 제어할 수 있는 반도체 소자를 말한다.

② 다이리스터는 PNPN 구조이고 3개의 접합면을 갖고 있으며, 좌단의 P 형 반도체를 애노드(**A**) 전극으로 하고, 우단의 N 형 반도체를 캐소드(K) 전극으로 하고 있다.

③ N 형 반도체와 N 형 반도체 사이에 끼어 있는 P 형 반도체로부터 게이트(G) 전극을 끌어낸 것을 P 게이트 다이리스터라 하고, P 형 반도체와 P 형 반도체 사이에 끼인 N 형 반도체로부터 게이트(G) 전극을 끌어낸 것을 N 게이트 다이리스터라 한다.

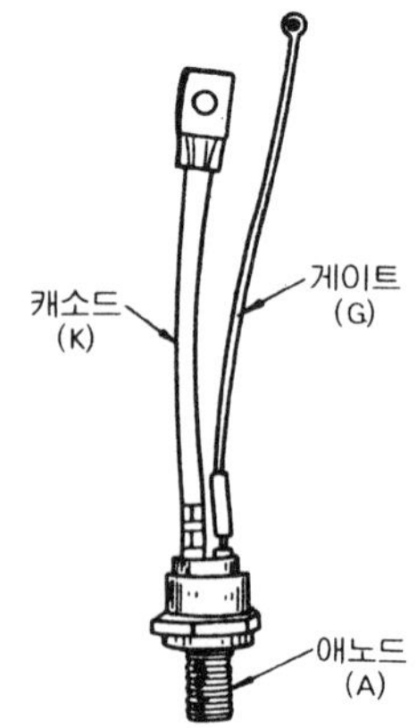

〔다이리스터〕

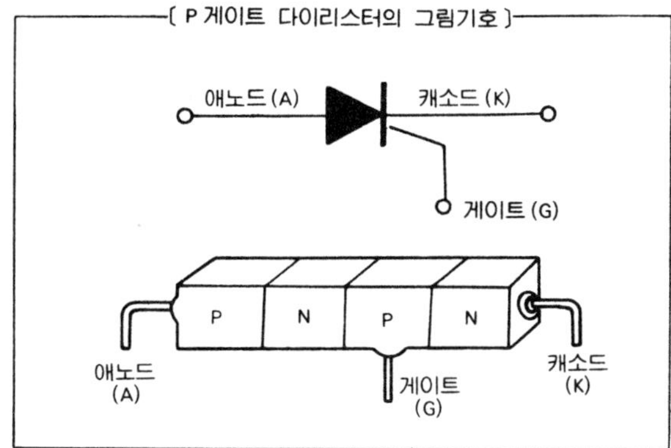

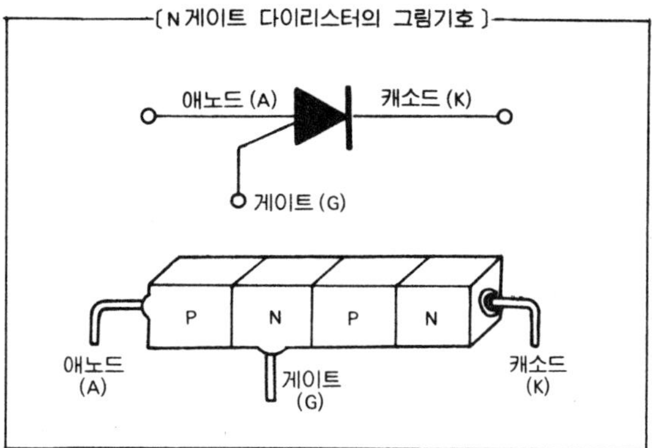

(9) 트라이액

트라이액(triac)은 양쪽 방향(교류)에 전류가 흐르되 게이트 전압은 플러스, 마이너스의 어느 방향이라도 작동하여 다이리스터를 병렬로 조합한 것과 같은 작용을 하는 쌍극 쌍방향성 다이리스터이다. 이 소자에 의하여 간단히 교류 전력의 개폐, 제어가 가능해진다.

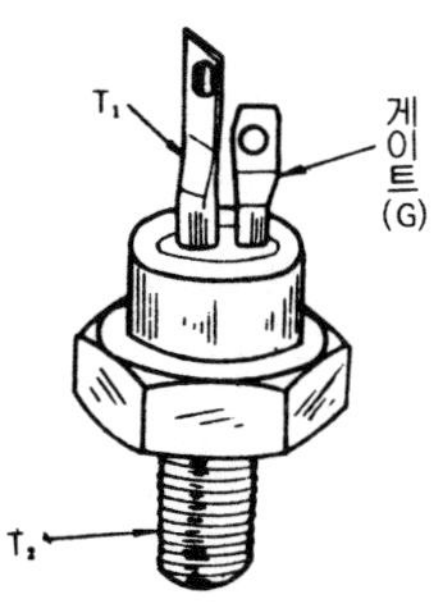

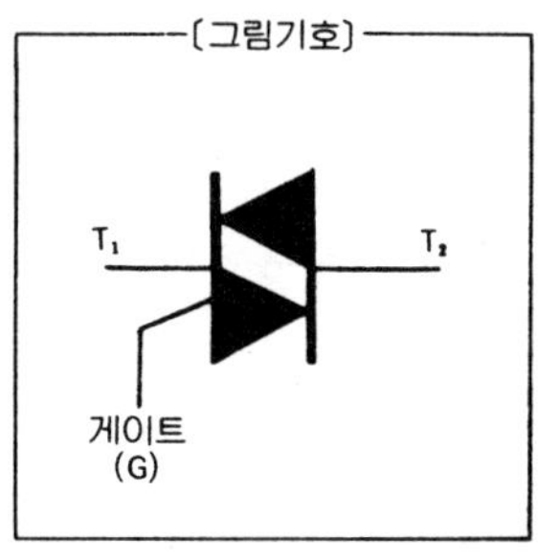

제 **4** 장

공사방법과 테스터 및 계기

1. 전선의 취급 방법

전선의 인출시 그냥 당기면 꼬임(킹크)이 생기어 전선이 꺾이는 수가 있다. 이것을 방지하기 위해서는 가운데에서 선을 꺼내는 방법과 아래와 같이 선을 좌우로 펼치는 방법이 사용된다.

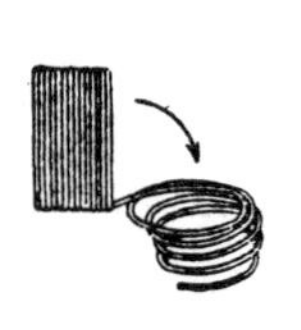

① 우측으로 10륜 정도 끄집어 낸다.

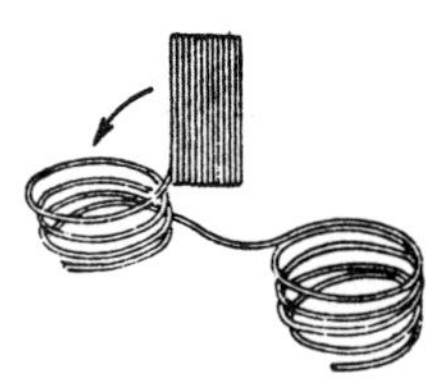

② 다발을 우측으로 1회전시키고, 좌측으로 10륜 정도 끄집어낸다.

③ 다발을 좌측으로 1회전시키고, 우측으로 10륜 정도 낸다(②와 ③을 반복한다).

〔전선의 **취급 방법**〕

2. 구부러진 전선을 펴는 방법

선을 사용할 때 구부러지면 사용에 불편할 뿐만 아니라 안전에도 영향을 주게 된다. 따라서, 이 것을 바로 펴는 방법에는 전선의 한 끝을 고정시키고, 다른 끝을 펜치(side cutter)로 잡아당기는 방법과 다음 〔그림〕과 같이 전선을 느러뜨리고 바닥에 타력을 주는 방법(이때 바닥이 편편해야 한다)과 드라이버의 손잡이 등을 이용하는 방법 등이 사용된다(이때 드라이버의 손잡이를 전선 피복에 대고 한다).

길게 늘려 전선의 끝을 잡고 바닥에 세게 4 ~ 5회 친다.

〔**구부러진 전선을 펴는 방법**〕

3. 전선 접속의 기본사항

전기배선은 필요한 전류를 안전하고 확실하게 흐르도록 해야 하며, 배선의 접촉부 처리가 확실하지 않으면 통전불능, 과열, 소손, 누전 등의 재해가 발생된다. 따라서, 접속시에는 다음 사항을 주의하여 시공하는 것이 좋다.

① 배선의 공사 방법과 사용 전선의 종류 및 굵기에 따라 알맞는 접속 방법을 사용할 것.
  (⑩ 압축식, 보울트 체결식, 스프링식, 꼬임식, 슬리브식 등)
② 피복을 벗길 때에는 심선(구리선)이 상하지 않도록 할 것.
③ 접속 표면은 잘 닦아서 녹 및 이물질을 제거시킬 것.
④ 압축식인 경우 피복을 압착시키지 않도록 주의하며 적절하게 할 것.
⑤ 보울트 체결식일 때는 적정한 힘으로 확실하게 조일 것.
⑥ 스프링식일 때는 당겨 모아서 체결상태를 확인할 것.
⑦ 꼬임식에서는 전선 접속후 꼭 납땜을 할 것(접속이 끝난 후에는 꼭 절연피복을 할 것).
⑧ 누전이나 기타 단락의 위험이 있는 곳에서도 절연을 확실히 할 것.

4. 압착단자에 의한 접속

압착접속이란 전동기 주회로 및 기기배선에 많이 사용되며, 전선의 끝에 압착공구를 이용하여 압착 단자를 눌러 붙여서 압착단자와 전선을 접속하는 것이다.

(1) 압착접속에 사용되는 공구

① **와이어 스트리퍼** : 선의 피복을 벗기는데 쓰이며, 구멍에 맞는 치수의 선을 넣고 와이어 스트리퍼를 누르면 선이 벗겨지며, 심선을 상하게 하지 않는 데 필요한 공구이다.
② **압착공구** : 선과 압착단자의 접속에 쓰이며, 한번 압착을 시작하면 압착이 끝날 때까지는 열리지 않는 구조로 래칫이 달려있다(특히 필요할 때는 리셋 핸들을 돌리면 벌어진다).

〔와이어 스트리퍼〕

〔압착 공구〕

(2) 전선의 압착 접속순서

① 와이어 스트리퍼를 이용하여 심선의 돌출길이를 압착단자 링부분보다 약 0.8~1mm 길게 피복을 벗긴다.
② 전선의 굵기에 알맞는 압착단자(⑩ 1.2 ∮의 전선일 때는 1.2 ∮ 압착단자 사용)를 고른다.
③ 규정의 길이로 피복을 벗긴 전선을 압착단자의 링부분에 끼운다(이때 피복은 삽입하지 않고 심선만 삽입하여야 한다).
④ 압착공구를 무릎이나 작업대 위에 놓고 핸들이 열릴 때까지 압착한다.
⑤ 압착상태를 확인한다.

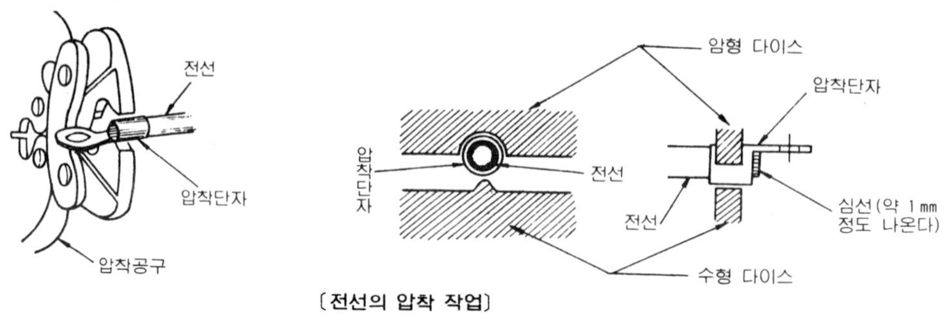

〔전선의 압착 작업〕

5. 공사 방법

5·1 금속관 공사

(1) 금속관 공사 요령

① 금속관 공사란 금속관을 조영재(造營材)에 부설하든가 콘크리트에 묻고 그 관내에 절연 전선을 시설하는 공사방법을 말한다.

② 금속관 공사는 노출 장소 또는 은폐 장소의 건조, 습기, 물기가 있는 장소 등 모든 장소에 시설할 수 있다.

③ 금속관 공사에 있어서 전선을 보호하기 위하여 사용하는 전선관에는 두께에 따라 박강 전선관과 후강 전선관의 두종류가 있다.

(2) 금속관 공사의 시공 예

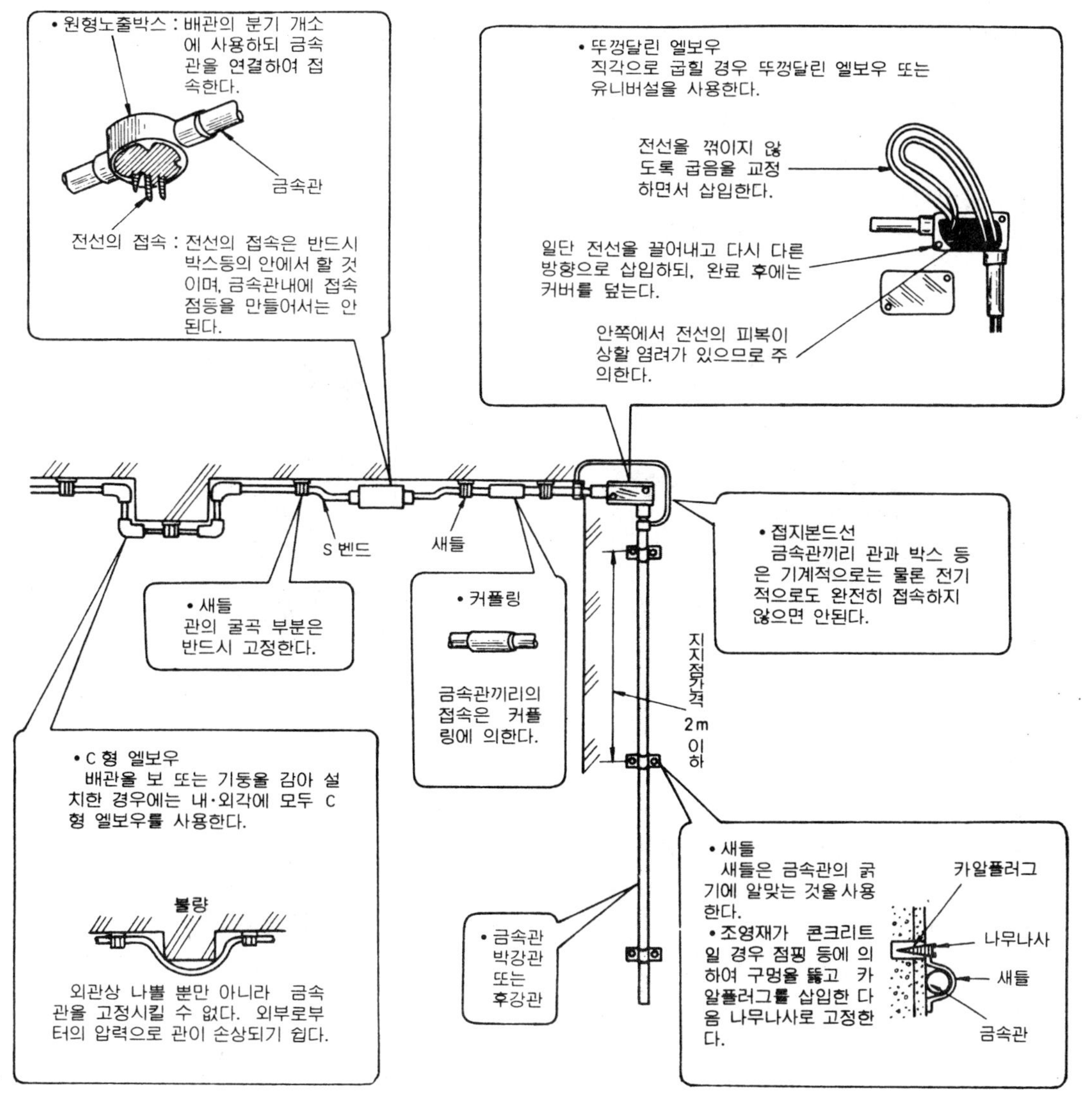

(3) 금속관의 나사내기

〔작업순서〕

① 바이스로부터 관끝을 10~15cm 정도 내밀고, 관에 상처가 나지 않도록 해야 하며 확실하게 고정한다.

② 관끝에 나사절삭기를 끼우고 가이드를 조정하여 나사절삭기를 안정시킨다.

③ 래칫의 방향을 맞춘다. 왼손으로는 다이스 부분을 관쪽으로 밀면서 오른손으로 핸들을 조금씩 돌려 날이 2 ~ 3산 정도 나도록 한다.

④ 나사를 내는 곳에 기름을 치면서 아래 그림과 같이 핸들을 왕복시켜 필요한 길이만큼 나사를 낸다.

⑤ 나사가 절삭된 후 래칫의 방향을 반대로 하고 핸들을 돌려 나사절삭기를 빼낸다.

⑥ 절단구의 내축을 리이머로 1/3 이상 깎아낸다.

(4) 금속관을 굽히는 요령

〔작업순서〕

① 금속관의 굽힘 시작점과 끝점을 결정한다 (이때 관의 중립선을 기준으로 굽힘반경, 굽힘길이를 산출한다).

② 관 지름에 알맞는 벤더를 세우고 여기에 굽힘 시작점을 맞춘다.

③ 왼손으로 벤더 끝을 쥐되 엄지손가락으로는 관을 누르고, 오른손으로는 관을 쥐고 앞쪽으로 밀면서 굽힌다.

④ 관을 앞쪽으로 조금씩 당기면서 굽힘 끝점까지 반복한다. (이때 관에 상처가 나지 않도록 헝겊 등으로 벤더를 감아주는 수도 있다.

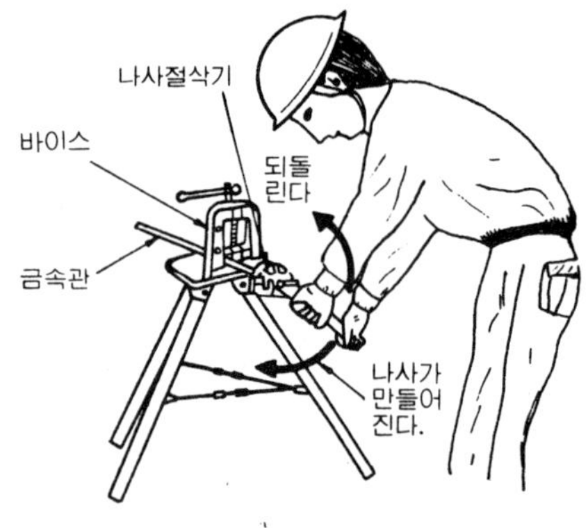

〔리이드 래칫형 나사내기〕

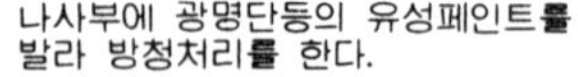

(5) 금속관의 접속요령

〔작업순서〕

① 접속시킬 양쪽 금속관에 나사를 낸다.

② 커플링을 한쪽 관에 끼운다. 이때 커플링의 중앙 부분까지 들어가도록 끼워야 한다.

③ 또 한쪽 관을 커플링의 다른 쪽에서 끼우고 파이프렌치나 바이스 플라이어 등으로 꽉 쥔다.

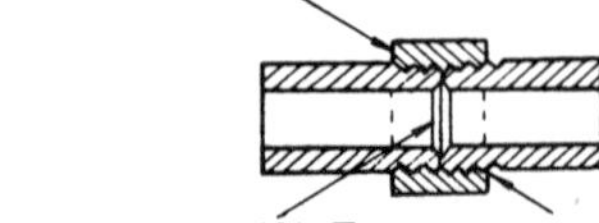

〔커플링 접속〕

5·2 전동기 주회로 배선의 접속

설비 구동용의 전동기 주회로 배선 공사 방법에는 여러가지가 있으나, 여기에서는 주로 전동기의 단자상과 배선의 접속 요령을 설명한다(일반 설비 구동용 전동기의 경우).

(1) 배선재로서 전선(Ⅳ선등)을 사용할 경우

① 전동기의 단자박스 위치는 앞쪽에서 보아 전동기 좌측에 있다.

② 건조한 장소에 한하여 1종 금속제 가요전선관을 사용할 수 있다.

③ 습기가 많은 장소 또는 물기가 있는 장소에 사용할 경우에는 2종 가요전선관을 사용한다.

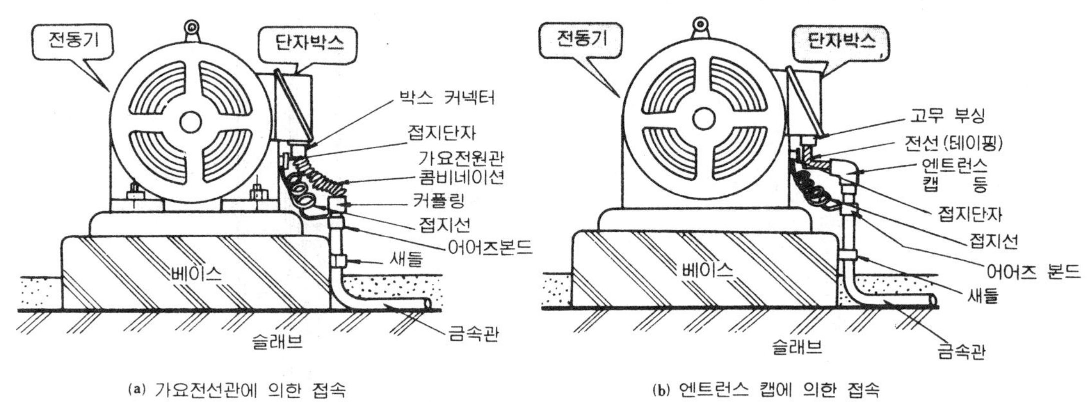

〔배선재로서 전선(Ⅳ선 등)을 사용할 경우〕

(2) 배선재로서 케이블을 사용할 경우

옥내 설비로서 먼지 등의 영향이 없는 장소에서는 배관 출구에서 단말처리를 하되 심선을 테이프로 감고 전동기 단자에 접속한다.

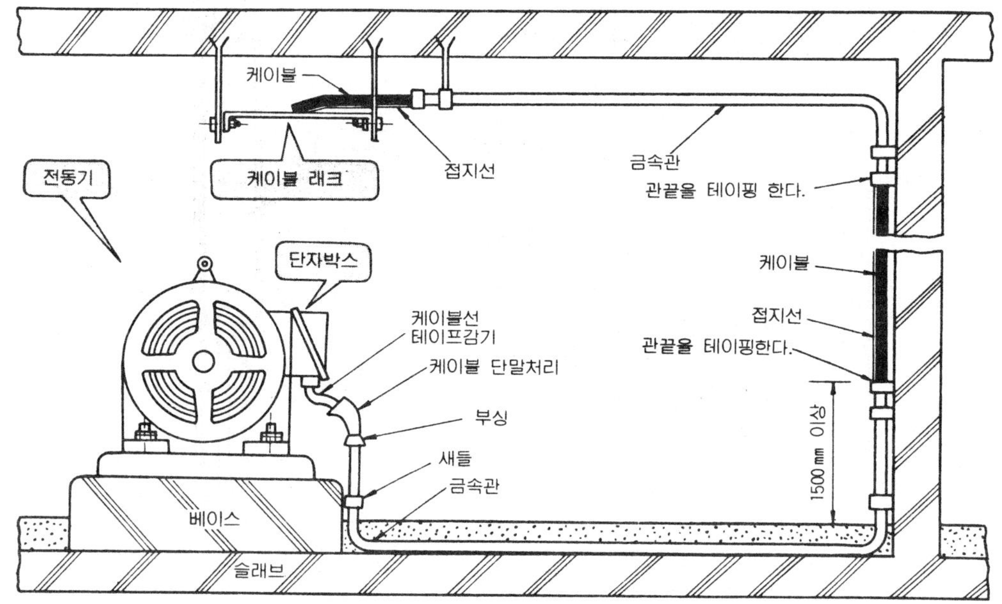

〔배선재로서 케이블을 사용할 경우〕

5·3 제어반의 부착

제어반을 벽면에 부착하는 방법에는 노출방법, 반노출방법, 매입방법 등이 있다.

(1) 블록벽의 경우 (노출 부착)

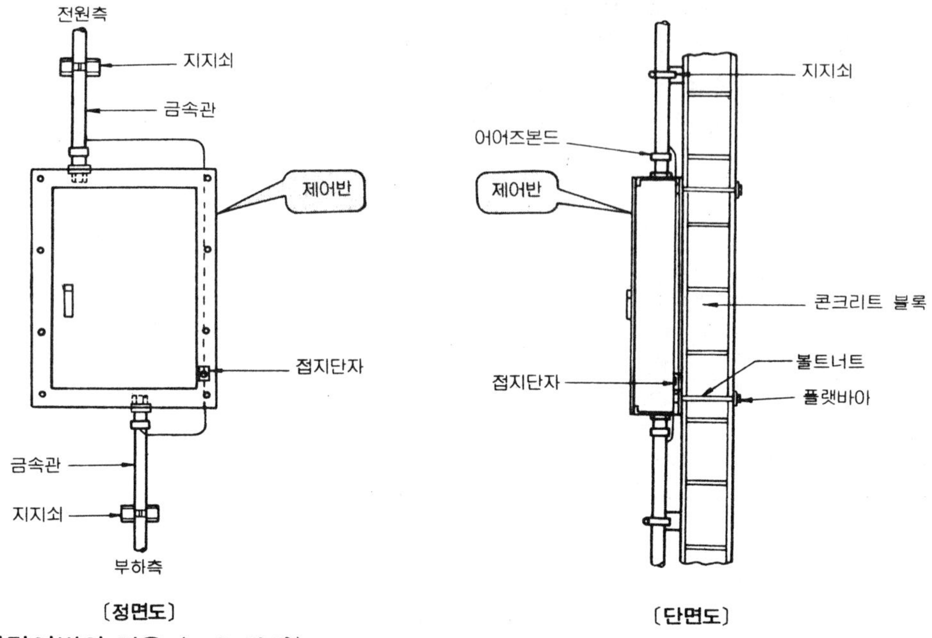

(2) 목조 칸막이벽의 경우 (노출 부착)

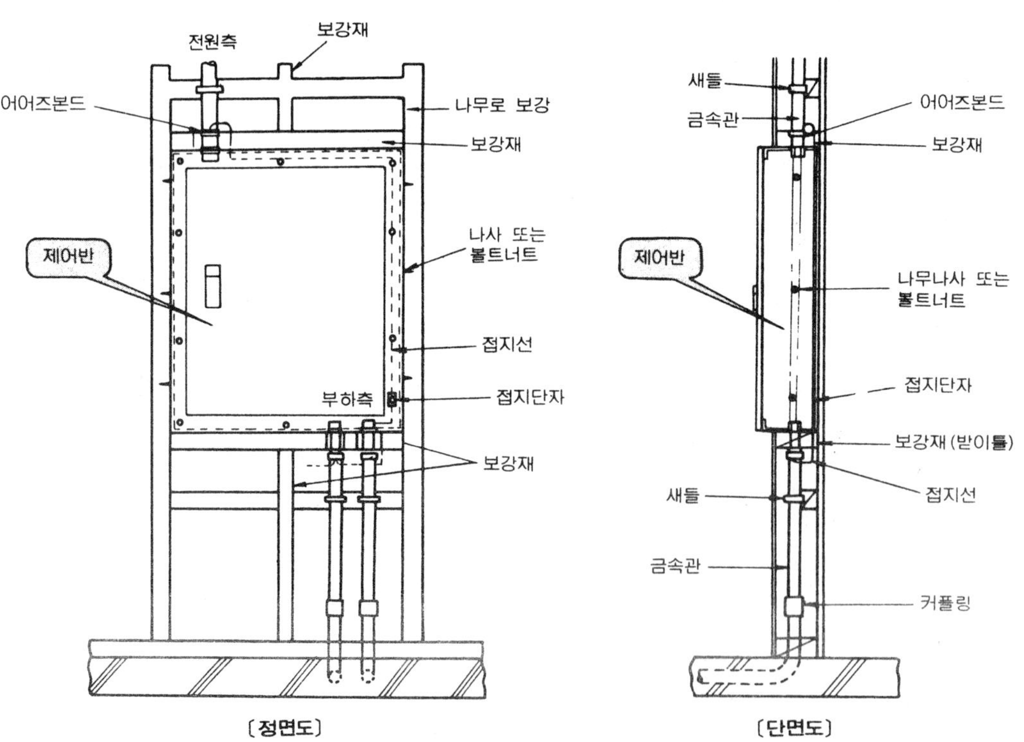

(3) 경량 칸막이벽(반노출 부착)의 경우

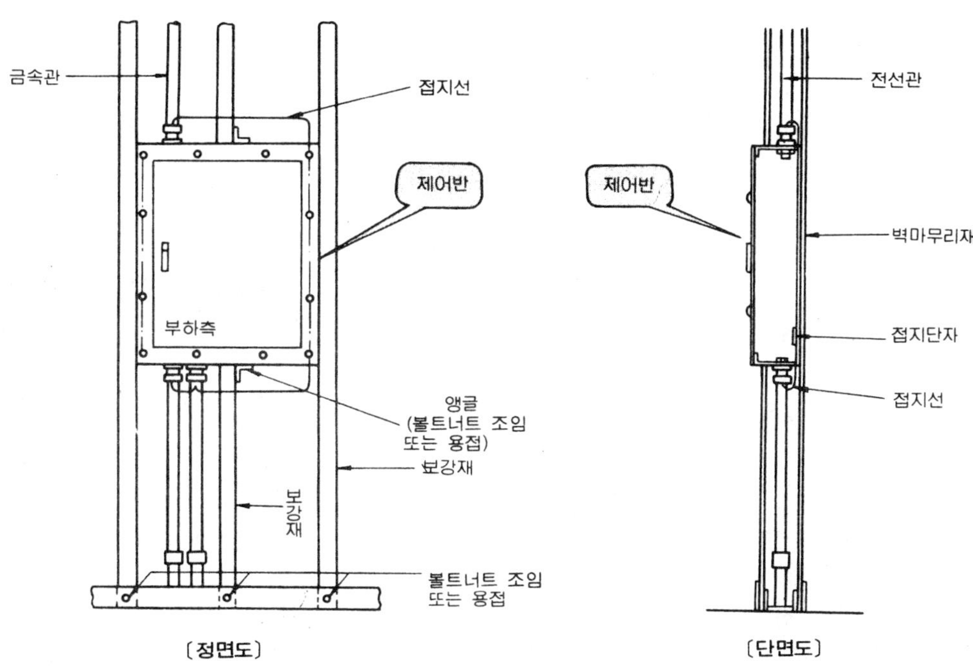

(4) 콘크리트벽(매입 부착)의 경우

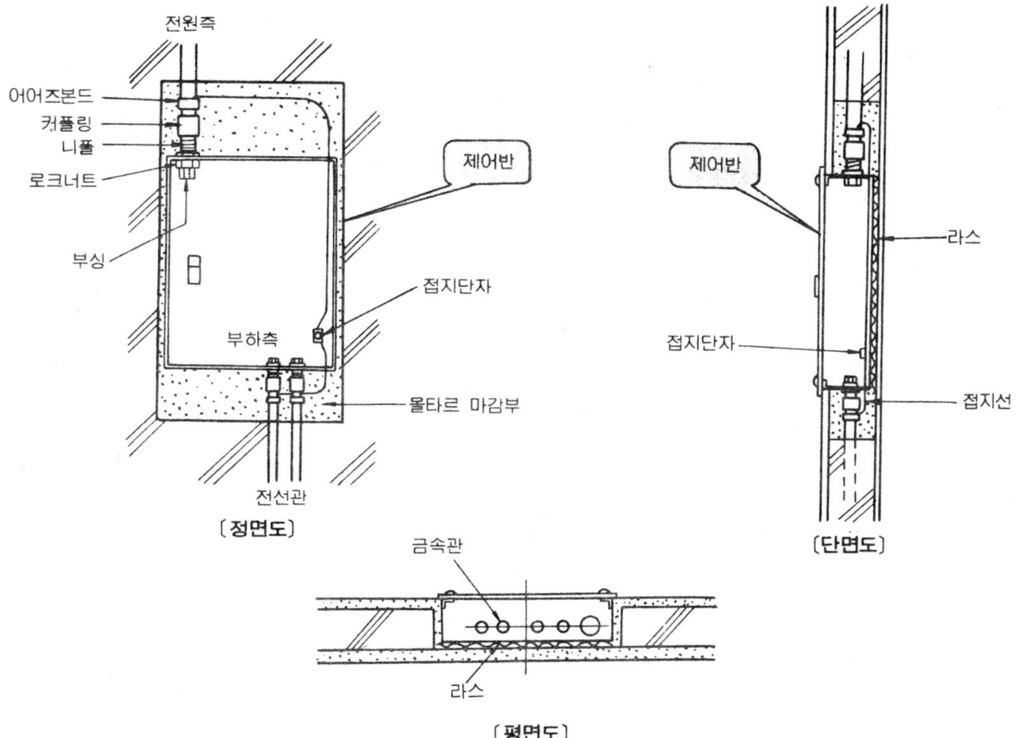

6. 테스터 및 계기

6·1 오실로스코프 (oscilloscope)

교류파형 또는 급격하게 변화하는 전류, 전압 등의 상태를 관찰 기록하기 위하여 음극선 관을 사용하여 그 형광면상에 도형을 나타내어 전기적 여러 형상을 관찰하는 장치로서 정전형과 전자형이 있다.

시간에 따라 변화하는 것을 그래프로 나타내며, 그래프의 수평축은 시간축이고, 수직축은 전압축이다.

〔조정기의 기능과 작동〕

① **휘도 조정기** (intensity adjuster) : 일반적으로 전원 스위치와 같이 붙어 있으며, 화면에 나타나는 빛의 밝기를 조정한다.

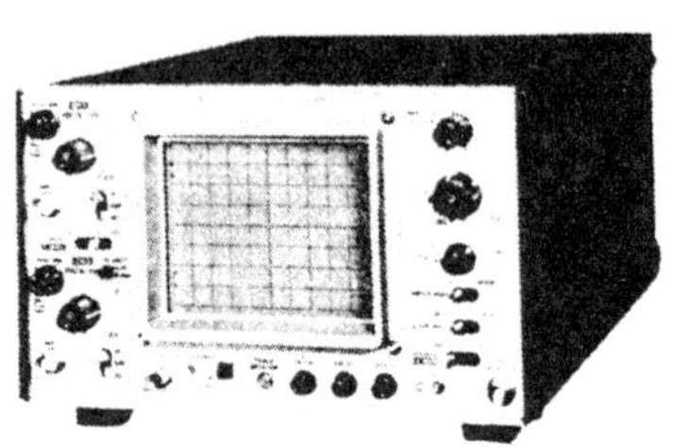

〔오실로스코프〕

② **수평위치 조정기** (horizontal position) **및 수직** (vertical) **위치 조정기** : 화면의 위치를 수평 또는 수직으로 움직이게 하는 조정기이다.

③ **스위이프 주파수 전환기** (sweep frequency selector) **및 스위이프 주파수 미조정기** : 서로 연결되어 여러 주파수 파형을 관찰할 수 있게 한다. 이들은 화면 위의 파형이 정지하는 위치에 맞추어야 한다.

④ **동기 조정기** : 스위이프 주파수 전환기와 스위이프 주파수 미조정기만으로 완전히 정지시키지 못할 때 동기 조정기로 완전히 정지시킬 수 있다.

⑤ **동기 신호원 전환기** (synchronous selector) : 동기 신호원을 선택하는 것이다. INT 에서는 수직축 입력에 가해진 신호 전압의 일부를 이용하여 동기시키며 (가장 많이 쓰임), LINE 에서는 전원 전압의 일부를 이용하여 동기시키고, EXT 에서는 수직축 입력 신호전압의 주기와 면밀한 관계가 있는 외부신호에 동기시키고 싶을 때 사용하며, SINC − IN 단자에 그 신호를 가해서 사용한다.

⑥ **수직축 감도 전환기** (vertical gain selector) **및 수직축 감도 미조정기** : 수직축 감도의 전환 및 미세조정 그리고 파형의 높이를 임의로 조정한다.

⑦ **수평축 감도 조정기** (horizontal gain vernier) : 수평축의 감도를 조정하여 수평폭을 변화시킨다.

6·2 일반 측정계기

(1) 진동계 (vibrometer)

피측정물의 진동을 관성체의 변위로 변환하고, 이 변위를 확대하여 기록하는 장치이다. 변위를 지레로 확대하여 펜으로 기록하는 기계적 진동계, 변위를 광학적으로 확대하여 사진 기록하는 광학적 진동계, 변위를 전기량으로 확대하여 기록하는 전기적 진동계 등이 있다.

측정시에는 축방향 (X 방향)과 축의 직각방향 2 개소 (Y 와 Z 방향)를 측정하는 것을 원칙으로 한다. 측정개소는 몸체와 축의 양끝을 측정한다.

전동기 등에서 중심내기 작업(centering)이 정확하지 않아도 흔들리는 경우가 생긴다. 이때에는 축에 휨, 비틀림, 인장, 압축 등의 응력이 작용하여 베어링의 마모와 전동기의 고장을 초래한다.

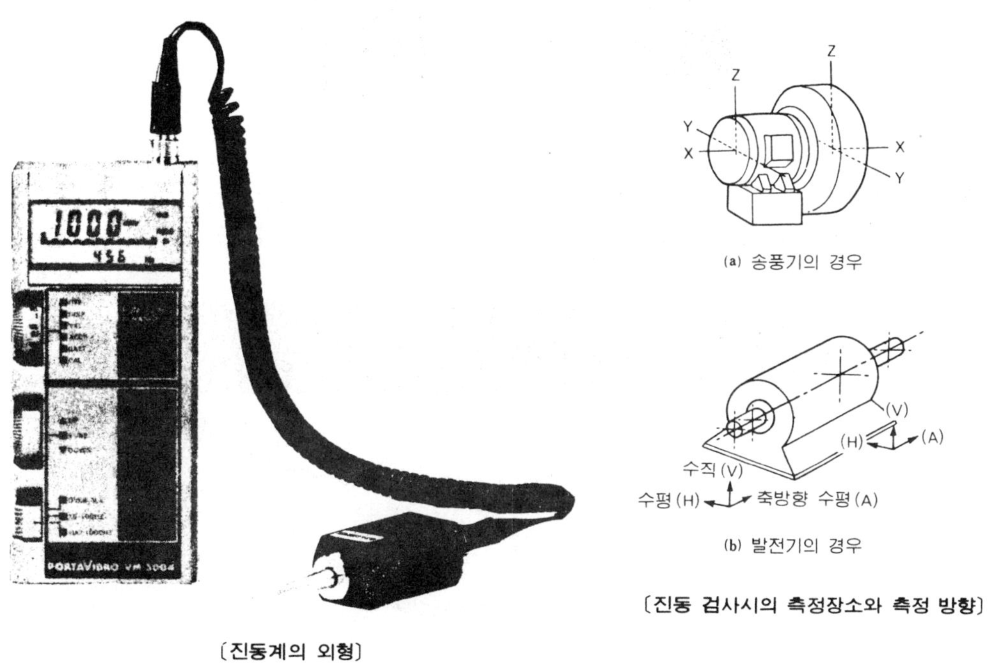

〔진동계의 외형〕　　　　　　〔진동 검사시의 측정장소와 측정 방향〕

(2) 회전계(tachometer)

회전체의 회전속도를 측정하는 장치이며, 발전기나 전동기의 회전수 측정에 많이 사용된다. (R.P.M 게이지라고도 한다)

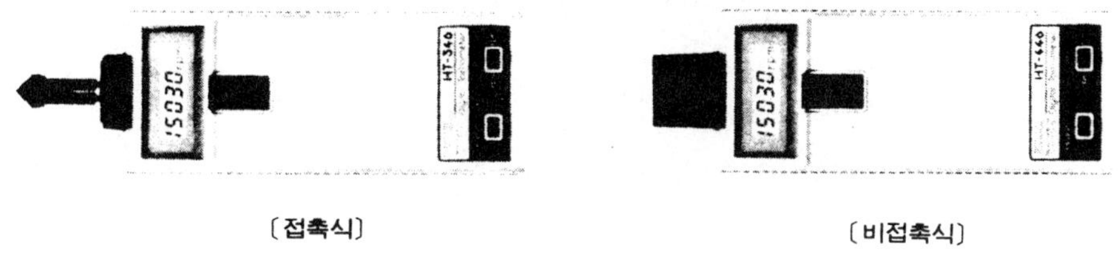

〔접촉식〕　　　　　　　　　　　〔비접촉식〕

〔접촉자〕

① 원주속도 안내 : 회전체의 외부와 섭동하여 속도를 측정하는 장치

② 중심접촉자 및 연결대 : 회전체의 중심(center)에 접촉하여 회전속도를 측정하며, 길이가 짧을 때 연결대를 연결한다.

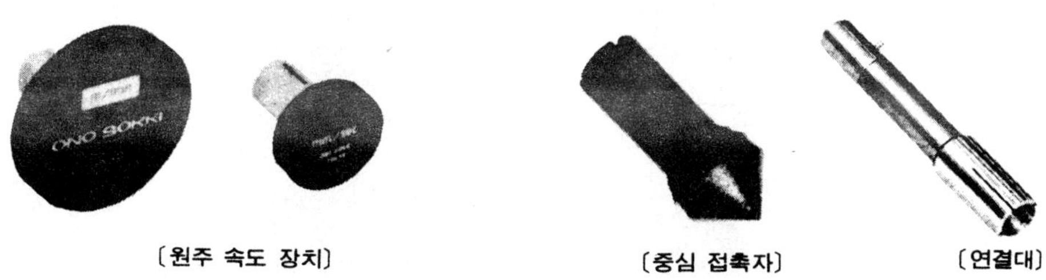

〔원주 속도 장치〕　　　　　　　〔중심 접촉자〕　　　　　　〔연결대〕

③ **비접촉용 반사판 및 충전기** : 비접촉식에서는 반사판을 사용하며, 충전기를 사용하여 회전계 전지를 충전한다.

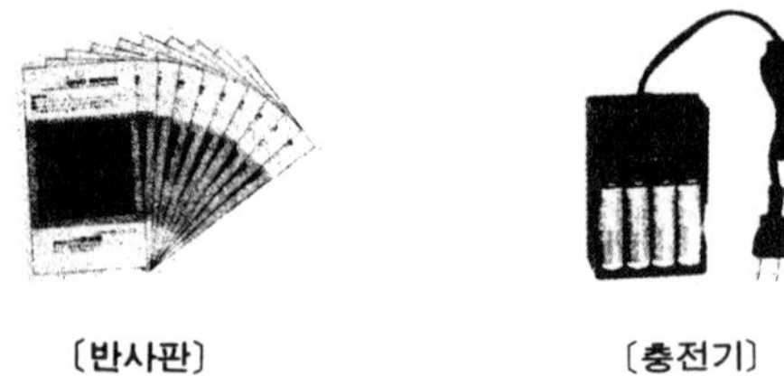

〔반사판〕　　　　　〔충전기〕

(3) 검압기(voltage detector)

임의의 장소에서 전압의 유무를 확인하는 것으로 정전식과 네온램프식이 있다.

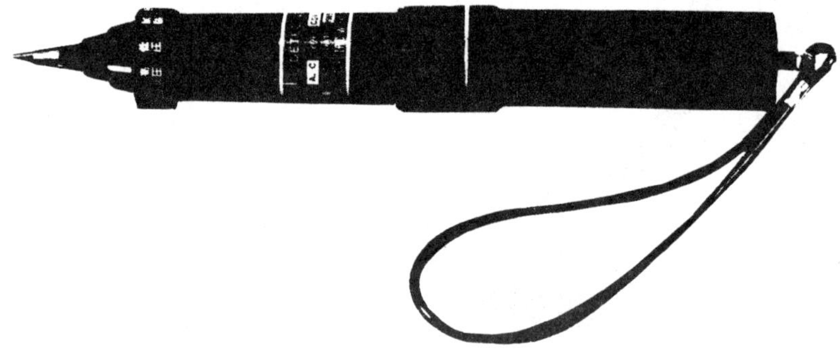

(4) 후크 온 미터(hook on meter)

전압 및 저항 전류를 측정할 수 있으며, 전류 측정시 클램프 사이로 측정하고자 하는 전선을 지나게 하고 측정하면 된다.

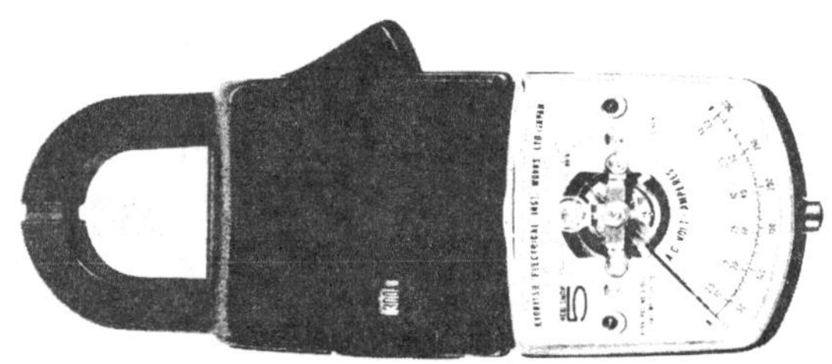

(5) 단상 전력계(single phase watt meter)

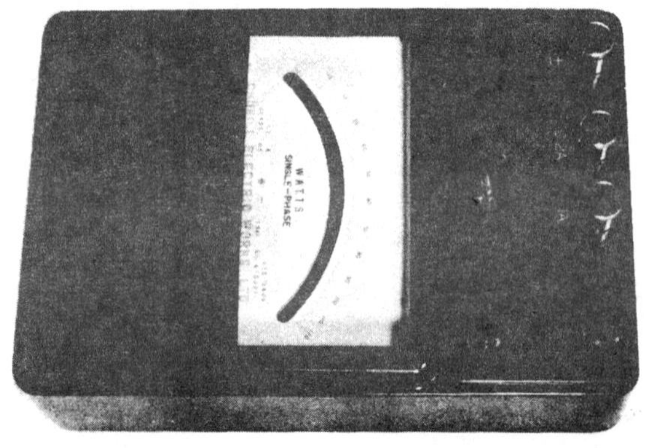

하나의 회로에서 하나의 교류전압과 그것에 대응하는 전류만이 있는 경우를 단상이라고 하며 이때의 전력을 측정하는 계기이다.

〔**측정순서**〕

① 영점 조정을 한다.

② 극성을 확인한다.

③ 계기를 수평 혹은 수직으로 한다.

④ 눈의 위치를 정확히 한다.

⑤ 3번 이상 측정한다.

〔참고〕 이때 측정하고자 하는 값을 모를때 렌치를 최대로 한다.

(6) 다상 전력계(poly phase watt meter)

다상교류의 전력을 측정하는데 사용하는 계기이며, **회로** 결선시 계기에 부착된 **회로도**를 확인하고 결선에 주의한다.

(7) 교류 전압계(A.C. volt meter)

교류전압을 재는 계기이며 구조에 따라 가동 코일형, 가동 철편형, 열전대형, 열선형, 정전형 등이 있으며, 직류전압을 측정하는 직류 전압계도 있다(전압이란 두점간의 전위차 또는 영 전위와 어느점의 전위차이다).

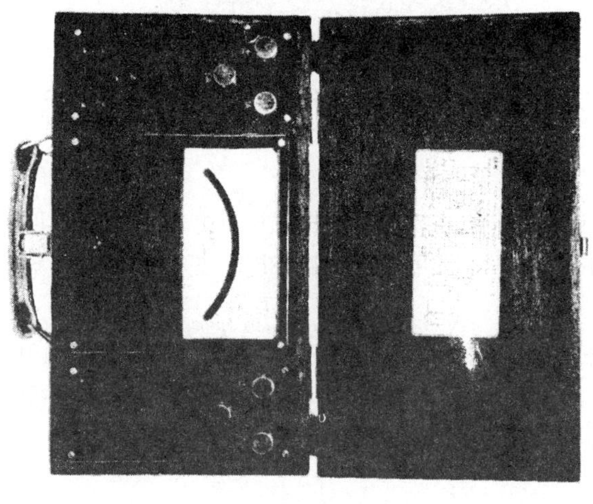

〔다상 전력계〕

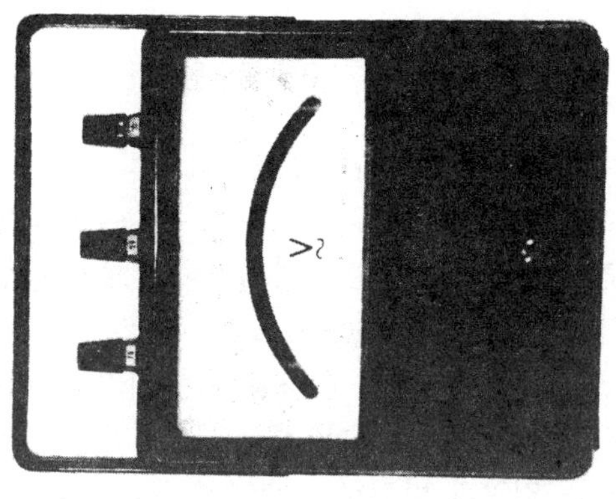

〔교류 전압계〕

(8) 회로 시험기(circuit tester)

전압, 전류, 저항 등을 측정하는 기구이며 일반적으로 테스터라고 부른다. 전류는 분류기로 측정범위를 변화시키고, 전압은 배율기를 이용하고 있다. 저항은 내장하고 있는 전지를 이용하여 미리 조정저항을 가감하고, 전류를 흘림으로서 알 수가 있다.

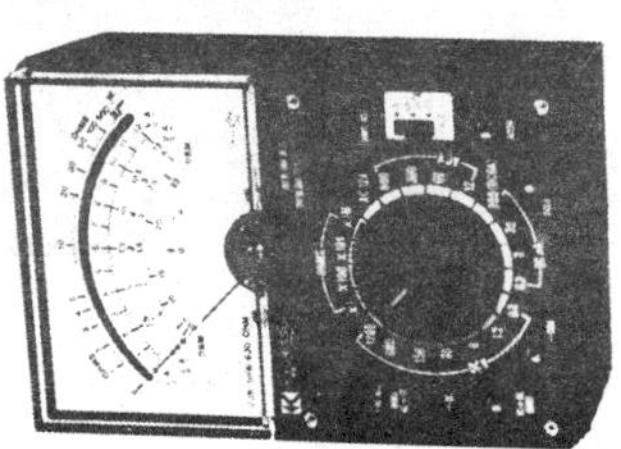

〔회로 시험기〕

(9) 교류 볼트 암미터(A.C. volt ammeter)

피상전력을 측정하는 계기이며, 1볼트 암페어란 1암페어인 전류의 실효치와 1볼트인 실효치의 곱의 피상전력이며, 기호는 1VA라고 한다.

(10) 주파수계(frequency meter)

주파수를 측정하는 계기로 기계적 공진을 이용한 진동편형과 전기적 특성을 이용한 지침계로 이루어진다.

〔교류 볼트 암미터〕

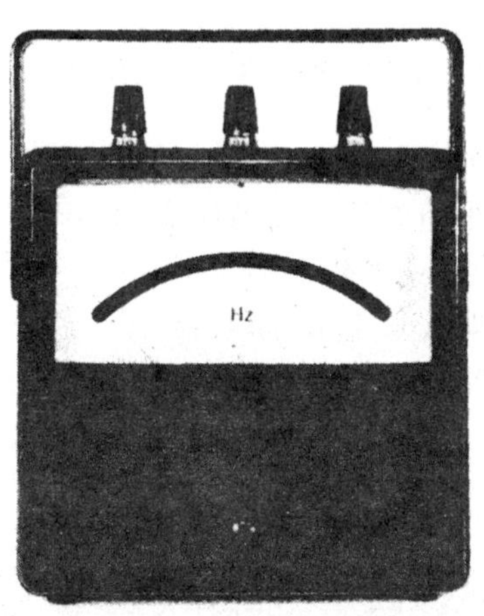

〔주파수계〕

(11) 접지 저항계(earth tester)

접지저항의 값을 직접 읽을 수 있는 측정기로 변성기 브리지를 사용한 것이 많이 쓰인다. 피측정접지 1개와 보조 접지저항 2개가 있고 탭을 바꾸어가며 내부 저항값을 조정하여 측정한다.

(12) 전위차계(potentiometer)

전압의 정밀측정에 사용되는 계기로 직류용과 교류용이 있으며, 교류용은 교류의 실효치와 위상각을 잴 수 있다. 즉, 전원의 기전력 또는 2점간의 전위차의 측정에 표준전지등 이미 알고 있는 전압과 비교하여 측정하는 것이다.

〔접지 저항계〕

〔전위차계〕

⒀ **단상 역률계**(single phase P.F meter)

교류전력이 $EI\cos\theta$로 나타내어질 때 $\cos\theta$를 역률이라 한다(유효전력과 피상전력비). 역률계는 전력의 역률을 재는 계기이며, 눈금이 $\cos\theta$로 매겨져 있고 가동코일과 고정코일이 직각으로 놓여 저항 및 리액턴스가 직렬로 되어 있다.

⒁ **절연 저항계**(insulation tester)

보통 메거라고 부르며 절연저항을 측정하는 계기이다. 수동식 직류 발전기를 사용하는 것과 자체에 내장된 전지를 이용하는 자동식이 있으며, 발생전압의 크기에 따라 100 V, 250 V, 500 V, 1000 V, 2000 V 의 5 종류가 있다.

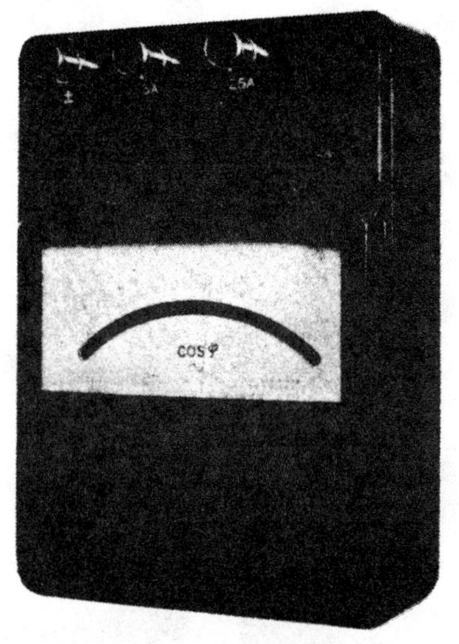

〔단상 역률계〕

〔절연 저항계〕

⒂ **기록계**(recorder)

지면위에 전기적으로 변화하는 양을 기록하는 것으로 기록부분과 계량기구로 되어 있다. 펜 등을 이용하여 기록하며 기계기구나 소형 전동기를 이용하여 회전시킨다.

⒃ **표준저항**(standard resistor)

〔기록계〕

〔표준 저항〕

측정에서 단위의 크기를 구체적으로 표시하기 위하여 사용되며 정밀도와 정확성이 온도, 습도 등의 주위여건에 거의 영향을 받지 않으며, 시간이 지나도 변동이 없도록 만들어진 것이다. 표준 저항기는 저항의 온도계수와 열기전력이 작은 망가닌을 사용하며, 자기 인덕턴스의 영향을 피하기 위하여 두줄로 감고 전압단자(중앙)와 전압단자(양끝)는 별도로 한다.

(17) 판넬 사용미터

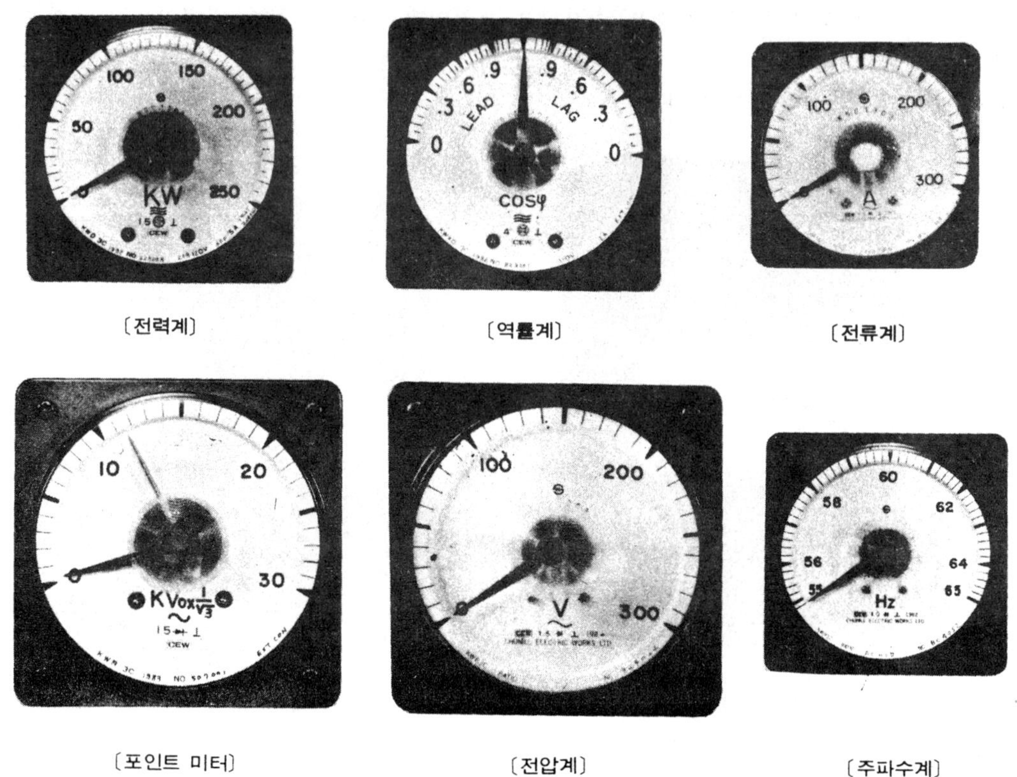

〔전력계〕　〔역률계〕　〔전류계〕

〔포인트 미터〕　〔전압계〕　〔주파수계〕

6·3　변류기 및 변압기

(1) 변류기

큰 전류에서 일정한 비율의 작은 전류를 꺼내어 계기나 계전기에 공급하기 위하여 사용되는 일종의 변압기이며, 일반적으로 C.T 라고 부른다. 2차 전류는 5A로 정해져 있으며, 변류비는 권수비의 역수로 정해지므로 2차측에 접속하는 부하에 따라 큰 용량의 것을 사용하여야 한다.

변류기의 2차측에 접속한 계기나 기구를 떼어낼 때에는 반드시 전원을 차단하고 난후 분리하여야 하며, 만약 1차 전류가 흐르는 상태에서 2차측을 개방하면 소손이나 절연파괴의 사고가 발생한다.

(2) 변압기

높은 전압에서 일정한 비율의 낮은 전압으로 변환시키는 계기이며, 계전기등에 전원공급을 위하여 사용되는 일종의 변압기로 P.T 라고 부른다. 2차 전압은 110V로 정해져 있으며, 1차측에 선로전압이 그대로 가해지므로 전압이 높은 것은 대단히 커서 계기의 부속품이라고 생각할 수 없는 정도이다.

변압비는 권수비로 정해지나 내부 임피던스에 의한 전압강하가 생기므로 2차측에 접속하는 부하에 따라 용량이 큰 것을 사용해야 한다. 회로구성이 전력용 변압기와 동일하므로 2차측 단자 사이가 저저항이 되면 단락사고가 발생되므로 1차측에 퓨즈나 자동차단기 등을설치한다.

〔변류기〕

〔변압기〕

참고 **계기 사용법**(일반사항)
① 계기의 최대 눈금이 측정하려는 최대값보다 높은 계기이어야 한다.
② 계기에서 통상 지시되는 중간정도에 지침이 오도록 한다.
③ 계기의 사용시 수직형(기호 ⊥)인지, 수평형(기호 ━)인지 또는 경사형(기호 ∠)인지 확인하고 정확하게 사용한다.
④ 계기의 영점 조정나사는 계기를 동작시키기 전 확인하고 조정한다.
⑤ 계기는 직류형(기호 -)인지 교류형(기호 ~)인지 반드시 확인하고 사용한다(대체로 직류계기의 눈금은 동일한 간격으로 되어 있으나 교류에서는 간격이 다른 것이 많다).
⑥ 계기의 눈금을 읽을 때에는 정면에서 읽어야 한다(경사로 읽으면 오차를 가져오게 된다).
⑦ 계기의 지침이 눈금 중앙에 있을 때에는 그 간격을 나누어 추정한다.

제 **5** 장

유접점 회로

1. 유접점 기본회로

복잡한 시퀀스회로도 크게는 **기본회로** 및 **기능회로**, **응용회로**로 나누어 생각할 수 있다. 따라서 필요한 회로를 만들기 위해서는 기본회로를 충분히 숙지하여 활용하기 바란다.

1·1 ON 회로

a접점 회로라고도 하며 릴레이 ⊗에 전류가 흐르면 코일이 여자하여 코일 ⊗의 a접점 X가 닫히고, 전류를 끊으면 접점이 열리는 가장 기본적인 회로이다.

〔작동설명〕
① P선과 N선에 전원이 투입되면
　• 릴레이 ⊗의 코일이 여자하여 ⊗의 a접점 X가 닫힌다.
② P선과 N선에 전원이 차단되면
　• 릴레이 ⊗의 a접점 X가 열린다.

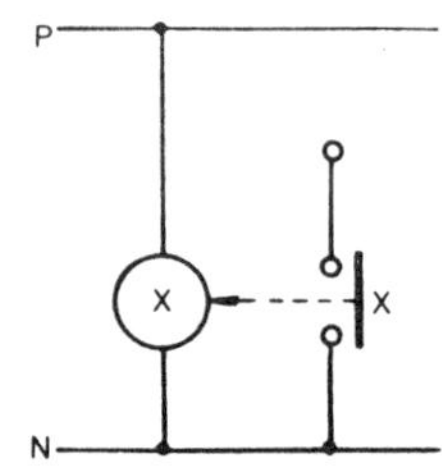

1·2 OFF 회로

b접점 회로라고도 하며 ON 회로와 반대로 릴레이 ⊗에 전류가 흐르면 코일이 여자하여 코일 ⊗의 b접점 $\overline{X}$는 열리고 전류를 끊으면 닫히는 회로이다.

〔작동설명〕
① P선과 N선에 전원이 투입되면
　• 릴레이 ⊗의 코일이 여자하여 ⊗의 b접점 $\overline{X}$가 열린다.
② P선과 N선에 전원이 차단되면
　• 릴레이 ⊗의 b접점 $\overline{X}$가 닫힌다.

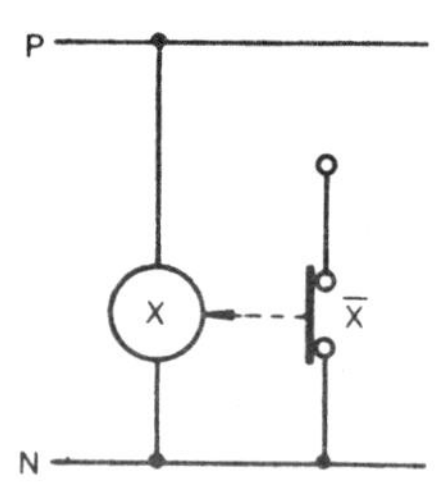

1·3 다접점 회로

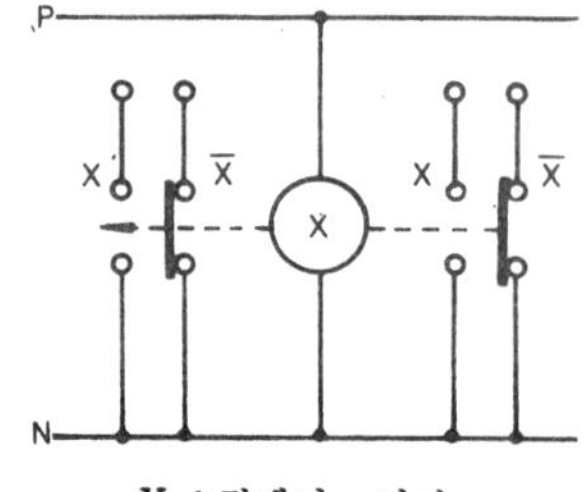

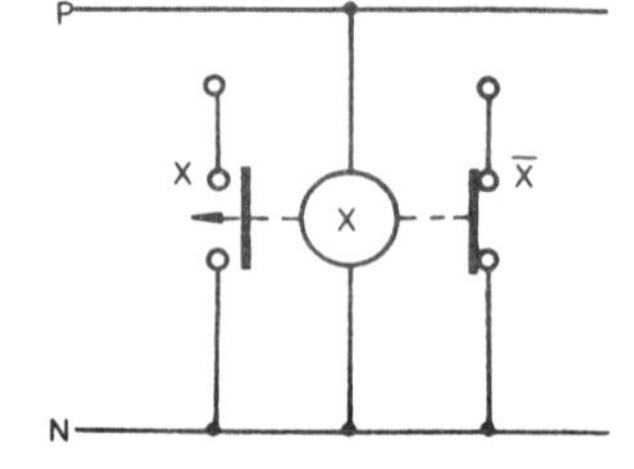

⊗ : 릴레이　　　**X** : 릴레이 a접점　　　$\overline{X}$: 릴레이 b접점　　　← : 연동하는것 표시

접점 증폭회로라고도 하며, 릴레이 Ⓧ에 전류가 흐르면 동시에 몇개의 ON 및 OFF 회로가 형성되는 것이다. 특별히 a접점만 이용하는 것과 b접점만 이용하는 것도 있다.

1·4 AND 회로

직렬회로 또는 논리적 회로라고도 하며, 다수의 입력이 직렬로 연결된 것이다. 릴레이 Ⓧ는 입력이 모두 닫혔을 때만 작동한다(출력이 나온다).

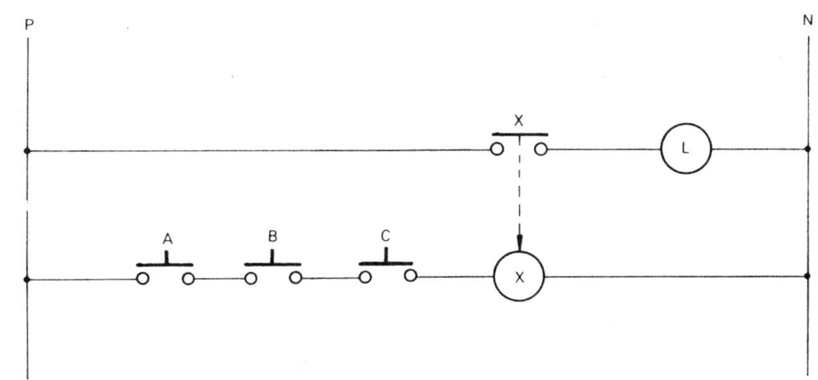

A, B, C : 입력　　　Ⓧ : 릴레이　　　X : 릴레이 a접점　　　Ⓛ : 표시등

〔작동설명〕

① 입력 A만 주었을 때(A입력만 눌렀을 때)
- 입력 B와 C의 접점이 차단된 상태이기 때문에 릴레이 Ⓧ는 작동하지 않고, 릴레이의 a접점 X도 작동하지 않기 때문에 표시등 Ⓛ은 점등되지 않는다.

② 입력 B만 주었을 때(B입력만 눌렀을 때)
- 입력 A와 C의 접점이 차단된 상태이기 때문에 릴레이 Ⓧ는 작동하지 않고, 릴레이의 a접점 X도 작동하지 않기 때문에 표시등 Ⓛ(출력)은 점등되지 않는다.

③ 입력 C만 주었을 때(C입력만 눌렀을 때)
- 입력 A와 B의 접점이 차단된 상태이기 때문에 릴레이 Ⓧ는 작동하지 않고, 릴레이의 a접점 X도 작동하지 않기 때문에(닫히지 않기 때문에) 표시등 Ⓛ은 점등되지 않는다.

④ 입력 A와 B에만 주었을 때(입력 A와 B만 눌렀을 때)
- 입력 C가 차단되어 출력이 나오지 않는다.

⑤ 입력 A와 C에만 주었을 때(입력 A와 C만 눌렀을 때)
- 입력 B가 차단되어 출력이 나오지 않는다.

⑥ 입력 B와 C에만 주었을 때(입력 B와 C만 눌렀을 때)
- 입력 A가 차단되어 출력이 나오지 않는다.

⑦ 입력 A, B, C 모두 주었을 때(입력 A, B, C를 모두 눌렀을 때)
- 전류의 흐름이 이루어져 릴레이 Ⓧ가 작동하고 따라서 릴레이 Ⓧ의 a접점 X도 닫히어 표시등 Ⓛ(출력)이 점등된다.

[참고] 위의 경우와 같이 AND 회로에서는 입력이 모두 주어졌을 때 출력이 나온다.

1·5 OR 회로

병렬회로 또는 논리합 회로라고도 하며, 다수의 압력이 병렬로 연결된 회로이다. 릴레이 Ⓧ는 입력조건중 어느 하나만 닫혀도 작동한다(출력이 나온다).

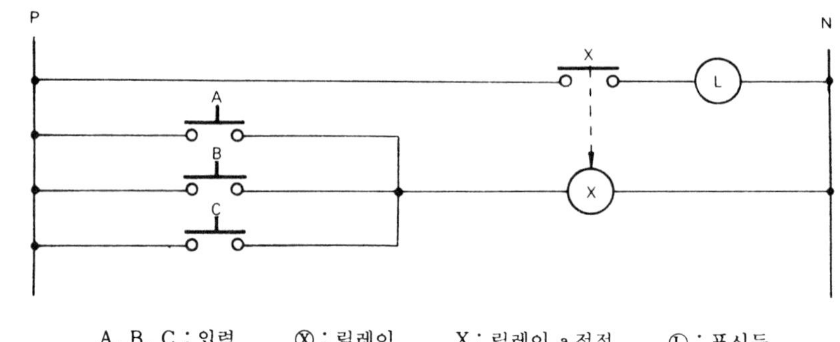

A, B, C : 입력　　　Ⓧ : 릴레이　　　X : 릴레이 a접점　　　Ⓛ : 표시등

〔작동설명〕

① 입력 A 만 주었을 때(입력 A 만 눌렀을 때)
- P → A → Ⓧ → N 으로 회로가 연결되어 릴레이 Ⓧ 는 작동하고, 릴레이 Ⓧ 의 a접점 X 도 닫히며, 표시등 Ⓛ (출력)이 점등된다.

② 입력 B 만 주었을 때(입력 B 만 눌렀을 때)
- P → B → Ⓧ → N 으로 회로가 연결되어 릴레이 Ⓧ는 작동하고, 릴레이 Ⓧ 의 a접점 X 도 닫히며 출력이 나온다(표시등 Ⓛ 이 점등된다).

③ 입력 C 만 주었을 때(입력 C 만 눌렀을 때)
- P → C → Ⓧ → N 으로 회로가 연결되어 릴레이 Ⓧ 는 작동하고, 릴레이 Ⓧ 의 a접점 X 도 닫히며 출력이 나온다.

④ 입력 A 와 B 만 눌렀을 때
- 같은 방법으로 P → A → Ⓧ → N 회로와 P → B → Ⓧ → N 의 2개의 회로가 형성되어 출력이 나온다.

⑤ 입력 A 와 C 만 눌렀을 때
- 같은 방법으로 P → A → Ⓧ → N 회로와 P → C → Ⓧ → N 의 두개의 회로가 형성되어 출력이 나온다.

⑥ 입력 B 와 C 만 눌렀을 때
- 같은 방법으로 P → B → Ⓧ → N 회로와 P → C → Ⓧ → N 의 두개의 회로가 형성되어 출력이 나온다.

⑦ 입력 A, B, C 를 모두 눌렀을 때도 출력이 나오며, 입력 중 어느것 하나만 닫혀도 출력이 나온다.

1·6 NOT 회로

부정회로 또는 논리부라고도 하며, 입력조건이 닫히면 릴레이 Ⓧ 가 닫혀서 Ⓧ 의 b접점 $\overline{X}$ 를 여는 회로이다. 즉, 입력의 역조건을 만드는 회로이다.

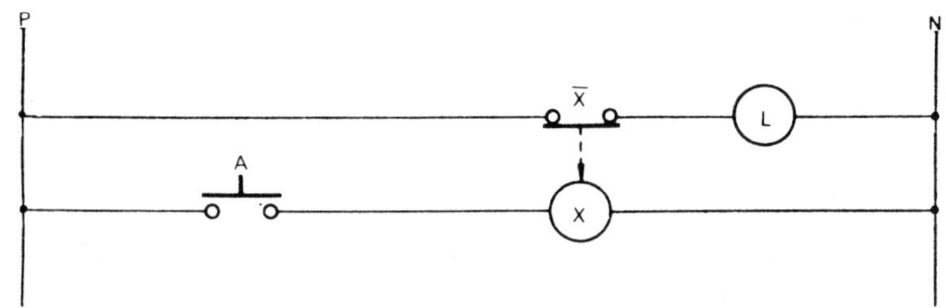

A : 입력   Ⓧ : 릴레이   X̄ : 릴레이 b접점   Ⓛ : 표시등

〔작동설명〕
① 입력을 주지 않았을 때(입력 A를 누르지 않았을 때)
 • 릴레이 Ⓧ는 작동하지 않으므로 Ⓧ의 b접점 X̄가 회로를 연결시켜서 표시등 Ⓛ은 점등한다(출력이 나온다).
② 입력 A를 주었을 때(입력 A를 눌렀을 때)
 • P → A → Ⓧ − N으로 회로가 연결되어 릴레이 Ⓧ는 작동하고, 릴레이 Ⓧ의 b접점 X̄도 작동하여 회로가 열리므로 표시등 Ⓛ은 점등하지 않는다(소등된다).
③ 위의 경우와 같이 입력이 있을 때는 출력이 나오지 않고 입력이 없을 때만 출력이 나온다.

〔커넥터〕

1·7 타이머 회로

한시회로라고도 하며 시간을 세트한 후 그 시간이 되면 작동하는 것으로 **ON 디레이 회로**와
OFF 디레이회로 그리고 **ON, OFF 디레이회로**의 3 가지가 있다.

(1) **ON 디레이**(delay)**회로**

타이머 부세후 일정시간뒤에 **a**접점이 닫히고 동시에 **b**접점이 열리며, 타이머가 소세되면 **a**
접점과 **b**접점이 즉시에 작동하는 회로이다(타이머의 접점에는 한시와 순시가 있다).

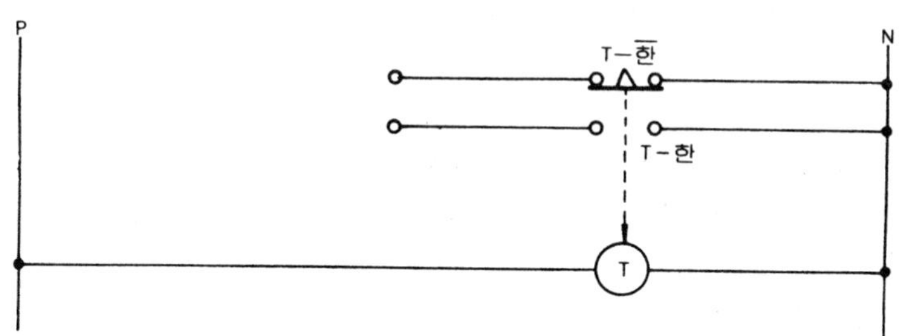

ⓣ : 타이머   T－한 : 타이머 한시 작동 b접점   T－한 : 타이머 한시 작동 a접점

〔작동설명〕

① P 선과 N 선에 전원 투입시

 • 코일에 전원이 투입되어도 세팅
시간 후(T 초 후)에 타이머 한시 작
동 b접점에서 타이머 한시 작동 **a**접
점으로 작동된다.

② P 선과 N 선의 전원 차단시

 • 코일 전원 차단 즉시 타이머 한
시 작동 b접점은 열리고, 타이머 한시 작동 a접점은 닫힌다 (원상태로 돌아온다).

옆 그림의 타임 차트와 같이 타이머 코일 작동 T 초 후에 비로소 한시 작동 a접점 및 한시
작동 b접점의 작동이 행하여지며, 타이머 코일의 작동이 정지하면 원상태로 돌아온다.

(2) **OFF 디레이회로**

타이머 코일 ⓣ 가 부세되면 순시에 **a**접점이 닫히고, **b**접점은 열리며 코일 소세후에도 계속
작동한다. 설정시간이 되면 **a**접점이 열리고 **b**접점은 닫히는 회로이다.

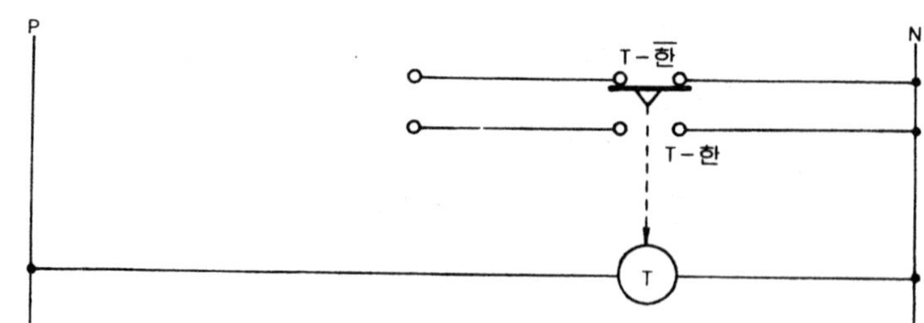

ⓣ : 타이머 코일   T－한 : 타이머 한시 복귀 b접점   T－한 : 타이머 한시 복귀 a접점

〔작동설명〕

① 현재상태는 전원이 차단된 상태이다.

② P선과 N선에 전원 투입시

  •코일에 전원투입과 동시에 한시 복귀 a접점이 닫히고, 한시 복귀 b접점이 열리어 계속 작동상태를 유지한다.

③ P선과 N선의 전원 차단시

  •코일의 전원을 차단하여도 계속 작동을 행하다가 설정시간이 되면 한시 복귀 a접점이 열리고 한시 복귀 b접점이 닫힌다(원상태로 돌아온다).

옆그림의 타임 차트와 같이 타이머 코일이 작동하면 동시에 한시 복귀 a접점과 한시 복귀 b접점이 작동하고, 타이머 코일 정지후 설정시간이 되어야 한시 복귀 a접점과 한시 복귀 b접점이 복귀한다.

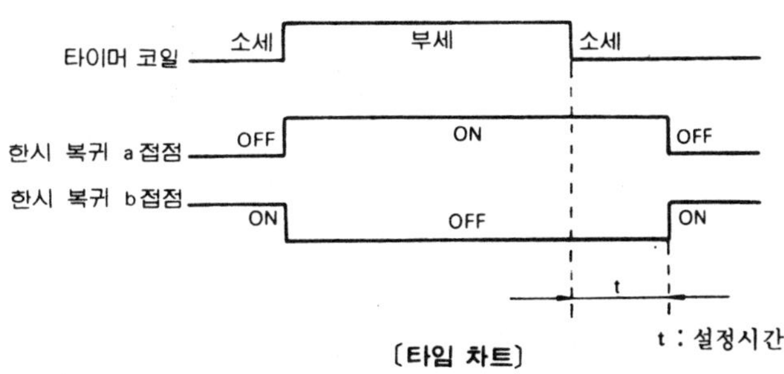

〔타임 차트〕

(3) ON, OFF 디레이회로

ON 디레이회로와 OFF 디레이회로를 합친 것으로 타이머 코일이 작동후 설정시간이 되면 한시 a접점과 한시 b접점이 작동하고, 타이머 코일 정지후에도 설정시간이 되어야 한시 a접점과 한시 b접점이 복귀된다.

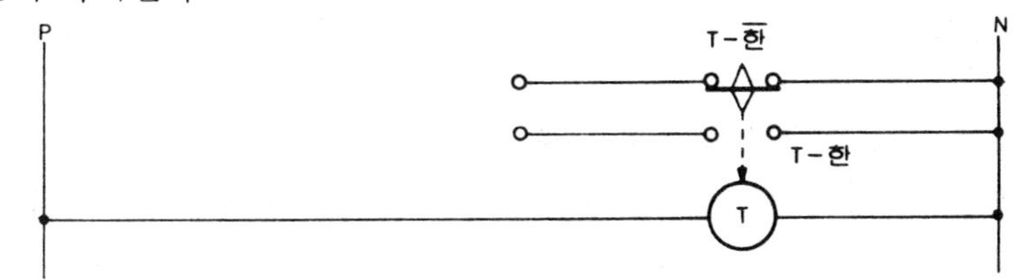

〔작동설명〕

① 현재 상태는 전원이 차단된 상태이다.

② P선과 N선에 전원 투입시

  •코일에 전원이 투입되어도 설정시간이 되어야 타이머 한시 a접점이 닫히고, 한시 b접점이 열리며 작동상태를 계속 유지시킨다.

③ P선과 N선에 전원 차단시

  •코일의 전원이 차단되어도 설정시간이 되어야 타이머 한시 a접점이 열리고 한시 b접점이 닫힌다(원상태로 돌아온다).

옆 그림의 타임 차트와 같이 타이머 코일 부세후 설정시간뒤에 한시 a접점과 b접점이 작동하며, 코일 소세후에도 설정 시간이 지나야 한시 a접점과 b접점이 원상태로 돌아온다.

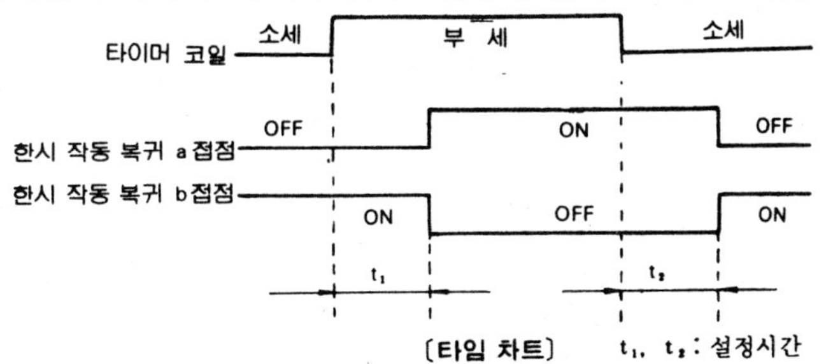

〔타임 차트〕 t_1, t_2 : 설정시간

1·8 자기 유지회로

기억회로라고도 하며 외부의 입력에 의하여 릴레이 작동후 릴레이의 a접점을 통하여 회로를 유지시켜 입력을 제거하여도 계속 작동(여자)되는 회로이며, 자기 유지를 풀려면 릴레이 코일에 들어가는 전원을 차단시켜야 한다. 즉, 입력을 상실하도록 하여야 한다. 회로의 종류에는 작동 우선회로와 복귀 우선회로 및 2중 코일회로, a접점 복귀회로, 쌍안정회로 등이 있다.

(1) 기본회로

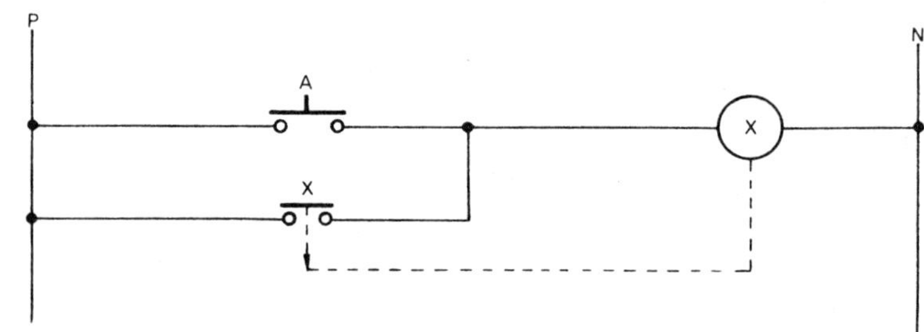

A : 입력(a접점 이용)　　　⊗ : 릴레이 코일　　　X : 릴레이 a접점

〔작동설명〕

① 입력 A를 주었을 때(입력 A를 눌렀을 때)
　• 입력 A를 누르면 P → A → ⊗ → N으로 회로가 연결되어 릴레이 ⊗는 여자하고, 릴레이⊗가 여자하면 릴레이 ⊗의 a접점 X도 닫힌다. 따라서 P → X → ⊗ → N의 회로에도 전류가 흐른다(자기 유지회로).

② 입력 A를 제거했을 때(입력 A를 떼었을 때)
　• 입력 A를 제거해도 앞의 회로 중 P → X → ⊗ → N의 회로에는 계속 전류가 흐르므로 작동이 계속된다.

③ P선과 N선의 전원을 차단했을 때
　• 릴레이 코일 ⊗가 소세되어 릴레이 ⊗의 a접점 X도 원위치로 돌아온다.

(2) 작동 우선회로

입력의 차단방법을 말하는 것이며, 입력 A가 작동시에는 입력 B를 작동시켜도 릴레이가 계속 작동하는 회로이다(입력의 a접점과 b접점의 상태를 충분히 숙지하고 이해할 것).

PBS ON, PBS OFF라고도 한다.

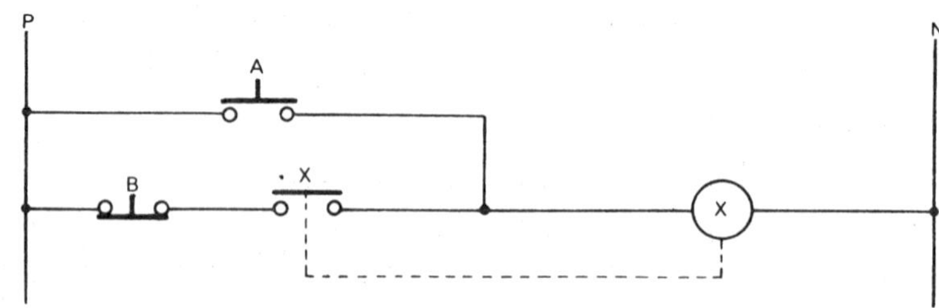

A : a접점 이용입력　　　B : b접점 이용입력　　　⊗ : 릴레이 코일　　　X : 릴레이 a접점

〔작동설명〕

① 입력 A를 주었을 때(입력 A를 눌렀을 때)

- P→A→Ⓧ→N으로 회로가 이루어져 릴레이 코일 Ⓧ는 부세한다. 릴레이 코일 Ⓧ가 부세하면 릴레이의 a접점 X가 닫힌다.
- 릴레이의 a접점 X가 닫히면 P→B→X→Ⓧ→N의 회로가 이루어진다(자기유지회로).

② 입력 A를 제거했을 때(입력 A를 떼었을 때)

- 전항의 자기 유지회로가 계속 이루어져 작동을 계속한다.

③ 입력 B를 주었을 때(입력 B를 눌렀을 때)

- 입력 B는 b접점이기 때문에 누르면 열린다. 따라서 자기 유지회로의 입력을 차단하여 릴레이 코일 Ⓧ는 소세하고 모든 작동이 원상태로 돌아온다.

④ 입력 A와 B를 주었을 때(입력 A와 B를 눌렀을 때)

- 입력 A와 B를 모두 누르면 P→A→Ⓧ→N의 회로가 이루어져 릴레이 Ⓧ의 작동은 계속되게 된다.

> 至 이 회로에서는 입력을 모두 주면 릴레이가 작동하는 회로이다.

(3) 복귀 우선회로

입력을 차단하는 방법의 한가지이며, 입력 A가 주어져도(a접점 입력이 닫혀도) 입력 B가 주어지면 차단되는(b접점 입력이 열리면 릴레이 작동이 정지되는) 회로이다
PBS ON과 PBS OFF의 상태를 이해한다.

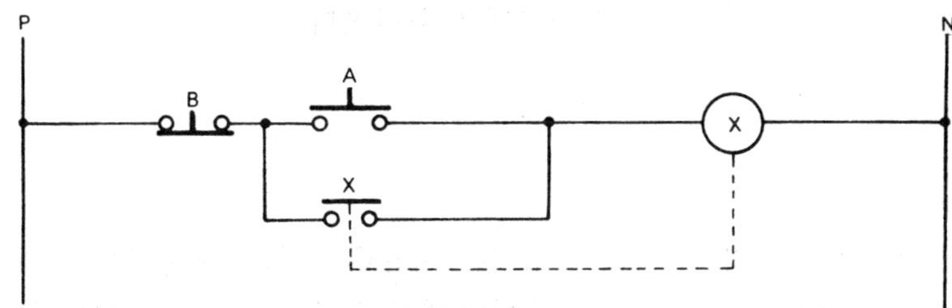

A : a접점 입력　　　B : b접점 입력　　　Ⓧ : 릴레이 코일　　　X : 릴레이 a접점

〔작동설명〕

① 입력 A를 주었을 때(입력 A를 눌렀을 때)

- P→B→A→Ⓧ→N의 회로가 이루어져 릴레이 코일 Ⓧ는 부세한다.
- 릴레이 코일 Ⓧ가 부세하면 릴레이의 a접점 X도 닫히어 입력 A를 제거해도 자기 유지시킨다.

② 입력 B를 주었을 때(입력 B를 눌렀을 때)

- 회로가 차단되어 릴레이 코일 Ⓧ가 소세되고 릴레이 a접점 X도 떨어져 원상태로 돌아온다.

③ 입력 A와 B'를 동시에 주었을 때(입력 A와 B를 동시에 눌렀을 때)

- 앞의 경우와 같이 회로가 차단되어(입력 B는 b접점이기 때문) 릴레이가 작동하지 않는다.

> 至 이 회로에서는 입력을 모두 주면 릴레이가 작동하지 않는 회로이다.

⑷ 2 중 코일 회로

이 회로에서는 큰 전류가 흘러서 릴레이의 접점을 작동시키는 작동 코일과 작동후 작은 전류로 작동상태를 유지시키는 유지코일을 가지고 있으며, 각개의 작동상태를 이용하여 자기 유지시키는 회로이다.

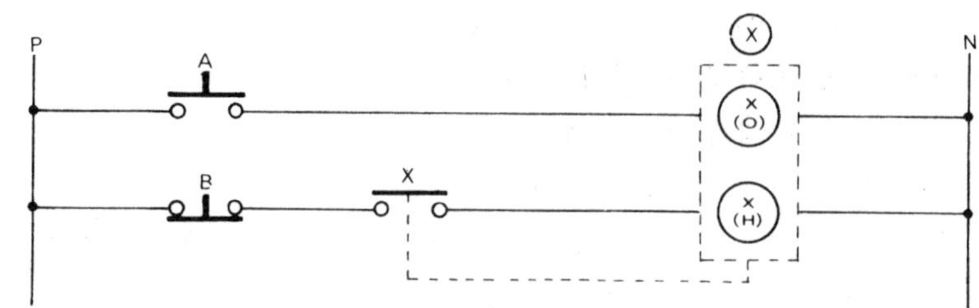

A : a접점 입력   B : b접점 입력   ⊗(O) : 작동코일   ⊗(H) : 유지코일   ⊗ : 릴레이 코일   X : 릴레이 a접점

〔작동설명〕

① 입력 A만 주었을 때(입력 A만 눌렀을 때)
   - P → A → ⊗(O) → N 으로 회로가 이루어져 작동코일이 작동하여 릴레이의 a접점 X 를 닫는다.
   - 릴레이의 a접점 X 가 닫히면 P → B → X → ⊗(H) → N 으로 되어 유지코일 ⊗(H) 도 작동한다(자기 유지회로).

② 입력 A 를 차단시키면(입력 A 를 떼면)
   - 작동코일 ⊗(O) 는 소세되어 작동이 정지되나, 유지코일 ⊗(H) 는 작동을 계속한다(자기 유지된다).

④ 입력 B 를 주었을 때(입력 B 를 눌렀을 때)
   - 유지회로도 차단되고 모든 작동이 원상태로 돌아온다.

> 🟦 작은 전류로 유지시키는 회로이며, 전기 소모량을 줄일 수 있다.

⑸ a접점 복귀회로

자기 유지회로의 복귀를 지금까지는 b접점을 이용해 왔으나 a접점을 이용하여 복귀 시키는 회로이며, 특히 제어전원의 단락을 막기 위하여 반드시 직렬저항을 넣어야 한다(직렬저항이 없으면 큰 사고가 야기되니 주의할 것).

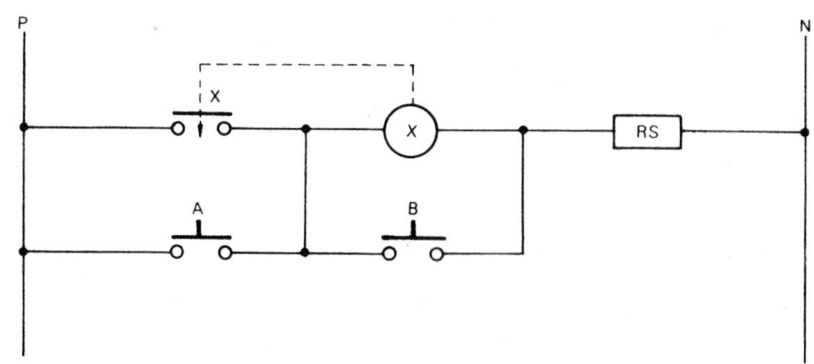

A : 운전용 입력   B : 정지용 입력   ⊗ : 릴레이 코일
X : 릴레이 a접점   RS : 직렬저항

〔작동설명〕

① 입력 A를 주었을 때(입력 A를 눌렀을 때)
- 입력 A를 누르면 P → A → ⓧ → ⬚RS⬚ → N으로 회로가 형성되어 릴레이 ⓧ가 부세된다.
- 릴레이 ⓧ가 부세되면 릴레이의 a접점 X가 닫히어 자기 유지시킨다.

② 입력 A를 차단시키면(입력 A를 떼면)
- 자기 유지회로 P → X → ⓧ → ⬚RS⬚ → N으로 회로가 이루어져 계속 작동하게 된다.

③ 입력 B를 주었을 때(입력 B를 눌렀을 때)
- 모든 전기는 저항이 적은 쪽으로 흐른다. 따라서 P → X → B → ⬚RS⬚ → N으로 전류가 흘러서 릴레이 ⓧ는 작동을 할 수 없게 된다. 따라서 릴레이의 a접점 X가 열려서 릴레이 코일 ⓧ가 소세되고 작동이 정지하게 된다.

(6) 쌍안정회로

기계적 접점인 키이프(한 작동이 완료되면 그 상태를 계속 기계적으로 유지하는 것)를 사용한 릴레이로서 작동 코일과 복귀 코일의 2개의 코일이 있으며, 접점은 기계적으로 유지되고, 단지 접점을 한 방향에서 다른쪽으로 이동시키는 일을 한다(전기와 관계없이 자기유지가 되는 것이다).

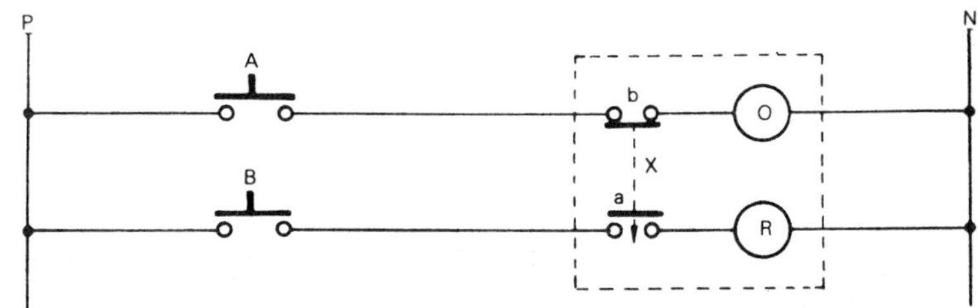

A : 작동용 입력　　B : 복귀용 입력　　⬚X⬚ : 키이프 릴레이　　◎ : 작동코일　　Ⓡ : 복귀 코일
a : 기계적 a접점　　b : 기계적 b접점

〔작동설명〕

① 입력 A를 주었을 때(입력 A를 눌렀을 때)
- P → A → b → ◎ → N으로 되어 작동코일 ◎가 부세하고 기계적 접점 a가 닫히며, 그 상태를 계속 유지한다.
- a접점이 닫히면 b접점은 열리므로 작동코일은 소세하고 회로의 전원이 차단된다.

② 입력 B를 주었을 때(입력 B를 눌렀을 때)
- 기계적 접점 a가 작동상태를 유지하고 있기 때문에 P → B → a → Ⓡ → N으로 회로가 연결되어 복귀코일 Ⓡ이 부세하며, 복귀코일 Ⓡ이 부세하면 기계접점 b는 닫히고 a는 열린다. 따라서 복귀코일의 작동이 정지된다.

참고 전원을 줄때마다 상대편 회로를 구성할 수 있도록 접점이 이동되고 작동 즉시 전원이 차단된다.

〔자동 온도 조절밸브〕

〔계측 제어기기〕

1·9　수동 복귀회로

일반적으로 열동형 과전류릴레이, 록아웃 릴레이 등에 사용되는 회로이며, 한번 작동하면 기계적으로 작동상태를 계속 유지하며, 회로의 복귀는 손으로 하는 회로이다(마그네트의 열동형 과전류 릴레이를 참조하기 바란다).

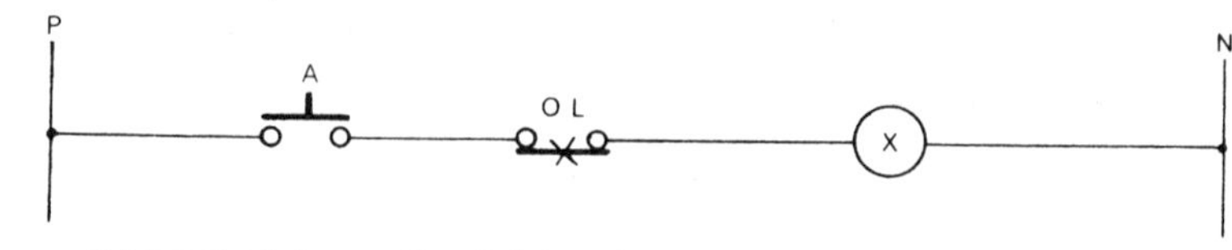

　　A : 입력　　　　O.L : 트립 접점　　　Ⓧ : 릴레이 코일

〔작동설명〕

① O.L 비작동시 입력 A를 주었을 때(입력 A를 눌렀을 때)

　• P → A → O.L → Ⓧ → N의 회로가 이루어져 릴레이 코일 Ⓧ가 작동된다(부세된다).

② O.L 작동시 입력 A를 주었을 때(입력 A를 눌렀을 때)

　• O.L부에서 전원이 차단되어 릴레이 코일 Ⓧ는 작동하지 않는다.

③ O.L 차단시의 복귀(트립시 복귀) 시키는 법

　• 대체로 리셋(reset) 버튼을 손으로 누르면 된다.

1·10　타이머 응용회로

(1) 지연 작동회로

가장 기본적인 작동회로이며, '입력이 주어진 후 설정시간이 되어야 출력이 나오는 회로이다. (타이머의 한시 접점이 작동되는 회로이다)

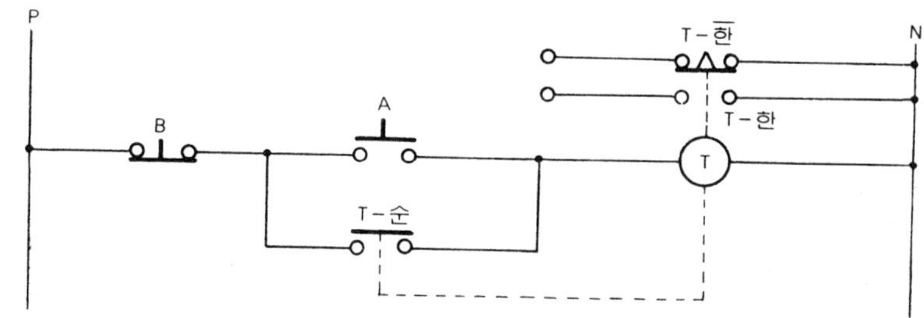

　　T - 한 : 타이머 한시 a접점　　　Ⓣ : 타이머　　　A : a접점 입력　　　B : b접점 입력
　　T - 순 : 타이머 순시 접점　　　T - 한 : 타이머 한시 b접점

〔작동설명〕

① 입력 A를 주면(입력 A를 누르면)

　• P → B → A → Ⓣ → N으로 회로가 이루어져 타이머의 작동이 시작된다.

　• 타이머 Ⓣ가 작동되면 타이머의 순시 a접점 T - 순이 닫혀서 자기 유지된다.

② 입력 A를 제거하면(입력 A를 떼면)

　• 자기 유지회로 P → B → T - 순 → Ⓣ → N으로 되어 타이머의 작동은 계속된다.

　• T초 후(설정시간 후) 타이머의 한시 a접점 T - 한이 닫히고, 타이머의 한시 b접점 T - 한이 떨어진다(출력이 나온다).

③ 입력 B를 주면(입력 B를 누르면)

    • 타이머에 전원이 차단되며, 즉시 타이머 한시접점이 원래의 상태로 돌아온다.

입력 A를 주고 제거해도 자기 유지되며(T - 순에 의해서), 설정시간이 지나서 한시 a접점과 한시 b접점이 작동한다. 다시 입력 B를 주는 순간 모든것이 원래로 돌아온다.

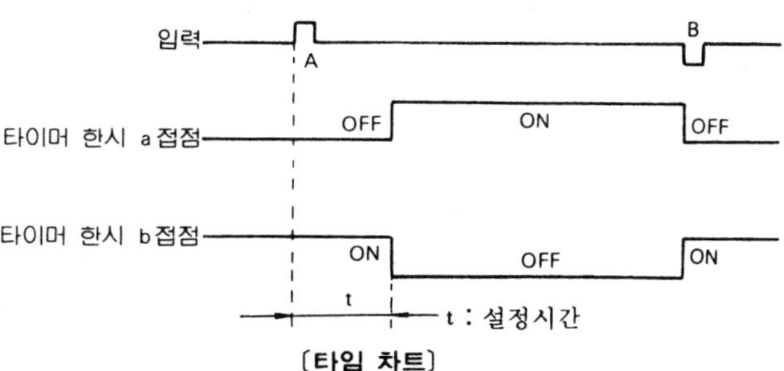

(2) 한시 복귀회로

    입력이 주어지면 순시에 출력을 내고 입력을 제거해도 설정시간까지는 계속 출력을 내며, 설정시간 후 작동이 정지되는 회로이다.

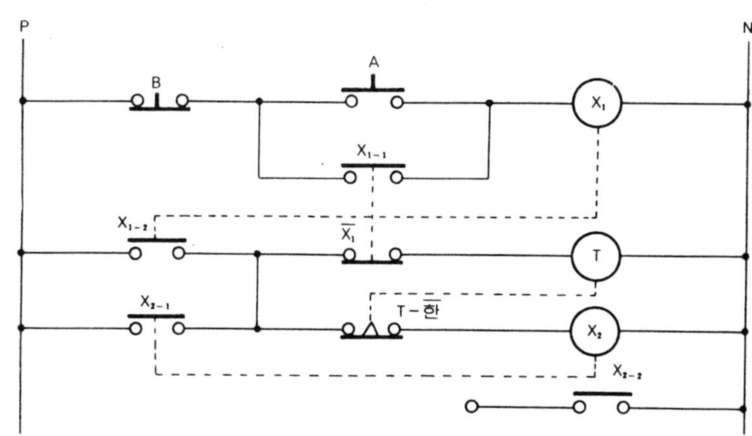

A : a접점 입력   B : b접점 입력 X_1 X_2 : 릴레이   T : 타이머 X_{1-1}, X_{1-2} : X_1 의 a접점
$\overline{X_1}$: X_1 의 b접점 X_{2-1}, X_{2-2} : X_2 의 a접점   T - 한 : 타이머 한시 접점

〔작동설명〕

① 입력 A를 주면(입력 A를 눌렀다 뗀다)

    • $P \rightarrow B \rightarrow A \rightarrow X_{1-1} \rightarrow N$ 으로 되어 릴레이 X_1 이 작동하고, 릴레이 X_1 의 a접점 X_{1-1} 에 의하여 자기 유지된다.

    • 다음으로 $P \rightarrow X_{1-2} \rightarrow T$ - 한 $\rightarrow X_2 \rightarrow N$ 으로 되어 릴레이 X_2 가 작동하고, 릴레이 X_2 의 a접점 X_{2-1} 이 닫혀서 X_2 도 자기유지된다. 따라서, X_{2-2} 에서도 출력이 나오게 된다.

② 입력 B를 주면(입력 B를 누르면)

    • 릴레이 X_1 회로가 차단되고 릴레이 X_1 의 b접점 $\overline{X_1}$ 가 닫혀서 타이머 T 가 작동된다.

    • 설정시간 후 타이머의 한시 접점 T - 한이 열려서 릴레이 X_2 의 전원도 차단시킨다.

    • 따라서 릴레이 X_2 의 a접점 X_{2-2} 도 열리고 출력이 나오지 않게 된다.

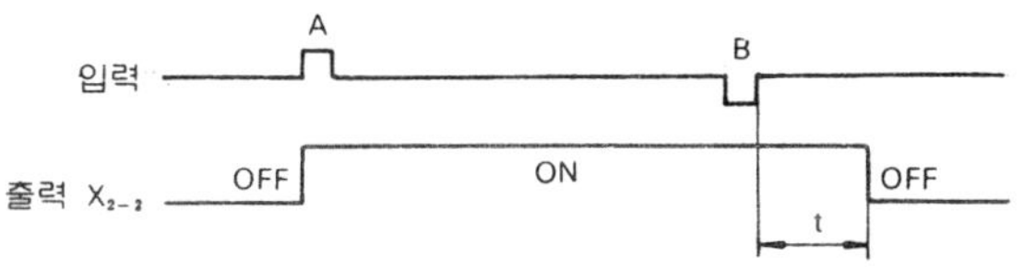

⑶ 지연작동 한시 복귀회로

입력신호가 부여된 후 설정시간이 지난 다음 출력을 내고 입력이 제거되더라도 계속 출력을 내다가 설정시간이 지나면 정지되는 회로이다.

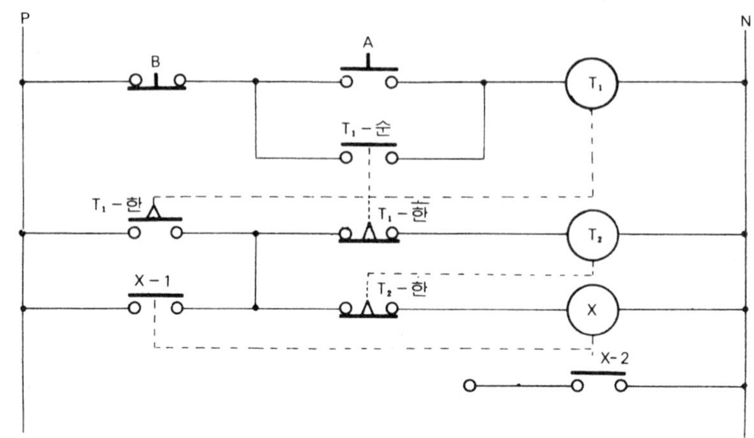

A : a접점입력   B : b접점입력 T_1 T_2 : 타이머   Ⓧ : 릴레이   X-1, X-2 : Ⓧ의 a접점
T_1-순 : T_1의 순시 a접점 T_1-한 : T_1의 한시 a접점 T_1-한̄ : T_1의 한시 b접점 T_2-한̄ : T_2의 한시 b접점

〔작동설명〕

① 입력 A를 주면(입력을 주면 ; 눌렀다 떼는 것을 원칙으로 한다)

 • P → B → A → T_1 → N으로 회로가 연결되어 T_1의 작동이 시작되며, T_1의 순시접점 T_1-순이 닫혀서 자기 유지된다.

 • 설정시간 후 T_1의 한시접점 T_1-한이 닫혀서 Ⓧ가 작동하고 Ⓧ의 a접점 X-1에 의하여 자기 유지되며, 같은 방법으로 X-2에서도 출력이 나온다.

② 입력 B를 주면(입력을 제거하면)

 • 타이머 T_1의 작동이 중지되어 T_1의 a접점 T_1-한이 열리고 T_1의 b접점 T_1-한̄이 닫혀서 타이머 T_2가 작동하기 시작한다(P → X-1 → T_1-한̄ → T_2 → N).

 • 설정시간이 되면 타이머 T_2의 한시접점 T_2-한이 열려서 Ⓧ의 작동을 중지시키고, 따라서 X-2 출력은 나오지 않게 된다.

입력이 주어진 후 설정시간뒤부터 출력이 나오기 시작하여 입력이 제거된 후에도 설정시간까지 출력이 나온다.

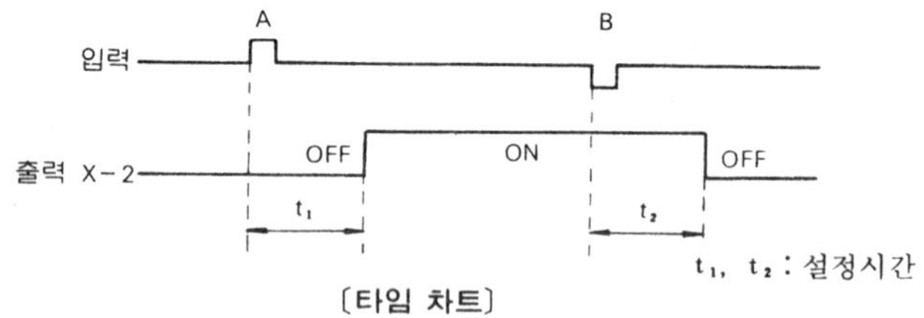

〔시퀀스 제어 회로 구성시 주의사항 ⑴〕
① 같은 기능이라면 회로가 간단할수록 신뢰성이 있으며 보수 점검에 유리하다.
② 릴레이 코일의 접속위치는 제어 전원의 N선이나 T상으로 한다(스위치는 반대쪽).
③ 회로의 순서를 바꾸면 선의 길이가 적어지고 본수도 적어지는 경우가 있다.
④ 되도록이면 접점은 공용하지 말고, 공용시는 다이오드 등을 사용하여 우회 회로를 방지한다.

(4) 간격 작동회로

입력신호에 의하여 순시에 출력을 내고 입력신호와 관계없이 설정시간만큼 일정시간동안 출력을 내는 회로를 말한다.

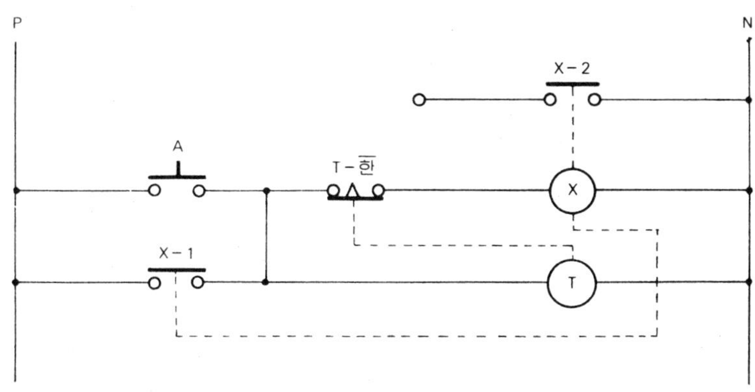

A : 입력   ⓣ : 타이머   Ⓧ : 릴레이   X-1, X-2 : 릴레이 a접점   T-한 : 타이머 한시 b접점

〔작동설명〕

① 입력 A를 주었을 때

- P → A → ⓣ → N 의 회로와 P → A → T-한 → Ⓧ → N 의 회로가 동시에 이루어진다.

- 릴레이 Ⓧ가 부세하면 릴레이의 a접점 X-1이 닫혀 자기유지가 이루어지고 X-2가 닫혀서 출력이 나온다.

- 설정된 시간이 지나면 타이머 ⓣ의 한시 b접점 T-한이 열리어 릴레이 Ⓧ가 소세되고, X-1이 열리어 자기 유지회로가 차단되고 X-2도 열리어 출력도 정지된다. 입력이 주어지면 즉시 출력이 나오고 설정시간이 지난 후에는 출력이 정지된다.

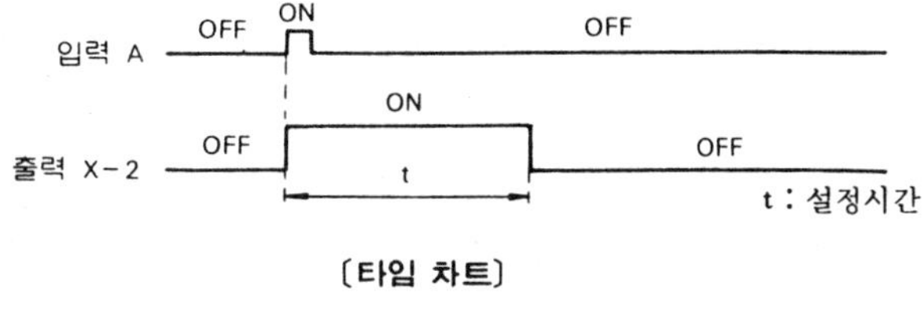

〔타임 차트〕

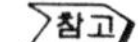

〔타이머 · 카운터〕

〔광전 소자〕

⑸ 지연간격 작동회로

입력신호를 주면 설정시간이 지난 후부터 출력을 내기 시작하여 일정시간 동안 출력을 내는 회로이다.

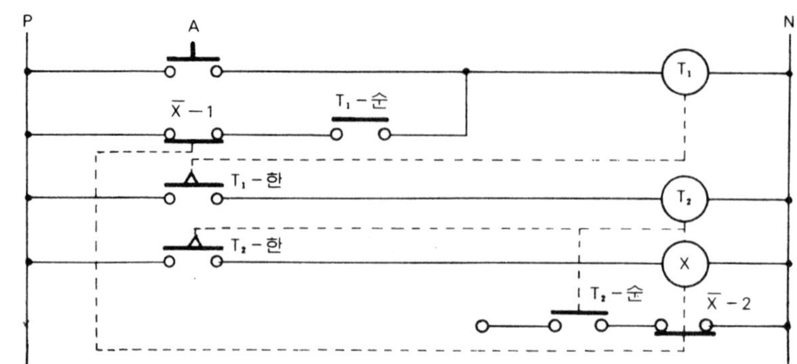

T_2-한 : Ⓣₜ 의 한시 a접점　　T_2-순 : Ⓣ₂ 의 순시접점　　T_1-한 : Ⓣₜ 의 한시 a접점　　A : 입력

Ⓣₜ Ⓣ₂ : 타이머　　Ⓧ : 릴레이　　$\overline{X}$ - 2 : 릴레이 b접점　　T_1-순 : Ⓣₜ 의 순시접점

〔작동설명〕

① 입력 A를 주면(입력을 주면)

- P→A→Ⓣₜ→N의 회로가 연결되어 Ⓣₜ 의 작동이 시작되고 동시에 P→$\overline{X}$-1→T_1-순→ Ⓣₜ →N의 회로로 자기 유지된다.

- 설정시간 후 Ⓣₜ 의 한시 a접점 T_1-한이 닫히어 P→T_1-한→Ⓣ₂→N의 회로가 연결되고 Ⓣ₂ 의 작동이 시작되며, Ⓣ₂ 의 순시접점 T_2-순이 닫히어 출력이 나오게 된다.

- T초 후(설정시간 후) Ⓣ₂ 의 한시 a접점 T_2-한이 닫히고 릴레이 Ⓧ 가 작동하여 P→T_2-한→Ⓧ→N의 회로가 된다.

- 동시에 $\overline{X}$-1의 접점이 열리어 Ⓣₜ 의 작동이 중지되고 $\overline{X}$-2의 접점도 열리어 출력도 정지하게 되며, 모든 조건이 원래의 상태로 돌아온다.

입력을 준 후 일정시간 뒤에 출력이 나오기 시작하여 일정시간 동안만 나오다 중지한다.

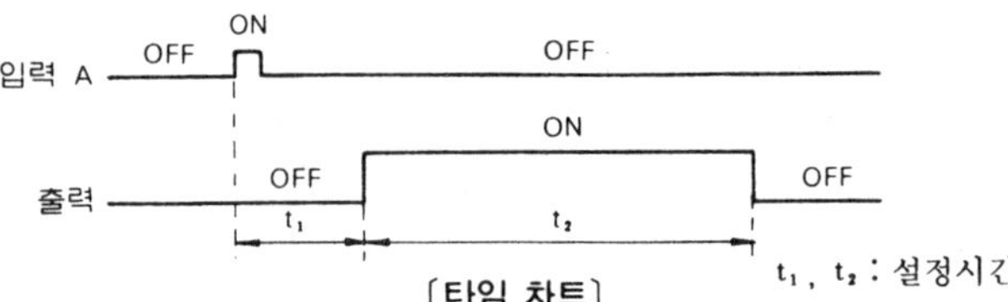

〔타임 차트〕

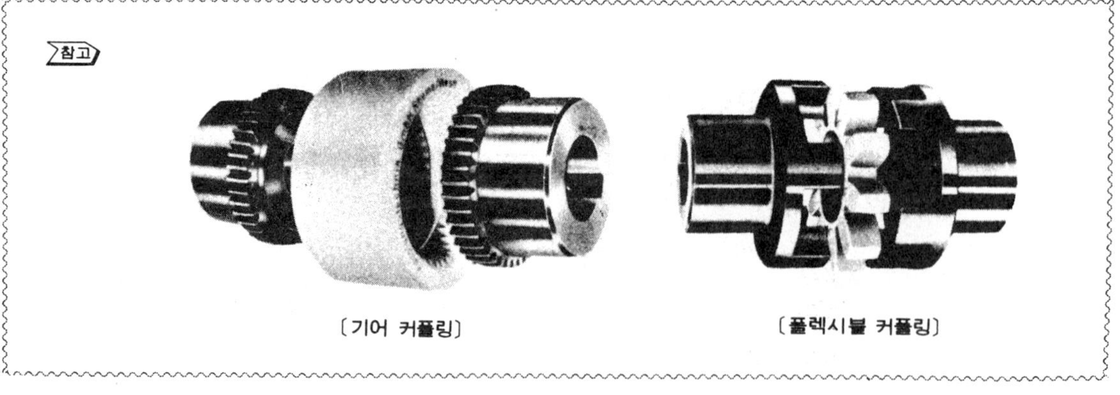

(6) 주기 작동회로

　　입력신호에 의해서 일정시간 동안 출력을 내다가 출력이 정지되고 출력이 정지된 후 다시 일정시간이 흐르면 다시 출력을 내는 회로이다(출력의 작동과 정지를 반복하는 회로이다).

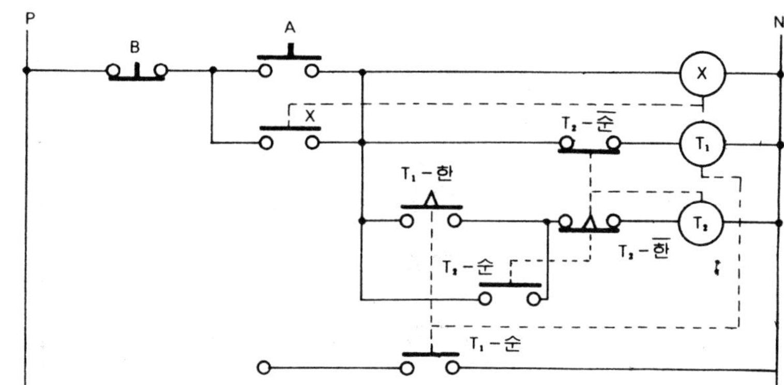

$T_2 - \overline{순}$: T_1 의 순시 b접점

〔작동설명〕

① 입력 A를 주면
- P → B → A → Ⓧ → N 의 회로가 연결되어 릴레이 Ⓧ 가 부세(작동)되고, Ⓧ 의 a접점　X 가 닫히어 자기 유지된다.
- 또한 P → B → X → $T_2 - \overline{순}$ → Ⓣ₁ → N 의 회로도 동시에 연결되고 Ⓣ₁ 의 작동도 시작된다.
- Ⓣ₁ 이 작동하면 Ⓣ₁ 의 순시 a접점 $T_1 - 순$도 닫히어 출력이 나온다.
- Ⓣ₁ 설정시간 후 Ⓣ₁ 의 한시 a접점 $T_1 - 한$이 작동하며, P → B → X → $T_1 - 한$ → $T_2 - \overline{한}$ → Ⓣ₂ → N 으로 회로가 이루어져 Ⓣ₂ 가 작동한다.
- 동시에 $T_2 - 순$이 작동하여 P → B → X → $T_2 - 순$ → Ⓣ₂ → N 으로 자기 유지된다.
- 동시에 Ⓣ₁ 회로의 $T_2 - \overline{순}$이 떨어져 Ⓣ₁ 의 작동이 정지되고, $T_1 - 순$도 열리어 출력도 정지된다.
- Ⓣ₂ 설정시간 후 Ⓣ₂ 의 한시 b접점 $T_2 - \overline{한}$이 열리어 Ⓣ₂ 의 작동이 정지되며, 다시 Ⓣ₁ 의 작동이 시작되는 것을 반복하게 된다.

② 입력 B를 주면(입력을 제거하면)
- 모든 작동이 정지한다.

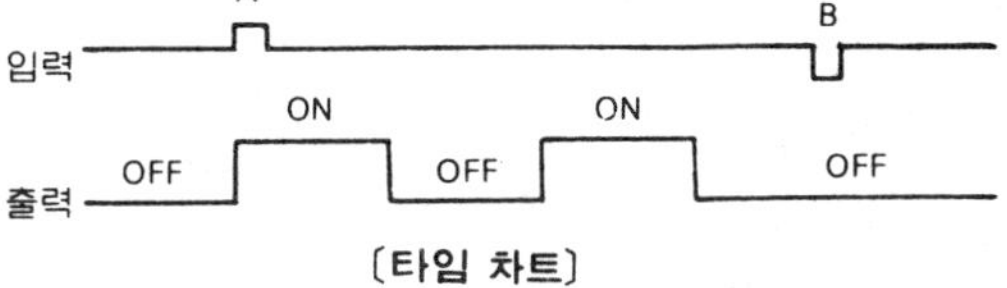

〔타임 차트〕

〔시퀀스 제어회로 구성시 주의사항 (2)〕
① 접점 폐로시 접점의 반발도 생각하도록 한다.
② 조작전압이 낮을시 접점을 직렬로 하면 작동이 불안정하여진다.
③ 기동시나 한 회로에 여러개의 접촉기를 설치하면 전압 강하를 일으킨다.
⑤ 접점불량, 단선, 기타 전원 상실시 이상작동이 되지 않고 안전하도록 한다.
⑥ 접점개소를 늘려 한 회로의 작동시에도 작동이 확실하도록 한다.
⑦ 기동시나 정지시 등에 회로의 영향이 없도록 주의한다.
⑧ 릴레이의 작동순서를 정확히하여 불필요한 작동이 없도록 한다.

(7) 이상작동 검출회로

입력신호가 정해진 시간보다 길어질 경우에 작동하는 회로이며, 경보를 발하는 회로에 많이 사용된다(경보회로를 만들 때에는 부저나 벨을 출력라인에 연결한다).

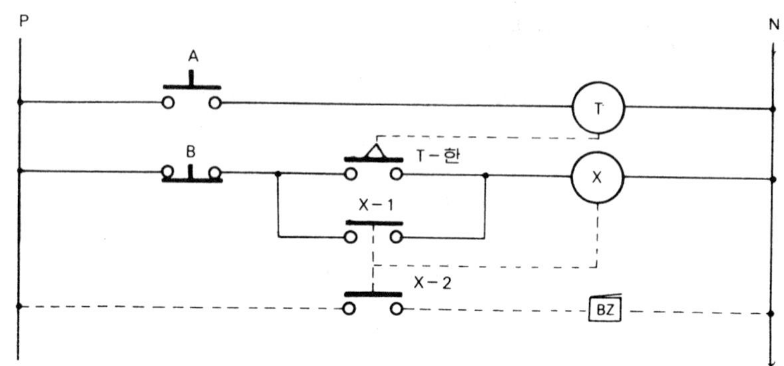

〔작동설명〕

① 입력 A 를 주면(여기서는 연속입력을 나타낸다)

- 타이머 ⓣ 가 작동을 시작한다(P → A → ⓣ → N).
- 설정시간 후 ⓣ 의 한시 a접점 T – 한이 닫히어 P → B → T – 한 → ⓧ → N 의 회로가 형성되고 릴레이 ⓧ 도 부세된다.
- 릴레이 ⓧ 가 작동하면 릴레이 ⓧ 의 a접점 X – 1이 닫히어 릴레이 ⓧ 를 자기 유지시킨다. (P → B → X – 1 → ⓧ → N)
- 동시에 릴레이 a접점 X – 2가 닫히고 BZ 가 울린다. 경보장치가 있을 때(P → X – 2 → BZ → N)
- 이시간 이후부터는 입력 A 를 제거해도 계속 작동된다.

② 입력 B 를 주면(릴레이 ⓧ 의 입력을 제거하면)

- 릴레이 ⓧ 의 작동이 정지되고 따라서 X – 1, X – 2도 열리어 모든 작동이 원래의 상태로 되돌아간다.

주 연속입력 : 입력을 계속 누르고 있는 것.

연속입력을 주면 설정시간 후부터 출력이 나오며, 입력을 제거함으로서 원래의 상태로 돌아온다.

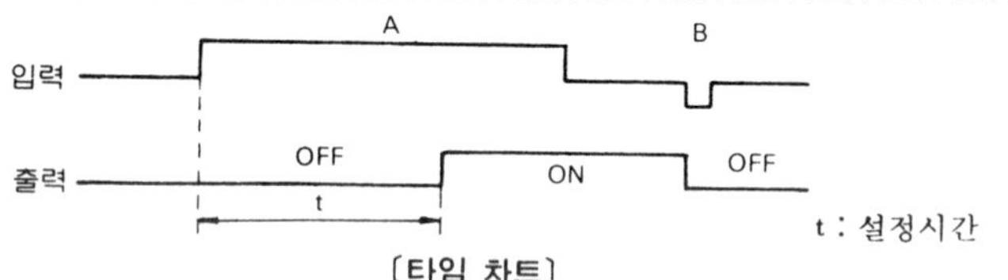

〔타임 차트〕

〔시퀀스 제어회로 구성시 주의사항 (3)〕

① 접지를 확실하게 하지 않으면 누전 기타 상호 간섭 노이즈 등의 원인이 되므로 주의한다.
② 항상 사용부품의 전압 및 전류용량, 그리고 작동속도 내압을 확인한다.
③ 차단용량은 직렬 배열로 하면 약 2배를 얻을 수 있으며, 통전용량은 병렬 배열로 하면 약 2배를 얻을 수 있다.
④ 접점개수 부족시에는 릴레이 2개를 사용할 수 있다.

1·11　선택회로(우선회로)

(1) 선행 우선회로(인터록 회로)

　2 개의 입력중 먼저 작동시킨쪽의 회로가 우선으로 이루어져 기기가 작동하며, 다른쪽에 입력이(신호가) 들어오더라도 작동하지 않는 회로이다.

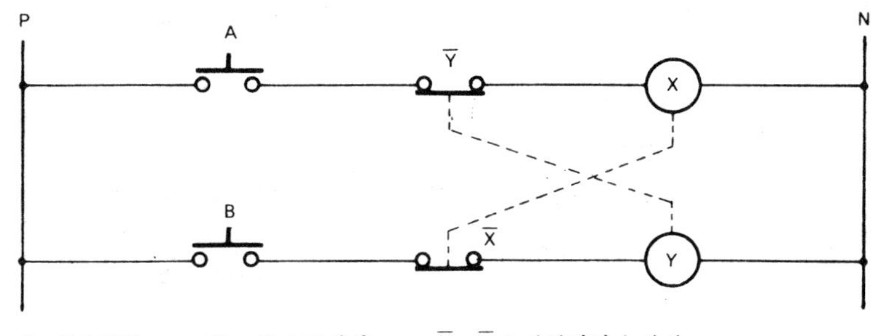

A, B : 입력　　Ⓧ, Ⓨ : 릴레이　　$\overline{X}$, $\overline{Y}$: 릴레이의 b접점

〔작동설명〕

① 입력 A 를 주면(여기서는 연속 입력으로 한다.)
　• P → A → $\overline{Y}$ → Ⓧ → N 의 회로가 형성되어 릴레이 Ⓧ 가 작동한다.
　• 릴레이 Ⓧ 가 작동하면 릴레이 Ⓧ 의 b접점 $\overline{X}$ 는 떨어진다.

② 입력 A 를 준 후 입력 B 를 주면
　• 릴레이 Ⓧ 의 b접점 $\overline{X}$ 에서 차단되어 Ⓨ 는 작동하지 않는다.

③ 입력 B 만 주면(연속입력)
　• P → B → $\overline{X}$ → Ⓨ → N 의 회로가 형성되어 릴레이 Ⓨ 가 작동한다.
　• 릴레이 Ⓨ 가 작동하면 릴레이 Ⓨ 의 b접점 $\overline{Y}$ 는 떨어진다.

④ 입력 B 를 준 후 입력 A 를 주면
　• 릴레이 Ⓨ 의 b접점 $\overline{Y}$ 에서 차단되어 Ⓧ 는 작동하지 않는다.

🈟 이 회로에서는 한 회로가 작동되면 다른 회로는 작동하지 않는다.

> 〔참고〕 케이블 타이 작업 : 옛날에는 바인드선으로 작업하는 사례가 많았으나 근래에는 케이블 타이를 이용한 작업을 많이 실시하고 있다.
>
> 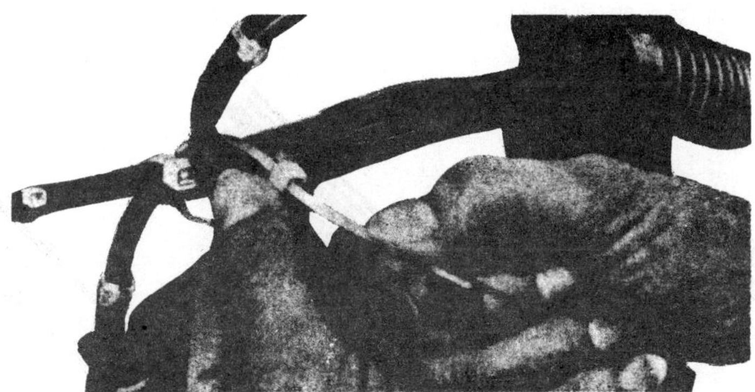
>
> 〔케이블 타이 작업〕

(2) 초 선택회로

여러개의 입력조건 중 어느 한곳의 입력에 최초의 입력이 부여되면 그 입력이 제거될 때까지는 다른 입력을 받아들이지 않고 그 회로 하나만 작동된다.

〔작동설명〕

① 입력 A를 주면(연속입력)

- P → A → $\overline{Y}$ → (X_1) → N의 회로가 형성되어 (X_1)이 작동한다.
- (X_1)이 작동하면 (X_1)의 a접점 X_{1-1}이 닫히어 (X_1)의 자기 유지회로 P → A → X_{1-1} → (X) → N이 형성된다.
- 동시에 (X_1)의 a접점 X_{1-2}도 닫히어 릴레이 (Y)를 작동시킨다.
- (Y)가 작동되면 릴레이 (X_1) → (X_2) → (X_n) 까지의 (Y)의 b접점 $\overline{Y}$가 열리어 회로를 차단시킨다.

② 입력 A를 준후 입력 B나 n을 주면

- (X_1) 작동시 (Y)가 작동하며 $\overline{Y}$로 회로가 전부 차단되었으므로 (X_2)는 작동하지 않는다.
- 같은 방법으로 X_n도 작동하지 않으며 (X_1)만 계속 작동을 유지한다.

③ 입력 A를 제거한 후 입력 B를 주면

- D → B → $\overline{Y}$ → (X_2) → N의 회로가 형성되어 (X_2)가 작동한다.
- (X_2)의 a접점 X_{2-1}이 닫히어 P → B → X_{2-1} → (X_2) → N의 자기 유지 회로를 만든다.
- 동시에 X_{1-2}로 (Y)를 작동시켜 $\overline{Y}$로 나머지 릴레이의 회로를 차단시킨다.

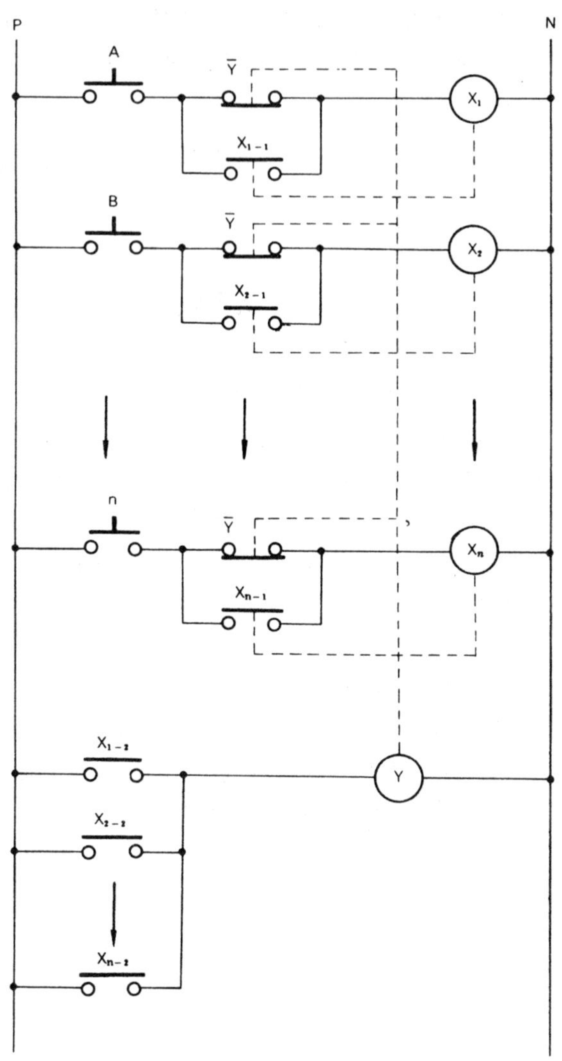

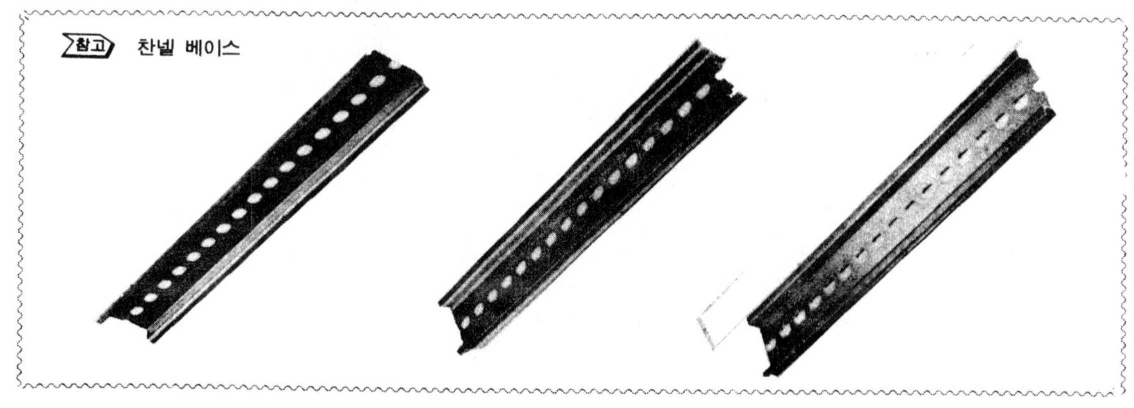

참고 찬넬 베이스

(3) 후선택 우선회로

여러개의 입력중 가장 늦게 입력을 준 것이 우선이며, 먼저 작동하고 있는 것이 있으면 그 회로를 제거하고 새로 부여된 입력에서만 출력을 내는 회로이다(이 회로도에서는 **a**접점의 연동상태만 표시하였으므로 충분히 숙지하기 바란다).

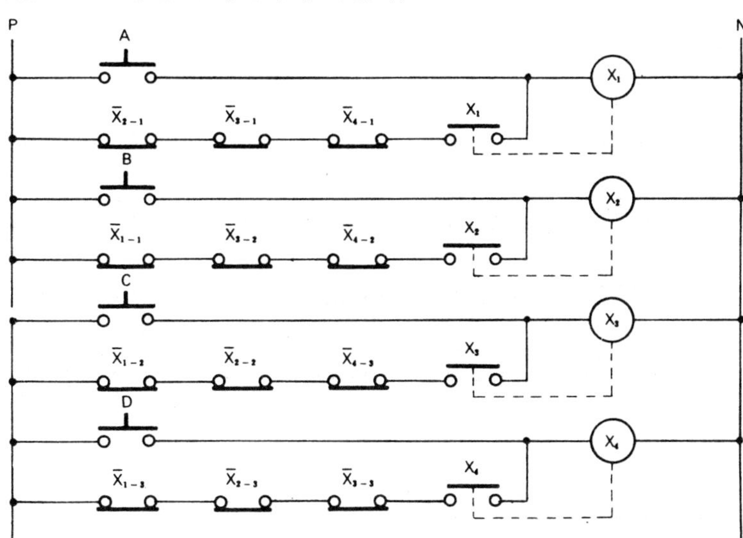

X_1, $\overline{X}_{1-1}$, $\overline{X}_{1-2}$, $\overline{X}_{1-3}$: 릴레이 X_1 에 의하여 연동 X_2, $\overline{X}_{2-1}$, $\overline{X}_{2-2}$, $\overline{X}_{2-3}$: X_2 에 연동

X_3, $\overline{X}_{3-1}$, $\overline{X}_{3-2}$, $\overline{X}_{3-3}$: X_3 에 연동 X_4, $\overline{X}_{4-1}$, $\overline{X}_{4-2}$, $\overline{X}_{4-3}$: X_4 에 연동

〔작동설명〕

① 입력 A 를 주면(순시입력)

   • P → A → X_1 → N 의 회로가 형성되어 X_1 이 작동한다.

   • P → $\overline{X}_{2-1}$ → $\overline{X}_{3-1}$ → $\overline{X}_{4-1}$ → X_1 → X_1 → N 의 자기 유지가 이루어진다.

> 📌 순시입력 : 잠간동안만 입력을 주는 것

② 입력 A 후 입력 B 를 주면

   • X_1 이 자기 유지가 이루어져 작동하고 있었으나 P → B → X_2 → N 의 회로가 형성되어 X_2 가 작동한다.

   • X_2 가 작동하면 X_1 자기 유지회로의 $\overline{X}_{2-1}$ 이 열리어 X_1 의 작동은 정지된다.

   • 따라서 X_2 만 작농한다.

③ 어느 입력을 준 후 다른 입력을 또다시 주면

   • 위와 같은 방법으로 하여 가장 늦게 준 입력의 회로에서만 출력이 나온다.

> 〔시퀀스 제어회로 구성시 주의사항 (4)〕
> ① 기능별로 분할하여 작동상태의 점검이 쉽도록 한다(릴레이수가 많아지면 복잡함).
> ② 모든 회로는 표준화 회로를 사용하여 부품의 호환성 및 보수점검이 쉽도록 한다.
> ③ 제어전원은 반단위 또는 회로단위로 구분하여 보수점검시 필요한 곳만 정전하도록 한다.

(4) 순위별 우선회로

입력신호에 미리 우선 순위를 정하여 우선순위가 높은 순위가 입력신호에서 출력을 내는 회로이며, 입력순위가 낮은 곳에 입력이 부여되어 있어도 입력순위가 높은 곳에 입력이 부여되면 낮은 쪽을 제거하고 높은 쪽에서만 출력을 낸다.

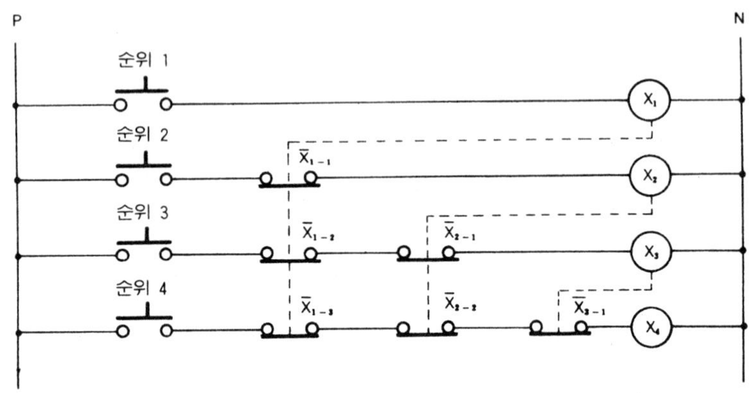

〔작동설명〕

① 순위 1의 입력을 주었을 때(연속입력)
  • P → 순위1 → X_1 → N 의 회로가 형성되어 X_1 이 작동한다.
  • X_1 이 작동하면 X_1 의 b접점 $\overline{X}_{1-1}$, $\overline{X}_{1-2}$, $\overline{X}_{1-3}$ 를 열어서 X_2 X_3 X_4 의 회로를 차단한다.

② 순위 1의 입력을 준후에 순위 2 의 입력을 주었을 때(연속입력)
  • 먼저와 같이되어 X_2 는 작동하지 않는다.

③ 순위 2 의 입력을 준후 순위 1 의 입력을 주었을 때
  • 순위 2 의 입력을 주면 P → 순위2 → $\overline{X}_{1-1}$ → X_2 → N 의 회로가 형성되어 X_2 가 작동한다.
  • X_2 가 작동되면 X_2 의 b접점 $\overline{X}_{2-1}$, $\overline{X}_{2-2}$ 를 열어서 X_3 X_4 의 회로를 차단시킨다.
  • 그러나 순위1의 입력을 주면 다시 P → 순위1 → X_1 → N 의 회로가 형성되어 X_1 은 작동되고 b접점 $\overline{X}_{1-1}$ 에 의해서 X_2 의 작동은 정지된다.

> **주** 같은 방법으로 순위에 따라 순위가 **빠른** 쪽에 입력을 주면 그곳에서만 출력이 나온다.

〔다른형태의 회로 예〕

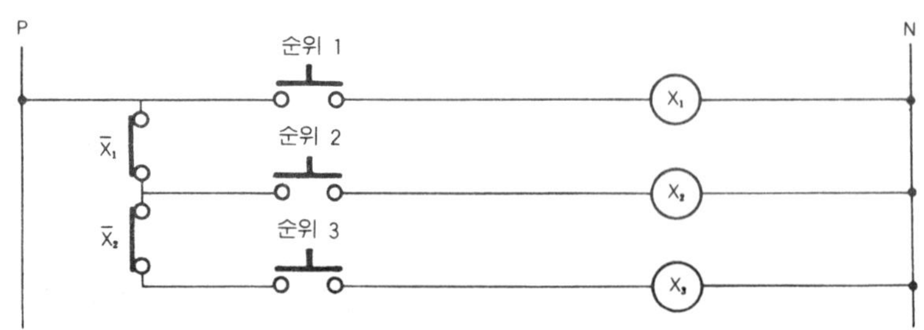

1·12　검출회로

기기의 작동상태나 신호 및 출력상태를 나타내는 회로이며, 현재의 상태를 표시하는 방법에 따라 신호발생 검출회로, 신호소멸 검출회로, 다중선택 검출회로, 릴레이 작동 갯수 검출회로, 작동 릴레이 검출회로 등의 여러가지가 있다(부저나 신호 등을 사용하여 표시할 수도 있다).

⑴ 신호발생 검출회로

입력신호를 수신하였을 때만 검출하는 회로이며, 설정시간 동안만 출력을 발생시키는 펄스신호를 발생하는 회로이다.

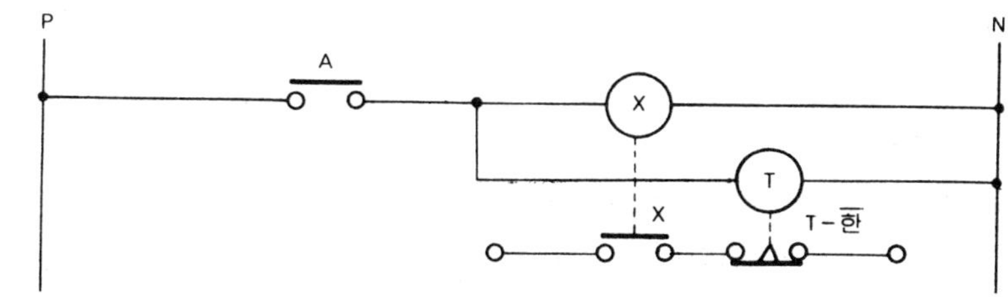

〔작동설명〕

① 입력 A 의 신호가 들어오면

　•P → A → Ⓧ → N으로 회로가 형성되어 Ⓧ는 작동한다.

　• 같은 방법으로 P → A → Ⓣ → N 의 회로도 형성되어 Ⓣ도 작동한다.

　• 따라서 Ⓧ 의 a접점 X 가 닫히어 출력이 발생된다(즉, 검출상태 표시가 된다).

　• 설정시간 후 Ⓣ 의 한시 b접점 T-한이 열려서 출력이 정지된다.

　• 다시말하면 P → A → Ⓧ → N 과 P → A → Ⓣ → N 의 회로는 계속 유지되나, 출력은 설정시간 동안만 발생되는 펄스 회로이다.

② 입력 A 의 신호가 소멸되면

　• 다시 원래의 상태로 돌아와서 신호를 대기하게 된다.

입력신호가 오면 동시에 릴레이가 작동하고 출력을 내며, 설정시간후 타이머는 ON 되고 출력은 소멸된다.

그리고 릴레이와 타이머의 작동은 입력이 소멸됨과 동시에 소멸된다.

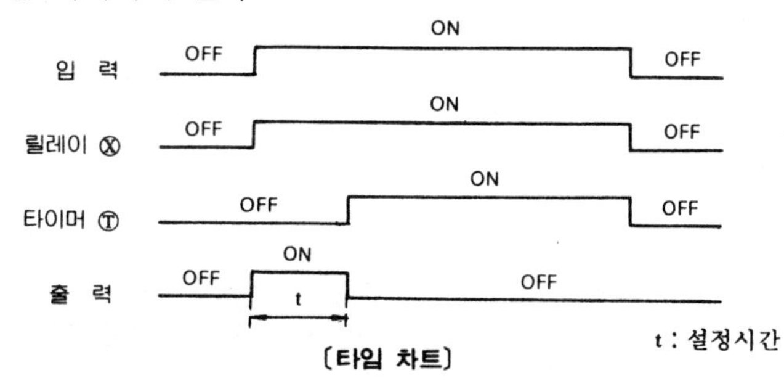

(2) 신호소멸 검출회로

입력신호를 수신하였을 때는 펄스신호를 발생하지 않고, 입력신호 수신후 제거되었을 때만 펄스신호를 발생하는 회로이다.

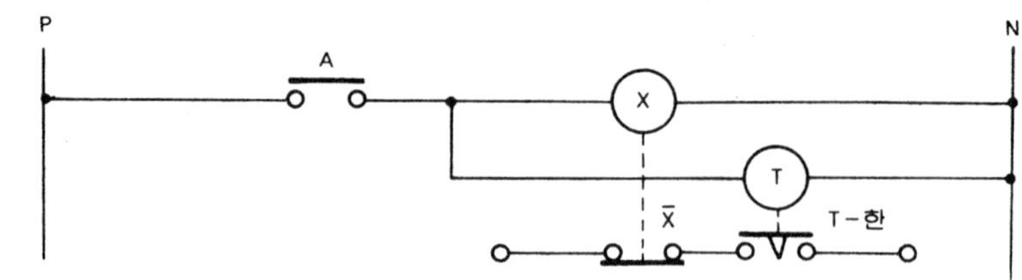

T－한 : 타이머 한시 복귀 a 접점

〔작동설명〕

① 입력신호 A 가 들어오면

- P → A → Ⓧ → N 의 회로가 형성되어 Ⓧ 가 작동된다.
- Ⓧ 가 작동되면 b접점 X̄ 가 열리어 출력을 차단시킨다.
- 또한 P → A → Ⓣ → N 의 회로도 형성되어 OFF 디레이 타이머 Ⓣ 가 작동상태를 대기하게 된다.

② 입력신호 A 가 들어온 후 다시 제거되면

- OFF 디레이 타이머 Ⓣ 의 작동이 시작되어 한시 복귀접점 T － 한이 닫힌다.
- 또한 릴레이 Ⓧ 의 작동이 정지되므로 b접점 X̄ 는 닫힌다.
- 따라서 X̄ 와 T － 한이 닫히어 출력이 나온다.
- 설정시간 후에 다시 T － 한이 열리어 회로를 차단시키고 출력이 정지된다.

입력신호가 들어오면 릴레이 Ⓧ 와 타이머 Ⓣ 는 동시에 작동을 시작하고 출력은 나오지 않는다.

입력신호가 소멸되면 타이머는 설정시간 만큼 작동하고 동시에 출력도 나오게 되며, 설정시간이 되면 출력도 소멸된다.

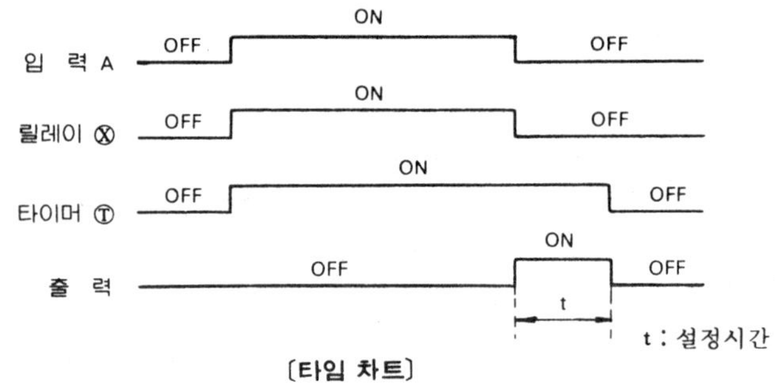

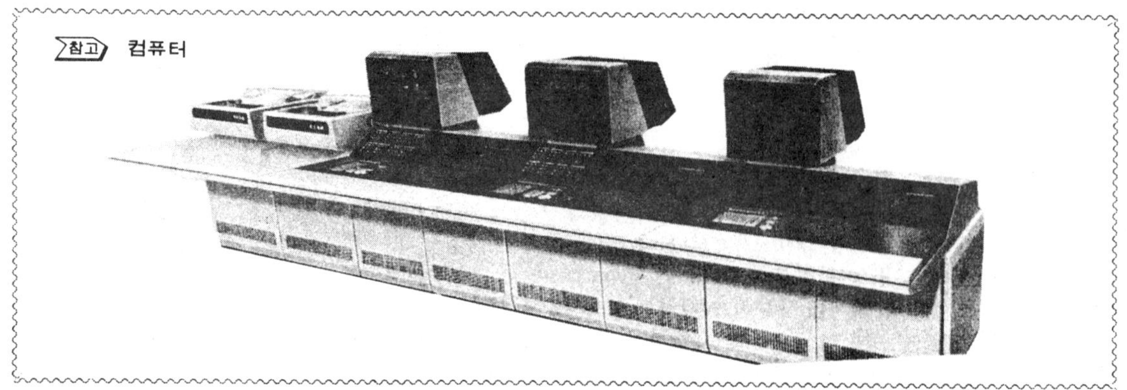

(3) 다중선택 검출회로

여러개의 입력신호등이 동시에 몇개 이상의 입력신호가 부여 되어야만 출력이 나오는 검출회로이며, 필요에 따라 신호 갯수를 조정할 수 있다(여기서는 2개 이상과 4개 이상의 2가지를 소개한다).

⬜1 **2개 이상의 신호일 때**

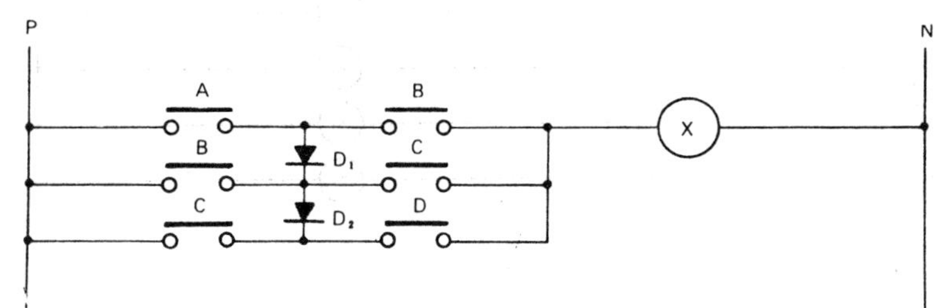

D_1, D_2 : 다이오드 (무접점 시퀀스 제어 참조)

∘——A——▷|——K——∘ : 전류는 A에서 K로만 흐르며 역방향으로는 흐르지 않는다.   A : 애노우드   K : 캐소우드

〔작동설명〕

① 입력 A와 B에 신호가 들어오면
  • P → A → B → Ⓧ → N 의 회로가 형성되어 Ⓧ가 작동된다.

② 입력 A와 C에 신호가 들어오면
  • P → A → D_1 → C → Ⓧ → N 의 회로가 형성되어 Ⓧ가 작동된다.

③ 같은 방법으로 B와 C, C와 D, A와 D. B와 D 의 회로가 형성되며. B 한개 혹은 C 만 작동될 때는 회로가 형성되지 않는다(역방향으로 전류가 흐르지 않기 때문에).

⬜2 **4개 이상의 신호일 때**

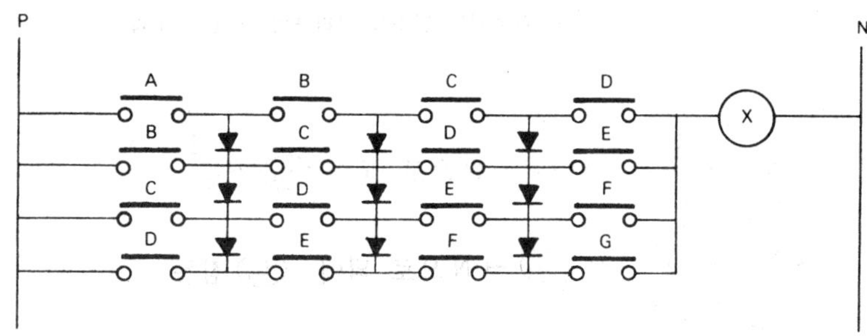

〔작동설명〕

① 입력 A, B, C, D 에 신호가 들어오면
  • P → A → B → C → D → Ⓧ → N 의 회로가 형성되어 Ⓧ가 작동한다.

② 입력 A, C, D, E 에 신호가 들어오면
  • P → A → 다이오드 → C → D → E → Ⓧ → N 의 회로가 형성되어 Ⓧ가 작동된다.

③ 같은 방법으로 A, D, E, F와 A, E, F, G와 B, C, D, E 등 여러가지 회로가 형성된다.

⑷ 릴레이 동작수 검출회로

　다수의 릴레이 중 작동하고 있는 릴레이의 숫자를 알거나 회로상태의 점검 그리고 계수회로의 작동 릴레이 수를 검출하는 회로이다.

① 작동되는 릴레이

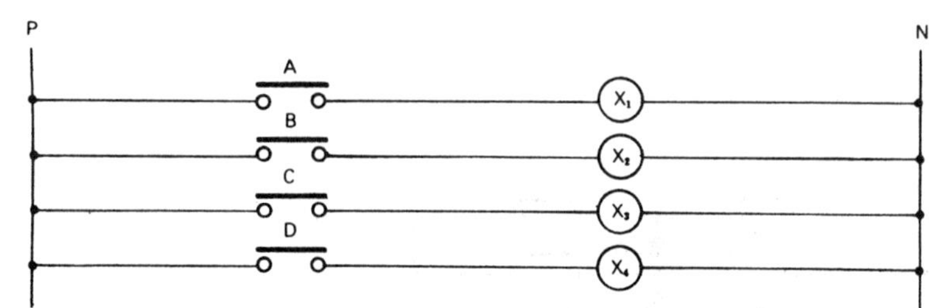

② 작동 릴레이 갯수

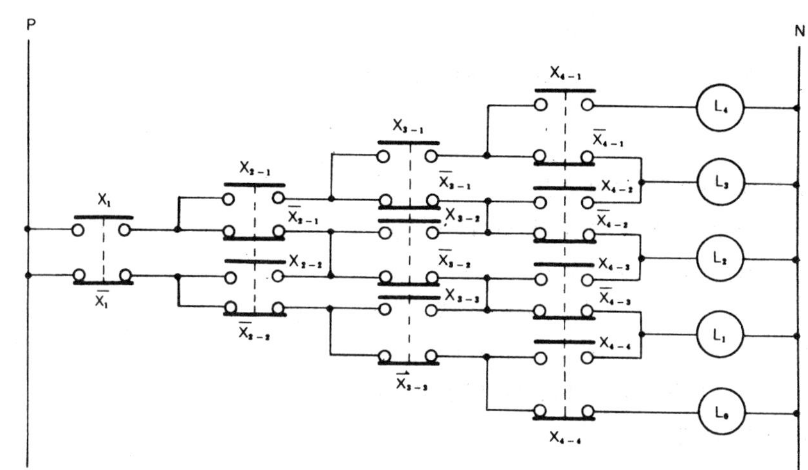

　L_0, L_1, L_2, L_3, L_4 는 표시등으로 되어 있으나 작동되는 갯수를 나타낸다(예 L_4 : 4 개).

〔작동설명〕

① 작동하는 릴레이가 없을 때

　　• P → $\overline{X_1}$ → $\overline{X_{2-2}}$ → $\overline{X_{3-3}}$ → $\overline{X_{4-4}}$ → L_0 → N 으로 되어 L_0 점등

② 릴레이 X_1 과 X_2 작동시

　　• P → X_1 → X_{2-1} → $\overline{X_{3-1}}$ → $\overline{X_{4-2}}$ → L_2 → N 으로 되어 L_2 점등

③ 릴레이 X_2 X_3 X_4 작동시

　　• P → $\overline{X_1}$ → X_{2-2} → X_{3-2} → X_{4-2} → L_3 → N 으로 되어 L_3 점등

④ 릴레이 X_1 X_2 X_3 X_4 작동시

　　• P → X_1 → X_{2-1} → X_{3-1} → X_{4-1} → L_4 → N 으로 되어 L_4 점등

⑤ 같은 방법으로 X_1 X_3 가 작동되면 L_2 가 점등되고 X_2 X_4 가 작동되어도 L_2 가 작동된다.

주　다른 작동상태도 라인을 확인해 주기 바란다.

(5) 작동 릴레이 검출회로

다수의 릴레이 중 어느 릴레이가 작동하고 있는가를 검출하는 회로이며, 10진 변환 회로로도 사용할 수 있는 회로이다.

① 작동 릴레이

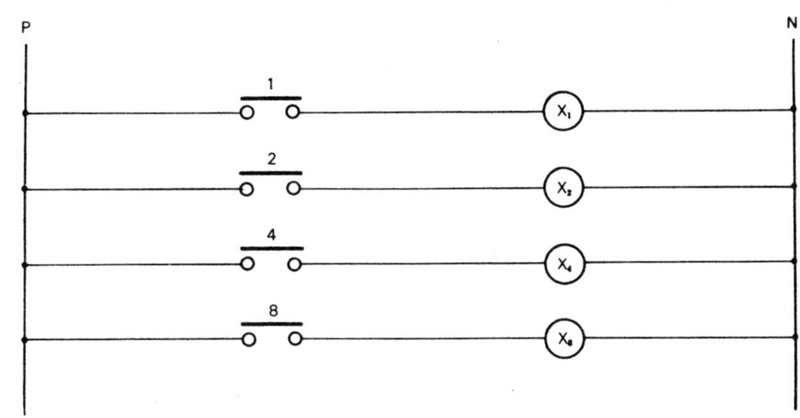

1, 2, 4, 8 : 입력이나 숫자로 생각할 수도 있다.(예 1＋4＝5, 2＋4＝6 등)

② 작동되는 릴레이 및 10진수

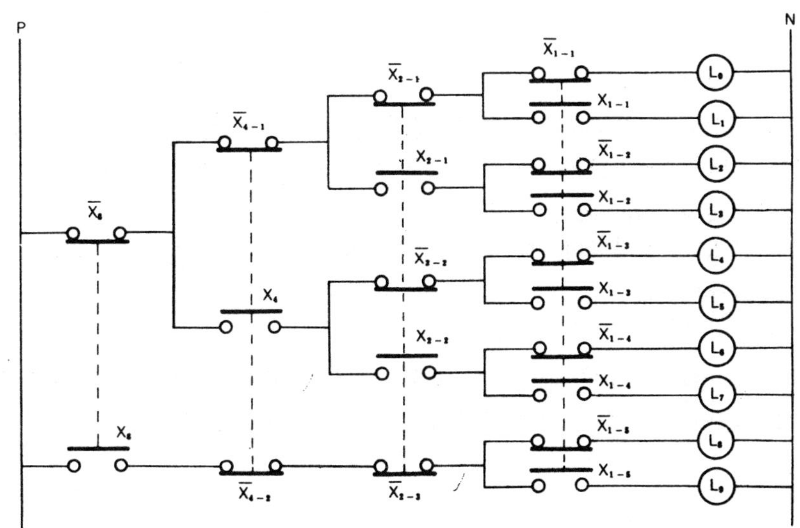

〔작동설명〕

① 입력 4를 주었을 때

    • $P \to \overline{X_8} \to X_4 \to \overline{X_{2-2}} \to \overline{X_{1-3}} \to$ ⓛ$_4$ $\to N$ 의 회로가 되어 ⓛ$_4$ 점등

② 입력 2와 4를 주었을 때(2＋4＝6)

    • $P \to \overline{X_8} \to X_4 \to X_{2-2} \to \overline{X_{1-4}} \to$ ⓛ$_6$ $\to N$ 의 회로가 되어 ⓛ$_6$ 점등

③ 입력 1개만 주었을 때는 그 릴레이와 같은 숫자의 표시등이 점등되며, 2개 이상 주었을 때는 합산된 숫자와 같은 숫자의 표시등이 점등되는 회로이다.

1·13 표시회로

차단기나 단로기 또는 접촉기 등이 작동하는 상태를 표시등을 이용하여 나타내는 회로로서 1
등식 표시회로, 2등식 표시회로, 3등식 표시회로, 상태변화 표시회로, 코일 감시회로, 고장 표
시회로, 표시등 점검회로 등이 있다.

(1) 1등식 표시회로

차단기, 단로기, 접촉기 등이 작동하였을 때 작동하는 상태만 표시하는 회로이며, 표시등 1
개만 사용하여 나타낸다.

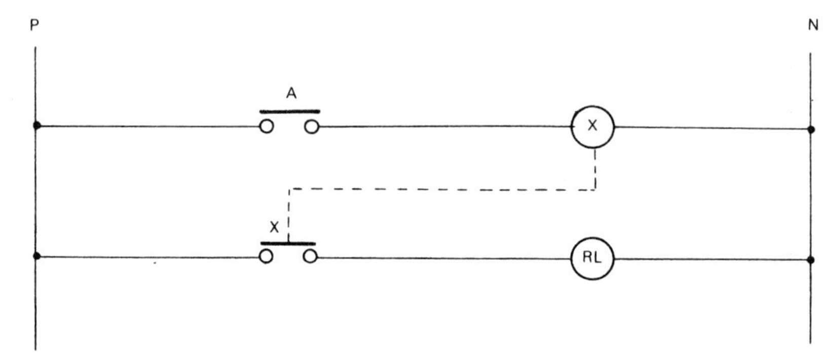

A : 입력신호   RL : 적색표시등

〔작동설명〕

① 입력신호 A 가 주어졌을 때

- 릴레이 X 가 작동하고 X 의 a접점 X 가 닫히며 적색등 RL 은 점등되어 릴레이 X 가 작
  동하고 있는 상태를 나타낸다(P → A → X → N, P → X → RL → N).

② 입력신호 A 가 소멸되었을 때

- 릴레이 X 의 작동도 정지되며, 따라서 X 도 열리고 적색등 RL 은 소등되어 릴레이 X 가
  정지되었음을 나타낸다.

(2) 2등식 표시회로

차단기나 단로기, 접촉기 등이 작동하는 상태 및 정지상태(비작동상태) 등을 2개의 등을 써
서 표시하며, 작동시에는 적색등, 비작동시에는 녹색등을 사용한다.

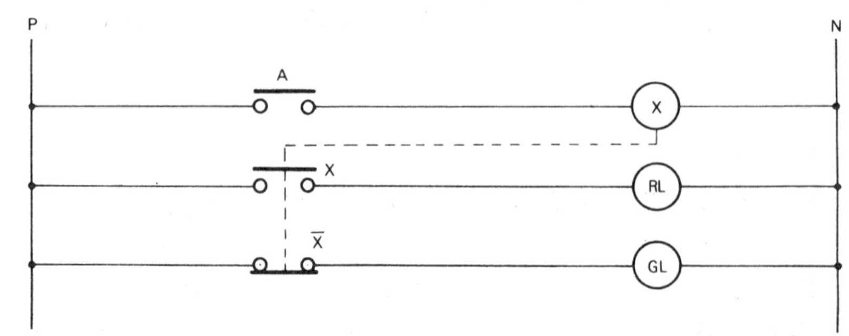

RL : 적색표시등   GL : 녹색표시등

〔작동설명〕

① 입력신호가 없을 때 (상시회로)

- P → X̄ → ⓖⓛ → N 의 회로가 형성되어 녹색등 ⓖⓛ 이 점등되어 입력신호가 없음을 나타내준다.

② 입력신호 A 가 있을 때

- P → A → Ⓧ → N 의 회로가 형성되어 릴레이 Ⓧ 가 작동된다.
- 릴레이 Ⓧ 가 작동되면 Ⓧ 의 a접점 X 가 닫히고 P → X → ⓡⓛ → N 의 회로가 형성되어 적색등 ⓡⓛ 가 점등되어 입력신호가 있음을 나타낸다.
- 따라서 Ⓧ 의 b접점 X̄ 는 열려서 ⓖⓛ 은 소등된다.

(3) 3등식 표시회로

작동기기의 작동 정지상태(개폐상태)와 작동중의 상태를 나타내는 것이며, 작동상태는 적색등, 비작동상태는 녹색등, 작동중의 상태는 오렌지색 등으로 한다(이 회로에서는 물탱크의 플로우트 스위치를 생각하기로 한다).

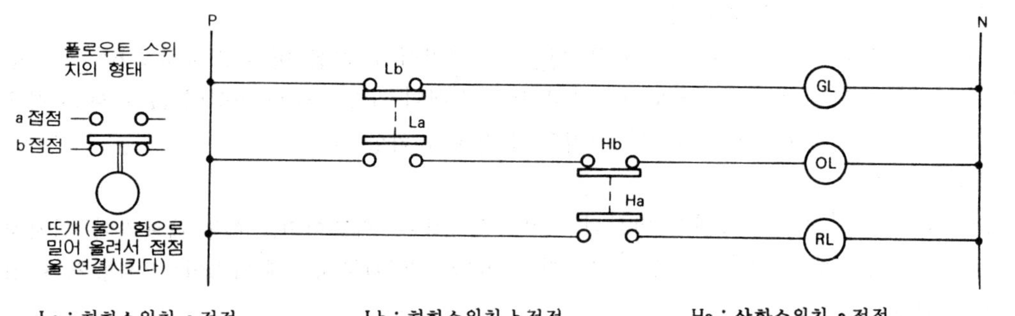

La : 하한스위치 a접점　　Lb : 하한스위치 b접점　　Ha : 상한스위치 a접점
Hb : 상한스위치 b접점　　ⓖⓛ : 녹색 표시등　　ⓞⓛ : 오렌지색 표시등　　ⓡⓛ : 적색 표시등

〔작동설명〕

① 물탱크의 물이 하한스위치 이하일 때

- 하한스위치도 작동하지 않으므로 하한스위치의 b접점 Lb 상태로 P → Lb → ⓖⓛ → N 의 회로가 형성되어 녹색등 ⓖⓛ 가 점등된다.

② 물탱크의 물이 하한스위치를 지나 상한스위치 이하일 때

- 하한스위치는 작동하여 a접점 La가 닫히고, 상한스위치는 작동하지 않으므로 상한스위치 b접점 Hb는 닫힌채로 있다.
- 따라서 P → La → Hb → ⓞⓛ → N 의 회로가 형성되어 오렌지색등 ⓞⓛ 가 점등된다.
- 하한스위치가 작동되어 Lb는 열리므로 녹색등 ⓖⓛ 은 소등된다.

③ 물탱크의 물이 상한스위치를 작동시키는 위치에 있을 때

- 상한스위치가 작동하여 상한스위치의 a접점 Ha가 닫히므로 P → Ha → ⓡⓛ → N 의 회로가 형성되어 적색등 ⓡⓛ 가 점등된다.
- 상한스위치 작동으로 Hb가 열리므로 오렌지색등 ⓞⓛ 은 소등된다.

> 참 하한 스위치는 탱크 아래쪽에 위치한 것이며, 상한 스위치는 탱크 위쪽에 위치한 플로우트 스위치를 말한다.

⑷ 코일 감시회로

중요한 코일의 단선이나 연락선의 단선 등을 감시하기 위한 회로이며, 점검 스위치를 누르면 정상일 때는 적색으로 점등되고 단선시 점등되지 않는다.

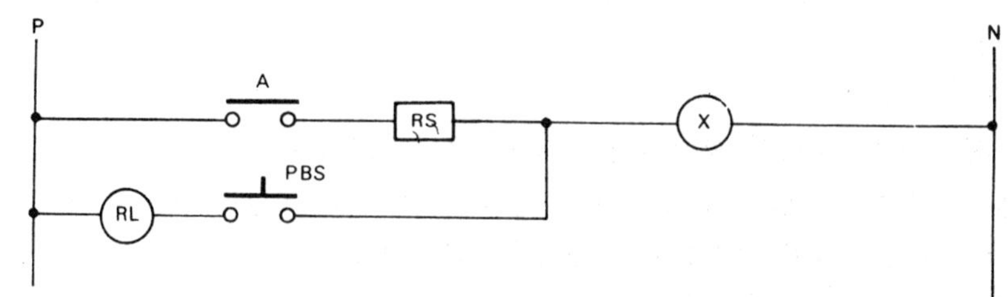

(RL) : 적색표시등   PBS : 누름 버튼 스위치   A : 입력신호   RS : 직렬저항

〔작동설명〕

① 입력신호 A가 들어올 때

- P → A → Ⓧ → N으로 회로가 구성되어 Ⓧ가 작동한다는 것은 전항에 설명하였으나 만약에 릴레이 Ⓧ의 코일이 단선되거나 기타 배선에 이상이 있을 때 혹은 입력 A접점에 이상이 있을때는 작동하지 않게 된다.
- 여기서는 릴레이 Ⓧ와 직렬로 PBS와 (RL)을 설치하여 누름 버튼 스위치 PBS를 누르면 P → (RL) → PBS → Ⓧ의 회로가 구성되어 릴레이 코일 Ⓧ가 이상이 없을 때는 적색표시등 (RL)가 점등하게 된다. (이때 기기의 정격에 유의할 것)

⑸ 상태변화 표시회로

차단기 등이 자동 차단되어 상태가 변화된 것을 표시하는 회로이며, 조작 개폐기에 의하여 차단기가 열리면 녹색 램프가 연속 점등되고, 자동 차단되면 (과부하등에 의하여) 적색램프가 점멸되는 회로이다.

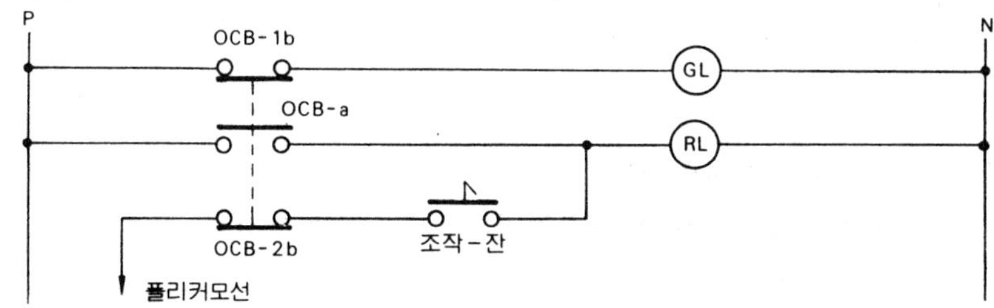

OCB-b : 유입차단기 b접점   OCB-a : 유입차단기 a접점   조작-잔 : 조작개폐기 잔류접점
플리커 모선 : 플리커란 점멸회로를 말하며, 회로의 작동과 차단을 교대로 하는 것을 말한다.

〔작동설명〕

① 차단기가 작동하지 않을 때(조작개폐기에 의하여 열렸을 때)

- P → OCB-1b → (GL) → N으로 회로가 구성되어 녹색등 (GL)가 점등된다.

② 차단기가 작동시(조작개폐기를 닫았을 때)

- P → OCB-a → (RL) → N으로 회로가 구성되어 적색등 (RL)이 점등된다.
- 따라서 조작-잔의 접점도 닫히고 OCB-2b는 열린다.

③ 차단기의 자동 차단시(조작개폐기는 작동하지 않음)

- OCB-a는 열리고 OCB-2b는 닫히어 플리커 모선의 선과 회로가 구성되어, 플리커 모선 → OCB-2b → 조작-잔 → (RL) → N으로 되어 적색램프가 계속 점등된다.

(6) 고장 표시회로

고장시 부저의 경보와 함께 램프를 점등시키는 회로이며, 과전류와 같이 즉시 복귀되는 곳에 쓰이는 복귀소등식 및 자동 복귀식이 있다(여기서는 고장 표시기를 설명한다).

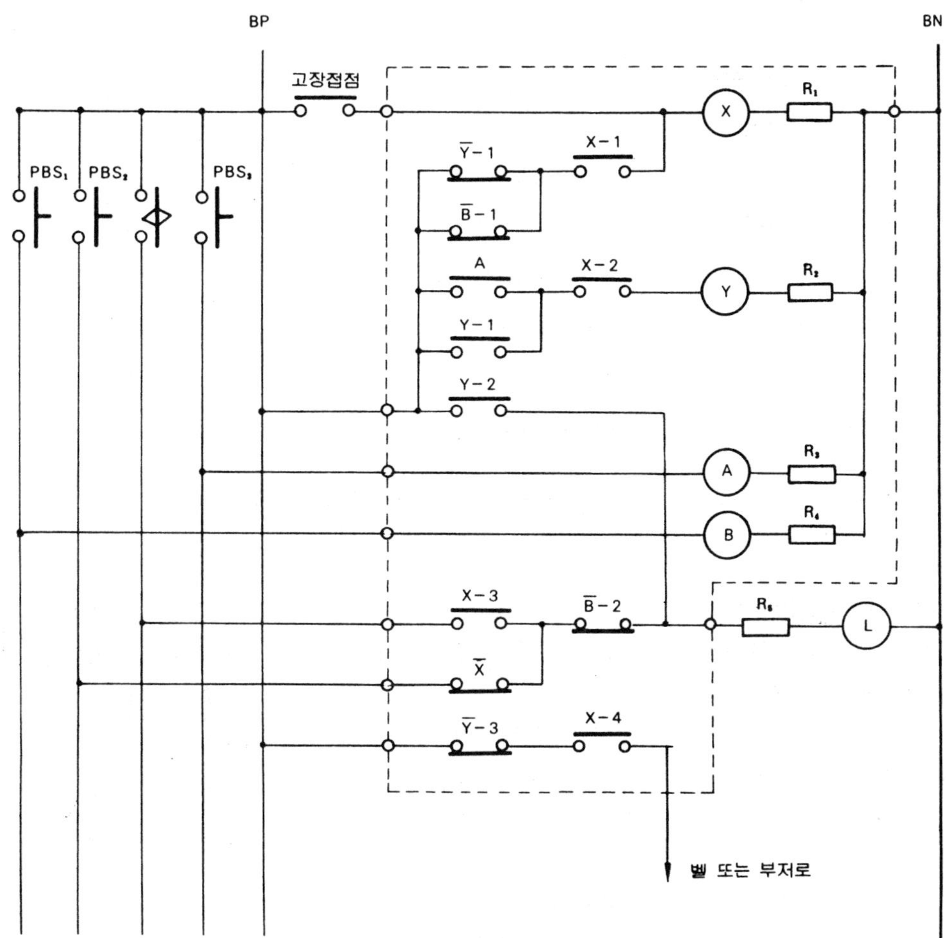

PBS₁ : 표시등 리셋   PBS₂ : 표시등 테스트   PBS₃ : 경보 정지
Ⓧ Ⓨ Ⓐ Ⓑ : 고장표시기 내부 릴레이   ◇ : 플리커 릴레이 접점

〔작동설명〕

① 고장접점이 닫히면

- BP → 고장접점 → Ⓧ → $\boxed{R_1}$ → BN 으로 회로가 구성되어 Ⓧ 가 작동된다.
- Ⓧ 가 작동되면 X‒1, X‒2, X‒3, X‒4가 닫히어 램프는 점멸되고(BP → ◇ → X‒3 → B̄‒2 → $\boxed{R_5}$ → L → BN) 경보를 발하게 된다(BP → Ȳ‒3 → X‒4 → 벨).
- 이때 PBS₁을 누르면 BP → PBS₁ → Ⓑ → $\boxed{R_4}$ → BN 으로 되어 Ⓑ 가 작동된다.
- Ⓑ 가 작동되면 B‒2가 떨어져서 램프가 소등된다.
- PBS₃를 누르면 BP → PBS₃ → Ⓐ → $\boxed{R_3}$ → BN 으로 회로가 구성되어 Ⓐ 가 작동된다.
- Ⓐ 가 작동되면 릴레이 Ⓨ도 작동되며, 벨 및 부저의 작동도 정지되고 램프가 점등된다.

(7) 표시등 점검회로

표시등은 과전압 기타 수명에 의하여 단선될 수 있다. 따라서 정기적으로 램프의 단선여부를 점검할 필요가 있을 때 사용하는 회로이다.

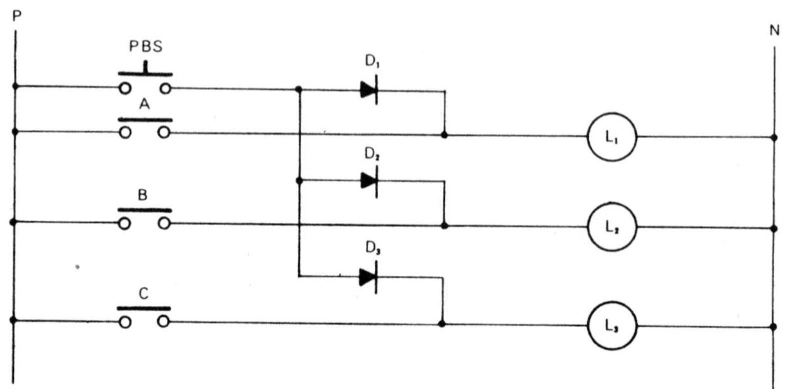

A, B, C : 입력신호　　　PBS : 표시등 점검 누름 버튼 스위치　　　D_1, D_2, D_3 : 다이오드

> 주 회로를 이해하기 전에 다이오드는 역전류를 흘리지 않는다는 것을 생각할 것.

〔작동설명〕

① A 입력신호가 들어오면
  • 표시등 L_1 이 점등된다(다이오드에서 역전류 차단).

② B 입력신호가 들어오면
  • 표시등 L_2 가 점등된다(다이오드에서 역전류 차단).

③ C 입력신호가 들어오면
  • 표시등 L_3 가 점등된다(다이오드에서 역전류 차단).

④ PBS 를 누르면
  • P → PBS → D_1 → L_1 → N 의 회로에 의하여 L_1 이 점등되고
  P → PBS → D_2 → L_2 → N 의 회로에 의하여 L_2 가 점등되고
  P → PBS → D_3 → L_3 → N 의 회로에 의하여 L_3 가 점등된다.
  즉, L_1 L_2 L_3 의 표시등을 PBS 로 점검할 수 있다.

〔에너지 관리계장 설비〕

〔마이크 렉스〕

1·14 경보회로

고장이 발생되면 운전원의 주위를 환기시키기 위하여 벨 또는 부저가 울리고 고장표시기 램프도 점멸된다. 일반적으로 큰 고장은 벨로, 작은 고장은 부저를 사용하여 경보를 울린다.

(1) 보조 릴레이 사용 경보 정지회로

보조 릴레이를 사용하여 고장이 계속중일 때에도 경보를 정지하는 회로이며, 한 곳에서 고장이 계속중일 때 다른 고장이 발생하면 벨 또는 부저는 울리지 않아서 중복 고장을 경보할 수가 없다.

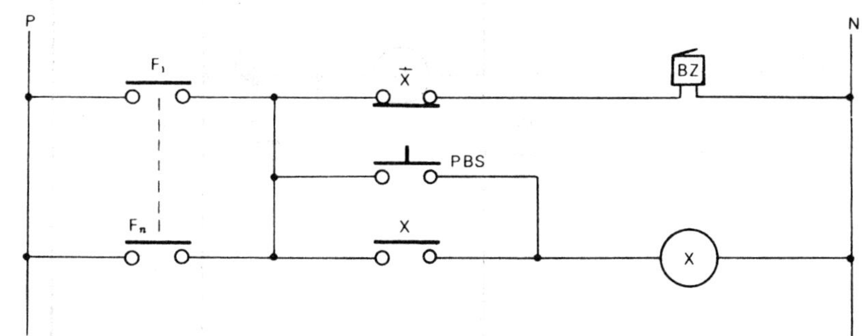

F_1, F_n : 고장신호 접점   BZ : 부저   PBS : 누름 버튼 스위치

〔작동설명〕

① 고장신호 접점 F_1이 닫히면

- $P \rightarrow F_1 \rightarrow \overline{X} \rightarrow$ BZ $\rightarrow N$ 의 회로가 구성되어 부저 BZ 가 울리고 고장이 발생되었음을 알린다.
- 운전원이나 정비사가 고장개소 확인후 PBS 를 누르면 $P \rightarrow F_1 \rightarrow PBS \rightarrow Ⓧ \rightarrow N$ 의 회로가 구성되어 릴레이 Ⓧ 가 작동된다.
- 릴레이 Ⓧ 가 작동되면 Ⓧ 의 b접점 $\overline{X}$ 가 떨어져서 부저의 회로가 차단되고 부저의 울림도 정지된다.
- 릴레이 Ⓧ 의 a접점 X 도 닫히어 $P \rightarrow F_1 \rightarrow X \rightarrow Ⓧ \rightarrow N$ 으로 회로가 구성되어 자기 유지시킨다.

> 🈺 이때 고장신호 접점 다른 곳이 작동하여도 부저는 울리지 않는다.

② 고장신호 접점이 떨어지면 (고장수리가 완료되면)

- 릴레이 Ⓧ 의 작동이 정지되고 따라서 Ⓧ 의 b접점 $\overline{X}$ 도 닫히어 다음 고장시 부저의 울림을 줄수 있는 회로의 대기상태로 되며, 고장발생시 위의 방법과 마찬가지로 작동된다.

> ▶참고 세라믹 콘덴서의 형태
>
> 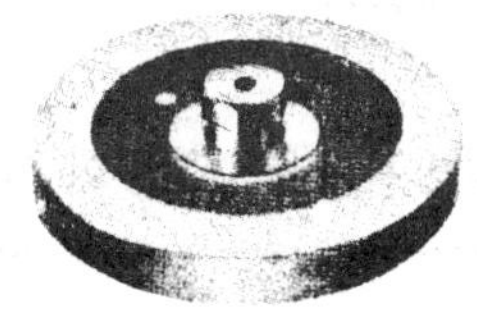   

(2) 중복 고장 검출회로

　　하나의 고장이 계속중일 때 부저의 작동을 정지시켜도 다른 고장이 발생하면 다시 부저가 울려서 다른 곳에서도 고장이 발생되었음을 알려주는 회로이다.

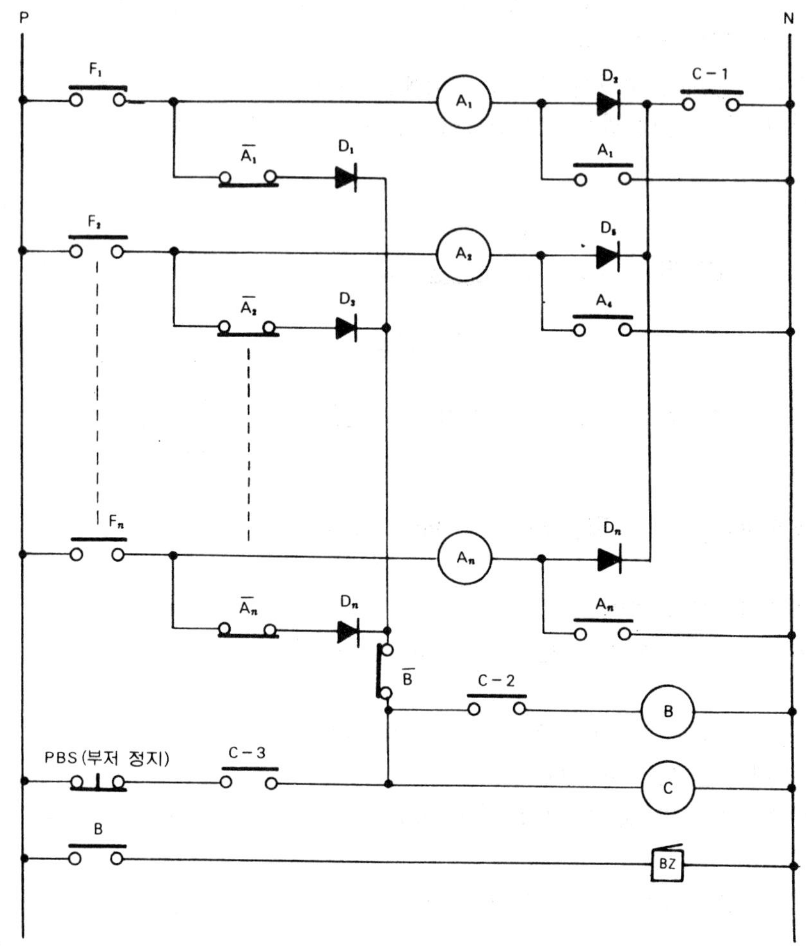

[작동설명]

① 고장신호 F_1 이 들어오면

　・P → F_1 → $\overline{A_1}$ → D_1 → $\overline{B}$ → ⓒ → N 의 회로가 구성되어 릴레이 ⓒ가 작동되고 C-1, C-2, C-3가 닫히면 C-1에 의해서 Ⓐ₁ 작동, A_1 에 의해서 자기 유지되면 (P → F_1 → Ⓐ₁ → A_1 → N) $\overline{A_1}$ 이 열리고, C-3에 의하여 P → PBS → C-3 → ⓒ → N 으로 릴레이 ⓒ도 자기 유지되고, C-2에 의하여 Ⓑ가 작동하여 (P → PBS → C-3 → C-2 → Ⓑ → N)B 에 의하여 부저 BZ 가 울린다.

② PBS를 누르면

　・릴레이 ⓒ의 회로와 Ⓑ의 회로가 차단되어 BZ 의 작동이 정지된다.

③ 다시 F_2의 고장신호가 들어오면

　・P → F_2 → $\overline{A_2}$ → D_3 → $\overline{B}$ → ⓒ → N 의 회로가 형성되어 앞의 설명과 같은 작동이 이루어진다.

참고 이 회로에서는 여러개의 고장신호를 중복 검출할 수 있다.

1·15　전자개폐기 제어회로

일반적으로 전자개폐기는 시퀀스 제어에서 가장 많이 사용되고 있는 전동기의 제어회로에 사용되고 있다. 따라서 특별히 유의하여 주기 바란다.

(1) 마그네트 회로 구성시 숙지해야할 사항

마그네트 회로 주접점과 보조접점은 마그네트 코일에 전류를 흘리면 동작된다.

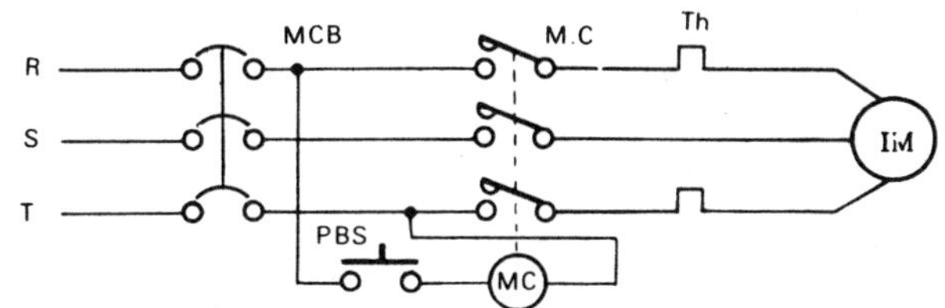

MCB : 배선용 차단기
M.C : 마그네트 주접점
Th : 열동형 계전기
IM : 유도 전동기
PBS : 누름 버튼 스위치
MC : 마그네트 코일

〔작동설명〕

① R상과 S상, T상의 전류가 IM 으로 흐르면 유도전동기 IM 은 기동된다.

- 따라서 배선용 차단기 MCB를 넣고 마그네트 주접점 MC가 작동되면 되는 것이다.
- 배선용 차단기 MCB는 수동으로 조작될 수 있으므로 조작하면 된다.
- 그러나 마그네트 주접점 M.C는 마그네트 코일 MC가 작동하여야 하므로 마그네트 코일 MC에 전류를 흘려야만 된다.
- 따라서 R상과 T상에서 전원을 인입시켜 MC를 작동시킨다. (윗 그림에서는 MCB 조작 후 PBS만 누르면 된다)

② 마그네트 회로에 스위치는 왜 필요하며 어떻게 작동되는가(회로에 부가되는 사항을 숙지하기 바란다)

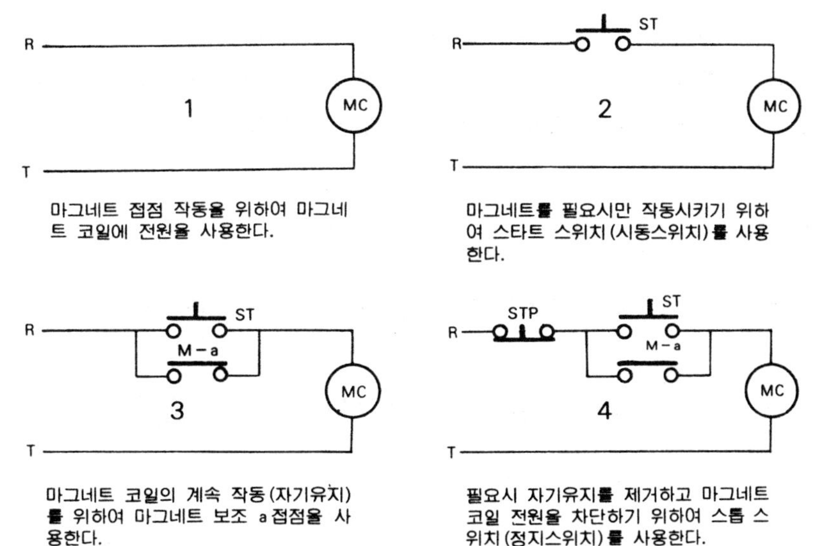

마그네트 접점 작동을 위하여 마그네트 코일에 전원을 사용한다.

마그네트를 필요시만 작동시키기 위하여 스타트 스위치(시동스위치)를 사용한다.

마그네트 코일의 계속 작동(자기유지)를 위하여 마그네트 보조 a접점을 사용한다.

필요시 자기유지를 제거하고 마그네트 코일 전원을 차단하기 위하여 스톱 스위치(정지스위치)를 사용한다.

T : T상　　ST : 시동스위치　　M-a : 마그네트 보조 a접점　　STP : 정지스위치

참고 기타 과부하시 회로를 차단시키기 위한 OL 스위치(과부하 스위치)가 있으며, 램프(표시등) 작동을 위해서 보조 a접점과 b접점을 사용한다.

⑵ **전동기 기본회로**

　　삼상 유도전동기의 기동 및 정지 조작용으로 사용되는 회로이며, 적색등과 녹색등을 이용하여 기기의 작동상태를 표시한다(여기에서는 마그네트 코일 작동회로만 표시한다).

① **1개소 회로**

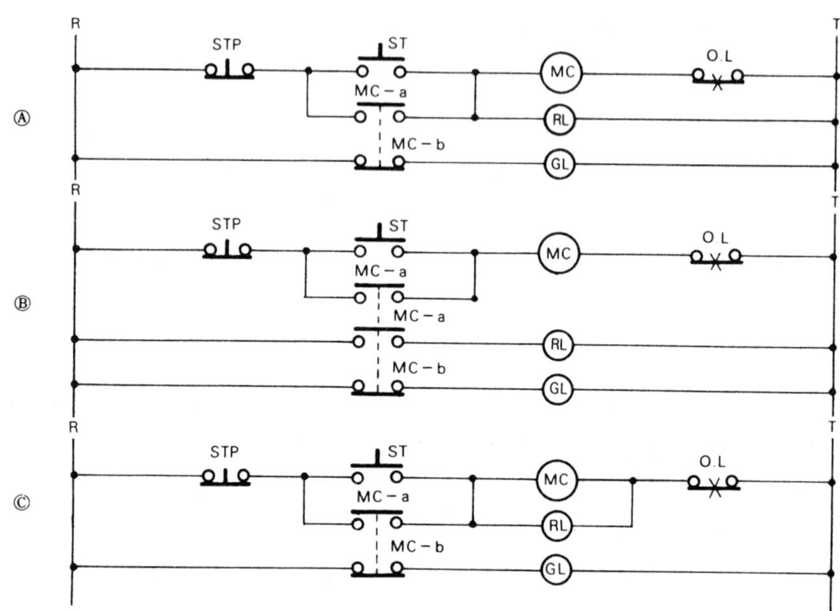

〔작동설명〕

① ST 를 누르면 ⓂⒸ가 작동되고 MC-a 에 의하여 자기 유지된다.

② ⓂⒸ가 작동되면 P→STP→MC-a→ⒼⓁ→T 의 회로가 이루어져 ⓇⓁ가 점등된다.

③ STP 를 누르면 ⓂⒸ 회로가 차단되어 작동하지 않으므로 MC-b 가 닫히고 P→MC-b→ⒼⓁ→T 의 회로가 이루어져 ⒼⓁ가 점등된다.

> 쥐 이상은 Ⓐ도의 설명이나 다른 회로도 같은 방법으로 이루어진다.

② **2개소 회로**(램프도 2개소에 설치되어야 하나 여기서는 생략하였다)

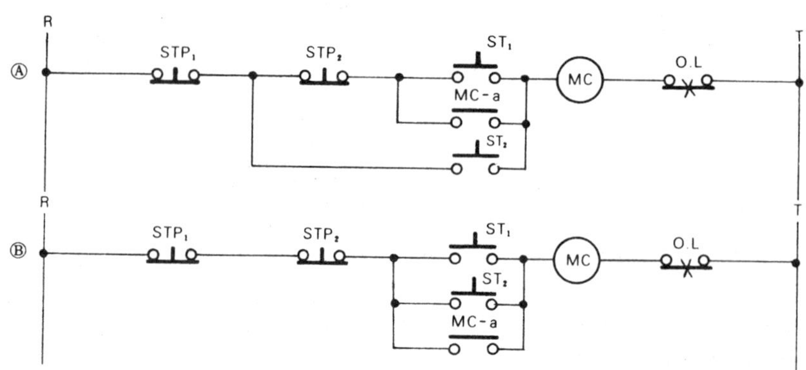

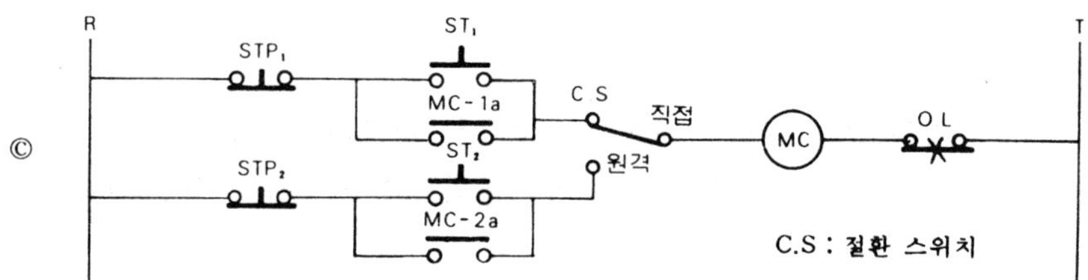

〔작동설명〕 다음은 Ⓐ도를 설명한 것이다.

① ST₁을 누르면 R → STP₁ → STP₂ → ST₁ → ⓂⒸ → O.L → T로 회로가 이루어져 ⓂⒸ가 작동되고 MC–a에 의하여 자기 유지된다(R → STP₁ → STP₂ → MC–a → ⓂⒸ → O.L → T).

② STP₁이나 STP₂ 중 하나를 누르면 회로가 차단되어 ⓂⒸ의 작동은 정지하게 된다.

③ 같은 방법으로 ST₂를 누르면 R → STP₁ → ST₂ → ⓂⒸ → O.L → T로 회로가 이루어져 ⓂⒸ가 작동되고 MC–a에 의하여 자기 유지된다.

(3) 정역회로 (주회로의 R.S.T상 중에 2상의 순서로 바꾼다)

전동기의 기동 정지외에 정회전 또는 역회전이나 긴급 정지시에 사용되는 회로이며, 특히 인터록에 주의하여야 한다.

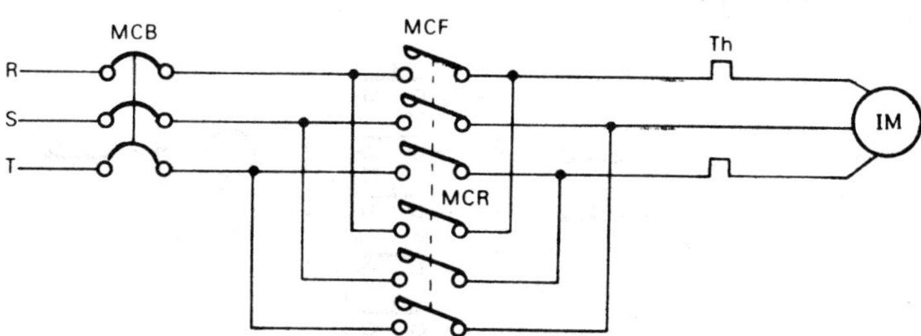

MCF : 정전 마그네트 접점   MCR : 역전 마그네트 접점

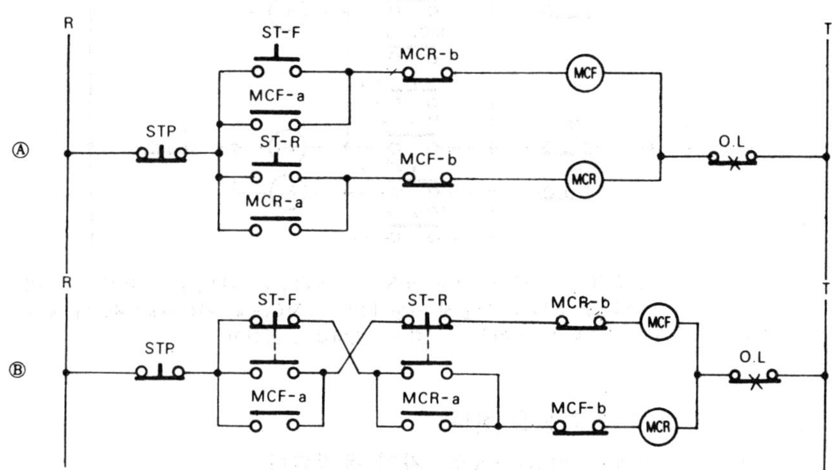

STP : 정지 PBS	ST–F : 정전 PBS	ST–R : 역전 PBS
MCR–b : 역전 마그네트 b접점	MCF–a : 정전 마그네트 a접점	ⓂⒸⒻ : 정전 마그네트 코일
ⓂⒸⓇ : 역전 마그네트 코일	O.L : 과부하 스위치	MCF–b : 정전 마그네트 b접점
MCR–a : 역전 마그네트 a접점		

1·16 순서 기동회로

기동과 정지가 정해진 순서에 의해서 행하여지는 회로를 말하며, 하나를 기동시키면 일정시간 후 다른 기기가 작동을 계속 행하며 정지시에도 같은 방법으로 정지하는 회로이다.

(1) 마그네트 a접점을 이용하는 방법

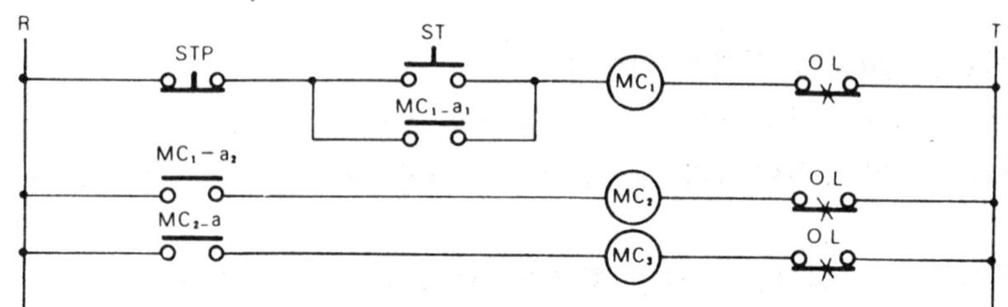

STP : 정지 PBS   ST : 기동 PBS   MC₁-a : MC₁ 의 a접점   O.L : 오버 로드(over load) 스위치

〔작동설명〕

　ST 를 누르면 (MC₁)이 작동되고 자기 유지되며, MC₁-a₂ 에 의하여 (MC₂)가 작동, MC₂-a 에 의하여 (MC₃)가 순차적으로 기동된다.

(2) 절환스위치를 사용한 단동 연동회로

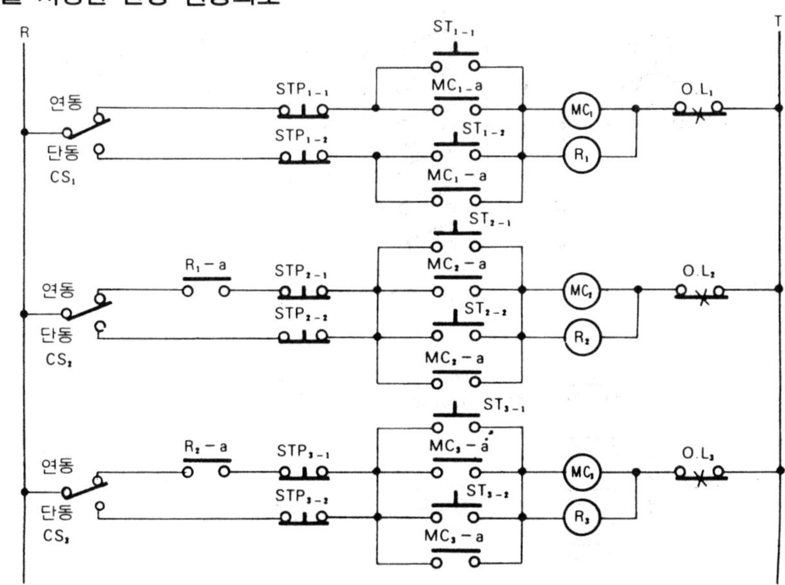

CS₁, CS₂ : 절환스위치   STP₁₋₁, STP₂₋₁ : 연동시 정지 PBS   STP₁₋₂, STP₂₋₂ : 단동시 정지 PBS
ST₁₋₁, ST₂₋₁ : 연동시 기동 PBS   ST₁₋₂, ST₂₋₂ : 단동시 기동 PBS   MC₁-a, MC₂-a : MC 의 a접점
(MC₁) (MC₂) : 마그네트 코일   (R₁) (R₂) : 보조 릴레이   O.L : 오버로드 스위치

〔작동설명〕

① 단동으로 하여 ST 를 누르면 각개 작동을 한다.
  • ST₂₋₂ 를 누르면 (MC₂)가 작동되고 MC₂-a 로 자기 유지된다.
  • ST₃₋₂ 를 누르면 (MC₃)가 작동되고 MC₃-a 로 자기 유지된다.

② 연동으로 하여 ST 를 누르면 순서에 의해서만 작동된다.
  • ST₁₋₁ 을 누르면 (MC₁)이 작동되고 MC₁-a 로 자기 유지되며, (R₁)이 작동되어 R₁-a 가 닫혀야 비로소 ST₂₋₁ 을 누르면 (MC₂)가 작동된다.

(3) 타이머의 한시 a 접점을 이용하는 방법

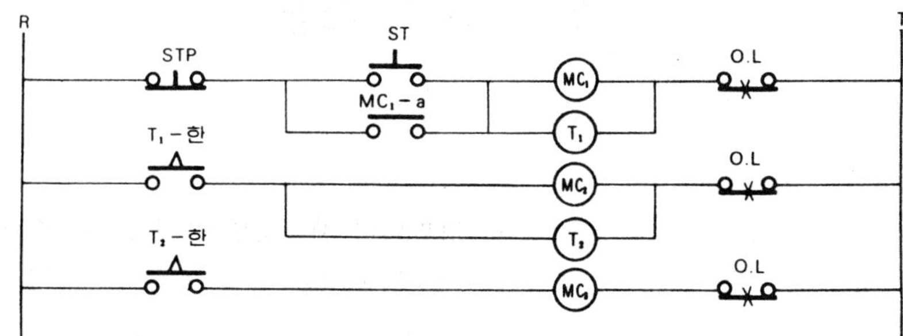

〔작동설명〕

① ST를 누르면 MC_1의 작동이 이루어지며 $MC_1 - a$ 에 의하여 자기 유지된다.

② 설정시간 후 $T_1 -$ 한이 작동하여 MC_2가 작동된다.

③ 다시 설정시간 후 $T_2 -$ 한이 작동하여 MC_3가 작동된다.

1·17 상호 유지회로

한개의 누름 버튼 스위치로 여러대의 전동기 등의 기기를 작동시키고, 어느 한 회로에 이상이 생겨 정지되면 다른 곳도 같이 정지되는 회로를 말하며, 여러대의 기기를 동시에 기동 또는 정지 시킬 필요가 있을 때 사용된다.

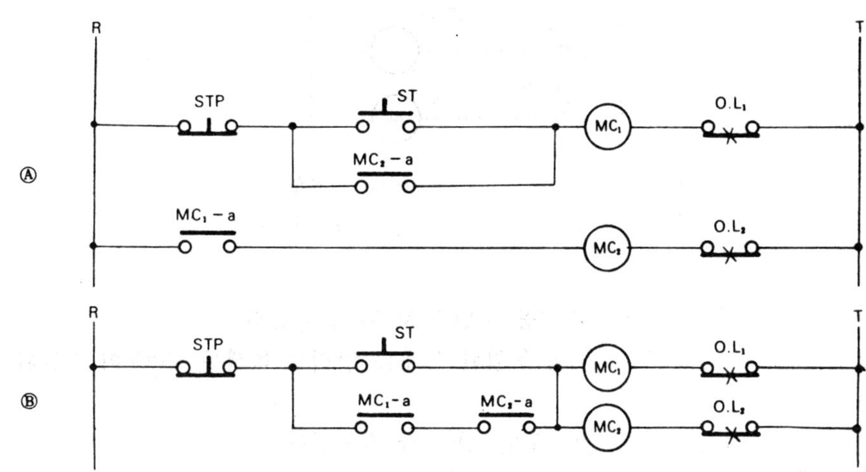

〔작동설명〕

MC_1의 자기 유지 작동은 $MC_2 - a$로 되고 MC_2의 유지 작동은 $MC_1 - a$로 되어 서로 상대편 회로를 연결시켜 주므로 한곳이 정지시에는 모두 정지된다.

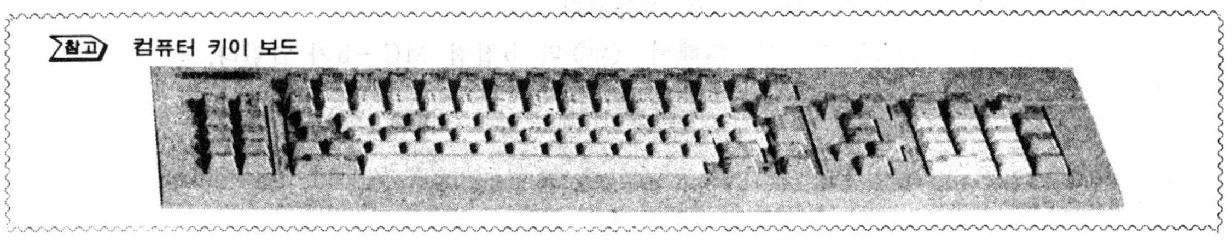

2. 전동기 회로

2·1 전동기의 기동 제어회로

⑴ 전전압 기동회로 (직입 기동)

전동기에 인가 전압을 걸어서 기동시키는 방법이며 제어방법이 가장 간단하므로 널리 사용되나, 기동시 정격의 7 ~ 8 배 정도의 전류가 흐르기 때문에 기동전류에 의한 전압 강하가 커지는 경향이 있으며, 기동시간이 길어지면 과열된다 (그림의 번호는 작동순서이다).

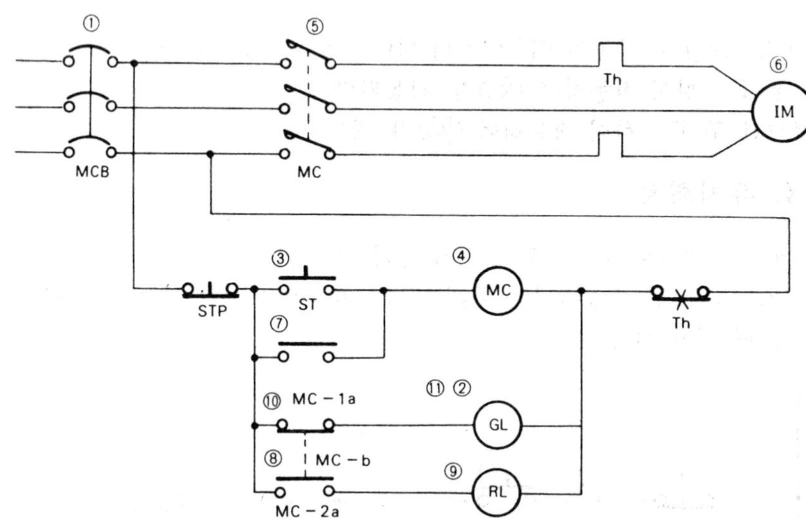

〔작동설명〕

① 회로에 전원을 투입시키기 위하여 배선용 차단기 MCB 를 넣는다.

② 배선용 차단기 MCB 를 넣으면 전원이 투입된 상태를 알리는 녹색등 ⑤ 이 점등된다.

③ 기동스위치 ST 를 누른다.

④ 기동스위치 ST 를 누르면 전자접촉기 코일 ⑩ 가 작동된다.

⑤ 전자접촉기 코일 ⑩ 가 작동되면 주접점 ⑩ 가 닫힌다.

⑥ 주접점 MC 가 닫히면 유도전동기 ⑪ 이 기동된다.

⑦ 전자접촉기 코일 ⑩ 의 작동에 의해서 ⑩ 의 a접점 MC-1a가 닫혀 자기 유지된다.

⑧ 전자접촉기 코일 ⑩ 의 작동에 의해서 ⑩ 의 a접점 MC-2a가 닫힌다.

⑨ MC-2a가 닫히면 적색표시등 ⑪ 이 점등된다.

⑩ 전자접촉기 코일 ⑩ 의 작동에 의해서 ⑩ 의 b접점 MC-b가 열린다.

⑪ MC-b가 열리면 녹색표시등 ⑤ 이 소등된다.

> 참고 정지 스위치 STP 를 누르면 모든 작동이 정지하고 원상태로 돌아온다.

(2) 리액터 기동회로

　　전동기의 1차측에 직렬로 기동 리액터를 넣어 기동시켜서 전동기에 걸리는 전압을 낮추고 (직렬 저항접속에서 전압은 나뉜다) 속도가 상승되면 기동 리액터를 차단시켜 전 전압이 인가되도록 하는 저전압 기동법을 말한다(①②……의 번호는 작동순서이다).

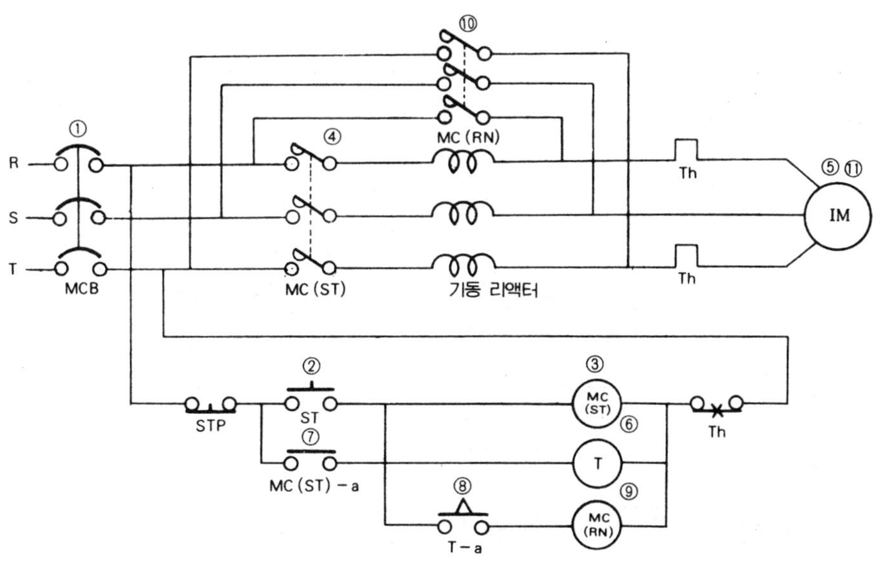

MCB : 배선용 차단기	ST−MC : 기동용 전자접촉기	RN−MC : 운전용 전자접촉기
Th : 열동형 계전기	STP : 정지 스위치	ST : 기동 스위치　　Ⓣ : 타이머

〔작동설명〕

① 회로에 전원을 투입시키기 위하여 배선용 차단기 MCB 를 넣는다.

② 기동스위치 ST 를 누른다.

③ 기동스위치 ST 를 누르면 기동 전자접촉기 ⓂⒸⓈⓉ 가 작동한다.

④ 기동 전자접촉기 ⓂⒸⓈⓉ 가 작동하면 기동 주접점 MC(ST)가 닫힌다.

⑤ 기동 주접점 MC(ST)가 닫히면 유도전동기 ⒾⓂ 이 기동된다.

⑥ 기동스위치 ST 를 누르면 타이머 Ⓣ 도 작동된다.

⑦ 기동 전자접촉기 ⓂⒸⓈⓉ 의 작동에 의하여 ⓂⒸⓈⓉ 의 a접점 MC(ST)−a가 닫히고 자기 유지된다.

⑧ 타이머 Ⓣ 의 설정시간 후 Ⓣ 의 한시 a접점 T−a가 닫힌다.

⑨ T−a가 닫히면 운전 전자접촉기 ⓂⒸ⒭⒩ 이 작동한다.

⑩ 운전 전자접촉기 ⓂⒸ⒭⒩ 이 작동하면 운전 주접점 MC(RN)이 닫힌다.

⑪ 운전 주접점 MC(RN)이 닫히면 유도전동기 ⒾⓂ 은 운전상태가 된다.

〔참고〕 전류는 저항이 적은 쪽으로 흐른다.

---

① 관습적 전류 : 양전하(+)에서 음전하(−)로 흐르는 전류

② 전자계 : 도선내에 흐르는 전류에 의하여 발생되는 자계

　예 시계방향으로 코일이 감겼다면 들어가는 쪽은 S(+), 나오는 쪽은 N(−)이 된다.

(3) 기동 보상기에 의한 기동회로

단권 변압기에 의하여 감압된 전압을 전동기에 인가하고 전동기가 가속되면 단권 변압기를 단락시켜 전원 전압을 직접 인가하는 저전압 기동법이며, 탭의 절환에 따라 인가 전압이 달라진다.

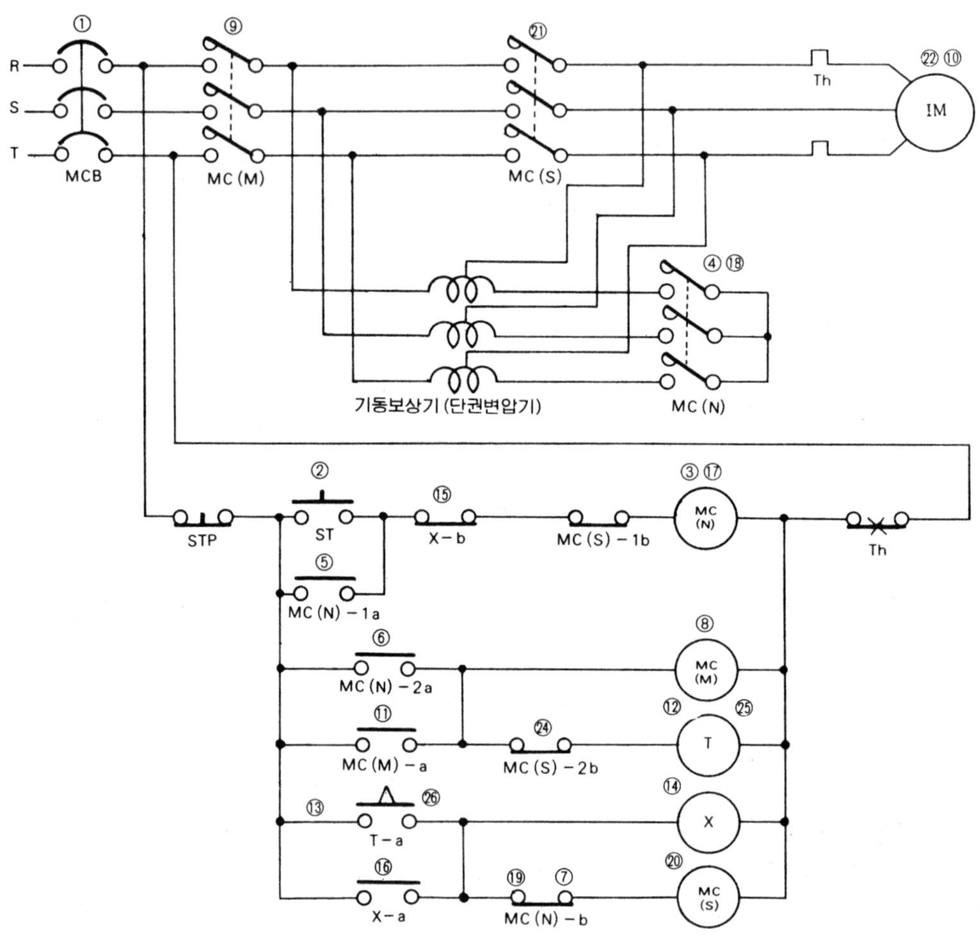

MCB : 배선용 차단기	MC(S) : 운전용 주접점
Th : 열동형 계전기	MC(N) : 단권변압기 주접점
STP : 정지 스위치	X-b : 보조릴레이 b접점
MC(S)-1b : 운전접촉기 b접점	MC(N)-1a : 변압기용 접촉기 a접점
MC(N)-2a : 변압기용 접촉기 a접점	MC(M)-a : 주 전자접촉기 a접점
MC(S)-2b : 운전용 전자접촉기 b접점	T-a : 타이머 한시 a접점
X : 보조 릴레이	MC(N)-b : 변압기용 접촉기 b접점
MC(S) : 운전용 접촉기	MC(N) : 변압기용 접촉기
MC(M) : 주접촉기 주접점	MC(M) : 주 전자접촉기
IM : 유도 전동기	T : 타이머
ST : 기동 스위치	X-a : 보조릴레이 a접점

〔작동설명〕

① 회로에 전원을 투입하기 위하여 배선용 차단기 MCB를 넣는다.

② 기동스위치 ST를 누른다.

③ 기동스위치 ST를 누르면 변압기용 접촉기 (MC(N)) 이 작동한다.

④ 변압기용 접촉기 (MC(N)) 이 작동하면 변압기용 주접점 MC(N)이 닫히어 단권변압기 회로가 형성된다.

⑤ 변압기용 접촉기 (MC(N)) 의 작동에 의하여 (MC(N)) 의 a접점 MC(N)-1a가 닫히어 자기유지된다.

⑥ 변압기용 접촉기 (MC(N)) 의 작동에 의하여 (MC(N)) 의 a접점 MC(N)-2a가 닫힌다.

⑦ 변압기용 접촉기 (MC(N)) 의 작동에 의하여 (MC(N)) 의 b접점 MC(N)-b가 열리어 인터록된다.

⑧ MC(N)-2a에 의하여 주 전자접촉기 (MC(M)) 이 작동한다.

⑨ 주 전자접촉기 (MC(M)) 이 작동하면 주회로 주접점 MC(M)이 닫힌다.

⑩ 주접점 MC(M)이 닫히면 유도전동기 (IM) 이 기동된다.

⑪ 주 전자접촉기 (MC(M)) 의 작동에 의하여 (MC(M)) 의 a접점 MC(M)-a가 닫히어 자기유지된다.

⑫ MC(N)-2a에 의하여 타이머 (T) 의 작동이 시작되고 MC(M)-a에 의하여 자기 유지된다.

⑬ 설정시간 후 (T) 의 한시 a접점 T-a가 닫힌다.

⑭ T-a가 닫히면 보조릴레이 (X) 가 작동한다.

⑮ 보조릴레이 (X) 가 작동하면 (X) 의 b접점 X-b가 열린다.

⑯ 보조릴레이 (X) 가 작동하면 (X) 의 a접점 X-a가 닫히어 자기 유지된다.

⑰ X-b에 의하여 (MC(N)) 의 작동이 정지된다.

⑱ (MC(N)) 의 작동이 정지되면 주접점 MC(N)이 열린다.

⑲ (MC(N)) 의 작동이 정지되면 (MC(N)) 의 보조 a접점이 열리고 보조 b접점 MC(N)-b가 닫힌다.

⑳ MC(N)-b가 닫히면 운전용 전자접촉기 (MC(S)) 가 작동한다.

㉑ 운전용 접촉기 (MC(S)) 가 작동하면 운전용 주접점 MC(S)가 닫힌다.

㉒ 운전용 주접점 (MC(S)) 가 닫히면 유도전동기 (IM) 은 운전으로 들어간다.

㉓ 운전용 접촉기 (MC(S)) 의 작동에 의하여 (MC(S)) 의 b접점 MC(S)-1b가 열리어 인터록된다.

㉔ 운전용 접촉기 (MC(S)) 의 작동에 의하여 (MC(S)) 의 b접점 MC(S)-2b가 열린다.

㉕ MC(S)-2b가 열리면 타이머 (T) 의 작동이 정지된다.

㉖ 타이머 (T) 의 작동이 정지되면 (T) 의 한시 a접점 T-a가 열린다.

☎ 인터록(MC(S)-b, MC(N)-b 등)에 유의할 것.

○ 직·병렬 회로 : 전압이 일정하기 때문에 가장 많이 사용된다.

• 병렬 저항 : 3개 이상의 서로 다른 저항

• 병렬회로의 저항 : 동일 전압에 연결되기 때문에 각 전기기구 단자간의 전압은 같다.

• 병렬 회로의 전류 : 저항이 적은 곳에서 전류가 많이 흐른다.

⑷ $Y-\Delta$ 기동회로

전동기 고정자 권선의 결선을 전동기 외부의 개폐기에 의하여 바꾸어서 기동되며, Y 결선시 전압은 $\sqrt{3}$으로 감압되고 Δ 결선시에는 선간 전압이 된다.

주회로 결선시 Y 결선은 전부를 합친 것이며, Δ 결선시에는 R 상은 S 상과, S 상은 T 상과, T 상은 R 상과 회로가 이루어지도록 한다.

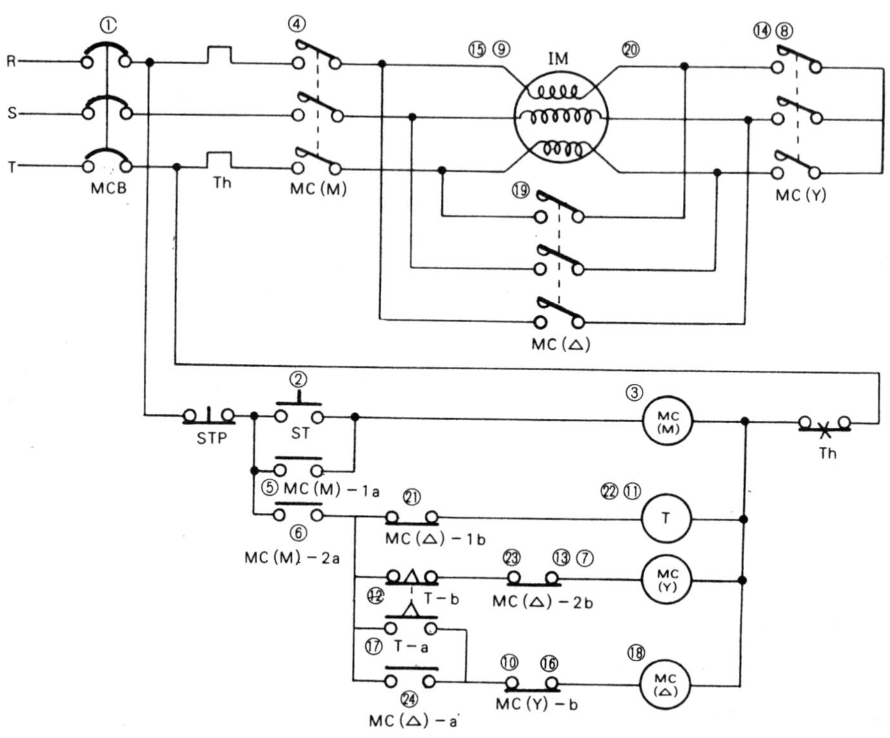

MCB : 배선용 차단기
MC(Δ) : Δ 접촉기 주접점
ST : 기동 스위치
MC(Δ)-1b : Δ 접촉기 b 접점
MC(Δ)-2b : Δ 접촉기 b 접점
MC(Δ)-a : Δ 접촉기 a 접점
IM : 유도전동기

Th : 열동형 계전기
MC(Y) : Y 접촉기 주접점
MC(M) : 주 전자접촉기
T : 타이머
MC(Y) : Y 전자접촉기
MC(Y)-b : Y 접촉기 b 접점

MC(M) : 주접촉기 주접점
STP : 정지 스위치
MC(M)-1a : 주접촉기 a 접점
T-b : 타이머 한시 b 접점
T-a : 타이머 한시 a 접점
MC(Δ) : Δ 전자접촉기

참고 이 회로에서는 Y와 Δ를 동시에 투입시 단락사고를 일으키게 되므로 특별히 인터록에 유의한다.

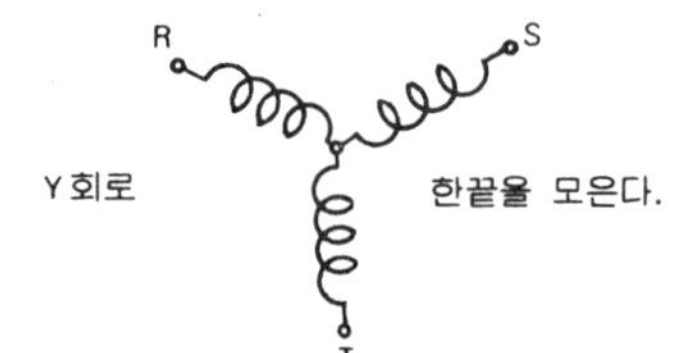

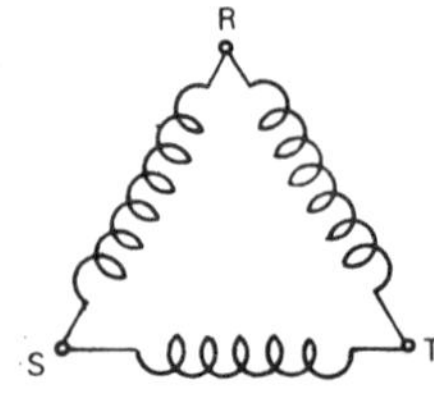

〔작동설명〕

① 회로에 전원을 투입하기 위하여 배선용 차단기 MCB를 넣는다.

② 기동스위치 ST를 누른다.

③ 기동스위치 ST를 누르면 주접촉기 (MC(M))이 작동한다.

④ 주접촉기 (MC(M))이 작동하면 (MC(M))의 주접점 MC(M)이 닫힌다.

⑤ 주접촉기 (MC(M))의 작동에 의하여 (MC(M))의 a접점 MC(M)−1a가 닫히어 자기 유지된다.

⑥ 주접촉기 (MC(M))의 작동에 의하여 (MC(M))의 a접점 MC(M)−2a가 닫힌다.

⑦ MC(M)−2a가 닫히면 Y접촉기 (MC(Y))가 작동한다.

⑧ (MC(Y))가 작동하면 (MC(Y))의 주접점 MC(Y)가 닫힌다.

⑨ 주접점 MC(M)과 MC(Y)가 닫히면 유도전동기 (IM)이 기동된다.

⑩ (MC(Y))의 작동에 의하여 (MC(Y))의 b접점 MC(Y)−b가 열리어 인터록된다.

⑪ MC(M)−2a가 닫히면 타이머 (T)의 작동도 시작된다.

⑫ 설정시간이 되면 (T)의 한시 b접점 T−b가 열린다.

⑬ T−b가 열리면 Y접촉기 (MC(Y))의 작동이 정지한다.

⑭ (MC(Y))의 작동이 정지되면 Y접촉기의 주접점 MC(Y)가 열린다.

⑮ MC(Y)가 열리면 유도전동기 (IM)의 작동이 정지된다(모든 작동이 순간적이므로 착오없기 바란다).

⑯ Y접촉기 (MC(Y))의 작동이 정지되면 (MC(Y))의 b접점 MC(Y)−b가 닫힌다(인터록이 풀린다).

⑰ 타이머 (T)의 설정시간이 되면 (T)의 한시 a접점 T−a가 닫힌다.

⑱ T−a가 닫히면 Δ접촉기 (MC(Δ))가 작동한다.

⑲ (MC(Δ))가 작동하면 Δ접촉기 주접점 MC(Δ)가 닫힌다.

⑳ 주접점 MC(Δ)가 닫히면 유도전동기 (IM)은 운전으로 들어간다.

㉑ (MC(Δ))의 작동에 의하여 (MC(Δ))의 b접점 MC(Δ)−1b가 열린다.

㉒ MC(Δ)−1b가 열리면 타이머 (T)가 작동을 정지한다.

㉓ (MC(Δ))의 작동에 의하여 (MC(Δ))의 b접점 MC(Δ)−2b가 열린다(인터록 된다).

㉔ (MC(Δ))의 작동에 의하여 (MC(Δ))의 a접점 MC(Δ)−a가 닫히어 자기 유지된다.

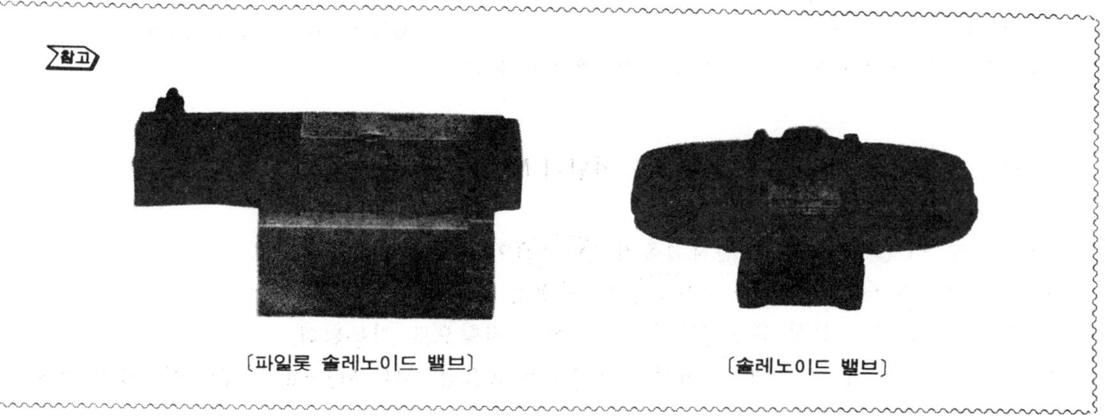

〔파일롯 솔레노이드 밸브〕   〔솔레노이드 밸브〕

(5) 저항 기동회로(권선형 유도전동기)

2차 저항을 조정하여 기동시키는 방법이며, 기동시에는 2차 저항을 최대로 하고 가속됨에 따라 순차적으로 저항을 단락하여 운전시에는 저항이 없는 상태까지 이르게 하는 것이다 (속도 조정에도 이용되며 저속시 전류는 적게, 토오크는 크게 된다).

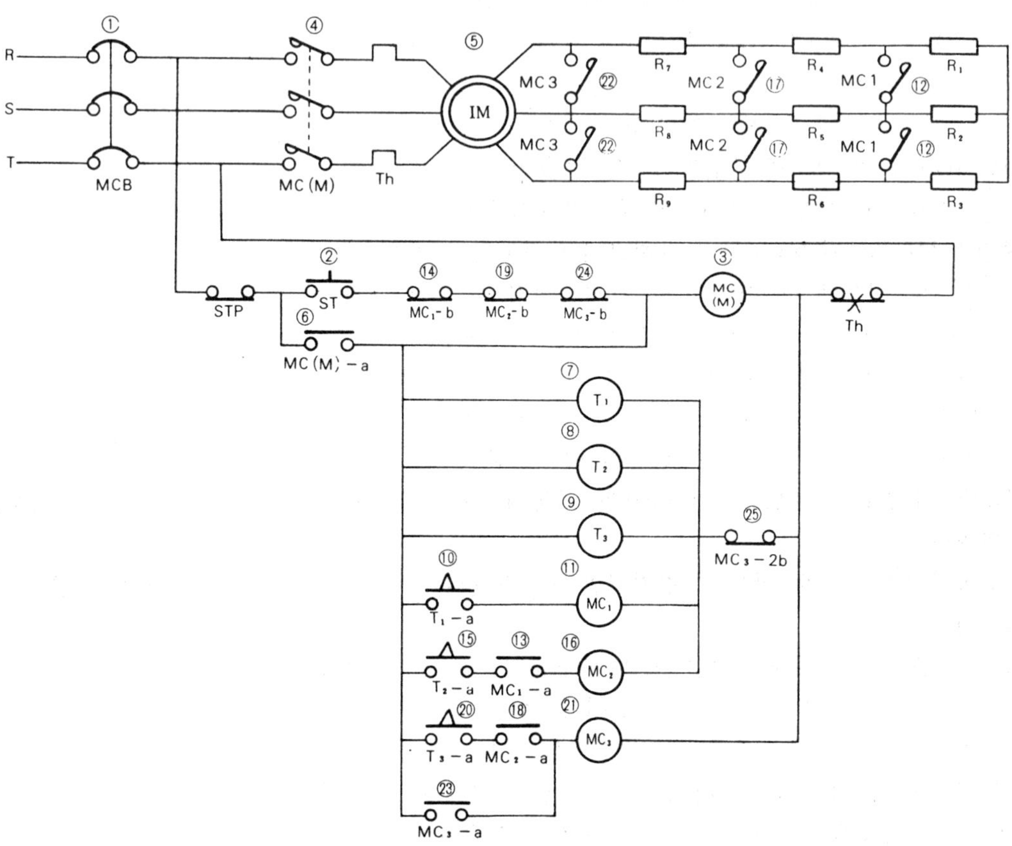

MCB : 배선용 차단기 MS(M) : 주접촉기 주접점 IM : 권선형 유도 전동기
MC3 : 3차 저항 단락 접촉기 주접점 MC2 : 2차 저항 단락 접촉기 주접점
MC1 : 1차 저항 단락 접촉기 주접점 R₁, R₂, R₃ : 1차 저항
R₄, R₅, R₆ : 2차 저항 R₇, R₈, R₉ : 3차 저항 MCM : 주 전자접촉기
T₁ : 1차 저항 단락시한 타이머 T₂ : 2차 저항 단락시한 타이머
T₃ : 3차 저항 단락시한 타이머 MC₁ : 1차 저항 단락 접촉기
MC₂ : 2차 저항 단락 접촉기 MC₃ : 3차 저항 단락 접촉기

〔작동설명〕

① 회로에 전원을 투입하기 위하여 배선용 차단기 MCB 를 넣는다.

② 기동스위치 ST 를 누른다.

③ 기동스위치 ST 를 누르면 주 전자접촉기 MC(M) 이 작동한다.

④ 주접촉기 MC(M) 이 작동하면 MC(M) 의 주접점 MC(M) 이 닫힌다.

⑤ MC(M) 이 닫히면 권선형 유도전동기 IM 은 전저항으로 기동된다.

⑥ 주접촉기 MC(M) 의 작동에 의하여 MC(M) 의 a접점 MC(M) −a가 닫히어 자기 유지

된다.

⑦ MC(M)-a에 의하여 타이머 ⓣ₁이 작동한다.

⑧ MC(M)-a에 의하여 타이머 ⓣ₂가 작동한다.

⑨ MC(M)-a에 의하여 타이머 ⓣ₃가 작동한다.

⑩ 타이머 ⓣ₁의 설정시간 후 ⓣ₁의 한시 a접점 T_1-a가 닫힌다.

⑪ T_1-a가 닫히면 전자접촉기 ⓜ의 이 작동된다.

⑫ 전자접촉기 ⓜ이 작동되면 ⓜ의 주접점 MC_1이 작동하여 저항 R_1, R_2, R_3를 단락시킨다.

⑬ 전자접촉기 ⓜ의 작동에 의하여 ⓜ의 a접점 MC_1-a가 닫힌다.

⑭ 전자접촉기 ⓜ의 작동에 의하여 ⓜ의 b접점 MC_1-b가 열린다.

⑮ 타이머 ⓣ₂의 설정시간 후 ⓣ₂의 한시 a접점 T_2-a가 닫힌다.

⑯ T_2-a가 닫히면 전자접촉기 ⓜ가 작동한다.

⑰ 전자접촉기 ⓜ가 작동하면 ⓜ의 주접점 MC_2가 작동하여 저항 R_4, R_5, R_6을 단락시킨다.

⑱ 전자접촉기 ⓜ의 작동에 의하여 ⓜ의 a접점 MC_2-a가 닫힌다.

⑲ 전자접촉기 ⓜ의 작동에 의하여 ⓜ의 b접점 MC_2-b가 열린다.

⑳ 타이머 ⓣ₃의 설정시간 후 ⓣ₃의 한시 a접점 T_3-a가 닫힌다.

㉑ T_3-a가 닫히면 전자접촉기 ⓜ가 작동한다.

㉒ 전자접촉기 ⓜ이 작동하면 ⓜ의 주접점 MC_3가 작동하여 저항 R_7, R_8, R_9를 단락시킨다.

㉓ 전자접촉기 ⓜ의 작동에 의하여 ⓜ의 a접점 MC_3-a가 닫히어 자기 유지된다.

㉔ 전자접촉기 ⓜ의 작동에 의하여 ⓜ의 b접점 MC_3-1b가 열린다.

㉕ 전자접촉기 ⓜ의 작동에 의하여 ⓜ의 b접점 MC_3-2b가 열리어 ⓣ₁ ⓣ₂ ⓣ₃ ⓜ ⓜ의 회로를 차단한다.

㉖ 이때 유도전동기 ⓘⓜ은 저항이 완전 단락된 상태로 운전된다.

[저압 폐쇄 배전반]

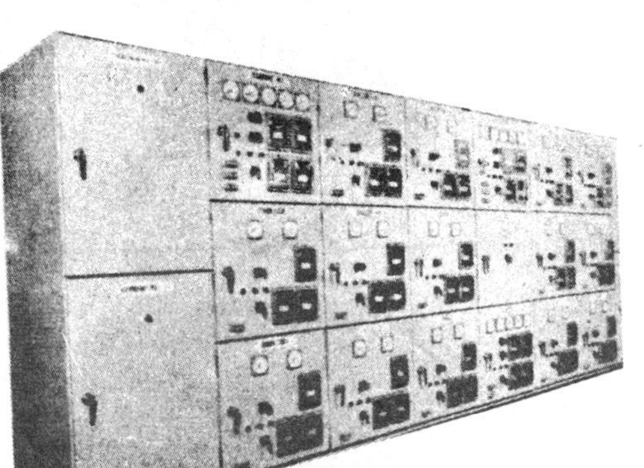

[고압 폐쇄 배전반]

2·2 전동기의 촌동회로

조그(JOG) 회로라고도 하며, 전동기
의 기동 정지 PBS 외에 필요시 작동시
키는 촌동 PBS가 있으며, 이 스위치로
전동기를 순간적으로 작동시키고 정지시
킨다(촌동 PBS를 누르면 전동기가 기
동되고 손을 떼면 전동기가 정지된다).

〔교류전동기 가변속 제어장치〕

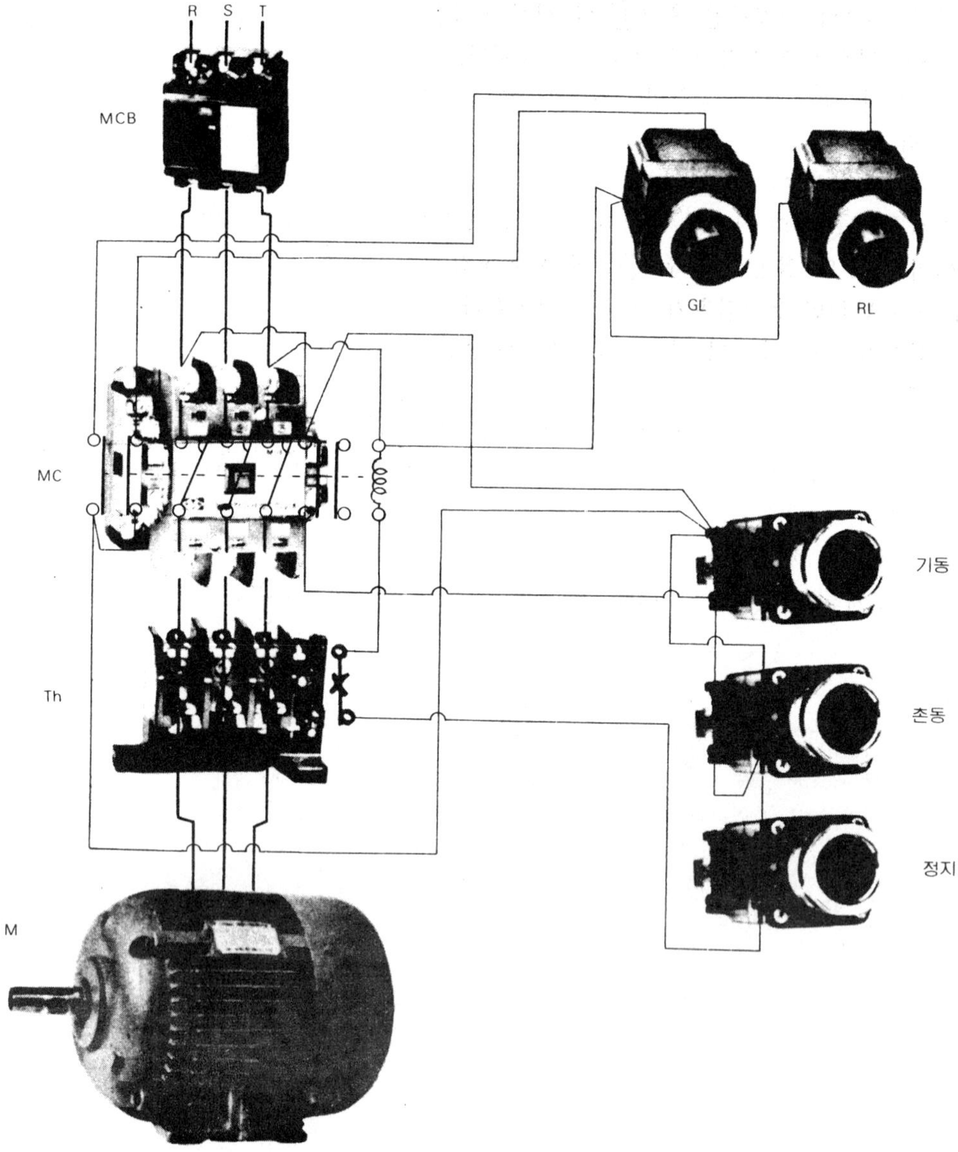

(1) 시퀀스도

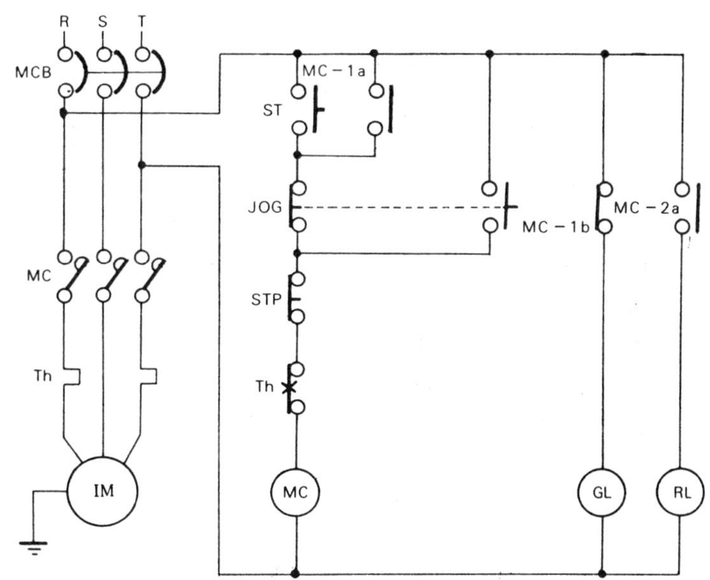

○ 전동기의 촌동(JOG) 운전 제어에 사용되는 기기의 용도
- 배선용 차단기 MCB : 전원의 투입 또는 차단에 사용된다.
- 전자접촉기 MC : 주회로의 차단 및 투입에 사용된다.
- 열동형 계전기 THR : 과부하시 전동기의 전원을 차단시키는 일을 한다.
- 촌동스위치 JOG : 전동기의 일시 기동 및 정지의 반복에 사용된다.
- 기동스위치 ST : 전동기의 기동 및 운전에 사용된다.
- 정지스위치 STP : 운전중의 전동기를 정지시키는데 사용된다.
- 표시등 ⓖⓛ : 전원 투입후 모터가 정지된 상태를 나타낸다.
- 표시등 ⓡⓛ : 전동기의 운전상태를 나타낸다.

🈺 전동기의 JOG 회로는 스위치를 기동→정지→정지의 순으로 배치하고 정지스위치 하나에 스위치의 **a접**점으로 전원을 직접 연결하고 다른쪽은 정지스위치의 ⓜⓒ 쪽 단자와 연결시키면 된다.

> **참고** 도금 전용 콘트롤러
>
> 

(2) **촌동 버튼에 의한 기동**(촌동 버튼을 누를 때)

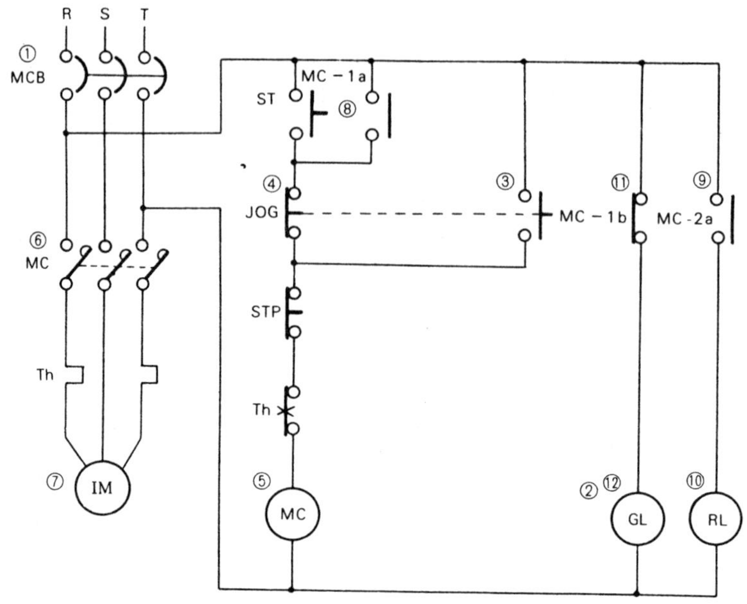

〔작동설명〕

① 전원의 배선용 차단기 MCB 를 넣는다.

② 배선용 차단기 MCB 를 넣으면 ⓖⓛ가 점등된다(전원 확인).

③ 촌동스위치 JOG 를 누르면 전자접촉기 코일 ⓜⓒ와 직접 연결된다.

④ 촌동스위치 JOG 를 누르면 기동 버튼 회로는 차단된다.

⑤ 촌동스위치를 누르면 전자접촉기 코일 ⓜⓒ가 작동한다.

⑥ 전자접촉기 ⓜⓒ가 작동되면 주접점 MC 가 닫힌다.

⑦ 주접점 MC 가 작동되면 유도 전동기가 작동된다.

⑧ 전자접촉기 ⓜⓒ가 작동되면 ⓜⓒ의 a접점 MC-1a가 닫힌다.

⑨ 전자접촉기 ⓜⓒ가 작동되면 ⓜⓒ의 a접점 MC-2a가 닫힌다.

⑩ MC-2a가 닫히면 적색표시등 ⓡⓛ가 점등된다.

⑪ 전자접촉기 ⓜⓒ가 작동되면 ⓜⓒ의 b접점 MC-1b가 열린다.

⑫ MC-1b가 열리면 녹색표시등 ⓖⓛ이 소등된다.

🈲 촌동(JOG) 스위치란 PBS 를 누를 때에만 전동기가 작동하고 떼는순간 정지되는 것을 말한다.

〔발신기류〕

〔제어기류〕

(3) 촌동 버튼에 의한 정지(촌동 버튼에서 손을 떼었을 때)

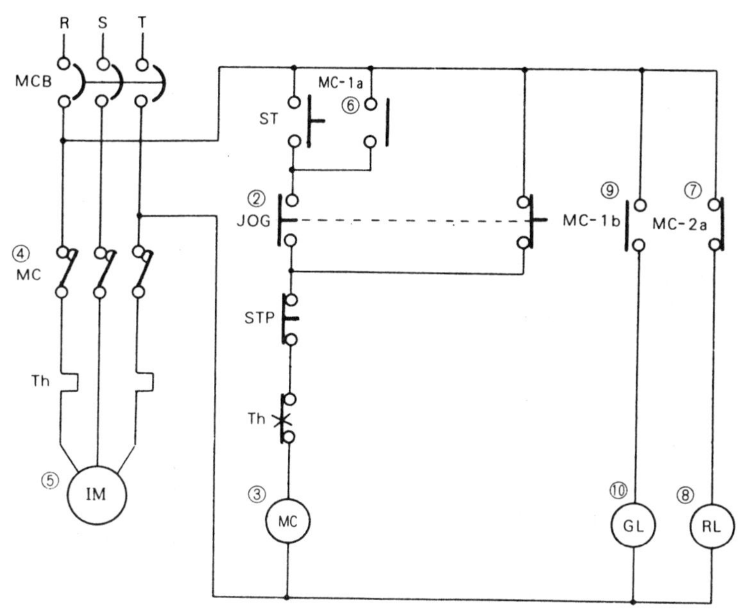

〔작동설명〕

① JOG 스위치에서 손을 떼면 직접 연결선은 차단된다.

② JOG 스위치에서 손을떼면 기동 버튼 회로가 연결된다.

③ 회로가 차단되면 전자접촉기 (MC)가 비작동된다.

④ 전자접촉기 (MC)가 비작동되면 (MC)의 주접점 MC가 열린다.

⑤ 주접점 MC가 열리면 유도전동기가 정지된다.

⑥ 전자접촉기 (MC)가 비작동되면 MC－1a가 열린다.

⑦ 전자접촉기 (MC)가 비작동되면 MC－2a가 열린다.

⑧ MC－2a가 열리면 적색등 (RL)이 소등된다.

⑨ 전자접촉기 (MC)가 비작동되면 MC－1b가 닫힌다.

⑩ MC－1b가 닫히면 녹색등 (GL)이 점등된다.

참고   자동제어용 콘트롤

⑷ 연속 운전 작동 (기동 버튼에 의한 작동)

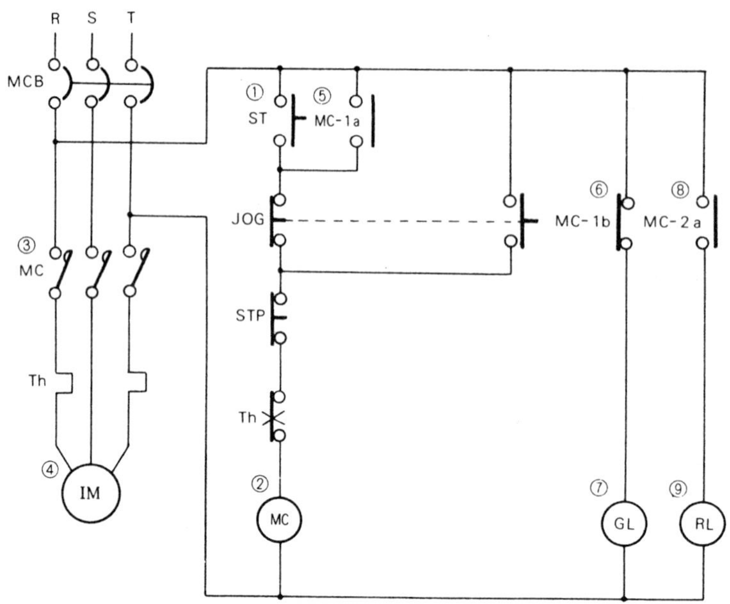

〔작동설명〕

① 기동스위치 ST 를 누른다.

② 기동스위치 ST 를 누르면 전자접촉기 ⓂⒸ가 작동된다.

③ 전자접촉기 ⓂⒸ가 작동되면 주접점 MC 가 닫힌다.

④ 주접점 MC 가 닫히면 유도전동기가 작동한다.

⑤ 전자접촉기 ⓂⒸ가 작동되면 ⓂⒸ의 a접점 MC − 1a가 닫히어 자기 유지된다.

⑥ 전자접촉기 ⓂⒸ가 작동되면 ⓂⒸ의 b접점 MC − 1b가 열린다.

⑦ MC − 1b가 열리면 녹색등 ⒼⓁ가 소등된다.

⑧ 전자접촉기 ⓂⒸ가 작동되면 ⓂⒸ의 a접점 MC − 2a가 닫힌다.

⑨ MC − 2a가 닫히면 적색등 ⓇⓁ가 점등된다.

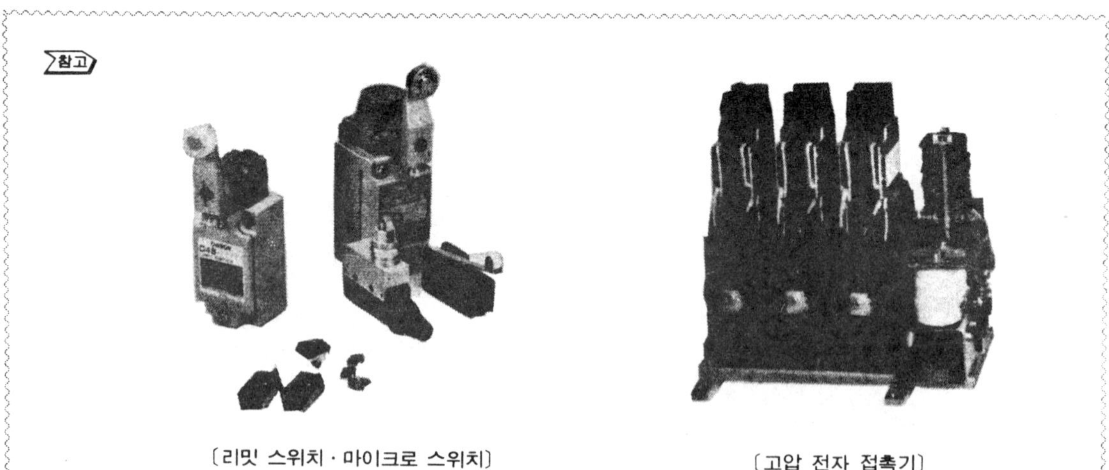

〔리밋 스위치 · 마이크로 스위치〕　　　　〔고압 전자 접촉기〕

(5) 연속 정지 작동(정지 버튼에 의한 작동)

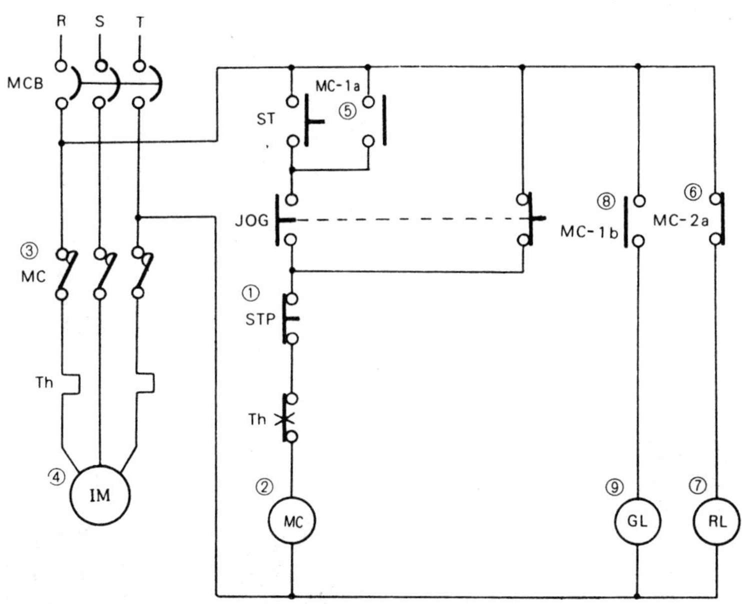

〔작동설명〕
① 정지스위치 STP 를 누른다.
② 정지스위치 STP 를 누르면 전자접촉기 ⓂⒸ 가 비작동된다.
③ 전자접촉기 ⓂⒸ 가 비작동되면 주접점 MC가 열린다.
④ 주접점 MC가 열리면 유도 전동기가 정지된다.
⑤ 전자접촉기 ⓂⒸ 가 비작동되면 MC-1a 가 열린다.
⑥ 전자접촉기 ⓂⒸ 가 비작동되면 MC-2a 가 열린다.
⑦ MC-2a 가 열리면 적색등 ⓇⓁ 이 소등된다.
⑧ 전자접촉기 ⓂⒸ 가 비작동되면 MC-1b 가 닫힌다.
⑨ MC-1b 가 닫히면 적색등 ⒼⓁ 이 점등된다.

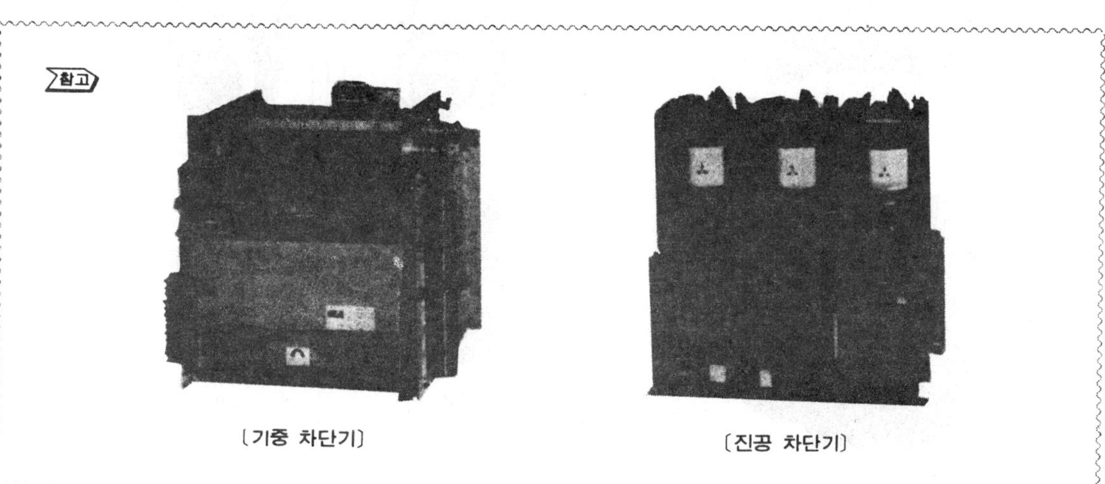

〔기중 차단기〕   〔진공 차단기〕

2·3 전동기의 근원방제어

전동기 1 대의 제어를 전동기와 가까운 현장 제어반과 멀리 떨어진 곳의 제어반 (중앙집중식일 때 등) 등 2 곳에서 제어할 수 있도록 하는 것이며, 전동기의 기동 정지에 사용되는 PBS 와 표시등도 2 곳에서 작동된다.

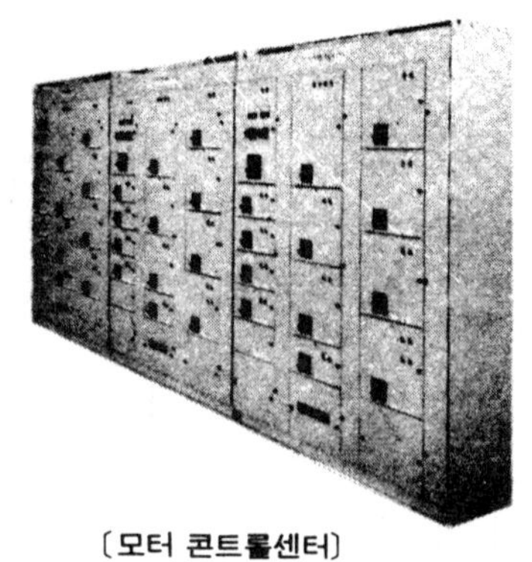

〔모터 콘트롤센터〕

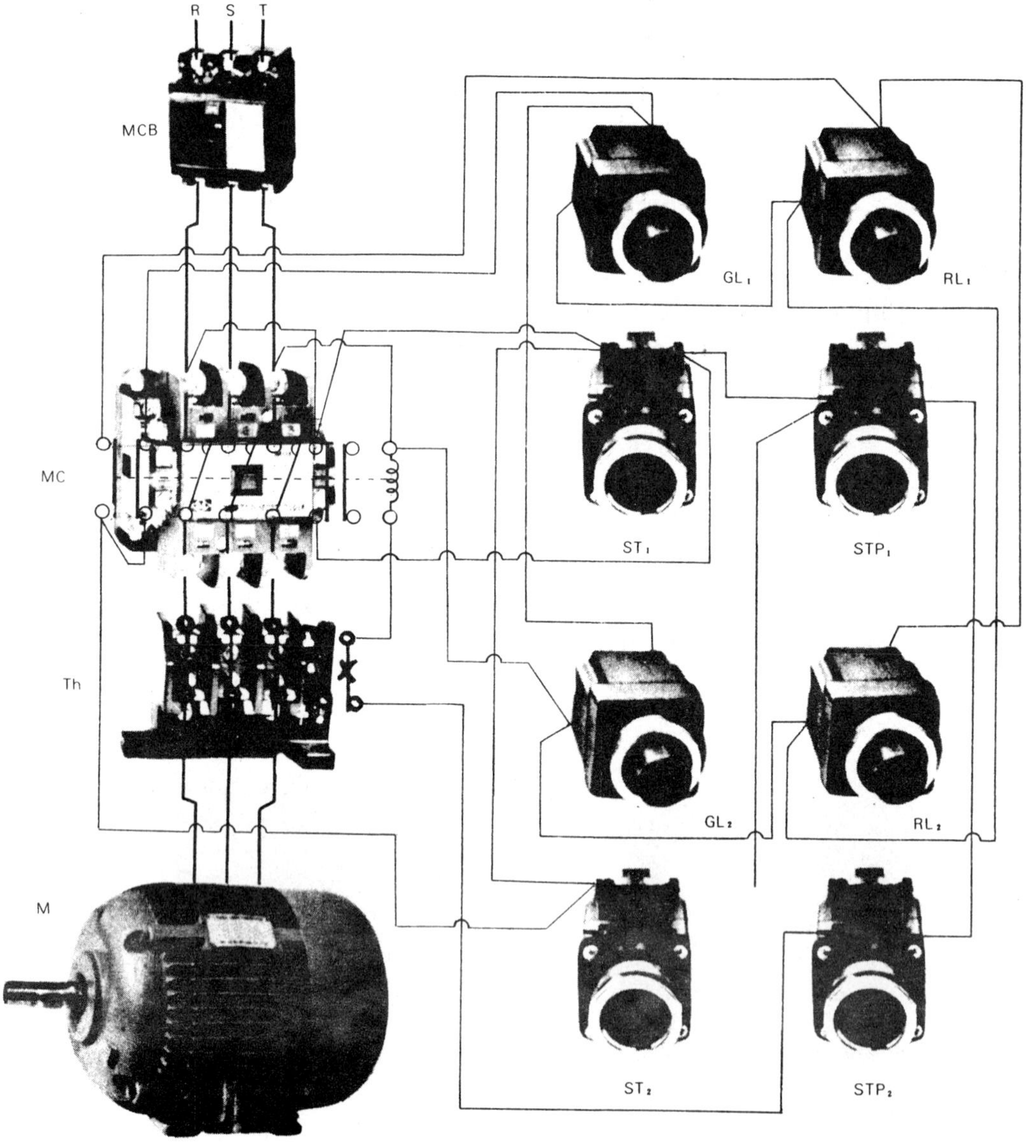

(1) 시퀀스도

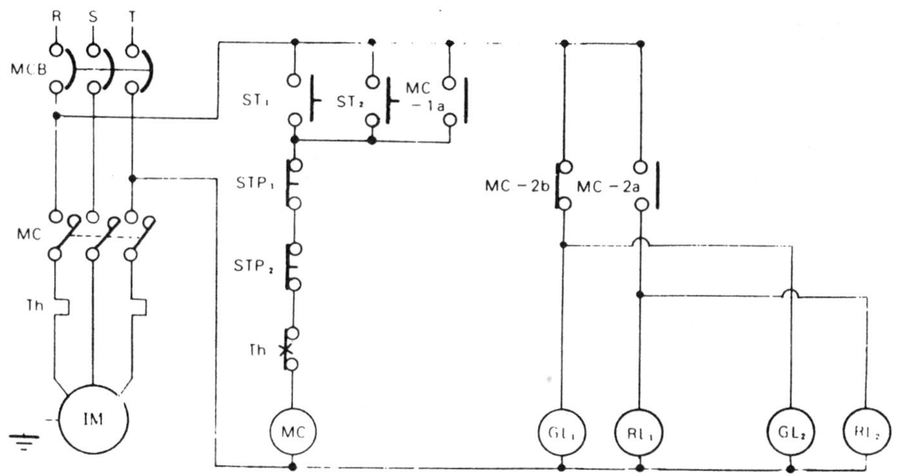

① 전동기의 근원방제어에 사용되는 기기의 용도

(가) 전자접촉기 MC : 주회로의 차단 및 투입에 사용된다.

(나) 원방스위치 ST₁ : 원방에서 전동기를 기동시키기 위하여 사용된다.

(다) 원방스위치 STP₁ : 원방에서 전동기를 정지시키기 위하여 사용된다.

(라) 근방스위치 ST₂ : 현장에서 전동기를 기동시키기 위하여 사용된다.

(마) 근방스위치 STP₂ : 현장에서 전동기를 정지시키기 위하여 사용된다.

(바) 터어멀 릴레이 THR : 과부하 시 전동기의 전원을 차단시키기 위하여 사용된다.

(사) 원방표시등　GL₁ : 원방에서 전동기의 정지상태를 확인하기 위하여 사용된다.

(아) 원방표시등　RL₁ : 원방에서 전동기의 운전상태를 확인하기 위하여 사용된다.

(자) 근방표시등　GL₂ : 현장에서 전동기의 정지상태를 확인하기 위하여 사용된다.

(차) 근방표시등　RL₂ : 현장에서 전동기의 운전상태를 확인하기 위하여 사용된다.

② 원방이나 현장에서 전동기를 조작하려면

(가) 기동 PBS인 ST는 회로를 병렬로 연결하여 어느곳을 조작하여도 작동이 되도록 한다.

(나) 정지 PBS인 STP는 회로를 직렬로 연결하여 어느곳에서도 회로를 차단시킬 수 있어야 한다.

(다) 표시등은 운전중에는 적색으로 하고 정지중은 녹색으로 한다.

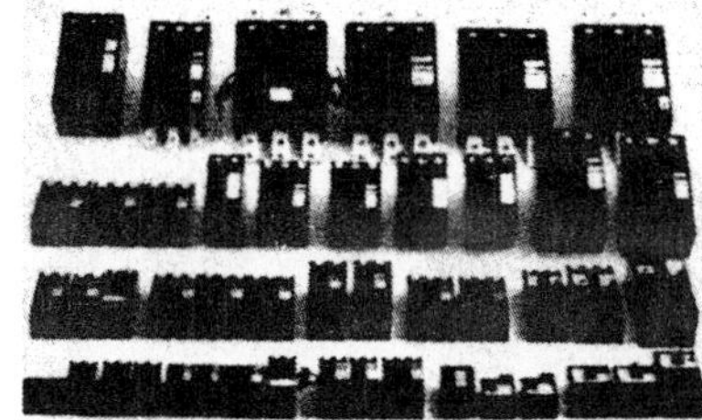

〔자동 차단기류〕

〔전자 개폐기류〕

(2) 전동기의 현장제어반에 의한 기동 동작

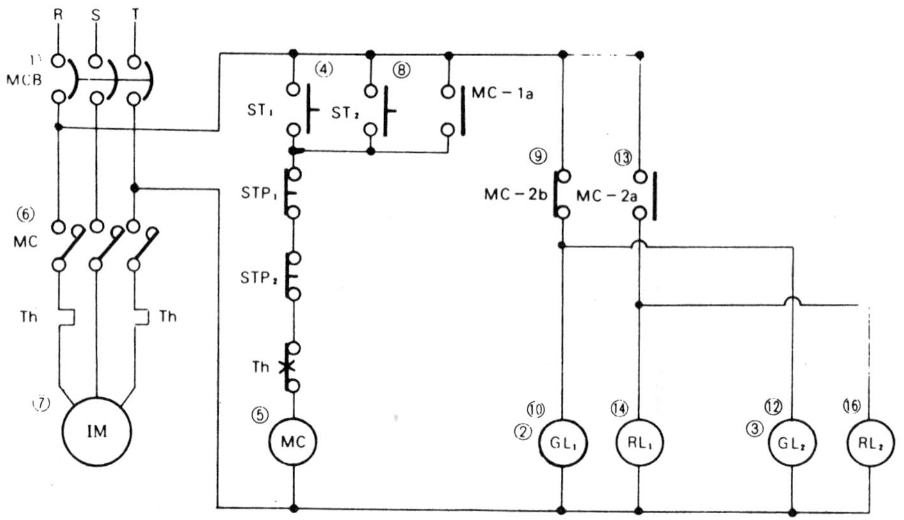

[작동설명]

① 전원의 배선용 차단기 MCB를 넣는다.

② 원방표시등 ⓖⓛ 이 점등된다(MC의 b접점을 지나서).

③ 현장표시등 ⓖⓛ 가 점등된다(전원이 투입된 것을 표시함).

④ 현장 기동회로의 현장 기동스위치 ST_2를 누른다.

⑤ ST_2를 누르면 접촉기 코일 ⓜⓒ에 전류가 흘러 작동한다.

⑥ ⓜⓒ 가 작동되면 주접점 MC가 닫힌다.

⑦ 주접점 MC가 닫히면 주회로에 전류가 흘러 전동기가 기동된다.

⑧ 전자접촉기의 작동으로 자기 유지회로 MC-1a가 닫힌다.

⑨ 전자접촉기의 작동으로 MC-2b가 열린다.

⑩ MC-2b가 열리면 ⓖⓛ 이 소등된다.

⑪ 전자접촉기의 작동으로 MC-2a가 닫힌다.

⑫ MC-2a가 닫히면 ⓡⓛ 이 점등된다(전동기 작동상태를 표시).

(3) 전동기의 원방제어반에 의한 정지작동

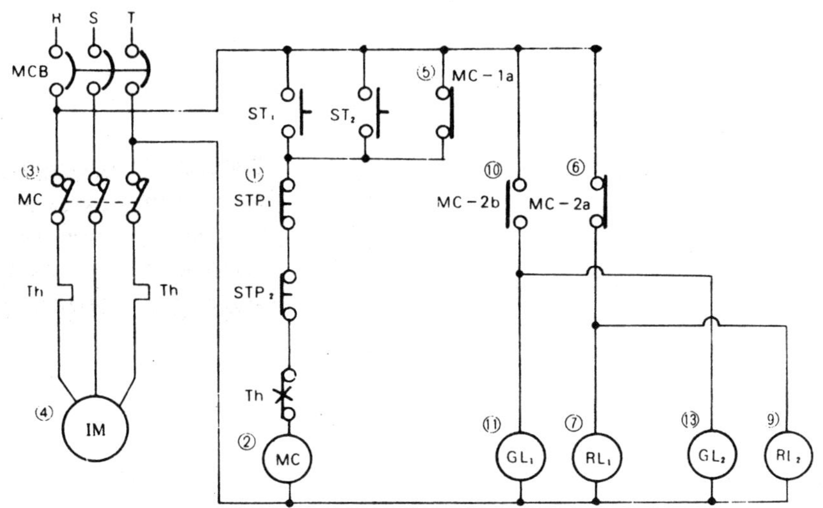

〔작동설명〕

① 원방 정지스위치 STP₁을 누른다.

② STP₁을 누르면 마그네트 코일 ⓂⒸ 의 작동이 중지된다.

③ ⓂⒸ의 작동이 정지되면 주접점 MC가 열린다.

④ 주접점 MC가 열리면 유도전동기 ⒾⓂ의 운전이 정지된다.

⑤ ⓂⒸ의 작동이 정지되면 MC-1a가 열려서 자기 유지회로가 차단된다.

⑥ ⓂⒸ의 작동이 정지되면 MC-2a가 열린다.

⑦ MC-2a가 열리면 ⓇⓁ₁이 소등된다.

⑧ 작동이 정지되면 MC-2b가 닫힌다.

⑨ MC-2b가 닫히면 ⒼⓁ₁이 점등된다 (전동기의 작동이 정지되었음을 표시).

〔기중 부하 개폐기〕

〔가스 부하 개폐기〕

2·4 온도스위치 이용 경보회로

온도스위치를 사용하여 물 기타 증기의 온도를 검출하고 설정온도 이상이 되면 경보를 발하여 탱크 혹은 노내의 온도를 일정온도 이하로 유지시키도록 유도하며, 경보 정지 후에는 표시등으로상태를 확인하고 설정온도 이하시에는 표시등도 소등된다.

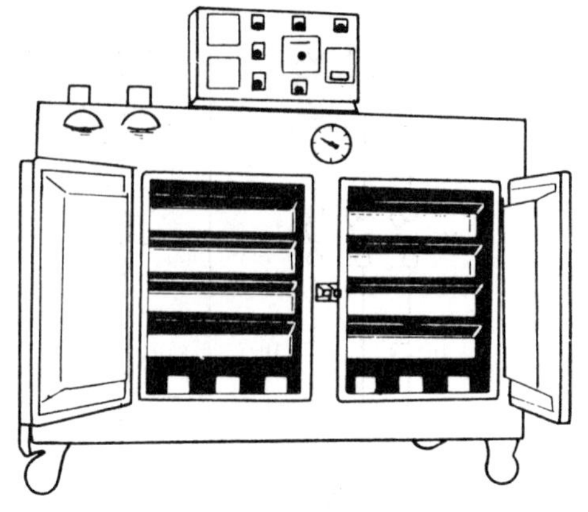

〔용접봉 건조함〕

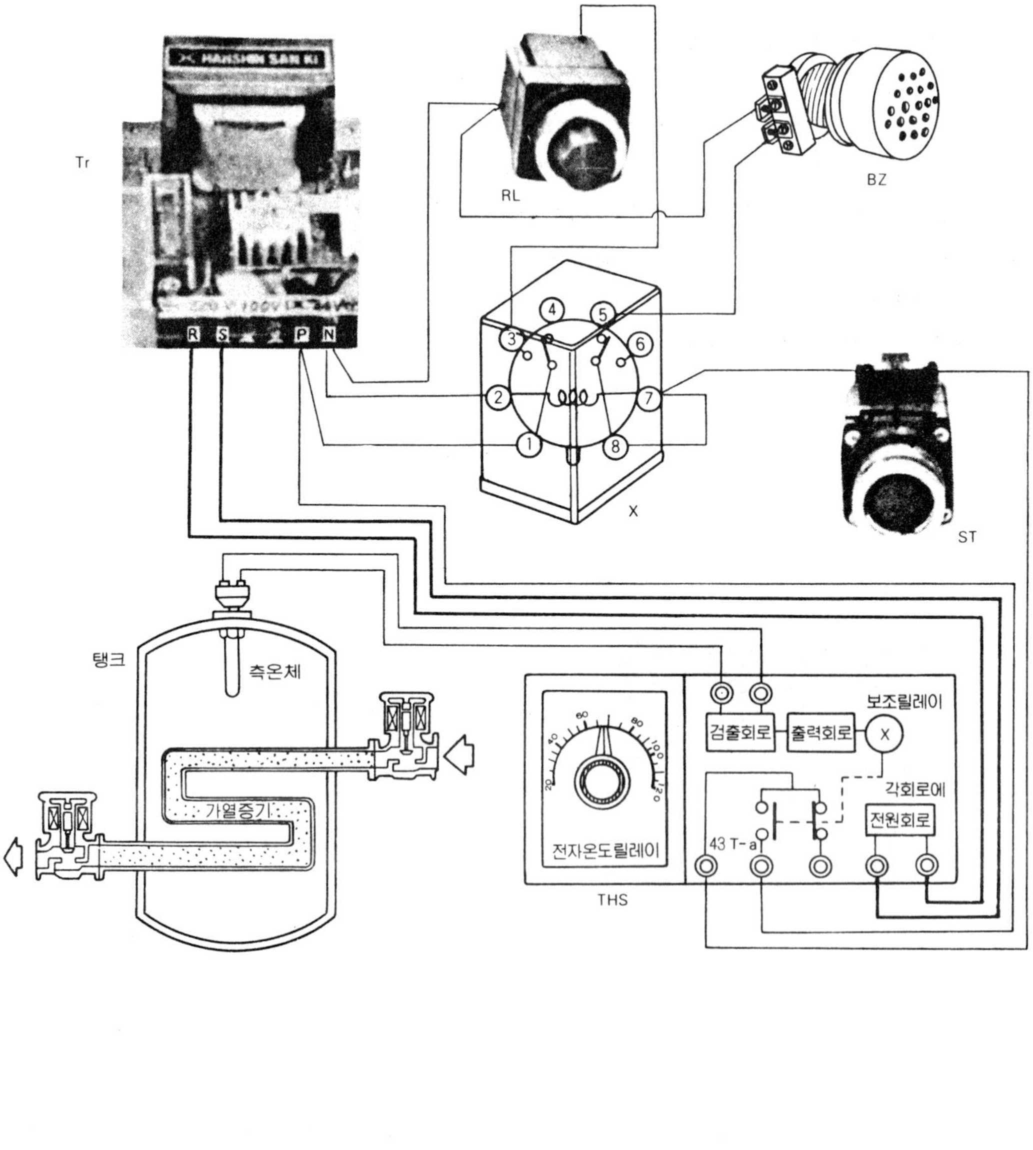

(1) 시퀀스도

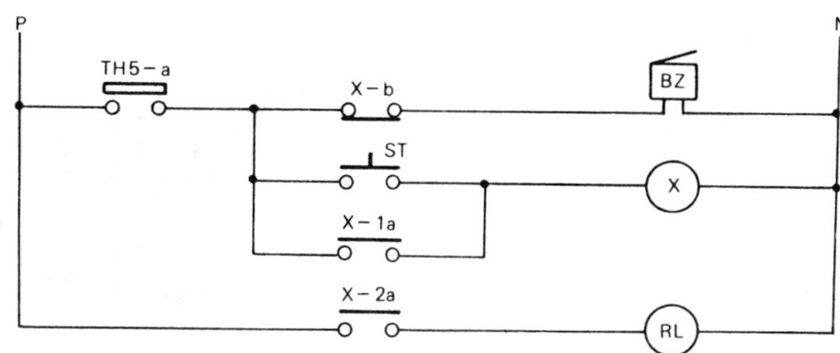

○ **기기의 용도**

- 온도스위치 THS : 온도가 설정치에 이르면 작동한다.
- 경보용 부저 BZ : 온도스위치가 작동하면 경보를 발한다.
- 보조 릴레이 Ⓧ : 부저의 경보를 경보표시등으로 바꾸는 일을 한다.
- 경보 표시등 RL : 온도는 하강하지 않고 경보 부저를 정지시켰을 때 점등된다.
- 경보 정지 스위치 ST : 부저의 경보를
  경보 표시등으로 전환시 누른다.

전자식 온도스위치는 온도변화에 반비
례하며, 저항치가 변화하는 더어미스터
(반도체)를 감열소자(측온체)로 하고, 이
저항변화를 검출 증폭하여 릴레이를 작동
시키는 구조로 되어 있다.

온도가 설정온도 1° 이하가 되면 원래
로 돌아간다.

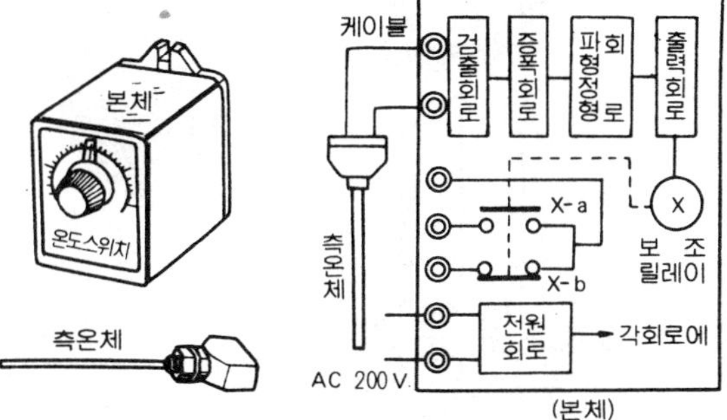

(2) 경보작동

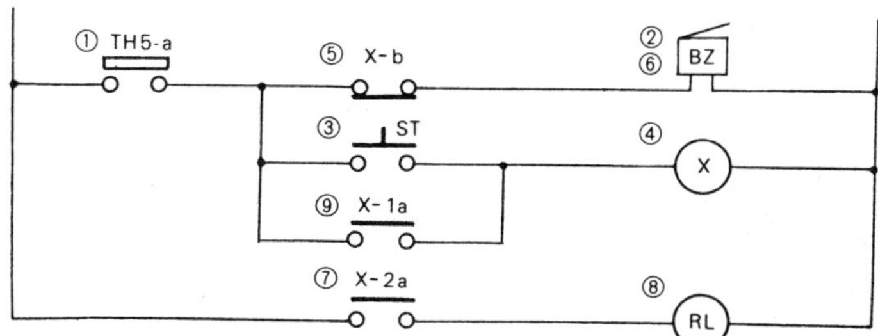

〔작동설명〕

① 온도스위치의 설정온도 이상이 되면 온도스위치의 a접점 THS－a가 작동한다.

② 온도스위치의 a접점 THS－a가 닫히면 경보 부저 BZ 가 경보를 발한다.

③ 이때 경보 정지 스위치 ST를 누른다(경보를 정지시키기 위하여).

④ 경보 정지 스위치 ST를 누르면 릴레이 Ⓧ가 작동된다.

⑤ 릴레이 Ⓧ의 작동에 의하여 Ⓧ의 b접점 X－b가 열린다.

⑥ X－b가 열리면 회로가 차단되어 경보 부저 BZ 가 정지된다.

⑦ 릴레이 Ⓧ의 작동에 의하여 Ⓧ의 a접점 X－2a가 닫힌다.

⑧ X－2a가 닫히면 경보표시등 RL이 점등된다.

⑨ 릴레이 Ⓧ의 작동에 의하여 Ⓧ의 a접점 X－1a가 닫히어 자기 유지된다.

2·5 자동 양수 제어회로

절환스위치에 의하여 양수펌프를 자동
또는 수동으로 사용할 수 있으며, 수동
시에는 기동 PBS에 의하여 기동되어 급
수되고, 자동시에는 플로트 스위치에 의
하여 운전되는 회로이다.

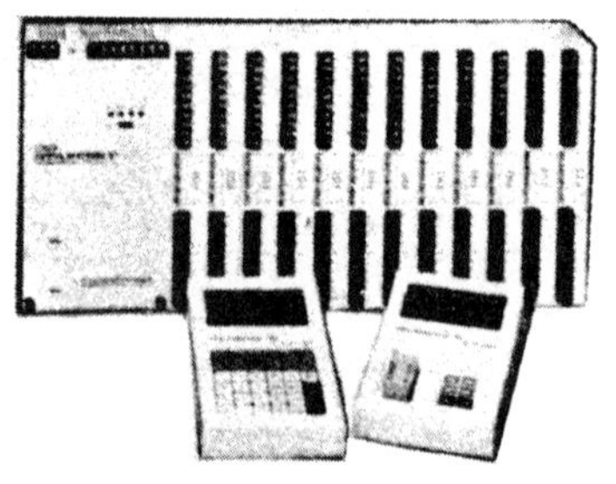

〔**프로그래머블 콘트롤러**〕

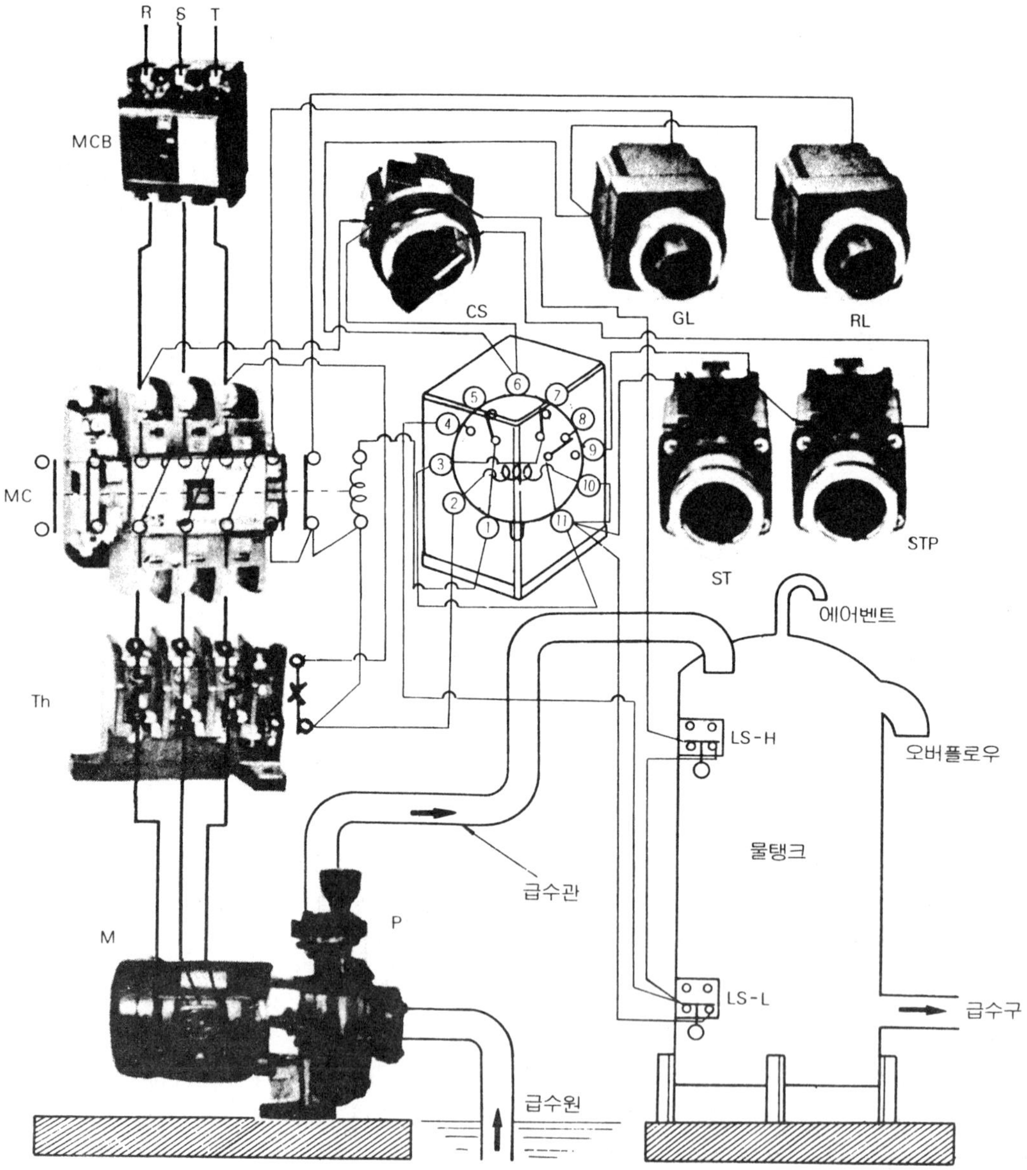

(1) 시퀀스도

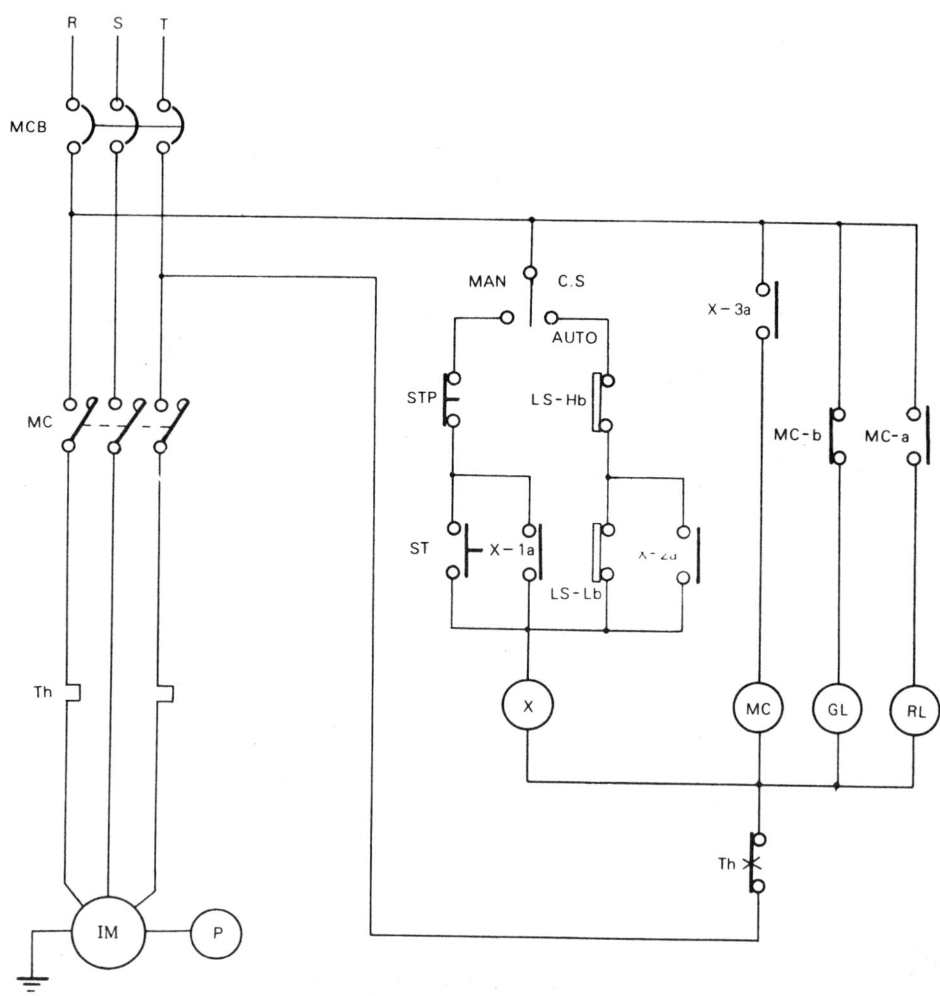

○ 기기의 용도
- 배선용 차단기 MCB : 회로에 전원을 투입한다.
- 전자접촉기 (MC) : 모터의 주회로의 차단 및 연결에 사용된다.
- 열동형 릴레이 Th : 과부하시 회로를 차단시킨다.
- 보조릴레이 (X) : 전자접촉기의 보조 작동을 행한다.
- 플로우트 스위치 LS-H : 고수위 스위치로 탱크에 물이 최고 설정치 이상일 때 작동된다.
- 플로우트 스위치 LS-L : 저수위 스위치로 탱크에 물이 최저수위 이상일 때 작동된다.
- 표시등 (GL) (RL) : 전원 표시에는 (GL) 이 쓰이고 작동표시에는 (RL) 이 쓰인다.

○ 방전의 종류
- 접촉 방전 : 전자가 접촉을 통하여 음전하에서 양전하로 넘어가는 현상
- 아아크 방전 : 전자가 아아크를 통하여 음전하에서 양전하로 넘어가는 현상(어느 한쪽이 전압이 강해야 한다).

(2) 수동시 작동

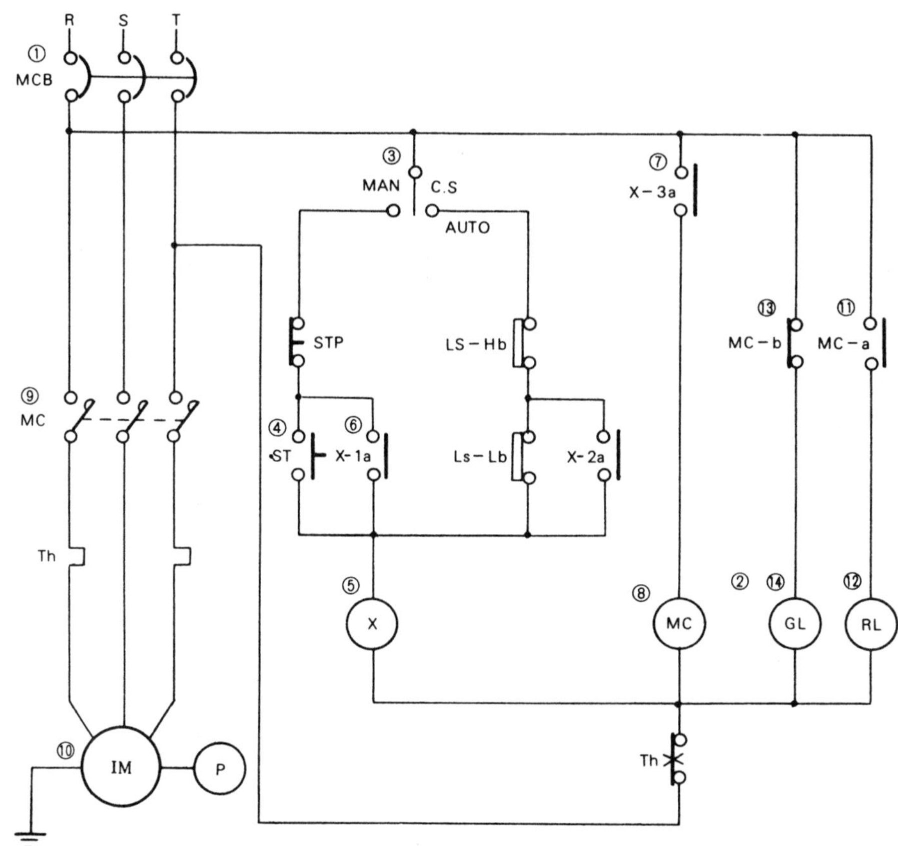

〔작동설명〕

① 회로에 전원을 투입하기 위하여 배선용 차단기 MCB 를 닫는다.

② 배선용 차단기 MCB 를 넣으면 전원표시등 ⓖⓛ 이 점등된다.

③ 절환스위치 C.S 를 수동쪽(MAN쪽)으로 한다.

④ 기동스위치 ST 를 눌러 회로에 전류를 흐르게 한다.

⑤ ST 를 누르면 릴레이 Ⓧ 가 작동된다.

⑥ 릴레이 Ⓧ가 작동되면 릴레이 Ⓧ의 a접점 X-1a가 닫히어 자기 유지된다.

⑦ 동시에 Ⓧ의 a접점 X-3a도 닫힌다.

⑧ X-3a가 닫히면 전자접촉기 ⓜⓒ 가 작동한다.

⑨ 전자접촉기 ⓜⓒ 가 작동하면 주접점 MC 가 닫힌다.

⑩ 주접점 MC 가 닫히면 모터 ⓘⓜ 이 작동하고 펌프 ⓟ 가 작동하여 양수가 시작된다.

⑪ 전자접촉기 ⓜⓒ 의 작동에 의하여 ⓜⓒ 의 a접점 MC-a가 닫힌다.

⑫ MC-a가 닫히면 작동표시등 ⓡⓛ 이 점등된다.

⑬ 전자접촉기 ⓜⓒ 의 작동에 의하여 ⓜⓒ의 b접점 MC-b가 열린다.

⑭ MC-b가 열리면 전원표시등 ⓖⓛ 이 소등된다.

(3) 자동시 작동 (물이 저수위 이하일 때)

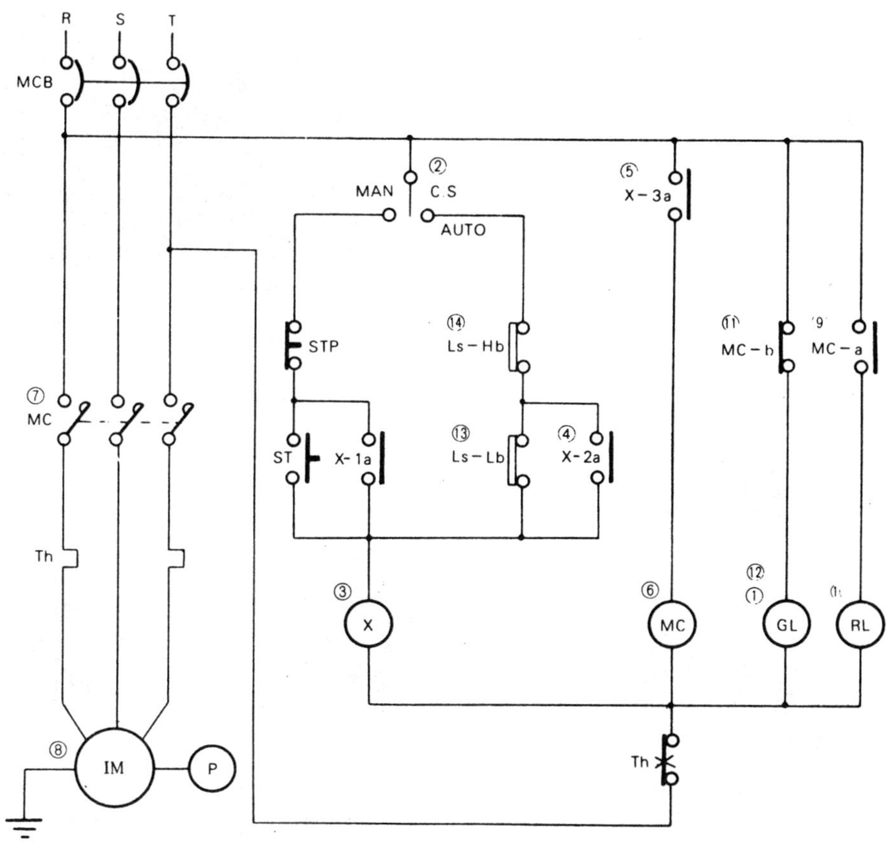

〔작동설명〕

① 먼저 전원표시등 ⓖⓛ 이 점등하고 있다.

② 절환스위치 C.S 를 자동쪽 (AUTO 쪽)으로 한다.

③ 하한스위치와 상한스위치의 접점이 b접점이므로 릴레이 ⓧ 가 작동한다.

④ 릴레이 ⓧ 가 작동되면 릴레이 ⓧ 의 a접점 X-2a가 닫히어 자기 유지된다.

⑤ 동시에 ⓧ 의 a접점 X-3a도 닫힌다.

⑥ X-3a가 닫히면 전자접촉기 ⓜⓒ 가 작동한다.

⑦ 전자접촉기 ⓜⓒ 가 작동하면 주접점 MC 가 닫힌다.

⑧ 주접점 MC 가 닫히면 모터 ⓘⓜ 이 작동하고 펌프 ⓟ 가 작동하여 양수가 시작된다.

⑨ 전자접촉기 ⓜⓒ 의 작동에 의하여 ⓜⓒ 의 a접점 MC-a가 닫힌다.

⑩ MC-a가 닫히면 작동표시등 ⓡⓛ 이 점등된다.

⑪ 전자접촉기 ⓜⓒ 의 작동에 의하여 ⓜⓒ 의 b접점 MC-b가 열린다.

⑫ MC-b가 열리면 전원표시등 ⓖⓛ 이 소등된다.

⑬ 물의 수위가 높아지면 하한스위치를 연다 (그러나 자기 유지접점 X-2a에 의하여 계속 작동된다).

⑭ 물의 수위가 상한스위치의 이상이 되면 릴레이의 전원을 차단시킨다 (작동 중지)

※ 그 다음 작동은 물의 수위가 하한 이하일 때 작동된다.

2·6　콤프레셔　압력제어회로

　2개의 압력스위치와 콤프레셔로 공기
탱크의 압력을 필요한 상태로 유지시키
는 회로이며, 수동 및 자동의 2가지로
사용할 수 있다.

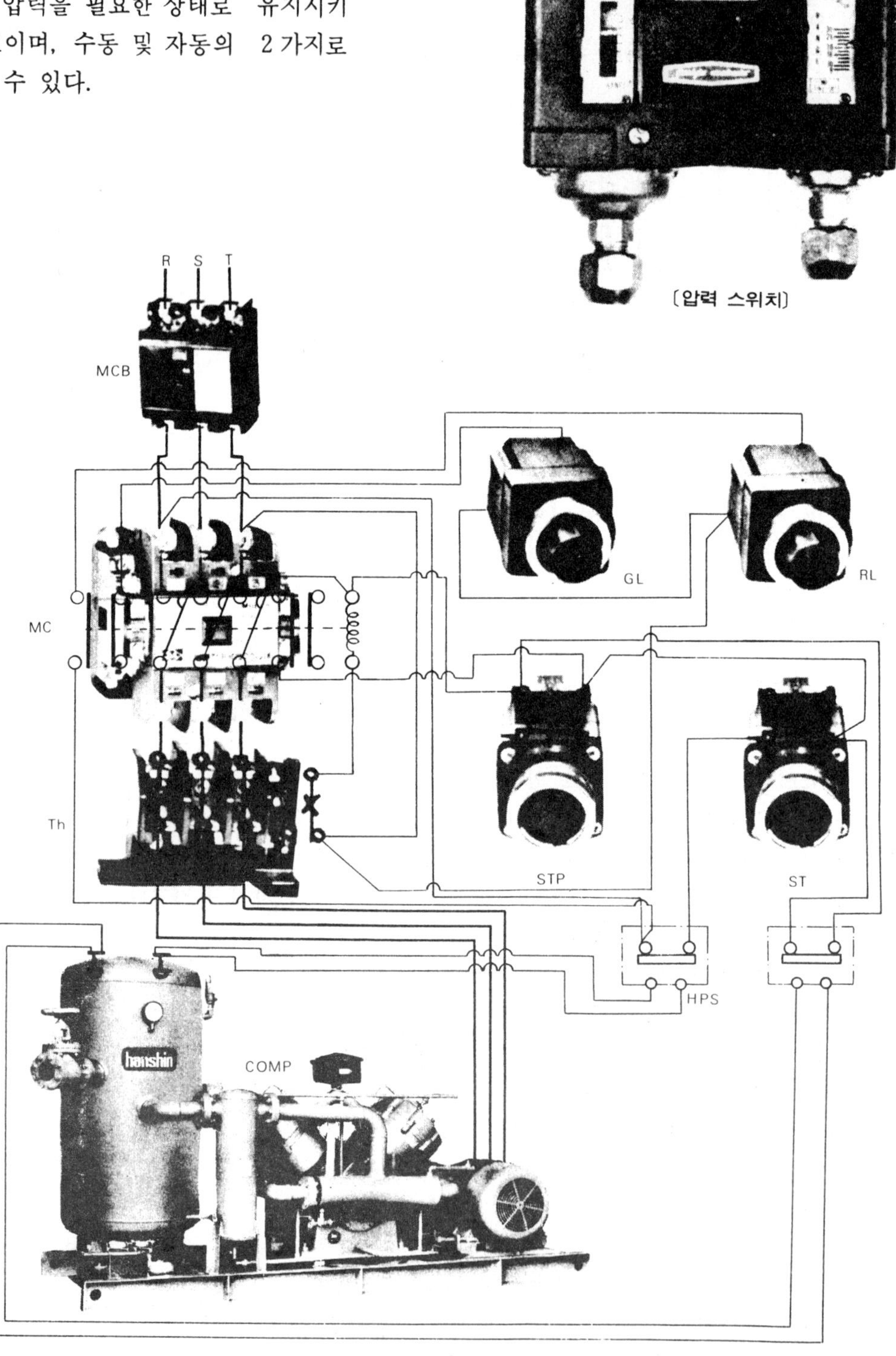

(1) 시퀀스도

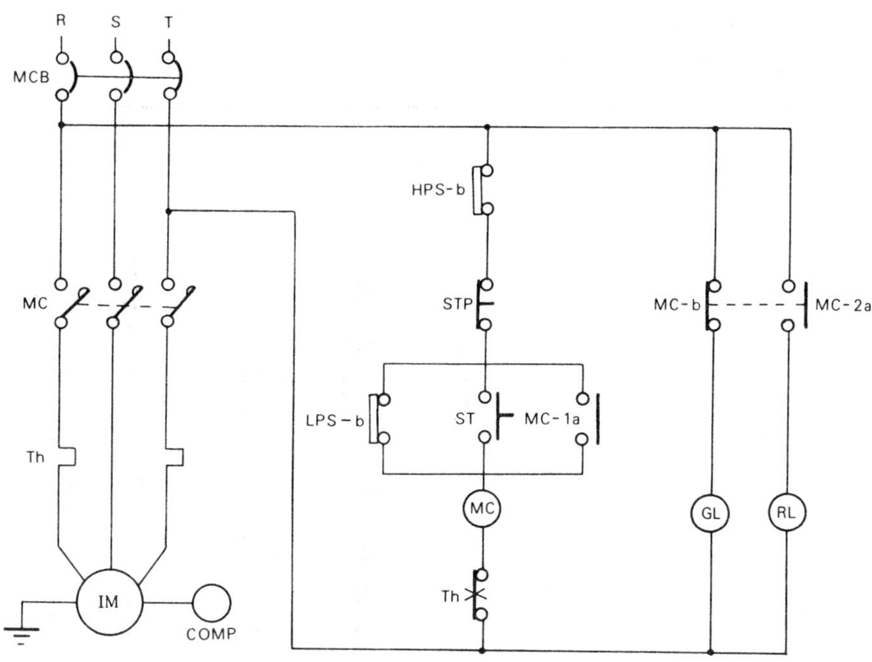

○ **기기의 용도**

- 배선용 차단기 MCB : 회로에 전원을 투입한다.
- 기동스위치 ST : 작동회로에 전원을 투입한다.
- 고압스위치 HPS : 콤프레셔 설정 고압에서 작동된다.
- 저압스위치 LPS : 콤프레셔 설정 저압 이상이면 작동된다.
- 압축기 COMP : 공기를 압축시키는 일을 한다.
- 열동형 계전기 Th : 과부하시 회로를 차단시킨다.
- 정지스위치 STP : 저압 이상, 고압 이하일 때 회로를 차단시킨다.

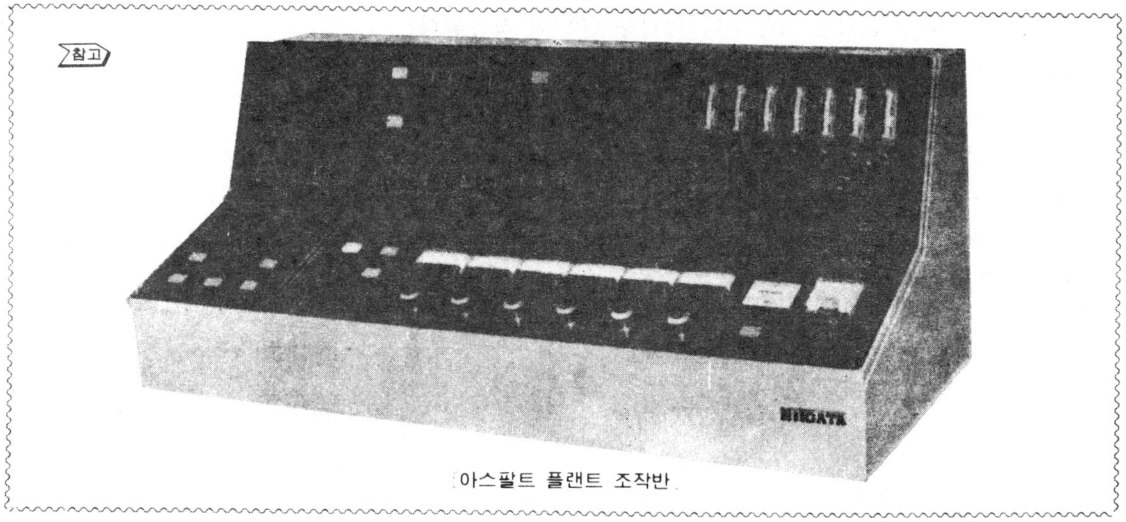

아스팔트 플랜트 조작반

(2) 콤프레셔의 기동

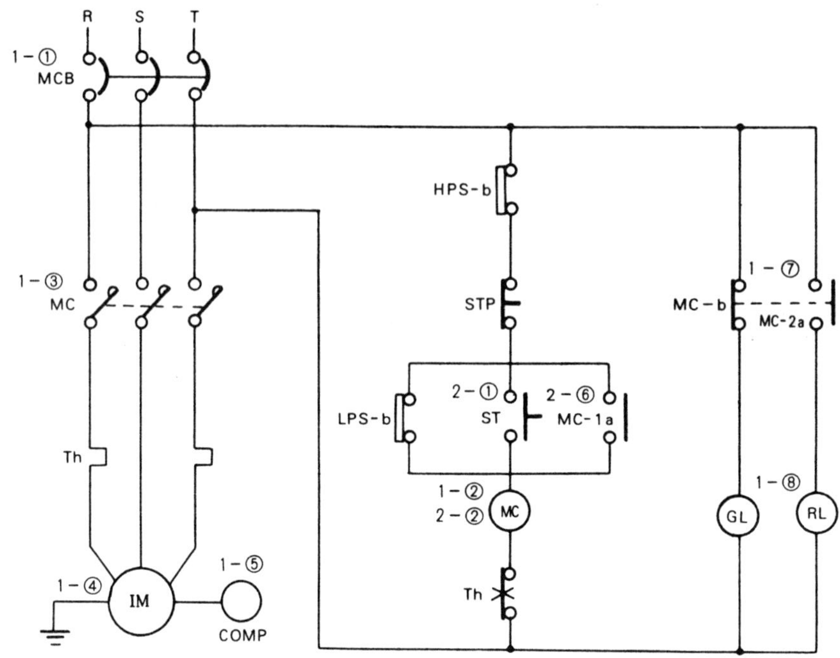

① 압력이 저압 이하로 떨어졌을 때

1-① 회로에 전원을 투입하기 위하여 배선용 차단기 MCB를 넣는다.

1-② 고압스위치와 저압스위치의 b접점이 닫혀 있으므로 전자접촉기 (MC)가 작동한다.

1-③ 전자접촉기 (MC)가 작동하면 주접점 MC가 닫힌다.

1-④ 주접점 MC가 닫히면 유도전동기 (IM)이 회전한다.

1-⑤ 유도전동기 (IM)의 회전에 의하여 콤프레셔가 작동되고 공기가 압축된다.

1-⑥ 전자접촉기 (MC)의 작동에 의하여 (MC)의 a접점 MC-1a가 닫히어 자기 유지된다 (고압 이전까지).

1-⑦ 전자접촉기 (MC)의 작동에 의하여 (MC)의 a접점 MC-2a가 닫힌다.

1-⑧ MC-2a가 닫히면 작동상태 확인등 (RL)이 점등된다.

② 압력이 저압 이상 고압 이하일 때 (정지시)

2-① 기동스위치 ST를 누른다.

2-② 기동스위치 ST를 누르면 전자접촉기 (MC)가 작동한다.

이하 작동은 위의 1-③, 1-④, 1-⑤, 1-⑥, 1-⑦, 1-⑧과 같다.

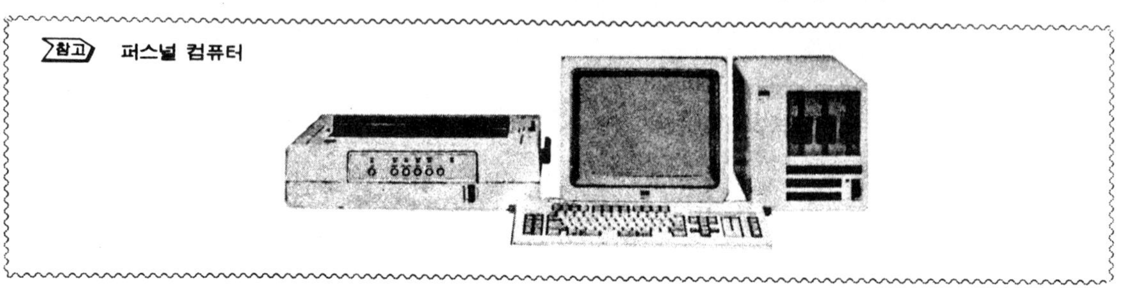

참고 퍼스널 컴퓨터

(3) 콤프레셔의 정지

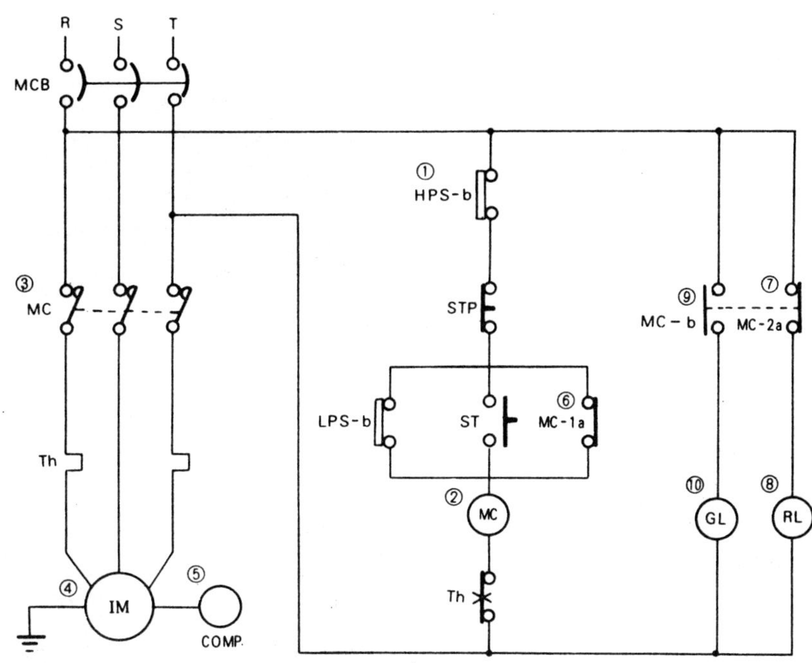

〔작동설명〕

① 압력이 높아져서 설정 고압 이상이 되면 고압스위치 HPS 의 b접점 HPS -b가 열린다.

② HPS -b가 열리면 전자접촉기 ⓂⒸ 의 작동이 중지된다.

③ 전자접촉기 ⓂⒸ 의 작동이 중지되면 주접점 MC 가 열린다.

④ 주접점 MC 가 열리면 유도전동기 ⒾⓂ 의 회전이 정지된다.

⑤ 유도전동기 ⒾⓂ 의 작동이 정지되면 압축기 ⒸⓄⓂⓅ 의 작동도 정지된다.

⑥ 전자접촉기 ⓂⒸ 의 작동에 의하여 ⓂⒸ 의 a접점 MC -1a가 열린다.

⑦ 전자접촉기 ⓂⒸ 의 작동에 의하여 ⓂⒸ 의 a접점 MC -2a가 열린다.

⑧ MC -2a가 열리면 작동표시등 ⓇⓁ 이 소등된다.

⑨ 전자접촉기 ⓂⒸ 의 작동에 의하여 ⓂⒸ 의 b접점 MC -b가 닫힌다.

⑩ MC -b가 닫히면 전원표시등 ⒼⓁ 이 점등된다.

「모터의 고장원인과 대책 (1)」

증 상	원 인	대 책
모터가 역전한다.	3 상중 2 상이 바뀜	3 상중 2 선을 바꿔준다
속도가 오르지 않는다	① 전압이 높거나 낮음 ② 과부하 ③ 고정자 코일의 단락 ④ 시동법의 부적당 ⑤ 배선용량의 부족 ⑥ 벨트의 당김	① 규정전압 사용 ② 용량이 큰 전동기로 교체 ③ 코일의 분해 수리 ④ 규정대로 접속 ⑤ 배선을 굵은 것으로 교체 ⑥ 벨트를 조정한다

2·7 전동기의 지연 작동회로

회로에 전원을 투입한 후 기동 스위치를 눌러도 전동기가 즉시 기동하지 않고 타이머의 설정시간이 되면 기동되며, 정지 스위치를 이용하여 전동기를 정지시키는 회로이다.

〔릴레이반〕

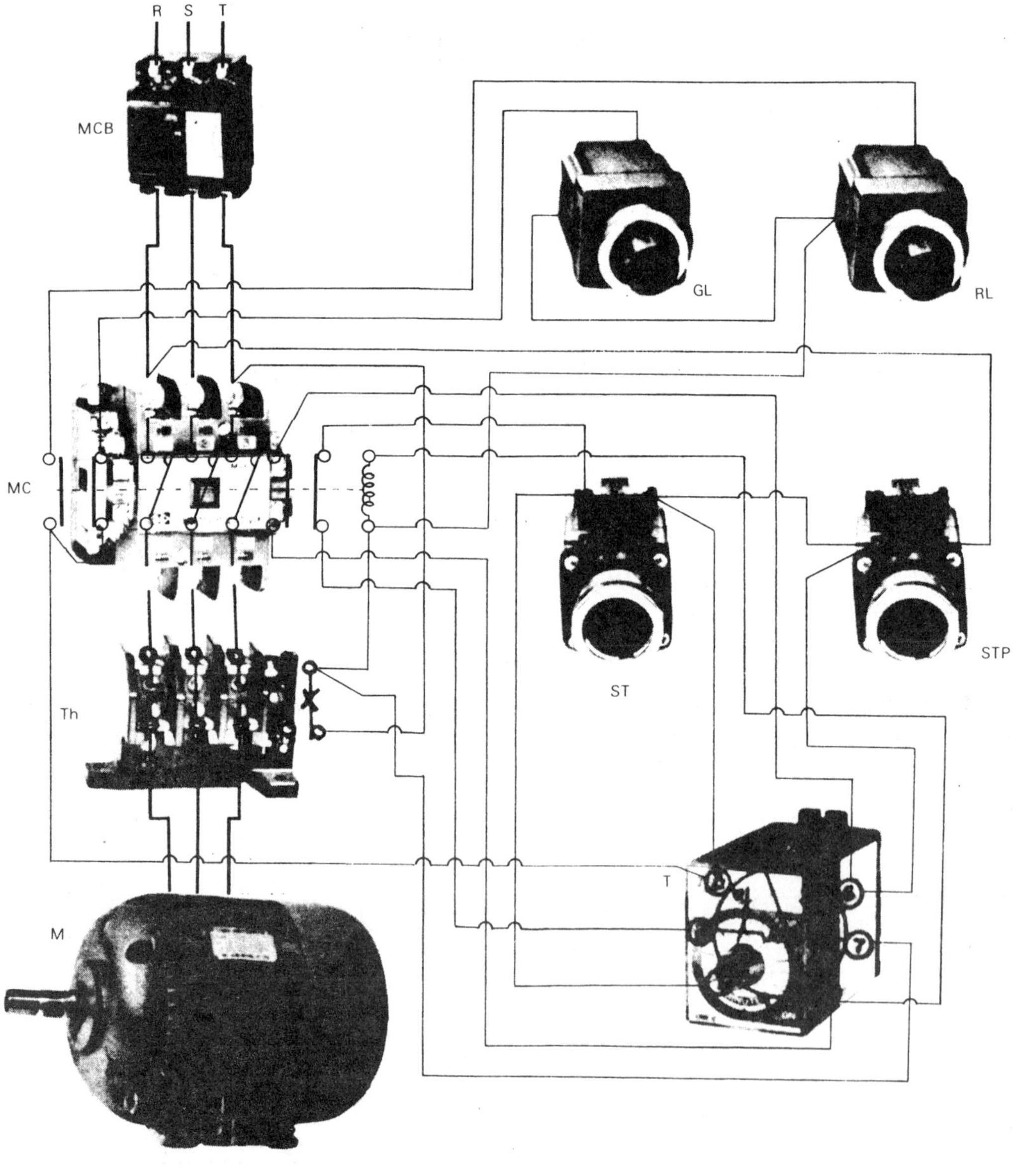

(1) 시퀀스도 (전동기 지연작동)

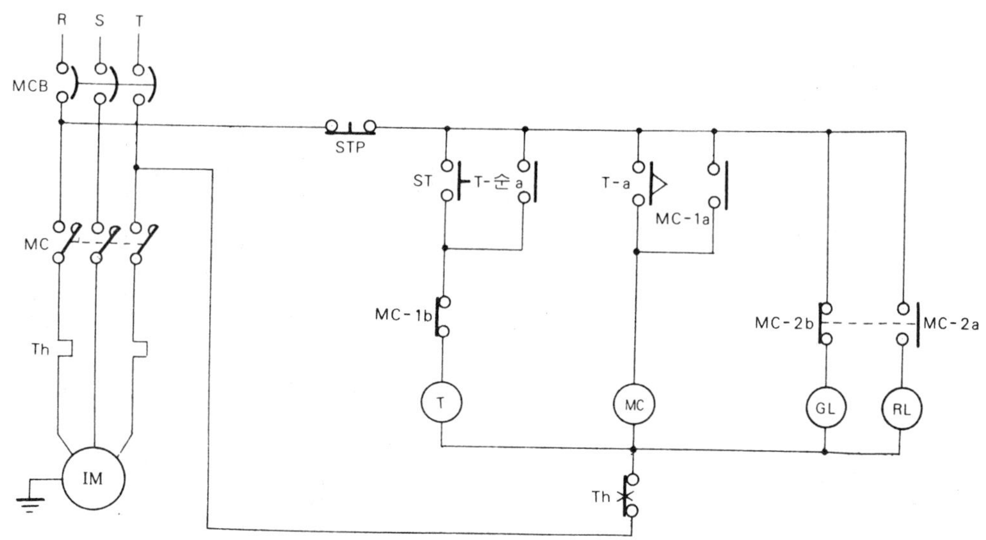

본 회로에서는 회로의 작동상태를 스스로 연구해주기 바란다.

○ 기기의 용도

- 기동스위치 ST : 전동기를 기동시키기 위하여 누른다.
- 정지스위치 STP : 전동기의 작동을 정지시킨다.
- 전원공급용 MCB : 회로에 전원을 공급한다.
- 타이머 Ⓣ : 설정시간 후 전동기가 작동되도록 한다.
- 열동형 계전기 Th : 과부하시 전원을 차단한다.
- 전자접촉기 Ⓜ︎Ⓒ : 전동기의 주회로에 전원을 공급한다.
- 전원표시등 Ⓖ︎Ⓛ : 회로의 전원 인가상태 확인에 사용된다.
- 모터 운전표시등 Ⓡ︎Ⓛ : 모터 기동시 점등된다.

[모터의 고장과 대책 (2)]

증 상	원 인	대 책
마찰음이 난다	① 고정자와 회전자의 마찰 ② 축의 소손 ③ 이물질 혼입	① 축의 교환이나 윤활유를 주입 ② 베어링의 교환 ③ 이물질 제거
벨트가 벗겨진다	① 과부하 상태 ② 기계의 고장 ③ 설치 불량	① 부하를 줄인다 ② 기계를 수리한다 ③ 바르게 설치한다.
전혀 돌지 않는다	① 코일의 단선 ② 퓨즈의 용단 ③ 고정자와 회전자의 고착 ④ 개폐기의 불량 ⑤ 전선의 단선 ⑥ 과부하	① 코일을 수리한다. ② 정격으로 교체한다. ③ 전체 분해 수리 ④ 개폐기 교환 ⑤ 전선의 연결 ⑥ 용량이 큰 것으로 교체

(2) 설정시간후 작동

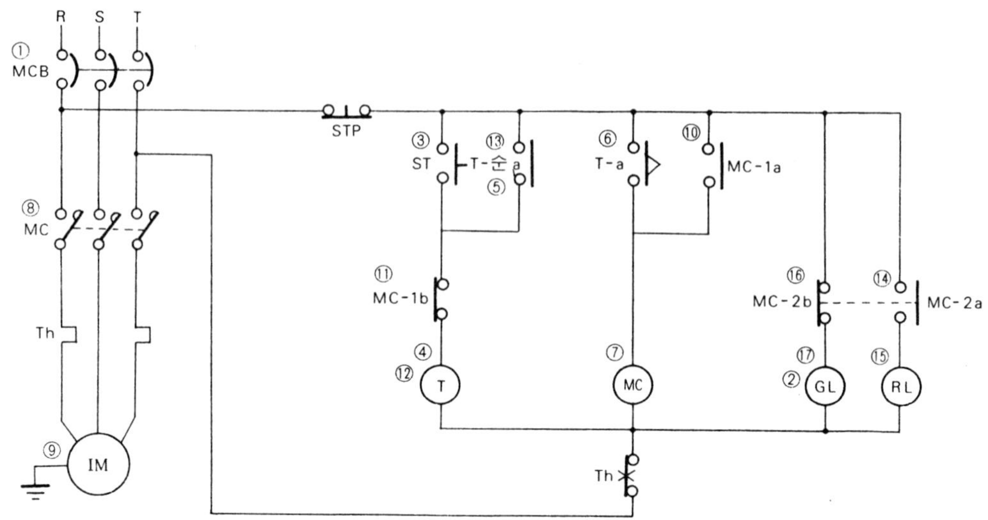

〔작동설명〕
① 회로에 전원을 투입하기 위하여 배선용 차단기 MCB를 닫는다.
② 배선용 차단기 MCB를 닫으면 전원표시등 Ⓖ이 점등된다.
③ 회로를 작동시키기 위하여 기동스위치 ST를 누른다.
④ 기동스위치 ST를 누르면 타이머 Ⓣ가 작동을 시작한다.
⑤ 타이머 Ⓣ가 작동하면 Ⓣ의 순시 a접점 T-순a가 닫혀서 자기 유지된다.
⑥ 설정시간 후 Ⓣ의 한시 a접점 T-a가 닫힌다.
⑦ T-a가 닫히면 전자접촉기 ⓂⒸ가 작동된다.
⑧ 전자접촉기 ⓂⒸ가 작동되면 주접점 MC가 닫힌다.
⑨ 주접점 MC가 닫히면 유도전동기 Ⓘ이 기동된다.
⑩ 전자접촉기 ⓂⒸ의 작동에 의하여 ⓂⒸ의 a접점 MC-1a가 닫히어 자기 유지된다.
⑪ 전자접촉기 ⓂⒸ의 작동에 의하여 ⓂⒸ의 b접점 MC-1b가 열린다.
⑫ MC의 b가 열리면 타이머 Ⓣ의 작동이 정지된다.
⑬ 타이머 Ⓣ의 작동이 정지되면 Ⓣ의 순시 a접점 T-순a가 열린다.
⑭ 전자접촉기 ⓂⒸ의 작동에 의하여 ⓂⒸ의 a접점 MC-2a가 닫힌다.
⑮ MC-2a가 닫히면 작동표시등 Ⓡ이 점등된다.
⑯ 전자접촉기 ⓂⒸ의 작동에 의하여 ⓂⒸ의 b접점 MC-2b가 열린다.
⑰ MC-2b가 열리면 전원표시등 Ⓖ이 소등된다.
☎ STP 스위치를 누르면 모든사항이 전원인가 전으로 돌아온다. 따라서 녹색등 Ⓖ은 점등된다.

- 전하의 반발 : 같은 전하끼리 반발(밀어낸다).
- 전하의 흡입 : 서로 다른 전하끼리는 끌어 당긴다.
- 양전자 : 전자의 부족
- 음전자 : 전자의 과잉

2·8 전동기의 임의시간 작동회로

전동기를 기동시켜서 설정시간 동안만
기동시키는 회로이며, 기동 PBS 를 누
르면 전동기가 기동을 시작하고 설정시
간이 되면 자동으로 정지하는 회로이다.

〔타이머 베이스(릴레이 베이스)〕

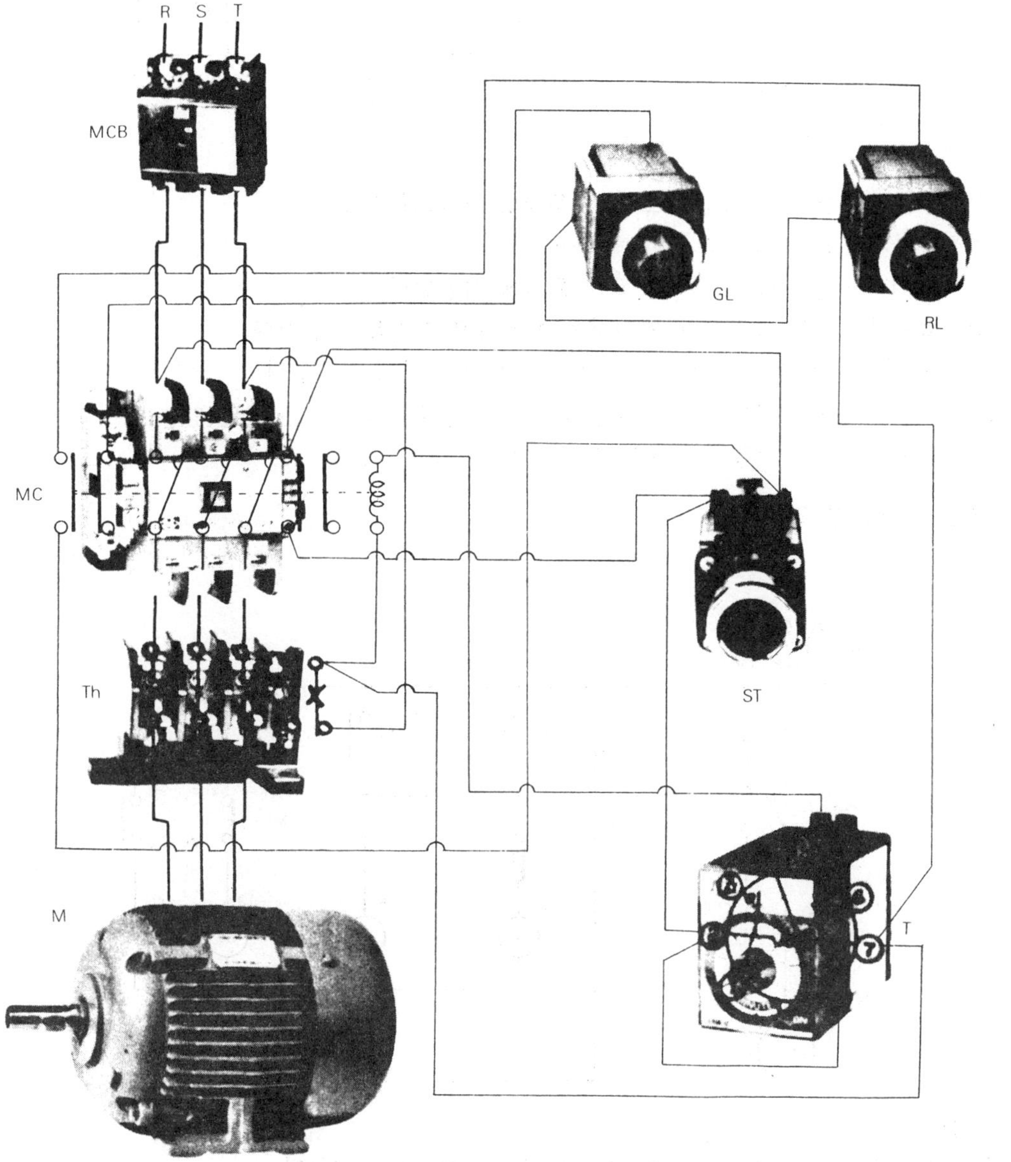

(1) 시퀀스도

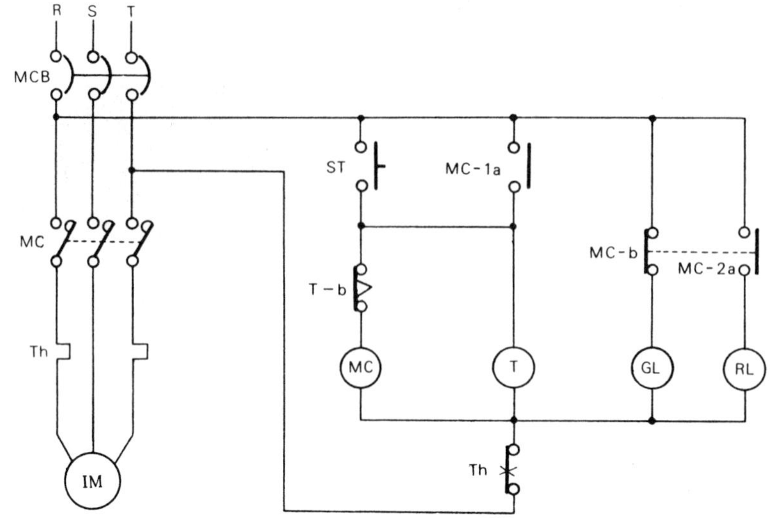

○ 전동기 설정시간 동안 작동회로에 사용되는 기기의 용도

- 기동스위치 ST : 전동기의 기동에 사용된다.
- 타이머 ⓣ : 전동기의 설정시간 동안 운전에 사용된다.
- 전자접촉기　ⓂⒸ : 주접점에 연결하여 전동기에 전원을 공급한다.
- 배선용 차단기 MCB : 회로에 전원을 공급하기 위하여 사용된다.
- 녹색표시등　ⒼⓁ : 전동기가 정지된 상태를 나타낸다(회로에는 전원 있음).
- 적색표시등　ⓇⓁ : 전동기가 운전되는 상태를 나타낸다.

(2) 전동기 임의시간 작동

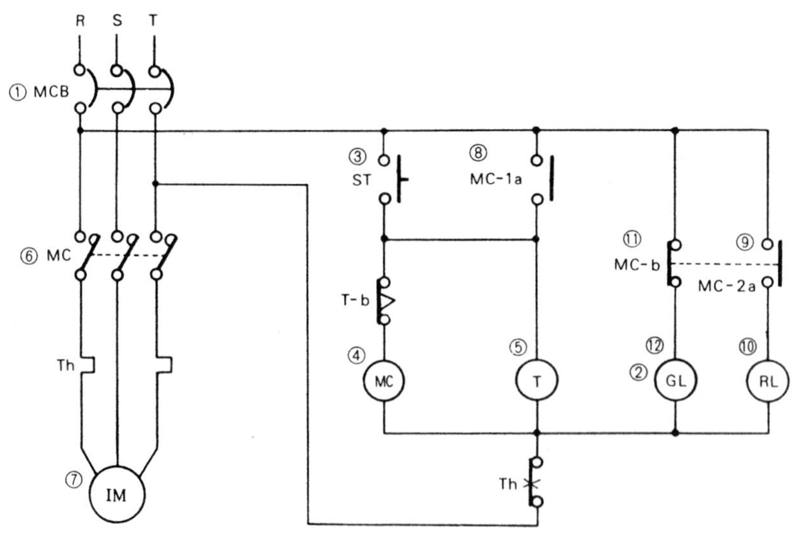

〔작동설명〕

① 회로에 전원을 투입하기 위하여 배선용 차단기 MCB 를 넣는다.

② 배선용 차단기 MCB를 넣으면 녹색표시등 (GL)이 점등된다.
③ 회로를 작동시키기 위하여 기동스위치 ST를 누른다.
④ 기동스위치 ST를 누르면 전자접촉기 코일 (MC)가 작동된다.
⑤ 동시에 시간 설정용 타이머도 전원이 인입된다.
⑥ 전자접촉기 코일 (MC)가 작동되면 주회로접점 MC가 닫힌다.
⑦ 주회로 접점 MC가 닫히면 전동기 (IM)이 기동된다.
⑧ 전자접촉기 코일 (MC)의 작동에 의하여 (MC)의 a접점 MC-1a가 닫히고 자기 유지된다.
⑨ 전자접촉기 코일 (MC)의 작동에 의하여 (MC)의 a접점 MC-2a가 닫힌다.
⑩ MC-2a가 닫히면 작동표시등 (RL)가 점등된다.
⑪ 전자접촉기 코일 (MC)의 작동에 의하여 (MC)의 b접점 MC-b가 열린다.
⑫ MC-b가 열리면 전원표시등 (GL)이 소등된다.

(3) 전동기의 임의시간후 정지작동

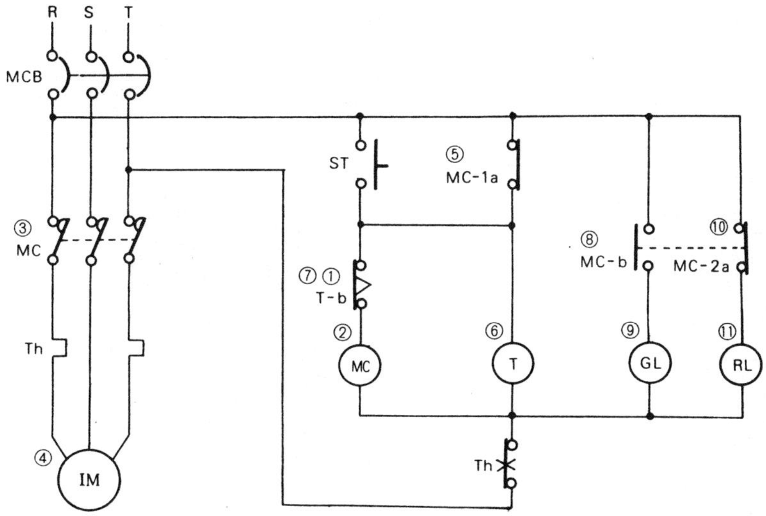

〔작동설명〕
① 설정시간 후에 타이머의 한시 b접점 T-b가 열린다.
② 타이머 한시접점 T-b가 열리면 전자접촉기 코일 (MC)가 비작동된다.
③ 전자접촉기 코일 (MC)의 작동이 정지되면 주접점 MC가 열린다.
④ 주접점 MC가 열리면 유도전동기 (IM)의 회전이 정지된다.
⑤ 전자접촉기 코일 (MC)의 작동 정지에 의하여 (MC)의 a접점 MC-1a가 열린다.
⑥ MC-1a가 열리면 타이머 (T)의 작동이 정지된다.
⑦ 타이머 (T)의 작동이 정지되면 타이머의 b접점 T-b가 닫힌다.
⑧ 전자접촉기 코일 (MC)의 작동 정지에 의하여 (MC)의 a접점 MC-b가 열린다.
⑨ MC-2a가 열리면 작동 표시등 (RL)이 소 등 된다.
⑩ 전자접촉기 코일 (MC)의 작동 정지에 의하여 (MC)의 b접점 MC-2a가 열린다.
⑪ MC-b가 닫히면 전원 표시등 (GL)이 점등된다.

2·9 전동기의 역상 제동회로

어떤 물체를 가장 확실하게 정지시키는 방법은 운동방향과 반대로 힘을 주는 것이다.

역상 제동은 역회전력과 플러깅 릴레이를 이용하여 전동기를 정지시키는 회로이다.

〔로드 센터〕

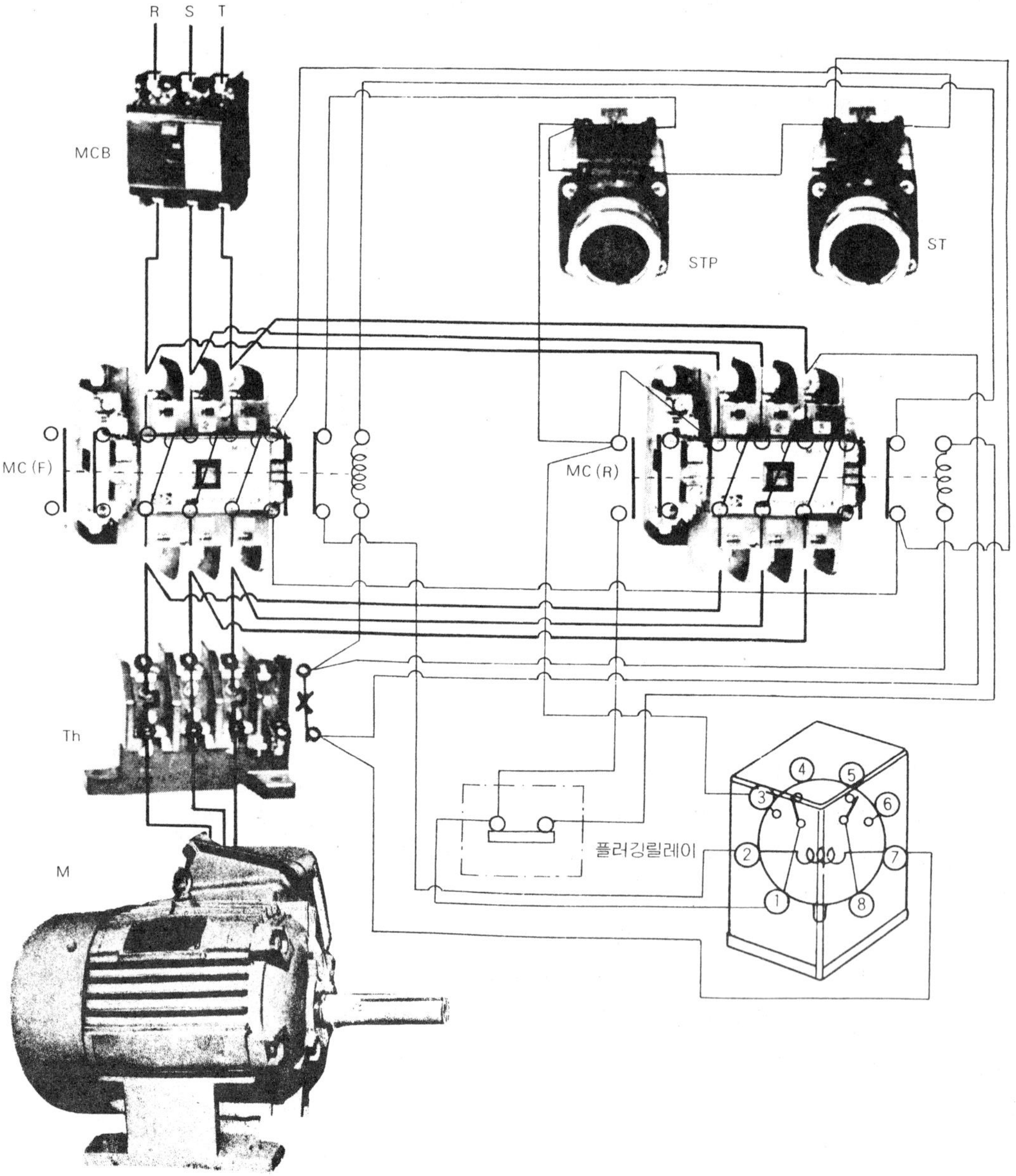

(1) 시퀸스도

ㅇ기기의 용도

- 배선용 차단기 MCB : 회로에 전원의 투입 또는 차단에 사용된다.
- 정전 전자접촉기 MC(F) : 정전운전시 전동기에 전원의 투입 및 차단에 사용된다.
- 역전 전자접촉기 MC(R) : 역전제동시 전동기에 전원의 투입 및 차단에 사용된다.
- 플러깅 릴레이 : 역전제동시 역전 전자접촉기의 회로차단에 사용된다.
- 보조릴레이 ⓧ : 정전 전자접촉기와 역전 전자접촉기의 동시 투입을 방지한다.
- 열동형 계전기 THR : 과부하시 회로를 차단시킨다.
- 기동스위치 ST : 전동기의 운전에 사용된다.
- 역상 제동스위치 STP : 전동기의 역상 제동에 사용된다.

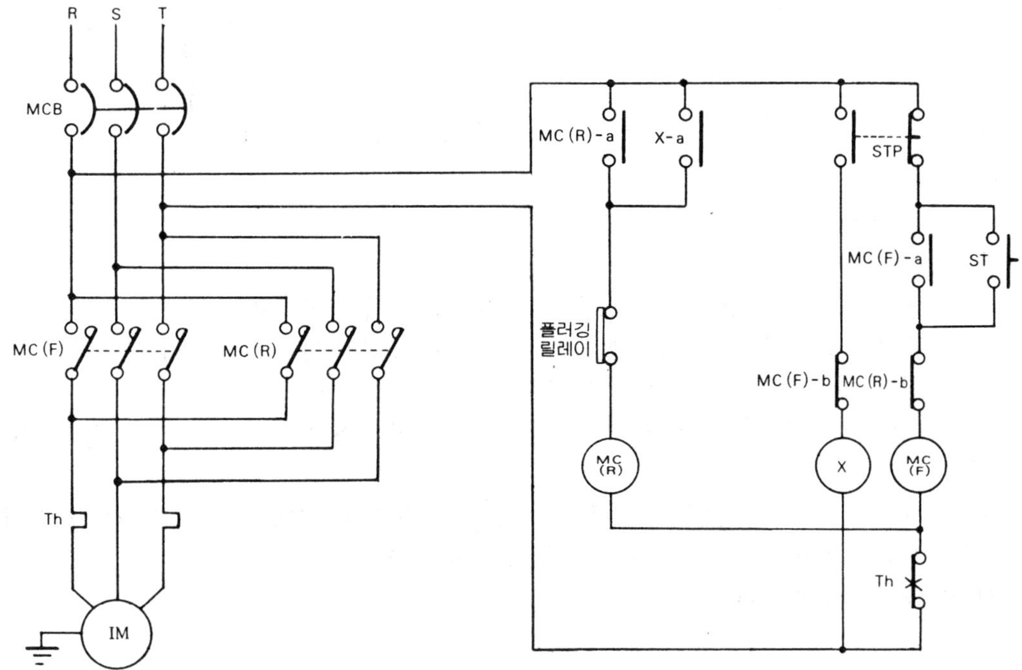

> [참고] 3상 유도 전동기에서는 전동기 단자중 2선만 바꾸면 역회전한다. 이 역전성과 플러깅 릴레이를 사용하여 전동기를 급정거 시킬 수 있다. 이를 역상 제동이라고 한다. 또다른 방법으로는 타이머를 사용하는 방법도 쓰이고 있다. 정역회로에서는 특히 인터록에 유의한다.

〔모터의 고장원인과 대책 (3)〕

고　　　　장	원　　　　인	대　　　　책
속도가 떨어진다	① 개폐기 접촉불량 ② 과부하 ③ 전압 강하	① 개폐기 교환 ② 부하를 줄인다 ③ 전력회사와 상담한다
울린다	① 3상 전압의 불평형 ② 코일의 층간 단락 ③ 축의 편심이나 중심내기 불량	① 평형 3상 전압 공급 ② 코일의 분해수리 ③ 축의 교환 또는 정확한 중심내기

(2) 정전운전의 기동 작동

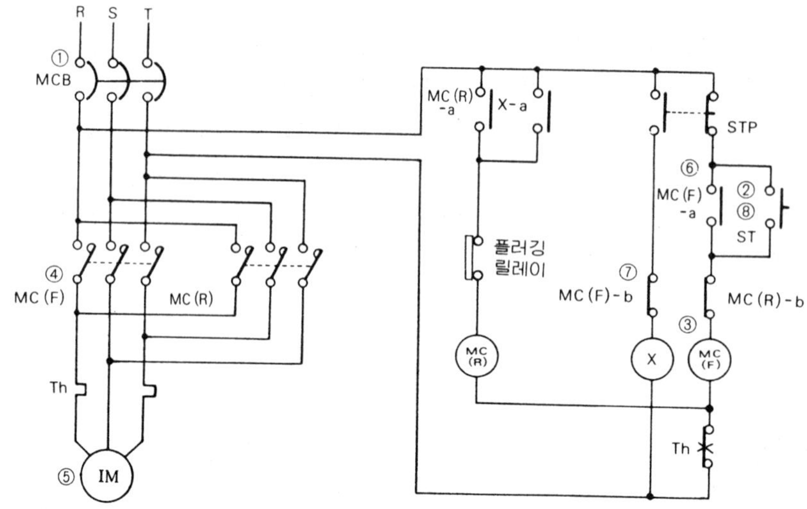

〔작동설명〕

① 전원의 배선용 차단기 MCB를 넣는다.

② 기동스위치 ST를 누른다.

③ 기동스위치 ST를 누르면 정전자 접촉기 코일 (MC(F)) 가 작동한다.

④ 정전자 접촉기 코일 (MC(F)) 가 작동되면 (MC(F)) 의 주접점 MC(F)를 닫는다.

⑤ 주접점 MC(F)가 닫히면 유도전동기 (IM) 이 기동된다.

⑥ 정전자 접촉기 코일 (MC(F)) 가 작동되면 (MC(F)) 의 a접점 MC(F)−a가 닫히고 자기유지된다.

⑦ 정전자 접촉기 코일 (MC(F)) 가 작동되면 (MC(F)) 의 b접점 MC(F)−b가 열린다(인터록).

⑧ 모든 작동의 완료후 ST를 놓아도 된다(손을 떼어도 된다).

(3) 정전 운전회로의 개로작동

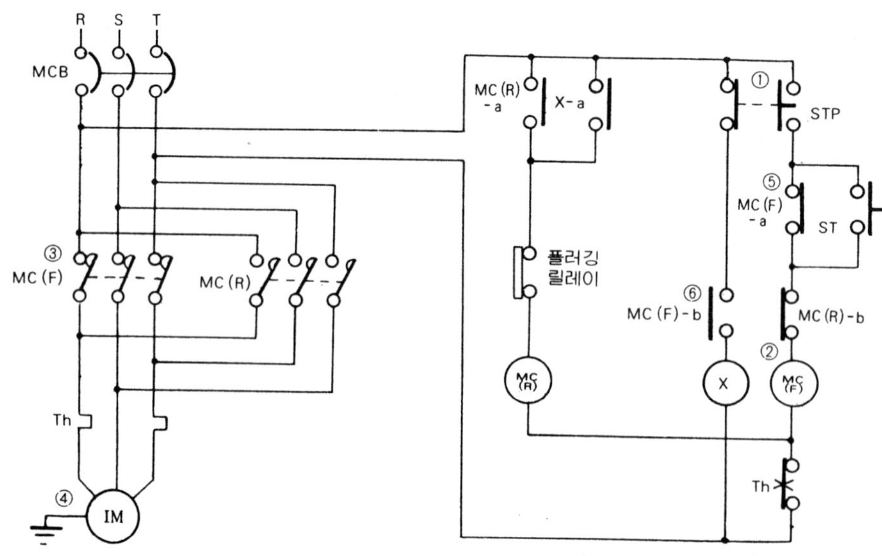

〔작동설명〕

① 제동스위치 STP를 누르면 스위치의 b접점이 열리어 정전회로가 차단된다.

② 정전회로가 차단되면 정전자 접촉기 코일 (MC(F)) 의 작동이 정지된다.

③ 정전자 접촉기 코일 (MC(F)) 의 작동이 정지되면 (MC(F))의 주접점 MC(F)가 열린다.

④ 주접점 MC(F)가 열리면 유도전동기 (IM)이 작동을 정지한다.

⑤ 정전자 접촉기 코일 (MC(F)) 의 작동이 중지되면 (MC(F)) 의 a접점 MC(F)-a를 열어 자기 유지회로를 푼다.

⑥ 정전자 접촉기 코일 (MC(F)) 의 작동이 중지되면 (MC(F)) 의 b접점 MC(F)-b를 닫는다.

(4) 역상 운전회로의 폐로작동

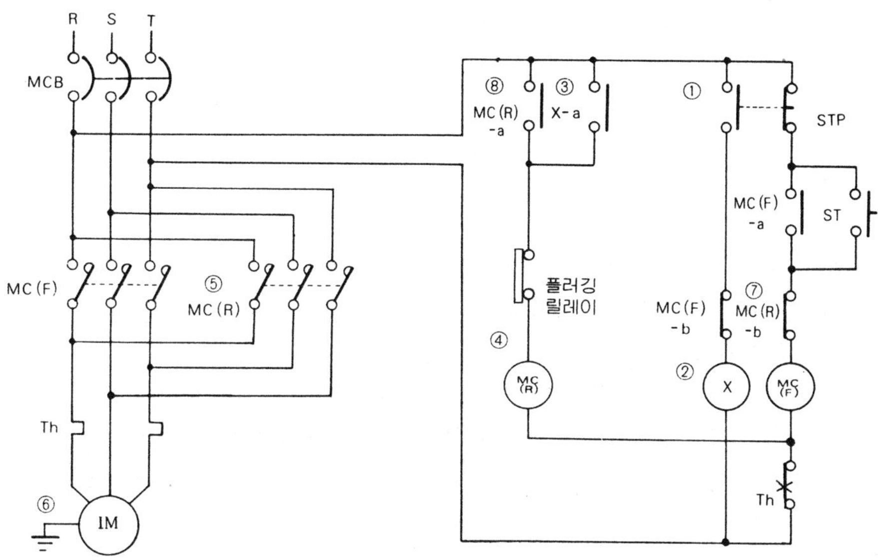

〔작동설명〕

① 제동스위치 STP를 누르면 스위치의 a접점이 닫힌다.

② STP의 a접점이 닫히면 보조릴레이 코일 (X)에 전류가 흘러 (X)가 작동된다.

③ 보조릴레이 코일 (X)가 작동되면 (X)의 a접점 X-a가 닫힌다.

④ X-a가 닫히면 역 전자접촉기 코일 (MC(R))이 작동된다.

⑤ 역 전자접촉기 코일 (MC(R))이 작동되면 (MC(R))의 주접점 MC(R)을 닫는다.

⑥ 주접점 MC(R)이 닫히면 유도전동기 (IM)은 역 기동을 시작한다.

⑦ 역 전자접촉기 코일 (MC(R))의 작동으로 (MC(R))의 b접점 MC(R)-b가 열린다(인터록).

⑧ 역 전자접촉기 코일 (MC(R))의 작동으로 (MC(R))의 a접점 MC(R)-a가 닫히어 자기 유지된다(이때 제동스위치 STP에서 손을 떼어도 된다).

• 오옴의 법칙 공식

$$I = \frac{V}{R} \qquad V = IR$$

I : 전류(A) R : 전기저항(Ω) V : 전압(V)

(5) 역전 운전회로의 개로작동

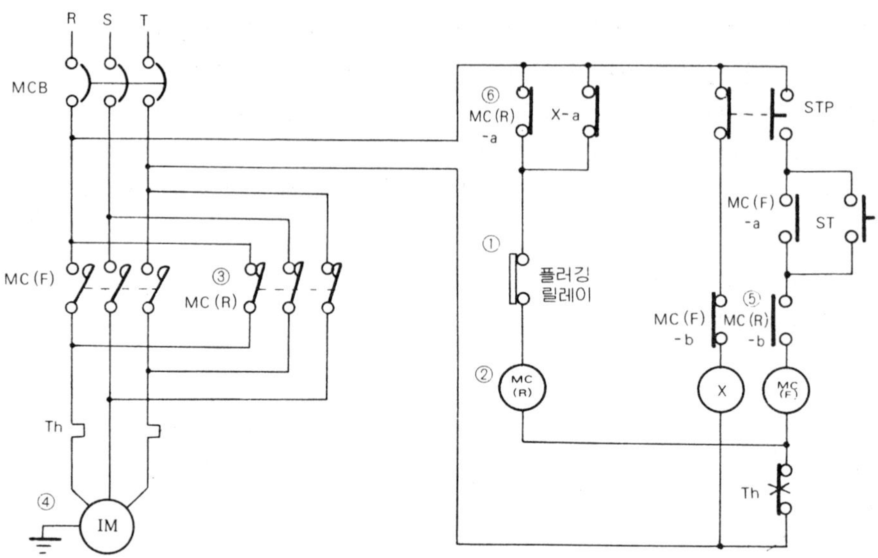

〔작동설명〕

① 전동기가 역회전하려는 순간(힘의 모먼트가 0일 때) 플러깅 릴레이 접점이 열린다.

② 플러깅 릴레이 접점이 열리면 역 전자접촉기 코일 ⓜ꜀(R) 의 작동이 정지된다.

③ ⓜ꜀(R) 의 작동이 정지되면 ⓜ꜀(R) 의 주접점 MC(R)이 열린다.

④ 주접점 MC(R)이 열리면 유도전동기의 전류의 흐름이 끊겨서 작동이 정지된다.

⑤ 역 전자접촉기 코일 ⓜ꜀(R) 의 작동이 정지되면 ⓜ꜀(R) 의 b접점 MC(R)-b가 닫힌다.

⑥ 역 전자접촉기 코일 ⓜ꜀(R) 의 작동이 정지되면 ⓜ꜀(R) 의 a접점 MC(R)-a가 열린다.

🈞 1. 이때 모든 작동상태는 전원을 차단한 상태와 같은 상태가 된다.

　 2. 제동스위치 STP에서 손을떼는 시기는 보조릴레이 Ⓧ 가 작동된 후 모터의 작동이 정지되는 순간까지 어느 때라도 좋다.

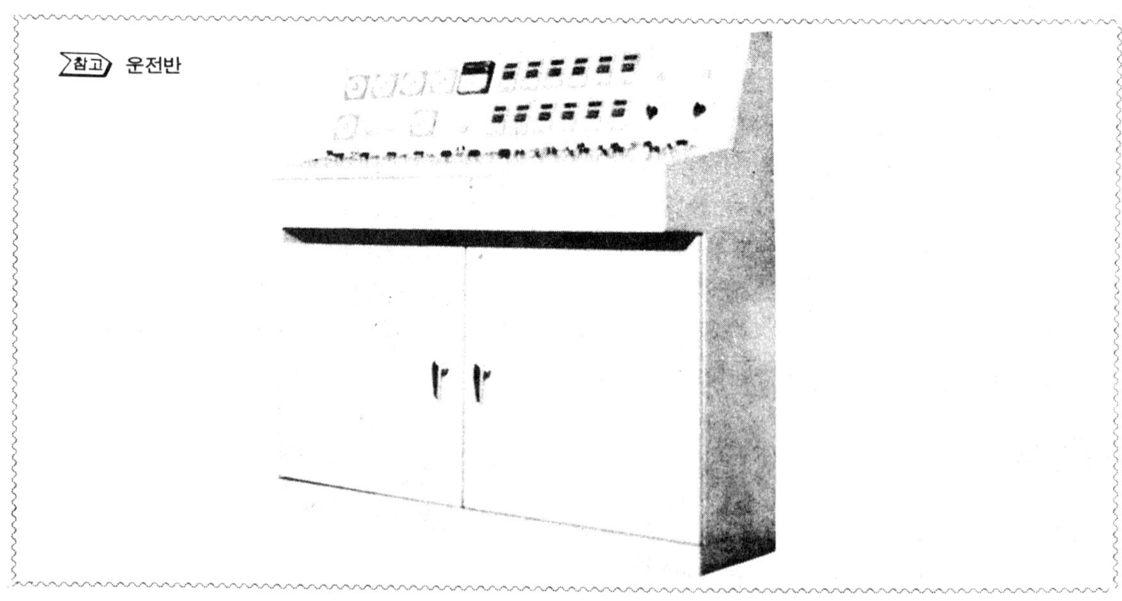

2·10 펌프의 반복 운전회로

　회로에 전원을 투입 후 절환 스위치를 넣으면 일정시간 동안 펌프의 작동이 이루어지며, 설정시간이 지나면 정지하고 설정시간 동안 정지후 재기동하여 펌프의 운전과 정지를 반복하는 회로이다.

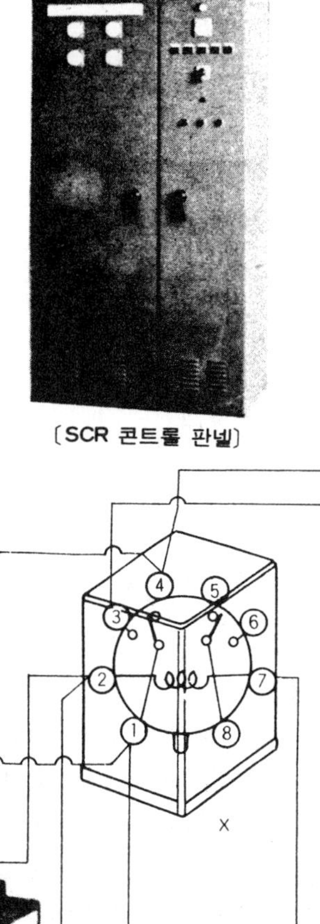

〔SCR 콘트롤 판넬〕

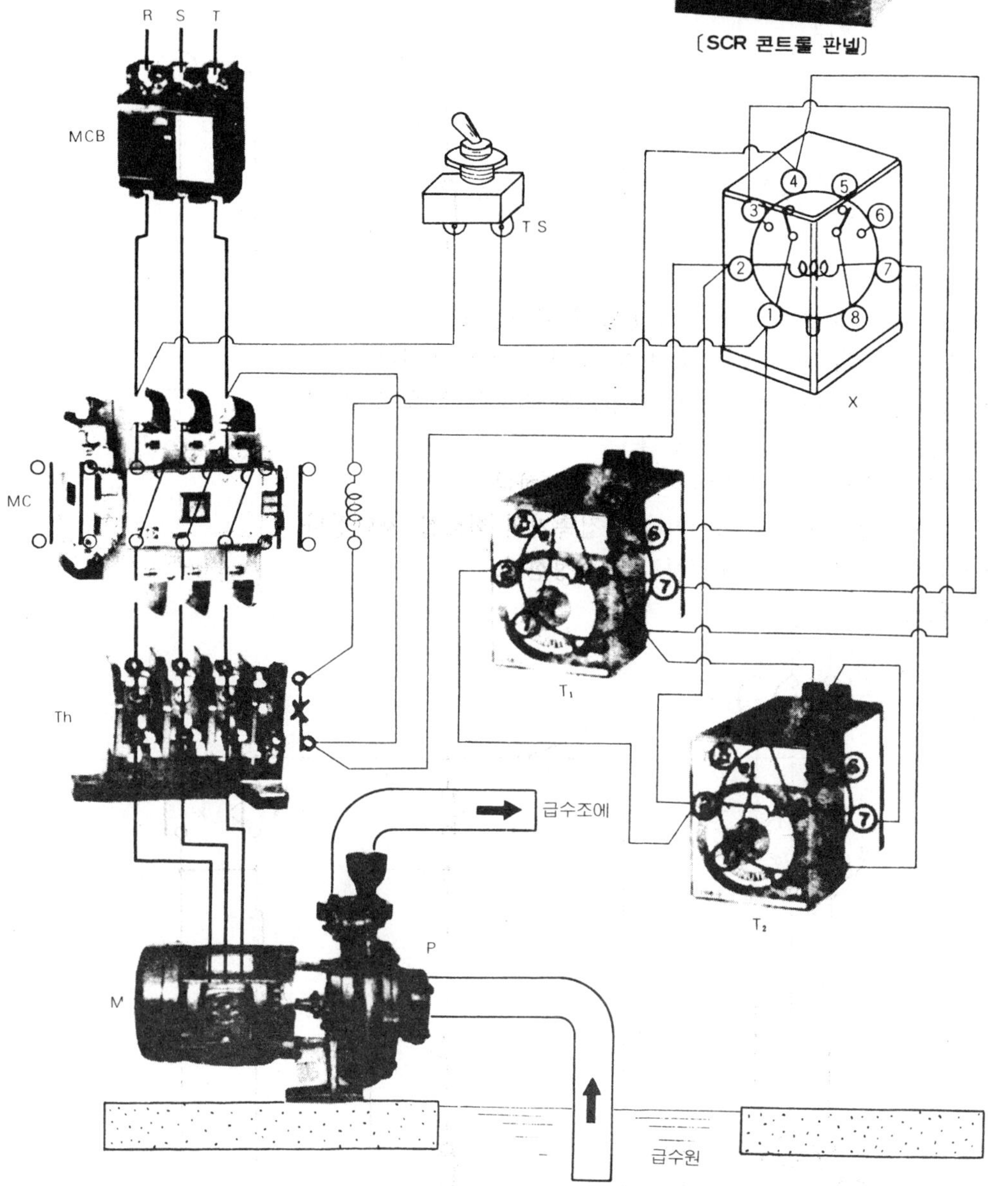

(1) 시퀀스도 (펌프의 반복운전)

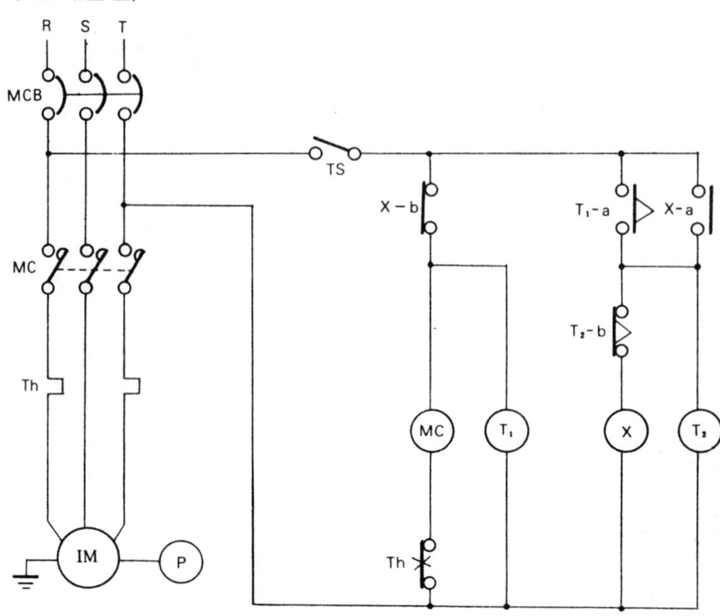

○ **기기의 용도**

- 배선용 차단기 MCB : 회로에 전원을 투입시킨다.
- 전자접촉기 ⓜ : 전동기 회로의 차단 및 연결에 쓰인다.
- 타이머 ⓣ₁ : 전동기의 운전시간(펌프의 기동시간)을 설정한다.
- 펌프 ⓟ : 물 등 유체를 퍼올린다.
- 절환스위치 TS : 작동회로에 전원을 공급한다.
- 보조릴레이 ⓧ : 전동기 정지시 전자접촉기의 회로를 차단한다.
- 타이머 ⓣ₂ : 전동기의 정지시간을 설정한다.

(2) 펌프의 운전

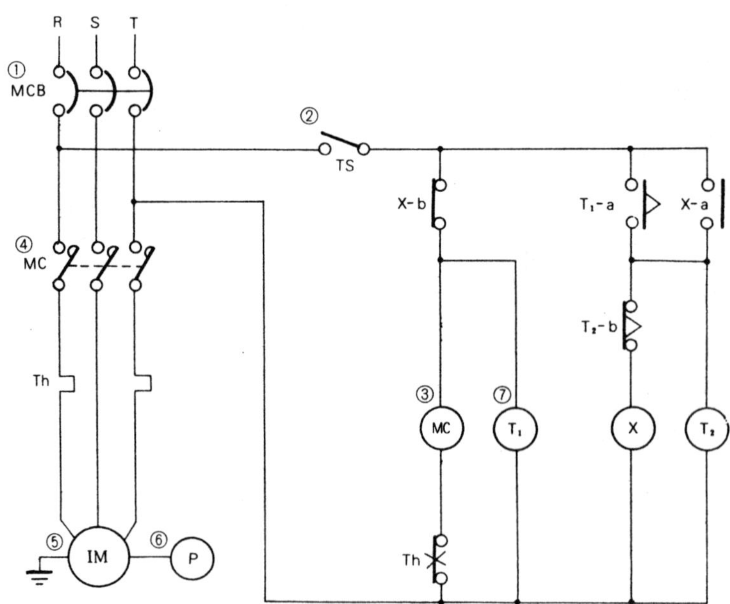

〔작동설명〕

① 회로에 전원을 투입하기 위하여 배선용 차단기 MCB 를 넣는다.

② 작동회로에 전원을 투입하기 위하여 절환스위치 T S 를 넣는다.

③ 전원을 넣으면 X−b를 통하여 전자접촉기 ⓂⒸ 가 작동된다.

④ 전자접촉기 ⓂⒸ 가 작동되면 주접점 MC 가 닫힌다.

⑤ 주접점 MC 가 닫히면 유도전동기 ⒾⓂ이 기동된다.

⑥ 유도전동기 ⒾⓂ이 기동되면 펌프 ⓟ 의 운전이 시작된다.

⑦ 전자접촉기 ⓂⒸ 와 동시에 타이머 ⓣ₁의 작동도 시작된다.

(3) 펌프의 정지

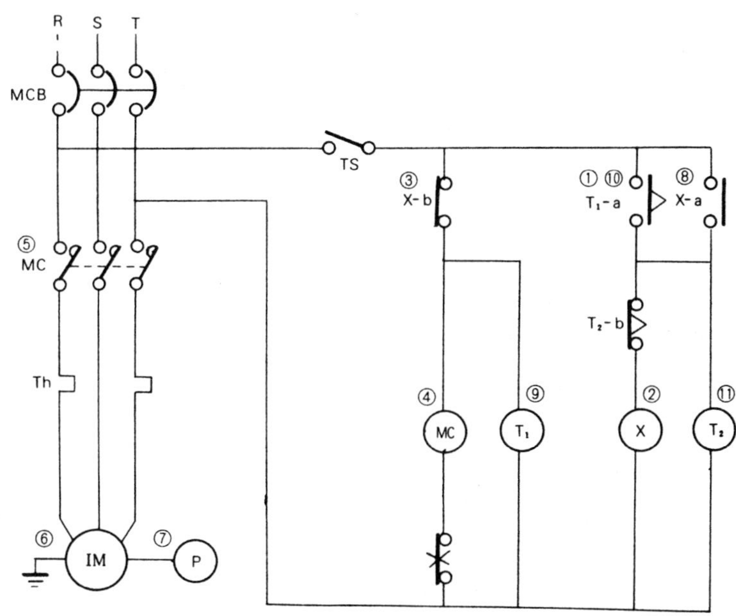

〔작동설명〕

① 타이머 ⓣ₁이 작동되면 설정시간 후 ⓣ₁의 한시 a접점 T −a가 닫힌다.

② T −a가 닫히면 릴레이 Ⓧ가 작동된다.

③ 릴레이 Ⓧ가 작동되면 릴레이 Ⓧ의 b접점 X −b가 열린다.

④ X −b가 열리면 전자접촉기 ⓂⒸ의 작동이 정지된다.

⑤ 전자접촉기 ⓂⒸ의 작동이 정지되면 주접점 MC 가 정지된다.

⑥ 주접점 MC 가 열리면 유도전동기 ⒾⓂ이 정지된다.

⑦ 유도전동기 ⒾⓂ이 정지되면 펌프 ⓟ 의 작동도 정지된다.

⑧ 릴레이 Ⓧ의 작동에 의하여 Ⓧ의 a접점 X −a가 닫히고 자기 유지된다.

⑨ 릴레이의 b접점 X −b가 열리면 타이머 ⓣ₁도 작동이 정지된다.

⑩ ⓣ₁의 작동이 정지되면 ⓣ₁의 a접점 T₁−a가 열린다.

⑪ 그러나 ⓣ₂는 계속 전류가 흘러 작동을 계속한다(T₁−a가 닫힐 때부터).

⑷ 펌프의 재기동

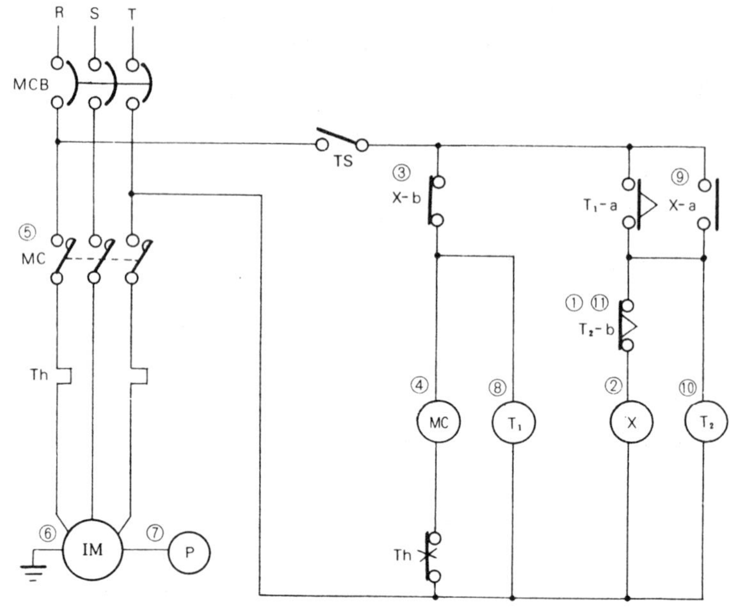

〔작동설명〕

① 타이머 T_2의 설정시간이 되면 T_2의 한시 b접점 T_2-b가 열린다.

② T_2-b가 열리면 릴레이 X의 작동이 정지된다.

③ 릴레이 X의 작동이 정지되면 X의 b접점 $X-b$가 닫힌다.

④ $X-b$가 닫히면 전자접촉기 MC가 작동한다.

⑤ 전자접촉기 MC가 작동하면 MC의 주접점 MC가 닫힌다.

⑥ 주접점 MC가 닫히면 유도전동기 IM이 작동한다.

⑦ 유도전동기 IM이 작동하면 펌프 P가 작동된다.

⑧ $X-b$가 닫히면 동시에 T_1의 작동도 시작된다.

⑨ 릴레이 X가 작동되면 릴레이 X의 a접점 $X-a$가 열린다.

⑩ $X-a$가 열리면 타이머 T_2의 작동도 정지된다.

⑪ 타이머 T_2의 작동이 정지되면 T_2의 한시 b접점 T_2-b가 닫힌다.

　이 작동을 계속 반복한다.

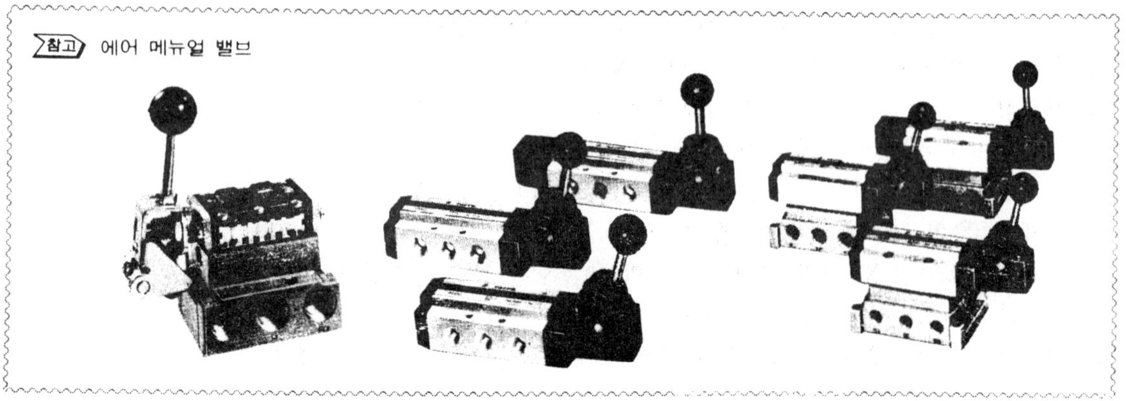

2·11 플로우트리스 액면 릴레이 이용 급수제어

액면 플로우트리스 릴레이를 사용, 자동으로 제어하여 급수탱크에 전동펌프로 물을 퍼올리는 회로이며, 전극이 물속에 침수되어 전류가 흐르므로 저 전압으로 하여 사용한다.

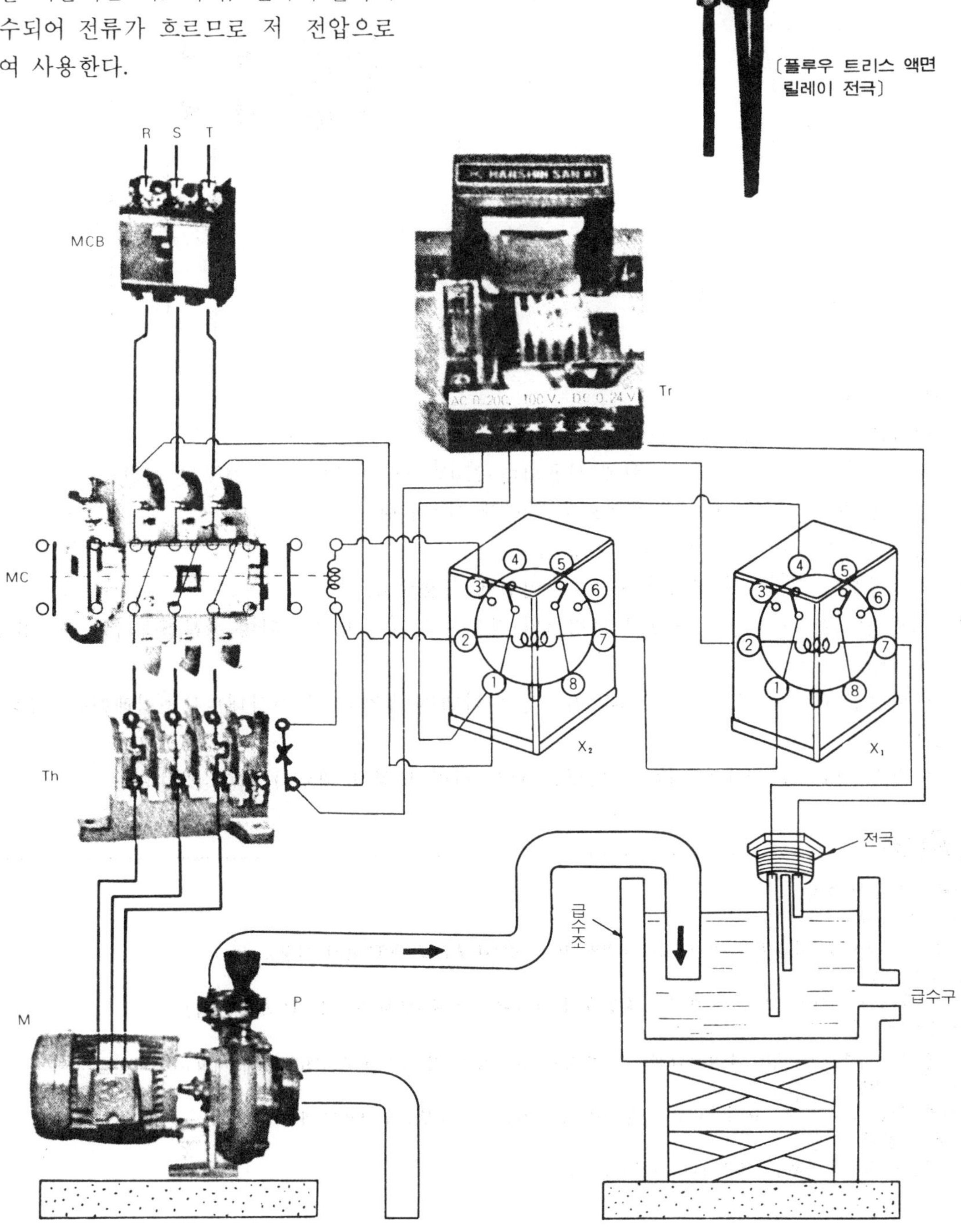

(1) 시퀀스도

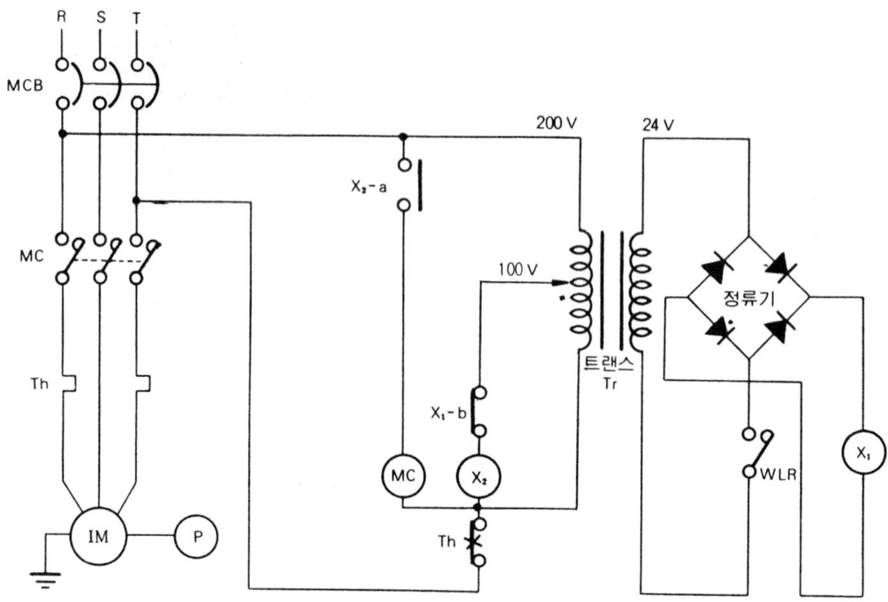

○ 기기의 용도

- 배선용차단기 MCB : 회로에 전원을 투입시킨다.
- 전압강하 트랜스 : 전압의 변환에 사용된다(220V 에서 100 V 또는 24 V 로 전환).
- 열동형 계전기 Th : 과부하시 회로의 차단에 사용된다.
- 양수펌프 ⓟ : 물을 끌어올리는 일을 한다.
- 전자접촉기 ⓜⓒ : 주회로의 차단 및 연결에 사용된다.
- 보조 릴레이 ⓧ₁ ⓧ₂ : 플로우트리스의 작동으로 접점이 작동되며 전자접촉기의 작동을 보조한다.
- 수위접점 WLR : 플로우트리스의 접점을 나타내며(실제는 통전상태) 보조릴레이를 작동시킨다.
- 브리지 정류기 : 교류를 직류로 바꾸는 일을 하며 브리지 회로가 많이 쓰인다.

• 모터의 절연 종류

① Y종 절연
면, 견, 종이를 사용하여 바니스를 표면에 바른 것(내부온도 90℃ 까지 사용)

② A종 절연
절연유를 사용하여 면, 견, 종이를 절연유에 담그어서 사용(내부온도 105℃ 까지 사용)

③ E종 절연
마이라 및 폴리에스텔, 폴리에틸렌을 사용하여 절연하는 것(내부온도 120℃ 까지 사용)

④ B종 절연
마이카(운모), 석면, 유리섬유를 사용하여 절연하는 것(내부온도 130℃ 까지 사용)

⑤ F종 절연
규소, 수지, 접착제를 사용하여 절연하는 것

(2) 작동상태

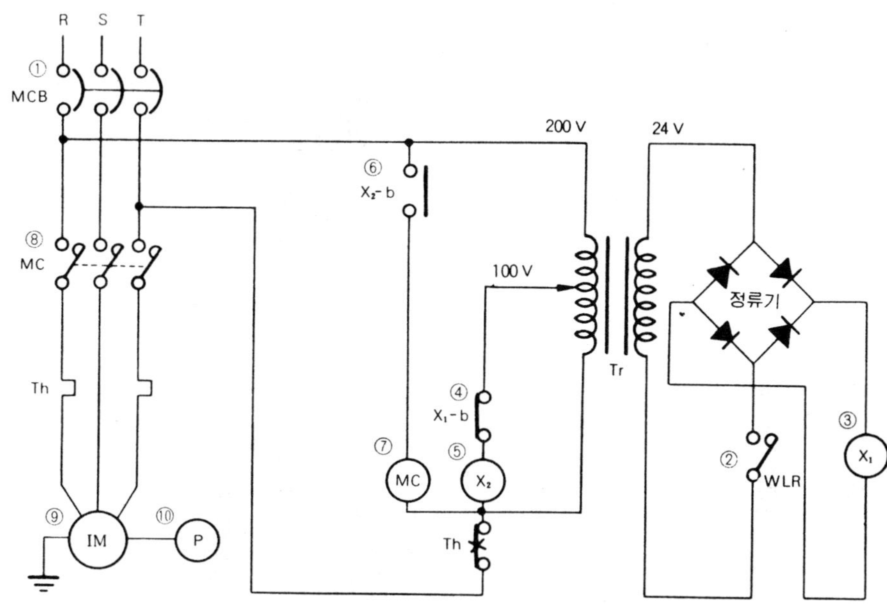

〔작동설명〕

① 회로에 전원을 투입하기 위하여 배선용 차단기 MCB 를 넣는다.

② 탱크에 물이 부족되면 플로우트리스 스위치 WLR 의 접점에 전류가 흐르지 않는다.

③ 따라서 릴레이 (X₁) 이 작동되지 않는다.

④ 릴레이 (X₁) 이 작동하지 않으므로 (X₁) 의 b접점 X₁-b가 닫힌다.

⑤ X₁-b가 닫히면 릴레이 (X₂) 가 작동된다.

⑥ 릴레이 (X₂) 가 작동되면 (X₂) 의 a접점 X₂-a가 닫힌다.

⑦ X₂-a가 닫히면 전자접촉기 (MC) 가 작동된다.

⑧ 전자접촉기 (MC) 가 작동되면 주접점 MC 가 닫힌다.

⑨ 주접점 MC 가 닫히면 전류가 흘러 전동기 (IM) 이 기동된다.

⑩ 전동기가 기동되면 축으로 연결된 펌프 (P) 가 작동하여 물을 양수한다.

토막상식 • **모터의 분해 순서** ─────────────────────

① 단자함의 뚜껑을 열고 배선을 제거한다.

② 베이스 볼트를 푼다.

③ 풀리 고정나사를 푼다

④ 풀리를 뺀다(이때에는 베어링 풀러를 사용한다).

⑤ 반대쪽의 브리킷 고정나사를 푼다.

⑥ 브리킷을 뺀다.

⑦ 팬커터를 빼낸다.

⑧ 풀리쪽 브리킷 고정나사를 푼다.

⑨ 풀리쪽 브리킷을 회전자와 함께 뺀다.

⑩ 회전자를 잡고 브리킷을 돌리면서 나무 해머로 두들겨 뺀다.

⑪ 베어링을 확인하고 파손되었으면 교환한다.

⑫ 회전자와 고정자를 청소한다(이때 콤프레셔 공기를 이용하면 좋다).

⑬ 각 부품도 청소한다(이때 볼트 등은 기름으로 닦는다).

2·12 플로우트리스 액면 릴레 이 이용 배수제어

액면 플로우트리스 릴레이를 이용하여 탱크에 오수가 차면 전자접촉기를 작동 시켜 전동펌프로 오수를 배수시키는 회 로이다.

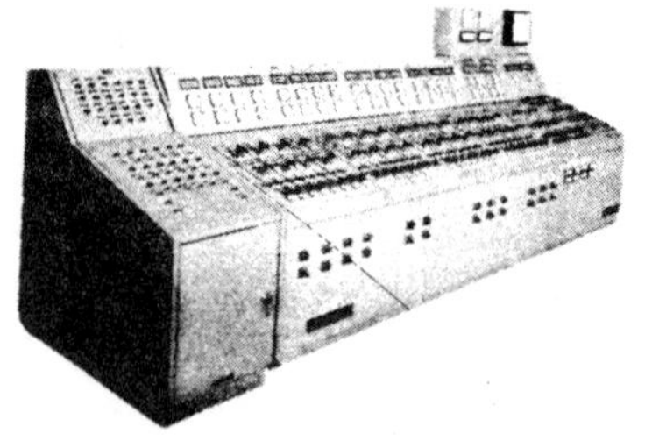

〔물처리 설비〕

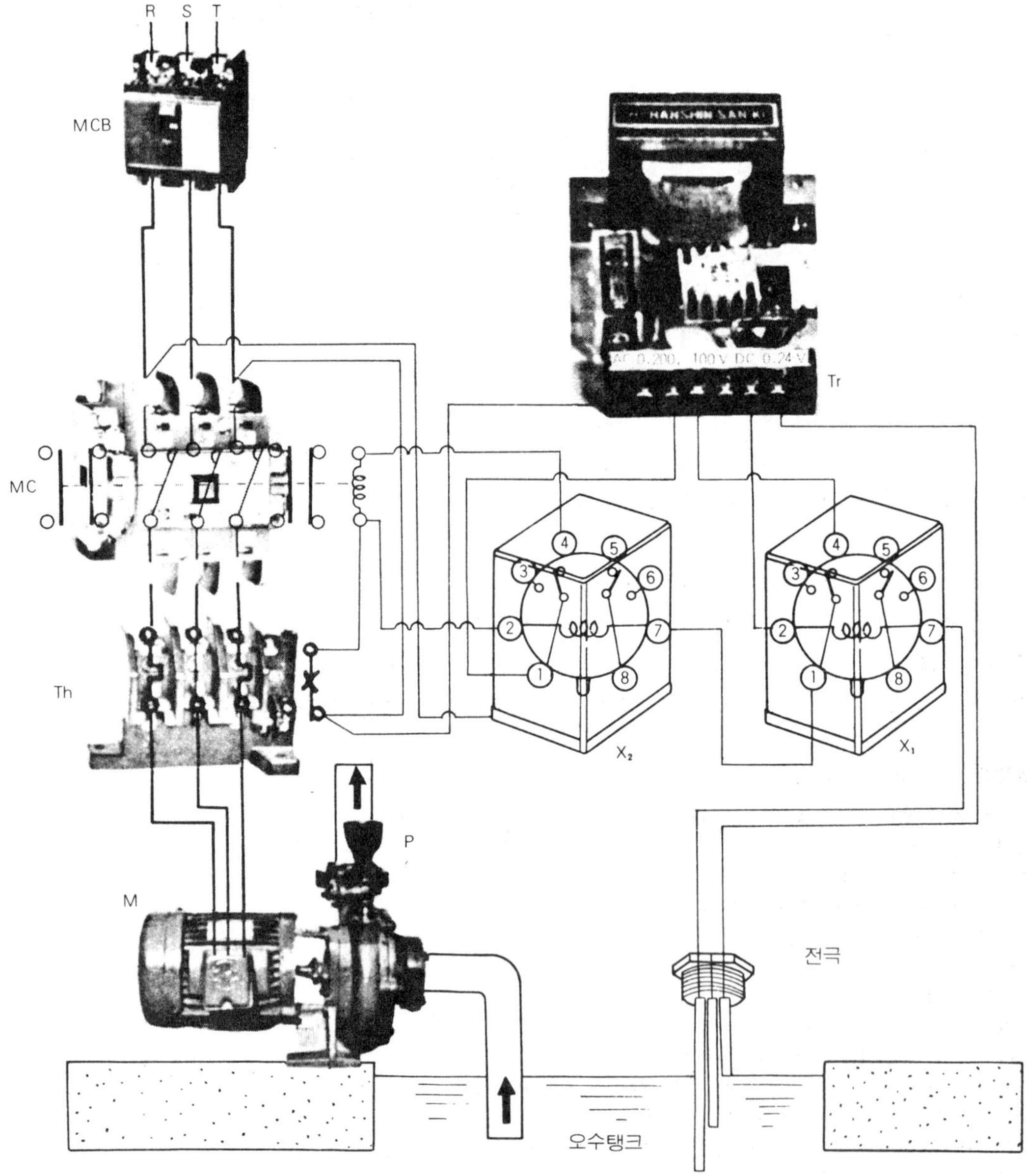

(1) 시퀀스도

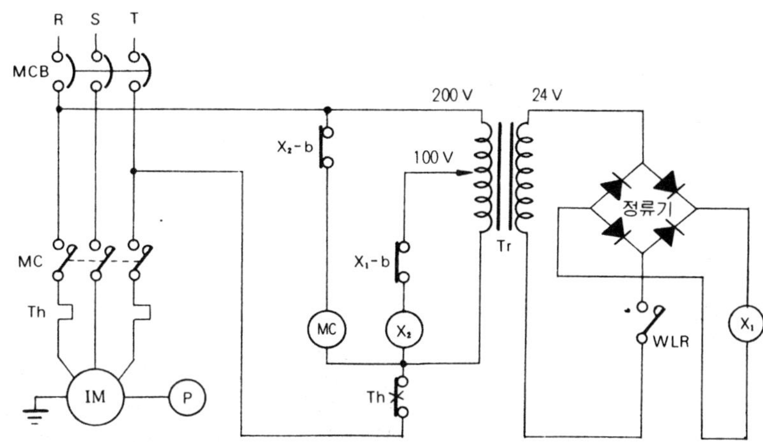

○ **기기의 용도**

- 배수펌프 ⓟ : 오수를 퍼내는데 사용된다.
- 전압강하 트랜스 Tr : 전압의 변환에 사용된다(220V 에서 100V 또는 24V 로 전환).

(2) 작동상태

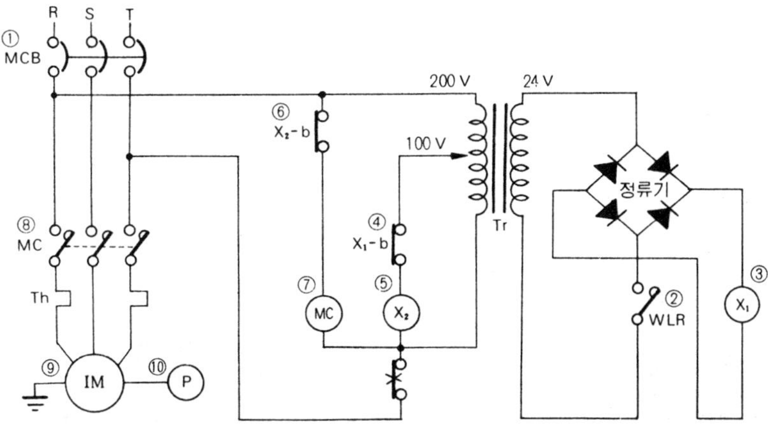

〔작동설명〕

  탱크에 물이 적으면 X_2-b 가 열려서 모터는 정지된다.

① 회로에 전원을 투입하기 위하여 배선용 차단기 MCB 를 넣는다.

② 탱크에 물이 수위 이상이 되면 플로우트리스 스위치 WLR 접점에 전류가 흐른다.

③ WLR 에 전류가 흐르면 24V 용 릴레이 ⓧ₁ 이 작동된다.

④ 릴레이 ⓧ₁ 이 작동되면 ⓧ₁ 의 b접점 X_1-b 가 열린다.

⑤ X_1-b 가 열리면 100V 용 릴레이 ⓧ₂ 의 작동이 중지된다.

⑥ 릴레이 ⓧ₂ 의 작동이 중지되면 ⓧ₂ 의 b접점 X_2-b 가 닫힌다.

⑦ X_2-b 가 닫히면 전자접촉기 ⓜⓒ 가 작동된다.

⑧ 전자접촉기 ⓜⓒ 가 작동되면 주접점 MC 가 닫힌다.

⑨ 주접점 MC 가 닫히면 유도전동기 ⓘⓜ 이 기동된다.

⑩ 유도전동기 ⓘⓜ 의 작동이 시작되면 축으로 연결된 펌프 ⓟ 가 작동하여 물을 배수한다.

2·13 콘덴서 전동기의 정역회로

콘덴서 전동기를 정역시키기 위한 회로이며, 정전용 전자접촉기 및 역전용 전자접촉기 등 2 대의 전자접촉기가 필요하며 정지, 정전, 역전 PBS 가 사용된다.

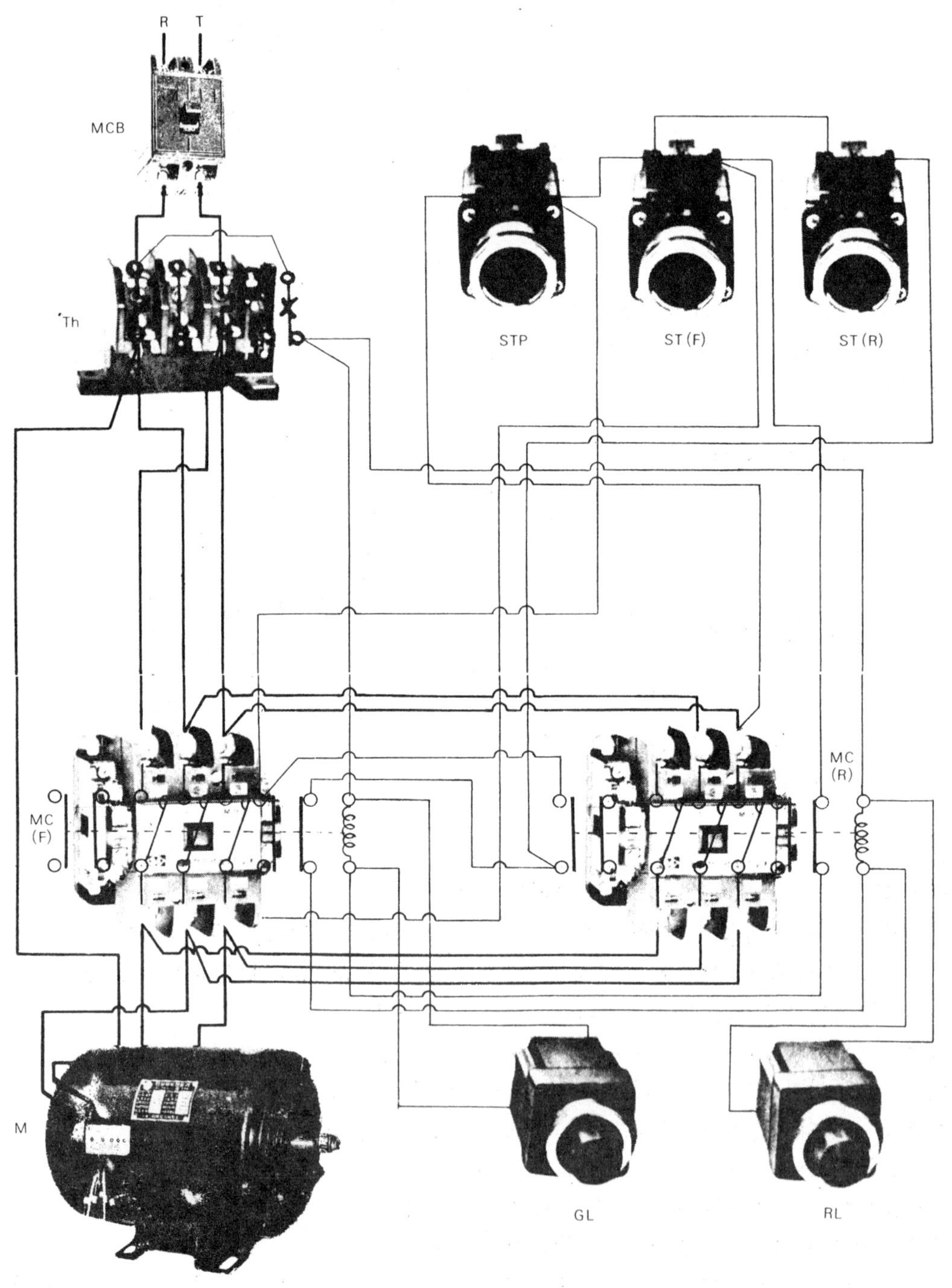

(1) 시퀸스도

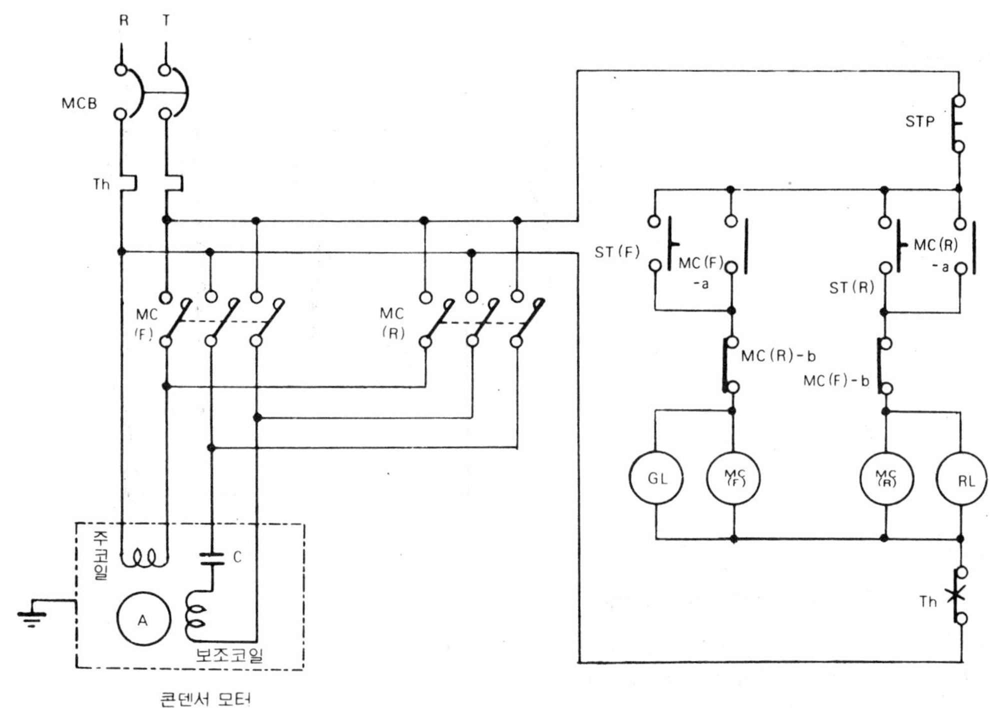

○ 기기의 용도

- 정전 전자접촉기 MC(F) : 콘덴서 전동기의 정전 주회로 개폐에 사용된다.
- 역전 전자접촉기 MC(R) : 콘덴서 전동기의 역전 주회로 개폐에 사용된다.
- 정전스위치 ST(F) : 콘덴서 전동기를 정전 기동시키기 위하여 사용된다.
- 역전스위치 ST(R) : 콘덴서 전동기를 역전 기동시키기 위하여 사용된다.
- 정지스위치 STP : 콘덴서 전동기를 정지시키기 위하여 사용한다.
- 열동형 릴레이 THR : 과부하시 전동기의 전원을 차단시키기 위하여 사용된다.
- 표시등 ⒼⓁ : 전원 투입후 전동기의 정전상태를 확인한다.
- 표시등 ⓇⓁ : 전원 투입후 전동기의 역전상태를 확인한다.
- 배선용 차단기 MCB : 전원의 투입 차단에 사용된다.

> 주 1. 콘덴서 모터란, 주 코일외에 보조 코일(기동 코일)을 설치하고, 이곳에 콘덴서를 접속시켜 기동 토오크를 발생시킬 수 있도록 한 단상 전동기이며, 회전상태를 바꾸기 위해서는 콘덴서가 접속된 보조 코일의 전원상만 바꾸면 된다.
> 2. 특히, 인터록 관계(MC(R) - b, MC(F) - b 등으로 표시)를 확인하고 확실하게 결선할 것.
> 3. 이 밖에도 단상 유도 전동기에는 분상 시동형 전동기, 반발 시동형 전동기, 쇼팅 코일형 전동기, 동기 전동기 등이 있다.

토막상식 ● 보일러 기동시의 조건 ─────────────────

① 증기압이 낮거나 정상적이다.
② 물의 수위가 저수위 이상이다.
③ 기름탱크의 유량이 최소 급유위치 이상이다.
④ 과전류 릴레이의 접점이 닫혀 있다.

(2) 콘덴서 전동기의 정전작동

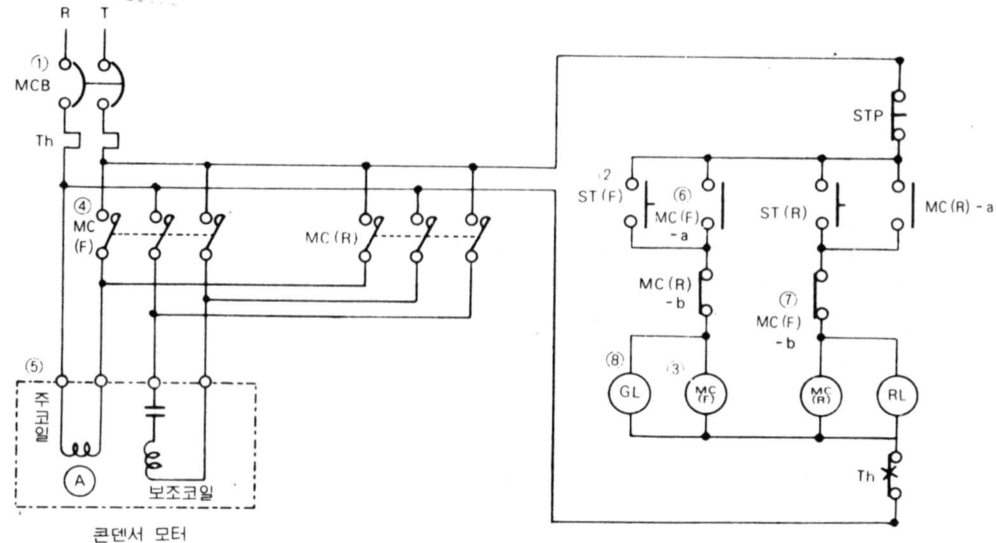

[작동설명]

① 전원의 배선용 차단기 MCB를 넣는다.

② MCB를 넣은 후 정전 기동스위치 ST(F)를 누른다.

③ ST(F)를 누르면 ⓂⒸ(F) 가 작동된다.

④ 정전 접촉기 ⓂⒸ(F) 가 작동되면 주접점 MC(F)가 닫힌다.

⑤ 주접점 MC(F)가 닫히면 콘덴서 전동기가 기동된다.

⑥ 전자접촉기 ⓂⒸ(F) 의 작동으로 MC-a가 닫히어 자기 유지가 된다.

⑦ 전자접촉기 MC(F) 의 작동으로 MC(R)-b가 열리어 인터록 시킨다.

⑧ 전자접촉기의 a접점 MC(F)-a의 작동으로 표시등 ⒼⓁ이 점등된다.

　🕮 이때 역전용 PBS인 STR를 눌러도 작동되지 않고, 꼭 STP(정지) PBS를 누른 후에야 STR이 작동된다(인터록이 되어 있으므로).

(3) 콘덴서 전동기의 정지작동

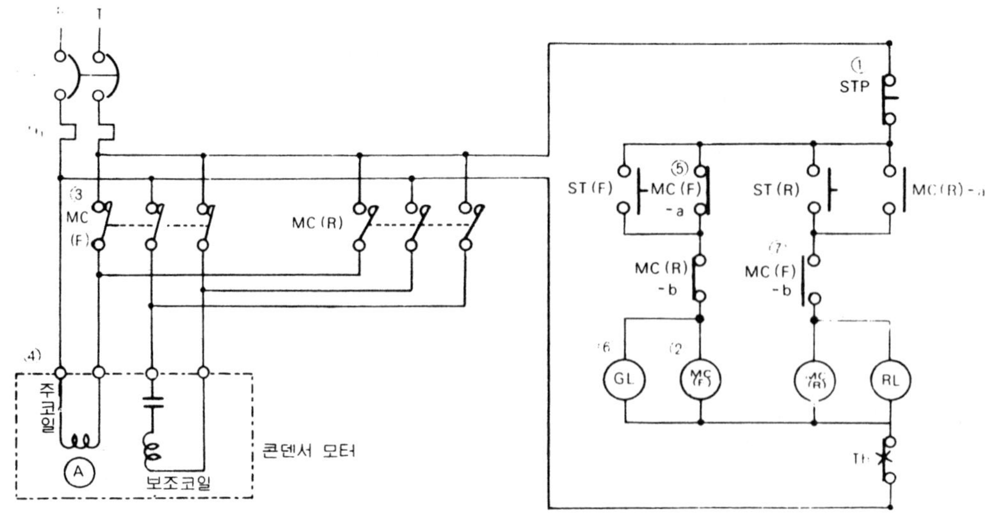

〔작동설명〕

① 정지용 스위치 STP를 누른다.

② STP를 누르면 정전 접촉기 코일 (MC(F)) 의 작동이 정지된다.

③ (MC(F)) 의 작동이 정지되면 주접점 MC(F)가 열린다.

④ MCF가 열리면 콘덴서 전동기가 정지한다.

⑤ (MC(F)) 의 비작동에 의하여 MC(F)-a가 열린다(자기 유지회로).

⑥ MC(F)-a가 열리면 (GL)이 소등된다.

⑦ (MC(F)) 의 비작동에 의하여 MC(F)-b가 닫힌다(인터록 회로).

🎵 STP를 누르면 모든 상태가 원래의 상태로 돌아와서 정전이나 역전을 할 수 있는 **회로로 돌아온다**.

(4) 콘덴서 전동기의 역전작동

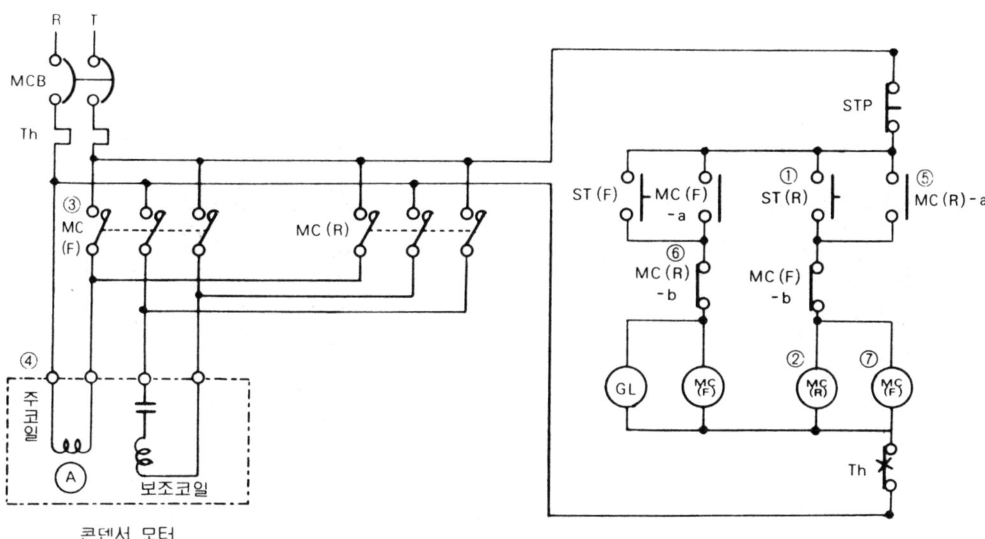

〔작동설명〕

① 역전 기동스위치 ST(R)을 누른다.

② ST(R)을 누르면 역전 접촉기 코일 (MC(R)) 이 작동된다.

③ (MC(R)) 이 작동되면 주접점 MC(R)이 닫힌다.

④ MC(R)이 닫히면 콘덴서 전동기가 역전을 시작한다.

⑤ 전자접촉기 (MC(R)) 의 작동으로 MC(R)-a가 닫히어 자기 유지된다.

⑥ 전자접촉기 (MC(R)) 의 작동으로 MC(R)-b가 열리어 인터록 시킨다.

⑦ 전자접촉기의 a접점 MC(R)-a의 작동으로 표시등 (RL)이 점등된다.

🎵 이 회로는 정전 작동시 역전용 PBS인 STR을 눌러도 작동되지 않고, 꼭 STP(정지) PBS를 누른 후에야 STR이 작동된다(인터록 되어 있으므로).

복잡한 직·병렬 회로의 합성저항을 구하는 기본 과정

① 필요하면 회로를 다시 그린다.

② 어떤 병렬 회로가 2개 이상의 직렬 저항을 가지고 있으면 이들을 합해서 그 합성저항을 구한다.

③ 병렬 저항에 관한 공식을 사용하여 회로의 병렬 부분의 합성저항을 구한다.

④ 합성 병렬 저항에 이것과 직결인 저항을 합한다.

2·14   전동기의 정역회로(스위치 접점이용)

전동기의 정역회로이며 정에서 역으로 직접 투입(정지스위치 사용하지 않음)시킬 수 있는 회로
이다(긴급정지 등에 이용).

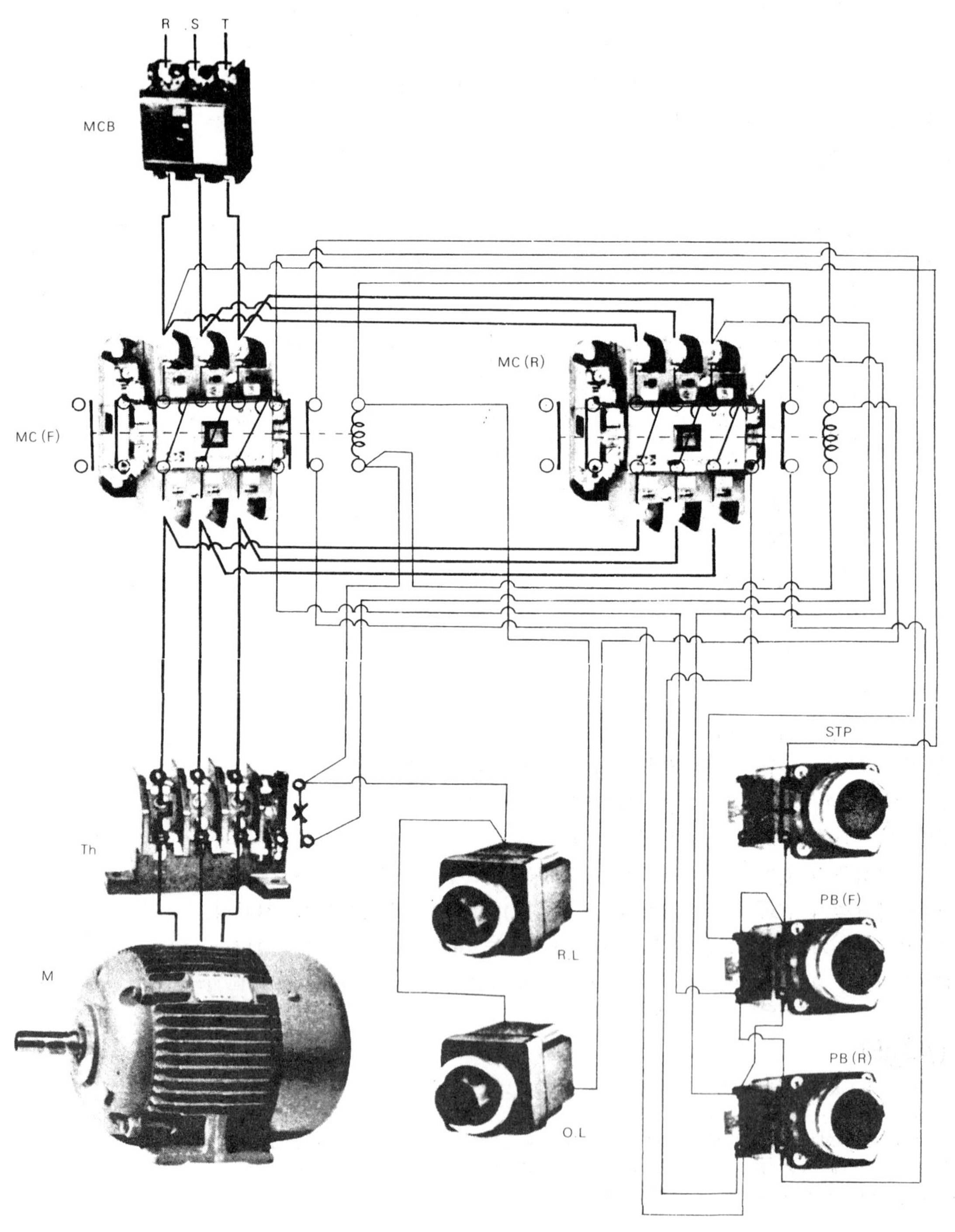

(1) 시퀀스도

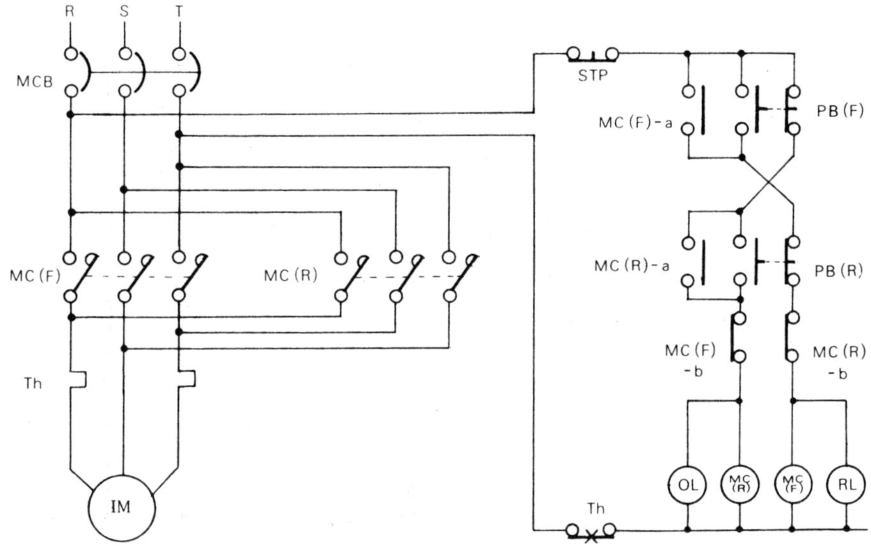

○ 기기의 용도

- 정전 스위치 PB(F) : 전동기를 정전시키기 위하여 누른다.
- 역전 스위치 PB(R) : 전동기를 역전시키기 위하여 누른다.
- 전원공급용 MCB : 회로에 전원을 공급한다.
- 정전 전자접촉기 MC(F) : 주접점으로 모터를 정회전시킨다.
- 역전 전자접촉기 MC(R) : 주접점으로 모터를 역전시킨다.
- 동작 정지스위치 STP : 전동기의 작동을 정지시킨다.
- 정전표시등 (RL) : 정회전시 점등된다.
- 역전 표시등 (OL) : 역회전시 점등된다.
- 열동형 계전기 Th : 과부하시 전원을 차단한다.

주 1. 전동기의 역회전시 정지스위치를 누르지 않고 정회전에서 역회전으로 또는 역회전에서 정회전으로 변환되는 회로이다.
2. 특히 인터록에 주의한다(전자접촉기 동시 투입시 단락사고가 일어난다).

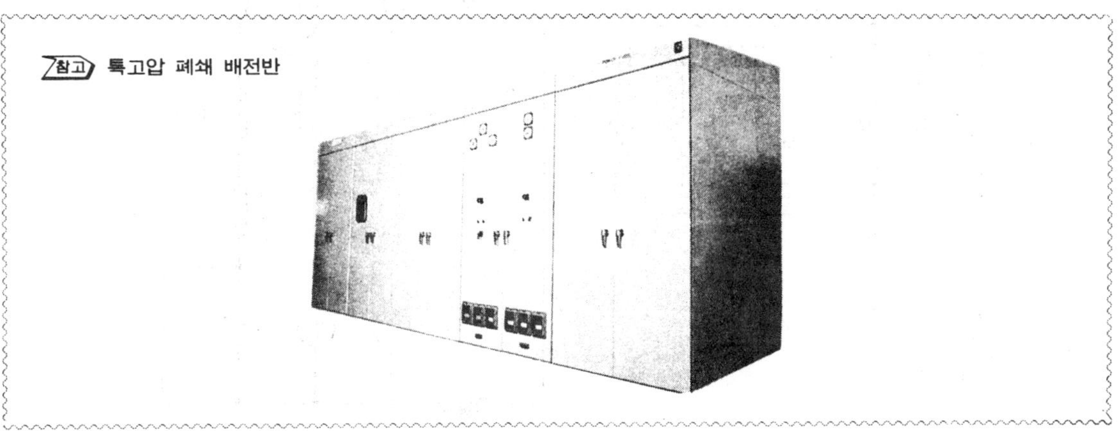

(2) 전동기의 정회전 작동

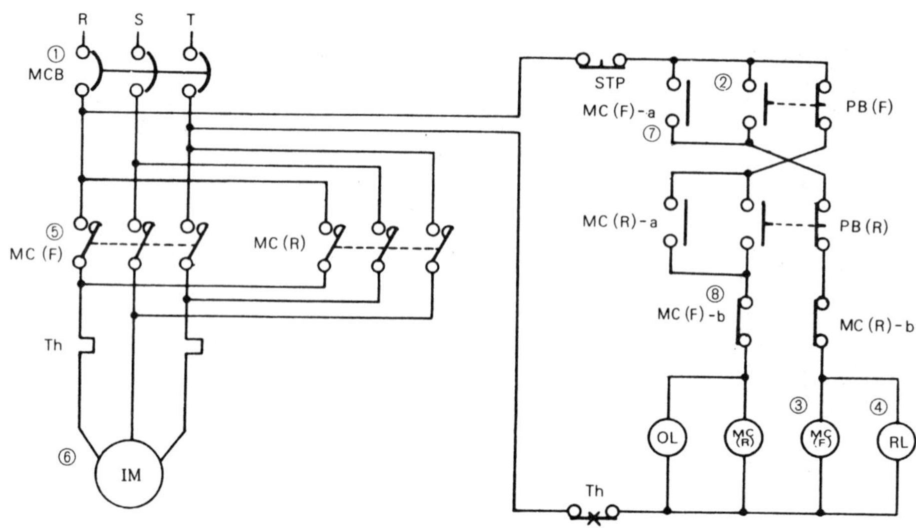

[작동설명]

① 회로에 전원을 투입하기 위하여 배선용 차단기 MCB를 넣는다.

② 정회전을 위하여 정스위치 PB(F)를 누른다.

③ PB(F)를 누르면 정전자 접촉기 코일 ⓂⒸ(F) 가 작동한다.

④ 동시에 ⓂⒸ(F) 의 작동상태 확인을 위한 적색표시등 ⓇⓁ 이 점등된다.

⑤ 정전자 접촉기 코일 ⓂⒸ(F) 가 작동되면 주접점 MC(F)가 닫힌다.

⑥ 주접점 MC(F)가 닫히면 모터가 정방향으로 기동된다.

⑦ 정전자 접촉기 코일 ⓂⒸ(F) 의 작동으로 ⓂⒸ(F) 의 a접점 MC(F)-a로 자기 유지된다.

⑧ 정전자 접촉기 코일 ⓂⒸ(F) 의 작동으로 ⓂⒸ(F) 의 b접점 MC(F)-b가 열린다(인터록).

(3) 전동기의 역회전 작동

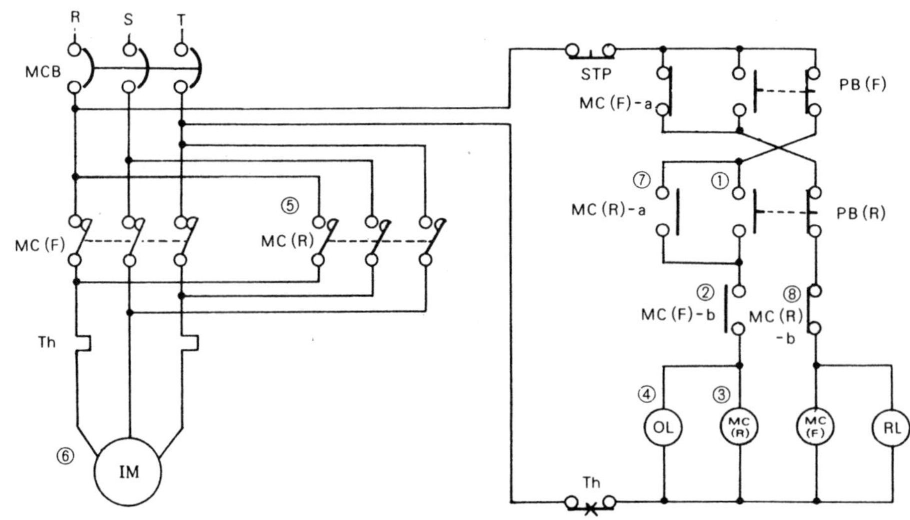

[작동설명]

① 역전을 시키기 위하여 역스위치 PB(R)을 누른다.

② 역스위치 PB(R)을 누르면 회로가 차단되어 정의 모든 회로의 작동이 정지되고 MC(F)-b 도 닫힌다.

③ MC(F)-b가 닫히면 역전자 접촉기의 회로가 연결되어 (MC(R)) 이 작동된다.

④ 동시에 (MC(R)) 의 작동상태 확인을 위한 오렌지색등 (OL) 이 점등된다.

⑤ 역전자 접촉기 코일 (MC(R)) 이 작동되면 주접점 MC(R)이 닫힌다.

⑥ 주접점 MC(R)이 닫히면 모터가 역방향으로 기동한다(이때 정회전 관성으로 약간 지체된다).

⑦ 역전자 접촉기 코일 (MC(R)) 의 작동으로 (MC(R)) 의 a접점 MC(R)-a로 자기 유지된다.

⑧ 역전자 접촉기 코일 (MC(R)) 의 작동으로 (MC(R)) 의 b접점 MC(R)-b가 열린다(인터록).

(4) 전동기의 정지작동

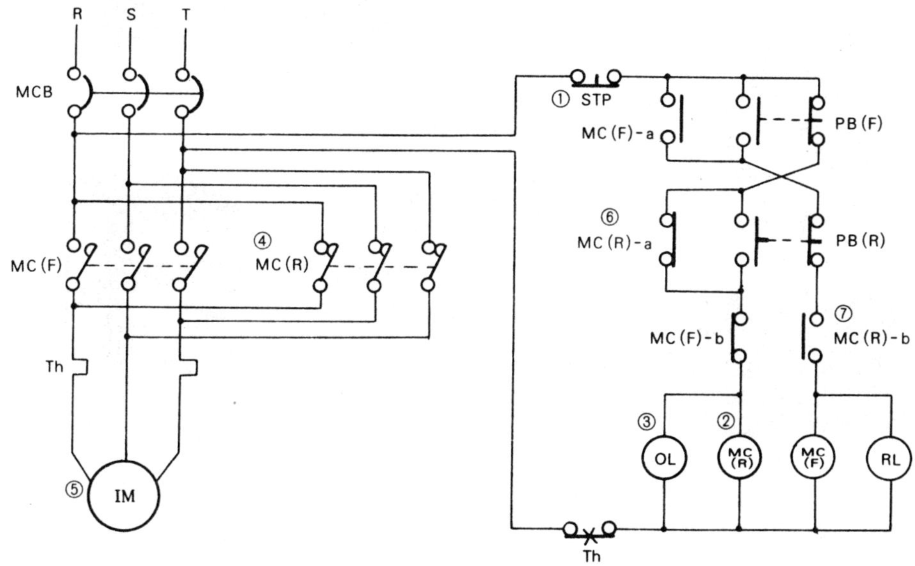

[작동설명]

① 정지스위치 STP를 누른다.

② 정지스위치 STP를 누르면 전원이 차단되어 역전(혹은 정전)접촉기 코일 (MC(R)) 이 비작동된다.

③ 동시에 표시등 (OL) 이 소등된다.

④ (MC(R)) 이 비작동되면 주접점 MC(R)도 열린다.

⑤ 주접점 MC(R)이 열리면 전동기 (IM) 의 작동이 정지된다.

⑥ 전자접촉기 코일 (MC(R)) 의 비작동으로 (MC(R)) 의 a접점 MC(R)-a가 열린다.

⑦ 전자접촉기 코일 (MC(R)) 의 비작동으로 (MC(R)) 의 b접점 MC(R)-b가 닫힌다.

> **㊟** 작동 완료시 STP에서 손을 떼어도 된다.

2·15 컨베이어 일시 정지회로

컨베이어 위의 부품을 어느 위치에서 가공 또는 검사하기 위하여 컨베이어의 운전 중 설정시간 동안 정지시킨 후 다시 기동시키는 회로이며, 리밋 스위치와 도그에 의하여 작동한다.

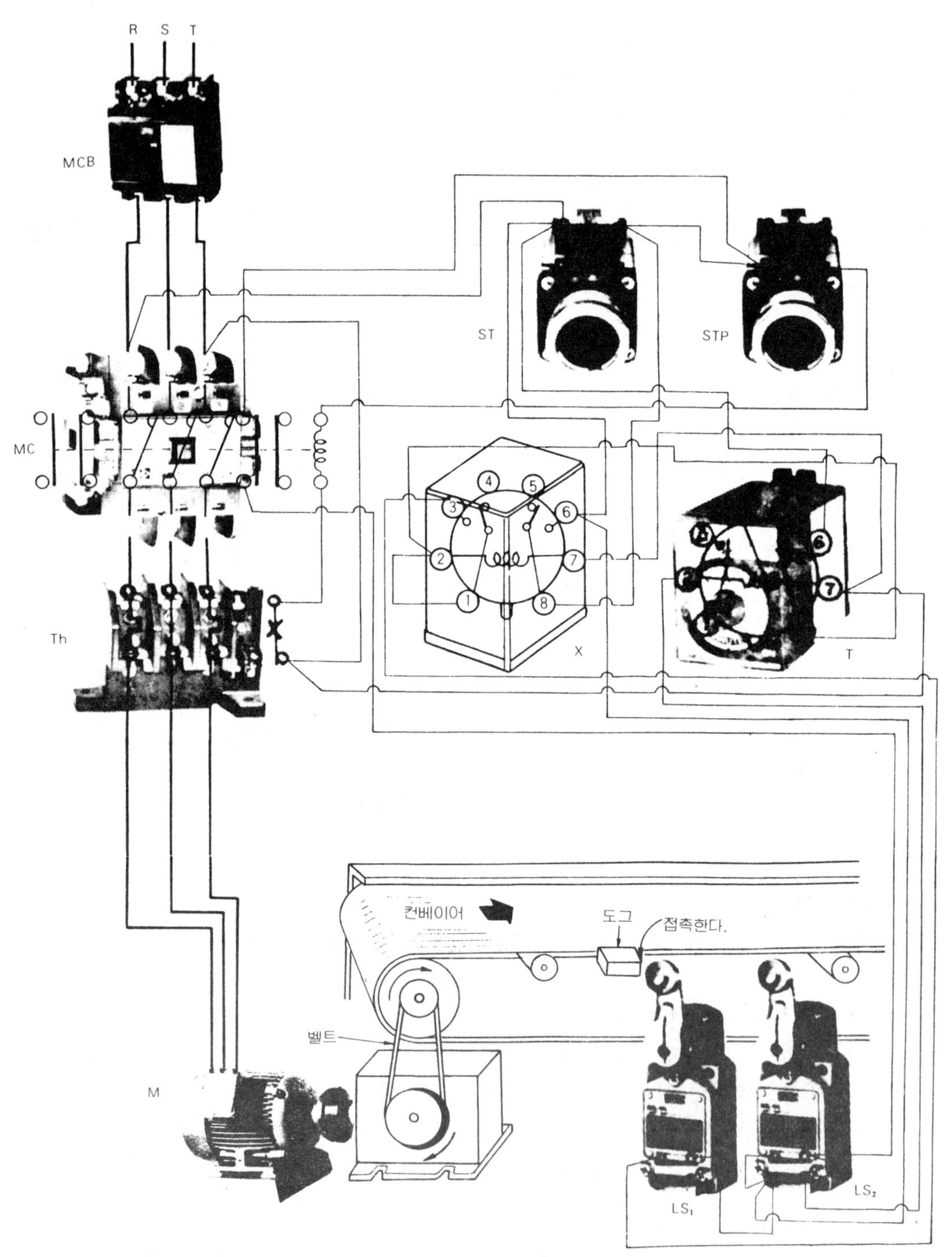

(1) 시퀀스도

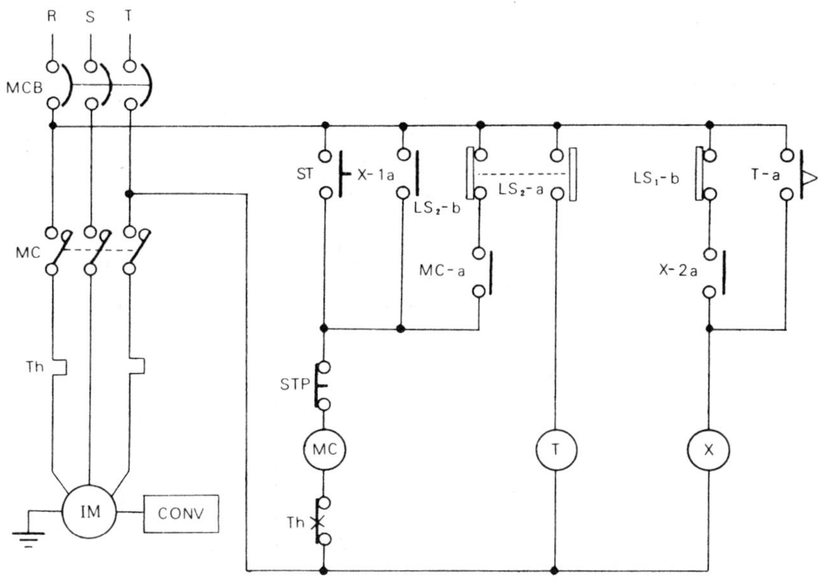

○ **기기의 용도**

- 배선용 차단기 MCB : 회로에 전원을 투입시킨다.
- 전자접촉기 ⓂⒸ : 주회로의 차단과 연결에 이용된다.
- 열동형 계전기 Th : 과부하시 회로를 차단시킨다.
- 컨베이어 CONV : 물건을 떨어진 곳으로 이동시 사용된다.
- 기동스위치 ST : 작동회로에 전원을 공급한다.
- 정지스위치 STP : 회로의 정지에 사용된다.
- 타이머 Ⓣ : 정지시간의 설정에 사용된다 (재 기동용)
- 리밋 스위치 LS : 위치의 검출에 사용된다.
- 보조릴레이 Ⓧ : 전자접촉기 회로의 보조기기로 쓰인다.

참고　벨트 컨베이어

⑵ 컨베이어의 이송 작동

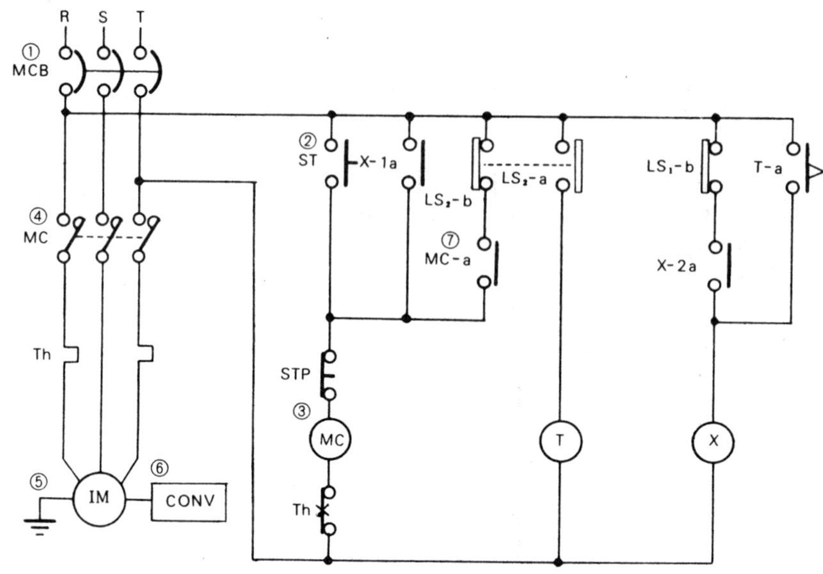

〔작동설명〕

① 회로에 전원을 투입하기 위하여 배선용 차단기 MCB 를 넣는다.

② 기동스위치 ST 를 눌러서 전류를 작동회로에 준다.

③ 기동스위치 ST 를 누르면 전자접촉기 ⒨ 가 작동한다.

④ 전자접촉기 ⒨ 가 작동하면 주접점 MC 가 닫힌다.

⑤ 주접점 MC 가 닫히면 회로에 전류가 흘러 유도전동기 ⒤ 이 기동된다.

⑥ 유도전동기 ⒤ 의 회전이 시작되면 컨베이어의 이송이 시작된다.

⑦ 전자접촉기 ⒨ 의 작동에 의하여 ⒨ 의 a접점 MC-a가 닫혀서 자기 유지시킨다.

> [참고] 자기 유지는 리밋 스위치 LS₂를 도그가 움직일 때까지이다.

〔교류용과 직류용 전자석의 성질 비교〕

교 류 전 자 석	직 류 전 자 석
① 자속이 변하지 않으므로 와전류가 생기지 않아 철심을 하나로 하여도 된다.	① 자속이 바뀌기 때문에 철심을 일체식으로 하면 와전류가 생기므로 여러장을 겹쳐서 사용한다.
② 히스테리시손이 없으므로 주철이나 연철을 철심으로 사용할 수 있다.	② 히스테리시손을 발생하므로 규소, 강판 등 양질의 철심재를 사용해야 한다.
③ 흡인력에 맥동이 없으며, 울림이 발생하지 않는다.	③ 흡인력은 맥동한다.
④ 여자전류는 코일의 저항에 의하여 결정되며, 자로나 코일과 철심의 간극이 변해도 일정하다.	④ 여자전류의 크기가 자로나 철심과 코일간의 간극의 변화에 민감하다.
⑤ 전류를 흘린 후부터 흡인 개시시까지 시간의 늦음이 발생한다.	⑤ 고속 동작에 적합하다.

※ 일반 릴레이 등에서 직류용에는 쇼팅 코일(구리선 고리)이 없으며, 교류용에는 흡인력의 맥동방지와 울림 등 소음방지를 위하여 쇼팅 코일이 붙어 있다.

(3) 컨베이어의 정지 및 재기동 작동

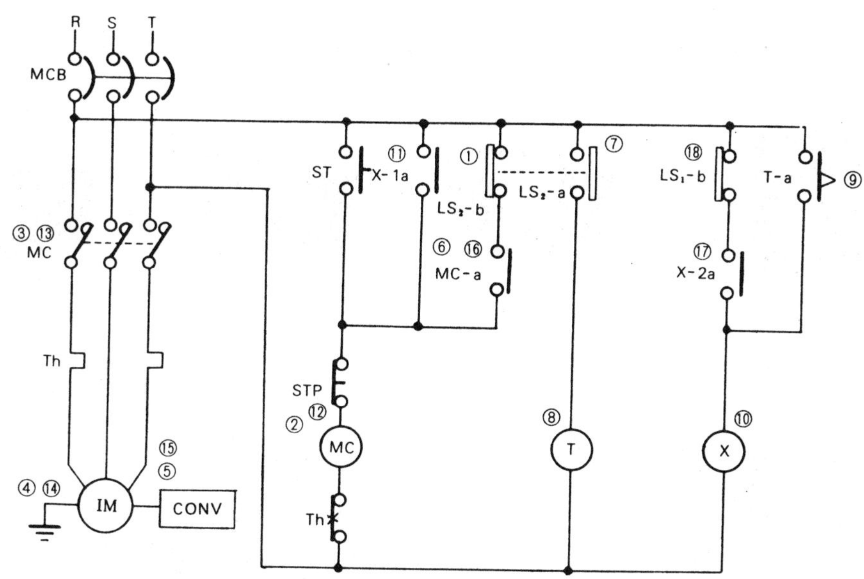

〔작동설명〕

① 컨베이어가 이송하여 도그가 리밋 스위치 LS_2를 누르면 LS_2의 b접점 LS_2-b가 열린다.

② LS_2-b가 열리면 전자접촉기의 회로가 차단되어 ⓜⓒ 의 작동이 정지된다.

③ ⓜⓒ 의 작동이 정지되면 주접점 MC 가 열린다.

④ 주접점 MC 가 열리면 전동기 ⓘⓜ 의 기동이 정지된다.

⑤ 전동기 ⓘⓜ 의 기동이 정지되면 컨베이어도 정지한다.

⑥ ⓜⓒ 의 비작동에 의하여 ⓜⓒ 의 a접점 MC-a가 열린다.

⑦ 컨베이어가 이송되어 도그가 리밋 스위치 LS_2를 누르면 LS_2의 a접점 LS_2-a가 닫힌다.

⑧ LS_2의 a접점 LS_2-a가 닫히면 타이머 ⓣ 의 작동이 시작된다.

⑨ 타이머의 설정시간후 ⓣ 의 한시 a접점 T-a가 닫힌다.

⑩ T-a가 닫히면 릴레이 ⓧ 가 작동된다.

⑪ 릴레이 ⓧ 의 작동에 의하여 릴레이 ⓧ 의 a접점 X-1a가 닫힌다.

⑫ X-1a가 닫히면 전자접촉기 ⓜⓒ 가 작동된다.

⑬ 전자접촉기 ⓜⓒ 가 작동되면 주접점 MC 가 닫힌다.

⑭ 주접점 MC 가 닫히면 유도전동기 ⓘⓜ 이 기동된다.

⑮ 유도전동기 ⓘⓜ 이 기동되면 컨베이어의 이동이 시작된다.

⑯ 전자접촉기 ⓜⓒ 의 작동에 의하여 ⓜⓒ 의 a접점 MC-a가 닫힌다.

⑰ 릴레이 ⓧ 의 작동에 의하여 ⓧ 의 a접점 X-2a가 닫히어 자기 유지된다.

⑱ 컨베이어가 이송하여 도그가 리밋 스위치 LS_1을 누르면 LS_1-b가 열려 ⓧ 는 소세된다.

주 저항과 저항률 공식

$$R = \rho \frac{l}{A} \ (\Omega)$$
  l : 도체의 길이〔m〕 A : 도체의 단면적〔m²〕 ρ (로오) : 저항률〔Ω·m〕

2·16 컨베이어 일시정지 정역 반복회로

기동 스위치를 한번만 눌러주면 리밋 스위치와 타이머에 의하여 정지 및 정역을 반복한다.

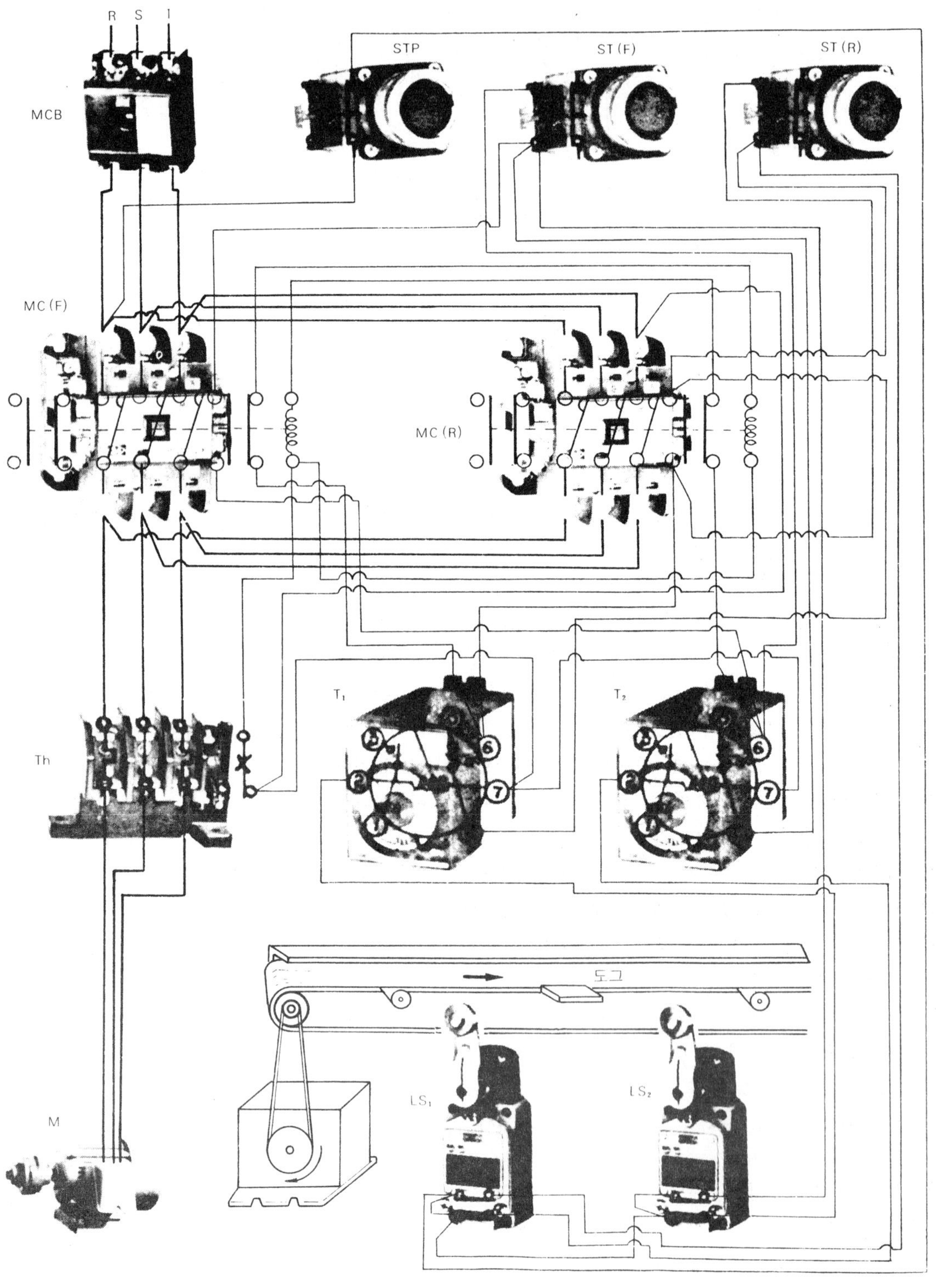

(1) 시퀀스도(컨베이어 일시 정지 정역 반복회로)

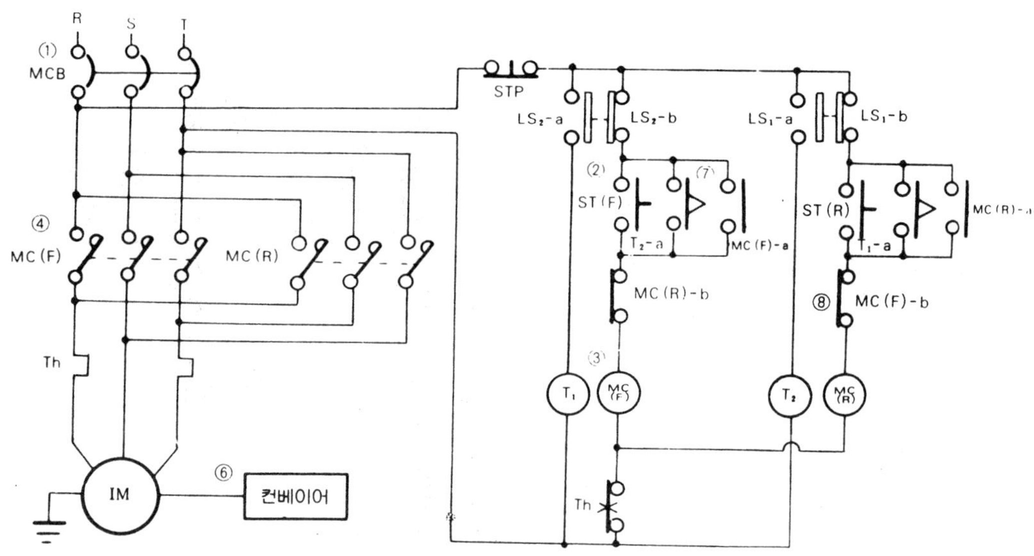

○ 기기의 용도

- 기동스위치 ST(F), ST(R) : 기동시 어느쪽으로 운전될 것인가를 결정후 누른다.
- 리밋 스위치 LS₁, LS₂ : 리밋 스위치의 위치에 오면 작동하여 회로의 정지 및 타이머를 기동시킨다.
- 타이머 ⓣ₁ ⓣ₂ : 리밋 스위치에 의하여 작동하며 정지시간을 설정한다.
- 인터록 MC(R)-b, MC(F)-b : 정의 운전시 역이 작동되지 않도록 하며 역의 운전시 정이 작동되지 않도록 한다.
- 자기유지 MC(F)-a, MC(R)-a : 타이머 한시 a접점에 의한 작동후 자기 유지시킨다.
- 전자접촉기 MC(F) MC(R) : 전동기의 정회로 또는 역회로로 전원을 공급한다.

[푸트(foot) 스위치의 형태]

(2) 컨베이어 정운전(중간에서 정지한 것으로 한다)

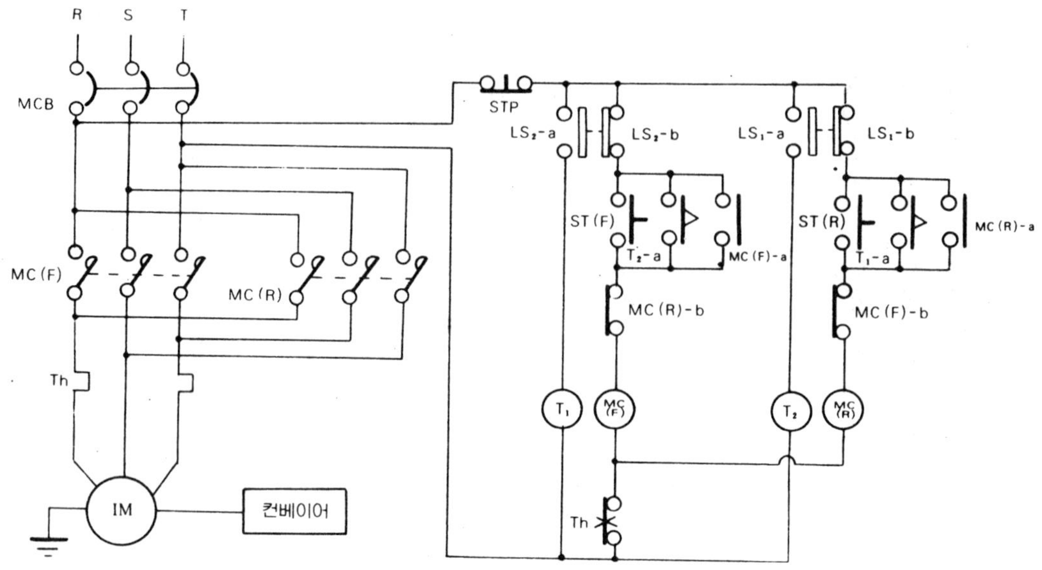

〔작동설명〕

① 회로에 전원을 투입하기 위하여 배선용 차단기 MCB를 넣는다.

② 정운전시키기 위하여 정스위치 ST(F)를 누른다(역일 때는 역스위치 ST(R)).

③ ST(F)를 누르면 정전자 접촉기 (MC(F)) 가 작동한다.

④ 정전자 접촉기 (MC(F)) 가 작동하면 정의 주접점 MC(F)가 작동한다.

⑤ 정의 주접점 MC(F)가 작동하면 유도전동기 (IM) 이 정회전을 한다.

⑥ 유도전동기 (IM) 이 정회전하면 컨베이어는 정운전으로 들어간다.

⑦ 정전자 접촉기 (MC(F)) 의 작동에 의하여 (MC(F)) 의 a접점 MC(F)-a가 닫히어 자기 유지된다.

⑧ 정전자 접촉기 (MC(F)) 의 작동에 의하여 (MC(F)) 의 b접점 MC(F)-b가 열리어 인터록 된다.

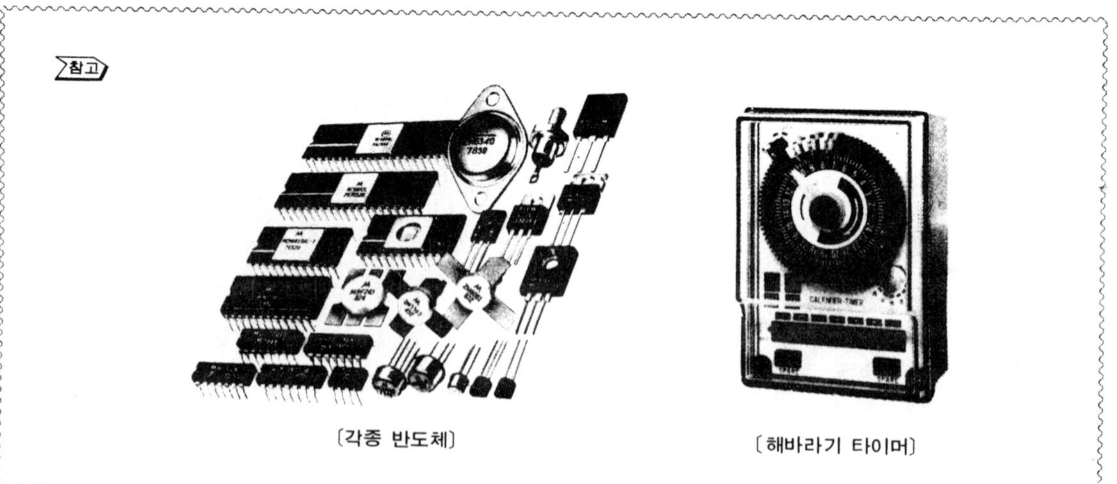

〔각종 반도체〕　　　　〔해바라기 타이머〕

(3) 컨베이어 정운전의 정지

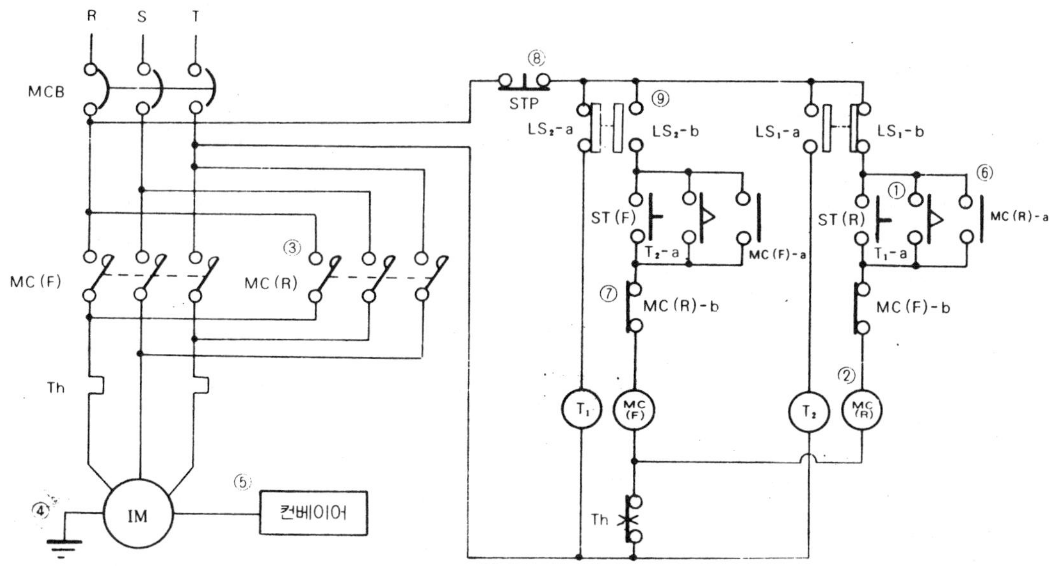

[작동설명]

① 컨베이어가 이동하여 리밋 스위치 LS_2의 위치에 오면 LS_2의 b접점 LS_2-b가 열린다.

② LS_2-b가 열리면 전자접촉기 MC(F)의 작동이 정지된다.

③ 정전자 접촉기 MC(F)의 작동이 정지되면 정의 주접점 MC(F)가 열린다.

④ 정의 주접점 MC(F)가 열리면 유도전동기 IM의 작동이 정지된다.

⑤ 유도전동기 IM의 작동이 정지되면 컨베이어는 정지하게 된다.

⑥ 정전자 접촉기 MC(F)의 정지에 의하여 MC(F)의 a접점 MC(F)-a가 열린다.

⑦ 정전자 접촉기 MC(F)의 정지에 의하여 MC(F)의 b접점 MC(F)-b가 닫힌다.

⑧ 컨베이어가 이동하여 리밋 스위치 LS_2의 위치에 오면 LS_2의 a접점 LS_2-a가 닫힌다.

⑨ LS_2-a가 닫히면 타이머 T_1의 작동이 시작된다.

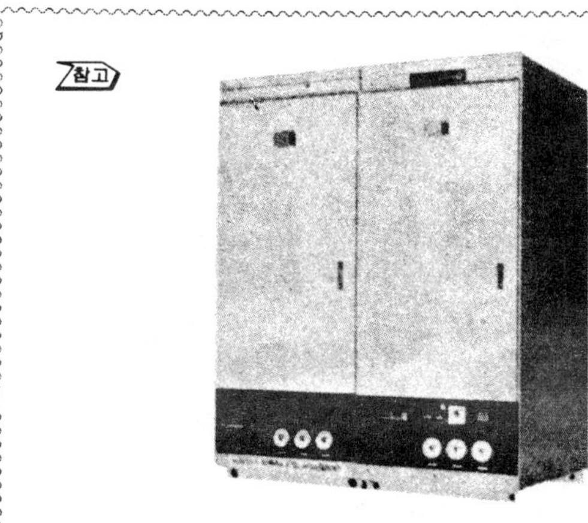

[무정전 전원장치]

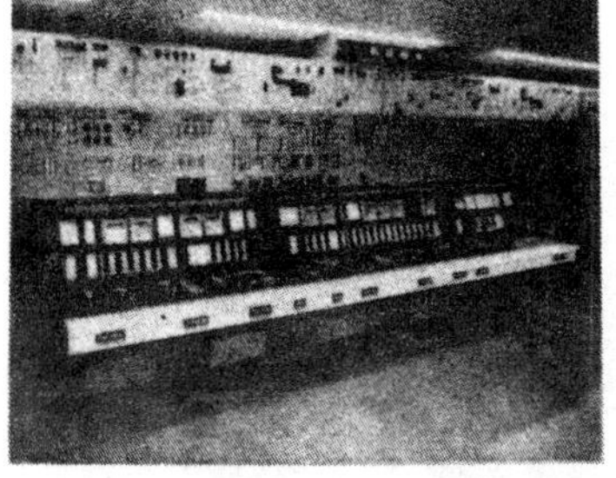

[철강계장 설비]

(4) 컨베이어 역운전

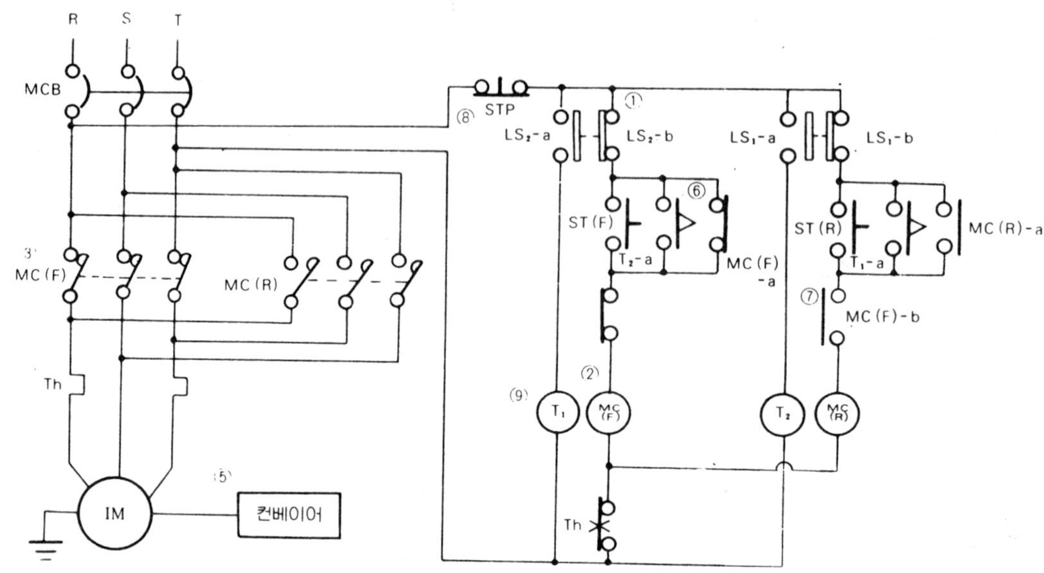

〔작동설명〕

① ⓣ₁ 의 설정시간이 지나면 ⓣ₁ 의 한시 a접점 T_1-a 가 닫힌다.

② T_1-a 가 닫히면 역전자 접촉기 〔MC(R)〕이 작동한다.

③ 역전자 접촉기 〔MC(R)〕이 작동하면 역의 주접점 〔MC(R)〕이 닫힌다.

④ 역의 주접점 〔MC(R)〕이 닫히면 유도전동기 〔IM〕이 역회전한다.

⑤ 유도전동기 〔IM〕이 역회전하면 컨베이어는 역운전한다.

⑥ 역전자 접촉기 〔MC(R)〕의 작동에 의해서 〔MC(R)〕의 a접점 $MC(R)-a$ 가 닫히어 자기유지된다.

⑦ 역전자 접촉기 〔MC(R)〕의 작동에 의해서 〔MC(R)〕의 b접점 $MC(R)-b$ 가 열리어 인터록된다.

⑧ 컨베이어의 운전에 의하여 LS_2 의 a접점 LS_2-a 가 열린다.

⑨ 컨베이어의 운전에 의하여 LS_2 의 b접점 LS_2-b 가 닫힌다.

⑸ 컨베이어 역운전의 정지

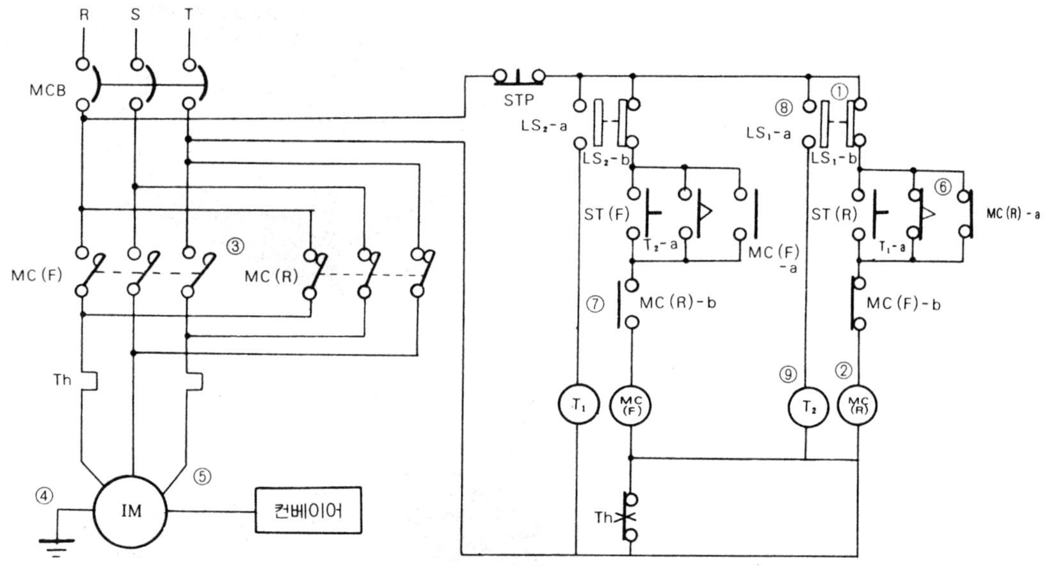

〔작동설명〕

① 컨베이어가 역운전하여 LS_1의 위치에 오면 LS_1의 b접점 LS_1-b가 열린다.

② LS_2-b가 열리면 역전자 접촉기 (MC(R))의 작동이 정지된다.

③ 역전자 접촉기 (MC(R))의 작동이 정지되면 역의 주접점 MC(R)이 열린다.

④ 역의 주접점 MC(R)이 열리면 유도전동기 (IM)의 작동이 정지된다.

⑤ 유도전동기 (IM)의 작동이 정지되면 컨베이어는 정지하게 된다.

⑥ 역전자 접촉기 (MC(R))의 정지에 의하여 (MC(R))의 a접점 MC(R)-a가 열린다.

⑦ 역전자 접촉기 (MC(R))의 정지에 의하여 (MC(R))의 b접점 MC(R)-b가 닫힌다.

⑧ 컨베이어가 이동하여 리밋 스위치 LS_1의 위치에 오면 LS_1의 a접점 LS_1-a가 닫힌다.

⑨ LS_1-a가 닫히면 타이머 (T₂)의 작동이 시작된다.

주 다시 정운전시에는 타이머 (T₂)의 한시 a접점 T_2-a에 의하여 작동하게 된다.

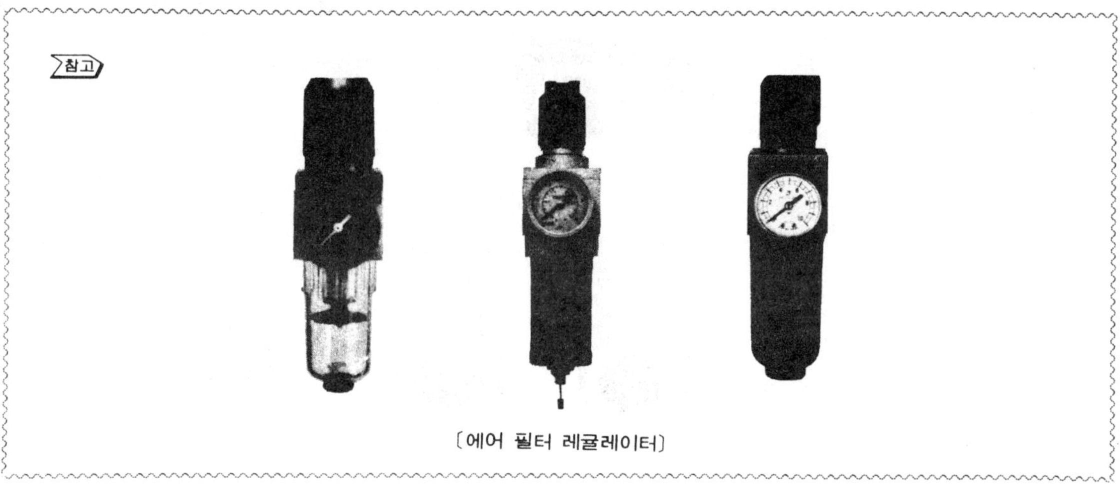

〔에어 필터 레귤레이터〕

2·17 화물리프트 자동 반전

　기동 스위치(ST.PBS)를 누르면　화
물리프트가 기동하여 정운전되고 리밋 스
위치에 의하여 정지되며, 설정시간 후 자
동으로 역운전되며, 다른쪽 리밋 스위치
에 의하여 정지하는 회로이다.

〔감속기〕

(1) 시퀀스도

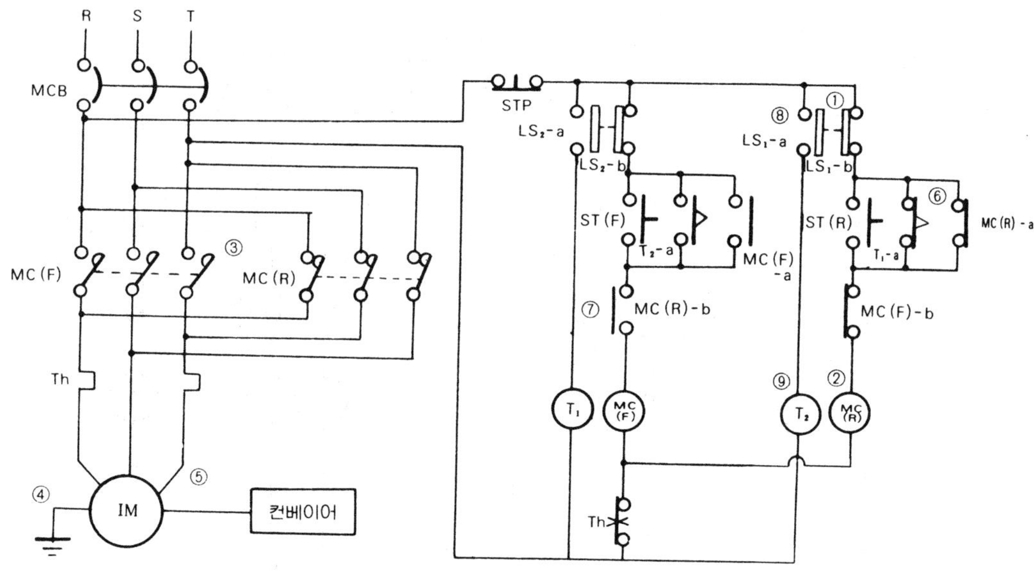

○ 기기의 용도

- 배선용 차단기 MCB : 회로에 전원을 투입한다.
- 리밋 스위치 LS₁ : 화물 리프트가 원위치로와서 정지시킨다.
- 리밋 스위치 LS₂ : 화물 리프트가 윗쪽으로 올라올 때 정지시키며 타이머도 작동시킨다.
- 타이머 Ⓣ : 설정시간이 지난후에 역운전이 되도록 한다.
- 정전자 접촉기 ⓜⒸⒻ : 화물 리프트를 정운전시키기 위하여 회로를 연결시킨다.
- 역전자 접촉기 ⓜⒸⓇ : 화물 리프트를 역운전시키기 위하여 회로를 연결시킨다.
- 열동형 계전기 Th : 회로에 과부하 발생시 회로를 차단시킨다.

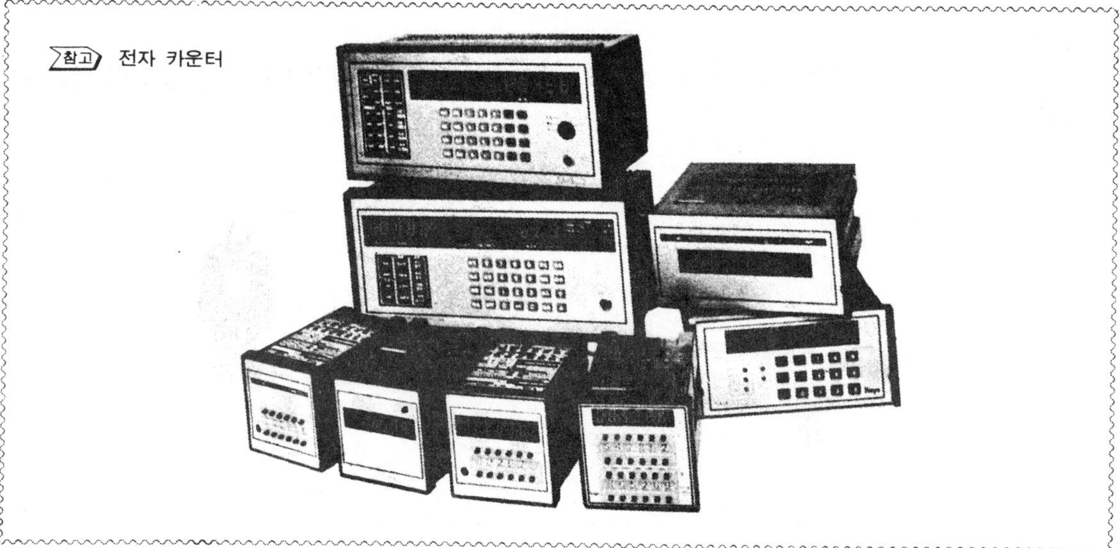

(2) 리프트의 상승

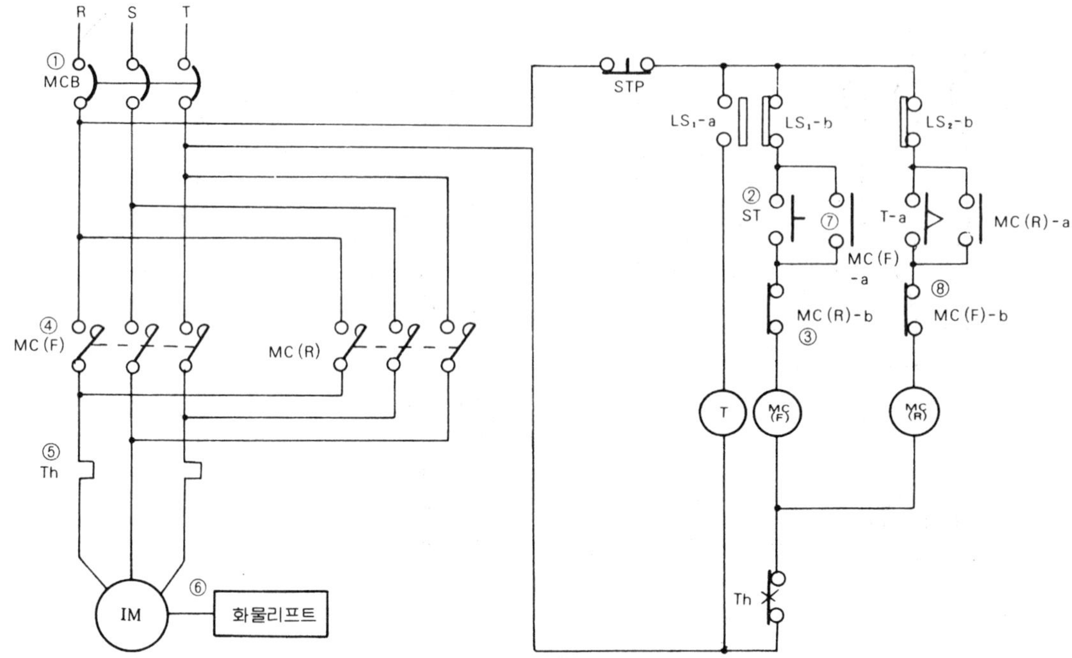

〔작동설명〕

① 회로에 전원을 투입하기 위하여 배선용 차단기 MCB를 넣는다.

② 전자접촉기 MC(F) 의 회로에 전원을 주기 위하여 기동스위치 ST를 누른다.

③ 기동스위치 ST를 누르면 정전자 접촉기 MC(F) 가 작동한다.

④ 정전자 접촉기 MC(F) 가 작동하면 정 주접점 MC(F)가 닫힌다.

⑤ 정 주접점 MC(F)가 닫히면 유도전동기 IM 은 정회전한다.

⑥ 유도전동기 IM 이 정회전하면 리프트는 상승한다.

⑦ 정전자 접촉기 MC(F) 의 작동에 의하여 MC(F) 의 a접점 MC(F)-a가 닫히어 자기 유지된다.

⑧ 정전자 접촉기 MC(F) 의 작동에 의하여 MC(F) 의 b접점 MC(F)-b가 열리어 인터록된다.

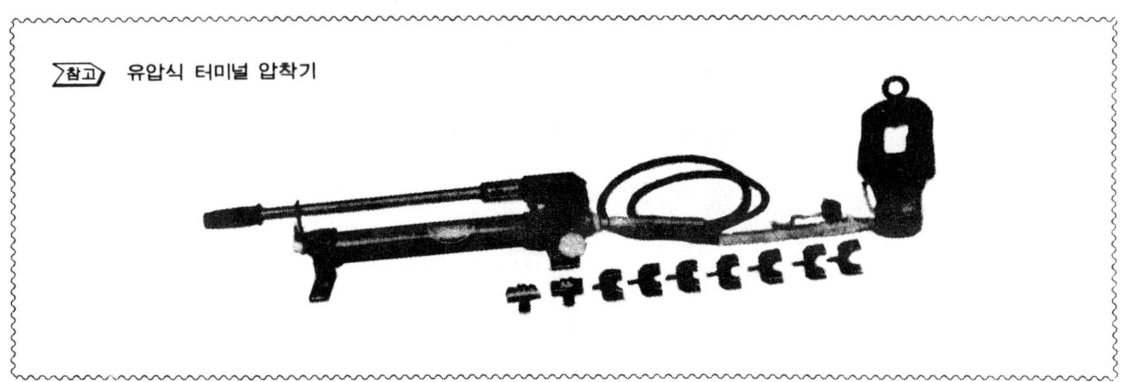

(3) 화물 리프트 상승후 정지동작

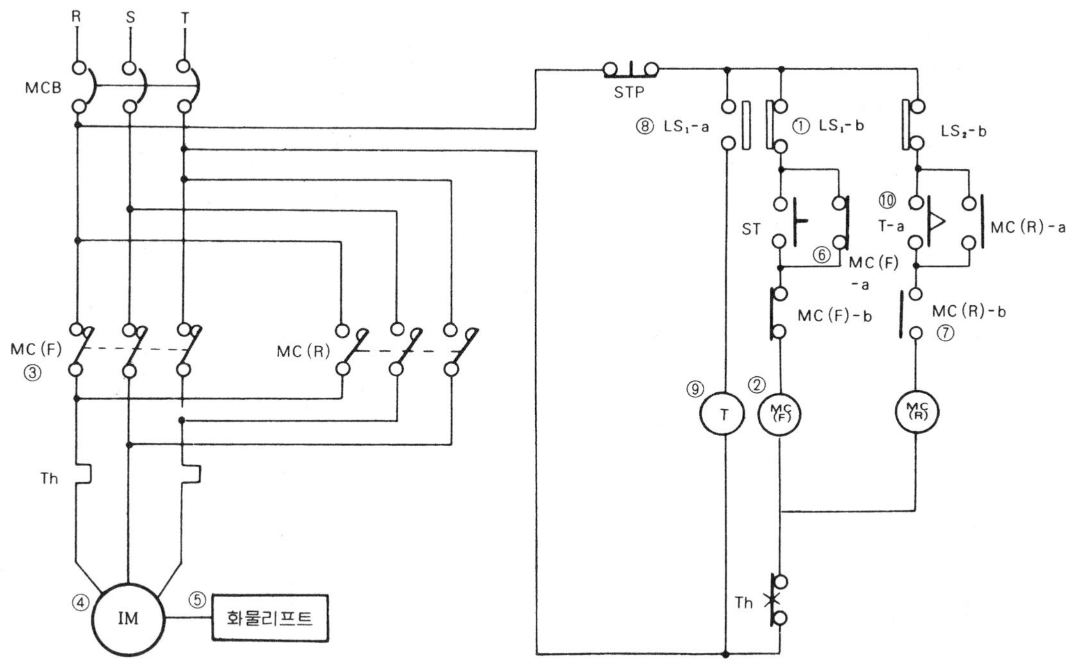

[작동설명]

① 리프트가 상승하여 리밋 스위치 LS_1의 위치에 오면 LS_1의 b접점 LS_1-b가 열린다.

② LS_1-b가 열리면 정전자 접촉기 (MC(F))의 작동이 정지된다.

③ 정전자 접촉기 (MC(F))의 작동이 정지되면 (MC(F))의 주접점 MC(F)가 열린다.

④ 주접점 (MC(F))가 열리면 유도전동기 (IM)의 작동이 정지된다.

⑤ 유도전동기 (IM)의 작동이 정지되면 리프트도 정지된다.

⑥ 정전자 접촉기 (MC(F))의 정지에 의하여 자기 유지접점 MC(F)-a가 열린다.

⑦ 정전자 접촉기 (MC(F))의 정지에 의하여 인터록 회로 MC(F)-b가 닫힌다.

⑧ 리프트가 상승하여 리밋 스위치 LS_1의 위치에 오면 LS_1의 a접점 LS_1-a가 닫힌다.

⑨ LS_1-a가 닫히면 타이머 (T)의 작동이 시작된다.

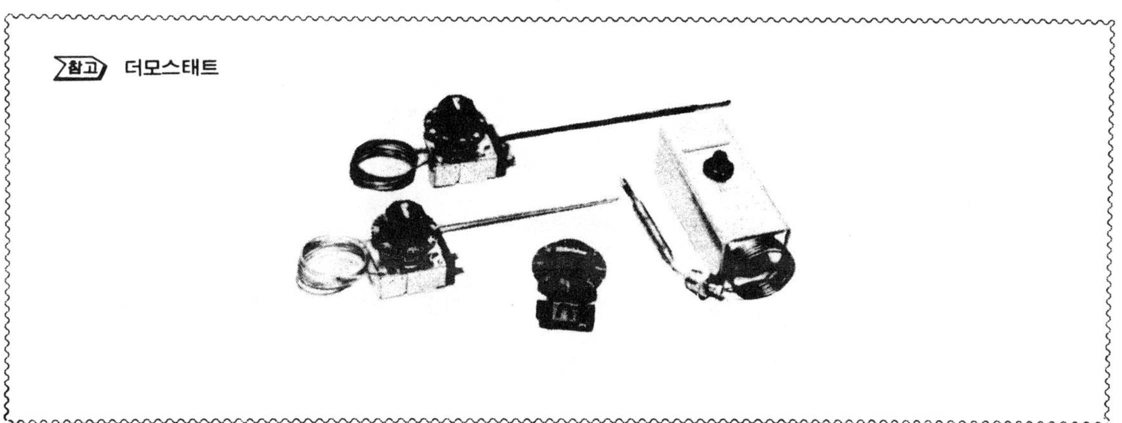

(4) 리프트의 하강

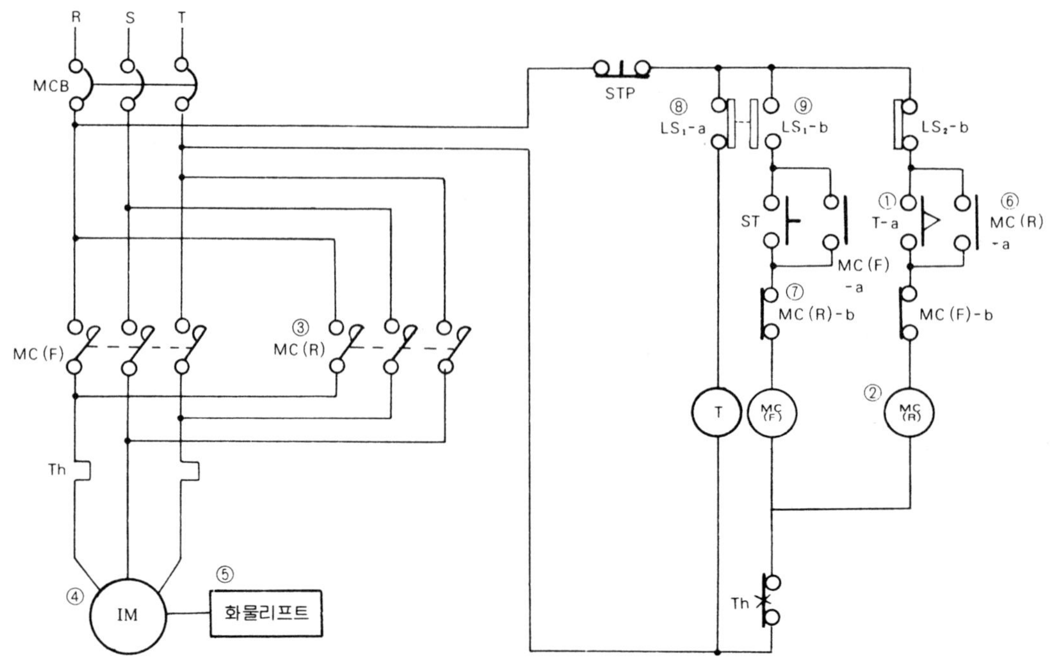

[작동설명]

① 타이머 Ⓣ가 작동후 설정시간이 되면 Ⓣ의 한시 a접점 T－a가 닫힌다.

② T－a가 닫히면 역전자 접촉기 Ⓜ🄲🄡 이 작동한다.

③ 역전자 접촉기 Ⓜ🄲🄡 이 작동하면 역 주접점 MC(R)이 닫힌다.

④ 역 주접점 MC(R)이 닫히면 유도전동기 ⓘⓜ 은 역회전을 시작한다.

⑤ 유도전동기 ⓘⓜ 이 역회전하면 리프트는 하강한다.

⑥ 역전자 접촉기 Ⓜ🄲🄡 의 작동에 의하여 Ⓜ🄲🄡 의 a접점 MC(R)－a가 닫히어 자기 유지 된다.

⑦ 역전자 접촉기 Ⓜ🄲🄡 의 작동에 의하여 Ⓜ🄲🄡 의 b접점 MC(R)－b가 열리어 인터록 된다.

⑧ 화물 리프트가 하강하면 리밋 스위치 LS_1의 a접점 LS_1－a 가 열린다.

⑨ 화물 리프트가 하강하면 리밋 스위치 LS_1－b접점 LS_1－b가 닫힌다.

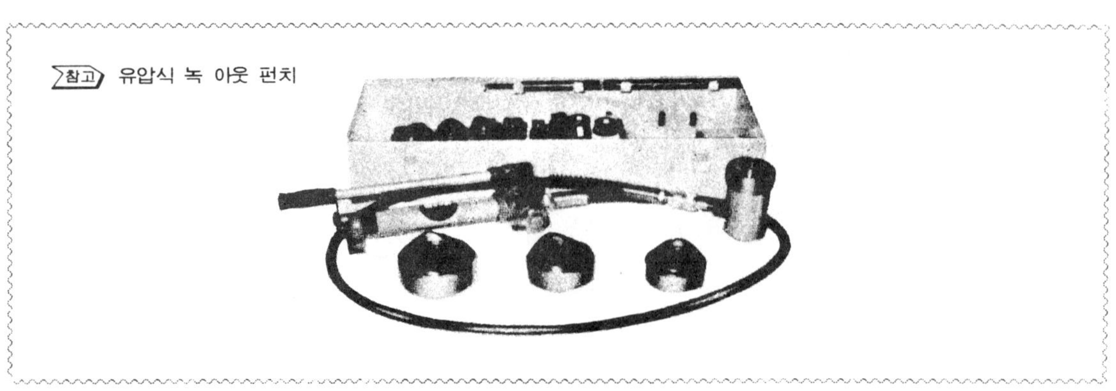

(5) 리프트가 하강후 영구 정지

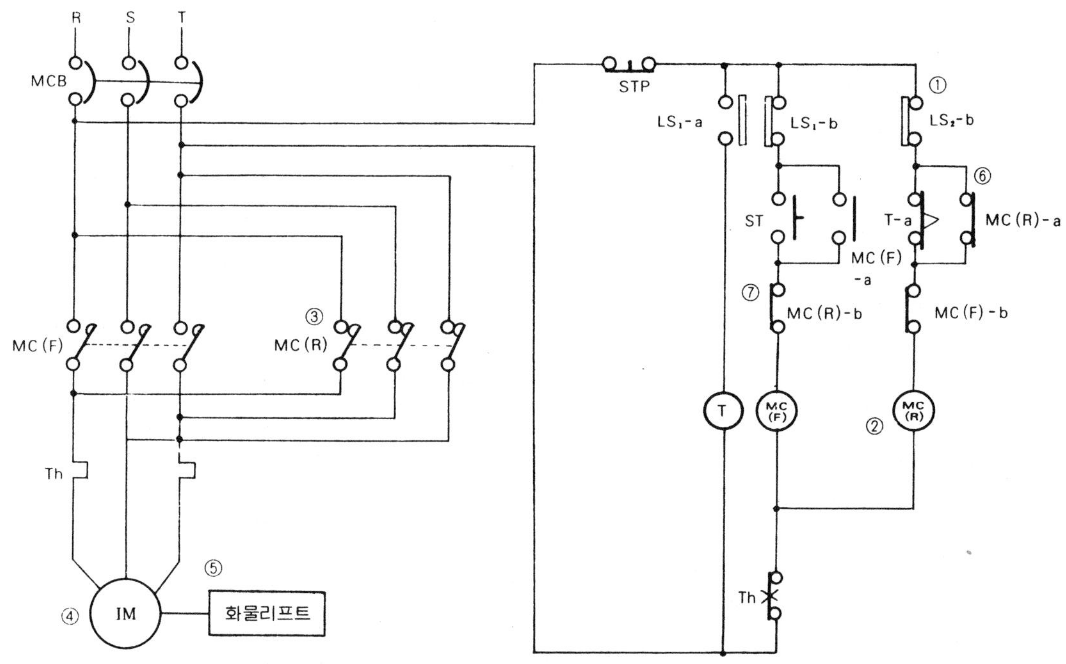

[작동설명]

① 리프트가 하강후 리밋 스위치 LS_2의 위치에 오면 b접점 LS_2-b가 열린다.

② LS_2-b가 열리면 역전자 접촉기 (MC(R)) 이 정지된다.

③ 역전자 접촉기 (MC(R)) 이 정지되면 역의 주접점 MC(R)이 열린다.

④ 주접점 MC(R)이 열리면 유도전동기 (IM) 의 작동이 정지된다.

⑤ 유도전동기 (IM) 의 작동이 정지되면 리프트도 정지된다.

⑥ 역전자 접촉기 (MC(R)) 의 정지에 의하여 (MC(R)) 의 a접점 MC(R)-a가 열린다.

⑦ 역전자 접촉기 (MC(R)) 의 정지에 의하여 (MC(R)) 의 b접점 MC(R)-b가 닫힌다.

㊒ 모든 상태가 원상태로 되어 기동시 다시 ST를 눌러주어야 한다.

참고 로터리 엔 코더

⑹ 리프트의 상승

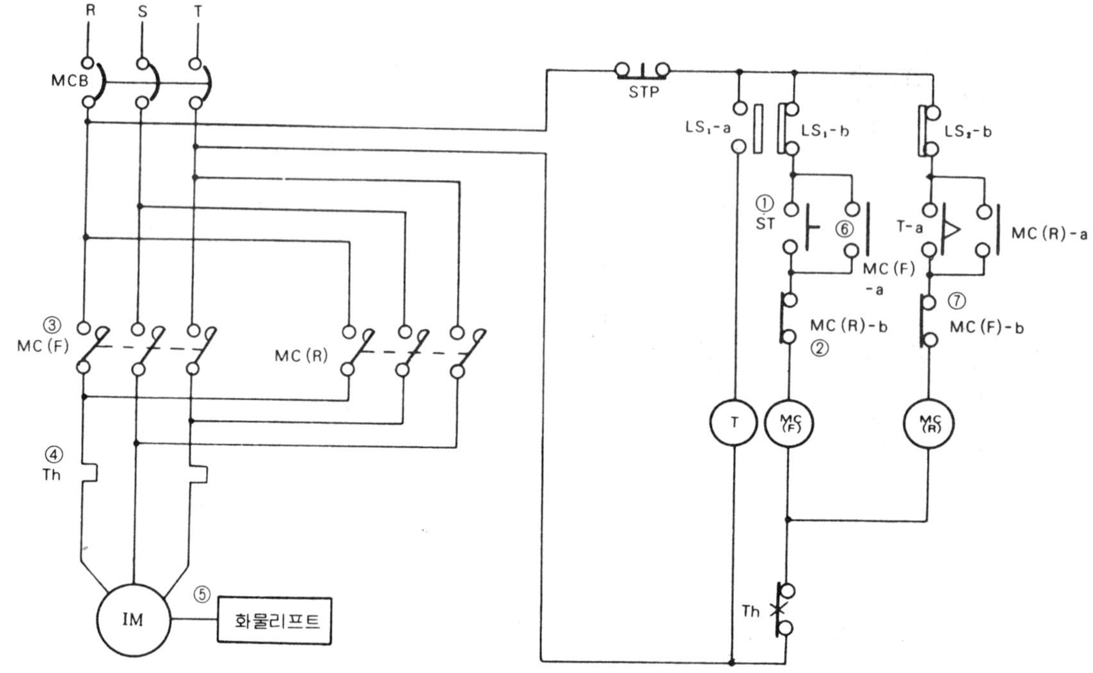

〔작동설명〕

- ⑵와 같은 방법으로

① 전자접촉기 (MC(F)) 의 회로에 전원을 주기 위하여 기동스위치 ST 를 누른다.

② 기동스위치 ST 를 누르면 정전자 접촉기 (MC(F)) 가 작동한다.

③ 정전자 접촉기 (MC(F)) 가 작동하면 정 주접점 MC (F) 가 닫힌다.

④ 정 주접점 MC (F) 가 닫히면 유도전동기 (IM) 은 정회전한다.

⑤ 유도전동기 (IM) 이 정회전하면 리프트는 상승한다.

⑥ 정전자 접촉기 (MC(F)) 의 작동에 의하여 (MC(F)) 의 a접점 MC (F) -a가 닫히어 자기 유지 된다.

⑦ 정전자 접촉기 (MC(F)) 의 작동에 의하여 (MC(F)) 의 b접점 MC (F) -b가 열리어 인터록 된다.

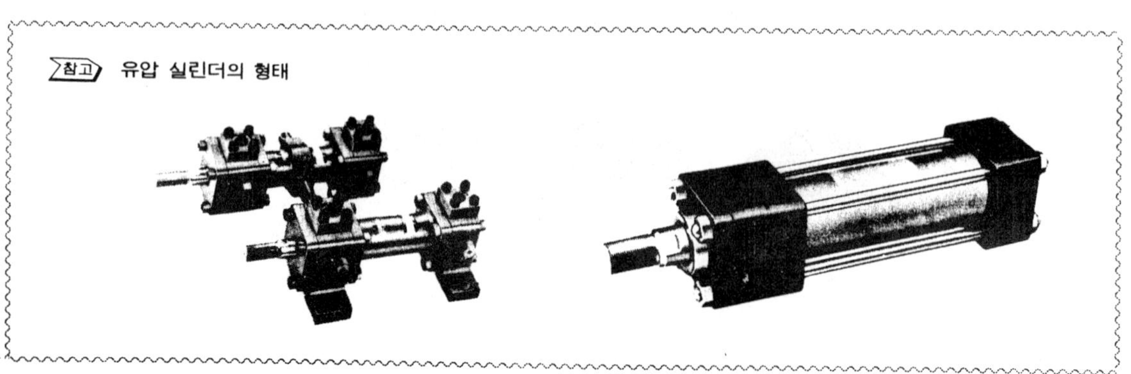

2·18 3층까지의 엘리베이터

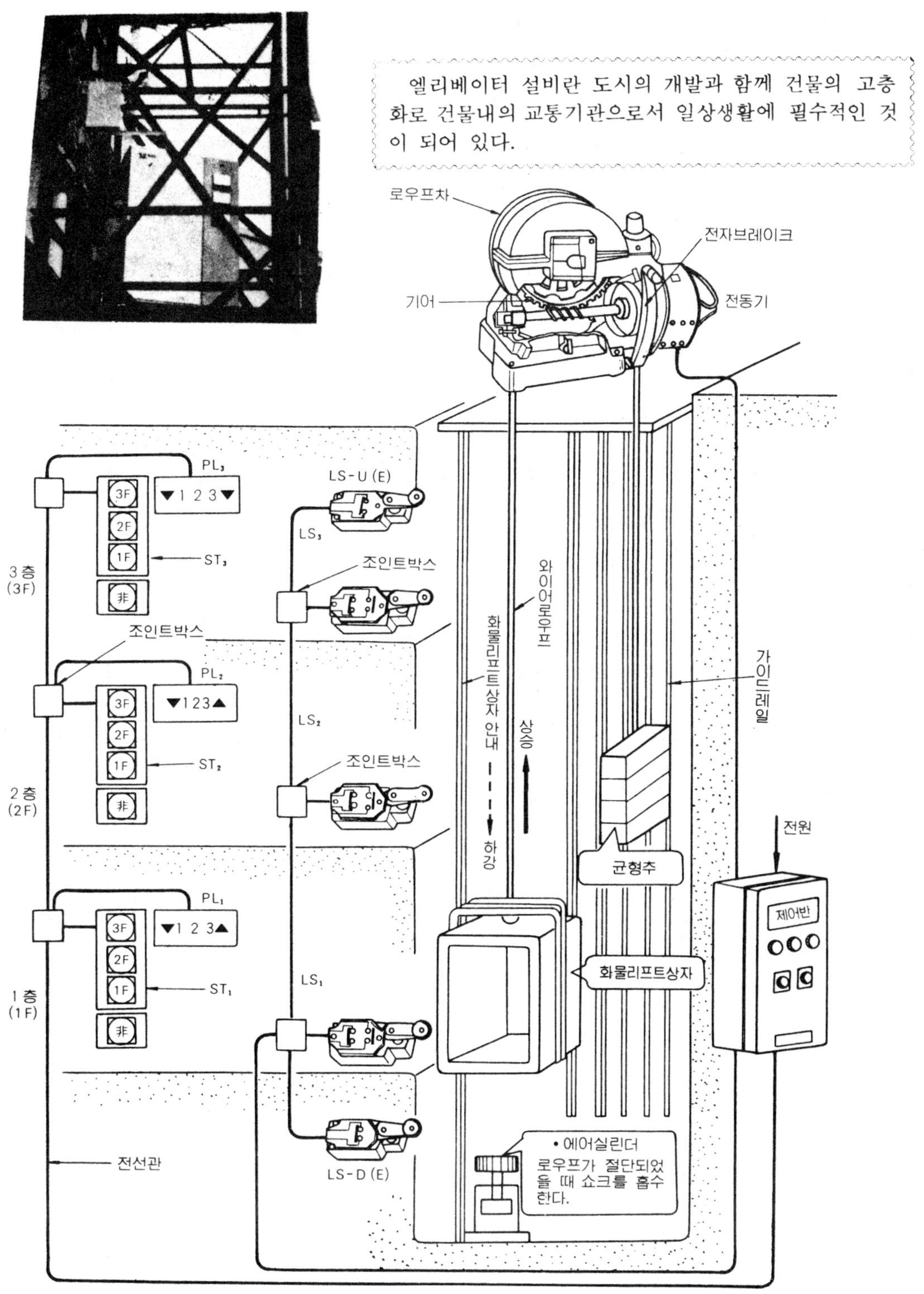

(1) 3층까지의 자동 화물 리프트 장치(시퀀스도)

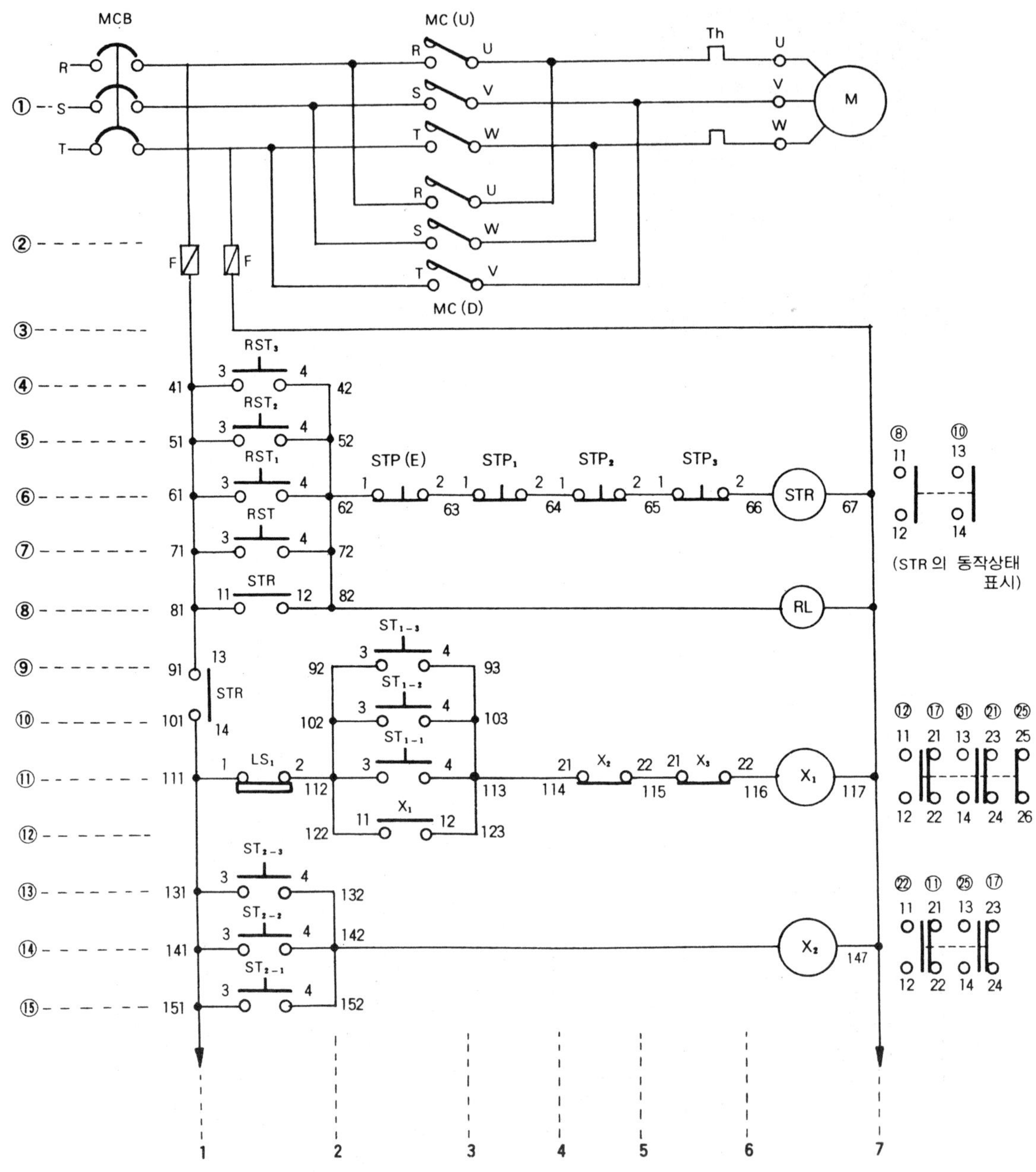

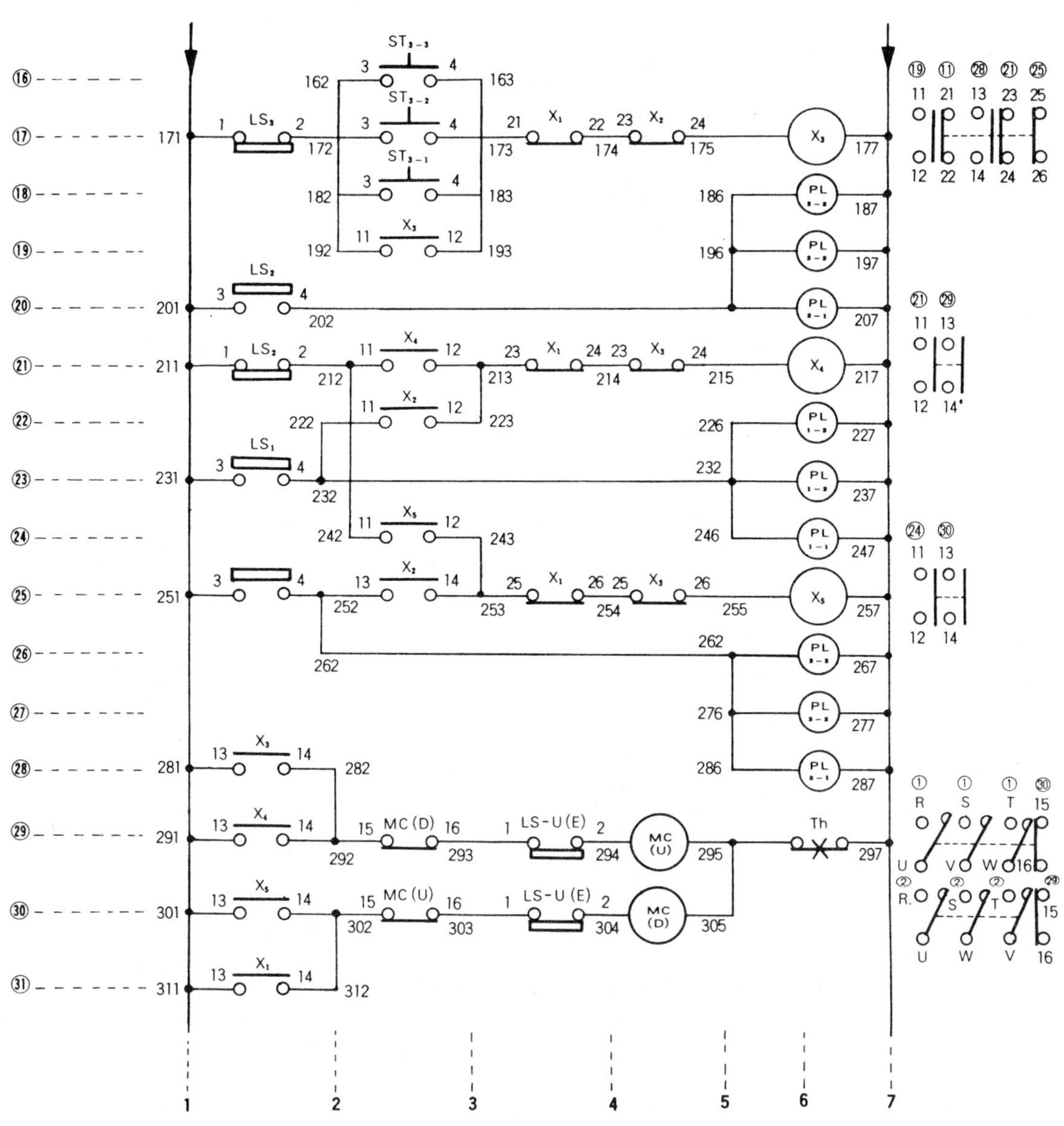

LS₃ : 3층용 리밋 스위치　　　　ST₃ : 3층용 호출 PBS　　　　X₃ : 3층용 보조릴레이
LS₂ : 2층용 리밋 스위치　　　　PL₂ : 2층용 표시등　　　　X₄ : 1층에서 2층으로의 보조릴레이
PL₁ : 1층용 표시등　　　　X₅ : 3층에서 2층으로의 보조릴레이　　　　PL₃ : 3층용 표시등
LS-U(E) : 과상승 방지용 리밋 스위치　　　LS-D(E) : 과하강 방지용 리밋 스위치

참고　• 21, 31, 211 등의 번호는 선번호임(종축과 횡축 선번호의 결합 예 : 211, 종축 21, 횡축 1)
• ①……㉛ : 종축 선번호
• 1, 2, 3, 4, 5, 6, 7 : 횡축 선번호
• 1, 2, 3, 4 : 스위치 단자번호(1, 2 는 b접점　3, 4 는 a접점)
• 11, 12, 13, 14, 21, 22, 23, 24 : 기기 단자번호(11, 12, 13, 14 : a접점　21, 22, 23, 24 : b접점)

(2) 전원투입 및 2층이나 3층에서 1층으로 호출 작동

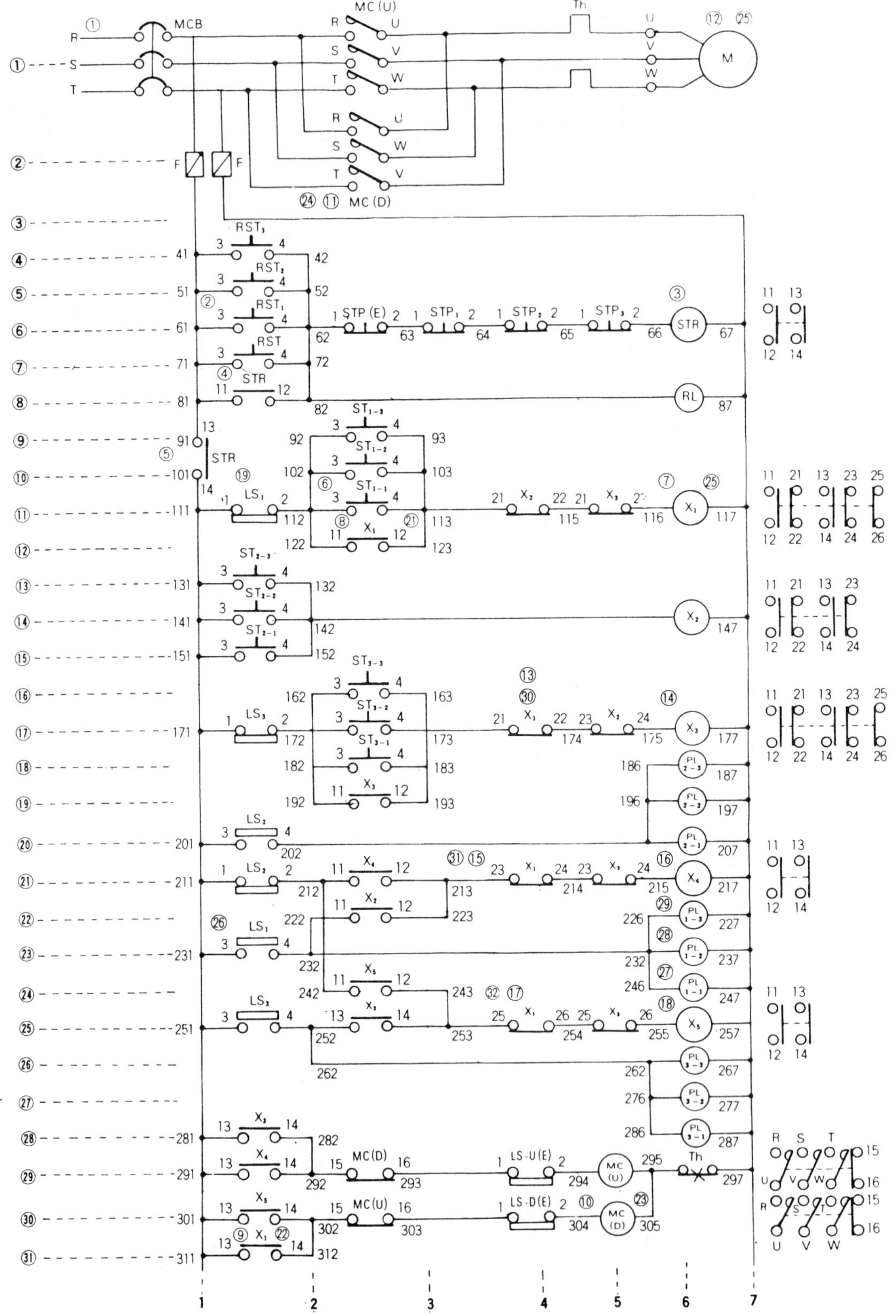

〔전원투입 및 2층이나 3층에서 1층으로 호출 작동 설명〕

① 회로에 전원을 투입하기 위하여 배선용 차단기 MCB를 넣는다.

② 제어회로에 전원을 투입하기 위하여 RST_1을 누른다.

③ RST_1을 누르면 비상 정지 보조릴레이 (STR)이 작동한다.

④ (STR)이 작동하면 (STR)의 a접점 STR 11과 12가 닫히어 자기 유지된다.

⑤ (STR)이 작동하면 (STR)의 a접점 STR 13과 14가 닫히어 제어회로에 전원이 투입된다.

⑥ 화물 리프트를 1층으로 이동시키기 위하여 ST_{1-1}을 누른다(ST_{1-2}나 ST_{1-3}을 눌러도 된다).

⑦ ST_{1-1}을 누르면 1층용 보조릴레이 (X_1)이 작동한다.

⑧ (X_1)이 작동하면 (X_1)의 a접점 X_1의 11과 12가 닫히어 자기 유지된다.

⑨ (X_1)이 작동하면 (X_1)의 a접점 X_1의 13과 14가 닫힌다.

⑩ X_1의 13과 14가 닫히면 하강용 전자접촉기 (MC(D))가 작동한다.

⑪ (MC(D))가 작동하면 주접점 MC(D)가 닫힌다.

⑫ 주접점 MC(D)가 작동하면 모터가 역회전하여 화물 리프트는 하강한다.

⑬ (X_1)의 작동으로 (X_1)의 b접점 X_1의 21과 22가 열린다.

⑭ X_1의 21과 22가 열리면 3층용 보조릴레이 (X_3)가 인터록된다.

⑮ (X_1)의 작동으로 (X_1)의 b접점 X_1의 23과 24가 열린다.

⑯ X_1의 23과 24가 열리면 1층에서 2층으로의 보조릴레이 (X_4)가 인터록된다.

⑰ (X_1)의 작동으로 (X_1)의 b접점 X_1의 25와 26이 열린다.

⑱ X_1의 25와 26이 열리면 3층에서 2층으로의 보조릴레이 (X_5)가 인터록된다.

⑲ 화물 리프트가 이동하여 1층용 리미트 스위치 LS_1을 치면 LS_1의 b접점 LS_1의 1과 2를 연다.

⑳ LS_1의 1과 2가 열리면 1층용 보조릴레이 (X_1)의 작동이 정지된다.

㉑ (X_1)의 작동이 정지되면 (X_1)의 a접점 X_1의 11과 12가 열려 자기 유지를 푼다.

㉒ (X_1)의 작동이 정지되면 (X_1)의 a접점 X_1의 13과 14를 연다.

㉓ X_1의 13과 14가 열리면 (MC(D))의 작동이 정지된다.

㉔ (MC(D))의 작동이 정지되면 (MC(D))의 주접점 MC(D)가 열린다.

㉕ 주접점 MC(D)가 열리면 모터의 운전은 정지되고 화물 리프트는 정지한다.

㉖ 화물 리프트가 이동하여 1층용 리미트 스위치 LS_1을 치면 LS_1의 a접점 LS_1의 3과 4가 닫힌다.

㉗ LS_1의 3과 4가 닫히면 1층용 표시등 PL_{1-1}이 점등된다.

㉘ LS_1의 3과 4가 닫히면 1층용 표시등 PL_{1-2}가 점등된다.

㉙ LS_1의 3과 4가 닫히면 1층용 표시등 PL_{1-3}이 점등된다.

㉚ (X_1)의 작동이 정지되면 (X_1)의 b접점 X_1의 21과 22가 닫힌다(인터록을 푼다).

㉛ (X_1)의 작동이 정지되면 (X_1)의 b접점 X_1의 23과 24가 닫힌다(인터록을 푼다).

㉜ (X_1)의 작동이 정지되면 (X_1)의 b접점 X_1의 25와 26이 닫힌다(인터록을 푼다).

병렬 회로의 전력계산 : 저항기에서 소비된 전력은 저항기 전류와 저항기 단자간의 전압을 곱한 것과 같다.

$$P = E \cdot I^2$$

(3) 1층에서 2층으로 호출 작동

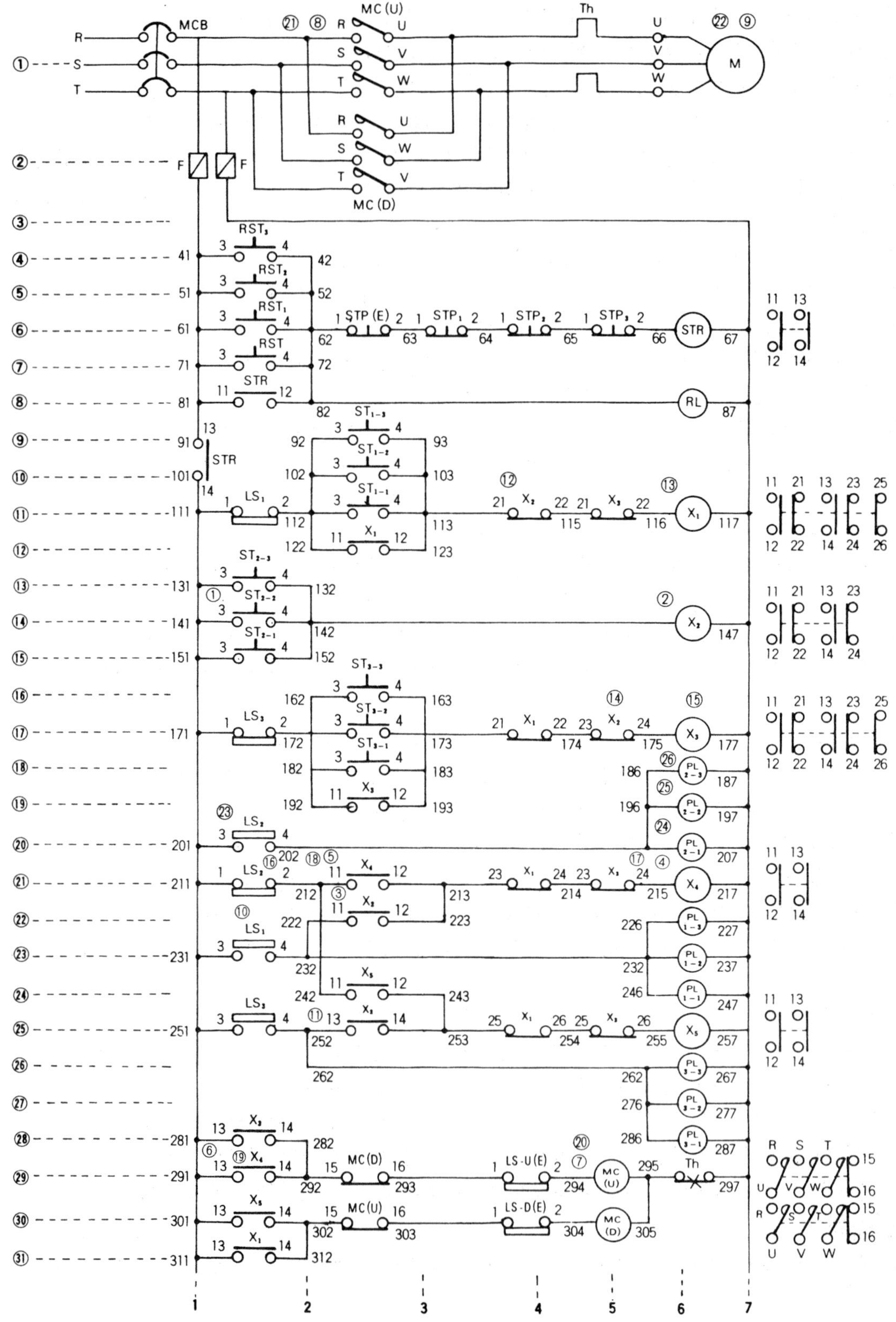

〔**1층에서 2층으로 호출 작동 설명**〕

화물 리프트의 작동이 1층에 정지해 있다(LS_1의 a접점 LS_1의 3과 4가 닫혀있다).

① 2층용 PBS ST_{2-2}를 누른다(ST_{2-1}이나 ST_{2-3}을 눌러도 마찬가지이다).

② ST2를 누르면 2층용 보조릴레이 X_2가 작동한다.

③ X_2가 작동하면 X_2의 a접점 X_2의 11과 12가 닫힌다(순간적임).

④ X_2의 11과 12가 닫히면 1층에서 2층으로의 보조릴레이 X_4가 작동한다(리미트 스위치 LS_1의 a접점이 닫혀 있음을 생각할 것).

⑤ X_4가 작동하면 X_4의 a접점 X_4의 11과 12가 닫히어 자기 유지된다.

⑥ X_4가 작동하면 X_4의 a접점 X_4의 13과 14가 닫힌다.

⑦ X_4의 13과 14가 닫히면 상승용 전자접촉기 MC(U)가 작동한다.

⑧ MC(U)가 작동하면 주접점 MC(U)가 닫힌다.

⑨ MC(N)가 닫히면 모터는 정으로 기동되고 화물 리프트는 올라간다.

⑩ 화물 리프트가 이동되면 1층용 리미트 스위치 LS_1의 a접점 LS_1의 3과 4가 열린다.

⑪ X_2가 작동하면(②번의 계속동작임) X_2의 a접점 X_2의 13과 14가 닫힌다.

⑫ X_2가 작동하면 X_2의 b접점 X_2의 21과 22가 열린다.

⑬ X_2의 21과 22가 열리면 1층용 보조릴레이 X_1이 인터록된다(순간적임).

⑭ X_2의 작동으로 X_2의 b접점 X_2의 23과 24가 열린다.

⑮ X_2의 23과 24가 열리면 3층용 보조릴레이 X_3가 인터록된다(순간적임).

⑯ 화물 리프트가 상승하여 2층용 리미트 스위치 LS_2를 치면 LS_2의 b접점 LS_2의 1과 2가 열린다.

⑰ LS_2의 1과 2가 열리면 1층에서 2층으로의 보조릴레이 X_4의 작동이 정지된다.

⑱ X_4의 작동이 정지되면 X_4의 a접점 X_4의 11과 12를 열어 자기 유지를 푼다.

⑲ X_4의 작동이 정지되면 X_4의 a접점 X_4의 13과 14를 연다.

⑳ X_4의 13과 14가 열리면 상승용 전자접촉기 MC(U)의 작동이 정지된다.

㉑ MC(U)가 작동하면 주접점 MC(U)가 열린다.

㉒ MC(U)가 열리면 모터의 운전은 정지되고 화물 리프트도 정지된다.

㉓ 화물 리프트가 상승하여 2층용 리미트 스위치 LS_2를 치면 LS_2의 a접점 LS_2의 3과 4가 닫힌다.

㉔ LS_2의 3과 4가 닫히면 2층 표시등 PL_{2-1}이 점등된다.

㉕ LS_2의 3과 4가 닫히면 2층 표시등 PL_{2-2}가 점등된다.

㉖ LS_2의 3과 4가 닫히면 2층 표시등 PL_{2-3}이 점등된다.

🈳 돌발된 사고로 인하여(단락등) 1층 위치 검출용 리미트 스위치 LS_1의 설정위치보다 더 하강하면 과하강 방지용 리미트 스위치 LS-D(E)가 작동하여 그 b접점이 열리고 하강용 전자접촉기 MC(D)의 작동을 정지시키므로 주회로의 주접점 MC(D)가 열려 전동기 M을 정지시킴으로써 과하강을 방지한다.
　과하강 방지용 리미트 스위치 LS-D(E)는 1층 위치 검출용 리미트 스위치 LS_1의 하부에 설치된다.

- 전력(electric power)이란, 물체를 통해 전자가 움직일 때 그것을 한 일에 대한 시간당 비율.
  전력의기본 단위로는 문자 P로 표시되는 W이다.

- 전력 공식　　$P = I^2 \cdot R$, $P = I \cdot E$, $P = \dfrac{E^2}{R}$

(4) 3층에서 2층으로 호출 작동

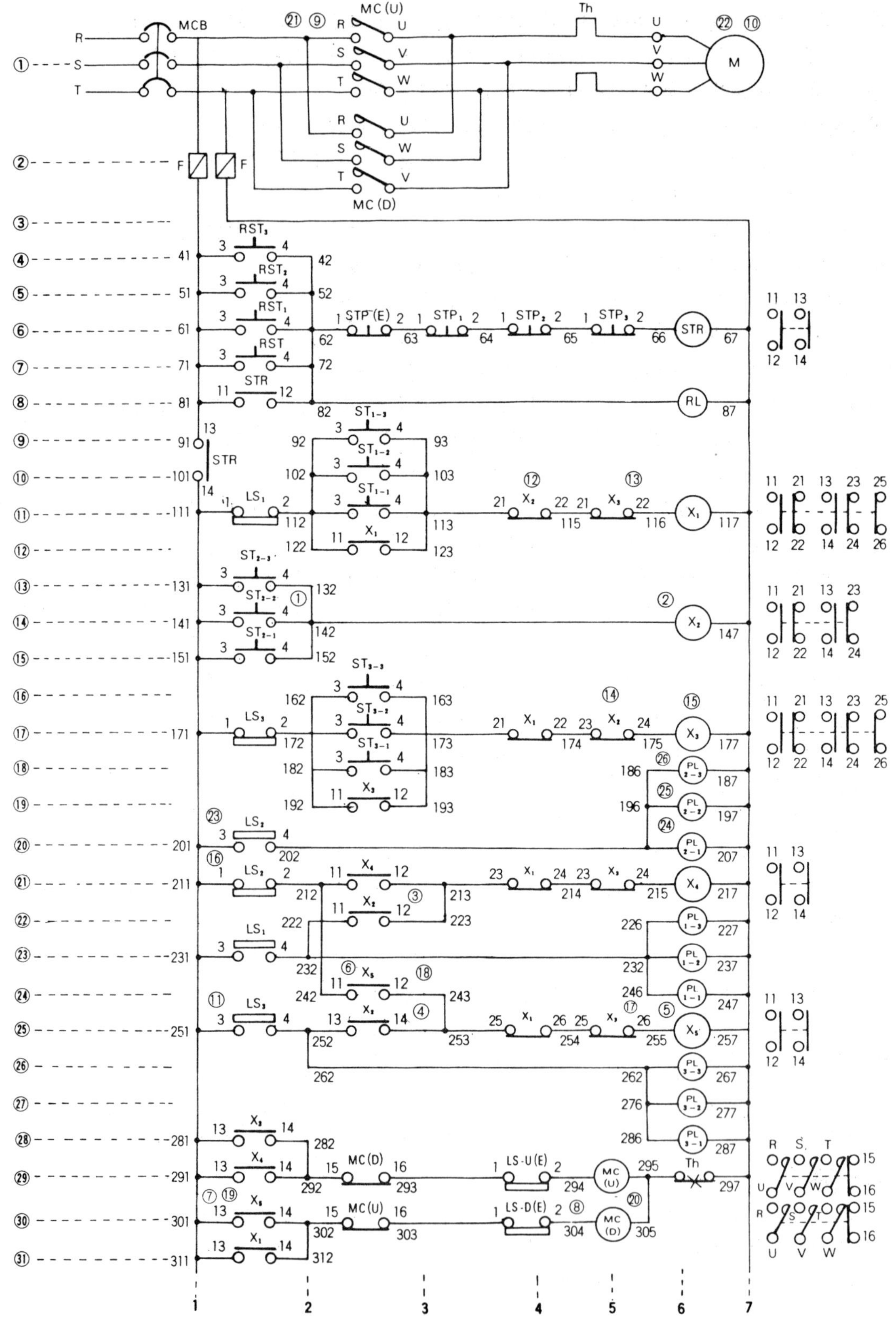

〔3층에서 2층으로 호출 작동 설명〕

화물 리프트의 작동이 3층에 정지해 있다(LS₃의 a접점 LS₃의 3과 4가 닫혀있다).

① 2층용 PBS ST₂₋₂를 누른다(ST₂₋₁이나 ST₂₋₃을 눌러도 된다).

② ST₂를 누르면 2층용 보조릴레이 Ⓧ₂ 가 작동한다.

③ Ⓧ₂가 작동하면 Ⓧ₂의 a접점 X₂의 11과 12가 닫힌다(순간적 작동).

④ Ⓧ₂가 작동하면 Ⓧ₂의 a접점 X₂의 13과 14가 닫힌다(순간적 작동).

⑤ X₂의 13과 14가 닫히면 3층에서 2층으로의 보조릴레이 Ⓧ₅ 가 작동한다.

⑥ Ⓧ₅가 작동하면 Ⓧ₅의 a접점 X₅의 11과 12가 닫히어 자기 유지된다.

⑦ Ⓧ₅가 작동하면 Ⓧ₅의 a접점 X₅의 13과 14가 닫힌다.

⑧ X₅의 13과 14가 닫히면 하강용 전자접촉기 Ⓜ︎Ⓒ(D) 가 작동한다.

⑨ Ⓜ︎Ⓒ(D) 가 작동하면 주접점 MC(D)가 닫힌다.

⑩ MC(D)가 닫히면 모터가 역회전하여 화물 리프트가 하강한다.

⑪ 화물 리프트가 하강하면 3층용 리미트 스위치 LS₃의 a접점 LS₃의 3과 4가 열린다.

⑫ Ⓧ₂가 작동하면(②번의 계속 동작임) Ⓧ₂의 b접점 X₂의 21과 22가 열린다.

⑬ X₂의 21과 22가 열리면 1층용 보조릴레이 X₁이 인터록된다(순간적 작동).

⑭ Ⓧ₂가 작동하면 Ⓧ₂의 b접점 X₂의 23과 24가 열린다.

⑮ X₂의 23과 24가 열리면 3층용 보조릴레이 Ⓧ₃ 가 인터록된다(순간적 작동).

⑯ 화물 리프트가 하강하여 2층용 리미트 스위치 LS₂를 치면 LS₂의 b접점 LS₂의 1과 2가 열린다.

⑰ LS₂의 1과 2가 열리면 3층에서 2층으로의 보조릴레이 Ⓧ₅ 의 작동이 정지된다.

⑱ Ⓧ₅ 의 작동이 정지되면 Ⓧ₅ 의 a접점 X₅의 11과 12가 열리어 자기유지를 푼다.

⑲ Ⓧ₅ 의 작동이 정지되면 Ⓧ₅ 의 a접점 X₅의 13과 14가 열린다.

⑳ X₅의 13과 14가 열리면 하강용 전자접촉기 Ⓜ︎Ⓒ(D) 의 작동도 정지된다.

㉑ Ⓜ︎Ⓒ(D) 의 작동이 정지되면 주접점 MC(D)가 열린다.

㉒ MC(D)가 열리면 모터의 운전이 정지되고 화물 리프트로 정지된다.

㉓ 화물 리프트가 하강하여 2층용 리미트 스위치 LS₂를 치면 LS₂의 a접점 LS₂의 3과 4가 닫힌다.

㉔ LS₂의 3과 4가 닫히면 2층 표시등 PL₂₋₁이 점등된다.

㉕ LS₂의 3과 4가 닫히면 2층 표시등 PL₂₋₂가 점등된다.

㉖ LS₂의 3과 4가 닫히면 2층 표시등 PL₂₋₃이 점등된다.

〔제어용 각종 모터〕

(5) 1층이나 2층에서 3층으로 호출 작동

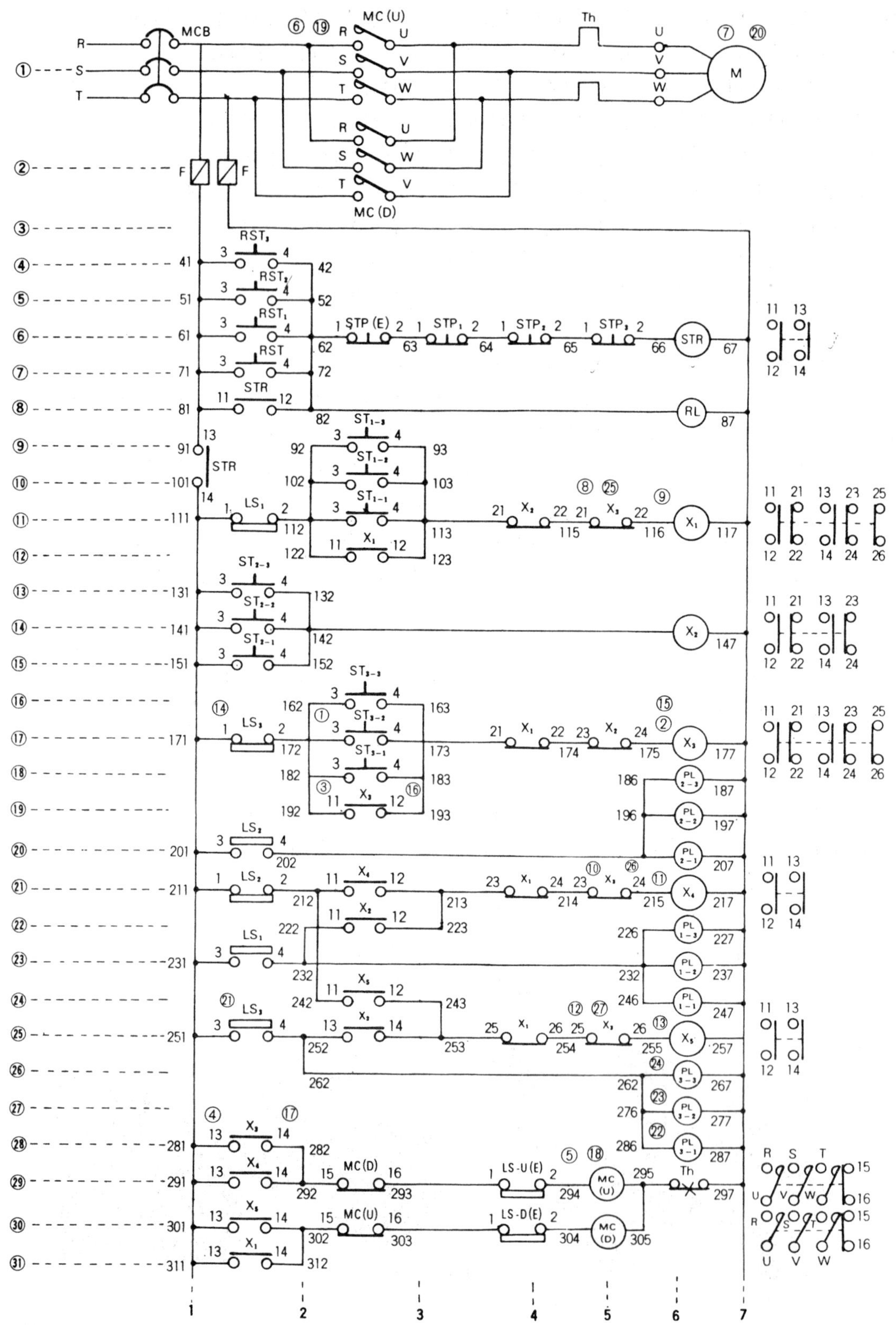

〔1층이나 2층에서 3층으로 호출 작동 설명〕

① 3층용 PBS ST$_{3-3}$을 누른다(ST$_{3-1}$ 이나 ST$_{3-2}$를 눌러도 됨).

② ST$_3$을 누르면 3층용 보조릴레이 X$_3$가 작동한다.

③ 3층용 보조릴레이 X$_3$가 작동하면 X$_3$의 a접점 X$_3$의 11과 12가 닫히며 자기 유지된다.

④ 3층용 보조릴레이 X$_3$가 작동하면 X$_3$의 a접점 X$_3$의 13과 14가 닫힌다.

⑤ X$_3$의 13과 14가 닫히면 상승용 전자접촉기 MC(U)가 작동한다.

⑥ MC(U)가 작동하면 주접점 MC(U)가 작동한다.

⑦ MC(U)가 작동하면 모터가 정회전하여 화물 리프트는 상승한다.

⑧ X$_3$의 작동으로 X$_3$의 b접점 X$_3$의 21과 22가 열린다.

⑨ X$_3$의 21과 22가 열리면 1층용 보조릴레이 X$_1$이 인터록된다.

⑩ X$_3$의 작동으로 X$_3$의 b접점 X$_3$의 23과 24가 열린다.

⑪ X$_3$의 23과 24가 열리면 1층에서 2층으로의 보조릴레이 X$_4$가 인터록된다.

⑫ X$_3$의 작동으로 X$_3$의 b접점 X$_3$의 25와 26이 열린다.

⑬ X$_3$의 25와 26이 열리면 3층에서 2층으로의 보조릴레이 X$_5$가 인터록된다.

⑭ 화물 리프트가 이동하여 3층용 리미트 스위치 LS$_3$를 치면 LS$_3$의 b접점 LS$_3$의 1과 2를 연다.

⑮ LS$_3$의 1과 2가 열리면 3층용 보조릴레이 X$_3$의 작동이 정지된다.

⑯ X$_3$의 작동이 정지되면 X$_3$의 a접점 X$_3$의 11과 12가 열려 자기유지를 푼다.

⑰ X$_3$의 작동이 정지되면 X$_3$의 a접점 X$_3$의 13과 14를 연다.

⑱ X$_3$의 13과 14가 열리면 MC(U)의 작동이 정지된다.

⑲ MC(U)의 작동이 정지되면 MC(U)의 주접점 MC(U)가 열린다.

⑳ MC(U)가 열리면 모터의 운전은 정지되고 화물 리프트는 정지한다.

㉑ 화물 리프트가 이동하여 3층용 리미트 스위치 LS$_3$를 치면 LS$_3$의 a접점 LS$_3$의 3과 4는 닫힌다.

㉒ LS$_3$의 3과 4가 닫히면 3층용 표시등 PL$_{3-1}$이 점등된다.

㉓ LS$_3$의 3과 4가 닫히면 3층용 표시등 PL$_{3-2}$가 점등된다.

㉔ LS$_3$의 3과 4가 닫히면 3층용 표시등 PL$_{3-3}$이 점등된다.

㉕ X$_3$의 작동이 정지되면 X$_3$의 b접점 X$_3$의 21과 22가 닫힌다(인터록을 푼다).

㉖ X$_3$의 작동이 정지되면 X$_3$의 b접점 X$_3$의 23과 24가 닫힌다(인터록을 푼다).

㉗ X$_3$의 작동이 정지되면 X$_3$의 b접점 X$_3$의 25와 26이 닫힌다(인터록을 푼다).

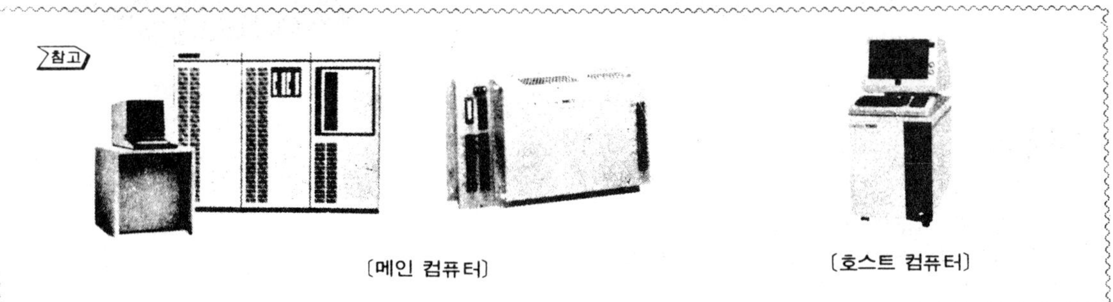

〔메인 컴퓨터〕　〔호스트 컴퓨터〕

2·19 보일러 운전회로

보일러는 밀폐된 용기안의 물에 열을 가하여 증기 및 온수를 만드는 장치이며 연소장치, 급수장치, 통풍장치와 안전장치 및 자동 제어장치 등을 조합하여 만들며, 열을 사용하고 압력이 생기는 관계로 열효율과 특히 안전장치가 중요한 비중을 차지한다.

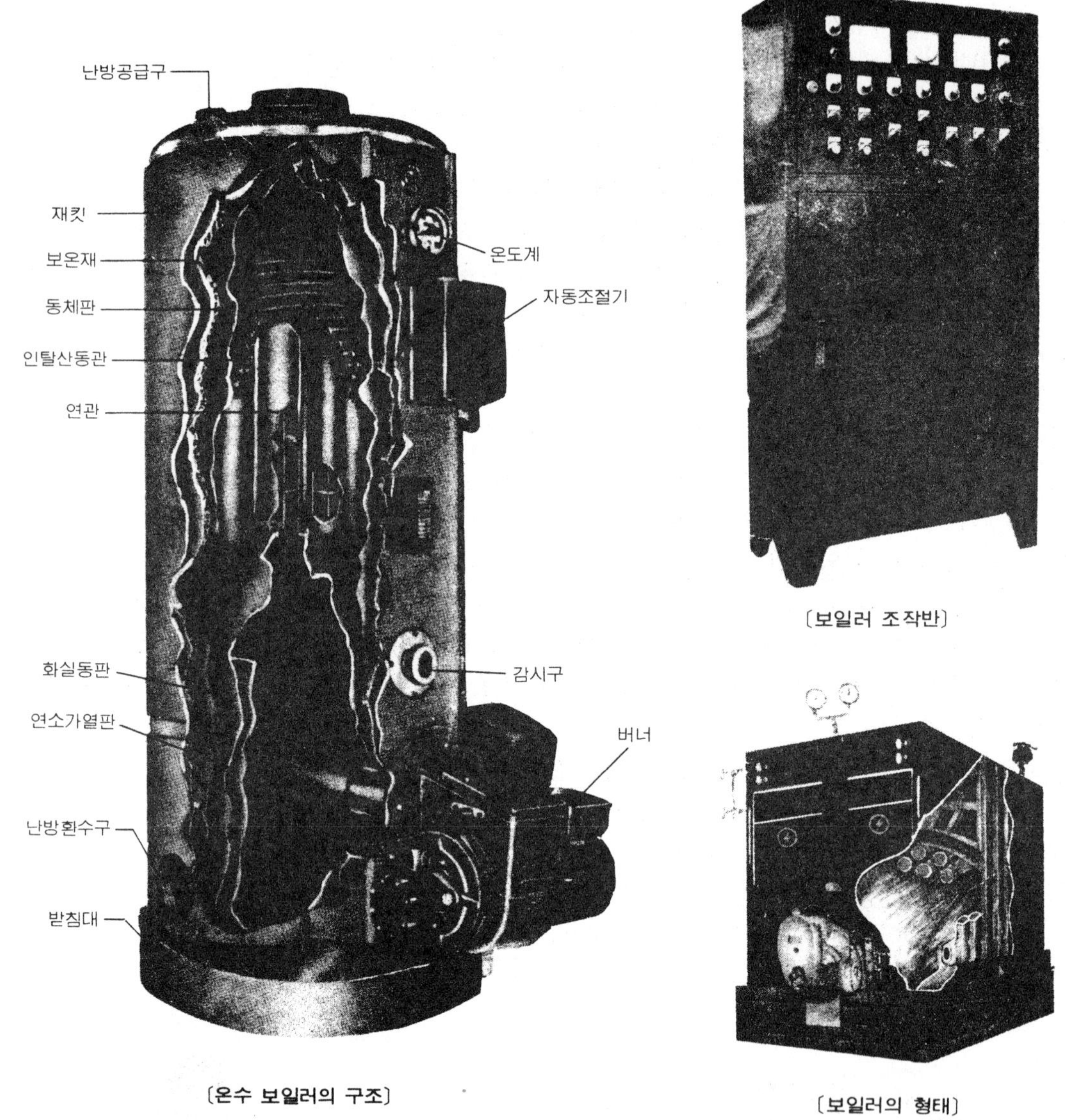

우수한 보일러란,
① 설계 용량을 최대한 발휘할 것.
② 최고 사용 압력하에서 충분한 강도를 가질 것.
③ 청소 · 검사 수리가 용이할 것.
④ 열효율이 좋을 것.

(1) 시퀀스도

R
MCB
S
T
GL
LW-b
BL
TS₁
WL
F₁
Fe
CM-a
TS₂
CS-1
MAN
MAN
CS-2
MC
Th₁
Th₂
MC-a
AUTO
PS
LW-a
AUTO
T(N)-1b
T(N)-a
BZ
MC
RL₁
F₂
200 V
Tr₁
24 V
MAN
CS-3
AUTO
T(P)
T(S)
T(P)-a
T(N)
Fe-1b
CM
Fe-3b
Fe-2a
PC
10000 V
Tr₂
200 V
T(S)-b
RL₂
SOL₁
AUTO
CS-4
RL₃
MAN
SOL₂
200 V
Tr₃
100 V
Tr₂
SM
Th₁
BM
MC

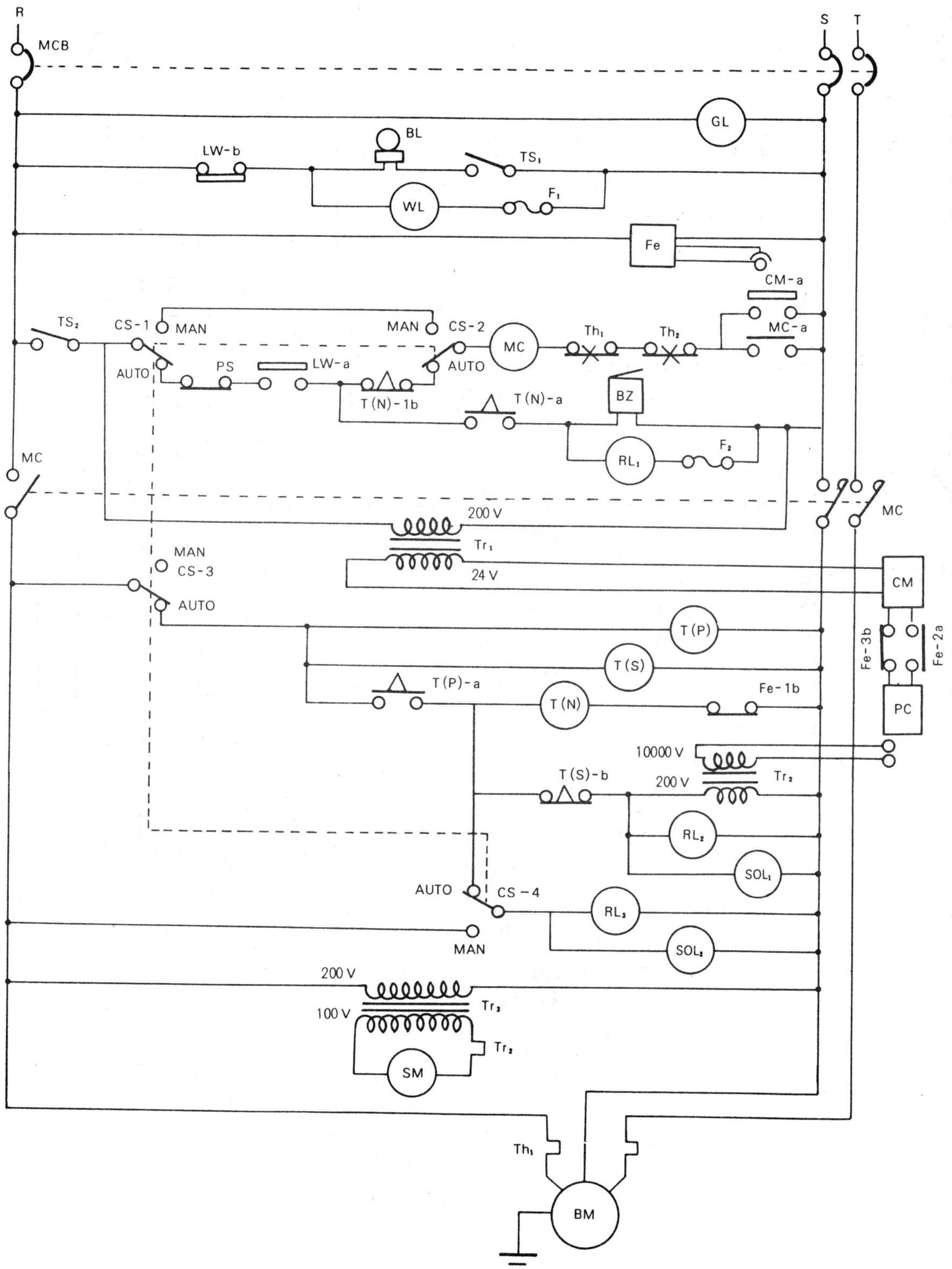

(2) 보일러 기동 및 운전

R
MCB
S
T
GL ②
①
BL
LW-b
TS₁
WL
F₁
Fe
㉒
CM-a
㉑
④ TS₂
CS-1　MAN
MAN　CS-2
⑤ MC
Th₁
Th₂
MC-a
⑥
AUTO
PS
LW-a
T(N)-1b
AUTO
T(N)-a
BZ
RL₁
F₂
MC ⑦
200 V
Tr₁
24 V
CM
MAN
CS-3
③ AUTO
T(P) ⑪
Fe-3b
Fe-2a
T(S) ㉕ ⑫
⑬ T(P)-a
T(N) ㉓ Fe-1b
㉔ ⑭
PC
10000 V
⑯
㉖ T(S)-b
200 V
Tr₂
⑱ RL₂ ⑮
SOL₁ ⑰
AUTO　CS-4
⑳ RL₃
MAN
SOL₂ ⑲
200 V ⑧
Tr₃
100 V
Tr₂
⑨ SM
Th₁
⑩ BM

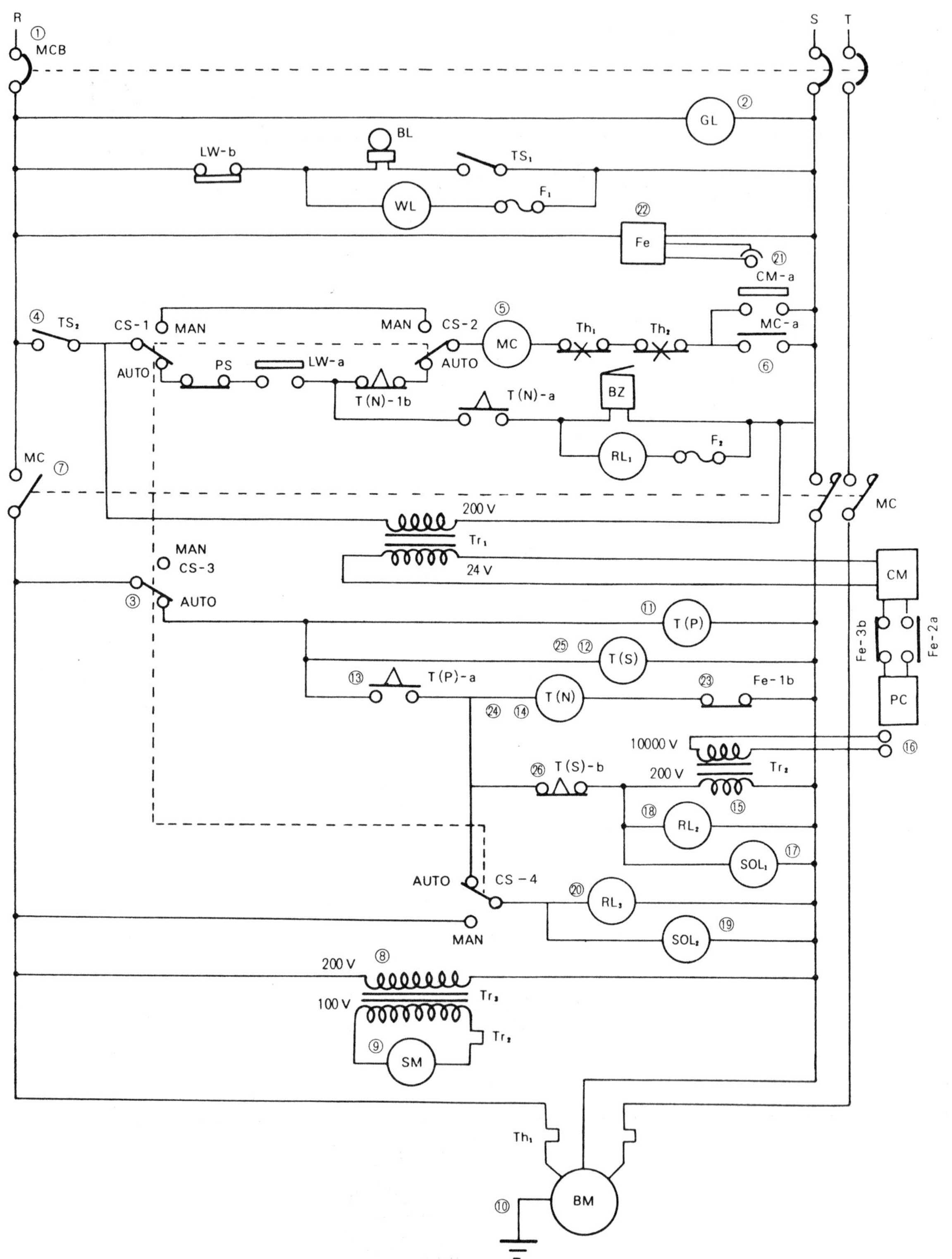

〔**보일러 기동 및 운전 작동설명**〕

① 회로에 전원을 투입하기 위하여 배선용 차단기 MCB를 넣는다.

② 배선용 차단기 MCB를 넣으면 전원표시등 ⓖⓛ 이 점등된다.

③ 절환스위치 CS를 자동쪽으로 한다(CS-1, CS-2, CS-3, CS-4가 동시에 투입된다).

④ 보일러의 기동스위치 TS_2를 넣는다.

⑤ 기동조건이 완료된 후 TS_2를 넣으면 전자접촉기 ⓜⓒ 가 작동된다.

⑥ 전자접촉기 ⓜⓒ 가 작동하면 ⓜⓒ 의 a접점 MC-a가 닫히어 자기 유지된다.

⑦ 전자접촉기 ⓜⓒ 가 작동하면 ⓜⓒ 의 주접점 MC가 닫힌다.

⑧ 주접점 MC가 닫히면 착화 버너용 변압기 Tr_3에 전류가 흐른다.

⑨ Tr_3에 전류가 흐르면 착화 버너용 모터 ⓢⓜ 이 기동된다.

⑩ 주접점 MC가 닫히면 주 버너용 모터 ⓑⓜ 이 기동된다.

⑪ 주접점 MC가 닫히면 프리퍼지 타이머 ⓣ⑴ 가 작동을 시작한다.

⑫ 주접점 MC가 닫히면 착화 타이머 ⓣ⑸ 가 작동을 시작한다.

⑬ 30초 후 프리퍼지 타이머 ⓣ⑴ 의 작동에 의하여 ⓣ⑴ 의 한시 a접점 T(P)-a가 닫힌다.

⑭ T(F)-a가 닫히면 불착화 타이머 ⓣ⑼ 이 작동을 시작한다.

⑮ T(P)-a가 닫히면 착화 변압기 Tr_2에 전류가 흐른다.

⑯ 착화용 변압기 Tr_2에 전류가 흐르면 10,000V의 고전압으로 불꽃을 발생시킨다.

⑰ T(P)-a가 닫히면 착화 버너용 전자밸브 ⓢⓞⓛ₁ 에 전류가 흘러 전자밸브의 작동으로 급유관이 열리고 연료에 착화된다.

⑱ 이때 ⓡⓛ₂ 가 점등되어 착화 버너용 전자밸브 ⓢⓞⓛ₁ 의 작동을 표시한다.

⑲ T(P)-a가 닫히면 주 버너용 전자밸브 ⓢⓞⓛ₂ 에 전류가 흘러 전자밸브의 작동으로 급유관을 열고 착화용 버너에 의하여 주 버너가 착화된다.

⑳ 이때 ⓡⓛ₃ 가 점등되어 주 버너용 전자밸브 ⓢⓞⓛ₂ 의 작동을 표시한다.

㉑ 주 버너가 착화하면 불꽃검지기가 불꽃을 검지한다.

㉒ 불꽃검지기가 작동하면 플레임 아이 ▣Fe 가 작동된다.

㉓ 플레임 아이 ▣Fe 가 작동하면 ▣Fe 의 한시 b접점 Fe-1b가 열린다.

㉔ Fe-1b가 열리면 불착화 타이머 ⓣ⑼ 은 작동이 정지된다.

㉕ 착화잦치 타이머 ⓣ⑸ 의 설정시간(60초)이 경과되면 ⓣ⑸ 가 작동된다.

㉖ 타이머 ⓣ⑸ 의 작동으로 ⓣ⑸ 의 한시 b접점 T(S)-b가 열린다.

✪ T(S)-b가 열리면 Tr_2, ⓡⓛ₁ , ⓢⓞⓛ₁ 의 작동이 정지된다.

○ 보일러의 용어
- 최고 사용 압력 : 강도상 허용될 수 있는 최고의 사용 압력으로 게이지 압력
- 보일러 최고 사용 압력 : 보일러 각부의 최고 사용 압력의 최소치 이하로서 보일러를 안전하게 사용할 수 있다고 정하는 압력
- 전열면 : 연소열을 관수(보일러수)에 전달하는 면
- 전열면적 : 한쪽 면은 열가스가 접촉하고, 다른면에 관수(물)가 접촉할 때, 열가스가 접촉하는 쪽에서 측정한 면적
- 상용 수위 : 운전 중 유지되는 수면
- 안전 수위 : 운전 중 유지해야 할 최저의 수면(안전 저수위)

(3) 주 버너 소화시 작동

R
MCB
S
T
GL
BL
LW-b
TS₁
WL
F₁
②
①
Fe
CM-a
TS₂
CS-1
MAN
MAN
CS-2
⑥
MC
Th₁
Th₂
MC-a
AUTO
PS
LW-a
⑤
AUTO
⑦
T(N)-1b
T(N)-a
BZ
⑪
⑩
RL₁
⑫
F₂
MC
⑧
200 V
Tr₁
MAN
CS-3
24 V
CM
AUTO
T(P)
T(S)
Fe-3b
Fe-2a
T(P)-a
④
T(N)
③
Fe-1b
PC
10000 V
T(S)-b
200 V
Tr₂
RL₂
SOL₁
AUTO
CS-4
RL₃
SOL₂
MAN
200 V
Tr₃
100 V
Tr₂
SM
Th₁
⑨
BM

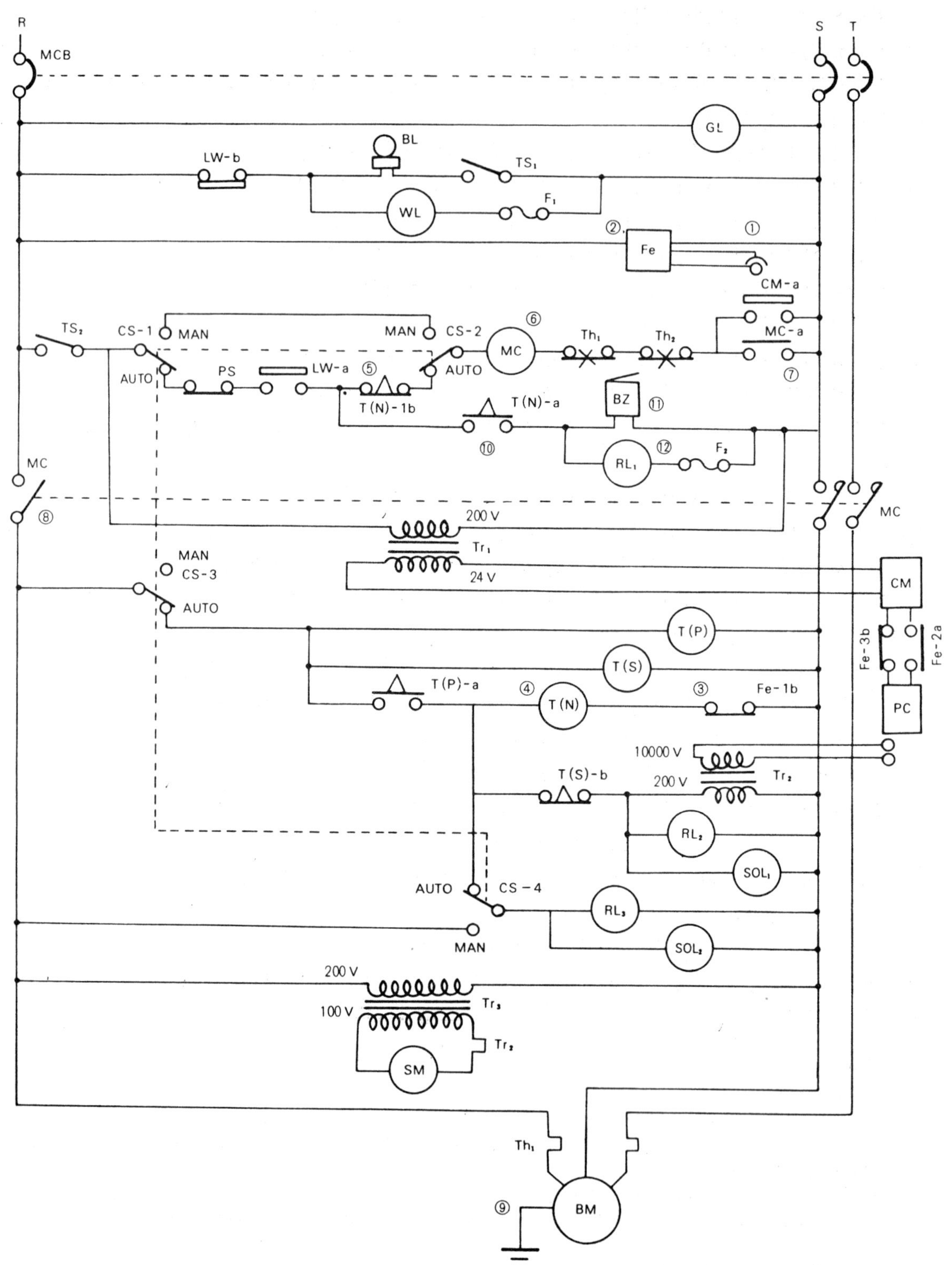

〔**주 버너의 소화시 작동설명** : 착화 실패나 기타 운전 중 주 버너의 소화시〕

① 운전중이나 착화 실패로 불이 꺼지면 불꽃검지기가 불꽃을 검지하지 못한다.

② 불꽃을 검지하지 못하면 플레임 아이 Fe 가 작동을 정지시킨다.

③ 플레임 아이 Fe 의 정지로 Fe 의 b접점 Fe-1b가 닫힌다.

④ Fe-1b가 닫히면 불착화 타이머 T(N) 이 작동을 시작한다(설정시간 15초).

⑤ 설정시간(15초)이 지나면 T(N) 의 b접점 T(N)-1b가 열린다.

⑥ T(N)-1b가 열리면 전자접촉기 MC 의 작동이 정지된다.

⑦ 전자접촉기 MC 의 작동이 정지되면 MC 의 a접점 MC-a가 열린다.

⑧ 전자접촉기 MC 의 작동이 정지되면 MC 의 주접점 MC 가 열린다.

⑨ 주접점 MC 가 열리면 주버너용 모터 BM 의 작동이 정지된다.

⑩ 불착화 타이머 T(N) 이 작동하면 T(N) 의 한시 a접점 T(N)-a가 닫힌다.

⑪ T(N)-a가 닫히면 부저 BZ 가 울리며 경보를 발한다.

⑫ T(N)-a가 닫히면 표시등 RL 이 점등된다.

○ **기기의 용도** (1)

• 배선용 차단기 MCB : 회로에 전원을 투입시킨다.

• 플레임 아이 Fe : 주 버너의 착화여부를 검출하여 소화되면 작동된다.

• 압력스위치 PS : 증기압이 규정압 이상일 때 작동된다.

• 저수위 릴레이 LW : 물이 저수위 이상일 때 작동된다.

• **플레임 아이** : 중유나 가스를 연료로 하는 보일러에 착화하지 않은채로 연료를 공급하는 것은 매우 위험하다. 그래서 버너의 선단에서 불꽃을 내는가, 내지 않는가를 측정, 즉 불꽃의 유무를 검출하는 장치가 필요한데 이것을 플레임 아이(flame eye)라 한다.

　플레임 아이는 광전관을 이용한 것으로서 버너 선단에서 나오는 빛을 받으면 전기가 발생하는데, 이것을 증폭하여 출력 릴레이를 작동시키는 것이다.

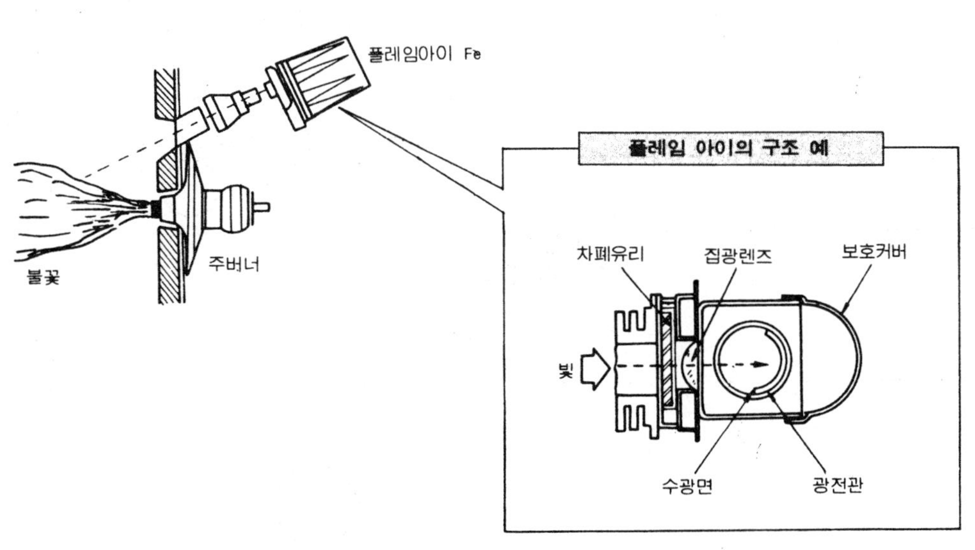

(4) 저수위일 때의 작동

R
S T
MCB
GL
LW-b
BL
⑩
⑦
⑨
TS₁
⑥
WL
⑧
F₁
Fe
CM-a
TS₂
CS-1
MAN
MAN
CS-2
MC
②
Th₁
Th₂
MC-a
AUTO
PS
LW-a
AUTO
③
①
T(N)-1b
T(N)-a
BZ
MC
RL₁
F₂
④
200 V
Tr₁
24 V
MAN
CS-3
AUTO
CM
T(P)
T(S)
Fe-3b
Fe-2a
T(P)-a
T(N)
Fe-1b
PC
10000 V
T(S)-b
200 V
Tr₂
RL₂
SOL₁
AUTO
CS-4
RL₃
MAN
SOL₂
200 V
Tr₃
100 V
Tr₂
SM
Th₁
BM
⑤

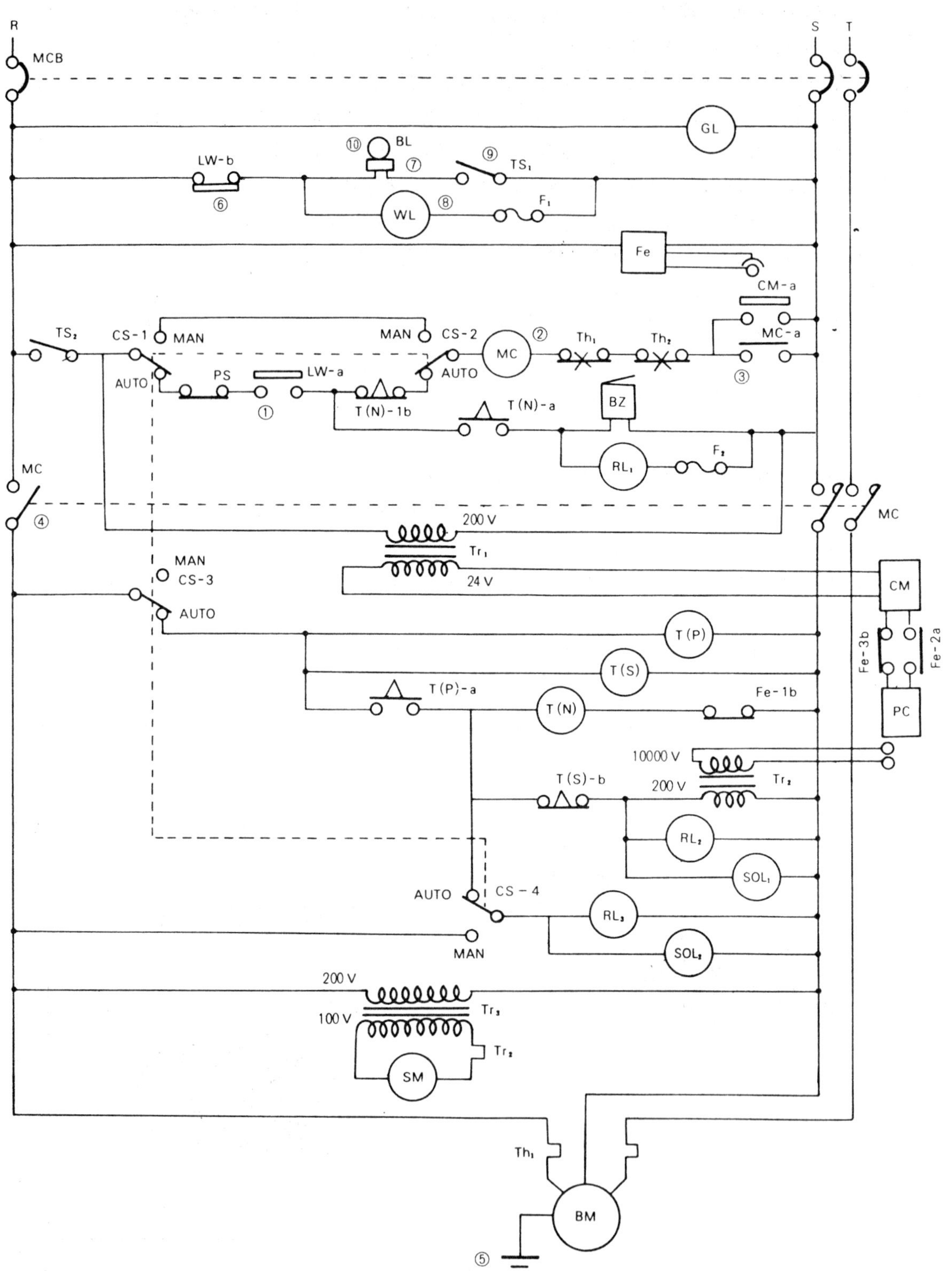

〔저수위일 때의 작동설명〕

① 보일러에 물이 부족하여 저수위로 되면 저수위 릴레이 LW 가 작동하여 LW 의 a접점 LW – a가 열린다.

② LW – a가 열리면 전자접촉기 ⓂⒸ 의 작동이 정지된다.

③ 전자접촉기 ⓂⒸ 의 작동이 정지되면 ⓂⒸ의 a접점 MC – a가 열린다.

④ 전자접촉기 ⓂⒸ 의 작동이 정지되면 ⓂⒸ 의 주접점 MC 가 열린다.

⑤ 주접점 MC 가 열리면 주 버너용 모터 ⒷⓂ 이 작동을 정지한다.

⑥ 저수위 릴레이 LW 의 작동으로 LW 의 b접점 LW – b가 닫힌다.

⑦ LW – b가 닫히면 벨 ⒷⓁ이 울리며 경보를 발한다.

⑧ LW – b가 닫히면 표시등 ⓌⓁ 이 점등된다.

⑨ 저수위용 스위치 TS 를 연다.

⑩ 저수위용 스위치 TS 를 열면 벨 ⒷⓁ 의 작동이 정지된다.

○ 기기의 용도 (2)

- 경보용 벨 BL : 저수위일 때 경보를 발한다.
- 경보용 부저 BZ : 주 버너에 불이 꺼졌을 때 울린다.
- 퓨즈 F : 여기서는 표시등용 퓨즈이다.
- 프리퍼지 타이머 T(P) : 주 버너용 전동기가 운전을 시작하여 버너에 착화되기까지의 시간이며 전원 투입후 30초이다.
- 착화 타이머 T(S) : 60초로 설정하며 주버너 착화시 착화 버너회로를 연다.
- 불착화 타이머 T(N) : 주 버너가 불착화시 프리퍼지 타이머 작동 15초 후에 전자 개폐기를 연다.
- 착화 버너 전자밸브 SOL₁ : 착화 연료를 공급한다 (라인의 개폐).
- 주버너 전자밸브 SOL₂ : 운전용 연료를 공급한다.
- 착화 버너용 모터 SM : 착화용 연료를 분출시킨다.
- 주 버너용 모터 BM : 운전용 연료를 분출시킨다.
- 콘트롤 모터 CM : 연료의 유량상태를 확인한다.
- 콘트롤 모터용 변압기 Tr_1 : 콘트롤 모터를 작동시키기 위하여 감압시킨다.
- 착화용 변압기 Tr_2 : 연료에 착화시키기 위하여 승압시킨다.
- 착화 버너용 변압기 Tr_3 : 연료에 착화시키기 위하여 연료 공급 모터를 기동시킨다.
- 전자밸브 작동 표시등 RL₁ PL₁ : 전자밸브가 작동하면 표시된다.
- 회로 전원 표시등 GL : 회로에 전원이 투입되면 점등된다.
- 저수위 경보벨용 TS_1 : 수위의 상태를 알기 위하여 투입하면 벨이 울린다.
- 보일러 정지 기동 스위치 TS_2 : 보일러를 기동시키기 위하여 쓰인다.
- 자동·수동 절환스위치 CS : MAN 쪽으로 하면 수동 운전이 되고, AUTO 쪽으로 하면 자동 운전이 된다.
- 전자접촉기 ⓂⒸ : 보일러 기동조건 완료시 주버너 회로에 전원을 투입한다.
- 열동형 계전기 Th_1, Th_2 : 주 버너와 착화 버너용 회로가 과부하시 전자접촉기 회로를 차단시킨다.

(5) 보일러의 정지

R
MCB
S
T
GL
LW-b
BL
TS₁
WL
F₁
Fe
⑪
⑩
CM-a
①
TS₂
CS-1
MAN
MAN
CS-2
②
MC
Th₁
Th₂
MC-a
③
AUTO
PS
LW-a
T(N)-1b
T(N)-a
BZ
RL₁
F₂
MC
④
200 V
Tr₁
24 V
MAN
CS-3
AUTO
⑬
T(P)
⑮
T(S)
⑭
T(P)-a
T(N)
Fe-1b
⑫
10000 V
200 V
Tr₂
CM
Fe-3b
Fe-2a
PC
⑯
T(S)-b
RL₂
SOL₁
⑨
AUTO
CS-4
RL₃
⑧
SOL₂
MAN
200 V ⑤
100 V
Tr₃
⑥
Tr₂
SM
Th₁
BM
⑦

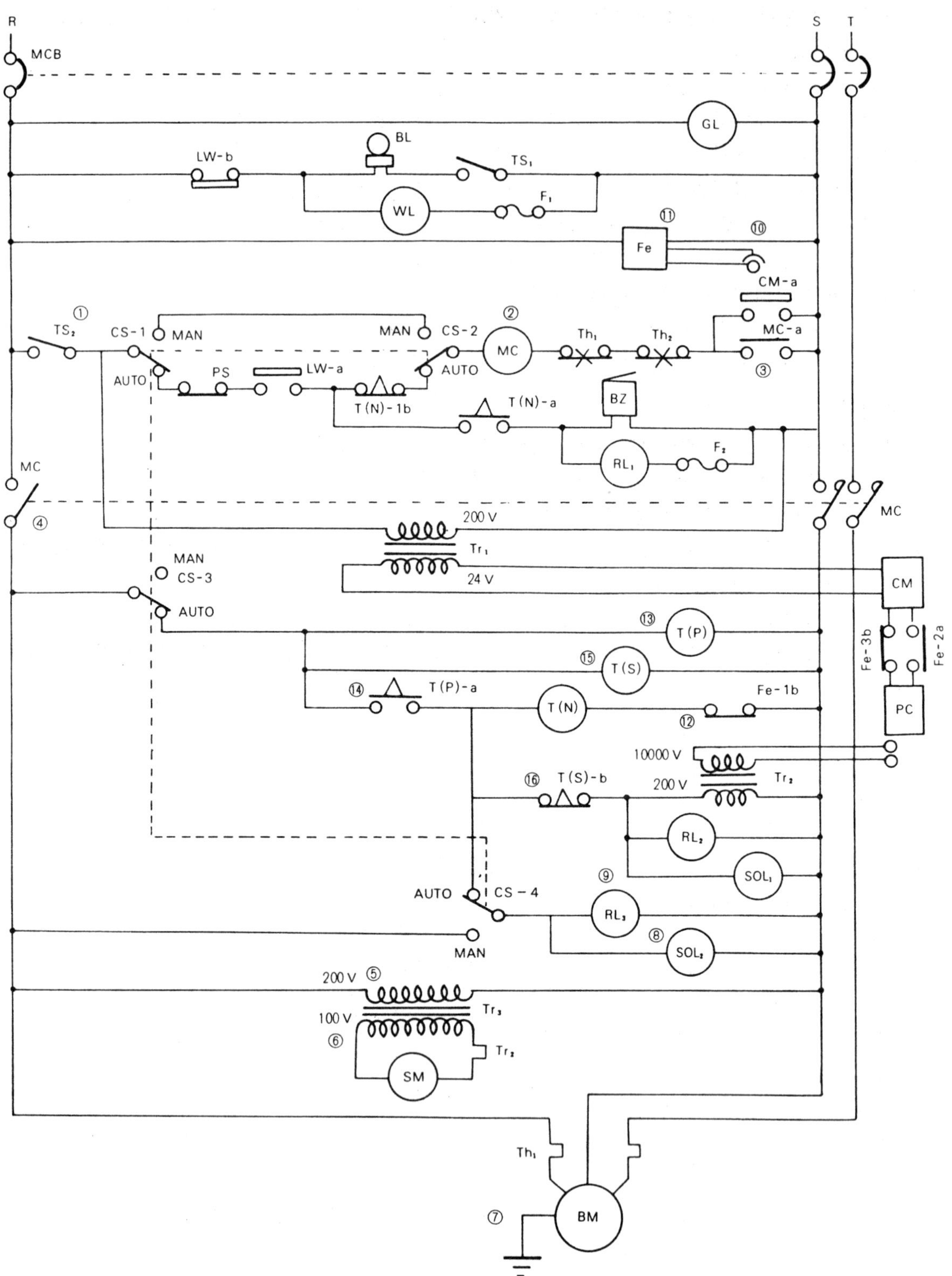

〔보일러의 정지 작동설명〕

① 정지스위치 TS_2를 연다.

② 정지스위치 TS_2를 열면 전자접촉기 ⓂⒸ 의 작동이 정지된다.

③ 전자접촉기 ⓂⒸ 의 작동이 정지되면 ⓂⒸ 의 a접점 MC-a가 열린다.

④ 전자접촉기 ⓂⒸ 의 작동이 정지되면 ⓂⒸ 의 주접점 MC가 열린다.

⑤ 주접점 MC가 열리면 착화 버너용 변압기 Tr_3의 작동이 정지된다.

⑥ Tr_3의 작동이 정지되면 착화 버너용 모터 ⓈⓂ 의 작동이 정지된다.

⑦ 주접점 MC가 열리면 주 버너용 모터 ⒷⓂ 의 작동이 정지된다.

⑧ 주접점 MC가 열리면 주 버너용 전자밸브 $\overline{SOL_1}$ 의 작동이 정지되어 급유관 밸브를 닫는다.

⑨ 주접점 MC가 열리면 주 버너 전자밸브 작동표시등 $\overline{RL_1}$가 소등된다.

⑩ 주 버너가 소화되면 불꽃검지기에서 불꽃의 검지를 하지 못한다.

⑪ 불꽃을 검지하지 못하면 플레임 아이 $\boxed{Fe}$ 의 작동이 정지된다.

⑫ 플레임 아이 $\boxed{Fe}$ 의 작동이 정지되면 $\boxed{Fe}$ 의 b접점 Fe-1b가 열린다.

⑬ 주접점 MC가 열리면 프리퍼어지 타이머 $\overline{T(P)}$ 의 작동이 정지된다.

⑭ 프리퍼어지 타이머 $\overline{T(P)}$ 의 작동이 정지되면 $\overline{T(P)}$ 의 a접점 T(P)-a가 열린다.

⑮ 주접점 MC가 열리면 착화 타이머 $\overline{T(S)}$ 의 작동이 정지된다.

⑯ 착화 타이머 $\overline{T(S)}$ 의 작동이 정지되면 $\overline{T(S)}$ 의 한시 b접점 T(S)-b가 닫힌다.

○ 기기의 용도 (3)

- 저수위 표시등 ⓌⓁ ：수위가 저수위 이하이면 점등된다.

- 주버너 소화표시등 ⓇⓁ ：주 버너에 불이 꺼졌을 때 점등된다.

- 압력조절기 $\boxed{PC}$ ：사용 증기압을 조정한다.

> **〔참고〕** **프로텍트 릴레이**(protector relay)：기름 보일러 및 팬 코일 유니트(fan coil unit) 등에 사용되는 연소 안전 제어장치로서 써모스탯(thermostat)과 같이 사용하며, 연소 안전제어, 온수 순환제어 및 온도를 제어하며, 안전시간이 짧고 단속 점화방식과 프리퍼지(prepurge)의 채택으로 점화시 폭발을 방지하고 버너의 기층에 관계없이 사용할 수 있다.

제**6**장

무접점 시퀀스 제어

1. 무접점 시퀀스제어 기초

1·1 반 도 체

물질은 전기가 잘 통하는 것(전도체), 전기가 잘 통하지 않는 것(절연체), 그리고 그 중간에 해당하는 것(반도체)이 있으며, 반도체는 다이오드나 트랜지스터(transistor)를 만드는 제료인 게르마늄이나 실리콘 등이 이에 포함된다.

(1) 반도체

① **재료의 비저항**

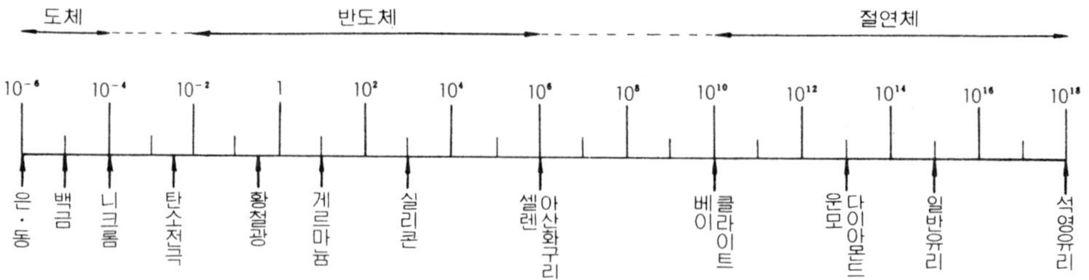

전기를 잘 통할 수 있느냐 없느냐 하는 것은 물질속에 자유전자(free electron; 원자의 외곽 궤도를 돌면서 자기궤도를 이탈할 수 있는 전자)가 있느냐 없느냐에 따라 결정된다. 게르마늄이나 실리콘 등은 상온에서도 몇개의 자유전자가 있으며, 이것에 열 또는 빛, 전기 등의 에너지가 가해지면 원자의 구속으로부터 튀어나오는 전자의 수가 증가된다. 따라서 온도가 올라가면 비저항이 낮아지는 반도체의 성질을 가진다.

② **반도체내의 전류** : 반도체는 열에너지에 의해 일부의 전자가 튀어나와 전기를 운반하는 일을 한다(전류를 이동시킨다). 그런데 문제는 전자가 튀어나간 후의 빈자리에 있다. 이 빈자리에 전자가 있었을 때는 양성자(+)와 음의 전자(−)가 결합하여 중성의 상태였으나 (−)의 전자가 튀어나간 뒤의 빈자리에는 (+)의 양자가 남게 된다. 이와같이 양자(+)가 남아 있는 빈자리를 홀(hole)이라고 한다.

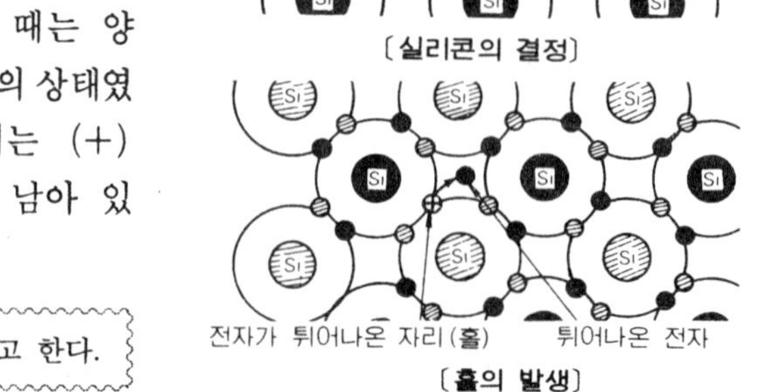

[실리콘의 결정]

[홀의 발생]

> 참고 홀은 +전기를 가지고 있기 때문에 정공이라고 한다.

③ **홀의 움직임** : 홀이 생긴 상태는 전자가 부족한 상태이다. 따라서 가까이 전자가 있으면 이 것을 잡아당겨 안정상태로 되려고 한다. 그런데 홀 근처에는 결합되어 있는 전자가 많으므로 이 전자가 홀을 메우면 그림과 같이 a→b→c로 홀이 움직인 것과 같은 상태가 된다. 전자가 움직이는 것이 곧 전류의 흐름이므로 홀의 움직임도 전류가 흐른 것과 같다. 순수한 실리콘 이나 게르마늄의 결정은 같은 수의 전자와 홀이 있으며, 이같은 반도체를 **진성 반도체** 라고 한다.

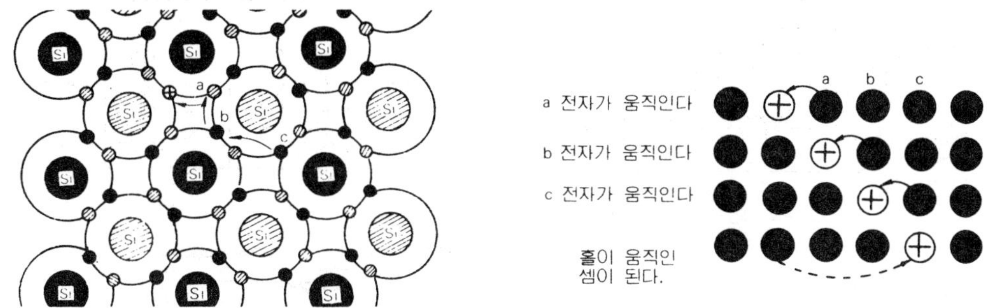

〔**홀의 움직임**(전류의 흐름) **상태**〕

④ **불순물 반도체** : 진성 반도체에 다른 원소(비소, 안티몬, 알루미늄, 인디움 등)를 섞어 전류 의 흐름이 쉽도록 한다.

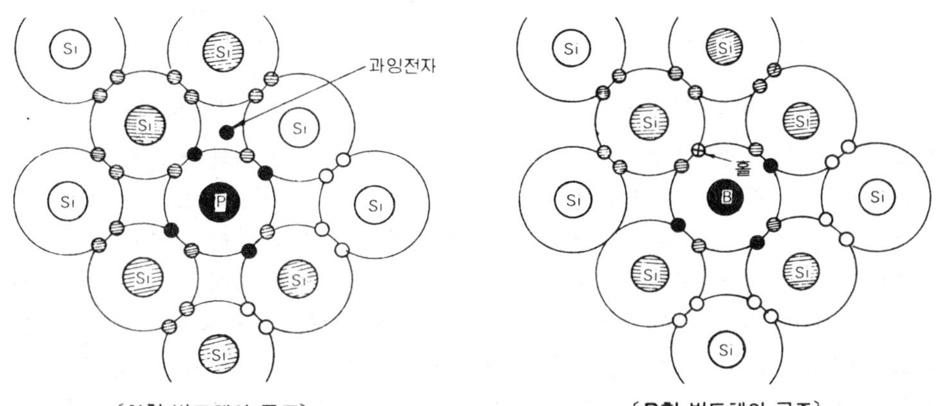

〔**N형 반도체의 구조**〕   〔**P형 반도체의 구조**〕

⑦ **N형 반도체** : 실리콘 결정속에 5가(외곽궤도에 5개의 전자가 있는 것)의 원소 즉, 비소, 안티몬 등을 조금 섞으면 5가의 원자가 실리콘 원자 1개를 밀어내고 그 자리에 들 어가 실리콘 원자와 공유결합을 만든다. 이때 5가의 원자에서는 전자 하나가 남게 된다. 이 전자를 과잉전자(남는 전자)라고 하며, 이 전자를 자유로이 움직일 수 있기 때문에 전 기를 나르는 일을 할 수 있다. 이 경우 캐리어(carrier)가 전자이므로 (−)라는 의미 Ne- gative 의 머리글자 N 을 따서 N형 반도체라고 한다.

④ **P형 반도체** : 실리콘에 3가의 원소 즉, 알루미늄, 인디움 등의 원소를 넣으면 실리콘 원 자와 결합 후 3가의 원소에는 가전자가 3개 뿐이므로 전자가 1개 부족하게 된다. 전자 가 부족하다는 것은 (+)전기를 가지는 홀이 생겼다는 것이며, 홀이 자유로이 움직일 수 있으므로 전류가 흐른다. 이 경우 전기의 운반자가 홀이므로 (+)라는 의미 Positive 의 머 리글자 P 를 따서 P형 반도체라고 한다.

(2) 다이오드 : P 형 반도체와 N 형 반도체를 결합한 것을 PN 정선(PN-junction) 또는 다이오드라고 하며 정류작용을 한다. 정류작용이란 다이오드는 전류를 한방향으로만 흐르게 하고 반대 방향으로는 거의 흐르지 않게 하는 것을 말한다.

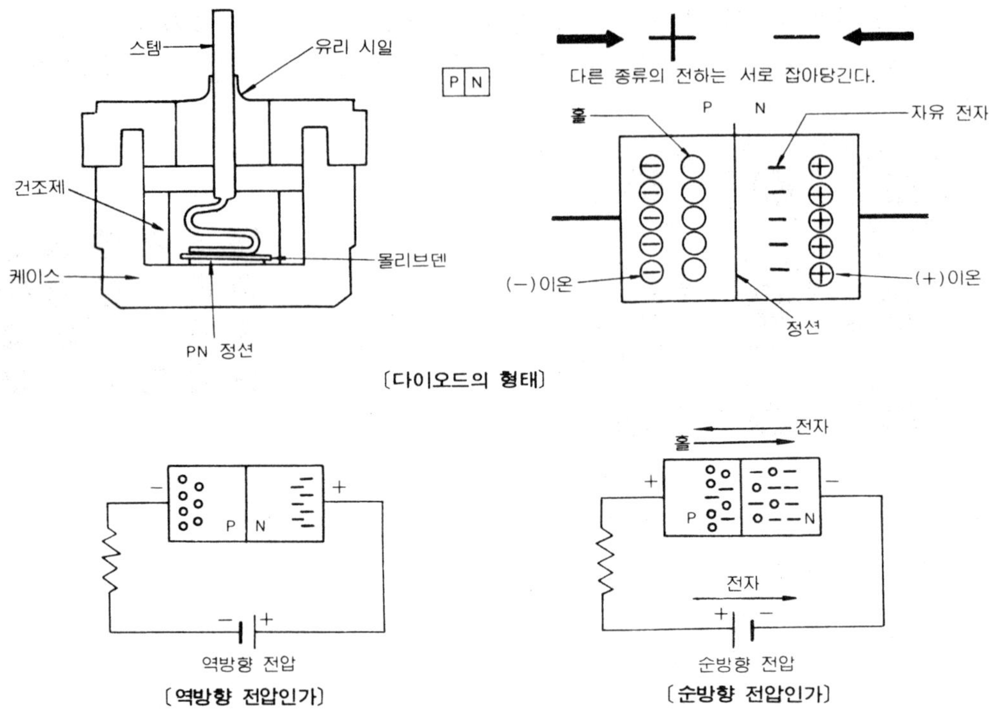

① **다이오드 역방향 전압** : P 형을 (−)극, N 형을 (+)극으로 전지와 접속하며, 홀은 (−)극쪽으로 움직여(같은 전하는 반발하고, 다른 전하는 흡인한다) P 형과 N 형의 경계선에는 홀이나 전자가 거의 없기 때문에 상당히 큰 저항이 생기며 전류가 흐르지 않게 된다.

② **다이오드 순방향 전압** : P 형을 (+)극, N 형을 (−)극으로 전지에 접속하면 홀은 전지의 (+)극에 반발되어 N 형으로 흐르고 전자는 (−)극에 반발되어 P 형으로 흘러 들어간다.

③ **다이오드의 스위칭 동작** : 다이오드에는 인가하는 전압의 극성에 따라 전류가 흐르는 순방향과 전류가 흐르지 않는 역방향의 두 성질이 있다. 이 순방향과 역방향의 성질을 이용하여 회로를 개폐하도록 한 것이 다이오드의 스위칭 동작이다.

그래프에서와 같이 다이오드에 역방향으로 전압을 인가하면 전류가 거의 흐르지 않으며, 순방향으로 전압을 인가하면 전류가 흐른다.

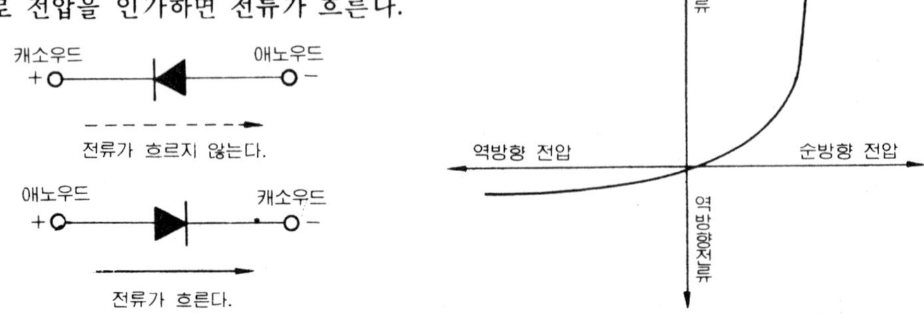

㈎ 역방향 전압인가시 상태 : 램프가 점등되지 않는다(전류가 흐르지 않는다). 즉, 스위치를 열어놓은(OFF) 상태와 같다.

㈏ 순방향 전압인가시 상태 : 램프가 점등된다(전류가 흐른다). 즉, 스위치를 닫아놓은(ON) 상태와 같다.

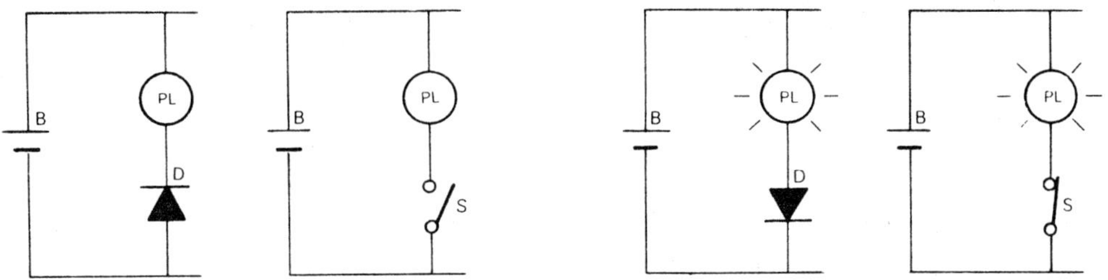

그림에서 D : 다이오드   PL : 파일롯 램프   B : 전지   S : 스위치

[**역방향 전압 인가시**]   [**순방향 전압 인가시**]

(3) 트랜지스터 : PN 접선의 N 형 쪽에 또하나의 P 형을 붙이거나(PNP 형이라고 한다) P 형 쪽에 또하나의 N 형을 붙인 것이다(NPN 형이라고 한다).

① **PNP 형 트랜지스터** : 왼쪽 P 형 반도체를 에미터(Emittor ; 기호 E), 중앙의 N 형 반도체를 베이스(Base ; 기호 B), 우측의 P 형 반도체를 콜렉터(Collector ; 기호 C)라고 부른다.

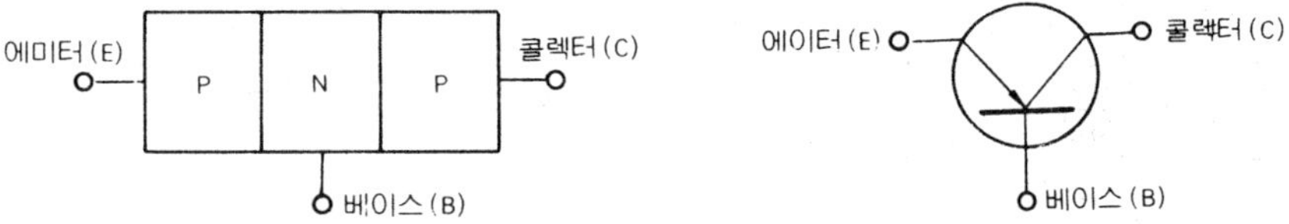

✑ 에미터의 화살표 방향은 에미터 전류의 방향을 나타낸다.

[**PNP 형 트랜지스터**]

② **NPN 형 트랜지스터** : 순서에 따라 왼쪽 N 형 반도체를 에미터(E), 중앙의 P 형 반도체를 베이스(B), 우측의 N 형 반도체를 콜렉터(C)라고 부른다(그림기호의 화살표 방향에 주의한다).

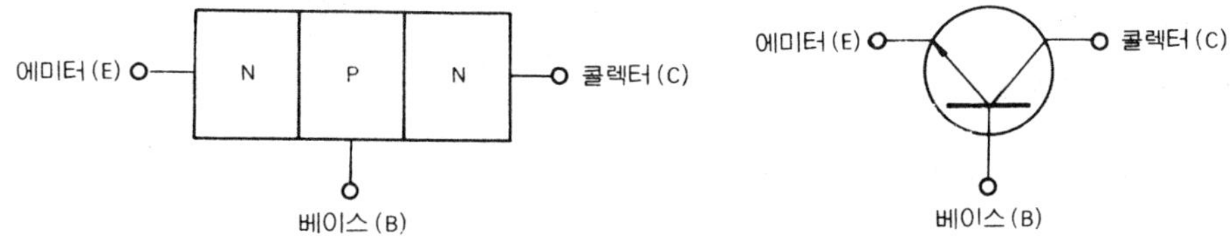

[**NPN형 트랜지스터**]

③ **트랜지스터의 작동원리**(PNP 형을 기준으로 함)

㈎ 전압을 걸지 않았을 때

P 형과 N 형에 홀 전자가 존재하고 있다.

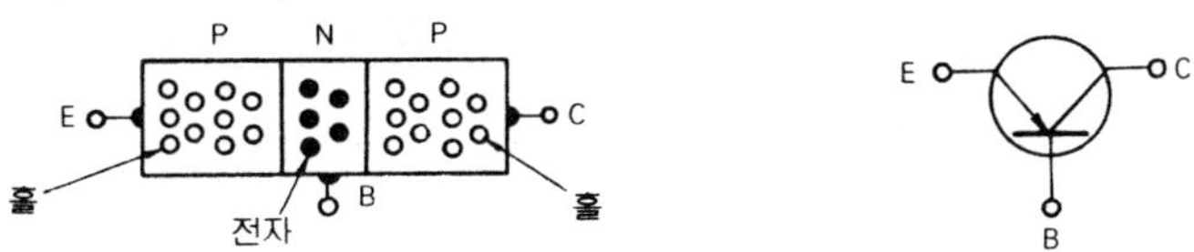

㈏ 베이스(N형)에 (+)극, 콜렉터(P형)에 (−)극의 전지를 접속했을 때

홀이 (−)극 쪽으로, 전자도 (−)극 쪽으로 모이게 되어 N형과 P형의 경계면에는 홀이나 전자가 거의 존재하지 않게 된다. 따라서 저항이 커져 전류가 거의 흐르지 않는다.

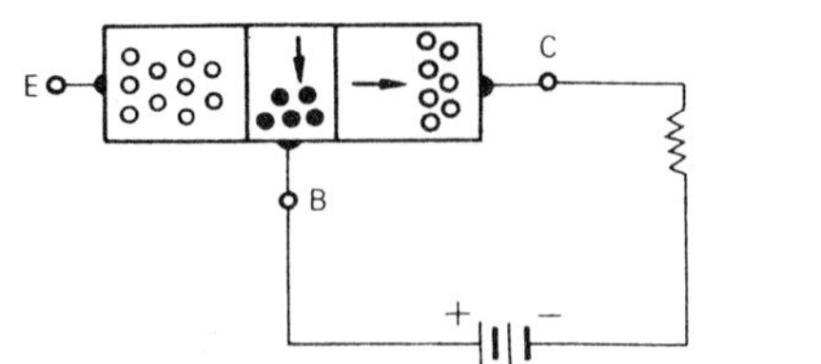 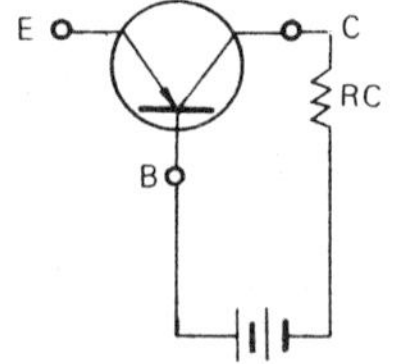

㈐ 베이스(N형)에 (+)극, 콜렉터(P형)에 (−)극, 접속외에 추가로 베이스(N형)에 (−)극, 에미터(P형)에 (+)극의 전지를 접속했을 때(공통 베이스 접속)

에미터 내의 홀은 전지의 (+)극에 반발되어 N형 안으로, 베이스 내의 전자는 (−)극에 반발되어 P형 안으로 각각 흘러 들어간다. 그런데 베이스 부분은 대단히 얇기 때문에 대개의 홀이 베이스를 뚫고 콜렉터의 경계까지 도달되며, 이때 콜렉터에 가해진 (−)극에 당겨져 콜렉터에 흡인되고 일부는 베이스 내의 전자와 중화되어 베이스 전류 I_b가 된다. 따라서 에미터에 흡인된 전류 I_e는 일부는 베이스 전류 I_b가 되고 대부분 콜렉터 전류가 된다.

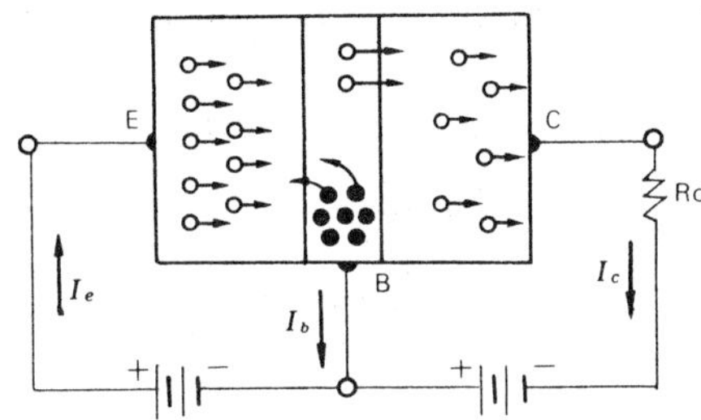 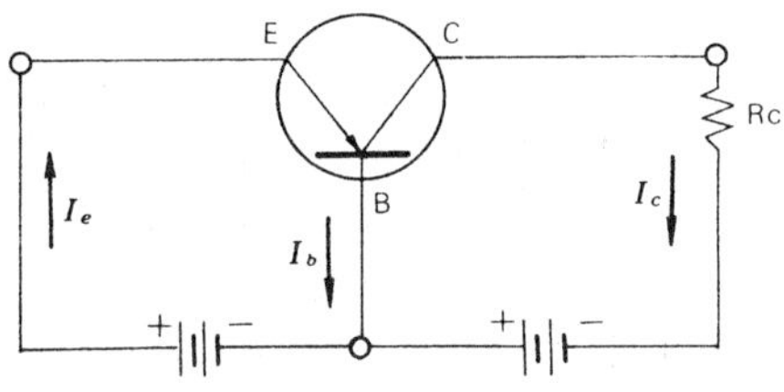

㈑ 에미터와 베이스 사이의 전지를 역으로 접속했을 때(공통 베이스 접속)

베이스 전류는 거의 흐르지 않게 되고 에미터에서 콜렉터로도 전류가 흐르지 않는다. 이와같이 베이스 전류(I_b)의 단속에 따라 콜렉터 전류(I_c)도 단속할 수 있다.

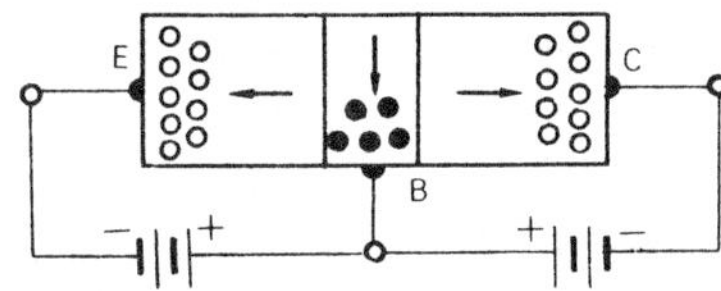

주 $I_e = I_b + I_c$이며, I_c는 0.95~0.99 I_b이다.

㈒ 콜렉터(P형)에 (−)극, 에미터(P형)에 (+)극으로 전지 접속후 에미터(P형)에 (+)극, 베이스(N형)에 (−)극으로 전지를 접속했을때(공통 에미터 접속)

베이스 전류 I_b가 흐르며, 이에 따라 콜렉터 전류 I_c가 흐르게 된다. I_b는 I_c에 비하여 극히 작으므로 이와같이 접속하면 I_b 라고 하는 큰전류(I_b의 수십배)를 끌어낼 수 있다.

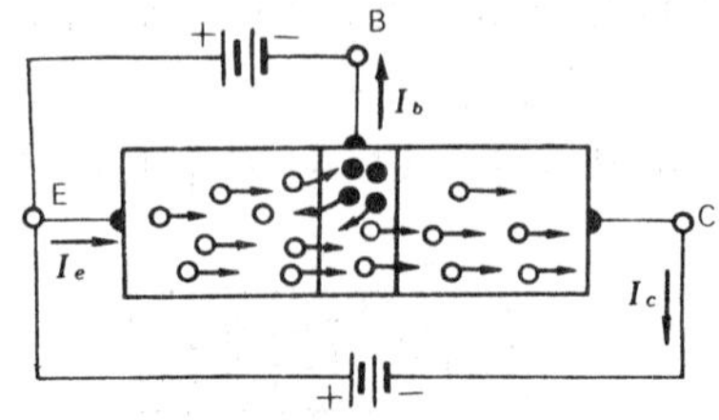

㉺ 콜렉터(P 형)에 (−)극, 에미터(P 형)에 (+)극으로 전지 접속후 에미터(P 형)에 (−)극, 베이스(N 형)에 (+)극으로 전지를 접속했을 때(공통 에미터 접속)

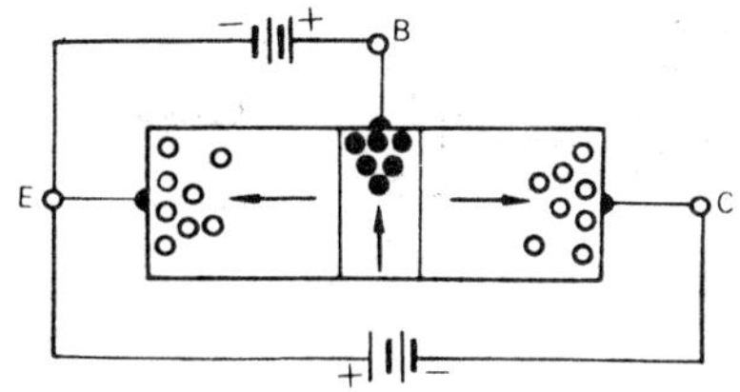

베이스 전류(I_b)가 거의 흐르지 않고 따라서 에미터에서 콜렉터의 전류도 흐르지 않게 된다. 이와같이 베이스 전류를 단속하면 콜렉터 전류(I_c)를 단속할 수 있다.

㉻ 일반적인 트랜지스터 접속에는 다음의 3 가지가 있다.

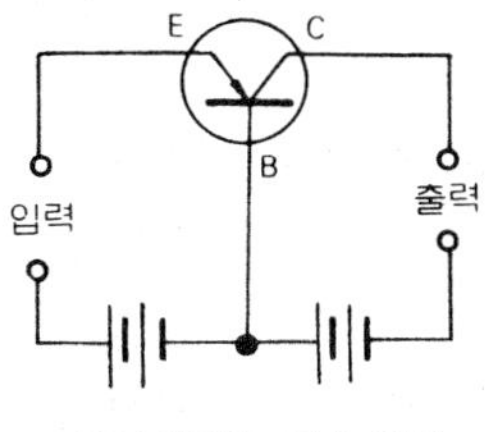

(a) 공통 베이스 접속 회로

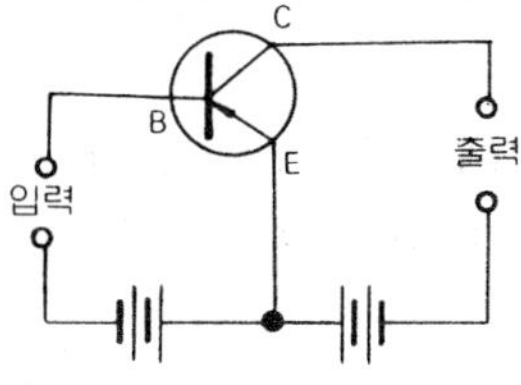

(b) 공통 에미터 접속 회로

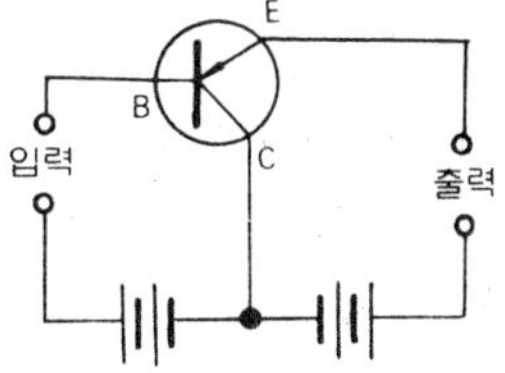

(c) 공통 콜렉터 접속 회로

④ 트랜지스터의 스위칭 작동 : 트랜지스터는 베이스 전류의 크기에 따라 OFF 영역(차단영역)과 활성영역(중간영역) 그리고 ON 영역(포화영역)으로 나눌 수 있으며, ON 영역과 OFF 영역만을 이용하여 회로의 개폐를 하는 것을 트랜지스터의 스위칭 작동이라고 한다.

㉮ 트랜지스터 스위칭 기본회로

E_2인 전압을 가하여도 베이스 전류가 흐르지 않기 때문에 콜렉터 전류(I_c)가 0이며, 이 관계는 아래〔부하특성도〕 C점으로 표시된다. 콜렉터 전류(I_c)가 흘렀을 때에는 콜렉터 전압 $E_c = E_2 - R \cdot I_c$이므로 콜렉터 전압 E_c는 $R \cdot I_c$만큼 작게 된다.

지금 세로축에 E_2/R인 점 D를 잡고 CD를 이으면 이것이 부하 직선을 표시하며, 콜렉터 전압(E_c)과 콜렉터 전류(I_c)가 어떤 경우라 할지라도 이 직선 위에서 구해진다.

이 직선위 어디에 있는가 하는 것은 베이스 전류(I_b)에 의해 정하여진다. 지금 베이스 전류(I_b)가 F이면 동작점은 E이고, 또 베이스 전류(I_b)가 G이면 동작점은 H이다. 이 점에서 곧 콜렉터 전압(E_c), 콜렉터 전류(I_c)를 흐르게 하여 스위칭 작용을 시킬 수 있다.

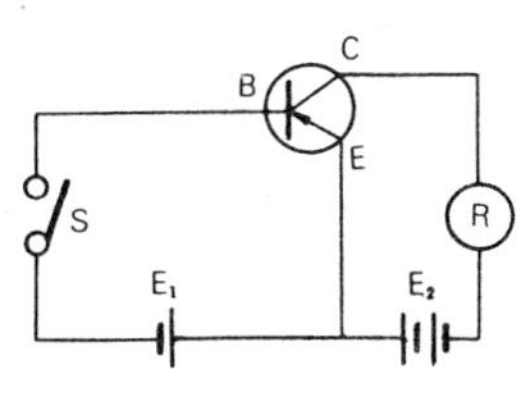

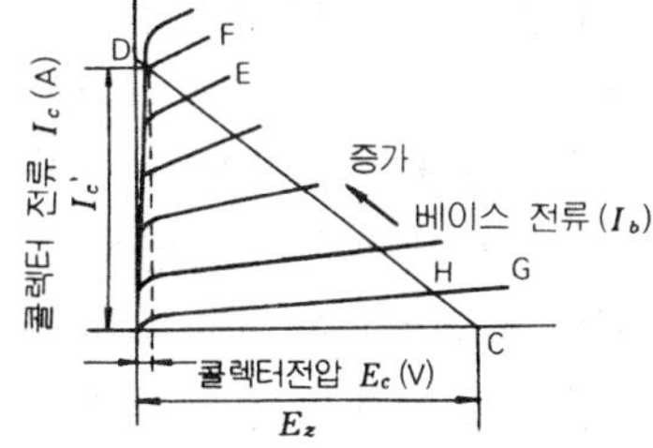

〔**부하 특성도**〕

주 1. 트랜지스터의 스위칭 회로에서는 입력과 출력은 반대가 된다.
　　2. 트랜지스터의 스위칭 작동은 L 레벨과 H 레벨로 나타내는 경우가 많다.

(나) 트랜지스터의 OFF 작동

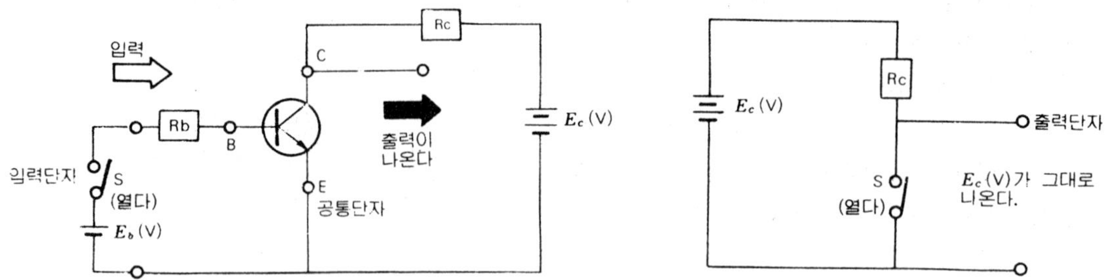

㉮ 트랜지스터 회로에서 베이스 단자 B와 에미터 단자 E를 입력단자, 콜렉터 C와 에미터 E가 출력단자이나 알기쉽게 베이스 B는 입력단자, 콜렉터 C는 출력단자, 에미터 E를 공통단자라고 한다.

㉯ 입력단자에 전압이 걸리지 않으면 베이스 전류가 흐르지 않고 콜렉터 전류도 흐르지 못하므로 출력단자 콜렉터 C와 에미터 C의 전압은 전지의 전류가 흐르지 않으므로 E_c(V)가 된다.

㉰ 이것을 트랜지스터의 OFF 작동이라고 하며, 트랜지스터의 OFF 작동에서는 출력이 나온다.

(다) 트랜지스터의 ON 작동

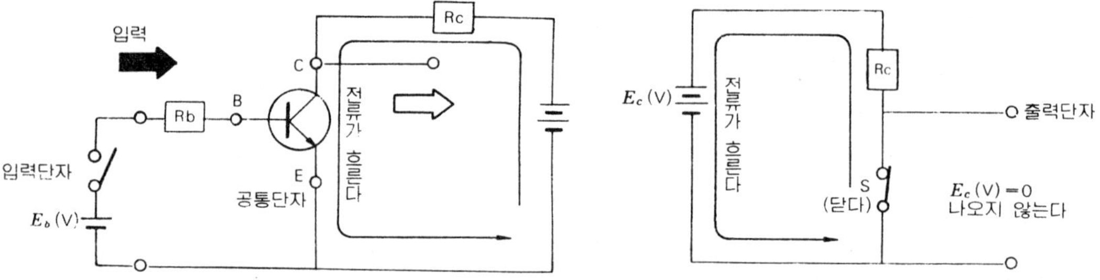

㉮ 베이스 단자에 입력이 들어오면(스위치를 닫으면) 베이스 B에서 에미터 E를 향하여 베이스 전류 I_b가 흐르고 콜렉터 전류 I_c도 흐르며, 출력단자의 전압은 0에 가깝다.

㉯ 이것을 트랜지스터의 ON 작동이라고 하며, 트랜지스터 ON 작동에서는 출력이 나오지 않는다(트랜지스터의 작동과 출력은 서로 반대이다).

⑤ **트랜지스터의 입력전압과 출력전압과의 관계**

㉮ 입력측에 전압을 인가하지 않거나 전압 레벨이 낮은(low) 경우

  트랜지스터의 입력단자에 전압이 인가되지 않으면 베이스 전류와 콜렉터 전류가 흐르지 않으므로 출력단자에는 전압이 높게 (high) 걸리거나 출력전압이 나오게 된다.

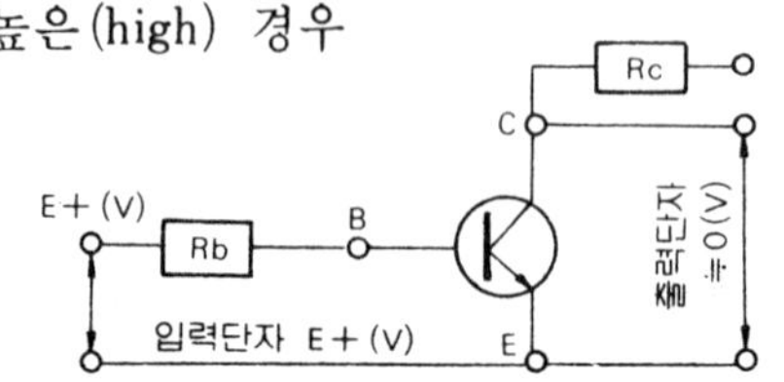

㉯ 입력측에 전압을 인가하지 않거나 전압 레벨이 높은(high) 경우

  트랜지스터의 입력단자에 전압이 인가되면 베이스 전류와 콜렉터 전류가 흐르므로 출력단자에는 전압이 낮게(low) 걸리거나 출력전압이 나오지 않게 된다.

⑷ 논리회로의 기본

① 0신호와 1신호 : 모든 시퀀스 제어에서는 접점의 상태가 열려 있느냐, 닫혀 있느냐 또는 반도체의 전압 레벨이 L인가, H인가, 전기가 통하지 않는가, 통하는가에 따라 2가지로 구분된다. 이 두가지 신호를 제어의 기본으로 하며, 앞쪽의 것을 0의 신호라 하고, 뒤의 것을 1의 신호라고 한다. 즉, 긍정적인 것에는 1, 부정적인 것에는 0을 사용하며 수학에서 말하는 숫자상의 0과 1은 완전히 다른 것이다.

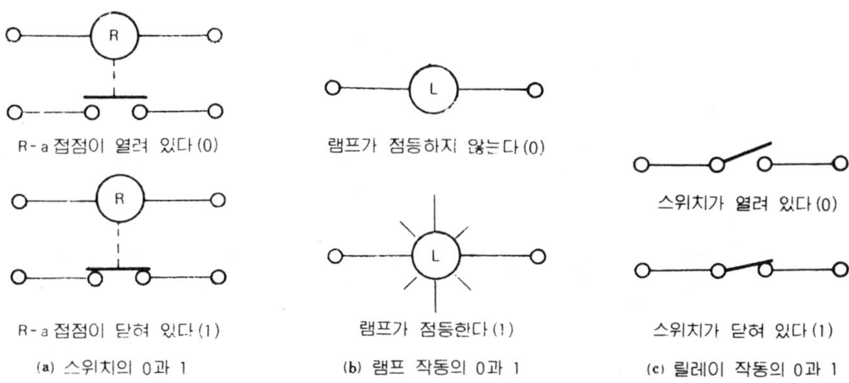

📌 1. 일반적으로 무접점 릴레이에서는 이 두가지 상태 "1"(신호가 있는 상태)과 "0"(신호가 없는 상태)의 진리치로 구별하고 이것을 논리치 혹은 로직 레벨(logic level) 등으로 **표현한다.**

2. 논리에는 정논리(긍정적인 것을 "1", 부정적인 것을 "0"으로 하는 상태)와 부논리(긍정적인 것을 "0", 부정적인 것을 "1"로 하는 상태)의 2가지가 있으나 대체로 정논리가 사용된다.

3. 논리회로라는 말은 유접점 시퀀스에서는 거의 사용되지 않고 있으나 무접점 시퀀스에서는 논리회로가 회로의 기본회로이며 계속 사용된다. 따라서 무접점 시퀀스를 로직 시퀀스라고 한다.

4. 논리치표란 입력과 출력의 관계를 나타내는 것으로 입력이 0인가 혹은 1인가를 나타내고 입력에 따라 출력도 0인가, 1인가를 표시하며, 논리치표를 작성함으로서 타임 차트 없이 현재 기기의 작동상태(출력의 유무)를 알 수 있다.

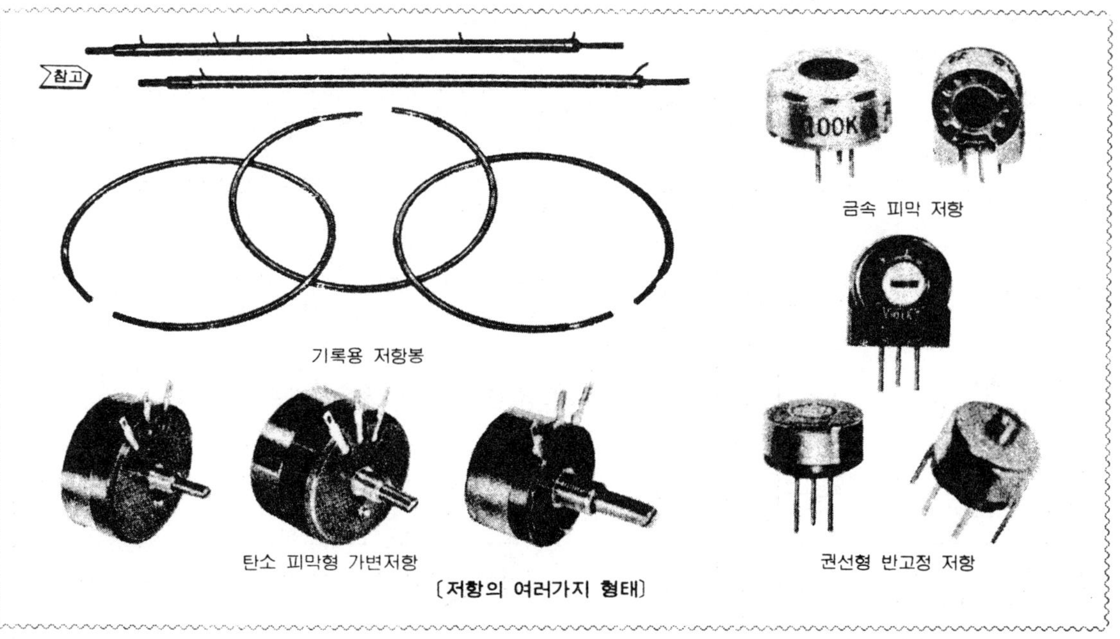

[저항의 여러가지 형태]

② 논리회로와 심볼

논리 회로명	기　　호	작　　동　　설　　명
AND 회로	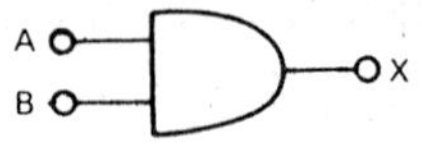	논리적 회로라고도 하며, 모든 입력이 1인 때에만 1이 되는 회로
OR 회로		논리합 회로라고도 하며, 입력 중 어느 하나 또는 모두가 1일 때 출력도 1로 되는 회로
NOT 회로	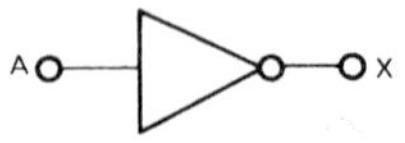	논리부 회로라고도 하며, 입력이 1일 때 출력은 0, 입력이 0이면 출력이 1이 되는 회로
NAND 회로	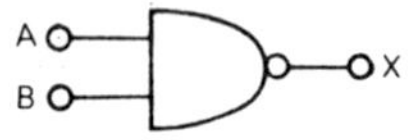	NOT 회로와 AND 회로의 조합으로서 입력이 모두 1일 때에만 출력이 0이 되는 회로
NOR 회로	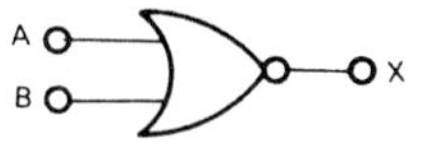	NOT 회로와 OR 회로의 조합으로 입력이 모두 0인 때에만 출력이 1이 되는 회로
온 디레이 타이머 회로	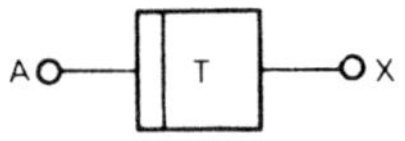	입력이 1로 되어도 출력이 나오지 않다가 설정시간이 경과후 출력이 1로 되는 회로
오프 디레이 타이머 회로	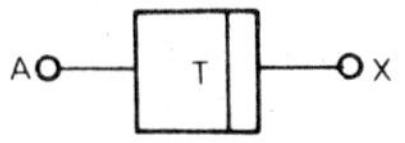	입력을 주었다가 제거하여 입력이 0이 된 다음 설정시간 경과후 출력이 1로 되는 회로
플립 플롭 회로	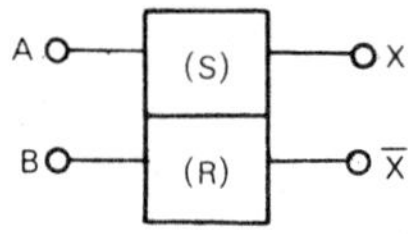	입력 A가 1일 때 출력 X는 1로 되고, 입력 A가 0으로 된 후에도 계속 1이 되다가 입력 B에 1의 신호가 가해지면 리셋되는 회로
바이너리 카운터 회로	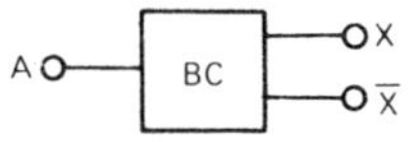	입력 A에 1이 2회 가해질 때마다 출력 X가 1회 작동하는 회로
금지 회로	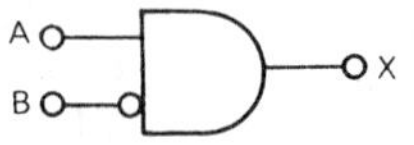	AND 회로의 응용이며, 입력 B가 1인 때에는 절대로 출력 X가 1이 되지 않는 회로
원쇼트 회로	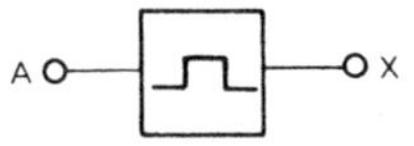	입력 A가 1로 된 다음 일정시간 동안만 출력 X가 1로 되는 회로
플리커 회로	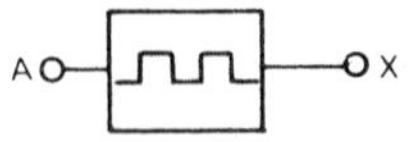	입력 A가 1인 상태에 있을 때 출력 X는 일정한 주기로 ON - OFF 동작을 반복하는 회로
입력 변환회로 (인터페이스회로)	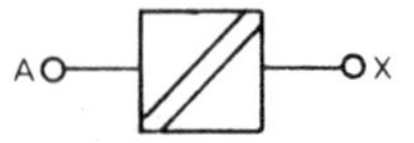	입력 레벨을 로직 레벨로 변환하는 회로
출력 변환회로 (증폭회로)	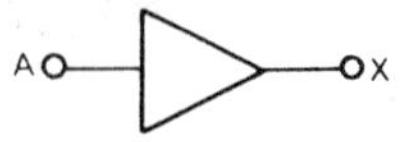	로직레벨 신호를 증폭하여 릴레이 및 램프 구동에 사용되는 회로(드라이버 회로)
출력 변환회로 (인터페이스회로)	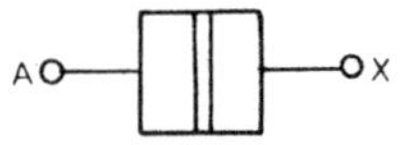	로직레벨 신호를 출력 레벨의 신호로 변환하는 회로

1·2 AND 회로

논리적 회로라고도 하며, 모든 입력이 1인 때에만 출력이 1로 되는 회로로서 A와 B라는 뜻의 A and B에서 이름지어진 것이다.

(1) 릴레이 시퀀스 실제 배선도

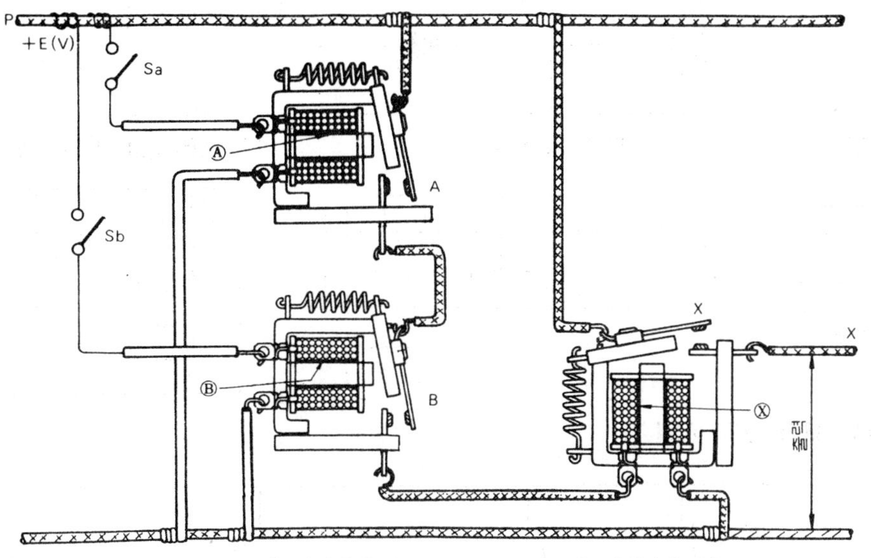

P, N : 전원 　　　Sa : Ⓐ 릴레이의 신호 　　　Sb : Ⓑ 릴레이의 신호 　　　Ⓧ : 출력 릴레이
Ⓐ, Ⓑ : 입력 릴레이 　A, B : 입력 접점(입력) 　　X : 출력 접점(출력)

(2) 릴레이 시퀀스도

릴레이 입력신호 Sa와 Sb에 의하여 입력 릴레이 Ⓐ와 Ⓑ가 작동되고 Ⓐ의 a접점 A와 Ⓑ의 a접점 B에 의하여 출력릴레이 Ⓧ가 작동된다. (유접점 AND 회로 참조) 따라서 입력접점 A와 B가 동시에 작동하여야만 출력이 나오며, 따라서 입력신호 Sa와 Sb가 1이 되어야 한다.

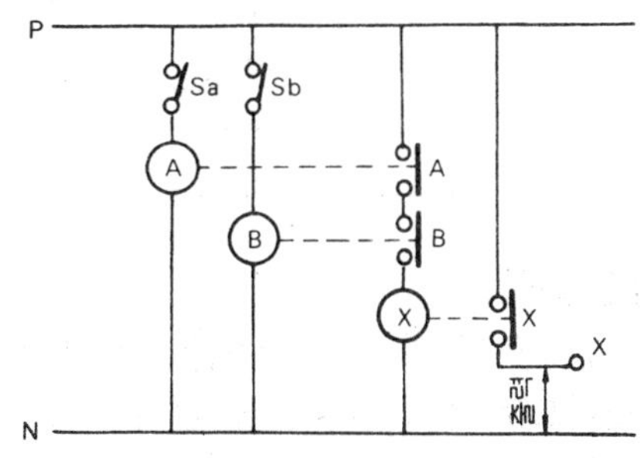

(3) 무접점 시퀀스 실제 배선도 (다이오드에 의한 AND 회로)

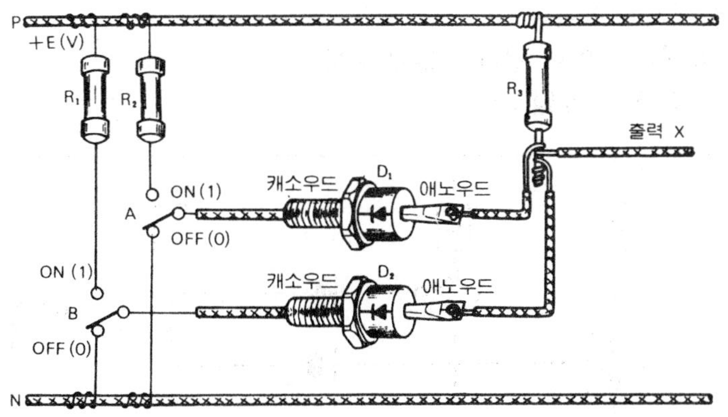

P, N : 전원 　　　R₁, R₂, R₃ : 저항(단락을 방지하기 위한 안전대책) 　　X : 출력
A, B : 입력 접점 　D₁, D₂ : 다이오드(전류를 한 방향으로만 흘리기 위한 것임)

(4) 무접점 시퀀스도

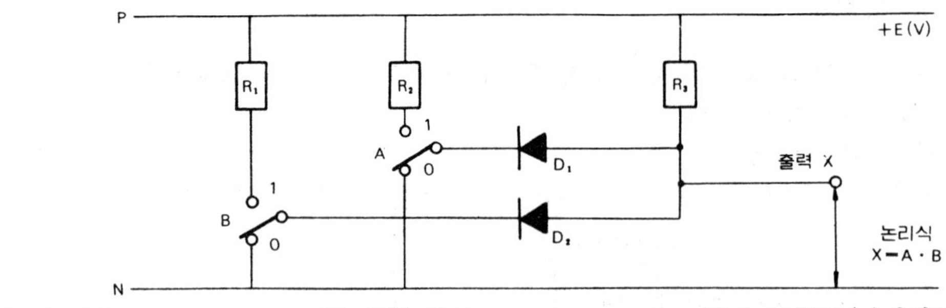

(5) 논리 기호

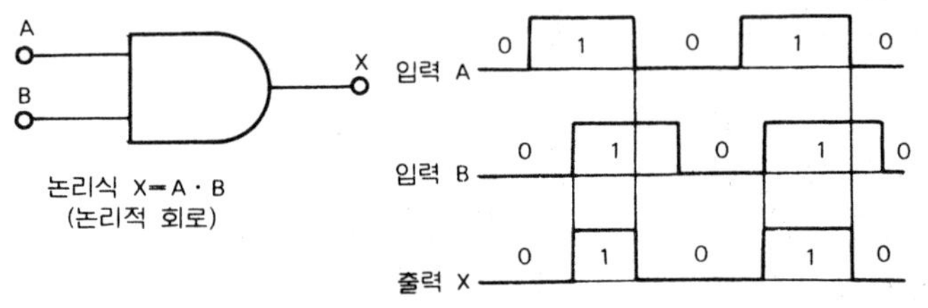

논리식 $X = A \cdot B$
(논리적 회로)

(6) 타임 차트

(7) 논리치표(진리치표)

입	력	출 력
A	**B**	**X**
0	0	0
1	0	0
0	1	0
1	1	1

(8) 입력 A와 B가 모두 0일 때

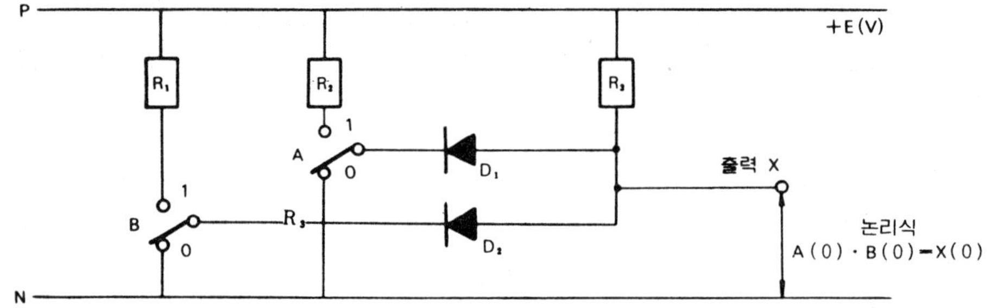

[작동설명]

① 입력 A의 회로는 $P \to \boxed{R_1} \to D_1 \to A \to N$ 의 회로가 연결되어 다이오드 D_1에 순방향전압이 걸리므로 전류가 흐르게 된다.

② 입력 B의 회로는 $P \to \boxed{R_1} \to D_2 \to B \to N$ 의 회로가 연결되어 다이오드 D_2에 순방향 전압이 걸리므로 전류가 흐르게 된다.

③ 따라서 출력 X에는 전압이 걸리지 않게 된다.

(9) 입력 A는 1, 입력 B는 0일 때

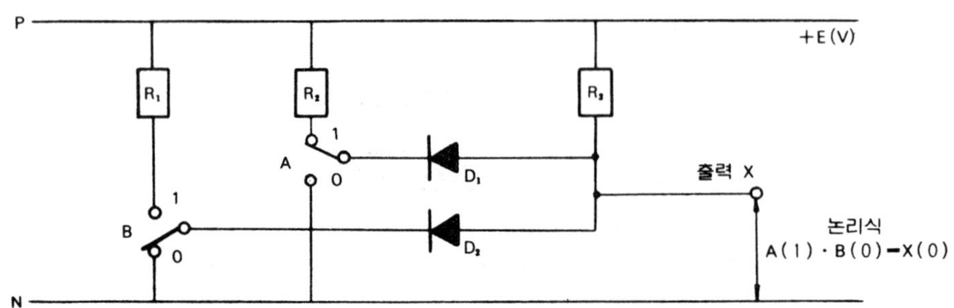

〔작동설명〕

① 입력 A에 1을 주면 P→ R₃ →D₁→A→P로 되어 회로에서 전류의 흐름이 정지된다 (같은선의 회로이며 P→A→D₁→ R₃ →P의 회로는 역전압이 걸린 상태가 된다).

② 입력 B의 회로는 P→ R₃ →D₂→B→N의 회로가 연결되어 다이오드에 순방향 전압이 걸리므로 전류가 흐른다.

③ 따라서 P→ R₃ →D₁→B→N의 회로를 통하여 전류가 계속 흐르므로 출력 X는 0의 상태가 된다(전압이 걸리지 않는다).

(10) 입력 A는 0, 입력 B는 1일 때

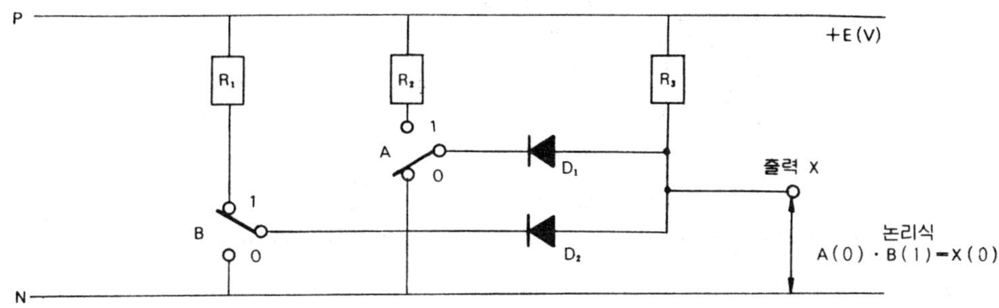

〔작동설명〕

① 입력 A의 회로는 P→ R₃ →D₁→A→N의 회로가 연결되어 다이오드에 순방향 전압이 걸리므로 전류가 흐른다.

② 입력 B에 1을 주면 P→ R₃ →D₂→B→P로 되어 회로에서 전류의 흐름이 정지된다. (같은선의 회로 P→B→D₂→ R₃ →P의 회로는 역방향 전압이 걸린 상태가 된다.)

③ 따라서 P→ R₃ →D₁→A→N의 회로를 통하여 전류가 계속 흐르므로 출력 X는 0이 된다(전압이 걸리지 않는다).

(11) 입력 A와 B 모두 1일 때

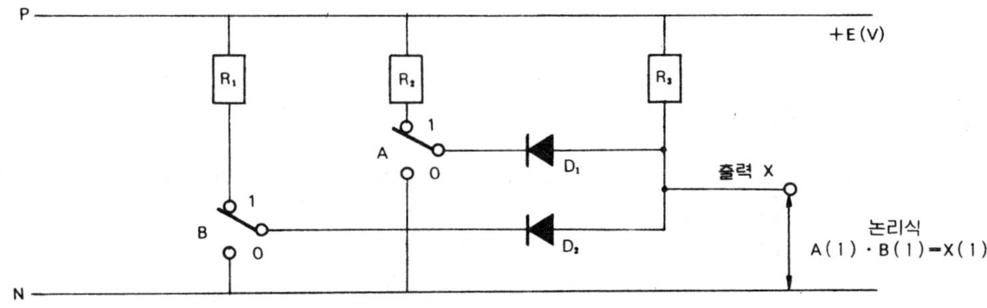

〔작동설명〕

① 입력 A에 1을 주면 P→ R₃ →D₁→A→P로 되어 회로에서 전류의 흐름이 정지된다.

② 입력 B에 1을 주면 P→ R₃ →D₂→B→P로 되어 회로에서 전류의 흐름이 정지된다.

③ 따라서 전체적으로 전류의 흐름이 정지되므로 출력은 1이 된다(전압+E(V)가 걸린다).

---

① 단순 회로 : 전압원에 한개의 저항이 연결된 것.

② 직렬 회로 : 전압원에 대하여 저항의 끝과 끝이 연결된 것.

1·3 OR 회로

논리합 회로라고도 하며, 입력중 어느 한쪽 또는 모두가 1일 때 출력도 1이 되는 회로이며, A 또는 B, 영어로 OR 이라고 하는데서 이름지어진 것이다.

(1) 릴레이 시퀀스 실제 배선도

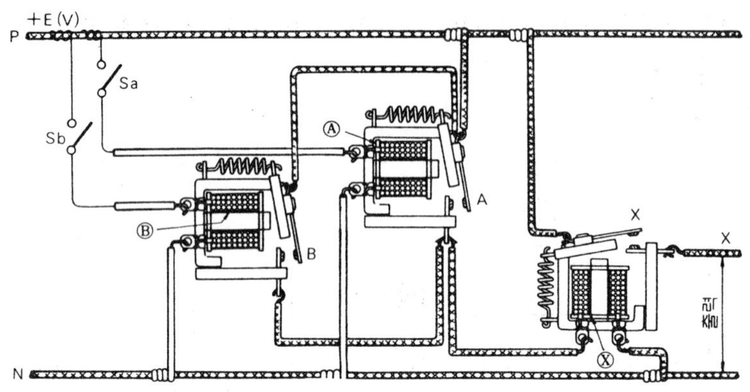

P, N : 전원
Ⓐ : 입력 릴레이
A : 입력 접점(입력)

Sa : Ⓐ 릴레이의 신호
Ⓑ : 입력 릴레이
B : 입력 접점(입력)

Sb : Ⓑ 릴레이의 신호
Ⓧ : 출력 릴레이
X : 출력 접점(출력)

(2) 릴레이 시퀀스도

릴레이 신호 Sa에 1을 주면 입력 릴레이 Ⓐ가 작동되고 릴레이 Ⓐ의 a접점 A가 닫힌다 (1이 된다).

A가 닫히면 P→A→Ⓧ→N의 회로가 연결되어 출력 릴레이 Ⓧ는 작동되고 릴레이 Ⓧ의 a접점 X가 닫혀 출력 X가 나온다(1이 된다).

같은 방법으로 릴레이의 신호 Sb에 1을 주어도 같은 결과가 나온다.

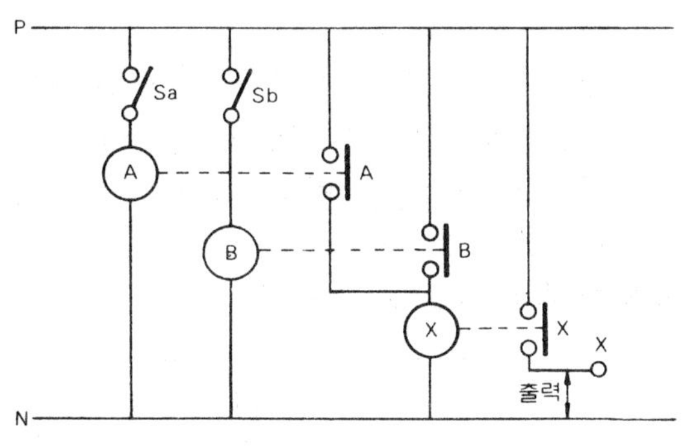

(3) 무접점 시퀀스제어 실제 배선도(다이오드에 의한 OR 회로)

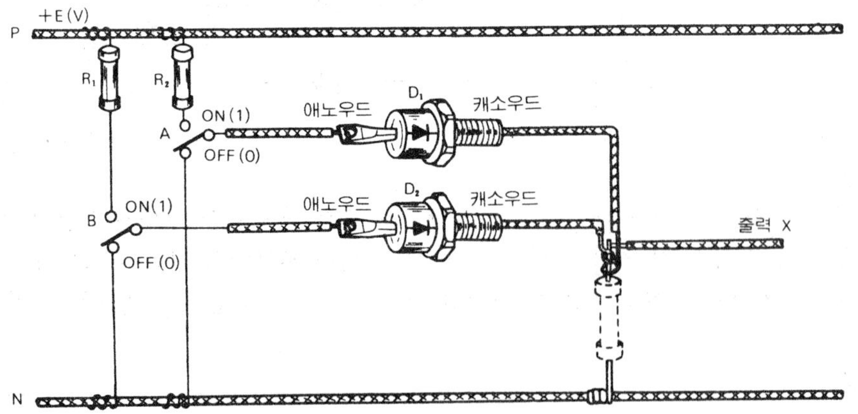

P, N : 전원
X : 출력

R_1, R_2 : 저항(단락을 방지하기 위한 것이므로 꼭 사용할 것)
D_1, D_2 : 다이오드(다이오드 방향을 주의하여 살필 것)

A : 입력 접점
B : 입력 접점

(4) 무접점 시퀀스도

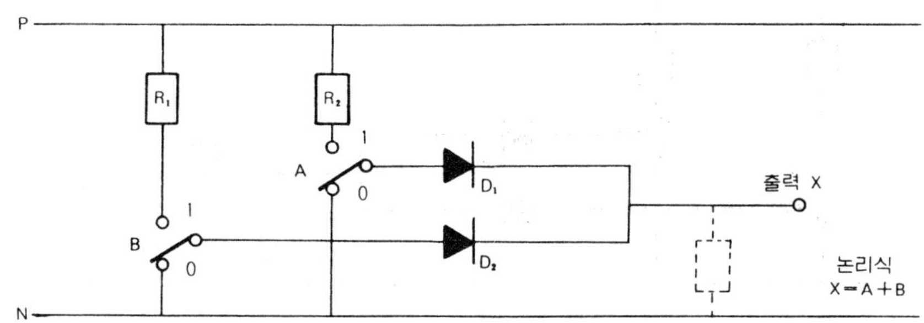

(5) 논리기호

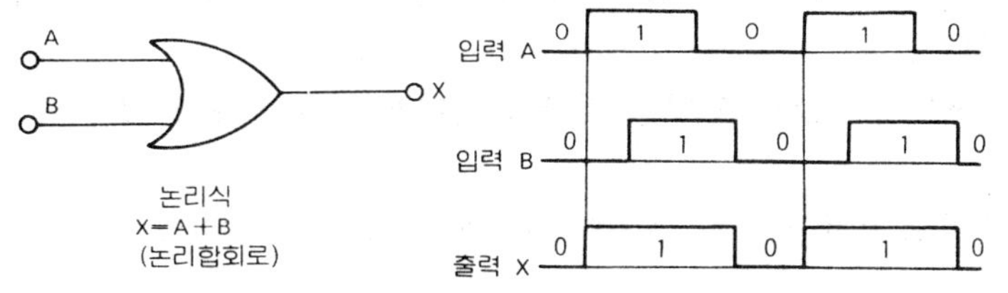

(6) 타임 차트

(7) 논리 치표

입	력	출 력
A	*B*	*X*
0	0	0
1	0	1
0	1	1
1	1	1

(8) 입력 A와 B가 모두 0일 때

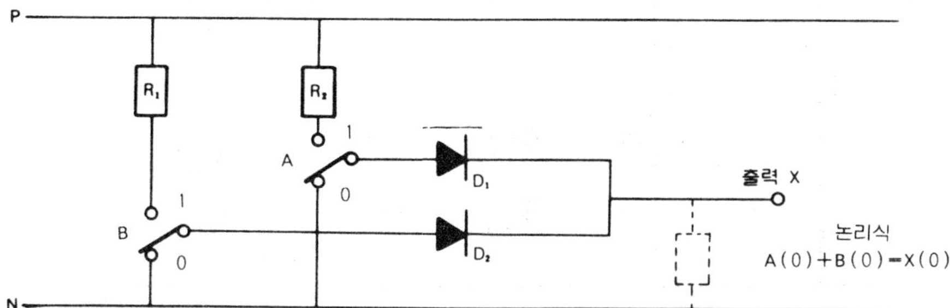

〔작동설명〕

① 입력 A 의 회로는 N→A→D₁→X 의 회로에 역방향 전압이 걸리어 전류가 흐르지 않게 된다 (흐른다고 가정해도 전위차는 0 이 된다).

② 입력 B 의 회로도 N→B→D₂→X 의 회로에 역방향 전압이 걸리게 되어 전류가 흐르지 않게 된다.

③ 따라서 출력 X 에는 전압이 나오지 않게 된다(0 이 된다).

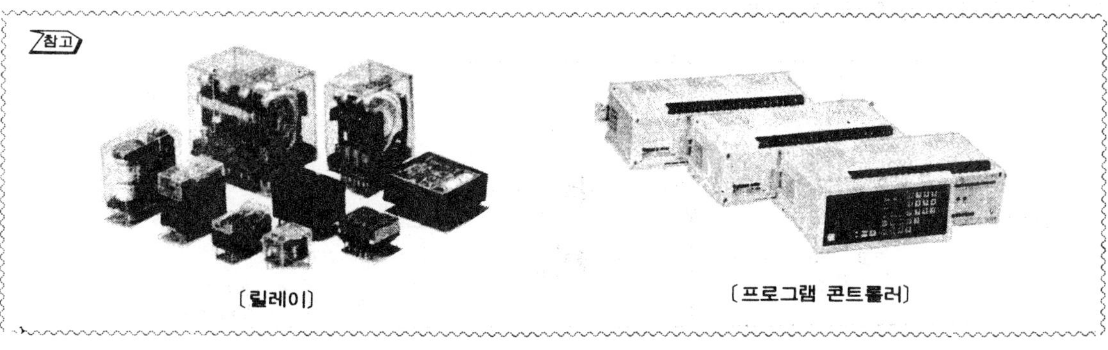

〔릴레이〕　　　　〔프로그램 콘트롤러〕

(9) 입력 A가 1, 입력 B가 0일 때

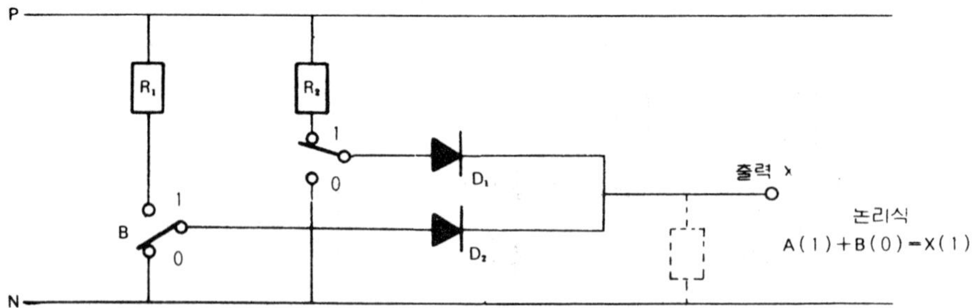

〔작동설명〕

① 입력 A 의 회로에는 P → R₂ → D₁ → X 의 회로가 연결되어 순방향 전압이 걸리므로 출력이 나온다(이때 B 가 0 이므로 P → R₂ → D₁ → D₂ → B → N 의 회로로 생각되나 D₂ 에서 역방향 전압이 걸리므로 회로가 차단된다).

② 입력 B 의 회로는 N → B → D₂ → X 의 회로에 역방향 전압이 걸리게 되어 전류가 흐르지 않는다.

③ 따라서 출력 X 에는 입력 A 의 회로에서 인가된 전압이 나오게 된다(1 이 된다).

(10) 입력 A가 0, 입력 B가 1일 때

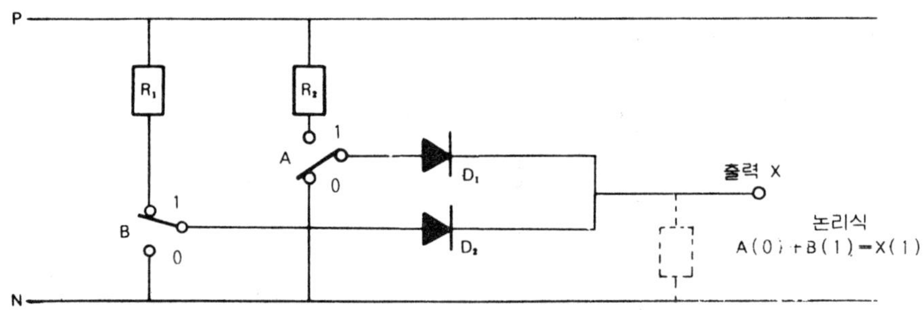

〔작동설명〕

① 입력 A 의 회로에는 N → B → D₁ → X 의 회로에 역방향 전압이 걸리게 되어 전류가 흐르지 않는다.

② 입력 B 의 회로에는 P → R₁ → D₂ → X 의 회로가 연결되어 순방향 전압이 걸리므로 출력이 나온다(N 에 전류가 흐르지 않음을 생각할 것).

③ 따라서 출력 X 에는 입력 B 의 회로에서 인가된 전압이 나오게 된다(즉, 출력은 1 이 된다).

(11) 입력 A와 B가 모두 1일 때

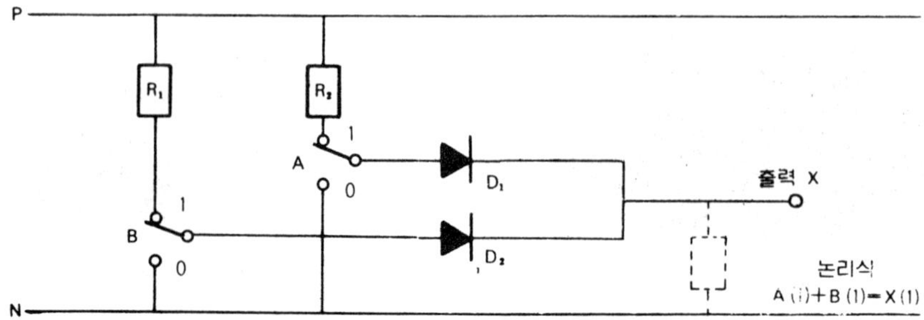

〔작동설명〕

① 입력 A의 회로에는 P → $\boxed{R_2}$ → D_1 → X 의 회로가 연결되어 순방향 전압이 걸리므로 출력이 나온다.

② 입력 B의 회로에도 P → $\boxed{R_1}$ → D_2 → X 의 회로가 연결되어 순방향 전압이 걸리므로 출력이 나온다.

③ 따라서 출력 X 에는 입력 A와 입력 B에서 인가된 전압이 함께 걸리므로 전압이 나오게 된다(즉, 출력은 1이 된다).

1·4　NOT 회로

논리부 회로라고도 하며, 입력이 1일 때 출력은 0, 입력이 0일때 출력은 1이며, 부정을 뜻하는 영어의 NOT에서 이름지어진 것이다.

(1) 릴레이 시퀀스 실제 배선도

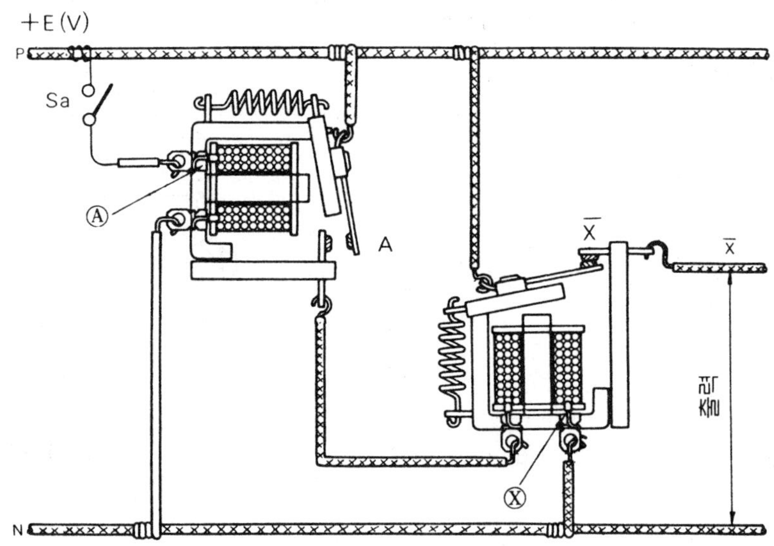

P, N : 전원　　　　　　　　Sa : 입력 릴레이 Ⓐ의 신호　　　　　Ⓧ : 출력 릴레이
$\overline{X}$: 출력 릴레이 Ⓧ의 b접점　　Ⓐ : 입력 릴레이

(2) 릴레이 시퀀스도

릴레이 입력신호 Sa에 1을 주면 P→Sa→ Ⓐ→N의 회로가 연결되어 입력릴레이 Ⓐ가 작동된다. 입력릴레이 Ⓐ의 작동으로 Ⓐ의 a접점 A가 작동하고 A가 작동하면 P→A→Ⓧ→ N의 회로가 연결되어 출력릴레이 Ⓧ가 작동되며, 동시에 Ⓧ의 b접점 $\overline{X}$가 열린다(출력은 입력과 반대이다).

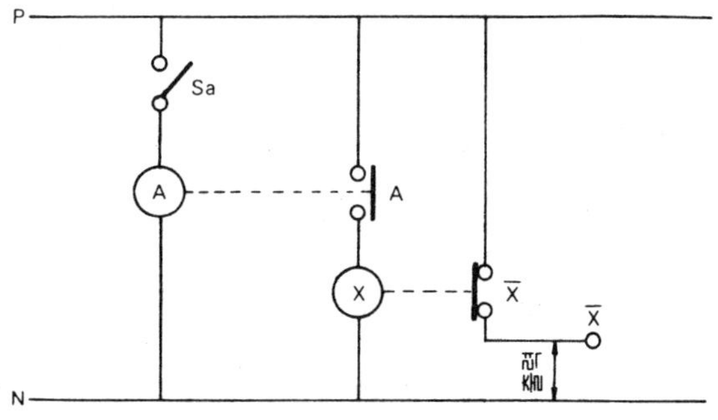

① 마찰 전하 : 한 물질을 다른 물질과 서로 문질러 다른 물질로 옮겨가는 전하
② 유도 전하 : 직접 접촉이 없이 다른 물질을 이용하여 옮겨가는 전하
③ 접촉 전하 : 직접 접촉에 의하여 한 물질에서 다른 물질로 옮겨가는 전하

(3) 무접점 시퀀스 실제배선도 (트랜지스터에 의한 NOT 회로)

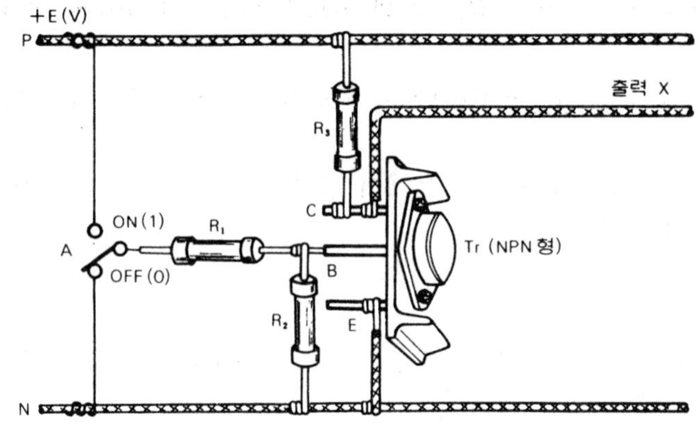

P, N : 전원   R₁ : 베이스 저항   R₂ : 바이어스 저항   R₃ : 콜렉터 저항
C : 콜렉터   B : 베이스   E : 에미터   A : 입력 접점
X : 출력   Tr : 트랜지스터 (NPN 형)

(4) 무접점 시퀀스도

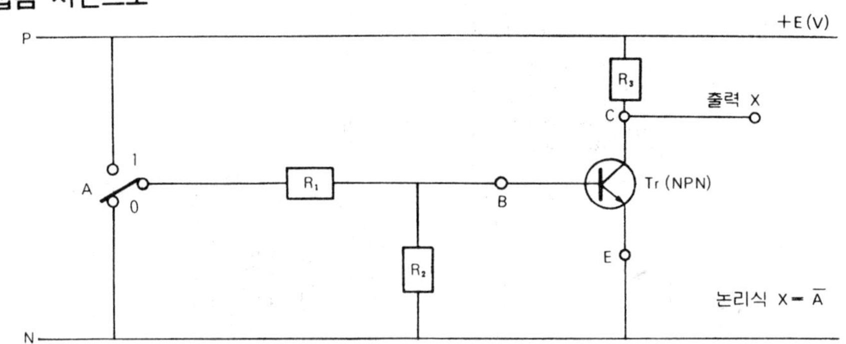

(5) 논리기호

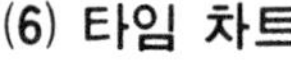

논리식
X = $\overline{A}$
(논리부 회로)

(6) 타임 차트

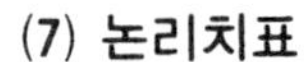

(7) 논리치표

입 력	출 력
A	**$\overline{X}$**
0	1
1	0

(8) 입력 A가 0일 때

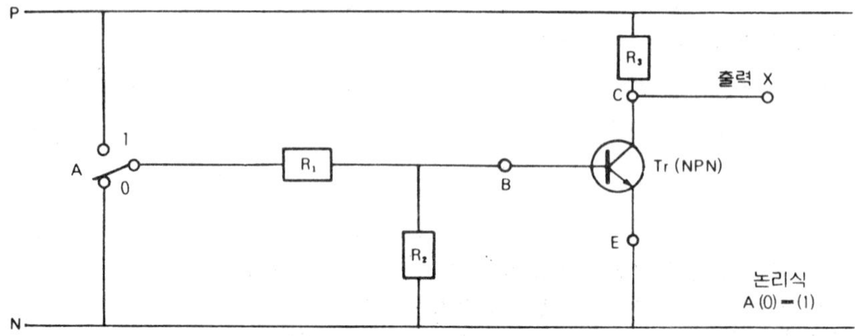

〔작동설명〕

① 입력 A가 0이면 베이스에 전압이 걸리지 않고, 베이스에 전압이 걸리지 않으면 베이스 전류도 흐르지 않고 콜렉터 전류도 흐르지 못하므로(앞장의 트랜지스터 입력전압과 출력 전압과의 관계 참조) 트랜지스터 Tr은 작동하지 못한다.

② 따라서 콜렉터와 에미터사이가 차단된 상태이므로 출력 X는 전압이 나온다(1이 된다).

⑼ 입력 A가 1일 때

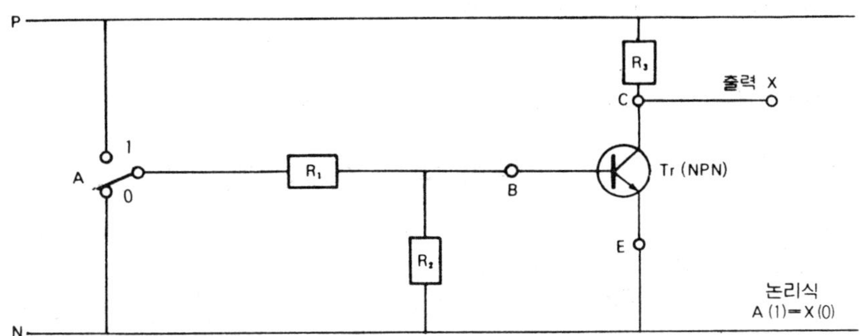

〔작동설명〕

① 입력 A에 1을 주면 베이스 B에 전압이 걸리고 P → A → $\boxed{R_1}$ → B → E → N으로 연결되어 베이스 전류가 흐르고 따라서 P → $\boxed{R_3}$ → C → E → N으로 콜렉터 전류도 흐른다.

② 따라서 출력 X에는 전압이 나오지 않게 된다(0이 된다).

1·5 NAND 회로

AND 회로와 NOT 회로를 조합한 것이며, AND 회로를 부정한다는 뜻으로 AND 앞에 NOT의 N자를 붙여 NAND라고 부른다(논리적 부정회로).

⑴ 릴레이 시퀀스제어 실제배선도

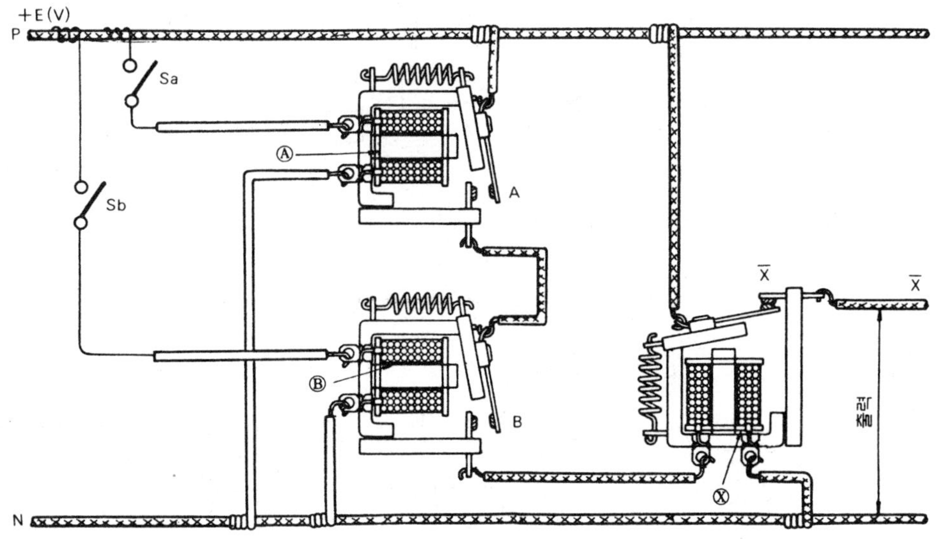

P, N : 전원   Sa : Ⓐ릴레이신호   Sb : Ⓑ릴레이신호   A : 입력접점   X̄ : 출력접점(Ⓧ의 b접점)
Ⓐ : 입력릴레이   Ⓑ : 입력릴레이   Ⓧ : 출력릴레이   B : 입력접점

(2) 릴레이 시퀀스도

릴레이 입력신호 Sa와 Sb에 의하여 입력릴레이 Ⓐ와 Ⓑ가 작동되고 Ⓐ의 a접점 A와 Ⓑ의 a접점 B에 의하여 출력릴레이 Ⓧ가 작동된다. 따라서 A와 B가 동시에 작동하여야만 릴레이 Ⓧ가 작동되고 릴레이 Ⓧ가 작동되면 Ⓧ의 b접점 $\overline{X}$가 열리므로 출력은 나오지 않게 되는 것이다.

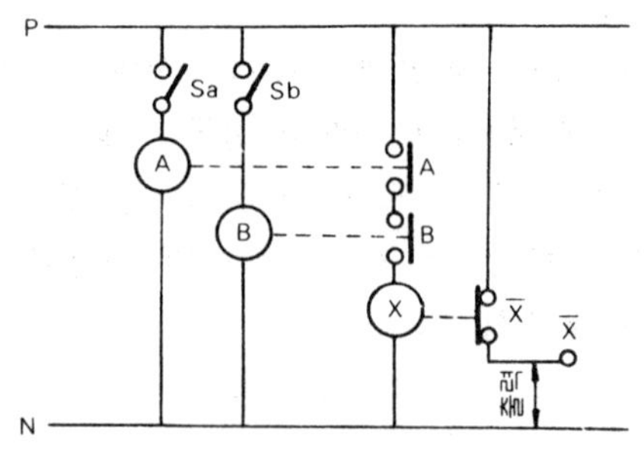

(3) 무접점 시퀀스제어 실제배선도 (다이오드 트랜지스터 사용회로)

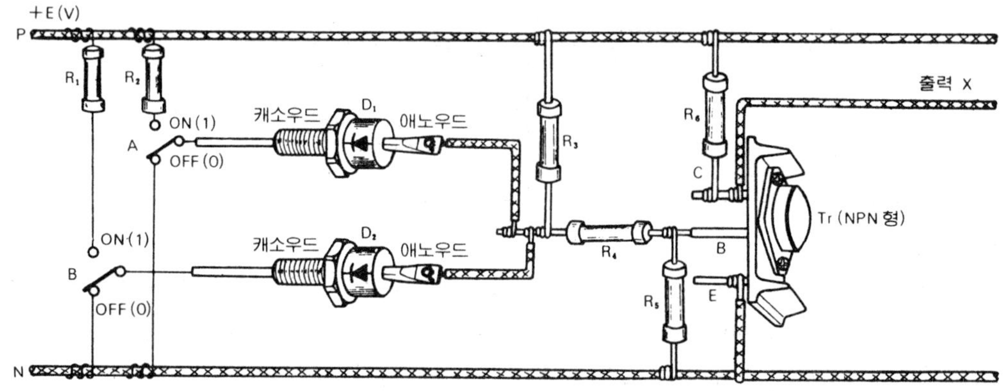

P, N : 전원	A, B : 입력 접점	D_1, D_2 : 다이오드 (AND 회로용)
C : 콜렉터	R_1, R_2, R_3, R_4, R_5, R_6 : 저항	B : 베이스
E : 에미터	Tr : 트랜지스터 (NOT 회로용)	X : 출력 (무접점에서는 1선으로 나타내며, 다른 1선은 어스로 한다.)

(4) 무접점 시퀀스도

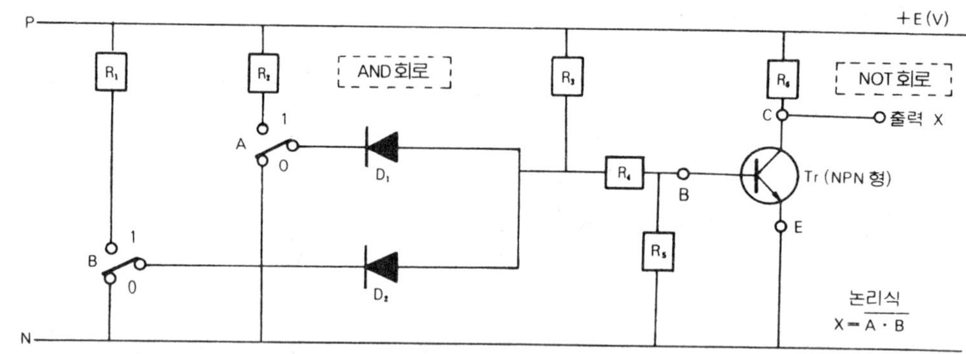

(5) 논리기호

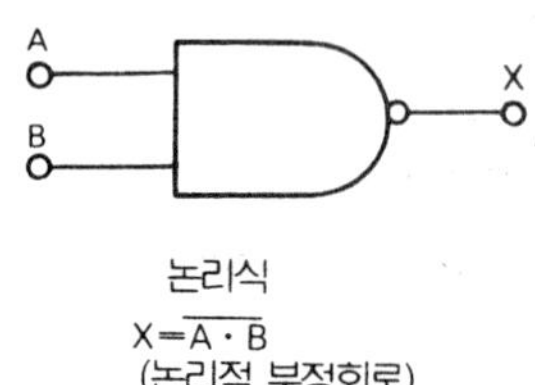

(6) 타임 차트

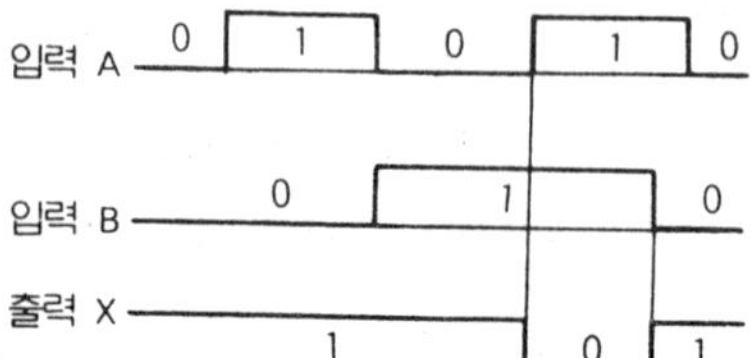

(7) 논리치표

입	력	출 력
A	**B**	**X**
0	0	1
1	0	1
0	1	1
1	1	0

(8) 입력신호 A와 B가 모두 0일 때

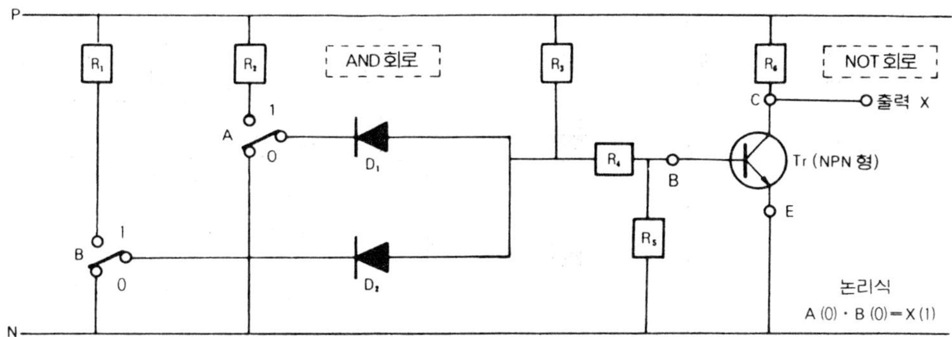

〔작동설명〕

① 입력 A의 회로는 P → $\boxed{R_3}$ → D_1 → A → N의 회로가 연결되어 다이오드 D_1에 순방향 전압이 걸리므로 Tr에 베이스 전압은 걸리지 않게 된다.

② 입력 B의 회로도 P → $\boxed{R_3}$ → D_2 → B → N의 회로가 연결되어 다이오드 D_2에 순방향 전압이 걸리므로 Tr에 베이스 전압이 걸리지 않는다.

③ 따라서 Tr은 차단상태로 되고 출력 X에는 전압이 나오게 된다(1이 된다).

(9) 입력신호 A는 1, B는 0일 때

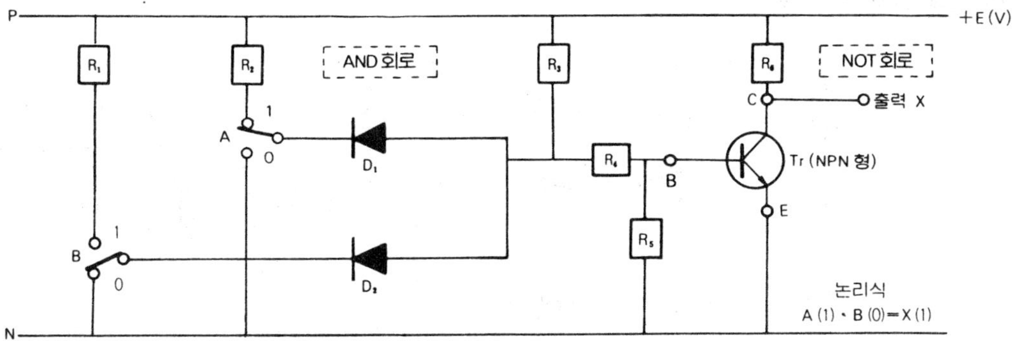

〔작동설명〕

① 입력 A의 회로에 1을 주면 P → $\boxed{R_3}$ → D_1 → A → $\boxed{R_2}$ → P로 되어 회로에서 전류의 흐름이 정지된다.

② 입력 B의 회로는 P → $\boxed{R_3}$ → D_2 → B → N의 회로가 연결되어 다이오드에 순방향 전압이 걸리므로 Tr에 베이스 전압이 걸리지 않는다.

③ 따라서 Tr은 차단상태로 되고 출력 X에는 전압이 나오게 된다(1이 된다).

〔에어 실린더〕

(10) 입력 A는 0, B는 1일 때

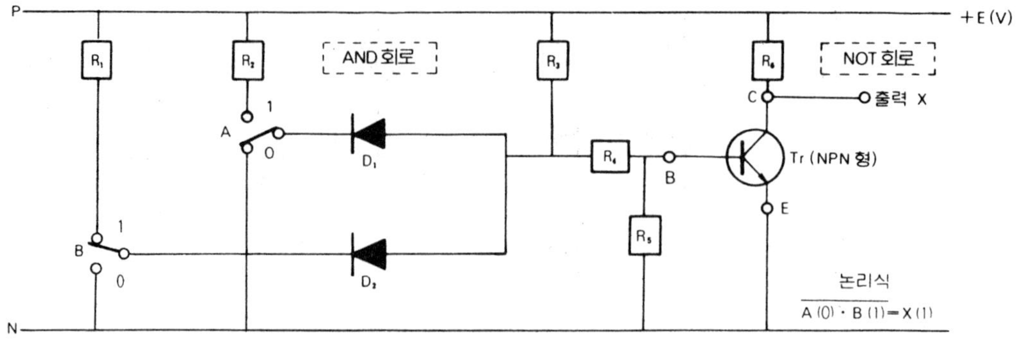

〔작동설명〕

① 입력 A의 회로는 P → R_3 → D_1 → A → N의 회로가 연결되어 다이오드 D_1에 순방향 전압이 걸리므로 Tr에 베이스 전압이 걸리지 않는다.

② 입력 B의 회로에 1을 주면 P → R_3 → D_2 → B → R_1 → P로 되어 회로에서 전류의 흐름이 정지된다.

③ 따라서 입력 A의 회로에서 전류의 흐름이 계속되므로 Tr은 차단되고 출력 X의 전압은 나오게 된다(1이 된다).

11) 입력 A와 B가 모두 1일 때

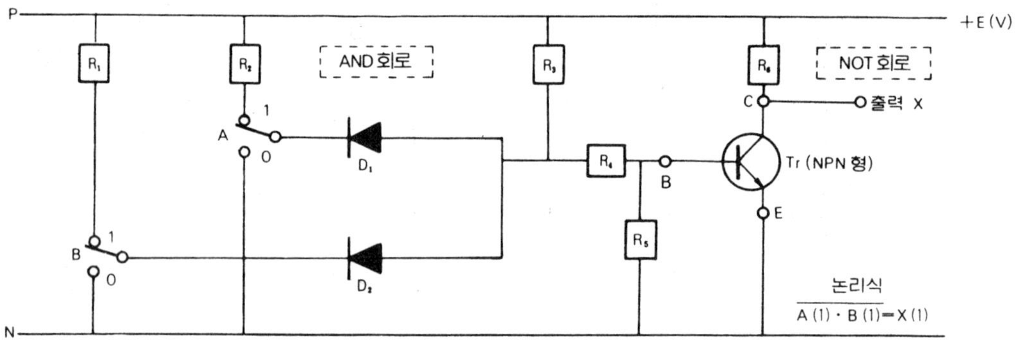

〔작동설명〕

① 입력 A의 회로에 1을 주면 P → R_3 → D_1 → A → R_2 → P로 되어 회로에서 전류의 흐름이 정지된다.

② 입력 B의 회로에 1을 주면 P → R_3 → D_2 → B → R_1 → P로 되어 회로에서 전류의 흐름이 정지된다.

③ 따라서 P → R_3 → R_4 → B의 전류가 흐르고 Tr에 베이스 전압이 걸리게 되어 Tr이 도통되므로 출력 X에는 전압이 나오지 않는다(0이 된다).

1·6 NOR 회로

OR 회로와 NOT 회로를 조합한 것으로 OR 을 부정한다는 뜻으로 OR 앞에 NOT 의 N 자를 붙여 NOR 회로라고 한다(논리합 부정회로).

(1) 릴레이 시퀀스 제어 실제 배선도

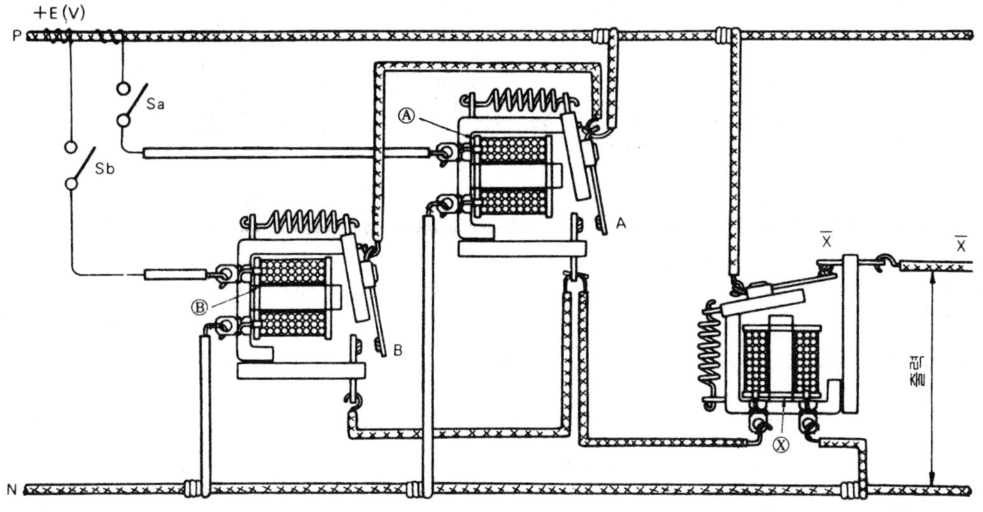

P, N : 전원   Sa : Ⓐ 릴레이 신호   Sb : Ⓑ 릴레이 신호   A : 입력접점   X̄ : 출력접점(Ⓧ 의 b접점)
Ⓐ : 입력 릴레이   Ⓑ : 입력 릴레이   Ⓧ : 출력 릴레이   B : 입력접점

(2) 릴레이 시퀀스도

입력신호 Sa에 1을 주면 입력릴레이 Ⓐ 가 작동되고 릴레이 Ⓐ 의 a접점 A 가 닫힌다(1이 된다).

A 가 닫히면 P→A→Ⓧ→N 의 회로가 연결되어 출력릴레이 Ⓧ 는 작동되고 릴레이 Ⓧ 의 b접점 X̄ 가 열려서 출력은 나오지 않는다(0 이 된다).

같은 방법으로 입력신호 Sb에 1을 주거나 Sa, Sb에 1을 주어도 같은 결과가 나온다.

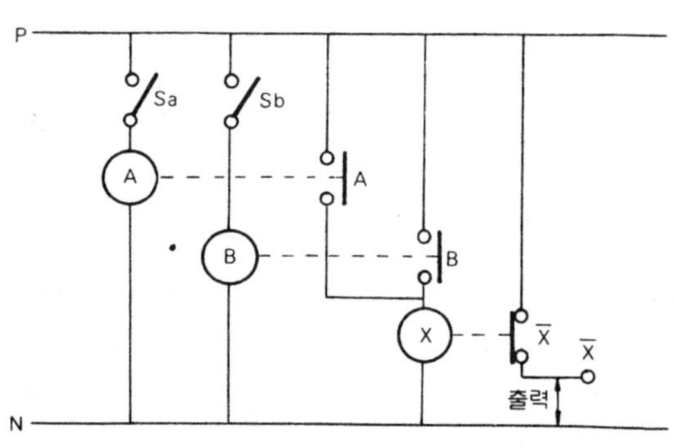

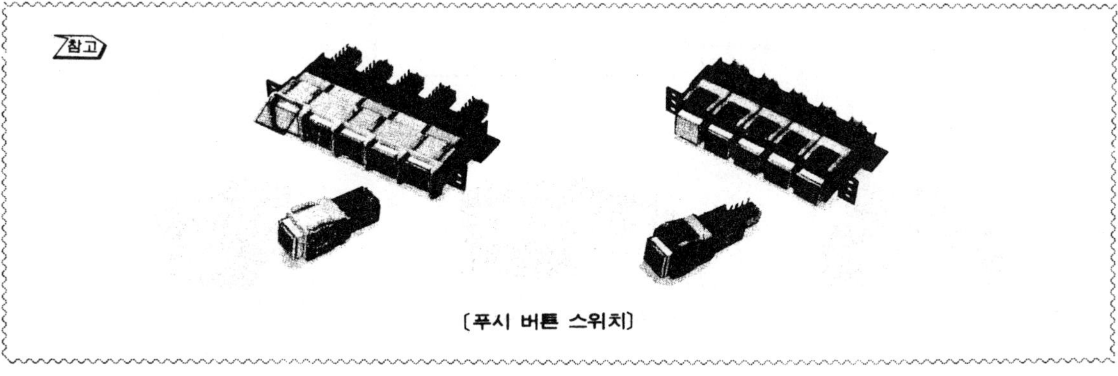

〔푸시 버튼 스위치〕

(3) 무접점 시퀀스제어 실제배선도(다이오드 트랜지스터 사용)

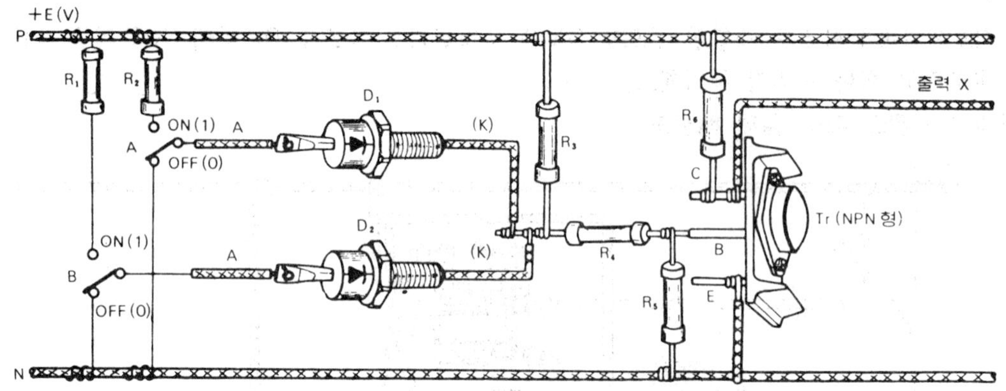

P, N : 전원   A, B : 입력   (A) : 애노우드   (K) : 캐소우드
D₁, D₂ : 다이오드 (OR 회로용)   R₁, R₂, R₃, R₄, R₅ : 저항   X : 출력
C : 콜렉터   B : 베이스   E : 에미터   Tr : 트랜지스터 (NOT 회로용)

(4) 무접점 시퀀스도

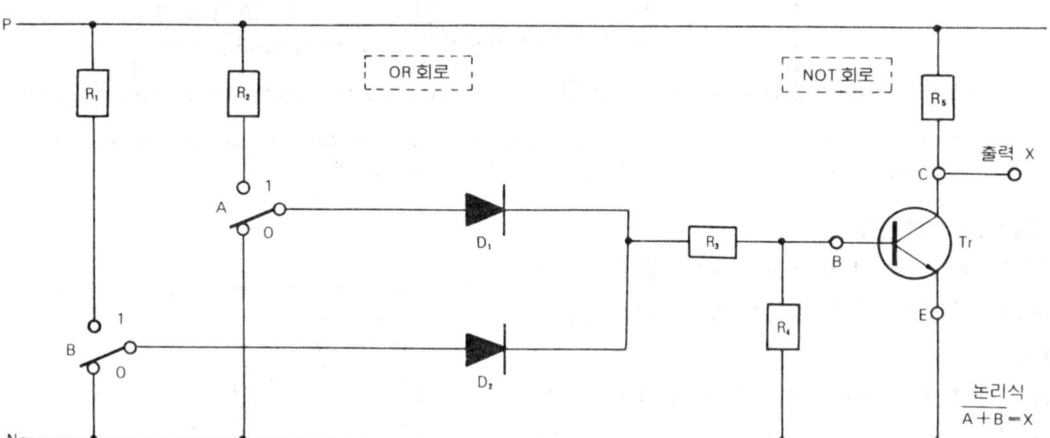

(5) 논리기호

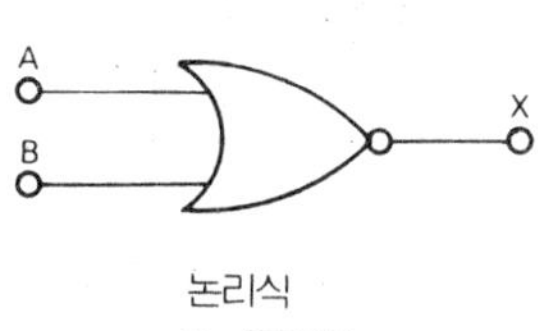

(6) 타임 차트

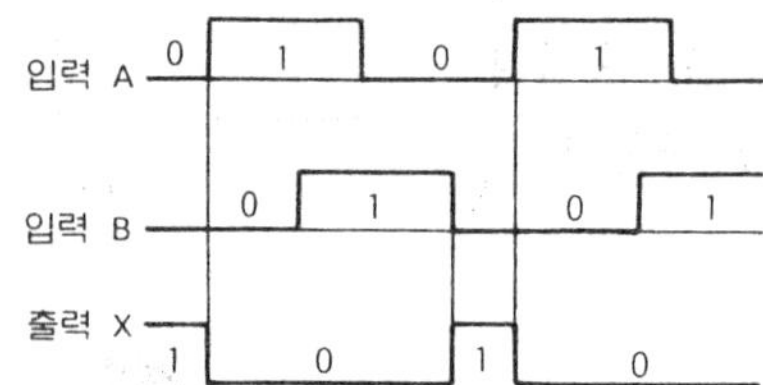

(7) 논리치표

입	력	출 력
A	*B*	*X*
0	0	1
1	0	0
0	1	0
1	1	0

〔솔레노이드 에어 밸브〕

(8) 입력 A와 B가 모두 0일 때

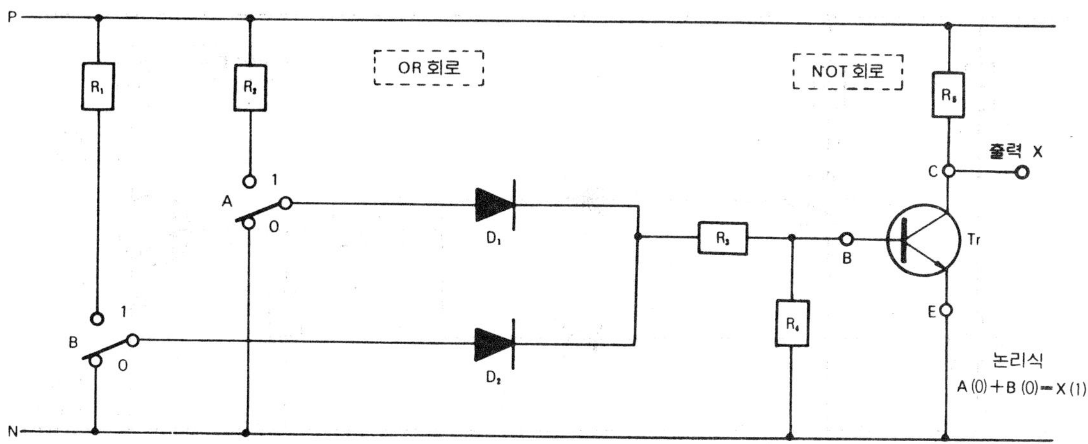

〔작동설명〕

① 입력 A의 회로는 N→A→D_1→ R_3 → R_4 →N 의 역방향 전압이 걸리어 전류가 흐르지 않게 된다(전위차도 0임).

② 입력 B의 회로도 N→B→D_2→ R_3 → R_4 →N 회로이므로 전류의 흐름이 생기지 않는다.

③ 따라서 Tr에 베이스 전압이 인가되지 못하므로 Tr도 작동되지 못하여 출력 X에는 전압이 나오게 된다(1이 된다).

(9) 입력 A는 1, 입력 B는 0일 때

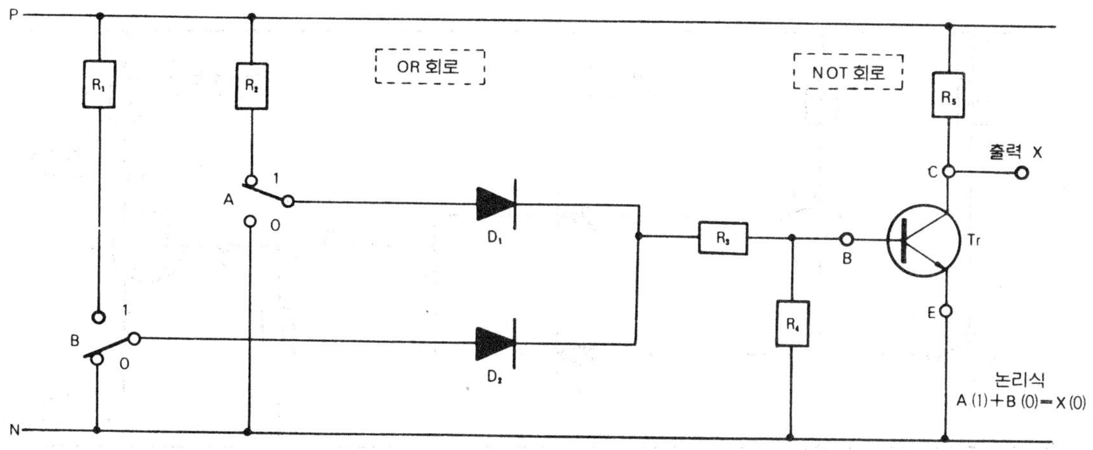

〔작동설명〕

① 입력 A의 회로에는 P→ R_2 →A→D_1→ R_3 →B로 되어 다이오드에 순방향 전압이 걸리고 Tr 베이스에 전압이 걸리므로 베이스 전류도 흐르고 콜렉터 전류도 흘러 Tr이 도통된다. (D_2에 의하여 역방향 전류 차단)

② 입력 B의 회로에는 N→B→D_2→ R_3 → R_4 →N의 회로이므로 전류의 흐름이 생기지 않는다.

③ 따라서 ①에서 Tr의 도통이 이루어지므로 출력 X는 전압이 나오지 않게 된다(0이 된다).

(10) 입력 A는 0, 입력 B는 1일 때

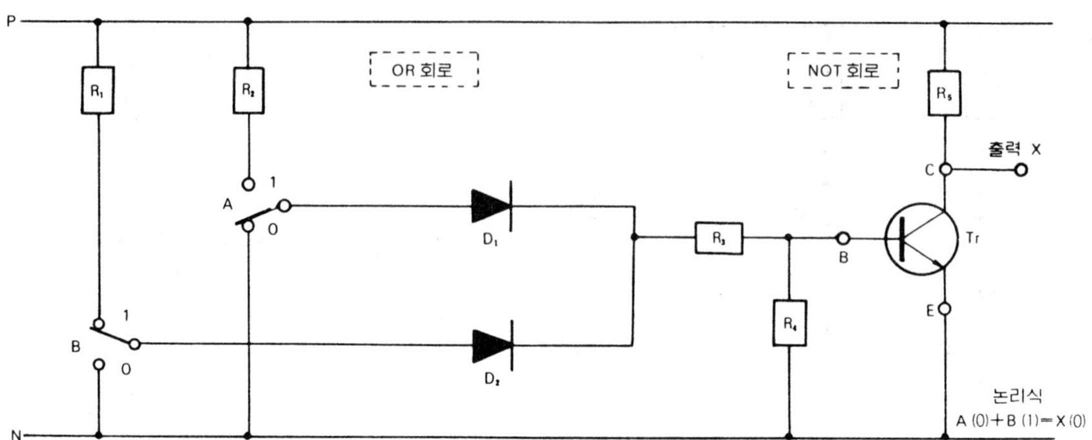

〔작동설명〕

① 입력 A의 회로에는 N → A → D_1 → R_3 → R_4 → N의 회로가 되므로 전류의 흐름이 생기지 않는다.

② 입력 B의 회로에는 P → R_1 → B → D_2 → R_3 → B로 되어 다이오드에 순방향 전압이 걸리고 Tr에 베이스 전압이 걸려 Tr은 도통된다.

③ 따라서 Tr에 콜렉터 전류가 흐르므로 출력 X에는 전압이 나오지 않는다. (0이 된다)

(11) 입력 A와 B가 모두 1일 때

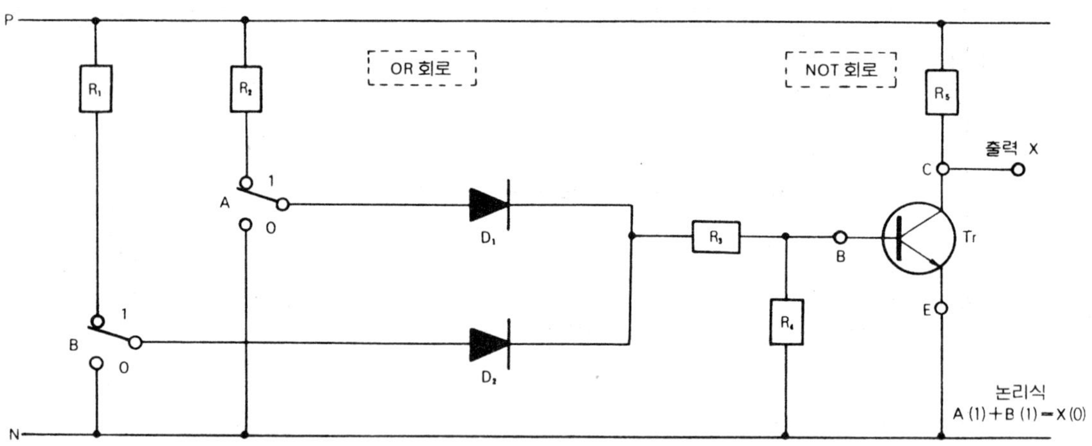

〔작동설명〕

① 입력 A의 회로에는 P → R_2 → A → D_1 → R_3 → B로 되어 다이오드에 순방향 전압이 걸리고 Tr 베이스에 전압이 걸리므로 Tr은 도통된다.

② 입력 B에서도 P → R_1 → B → D_2 → R_3 → B의 순방향 전압이 걸리므로 Tr의 베이스에 전압이 걸리고, Tr에는 베이스 전류가 흐르며, 콜렉터 전류도 흐르게 된다.

③ 따라서 출력 X에는 전압이 걸리지 않게 된다(0이 된다).

1·7　무접점 시퀀스도의 구성

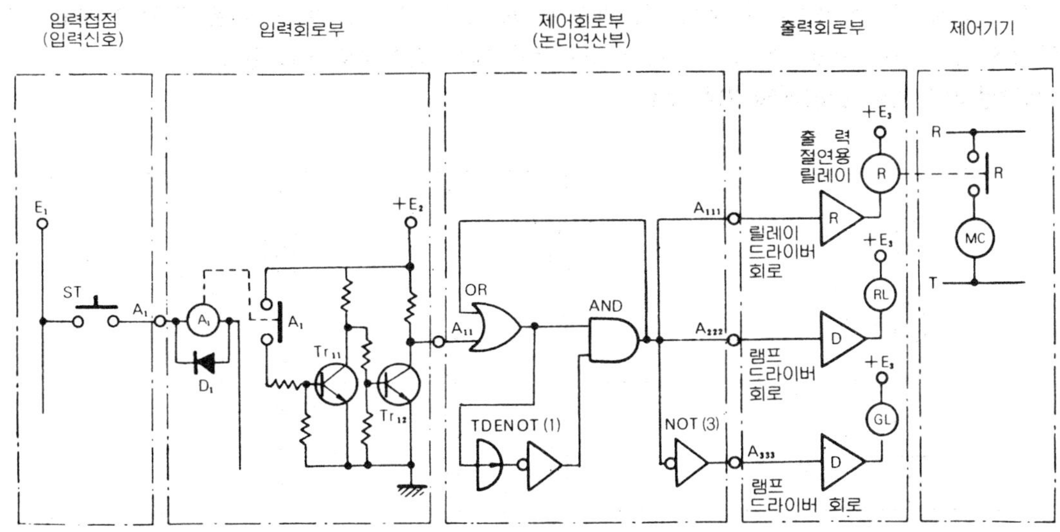

(1) 입력접점

외부 기기에서 작동기기의 a접점 또는 b접점을 이용하거나 수동 조작 스위치의 a접점과 b접점 또는 열동형 계전기의 접점 등 입력회로부에 0이나 1의 신호를 부여하는 것을 말한다.

(2) 입력 회로부

외부로부터의 신호(입력신호)를 받아 제어부(논리부)가 작동하기 쉬운 신호로 변환시키며, 전압 레벨로 변환하는 회로로서 입력접점의 채터링 또는 입력배선에서 생기는 노이즈를 차단하는 절연회로 등이 있다.

(3) 제어 회로부

AND 회로, OR 회로, NOT 회로 등의 논리소자에 의하여 자기유지 인터록 타이머 회로 등을 구성하고, 이들을 조합하여 제어대상의 부하를 제어하는 기능을 가지며, 제어회로(논리회로)는 횡서로 표시하고 도면 왼쪽에서 오른쪽으로 신호가 흐르도록 한다.

(4) 출력 회로부

제어 회로부(논리연산부)의 신호를 외부기기가 작동하는데 적당한 신호로 변환하며 제어 대상의 부하에 적응하는 증폭회로, 노이즈를 차단하는 절연회로 등이 있다.

(5) 제어기기(외부기기)

모터나 솔레노이드 등 외부기기를 작동시킨다.

1·8 전압 레벨 변환 입력회로

유접점 회로에서는 AC 200V, 100V 또는 DC 100V, 48 V 등 비교적 높은 전압이 사용되며, 무접점 회로에서는 논리회로 부분의 회로전압이 DC 12 V, 6V 등 매우 낮은 전압이 사용되므로 입력 전압의 변환이 필요하게 된다. 이를 입력전압 레벨 변환회로라고 한다.

(1) 저항분압에 의한 전압레벨 변환회로

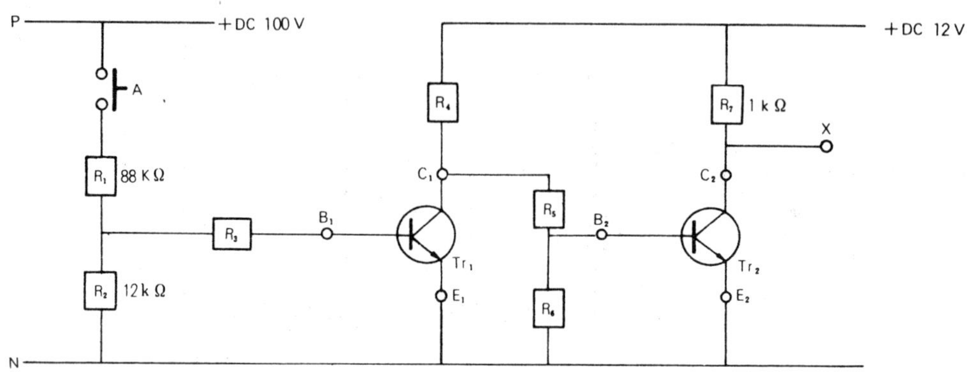

오옴의 법칙 전류는 전압에 비례하고 저항에 반비례한다를 이용한 것으로 회로내에 저항을 직렬로하여 높은 전압을 분압하는 것이다.

〔작동설명〕

① 입력 A를 닫으면(1을 주면) R_1 에 걸리는 전압은 $\dfrac{88000}{88000+12000} \times 100$이 되어 약 88 V 의 전압이 걸리고, R_2 에 걸리는 전압은 $\dfrac{12000}{88000+12000} \times 100$이 되어 약 12 V 의 전압이 걸리게 된다(도체의 고유저항을 무시할 때). 이때 저항기에 의한 소비전력을 줄이기 위하여 높은 저항의 것을 사용한다.

② 분압된 전압(12 V)이 R_3 를 거쳐 Tr_1 에 베이스 전압이 걸리고 베이스 전류가 흐르면 Tr_1 에 콜렉터 전류도 흐르게 된다(Tr_1 이 작동한다).

③ Tr_1 에 콜렉터 전류가 흐르면 R_5 를 지나는 Tr_2 의 베이스 전류가 차단되어 Tr_2 는 작동을 정지하게 된다(콜렉터 전류가 흐르지 않게 된다).

④ 따라서 출력 X 에는 전압이 걸리게 된다(출력 X 는 1 이 된다).

(2) 절연형 입력회로

외부기기의 유접점 신호를 이용하여 발광 다이오드와 릴레이 등을 작동시켜 무접점 회로에 절연되도록 전달시키는 것을 말한다.

① **릴레이에 의한 방법** : 릴레이의 전원단자와 접점단자는 완전 절연되어 있으므로 이것을 이용하여 외부 기기의 유접점 신호를 릴레이로 수신하고 조직레벨 신호로 변환하는 방식을 말하며, 릴레이 회로와 논리회로는 코일과 접점을 사용하므로 완전 절연되어 있다.

> 🔁 이 회로에 사용되는 릴레이는 봉입 릴레이(리드 릴레이)나 소형 릴레이 등이 사용되며, 회로에 설치된 다이오드 D 는 전류를 갑자기 차단할 때 발생되는 역기전력을 차단하여 릴레이를 보호하는데 목적이 있다.

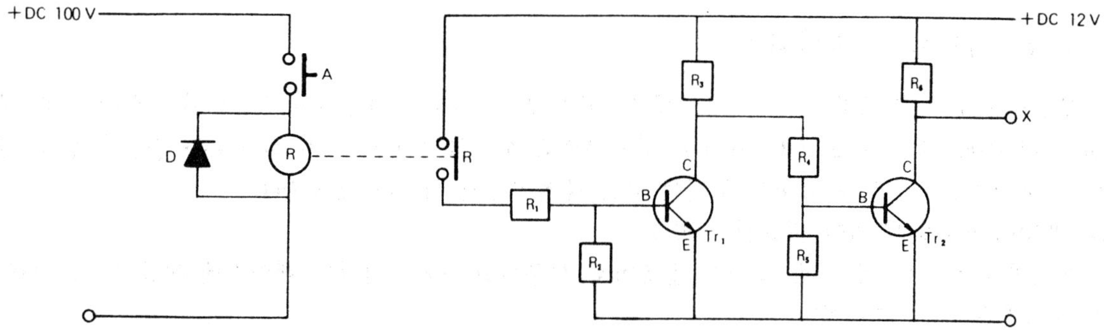

〔작동설명〕

(가) 입력 A에 1을 주면 릴레이 ⓡ이 작동된다.

(나) 릴레이 ⓡ이 작동되면 ⓡ의 a접점 R이 닫힌다.

(다) R이 닫히면 +DC 12 V가 R → R₁을 통하여 Tr₁의 베이스에 전압을 걸어준다.

(라) Tr₁에 베이스 전압이 가하여지면 베이스 전류가 흐르고 콜렉터 전류도 흐른다(Tr₁이 도통된다).

(마) Tr₁이 도통되면 R₃ → R₄를 통하는 Tr₂의 베이스 전압이 걸리지 않게 되어 Tr₂는 차단된다(콜렉터 전류가 흐르지 않는다).

(바) 따라서 출력 X는 1이 된다(나오게 된다).

② **포토 커플러에 의한 방법** : 외부의 신호를 이용하여 발광 다이오드를 발광시켜 그 빛을 광트랜지스터(포토 트랜지스터)로 받아 전기신호로 변환하여 무접점 시퀀스 회로에 전달하는 것이다(노이즈 차단의 효과가 있다).

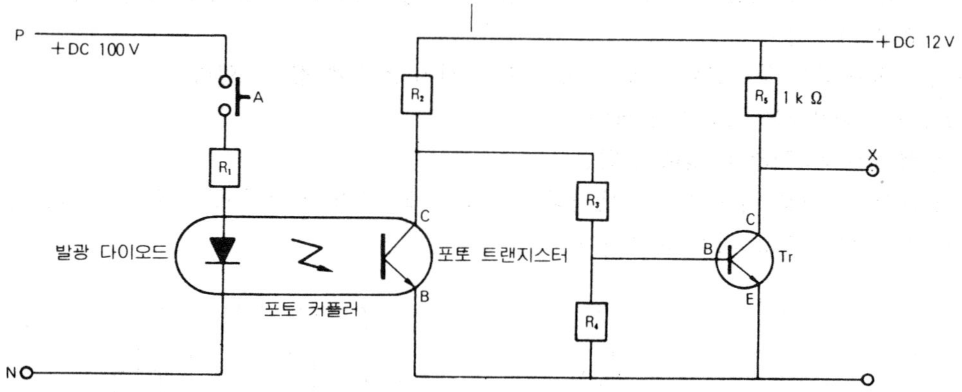

〔작동설명〕

(가) 입력 A에 1을 주면 발광 다이오드에 전류가 흘러 빛을 낸다(P → A → R₁ → D → N).

(나) 발광 다이오드의 빛을 포토 트랜지스터〔베이스에 광을 주면 콜렉터 전류가 흐른다(창이 있음)〕가 받아서 포토 트랜지스터 콜렉터 전류를 흘린다.

(다) 포토 트랜지스터에 콜렉터 전류가 흐르면 R₃를 지나는 Tr의 베이스 전류가 차단되어 Tr의 작동을 정지시킨다(콜렉터 전류가 흐르지 않는다).

(라) 따라서 출력 X에는 전압이 걸리게 된다(출력은 1이 된다).

1·9 파워앰프 출력회로

무접점 시퀀스 회로의 구성소자는 DC 6~12V로 수 mA의 전류면이 작동되나, 제어대상의 부하는 24~200V로 전류도 100~수 mA 정도이므로 무접점 시퀀스 소자 그대로는 충분한 힘을 끌어낼 수 없다. 따라서 제어대상 부하에 맞는 증폭기능의 회로가 필요하다.

(1) 에미터 플로어에 의한 파워앰프 회로

2개의 트랜지스터를 이용 하나는 플로어로 사용되고, 다른 하나는 베이스에 전류를 공급하여 전류 증폭을 하는 회로이다.

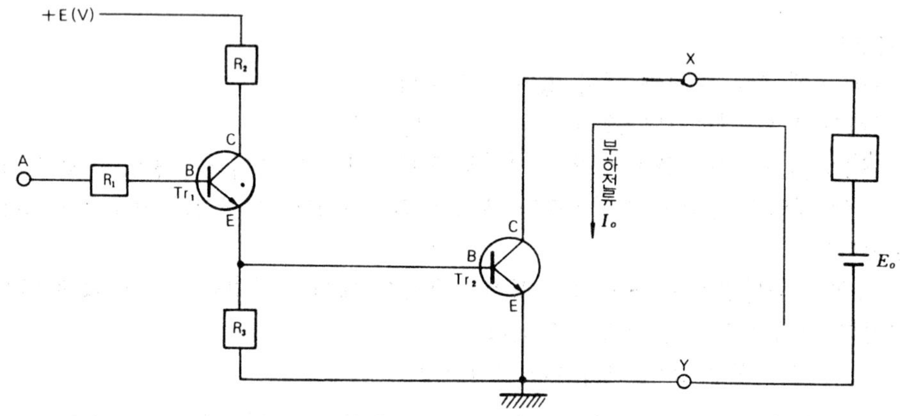

〔작동설명〕

① 입력신호 A가 1이 되면 Tr_1이 도통되어 +E(V)가 R_2를 지나 Tr_1을 흐르므로 (Tr_1의 콜렉터 전류가 흐르므로) Tr_1의 베이스 전류 I_{b1}과 콜렉터 전류 I_{c1}이 트랜지스터 Tr_2의 베이스 전류로 흐른다.

② Tr_2도 도통되어 부하전류 I_o로 증폭되어 I_{c2}까지 흐르게 할 수 있다.

③ 따라서 부하기기는 작동하게 된다.

(2) 다아링톤 접속에 의한 파워앰프 회로

두개의 트랜지스터를 이용 Tr_1의 에미터를 Tr_2의 베이스에 접속하고 콜렉터를 공통으로 부하에 접속하여 전력 증폭을 하는 회로이다.

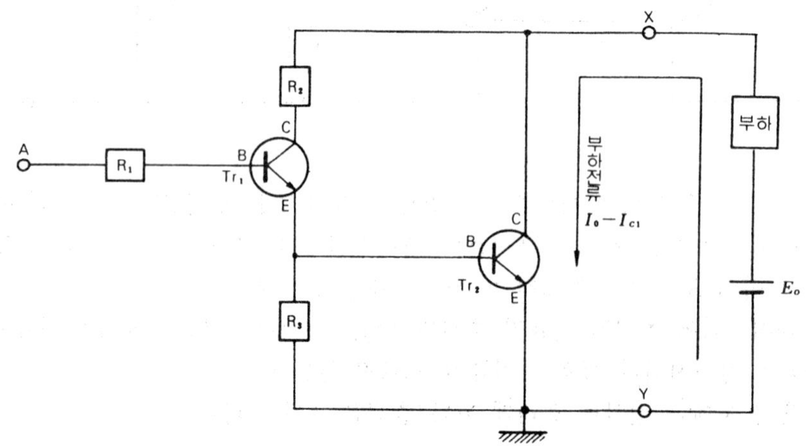

〔작동설명〕

① 입력신호 A가 1이 되면 트랜지스터 Tr_1의 베이스 전류 I_{b1}이 흘러 Tr_1을 도통시키므로 콜렉터 전류 I_{c1}도 흐르게 된다.

② 콜렉터 전류 I_{c1}이 Tr_2의 베이스로 흘러 Tr_2의 베이스 전류가 되고 Tr_2도 도통시켜 콜렉터 전류 I_{c2}도 흐르게 된다.

③ Tr_1의 콜렉터 전류 I_{c1}과 Tr_2의 콜렉터 전류 I_{c2}의 합이 부하전류 I_0가 되므로 전류 증폭률은 거의 Tr_1과 Tr_2의 전류 증폭률을 곱한 값이 된다.

$$I_{C1} = h_{FE1} \cdot I_{B1} \cdots\cdots\cdots h_{FE1} : Tr_1 \text{의 전류증폭률} \quad I_{E1} = I_{B1} + I_{C1} \cdots\cdots\cdots I_{E1} : Tr_1 \text{의 에미터 전류}$$
$$= I_{B1} + h_{FE1} \cdot I_{B1} = (1 + h_{FE1}) I_{B1}$$
$$I_{B2} = I_{E1} \cdots\cdots\cdots Tr_1 \text{의 콜렉터회로 } I_{E1} \text{을 제한하는 저항이 접속되어 있지 않으므로}$$
$$(1 + h_{FE1}) \cdot I_{B1} \text{ 그대로의 전류가 } Tr_2 \text{의 베이스전류 } I_{B2} \text{로 된다.}$$
$$I_{C2} = h_{FE2} \cdot I_{B2} \cdots\cdots Tr_2 \text{의 콜렉터전류 } I_{C2} \text{가 부하전류 } I_0 \text{로 된다.}$$
$$= h_{FE2}(1 + h_{FE1}) I_{B1} = h_{FE2} \cdot I_{B1} + h_{FE1} \cdot h_{FE2} \cdot I_{B1} \fallingdotseq h_{FE1} \cdot h_{FE2} \cdot I_{B1} \qquad I_0 = I_{C2}$$

(3) 절연형 출력회로

노이즈에 의한 오작동 방지와 전기적으로 분리시켜 로직레벨 신호를 파워레벨 신호로 바꾸기 위한 것으로 릴레이와 포토 커플러에 의한 방법이 있다.

① **포토 커플러에 의한 방법** : 무접점 회로의 발광 다이오드와 포토 트랜지스터의 조합으로 이루어지며, 파워앰프의 전단계에서 신호의 절연을 행한다.

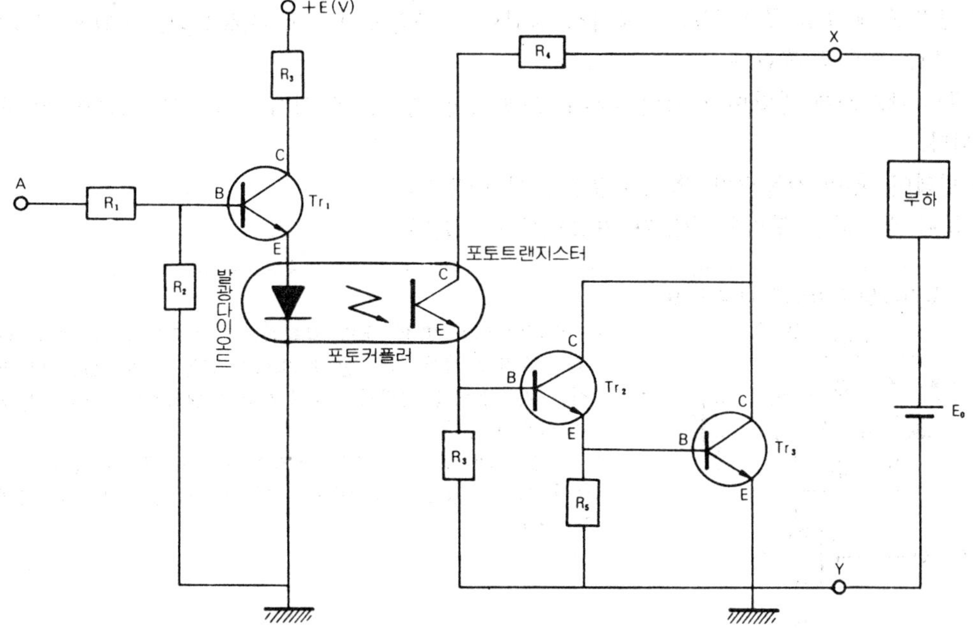

〔작동설명〕

㈎ 입력 A에 1을 주면 Tr_1에 베이스 전압이 걸린다. 따라서 Tr_1은 도통되고 ＋E(V)는 발광 다이오드에 걸려 발광 다이오드는 빛을 발한다.

㈏ 발광 다이오드의 빛을 받아 포토 트랜지스터가 도통된다.

㈐ 포토 트랜지스터가 도통되면 다아링톤 접속에 의한 파워앰프가 작동하고 부하회로에 증폭된 부하전류가 공급된다.

② **릴레이에 의한 방법** : 릴레이 드라이버 회로라고도 하며, 트랜지스터의 콜렉터 회로에 직류 릴레이 코일을 접속하고, 그 접점으로 부하회로를 구동하는 회로이며, 파워앰프 회로의 뒷단계에서 신호의 절연을 행한다.

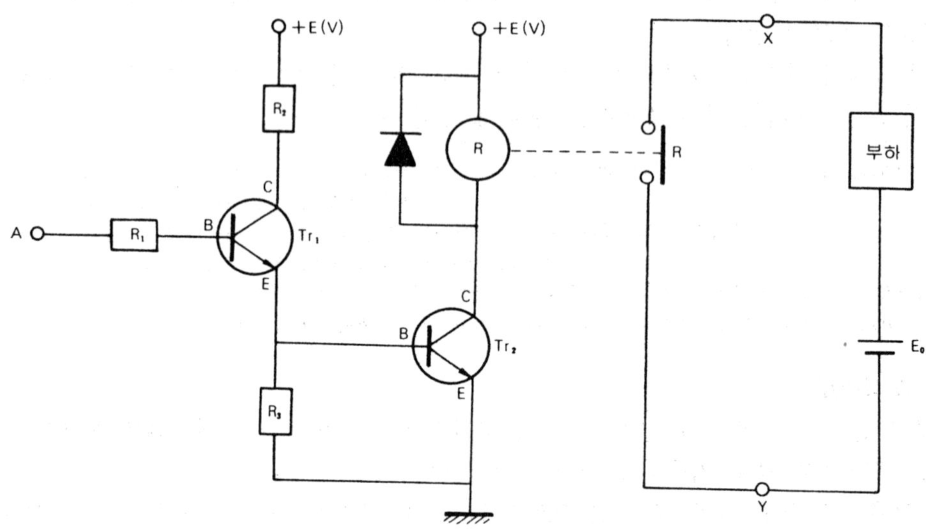

〔작동설명〕

㈎ 입력 A에 1을 주면 Tr_1에 베이스 전압이 인가되고 Tr_1이 도통된다. 따라서 Tr_2의 베이스에 전류를 흘린다.

㈏ Tr_2 베이스에 전압이 걸리면 Tr_2도 도통되어 회로를 연결시켜 주므로 릴레이 ⓡ이 작동된다.

㈐ 릴레이 ⓡ이 작동되면 ⓡ의 a접점 R이 작동된다.

㈑ R이 작동되면 부하의 회로가 연결되어 작동된다.

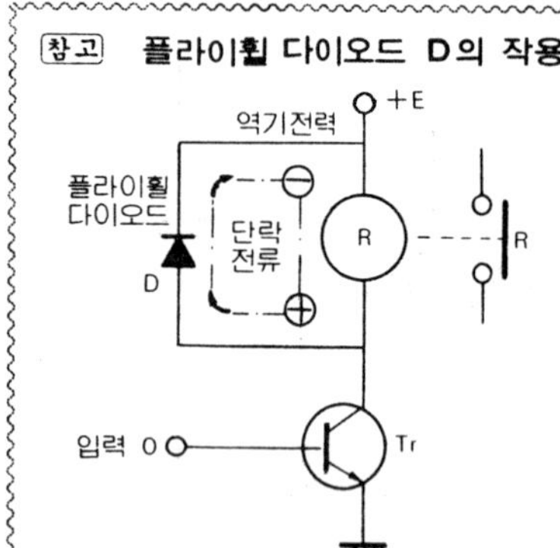

[참고] **플라이휠 다이오드 D의 작용**

1. 릴레이 코일 ⓡ에 병렬 접속하는 다이오드를 플라이휠 다이오드 D라고 하여 코일 ⓡ에 흐르는 전류를 차단했을 때 발생하는 역기전력을 단락하여 흡수하고 트랜지스터 Tr을 보호하는 작용이 있다.
2. 트랜지스터 Tr이 "OFF" 상태가 되어도 플라이휠 다이오드 D에 흐르고 있는 단락전류가 끝날 때까지 릴레이 R의 복귀가 늦어진다.

(4) 램프 드라이버 회로

표시용 램프를 작동시키기 위한 증폭회로이며, 램프 인디케이터라고도 한다(램프 점등시 순간적으로 큰 전류가 흐른다).

① **직렬 저항방식** : 필라멘트형 표시등과 직렬저항을 넣어 점등시 투입전류를 제한하는 것이다.

입력 A에 1을 주면 Tr에 베이스 전압이 걸리며 베이스 전류가 흐르고, 따라서 콜렉터 전류

　도 흘러 Tr이 도통되나 저항 $\boxed{R_2}$ 에 의하여 제한된 전류로 램프 $\textcircled{L}$ 이 점등되게 되는 것이다.

② 암점등 방식 : 램프가 적열하지 않을 정도의 전류를 계속 흘려 예열시켜서 점등시에 흐르는 투입전류를 제한하는 방식이다.

　평소에도 $+E(V) \rightarrow \textcircled{L} \rightarrow \boxed{R_2} \rightarrow$ 어스로 회로가 연결되어 미세한 전류가 흐르며, 입력 A 가 1이 되면 베이스 전압이 걸리고 베이스 전류도 흘러 Tr이 도통되고 램프 $\textcircled{L}$ 이 점등된다. (전기는 저항이 적은 쪽으로 흐른다)

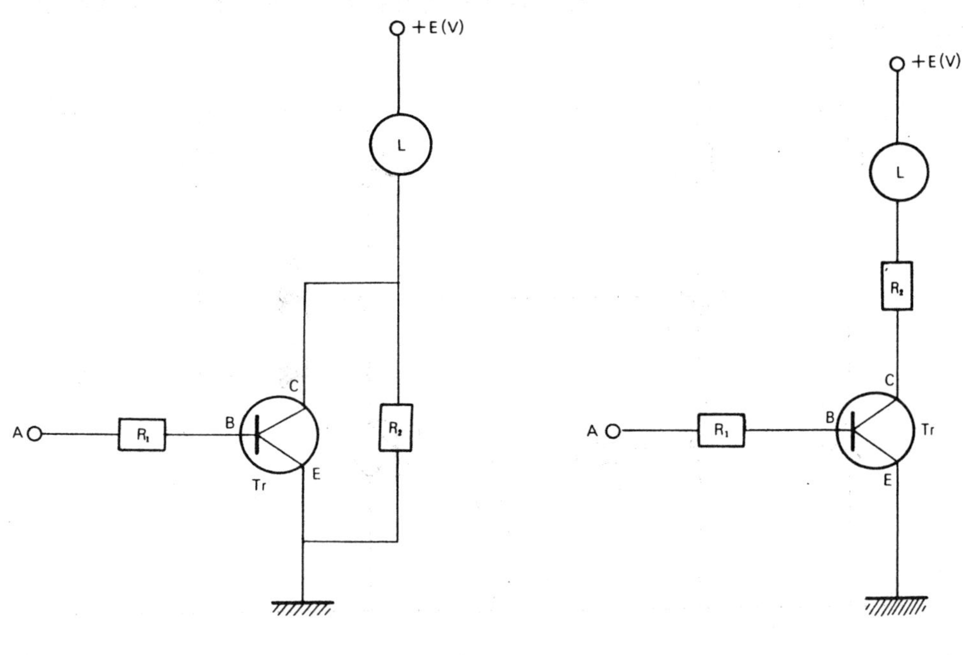

[암 점등 방식]　　　　　　　　　　　[직렬 저항 방식]

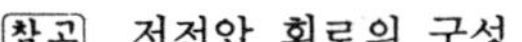

참고　저전압 회로의 구성

① 고전압 전기는 인체에 쇼크 등의 충격을 주어 안전에 저해요소가 되므로 동작부는 고전압 전기를 사용하고, 조작부는 저전압을 사용하여 안전하도록 한다.

② 기기 상호간에 서로 연동되도록 하여 고전압이나 저전압의 회로 고장시 전체가 정지하도록 한다.

③ 특별한 회로에서는 고압부만 따로 동작되도록 회로를 만든다.

（예）저전압 직입 기동（여기에서 모터 결선은 생략함）

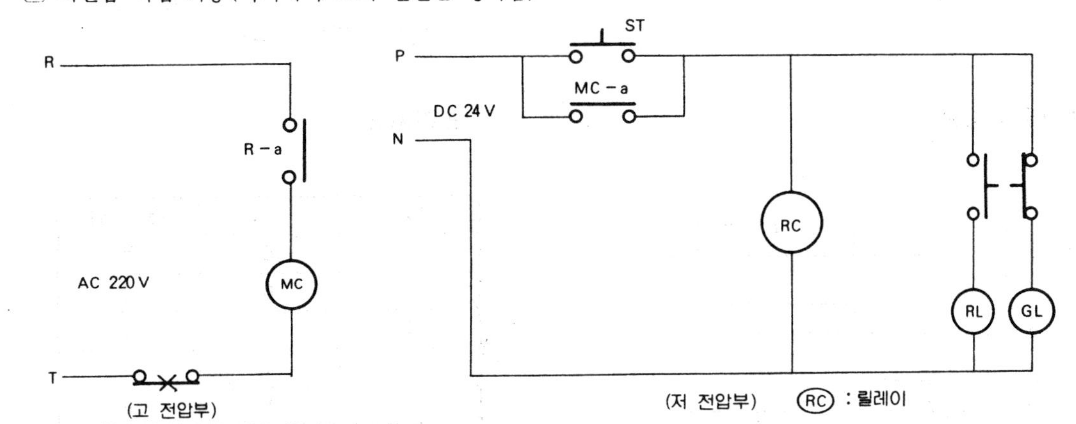

2. 무접점 시퀀스 제어의 응용

2·1 금지회로(inhibit)

AND 회로중의 입력 하나를 금지입력인 NOT 회로와 조합하여 이 금지입력에 1이 있는 동안에는 절대로 AND 회로의 출력이 1로 되지 않도록 하게한 회로이며, 인터록 회로의 일종이다.

(1) 무접점 시퀀스도

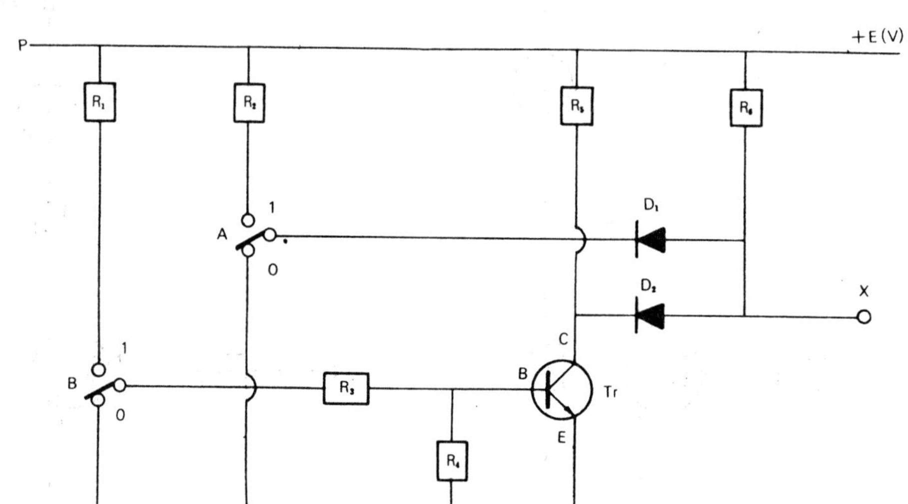

(2) 유접점 시퀀스도

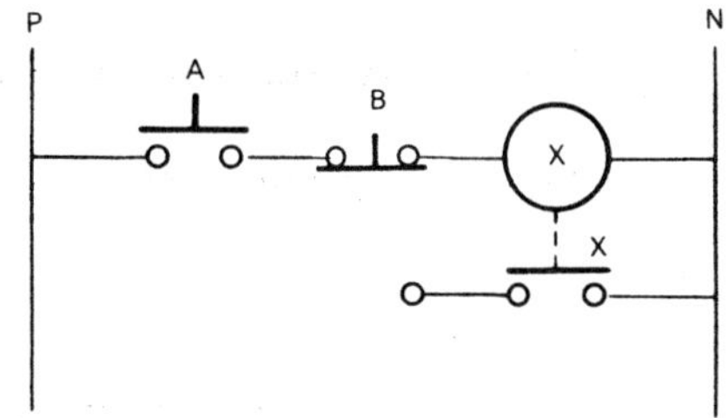

(3) 논리기호도

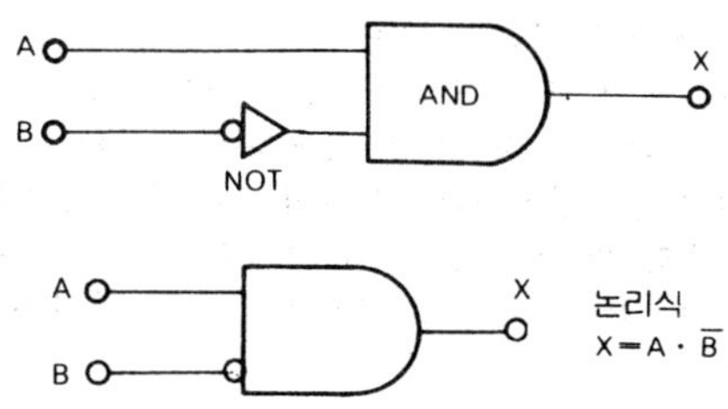

(4) 타임 차트

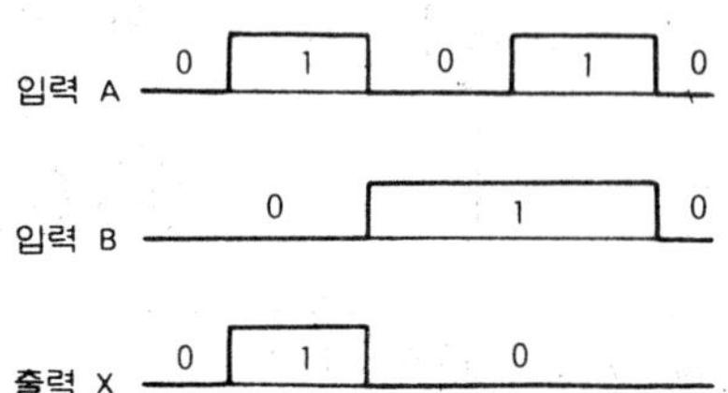

(5) 논리치표

입	력	출 력
A	B	X
0	0	0
1	0	1
0	1	0
1	1	0

(6) 입력 A와 입력 B가 모두 0일 때(무접점 시퀀스)

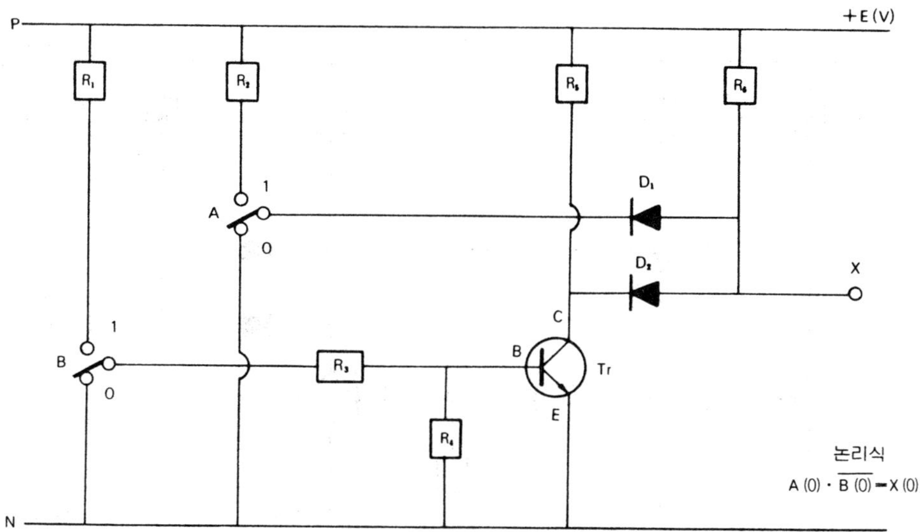

〔작동설명〕

① 입력 A가 0이면 P → [R₆] → D₁ → A → N 의 회로가 연결되어 회로에 전류가 계속 흐른다(X 의 출력이 나오지 않는다).

② 입력 B가 0이면 N → [R₃] → [R₄] 로 되어 회로의 전위는 0이 된다.

③ A 를 통하여 전류가 계속 흐르므로 출력 X 에는 전압이 나오지 않는다(0이 된다).

(7) 입력 A는 1, 입력 B는 0일 때

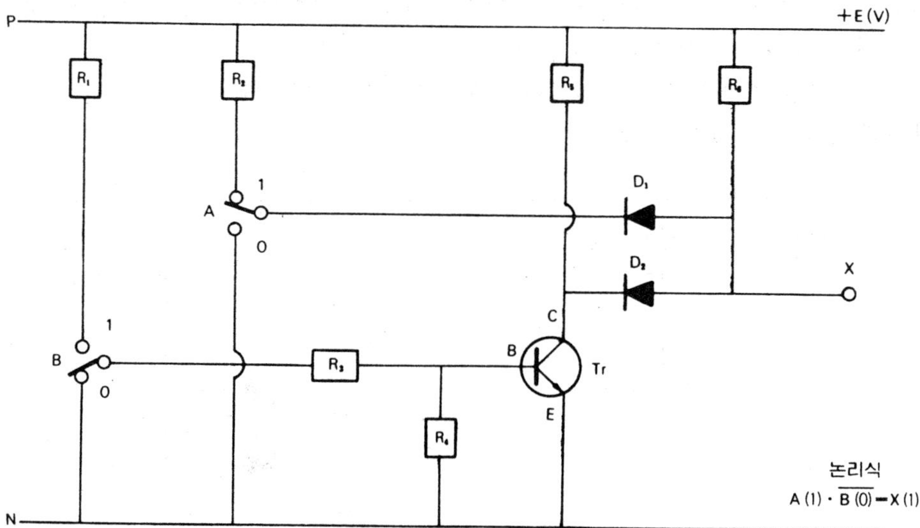

〔작동설명〕

① 입력 A에 1을 주면 P → [R₆] → D₁ → A → [R₂] → P 로 되어 회로에 전류가 흐르지 않는다. (출력 X 에 전압이 걸린다)

② 입력 B가 0이면 N → [R₃] → [R₄] 로 되어 회로의 전위는 0이 된다.

③ 전류가 흐르지 않으므로 P → [R₆] → X로 되어 출력 X 에는 전압이 걸린다(1이 된다).

(8) 입력 A는 0, 입력 B는 1일 때

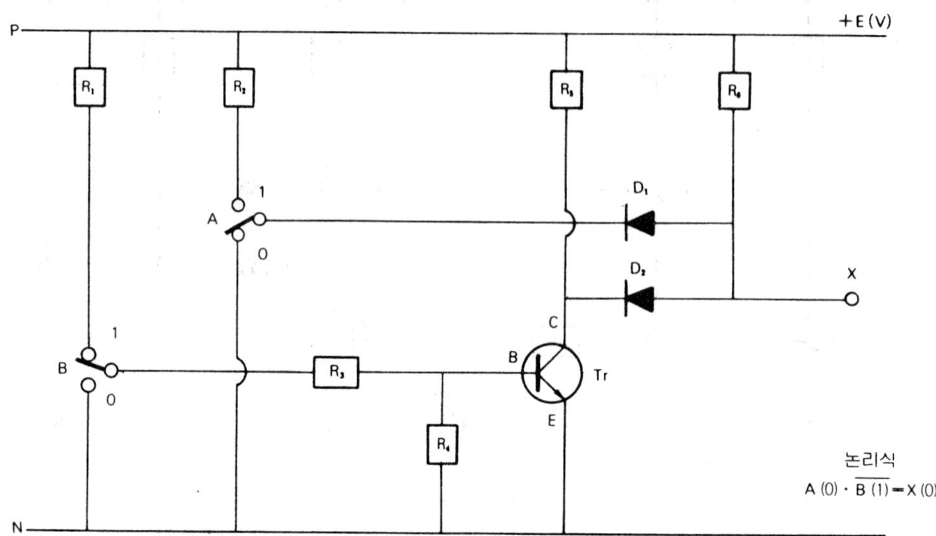

〔작동설명〕

① 입력 A가 0이면 P → R₆ → D₁ → A → N의 회로가 연결되어 회로에 전류가 계속 흐른다(출력 X에 전압이 걸리지 않는다).

② 입력 B에 1을 주면 P → R₁ → B → R₃ → Tr B(트랜지스터 베이스)로 되어 Tr에 베이스 전압이 걸리고 베이스 전류도 흘러 Tr이 도통된다.

③ Tr이 도통되면 P → R₆ → D₂ → Tr → N으로 회로가 연결되어 회로에 전류가 계속 흐르며, P → R₅ → Tr → N의 회로에도 흐른다.

④ 전류가 흐르면 출력 X에서는 전압이 나오지 않는다(0이 된다).

(9) 입력 A와 입력 B가 모두 1일 때

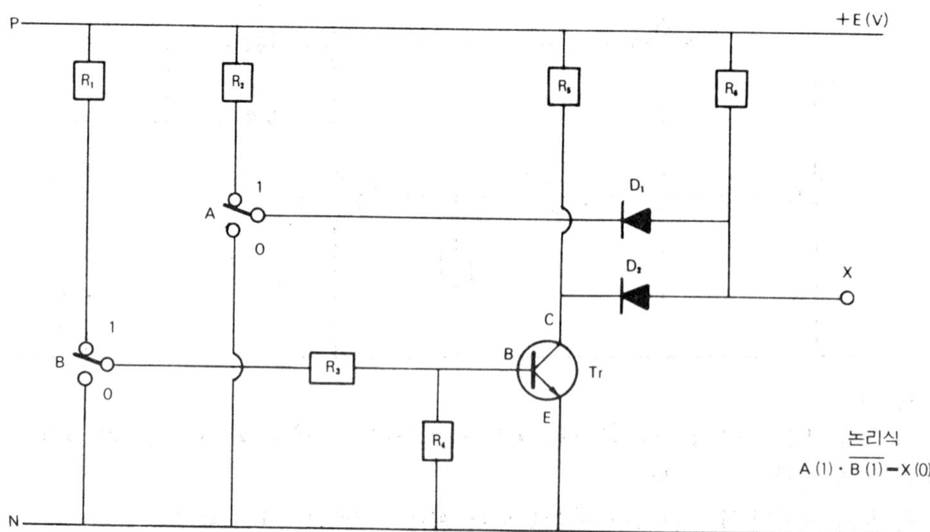

〔작동설명〕

① 입력 A가 1이면 P → $\boxed{R_4}$ → D_1 → A → $\boxed{R_2}$ → P로 되어 회로에 전류가 흐르지 않는다.

② 입력 B가 1이면 P → $\boxed{R_1}$ → B(입력) → $\boxed{R_3}$ → Tr B(트랜지스터 베이스)로 되어 Tr에 베이스 전압이 걸리고 베이스 전류도 흘러 Tr이 도통된다.

③ Tr이 도통되면 P → $\boxed{R_4}$ → D_2 → Tr로 회로가 연결되어 회로에 전류가 계속 흐르며 P → $\boxed{R_5}$ → Tr → N의 회로에도 흐른다.

④ 전류가 흐르면 출력 X에서는 전압이 나오지 않는다(0이 된다).

⑽ 논리기호도 설명

① 입력 A와 B가 모두 0일 때

입력 B는 NOT 회로를 지나므로 입력 B가 0이면 AND 입력은 1이 되나 입력 A는 0이므로 AND 회로의 출력조건(입력 A와 입력 B가 1일 때에만 출력 X가 나온다)이 되지 못하므로 출력 X는 0이 된다.

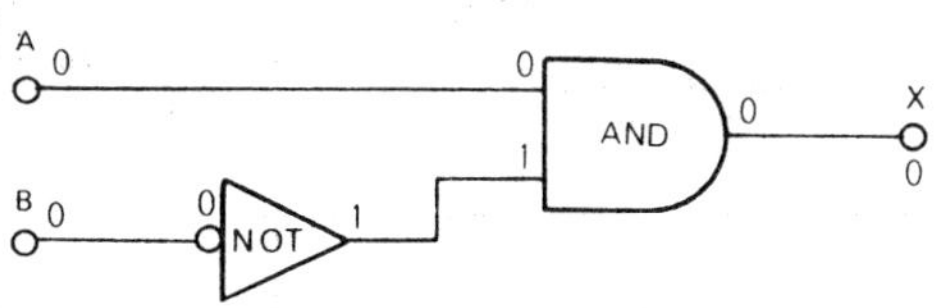

② 입력 A는 1, 입력 B는 0일 때

입력 A는 1이므로 AND 회로의 입력조건이 완료되었으며, 금지회로 입력 B가 0이므로 NOT 회로에서 반전하여 AND 회로 입력이 1이 되고 출력조건이 완료되므로 출력 X는 1이 된다.

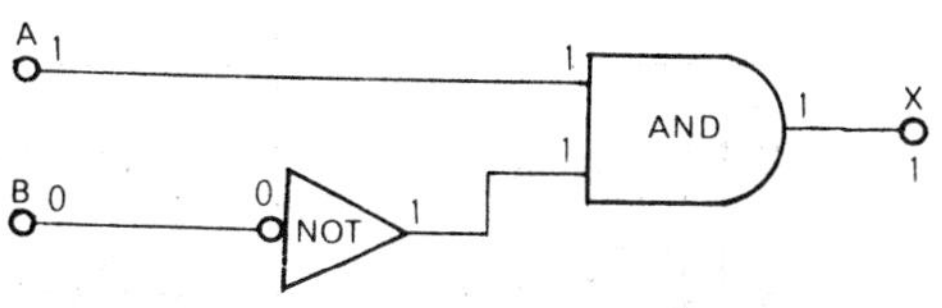

③ 입력 A는 0, 입력 B는 1일 때

입력 A가 0이므로 AND 회로의 입력조건이 되지 않고 입력 B도 NOT 회로이므로 1을 주면 AND 회로 입력은 0이 되므로 출력 X는 0이 된다.

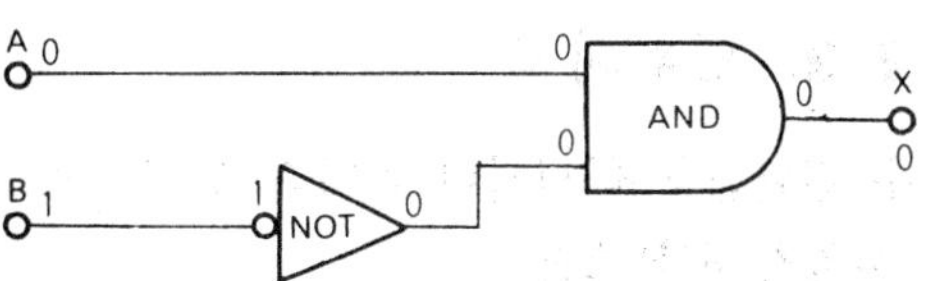

④ 입력 A와 입력 B가 모두 1일 때

입력 A가 1이므로 초기의 입력조건은 완료되었으나 입력 B도 1이므로 NOT 회로에서 반전하여 AND 회로의 압력은 0이 되므로 출력 X는 0이 된다(AND 회로와 NOT 회로를 상기할 것).

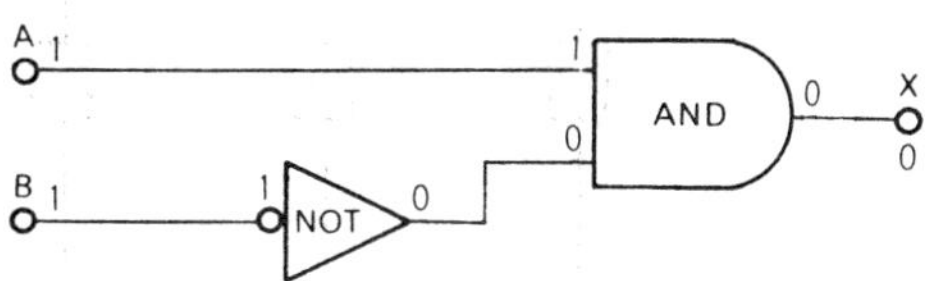

참고 IC의 형태

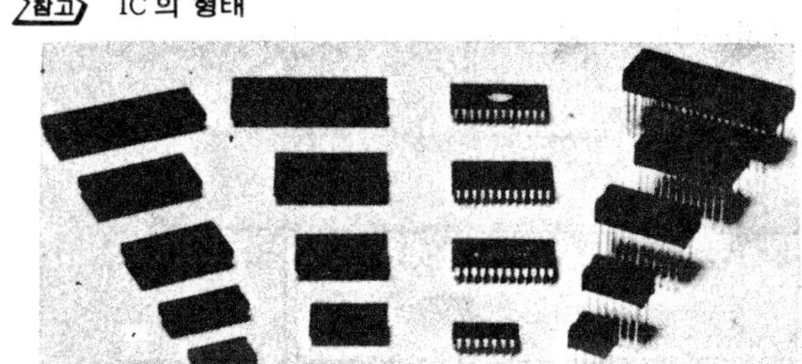

(11) 금지회로의 응용 예

무접점 릴레이 회로	유접점 릴레이 회로	작　동　설　명
		상호 인터록 회로로서 X_1이 작동하고 있을 때에는 X_2를 인터록 한다. 반대로 X_2가 작동하고 있을 때에는 X_1을 인터록 한다.
		변환회로의 하나로서 입력 C에 의하여 X_1의 입력조건을 변환한다. 입력 C가 ON인 때에는 X_1은 입력 B로 작동하고 입력 C가 OFF인 때에는 X_1은 입력 A로 작동한다.
		변환회로로서 입력 B에 의하여 출력 X_1이 X_2를 변환한다. 입력 B가 ON인 때에는 X_2를 작동시키고 입력 B가 OFF인 때에는 X_1을 작동시킨다.
		우선회로의 하나로서 입력 A에 의하여 X_1을 우선시키고 기타는 인터록 한다.

2·2　변환회로

두 변환신호에 의하여 하나의 입력신호로 출력을 바꾸는 회로를 말한다.

(1) 무접점 시퀀스도

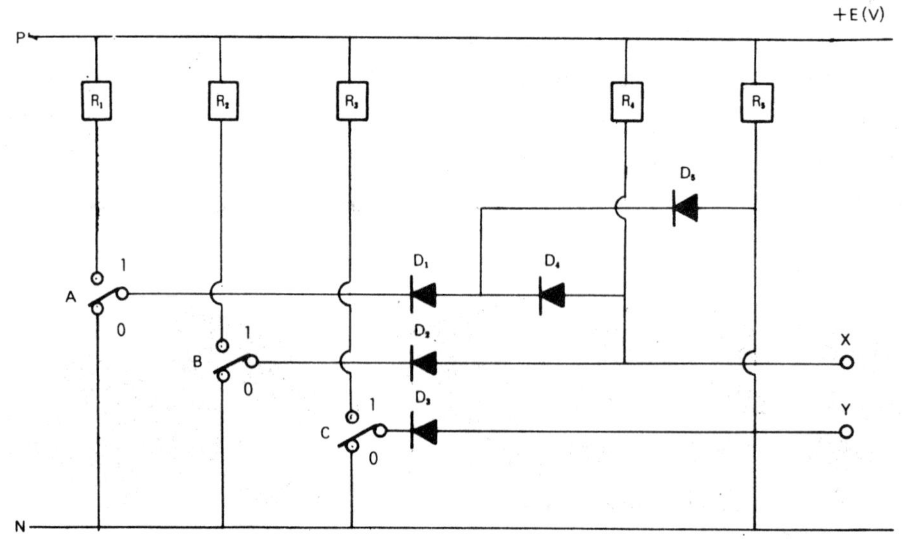

(2) 유접점 시퀀스도

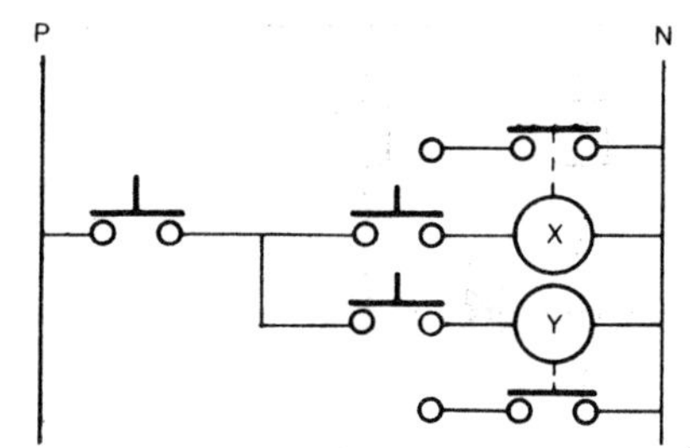

(3) 논리 기호도

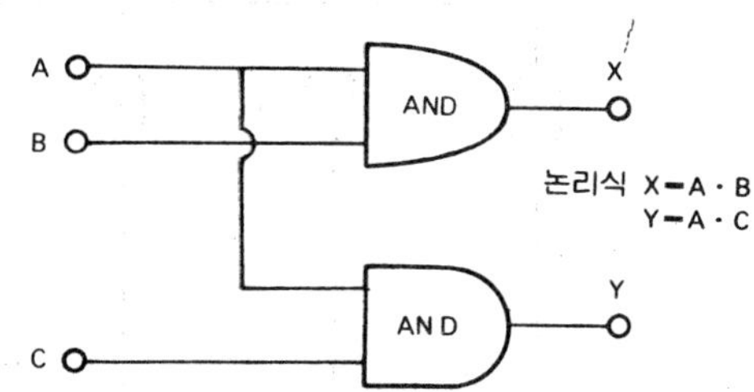

(4) 타임 차트

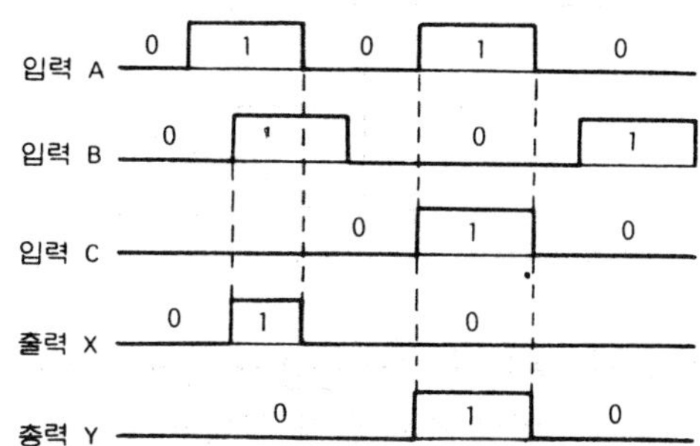

(5) 논리치표

입		력	출	력
A	B	C	X	Y
0	0	0	0	0
0	1	0	0	0
0	0	1	0	0
1	1	0	1	0
1	0	1	0	1

(6) 입력 A, B, C가 모두 0일 때

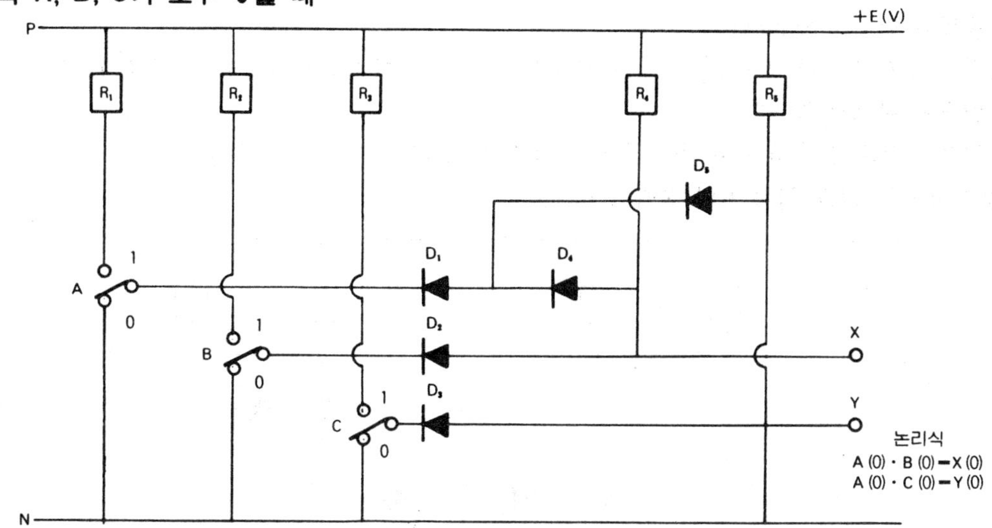

〔작동설명〕

① 입력 A가 0이면 P → $\boxed{R_5}$ →D_5→D_1→A→N의 회로가 연결되어 회로에는 계속 전류가 흐르고 또한 P → $\boxed{R_4}$ →D_4 →D_1→A→N의 회로에도 전류가 계속 흐른다(출력이 나오지 않는다).

② 입력 B가 0이면 P → $\boxed{R_4}$ →D_2→B→N의 회로가 연결되어 회로에는 전류가 계속 흐른다. (서로 다른극)

③ 입력 C가 0이면 P → $\boxed{R_5}$ →D_3→C→N의 회로가 연결되어 회로에는 전류가 계속 흐른다. (출력이 나오지 않는다)

④ 전류가 흐르면 출력 X와 출력 Y에는 전압이 걸리지 않는다(0이 된다).

(7) 입력 A는 1이고 입력 B와 C가 0일 때

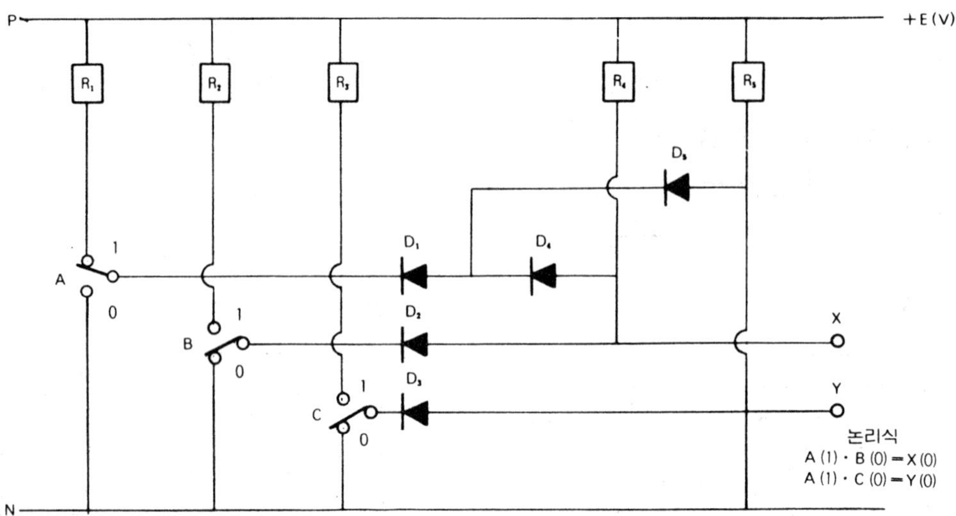

〔작동설명〕

① 입력 A가 1이면 P→ R₅ →D₅→D₁→A→ R₁ →P의 회로와 P→ R₄ →D₄→D₁→A→
 R₁ →P의 회로가 되어 전류의 흐름이 정지된다(같은극) (입력 B와 C의 회로로 흐른다).

② 입력 B가 0이면 P→ R₄ →D₂→B→N의 회로가 연결되어 회로에는 전류가 계속 흐른다.
 (출력이 나오지 않는다)

③ 입력 C가 0이면 P→ R₅ →D₃→C→N의 회로가 연결되어 회로에는 전류가 계속 흐른다.
 (출력이 나오지 않는다)

④ 전류가 흐르면 출력 X와 출력 Y에는 전압이 걸리지 않는다(0이 된다).

(8) 입력 B만 1이고 입력 A와 C가 0일 때

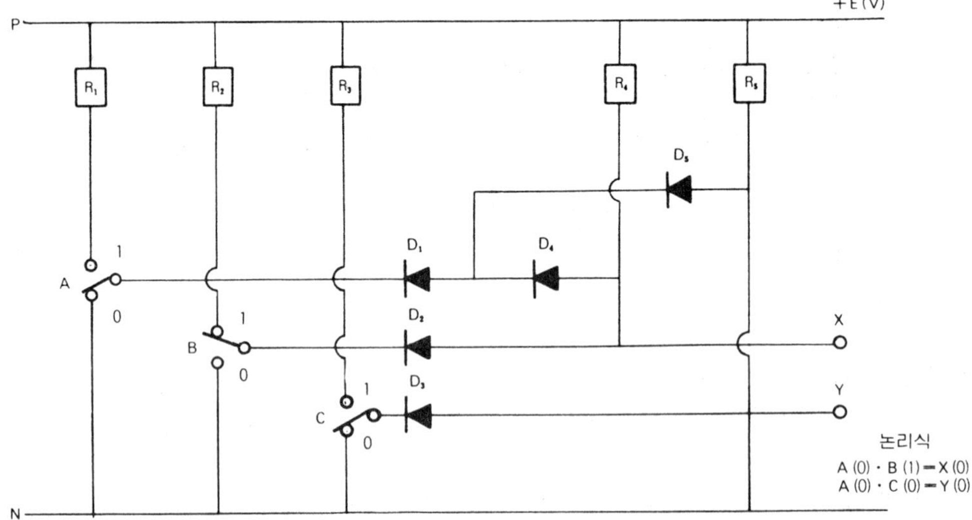

〔작동설명〕

① 입력 A가 0이면 P→ R₅ →D₅→D₁→A→N의 회로와 P→ R₄ →D₄→D₁→ A →N의 회
 로가 연결되어 회로에는 계속 전류가 흐른다.

② 입력 B가 1이면 P → $\boxed{R_4}$ → D_2 → B → $\boxed{R_2}$ → P 의 회로가 되어 전류의 흐름이 정지된다(입력 A의 회로로 흐른다).

③ 입력 C가 0이면 P → $\boxed{R_5}$ → D_3 → C → N 의 회로가 연결되어 회로에는 전류가 계속 흐른다.

④ 전류가 흐르면 출력 X와 출력 Y에는 전압이 걸리지 않는다(0이 된다).

(9) 입력 C만 1이고 입력 A와 B가 0일 때

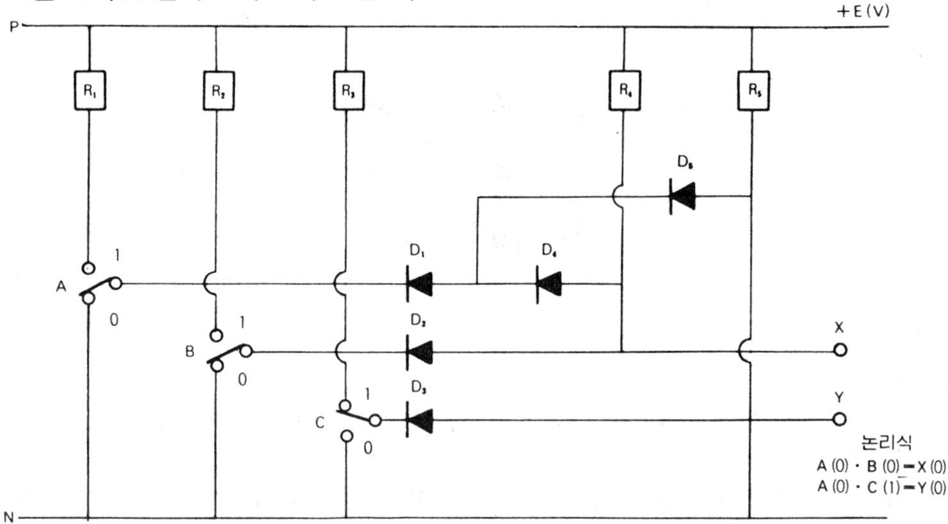

〔작동설명〕

① 입력 A가 0이면 P → $\boxed{R_5}$ → D_5 → D_1 → A → N 의 회로와 P → $\boxed{R_4}$ → D_4 → D_1 → A → N 의 회로가 연결되어 회로에는 전류가 계속 흐른다.

② 입력 B가 0이면 P → $\boxed{R_4}$ → D_2 → B → N 의 회로가 연결되어 회로에는 전류가 계속 흐른다.

③ 입력 C가 1이면 P → $\boxed{R_5}$ → D_3 → C → $\boxed{R_3}$ → P 의 회로가 되어 전류의 흐름이 정지된다(입력 A의 회로로 흐른다).

④ A의 회로에서 전류가 흘러 출력 X와 출력 Y에는 전압이 걸리지 않는다(0이 된다).

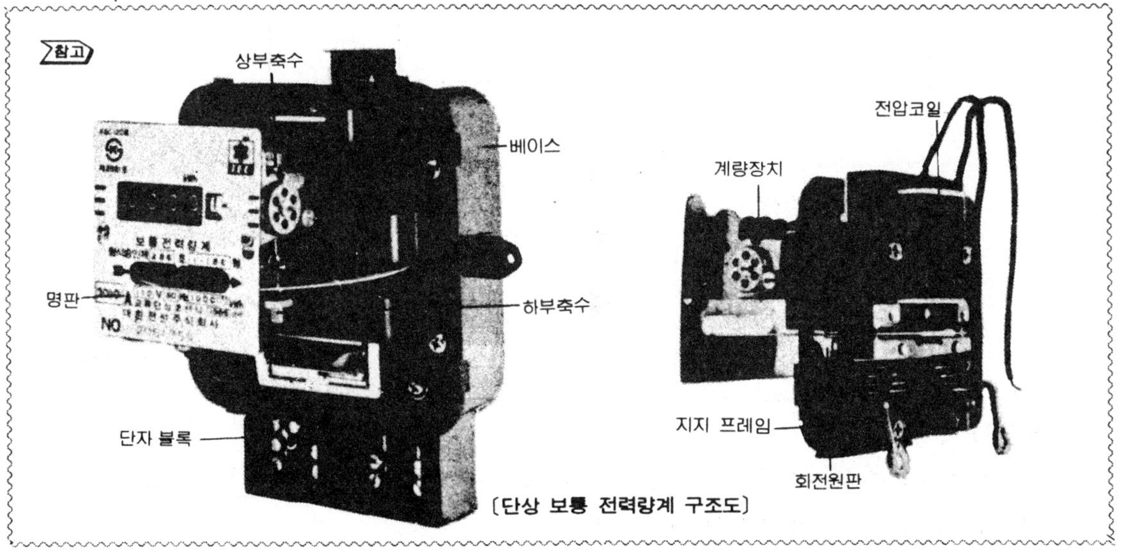

⑽ 입력 **A**와 **B**가 1이고 입력 **C**는 0일 때

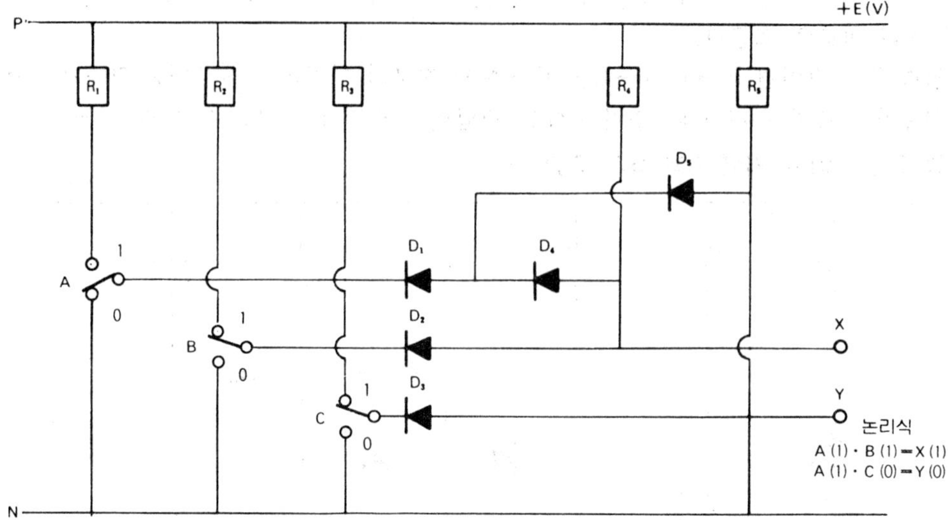

[작동설명]

① 입력 A 가 1이면 P → R₅ → D₅ → D₁ → A → R₁ → P 의 회로와 P → R₄ → D₁ → A → R₁ → P 의 회로가 되어 전류의 흐름이 정지된다.

② 입력 B 가 1이면 P → R₄ → D₂ → B → R₂ → P 의 회로가 되어 전류의 흐름이 정지된다.

③ 전류의 흐름이 정지되면 P → R₄ → X 의 회로가 형성되어 출력 X 에는 전압이 나오게 된다. (1이 된다)

④ 입력 C 가 0이면 P → R₅ → D₃ → C → N 의 회로가 연결되어 회로에는 전류가 계속 흐른다.

⑤ 전류가 계속 흐르면 출력 Y 에는 전압이 걸리지 않는다(0이 된다).

⑾ 입력 **A**와 **C**가 1이고 입력 **B**는 0일 때

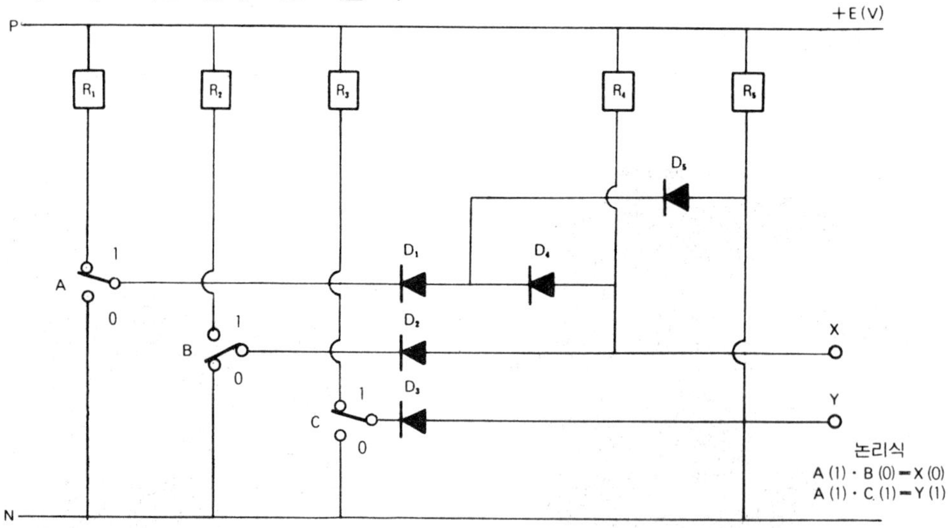

[작동설명]

① 입력 A 가 1이면 P → R₅ → D₅ → D₁ → A → R₁ → P 의 회로와 P → R₄ → D₁ → A → R₁ → P 의 회로가 되어 전류의 흐름이 정지된다.

② 입력 B가 0이면 P → $\boxed{R_4}$ →D_2→B→N의 회로가 연결되어 회로에는 전류가 계속 흐른다.

③ 전류가 계속 흐르므로 출력 X에는 전압이 걸리지 않는다(0이 된다).

④ 입력 C가 1이면 P → $\boxed{R_5}$ →D_3→C → $\boxed{R_3}$ →P의 회로가 되어 전류의 흐름이 정지된다.

⑤ 전류의 흐름이 정지되면 입력 A와 입력 C의 회로에서 전류의 흐름이 정지되므로 출력 Y는 P → $\boxed{R_5}$ →Y의 회로가 되어 전압이 나오게 된다(1이 된다).

(12) 입력 B와 C가 1이고 입력 A는 0일 때

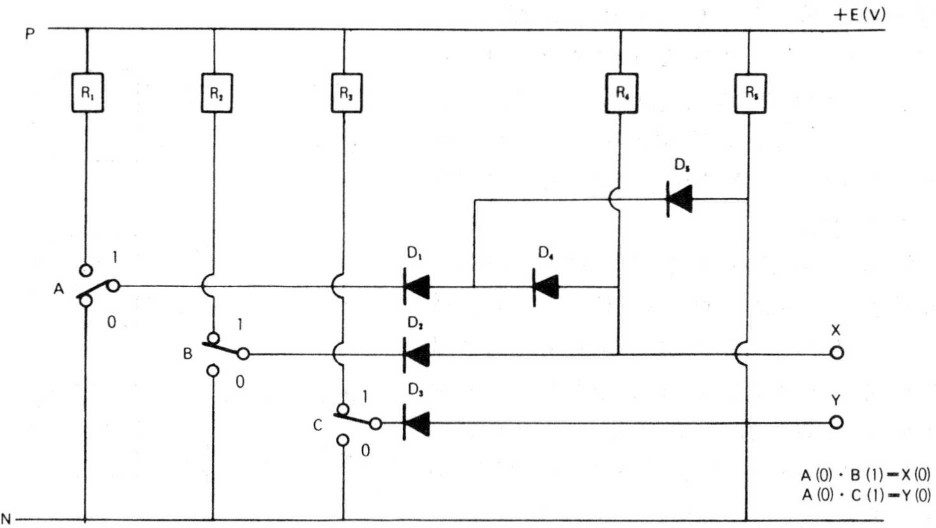

〔작동설명〕

① 입력 A가 0이면 P → $\boxed{R_5}$ →D_5→D_1→A→N의 회로와 P → $\boxed{R_4}$ →D_4→D_1→A→N의 회로가 연결되어 회로에는 전류가 계속 흐른다.

② 입력 B가 1이면 P → $\boxed{R_4}$ →D_2→B → $\boxed{R_2}$ →P의 회로가 되어 전류의 흐름이 정지된다 (그러나 입력 A의 회로로 흐른다).

③ 입력 C가 1이면 P → $\boxed{R_5}$ →D_3→C → $\boxed{R_3}$ →P의 회로가 되어 전류의 흐름이 정지된다 (그러나 입력 A의 회로로 흐른다).

④ 입력 A를 통하여 흐르므로 출력 X와 출력 Y에는 전압이 걸리지 않는다(0이 된다).

(13) 논리기호도 설명

① **입력 A와 입력 B가 1이고 입력 C가 0일 때**
   입력 A와 입력 B가 1이면 AND_1의 회로 출력조건이 완료되어 출력 X는 1이 된다. 그러나 AND_2의 회로는 입력 A는 1이나 입력 C가 0이므로 출력조건이 되지 못하므로 출력 Y는 0이 된다.
   따라서 출력 X만 나온다.

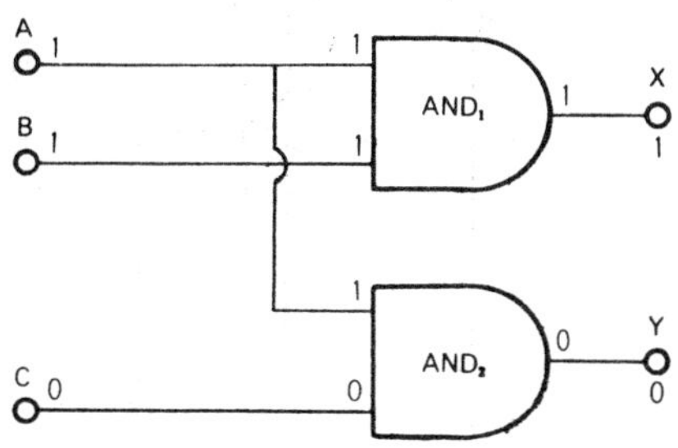

② **입력 A와 입력 C가 1이고 입력 B가 0일 때**
　　AND₁의 회로는 입력 A는 1이나 입력 B는 0이므로 출력조건이 되지 못하여 출력 X는 0이 된다. 그러나 AND₂의 회로는 입력 A와 입력 C가 1이므로 출력조건이 완료되어 출력 Y는 1이 된다.
　　따라서 출력 Y만 나온다.

③ **입력 A와 입력 B, 입력 C가 1일 때**
　　AND₁의 회로는 입력 A와 입력 B가 1이므로 출력조건이 완료되어 출력 X는 1이 된다. 같은 방법으로 AND₂의 회로도 입력 A와 입력 C가 1이므로 출력조건이 완료되어 출력 Y는 1이 된다.
　　따라서 출력 X와 출력 Y가 모두 나온다.

④ **입력 A는 0이고 입력 B와 입력 C가 1일 때**
　　AND₁의 회로는 입력 B는 1이나 입력 A가 0이므로 출력조건이 되지 못하여 출력 X는 0이 된다. 그러나 AND₂의 회로는 입력 C는 1이나 입력 A가 0이므로 출력조건이 되지 못하여 출력 Y는 0이 된다.
　　따라서 입력 A가 0이면 출력 X와 출력 Y가 모두 나오지 않는다.

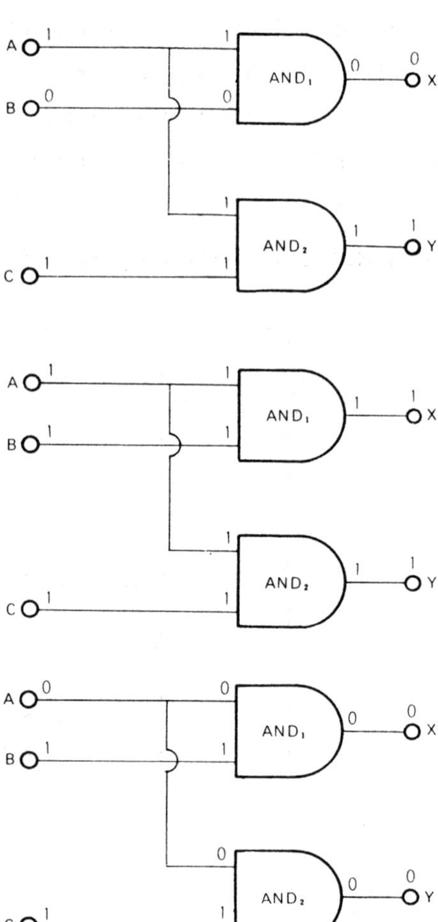

2·3 일치회로

　두 입력신호가 1일 때나 0일 때 똑같이 같은 상태에 있을 때만 출력이 1이 되는 회로로서 제어신호와 설정치 신호가 일치되었을 때 다음 단계로 넘어가는 곳에 쓰인다.

(1) 무접점 시퀀스도

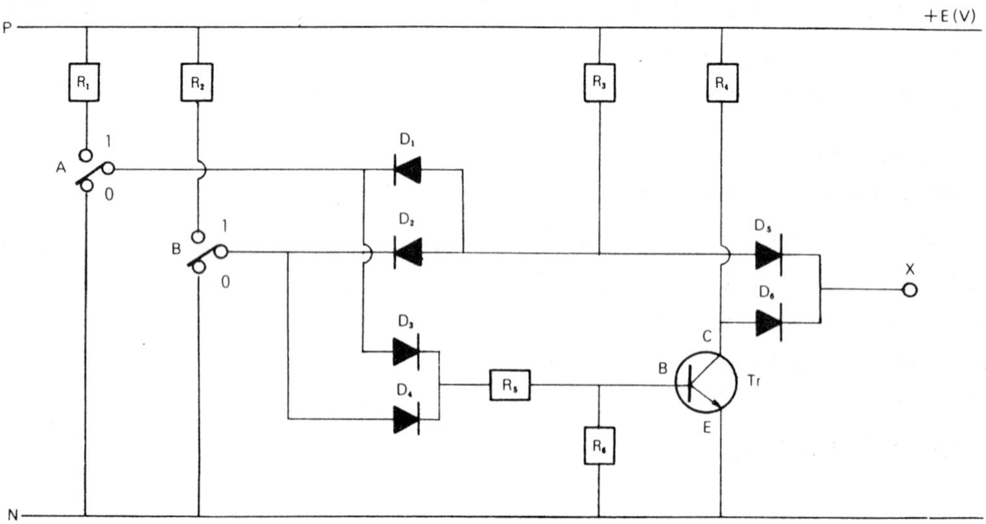

(2) 유접점 시퀀스도

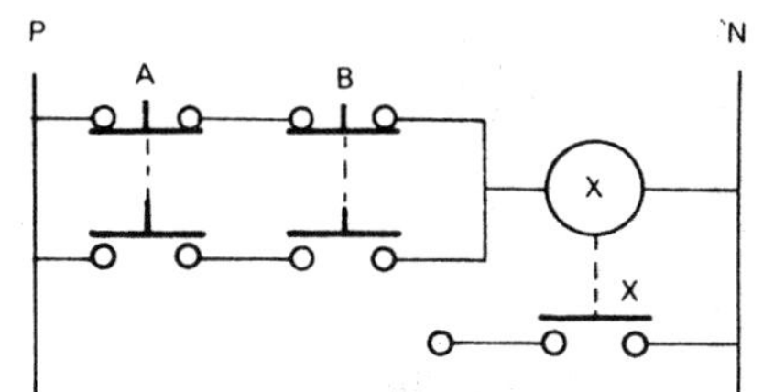

(3) 논리기호도

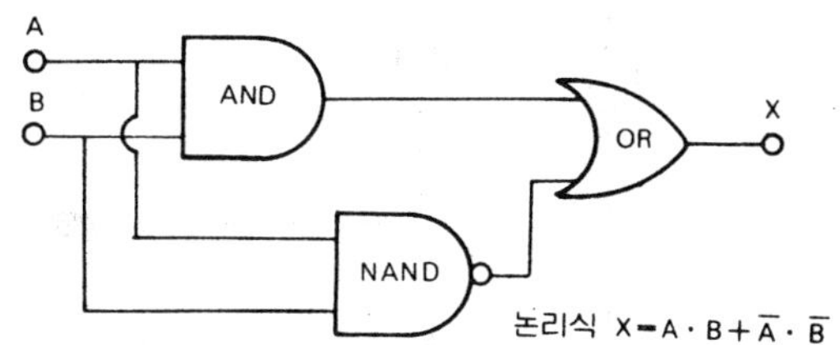

논리식 $X = A \cdot B + \overline{A} \cdot \overline{B}$

(4) 타임 차트

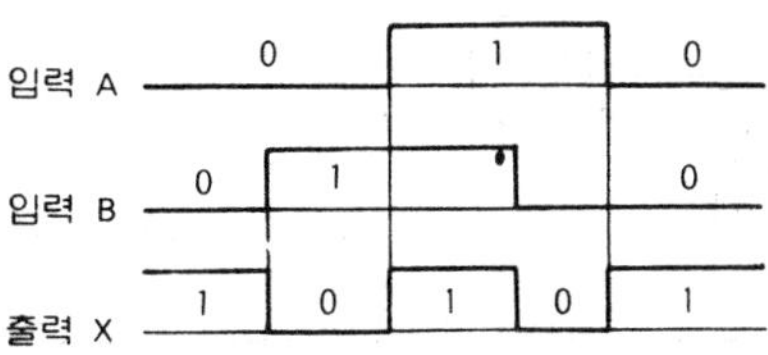

(5) 논리치표

입	력	출 력
A	B	X
0	0	1
0	1	0
1	0	0
1	1	1

(6) 입력 A와 B가 모두 0일 때

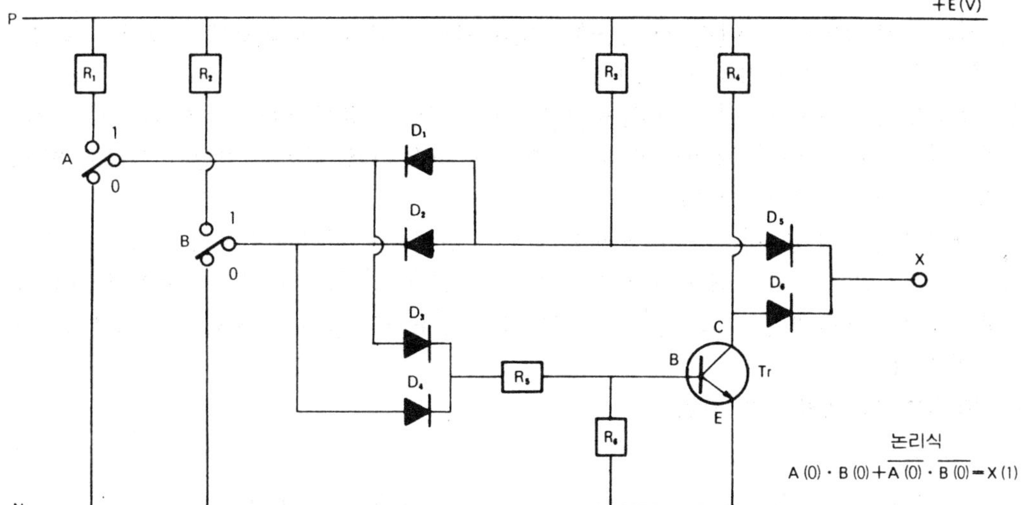

논리식
$$A\,(0) \cdot B\,(0) + \overline{A\,(0)} \cdot \overline{B\,(0)} = X\,(1)$$

〔작동설명〕

① 입력 A가 0이면 P → $\boxed{R_1}$ → D_1 → A → N의 회로가 연결되어 회로에 전류가 계속 흘러 Tr에 베이스 전압을 인가하지 못한다.

② 입력 B가 0이면 P → $\boxed{R_2}$ → D_2 → B → N의 회로가 연결되어 회로에 전류가 계속 흘러 Tr에 베이스 전압을 인가하지 못한다.

③ Tr에 베이스 전압이 걸리지 않아 P → $\boxed{R_3}$ → D_5 → X의 회로는 차단되나 P → $\boxed{R_4}$ → D_6 → X의 회로가 되어(Tr이 작동하지 않으므로) 출력 X에는 전압이 나오게 된다(1이 된다).

(7) 입력 **A**는 0, 입력 **B**는 1일 때

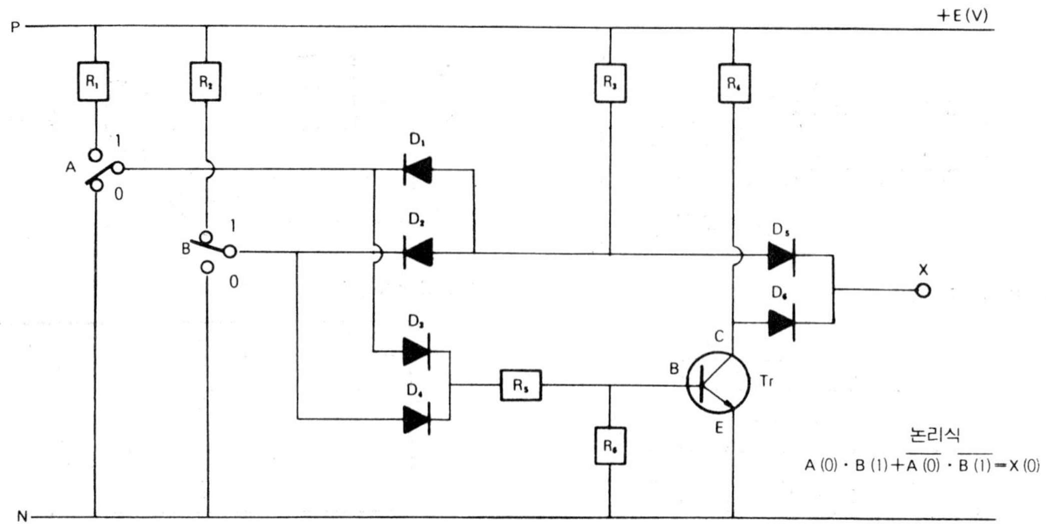

〔작동설명〕

① 입력 A가 0이면 P→R₃→D₁→A→N의 회로가 연결되어 회로에 전류가 계속 흘러 Tr에 베이스 전압을 인가하지 못한다.

② 입력 B가 1이면 P→R₃→D₂→R₂→P로 되어 전류의 흐름이 정지되나 P→R₂→B→D₄→R₅→Tr B(Tr 베이스 단자)의 회로가 되어 Tr에 베이스 전압이 걸리고 베이스 전류도 흐르므로 Tr은 도통된다.

③ Tr이 도통되면 P→R₄→Tr→N의 회로가 연결되어 회로에 전류가 계속 흐르게 된다.

④ 전류가 흐르므로 출력 X에는 전압이 걸리지 않는다 (R₃를 통하는 회로는 P→R₃→D₁ A→N으로 전류가 흐르고 R₄를 통하는 회로는 P→R₄→Tr→N으로 전류가 흐르므로 0이 된다).

(8) 입력 **A**는 1, 입력 **B**는 0일 때

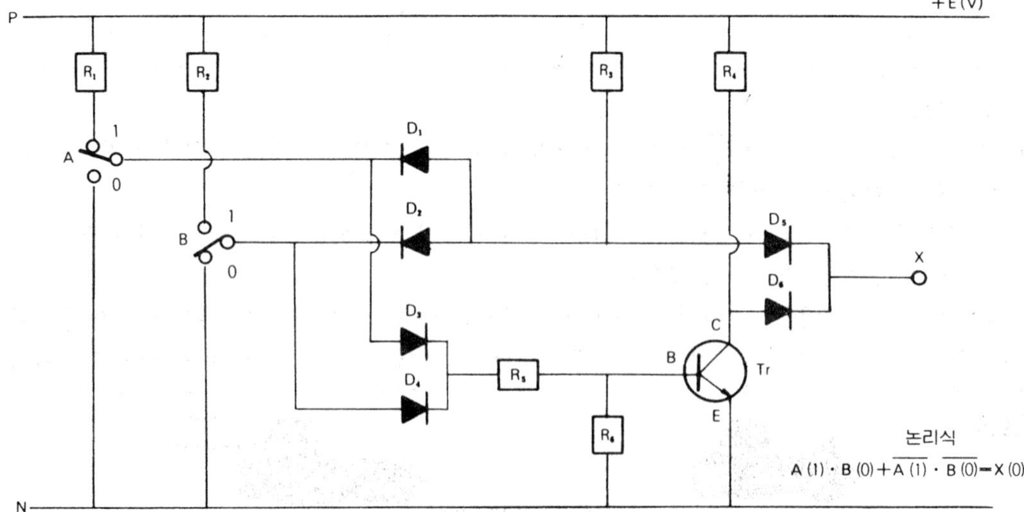

〔작동설명〕

① 입력 A가 1이면 P → $\boxed{R_3}$ → D_1 → A → $\boxed{R_1}$ → P로 되어 전류의 흐름이 정지되나 P → $\boxed{R_1}$ → A → D_3 → $\boxed{R_5}$ → Tr B (Tr 베이스)로 되어 Tr에 베이스 전압이 걸리고 베이스 전류도 흘러 Tr은 도통된다.

② 입력 B가 0이면 P → $\boxed{R_3}$ → D_2 → B → N의 회로가 연결되어 회로에 전류가 계속 흐른다.

③ 따라서 Tr의 도통으로 P → $\boxed{R_4}$ → Tr → N의 회로와 또한 P → $\boxed{R_3}$ → D_2 → B → N의 회로가 연결되어 전류가 계속 흐르므로 출력 X에는 전압이 걸리지 않는다(0이 된다).

(9) 입력 A와 B가 모두 1일 때

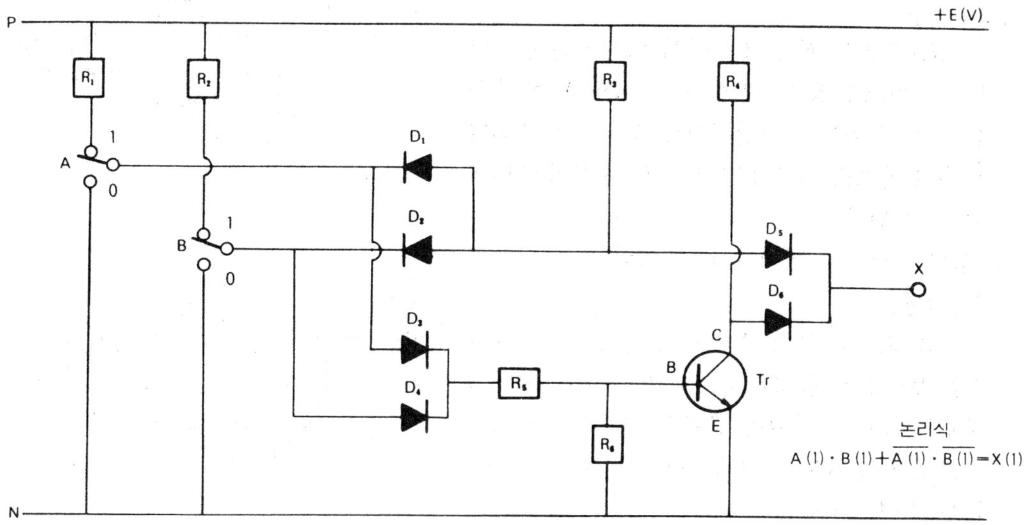

〔작동설명〕

① 입력 A가 1이면 P → $\boxed{R_1}$ → A → D_3 → $\boxed{R_5}$ → Tr B (Tr 베이스)의 회로가 연결되어 Tr에 베이스 전류를 흘린다.

② 같은 방법으로 입력 B가 1이면 P → $\boxed{R_2}$ → B → D_4 → $\boxed{R_5}$ → Tr B (Tr 베이스) 회로가 연결되어 Tr에 베이스 전류를 흘린다.

③ Tr에 베이스 전류가 흘러 Tr은 도통되고(콜렉터 전류가 흐르고), P → $\boxed{R_4}$ → Tr → N의 회로가 연결되어 전류가 계속 흐르나 P → $\boxed{R_3}$ → D_5 → X의 회로는 연결되어 출력 X에는 전압이 나오게 된다(1이 된다).

⑽ 논리기호도 설명

① 입력 A와 입력 B가 0이면

〔작동설명〕

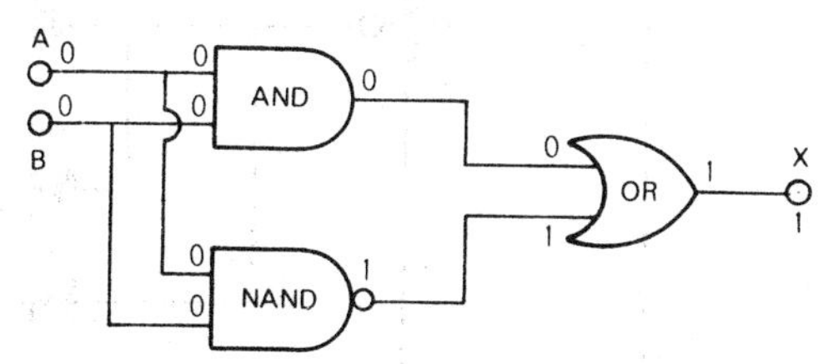

　　AND 회로는 입력 A와 입력 B가 0이므로 출력이 나오지 않으며, NAND 회로는 입력 A와 입력 B가 0이므로 출력조건이 완료되어 OR 회로로 통하며 출력 X는 1이 된다.

　　따라서 출력이 나온다.

② 입력 A와 입력 B가 1이면

〔작동설명〕

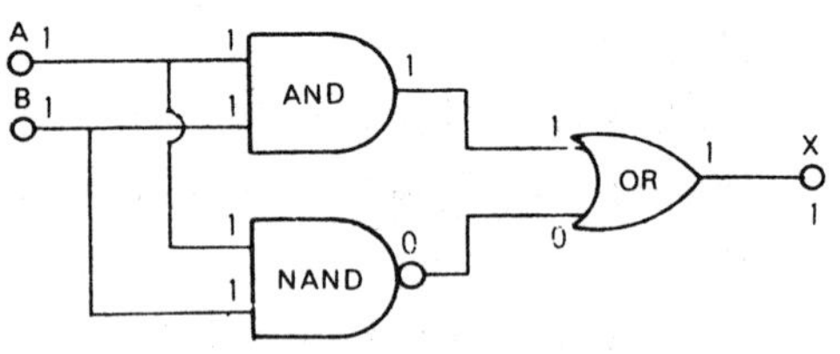

　　AND 회로는 입력 A와 입력 B가 1이므로 출력조건이 완료되어 OR 회로를 통하며 출력 X는 1이 된다. 그러나 NAND 회로는 입력 A와 입력 B가 1이므로 출력을 내지 못한다 (반전한다).

　　따라서 출력이 나온다.

③ 입력 A는 1, 입력 B가 0이면

〔작동설명〕

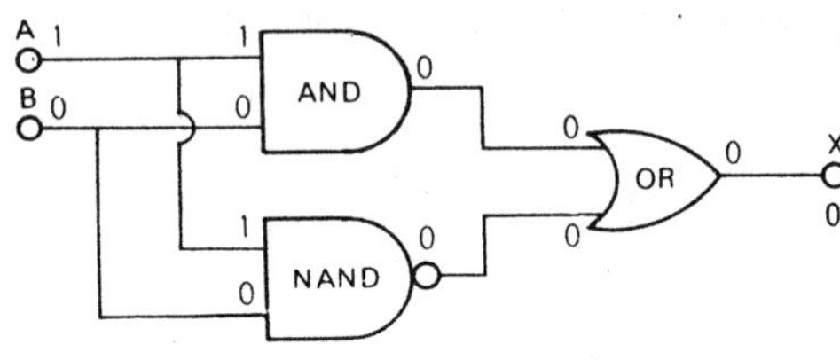

　　AND 회로는 A가 1이어서 입력조건이 되나 B는 0이므로 출력조건이 되지 못하며, NAND 는 B는 0이어서 반전되므로 입력조건이 되나 A가 1이므로 출력조건이 되지 못하여 출력 X는 0이 된다.

④ 입력 A는 0, 입력 B는 1이면

〔작동설명〕

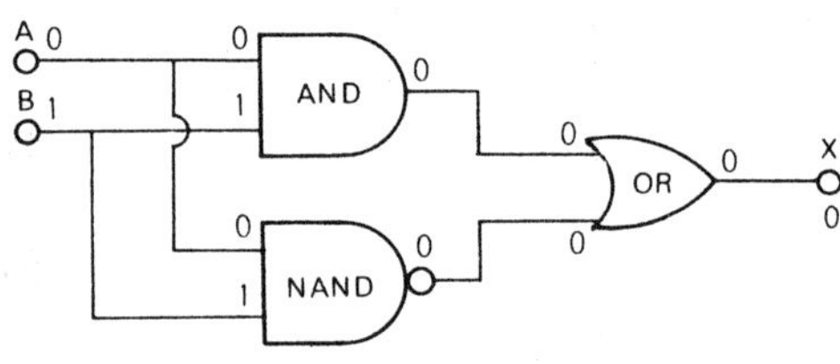

　　AND 회로는 B가 1이므로 입력조건이 되나 A는 0이므로 출력조건이 되지 못하며, NAND 회로는 A는 0이어서 입력조건이 되나 B가 1 이므로 반전하여 출력조건이 되지 못하여 출력 X는 0이 된다.

2·4　배타적 OR 회로

두 입력신호가 서로 다른 상태(하나의 입력이 1이면 다른 하나는 0의 상태)일 때만 출력이 1로 되는 회로이며 반일치 회로라고 한다.

(1) 무접점 시퀀스도

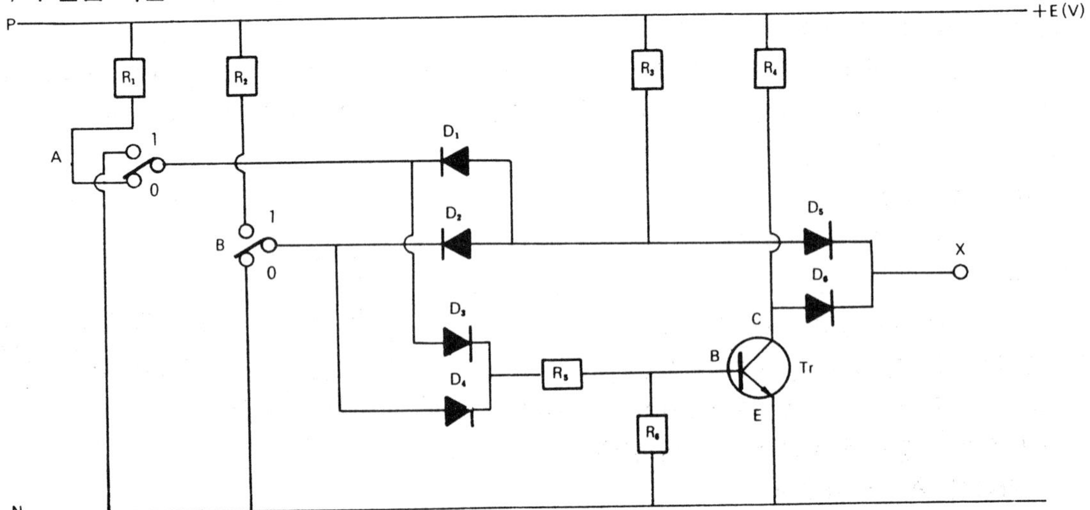

(2) 유접점 시퀀스도

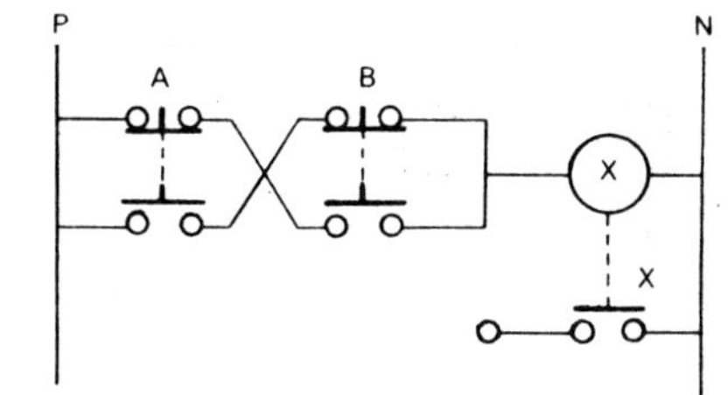

(3) 타임 차트

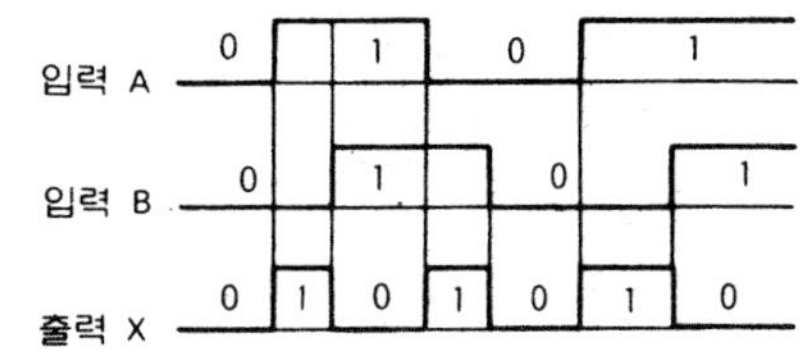

(4) 논리기호도

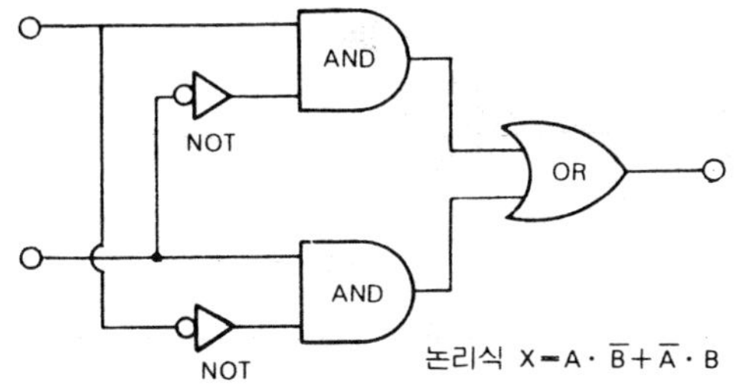

논리식 $X = A \cdot \overline{B} + \overline{A} \cdot B$

(5) 논리치표

입	력	출 력
A	B	X
0	0	0
0	1	1
1	0	1
1	1	0

(6) 입력 A와 입력 B가 모두 0일 때

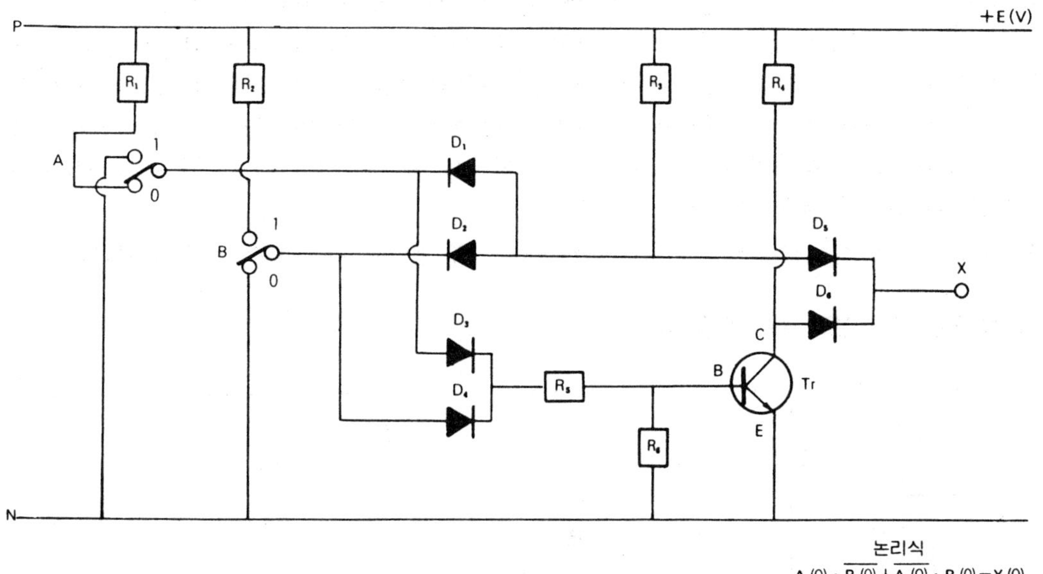

논리식
$A (0) \cdot \overline{B (0)} + \overline{A (0)} \cdot B (0) = X (0)$

〔작동설명〕

① 입력 A가 0이면 P → $\boxed{R_3}$ → D_1 → A → $\boxed{R_1}$ → P 의 회로가 되어 전류의 흐름이 정지되나 P → $\boxed{R_1}$ → A → D_3 → $\boxed{R_5}$ → Tr B (Tr 베이스)의 회로가 연결되어 Tr에 베이스 전류가 흐른다.

② Tr에 베이스 전류가 흐르면 콜렉터 전류도 흘러 P → $\boxed{R_4}$ → Tr → N 의 회로가 연결되어 전류가 계속 흐른다.

③ 입력 B가 0이면 P → $\boxed{R_2}$ → D_2 → B → N 의 회로가 연결되어 전류가 계속 흐른다.

④ 전류가 흐르므로 출력 X에는 전압이 걸리지 않게 된다(0 이 된다).

(7) 입력 A 는 0, 입력 B 는 1일 때

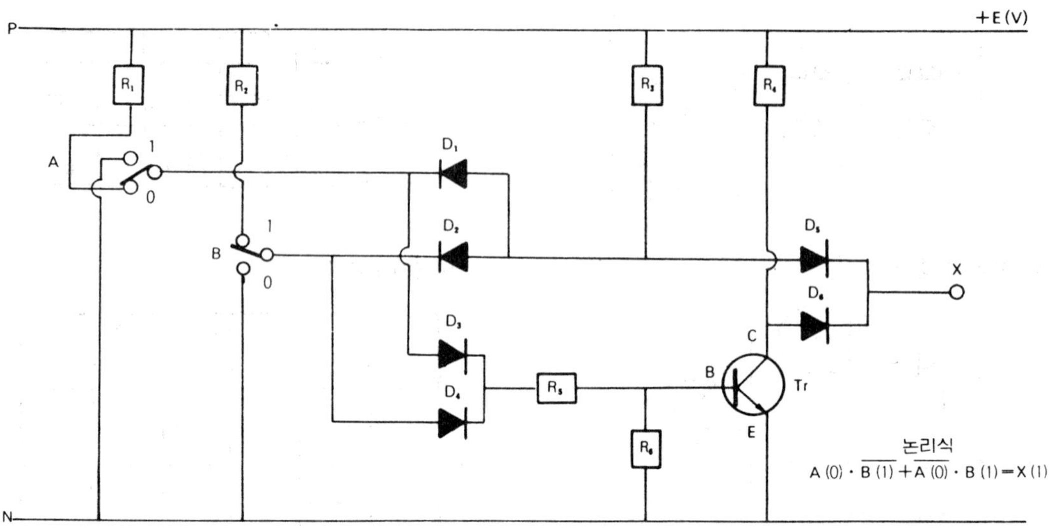

〔작동설명〕

① 입력 A 가 0이면 P → R₃ → D₁ → A → R₁ → P 의 회로가 되어 전류의 흐름이 정지되나 P → R₁ → A → D₃ → R₅ → Tr B (Tr 베이스)의 회로가 연결되어 Tr 에 베이스 전류를 흘린다.

② 입력 B 가 1이면 P → R₃ → D₂ → B → R₂ → P 의 회로가 되어 전류의 흐름이 정지되나 P → R₂ → B → D₄ → R₅ → Tr B (Tr 베이스)의 회로가 연결되어 Tr 에 베이스 전류를 흘린다.

③ Tr 에 베이스 전류가 흐르면 Tr 은 콜렉터 전류를 흘리게 되어 P → R₄ → Tr → N 의 회로가 연결되어 전류가 계속 흐른다.

④ 그러나 P → R₃ → D₅ → X 의 회로에서 출력 X 의 전압이 나오게 된다(1 이 된다).

(8) 입력 A 는 1, 입력 B 는 0일 때

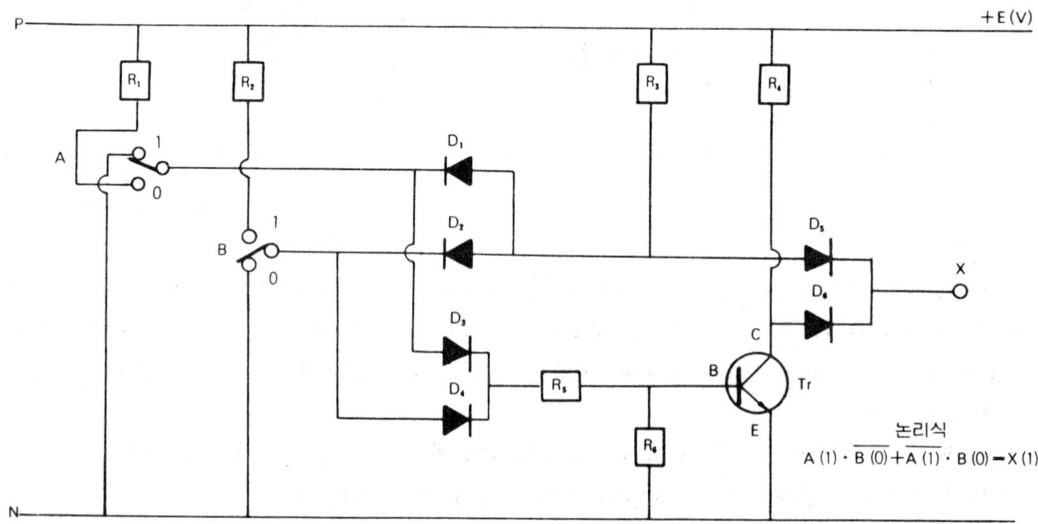

〔작동설명〕

① 입력 A가 1이면 P→ R₃ →D₁→A→N의 회로가 연결되어 전류가 계속 흐른다(Tr에 베이스 전압이 걸리지 않는다).

② 입력 B가 0이면 P→ R₃ →D₂→B→N의 회로가 연결되어 전류가 계속 흐른다(Tr에 베이스 전압이 걸리지 않는다).

③ 따라서, P→ R₄ →D₆→X의 회로가 연결되어 출력 X에는 전압이 걸리게 된다(1이 된다).

(9) 입력 A와 입력 B가 모두 1일 때

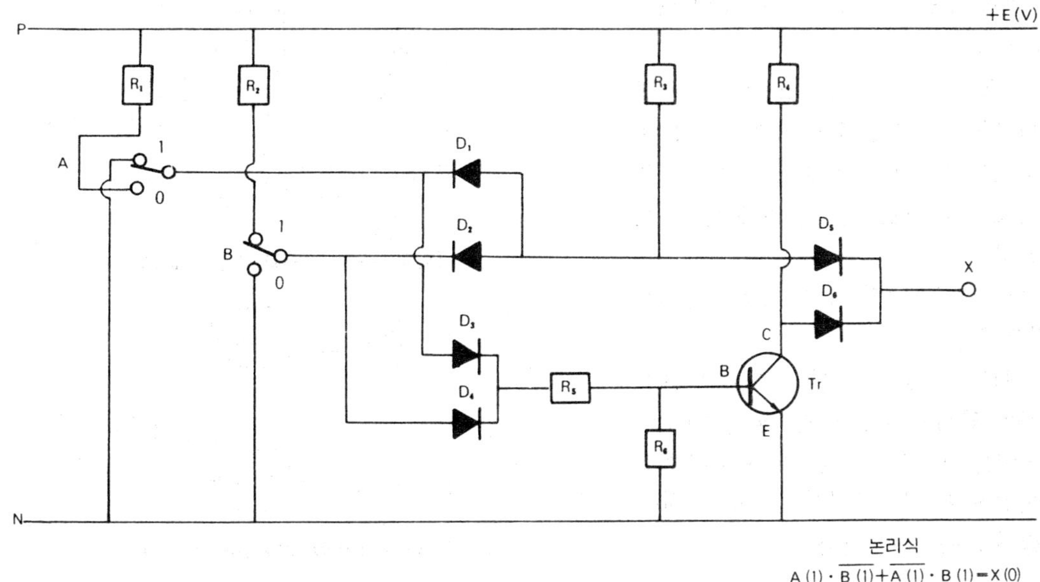

〔작동설명〕

① 입력 A가 1이면 P→ R₃ →D₁→A→N의 회로가 연결되어 전류가 계속 흐른다(Tr에 베이스 전압이 걸리지 않는다).

② 입력 B가 1이면 P→ R₃ →D₂→B→ R₂ →P의 회로가 되어 전류의 흐름이 정지되나 P → R₂ →B→D₄→ R₅ →Tr B(Tr 베이스)의 회로가 연결되어 Tr에 베이스 전류를 흘린다.

③ Tr에 베이스 전류가 흘러 Tr은 콜렉터 전류를 흘리게 되며, P→ R₄ →Tr→N의 회로가 연결되어 전류가 계속 흐른다.

④ 전류가 흐르므로 출력 X에는 전압이 걸리지 않게 된다(0이 된다).

(10) 논리기호도 설명

① 입력 A와 입력 B가 모두 0일 때

〔작동설명〕

　AND₁ 회로는 입력 A가 0이므로 입력조건이 되지 못하며, AND₂ 회로는 입력 B가 0이므로 입력 조건이 되지 못하여 출력 X는 0이 된다.

② 입력 A는 1, 입력 B는 0일 때

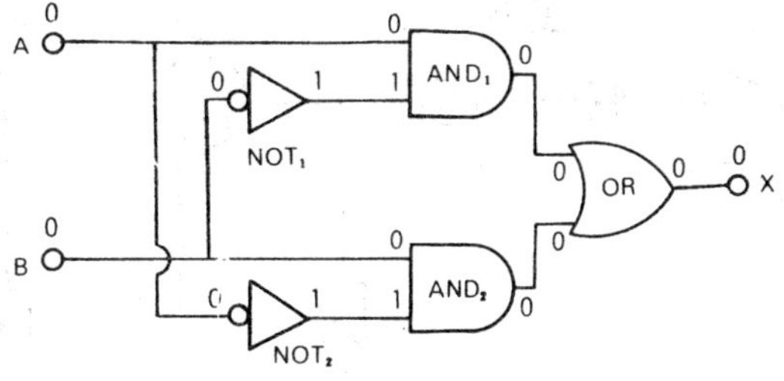

〔입력 A와 입력 B가 모두 0일 때〕

〔작동설명〕

　　AND₁ 회로는 입력 A 가 1 이므로 입력조건이 되며, 입력 B 도 0 이므로 반전하여 입력 조건이 되므로 (NOT 회로를 통하여 반전) 출력 X 는 1 이 되고, AND₂ 회로는 입력조건이 0 이 된다.

③ 입력 A 는 0, 입력 B 는 1 일 때

〔작동설명〕

　　AND₁ 회로는 입력조건이 0 이 되나 AND₂ 회로는 입력 A 의 0 이 NOT 회로에서 반전하여 1 이 되므로 출력조건이 완료되면 출력 X 는 1 이 된다.

④ 입력 A와 입력 B가 모두 1 일 때

〔작동설명〕

　　AND₁ 회로는 B 가 1 이므로 반전하여 입력조건이 되지 못하며(0 이 되어), AND₂ 회로는 A 가 1 이므로 반전하여 입력조건이 되지 못하여 출력 X 는 0 이 된다.

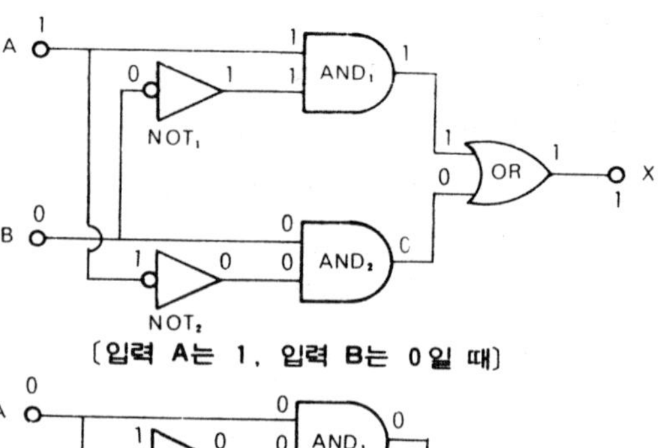

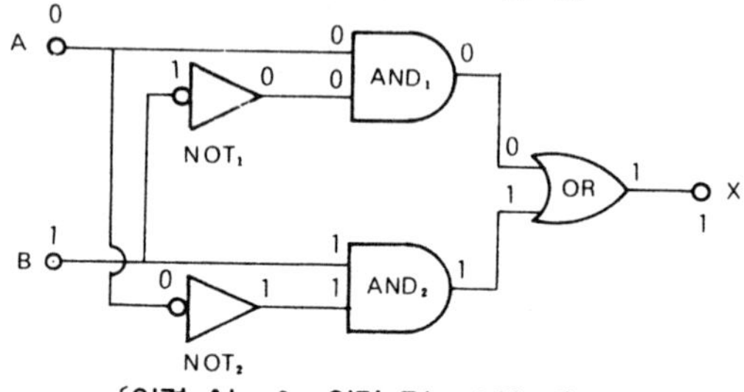

2·5 자기 유지회로

외부 신호나 힘에 의하여 작동된 후 신호를 제거하여도 계속 작동하는 회로이며 복귀신호에 의하여 복귀된다.

(1) 무접점 시퀀스도

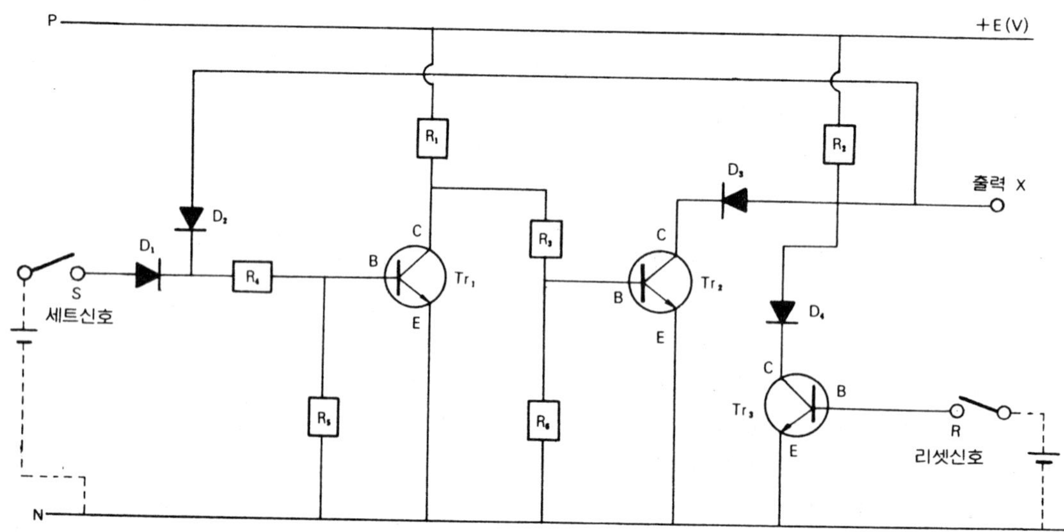

(2) 유접점 시퀀스도

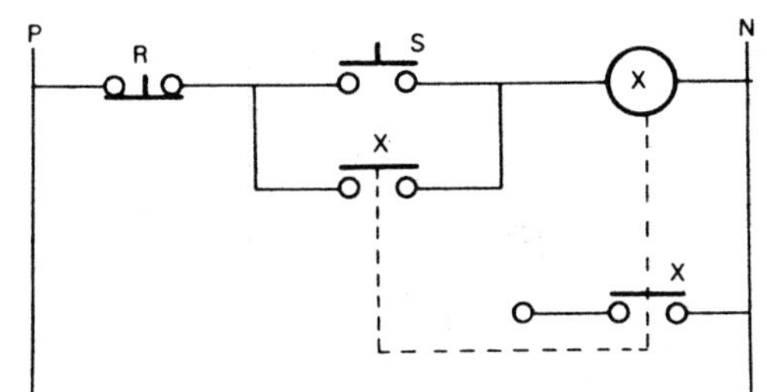

(3) 논리기호도

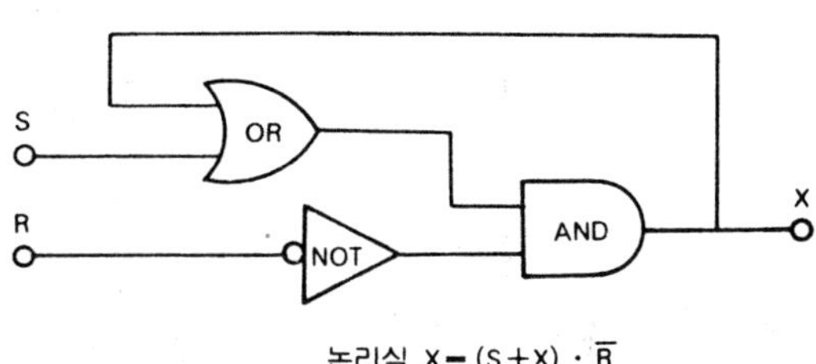

논리식 $X = (S + X) \cdot \overline{R}$

(4) 타임 차트

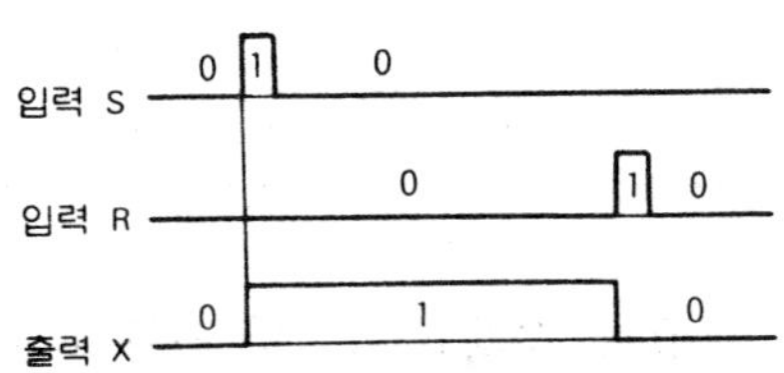

(5) 논리치표

입　　력		출　력
S	R	X
0	0	0
1	0	1
0	1	0
1	1	0

(6) 입력 S와 입력 R이 모두 0일 때

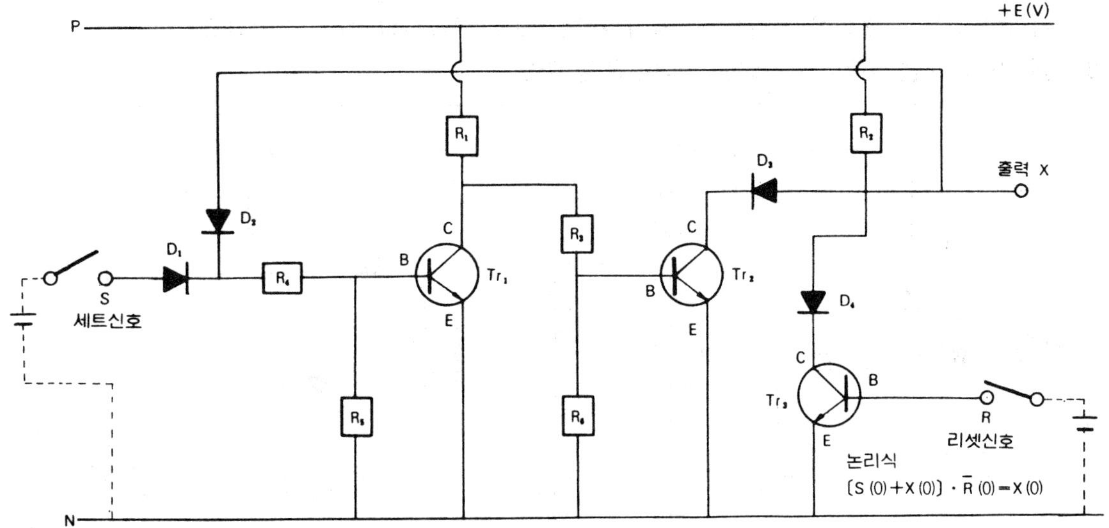

〔작동설명〕

① 입력 S가 0이면 Tr_1에 베이스 전류를 흘리지 못해 Tr_1이 차단된다.

② 입력 R이 0이면 Tr_3에 베이스 전류를 흘리지 못해 Tr_3가 차단된다.

③ Tr_1이 차단되면 P → R₁ → R₃ → Tr_2 B(Tr_2 베이스)의 회로가 되어 Tr_2에 베이스 전류가 흐르고 Tr_2는 도통되어 P → R₂ → D₃ → Tr_2 → N의 회로가 연결되어 전류가 계속 흐른다.

④ 따라서 출력 X에는 전압이 걸리지 않는다(0이 된다).

★ 여기에서 점선으로 라인을 표시하여 시퀀스도를 그렸으나 외부입력이 있거나 없는 상태로 이해하여 주기 바란다.

(7) 입력 S에 1을 주었다 제거하면

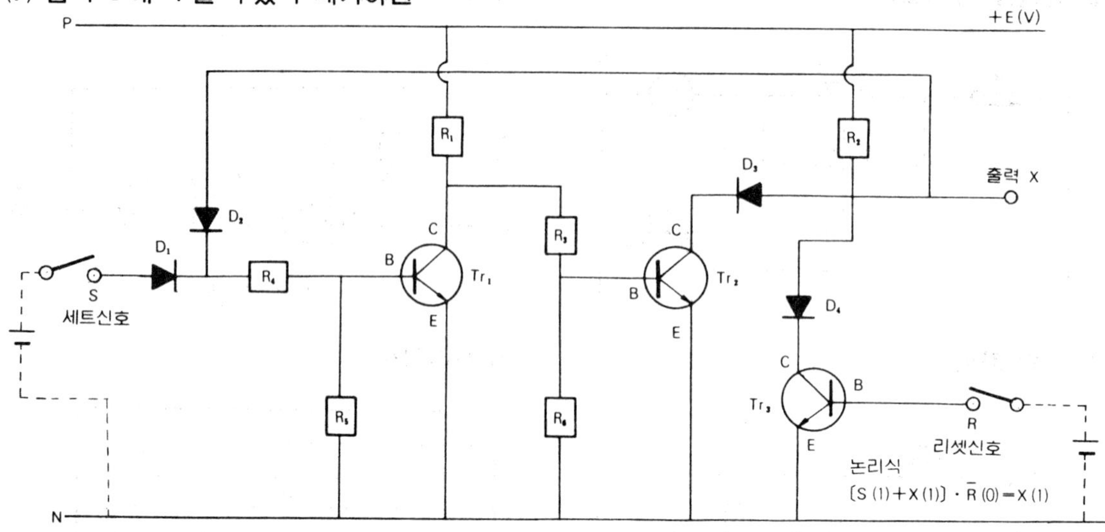

〔작동설명〕

① 입력 S가 1이면 D_1→ R_4 를 통하여 Tr_1에 베이스 전류를 흘리고 콜렉터 전류가 흐른다.

② Tr_1이 도통되면 P→ R_1 →Tr_1→N 의 회로가 연결, Tr_2에 베이스 전류를 흘리지 못한다.

③ 따라서 P→ R_2 →X로 되어 출력이 나오게 되며 P→ R_2 →X→D_2→ R_4 로 계속 Tr_1 베이스에 전류를 흘리어 입력 S를 제거하여도 계속 작동된다(자기 유지된다).

(8) 입력 S에 1을 주었다가 제거후 입력 R을 주면

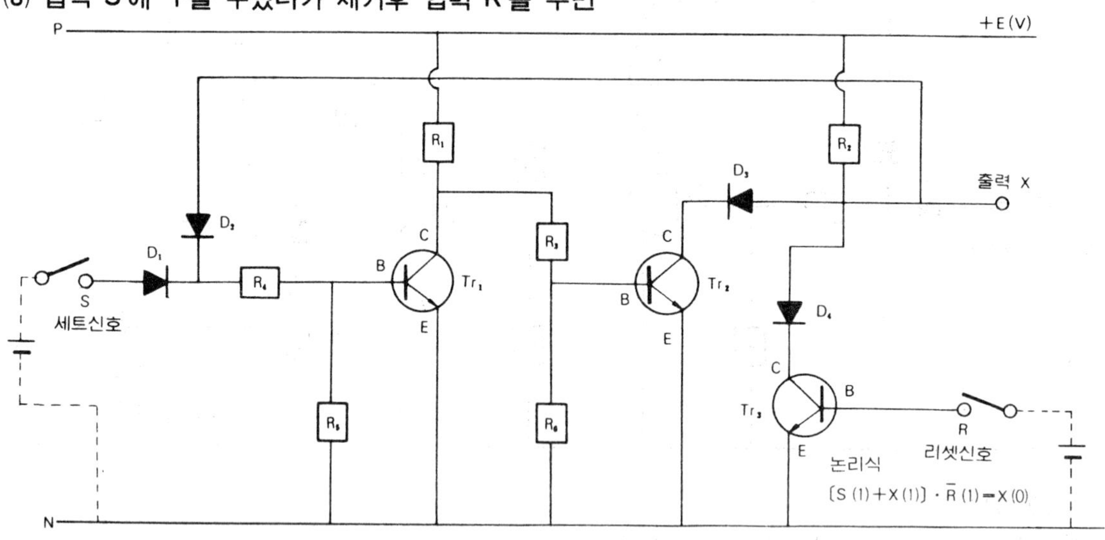

〔작동설명〕

① 입력 S에 1을 주었다가 제거하면 자기 유지되어 계속 작동된다.

② 다시 입력 R에 1을 주면 Tr_3에 베이스 전류가 흐르고 콜렉터 전류도 흘러 출력 X로 흐르던 전류가 P→ R_2 →D_4→Tr_3→N 으로 계속 흐른다.

③ 그러므로 자기 유지회로도 차단되어 Tr_1의 작동이 정지되며, P→ R_1 → R_3 →Tr_2 B (Tr_2 베이스)로 Tr_2의 베이스에 전류가 흐르고 Tr_2가 도통되어 P→ R_2 →D_3→Tr_2→N 의 회로가 형성되어 전류가 계속 흐른다.

④ 따라서 출력 X 에는 전압이 나오지 않게 된다(0 이 된다).

(9) 논리기호도 설명

① 입력 S 에 1을 주면

〔작동설명〕

　　입력 R 은 NOT 회로를 지나서 AND 회로의 입력이 되므로 입력조건이 완료되어 있으며, 다시 입력 S 에 1을 주면 OR 회로를 통하여 AND 회로의 출력조건이 완료되어 출력 X 는 1 이 되고 X 의 출력이 다시 OR 회로의 입력으로 되돌아가 AND 회로에 1을 주어 입력 S 를 제거해도 계속 출력 X 는 1 이 된다.

② 입력 R 에 1을 주면

〔작동설명〕

　　출력 X 가 1일 때 입력 R 에 1을 주면 NOT 회로를 지나 반전하여 0 이 되므로 AND 회로의 출력조건이 되지 못하여 원상태로 되돌아온다.

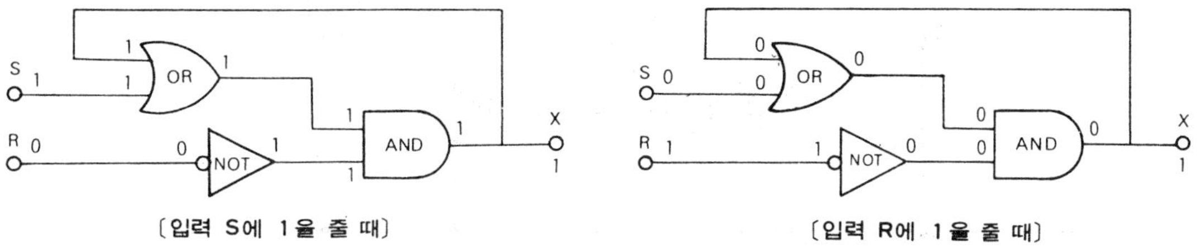

〔입력 S 에 1을 줄 때〕　　　　　　　〔입력 R 에 1을 줄 때〕

〔참고〕 진공 차단기 조작 기구부

① 자동 개폐로 기구
② 2차 단자
③ 개폐 표시기
④ 동작횟수 계수기
⑤ 메인 샤프트
⑥ 보조 스위치
⑦ 인터록 핀
⑧ 수동 트립 버튼
⑨ 수동 투입 버튼
⑩ 투입 스프링
⑪ 개방 스프링
⑫ 셔트 가이드롤러
⑬ 접지단자
⑭ 인터록 디바이스

2·6 인터록 회로

어떤 조건이 구비될 때까지 작동을 저지하는 것이며, 두 입력가운데 먼저 작동한 쪽이 우선 작동하고 다른쪽 작동을 금지시키는 회로를 말하며, 작동 우선회로라고도 한다.

(1) 무접점 시퀀스도

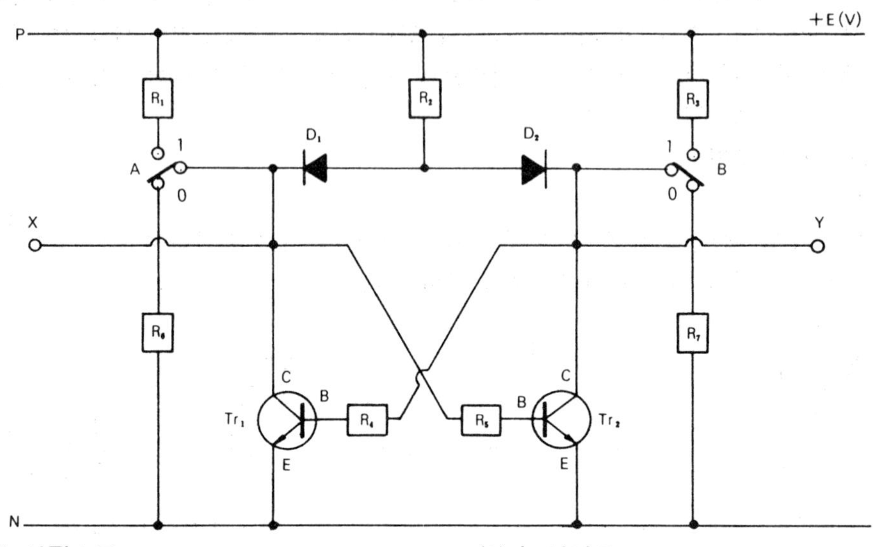

(2) 유접점 시퀀스도

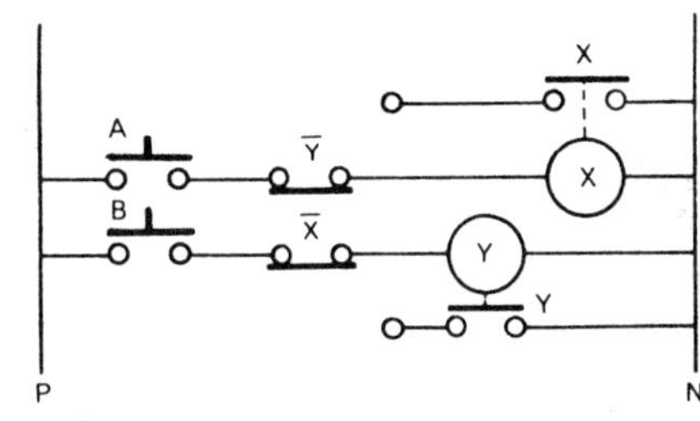

(3) 논리기호도

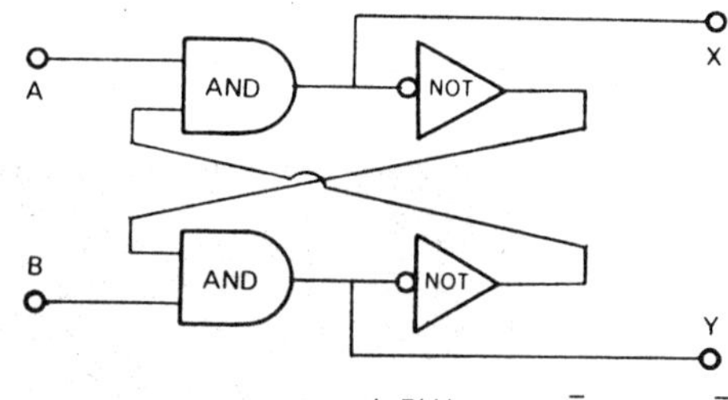

논리식 $X = A \cdot \overline{Y}$ $Y = B \cdot \overline{X}$

(4) 타임 차트

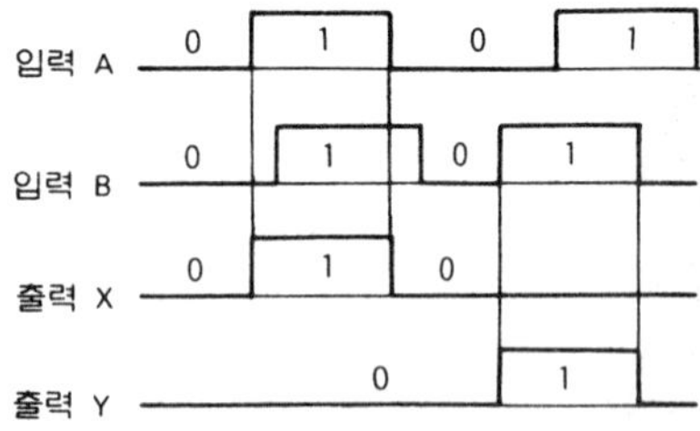

(5) 논리치표

입	력	출	력
A	B	X	Y
0	0	0	0
1	0	1	0
0	1	0	1

(6) 입력 A와 입력 B가 0일 때

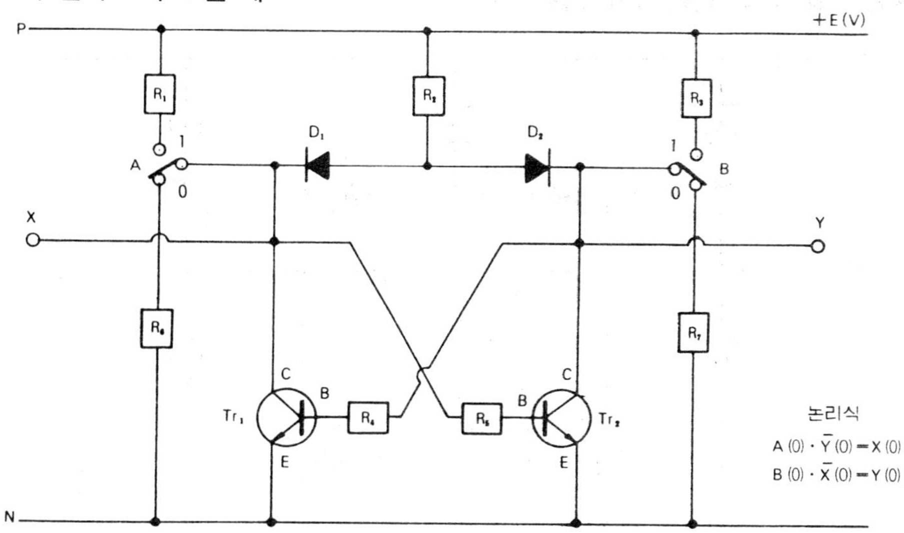

〔작동설명〕

① 입력 A가 0이면 P → R₂ → D₁ → A → R₆ → N 의 회로가 연결되어 전류가 계속 흐른다.

② 입력 B가 0이면 P → R₂ → D₁ → B → R₇ → N 의 회로가 연결되어 전류가 계속 흐른다.

③ 따라서 출력 X와 출력 Y에는 전압이 걸리지 않는다(0이 된다).

(7) 입력 A는 1, 입력 B는 0일 때

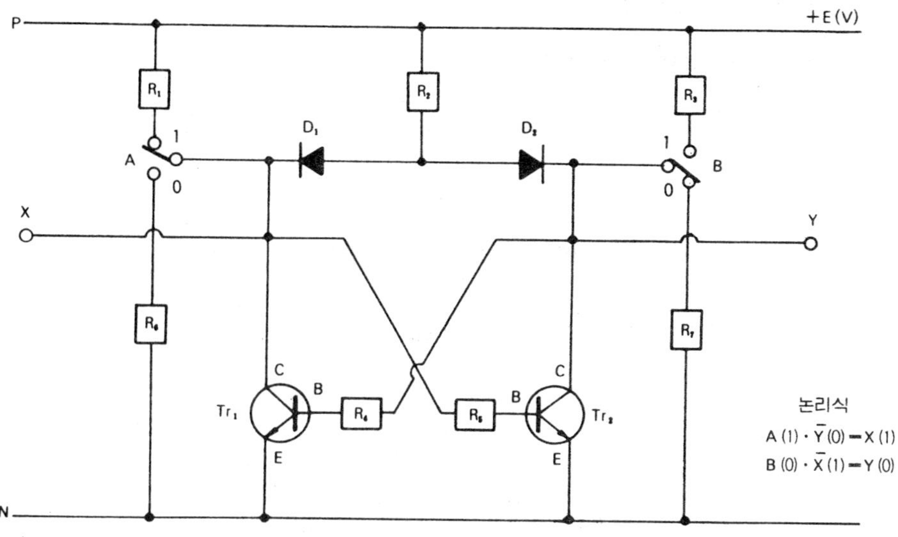

〔작동설명〕

① 입력 A가 1이면 P → R₂ → D₁ → A → R₁ → P 의 회로가 되어 전류의 흐름이 정지되나 P → R₁ → A → R₅ → Tr₂ B(Tr₂의 베이스)로 되어 Tr₂에 베이스 전류가 흐르게 된다.

② Tr₂에 베이스 전류가 흐르면 Tr₂에 콜렉터 전류가 흐르므로 P → R₂ → D₂ → Tr₂ → N 의 회로가 연결되어 전류가 계속 흐른다(Y에서 출력이 나오지 않는다).

③ 또한 P → R₁ → A → X 의 회로가 되어 출력 X에 전압이 걸린다(1이 된다).

④ 입력 B가 0이어도 P → R₂ → D₂ → Tr₂ → N 으로 되어 전류가 계속 흐르게 된다(전류는 저항이 적은 쪽으로 흐른다. 따라서 Y에는 출력이 나오지 않는다).

(8) 입력 **A**에 1을 준 후 입력 **B**에 1을 주면

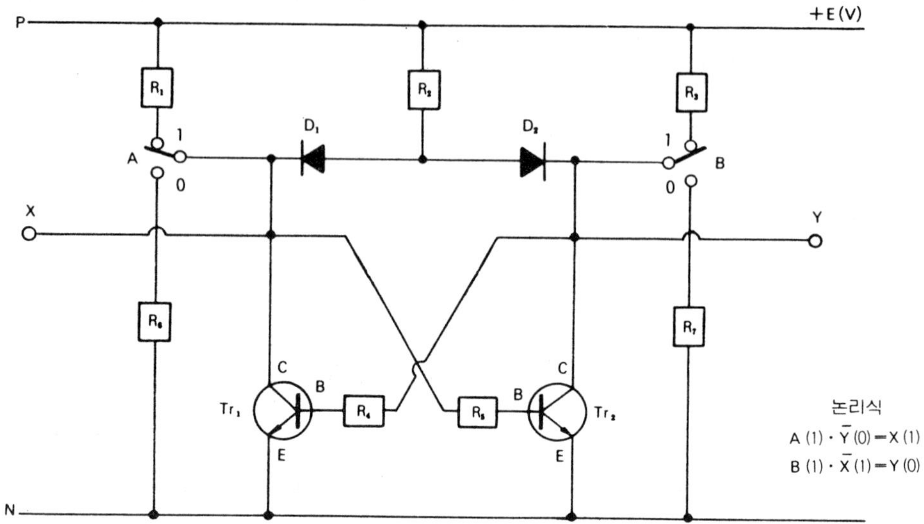

〔작동설명〕

① 입력 A에 1을 주면 출력 X에 전압이 나온다는 설명을 참조하기 바란다.

② 다시 입력 B에 1을 주면 P → ☐R₃ →Tr₂→N 의 회로가 연결되어 전류가 계속 흐르게 된다.

③ 따라서 입력 A에 1을 준 후 입력 B에 1을 주어도 계속 X에서 출력이 나오며, Y에서는 출력이 나오지 않는다(인터록 되어 있다).

(9) 입력 **A**를 제거후 입력 **B**에 1을 주면

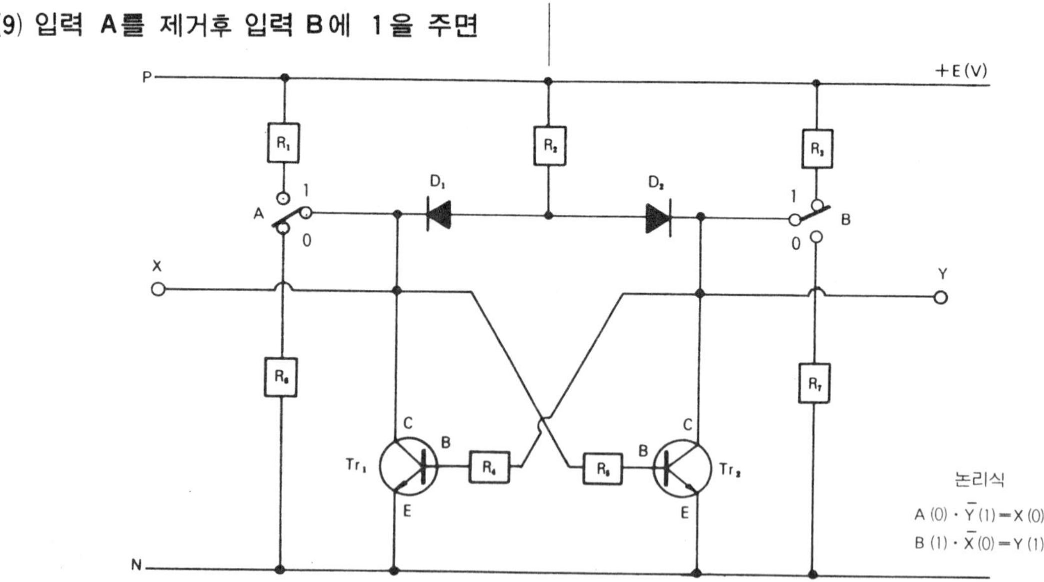

〔작동설명〕

① 입력 A를 제거하면(0이 되면) P → ☐R₂ →D₁→A → ☐R₆ →N 의 회로가 연결되어 전류가 계속 흐르게 된다.

② 입력 B에 1을 주면 P → ☐R₂ →D₂→ ☐R₃ →P 의 회로가 되어 전류의 흐름이 정지되나 P → ☐R₃ →B → ☐R₄ →Tr₁ B(Tr₁의 베이스)의 회로가 되어 Tr₁에 베이스 전류가 흐른다.

③ Tr₁에 베이스 전류가 흐르면 Tr₁에 콜렉터 전류가 흘러 P → $\boxed{R_2}$ → D₁ → Tr₁ → N 의 회로가 연결되어 전류가 계속 흐르게 된다.

④ 따라서 출력 X 에는 전압이 걸리지 않으나 P → $\boxed{R_2}$ → Y 의 회로에 의해서 출력 Y 에는 전압이 나오게 된다(1 이 된다).

⑽ 논리기호도 설명

① 입력 A 는 1, 입력 B 는 0 일 때

입력 A 에 1 을 주면 AND₁ 의 회로 입력조건이 되며, 다른 입력 하나는 NOT₂ 의 출력이므로 1 이 되어 AND₁ 의 출력조건이 완료되어 출력 X 는 1 이 된다.

② 입력 A 에 1 을 준 후 입력 B 에 1 을 줄 때

입력 A 에 1 을 주어 출력 X 가 1 이 되면 NOT₁ 회로의 입력도 1 이되어 반전되므로 AND₂ 의 입력 하나가 0 이 되므로 입력 B 에 1 을 주어도 AND₂ 의 출력조건이 되지 못한다.

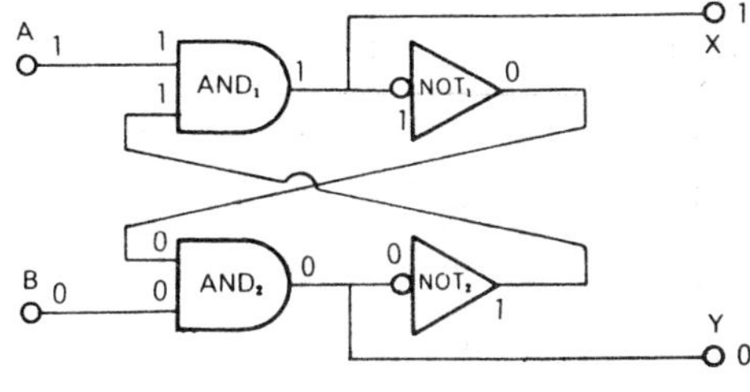

〔입력 A 는 1, 입력 B 는 0 일 때〕

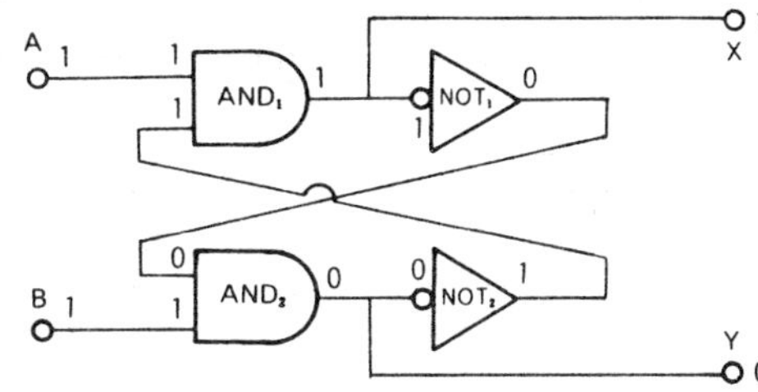

〔입력 A 는 1 을 준 후 입력 B 에 1 을 줄 때〕

③ 입력 A 는 0, 입력 B 는 1 일 때

입력 B 에 1 을 주면 AND₂ 의 입력조건이 되고 다른 입력 하나는 NOT₁ 의 출력이므로 1 이 되어 AND₂ 의 출력조건이 완료되어 출력 Y 는 1 이 된다.

④ 입력 B 에 1 을 준 후 입력 A 에 1 을 줄 때

입력 B 에 1 을 주어 출력 Y 가 1 이 되면 NOT₂ 회로의 입력도 되어 반전되므로 AND₁ 의 입력 하나가 0 이 되므로 입력 A 에 1 을 주어도 AND₁ 의 출력조건이 되지 못한다.

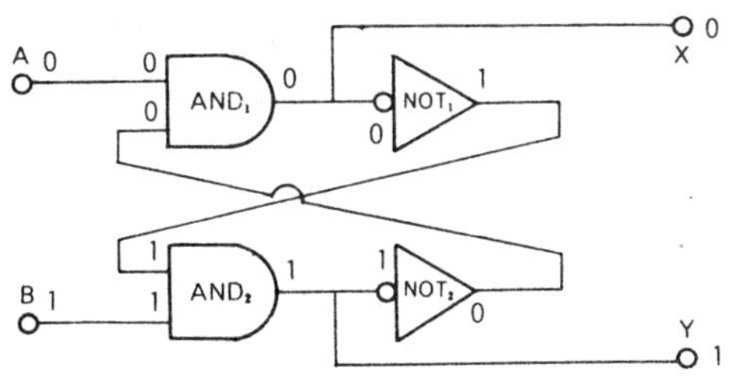

〔입력 A 는 0, 입력 B 는 1 일 때〕

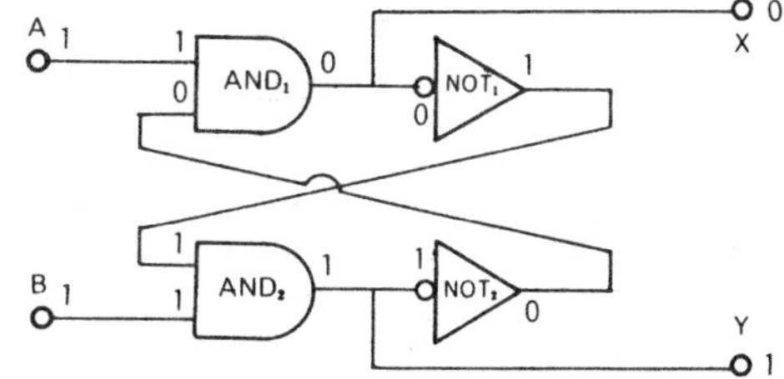

〔입력 B 에 1 을 준 후 입력 B 에 1 을 줄 때〕

※ 논리회로의 신호 레벨은 1.5 V 이하는 로직 레벨 0, 2 V 이상의 전압에서는 로직 레벨 1 로 하는 것이 좋다.

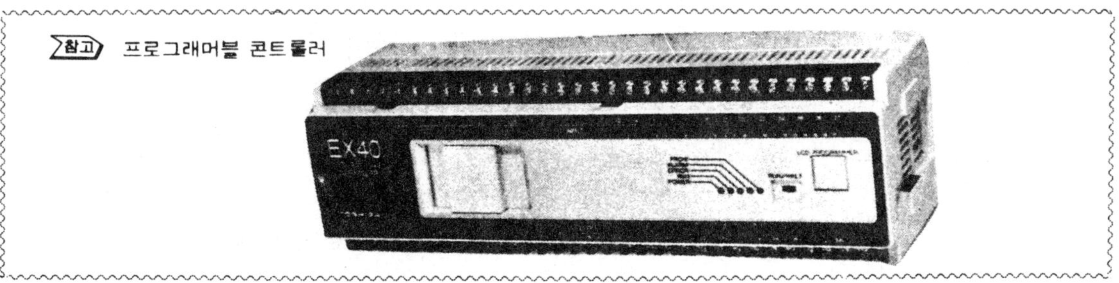

2·7 ON 디레이 타이머 회로

입력이 1로 된 다음 설정시간 경과 후 출력이 1로 되며, 입력이 0 이면 순시에 출력도 0 이 되는 회로를 말한다(콘덴서 충전회로를 이용한 것이다).

(1) 무접점 시퀀스도

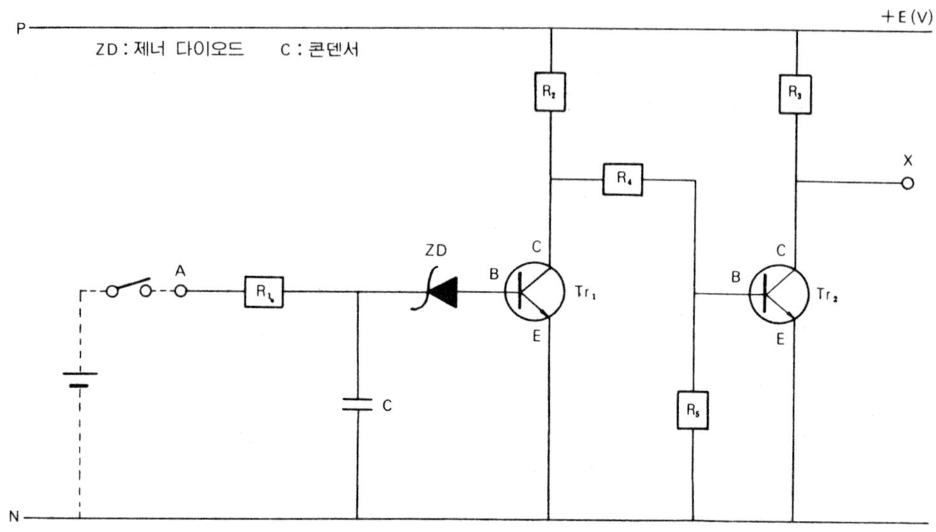

참고 제너 다이오드란, 역방향 전압에 대하여 어느 일정 전압(제너 전압)까지만 거의 전류가 흐르지 않는 특수한 다이오드를 말한다.

(2) 유접점 시퀀스도

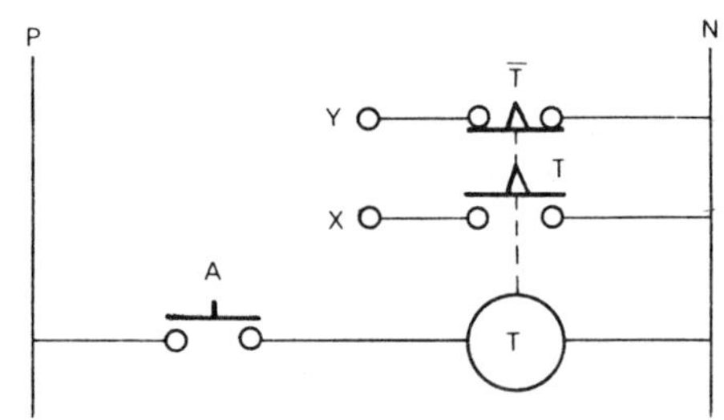

(3) 논리기호

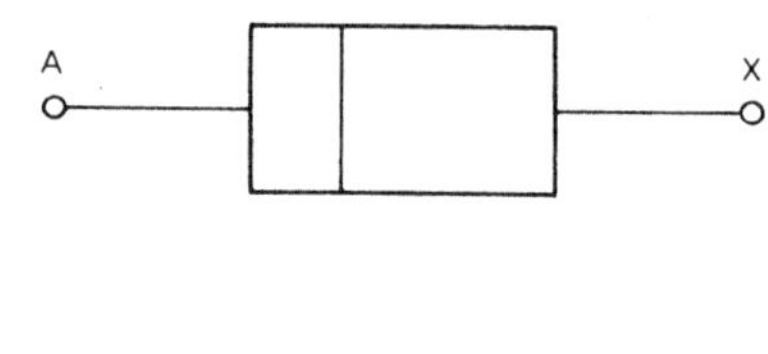

(4) 타임 차트

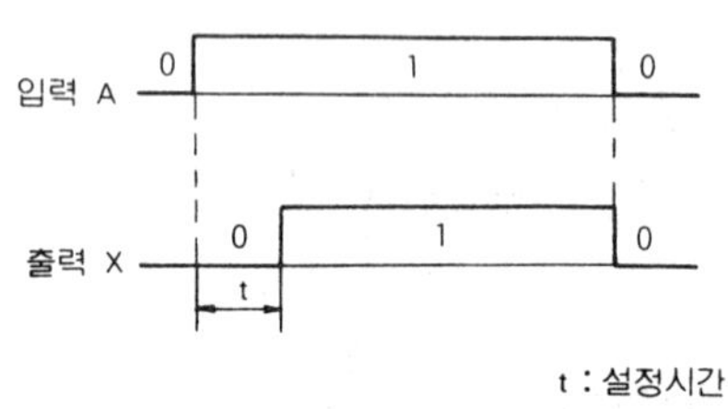

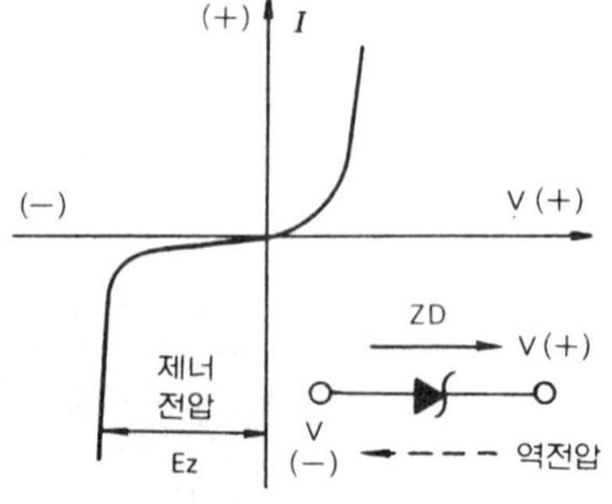

〔다이오드 전압의 특성〕

(5) 입력 A에 1을 주고 설정시간전의 작동

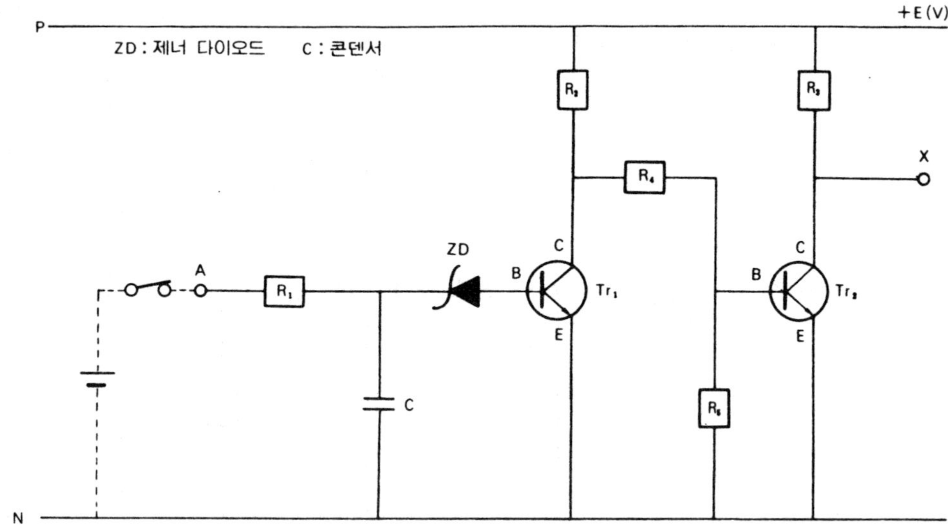

〔작동설명〕

① 입력 A에 1을 주면 A → $\boxed{R_1}$ → C → N의 회로가 연결되어 $\boxed{R_1}$ 에 의해 분압된 전류가 콘덴서 C에 충전을 시작한다.

② 제너 다이오드는 제너 전압까지 되지 않으면 역전류가 흐르지 않으므로 제너 전압에 이를 때까지 충전은 계속된다.

③ 충전이 완료되면 제너 다이오드를 작동시킨다.

> 참고 저항값을 조정하여 충전시간을 조정할 수 있다.

④ 또한 P → $\boxed{R_2}$ → $\boxed{R_4}$ → Tr_2 B(Tr_2의 베이스)의 회로가 연결되어 Tr_2에 베이스 전류가 흐르고 Tr_2 가 도통되어 P → $\boxed{R_3}$ → Tr_2 → N의 회로가 연결되어 전류가 계속 흐른다.

⑤ 따라서 출력 X에는 전압이 걸리지 않게 된다 (0이 된다).

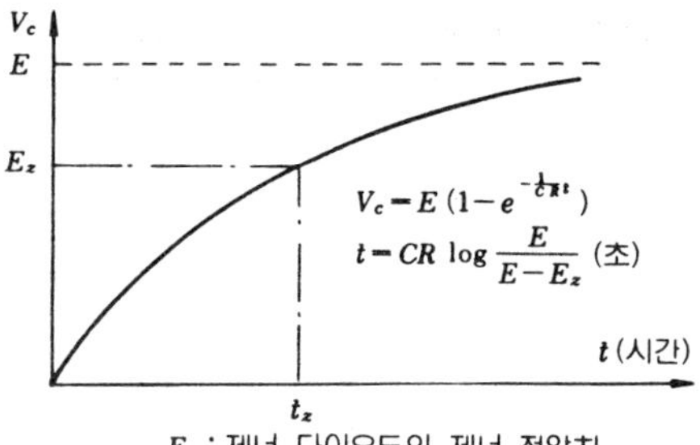

E_z : 제너 다이오드의 제너 전압치

〔CR회로의 충전 특성〕

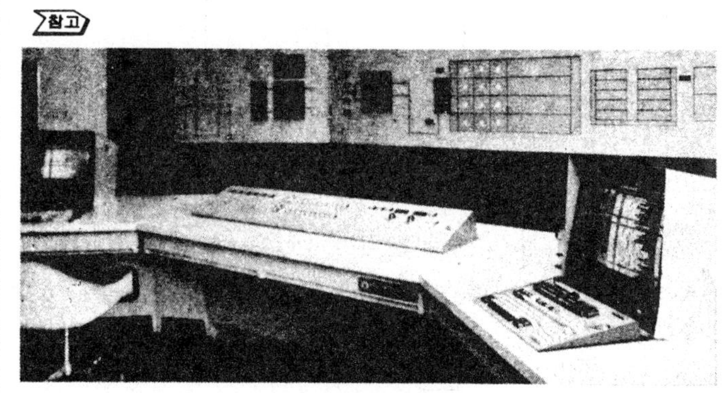

〔상수도 계장 설비〕

〔정류기〕

(6) 입력 A에 1을 준 후 설정시간후의 작동

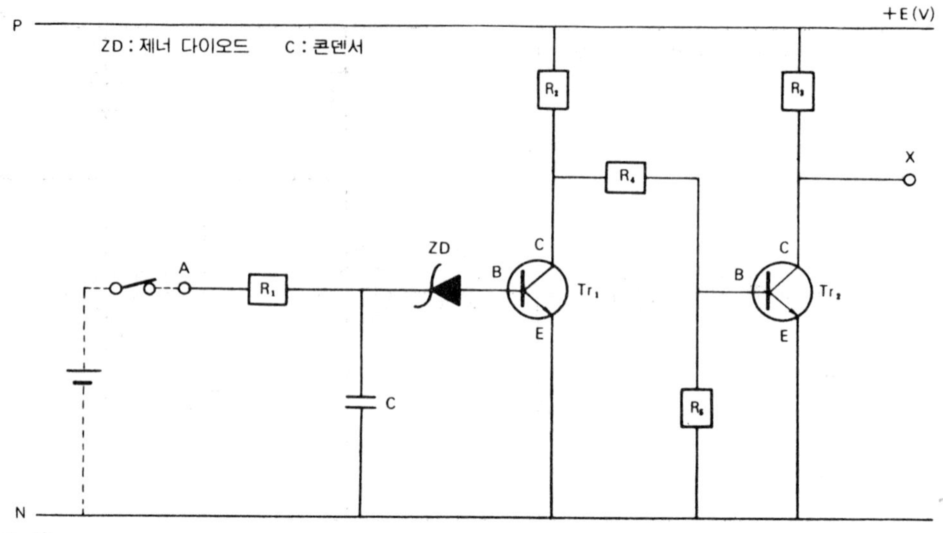

〔작동설명〕

① 충전이 완료되고 제너 다이오드가 작동되면 Tr₁에 베이스 전압이 걸리고 Tr₁이 도통되어 (콜렉터 전류가 흘러서) P → R₂ → Tr₁ → N 의 회로가 연결되어 전류가 계속 흐른다.

② Tr₁이 도통되면 Tr₂는 작동하지 않게 된다.

③ 따라서 출력 X 에서는 전압이 나오게 된다(1 이 된다).

(7) 입력 A를 제거한 후 작동

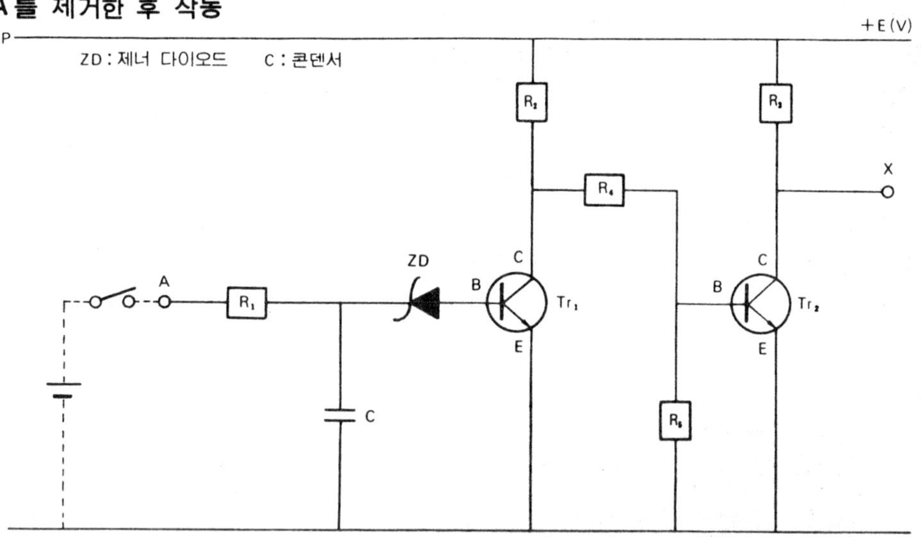

〔작동설명〕

① 입력 A를 제거하면 전압이 하강하여 ZD의 전압 이하로 되어 Tr₁의 작동이 정지된다.

② Tr₁의 작동이 정지되면 P → R₂ → R₄ → Tr₂ B(Tr₂의 베이스)로 회로가 연결되고 Tr₂에 베이스 전류가 흐른다.

③ Tr₂에 베이스 전류가 흐르면 Tr₂는 도통되어 P → R₃ → Tr₂ → N 의 회로가 연결되어 전류가 계속 흐른다.

④ 따라서 출력 X 에서는 전압이 나오지 않는다(0 이 된다).

2·8 OFF 디레이 타이머

입력이 1이 되면 출력도 1이 되고 입력이 0으로 복귀한 후 설정시간 후에 출력이 0이 되는 회로이며, ON 디레이 타이머와는 반대로 콘덴서와 저항의 방전회로를 이용한 것이다.

(1) 무접점 시퀀스도

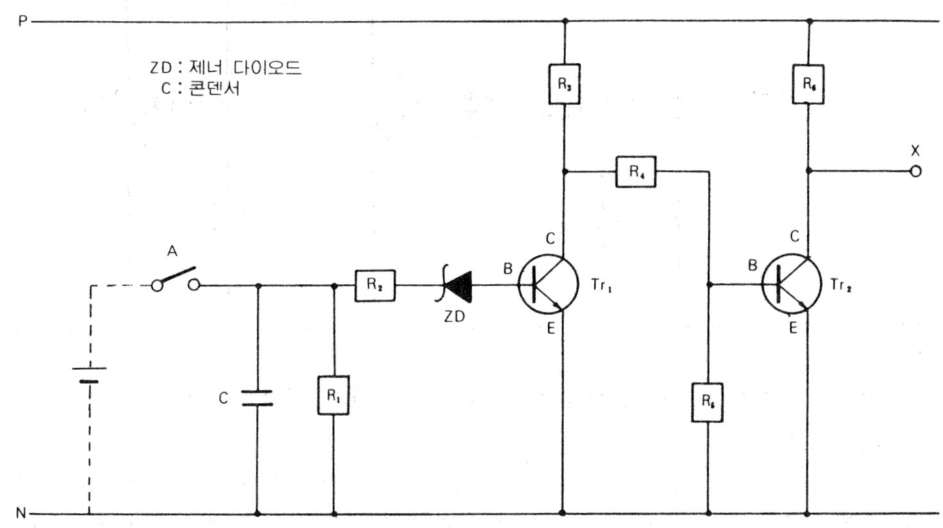

(2) 유접점 시퀀스도

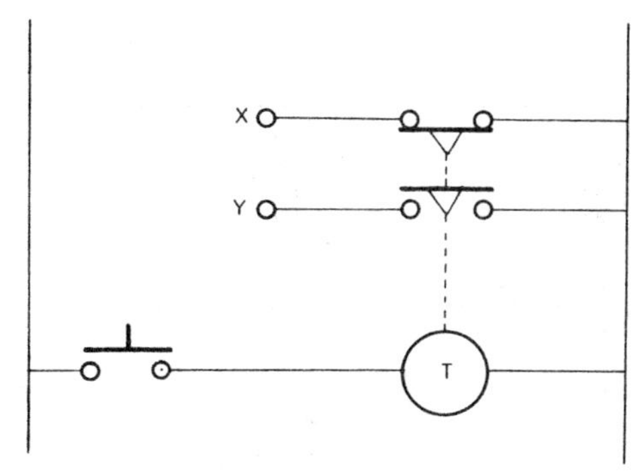

(4) 논리기호

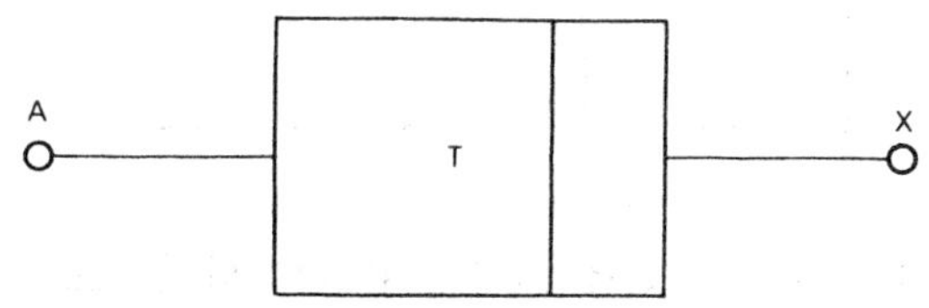

(3) 타임 차트

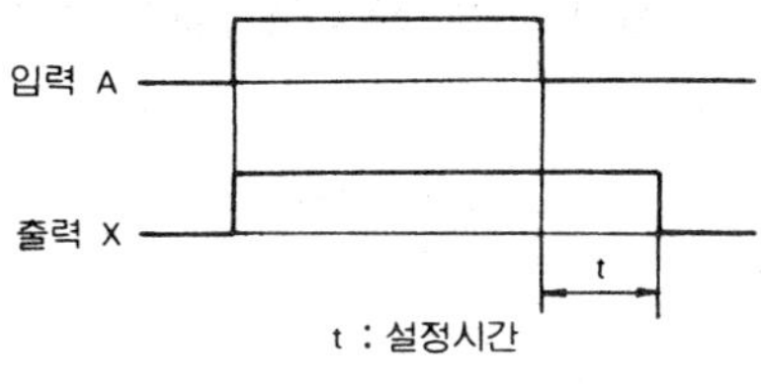

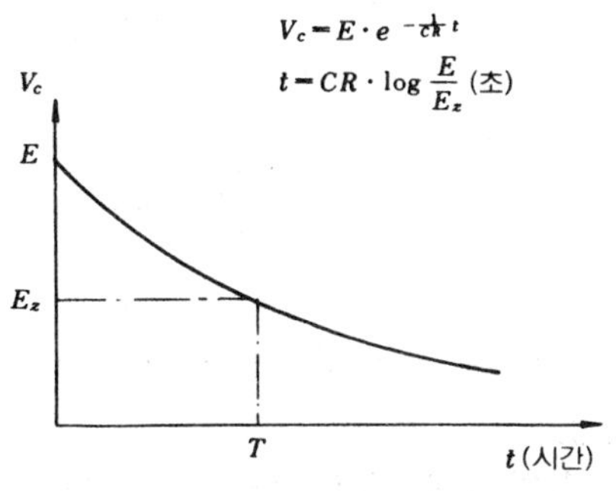

〔CR회로의 방전 특성〕

(5) 입력 A에 1을 주었을 때

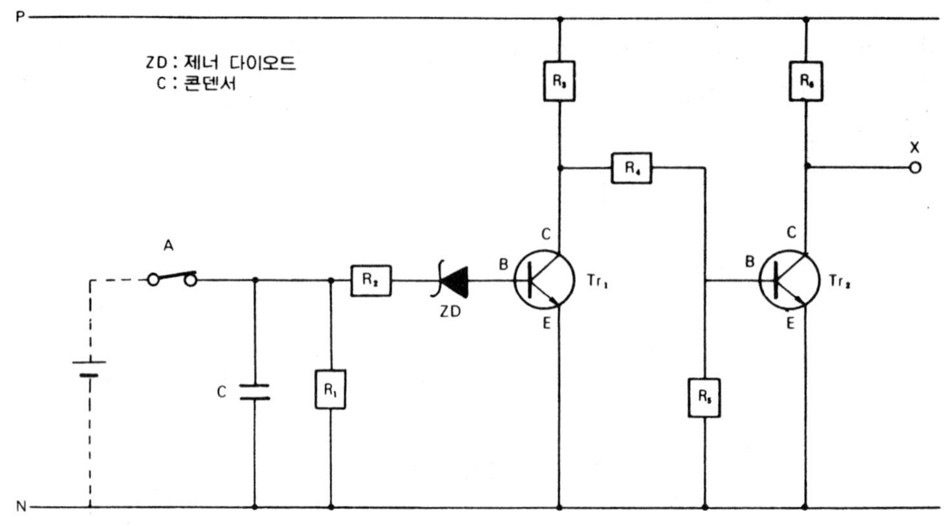

〔작동설명〕

① 입력 A에 1을 주면 순시에 콘덴서 C가 충전되고 제너 전압 이상이 되어 제너 다이오드 ZD를 작동시킨다.

② ZD가 작동되면 Tr_1에 베이스 전압이 걸리고 베이스 전류도 흘러 Tr_1이 도통된다.

③ Tr_1이 도통되면 P → R₃ → Tr_1 → N의 회로가 연결되어 전류가 계속 흐르게 된다(Tr_2에 베이스 전압이 인가되지 않는다).

④ 따라서 Tr_2는 작동하지 않으므로 P → R₆ → X로 회로가 연결되어 출력 X에는 전압이 나오게 된다(1이 된다).

(6) 입력 A의 1을 제거후 작동 (설정시간까지)

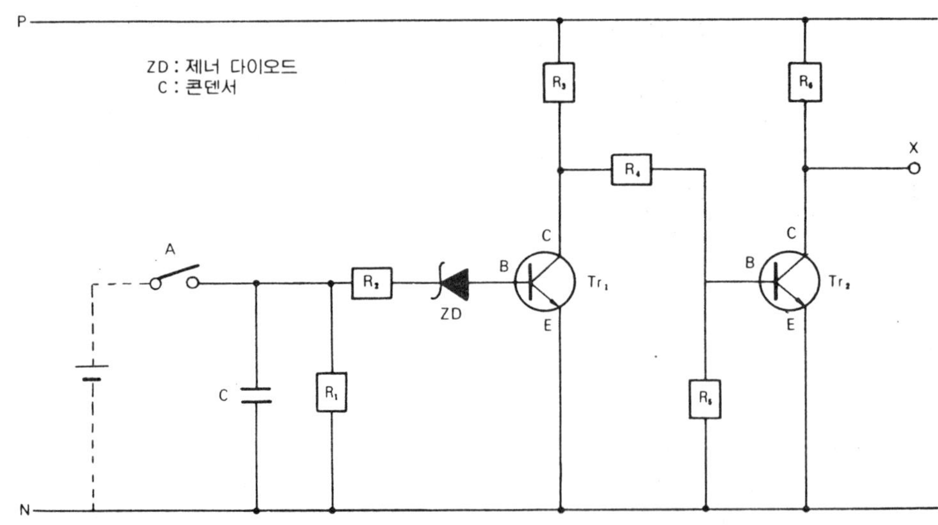

〔작동설명〕

① 입력 A의 1을 제거하면(0이 되면) 콘덴서 C의 전류가 방전을 시작하여 제너 다이오드를 작동시키고 Tr_1을 작동시킨다.

② 따라서 Tr₂는 작동하지 않게 되어 출력 X 에서는 전압이 나오게 된다(1 이 된다).

(7) 입력 A 의 1을 제거한 후 설정시간 경과후의 작동

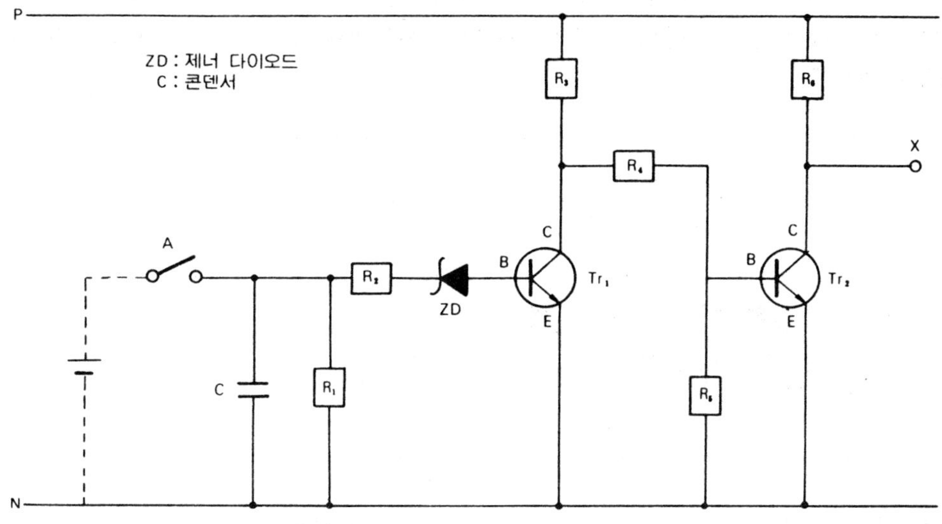

〔작동설명〕

① 설정시간이 되면 콘덴서 C 의 전류가 방전되어 제너 다이오드 ZD 를 작동시키지 못하므로 Tr₁의 작동이 정지된다.

② Tr₁의 작동이 정지되면 P → R₃ → R₄ → Tr₂ B(Tr₂의 베이스)의 회로가 연결되어 Tr₂에 베이스 전류를 흘리어 Tr₂를 도통시킨다.

③ 따라서 P → R₄ → Tr₂ → N 의 회로가 연결되어 전류가 계속 흐르게 되므로 출력 X 에는 전압이 걸리지 않는다(0 이 된다).

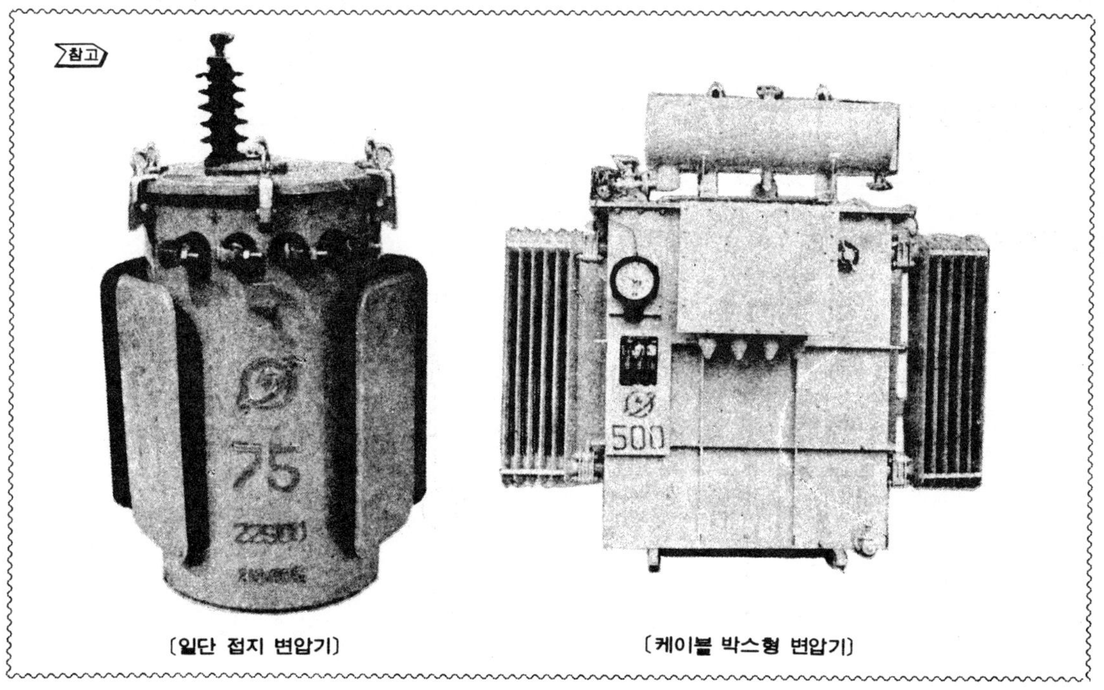

〔일단 접지 변압기〕　　〔케이블 박스형 변압기〕

2·9 단안정 멀티 바이브레이터 회로

입력신호의 크기와 관계없이 입력신호가 1이 되면 순시에 작동을 시작하고 일정시간동안 출력이 1이 되며, 다시 본래의 상태로 자동 복귀되는 회로이다(원 쇼트 회로라고도 한다).

(1) 무접점 시퀀스도

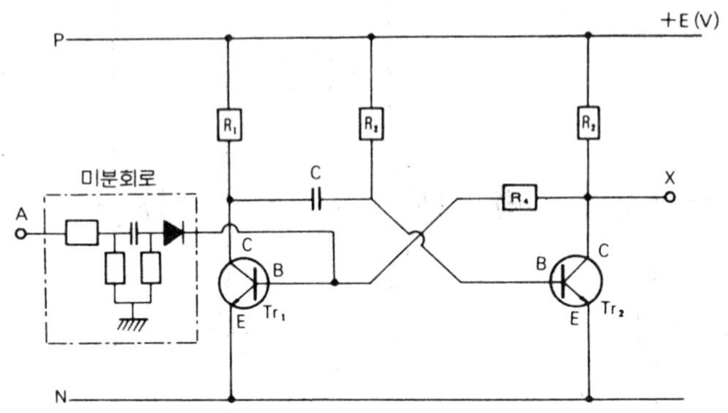

(2) 유접점 시퀀스도

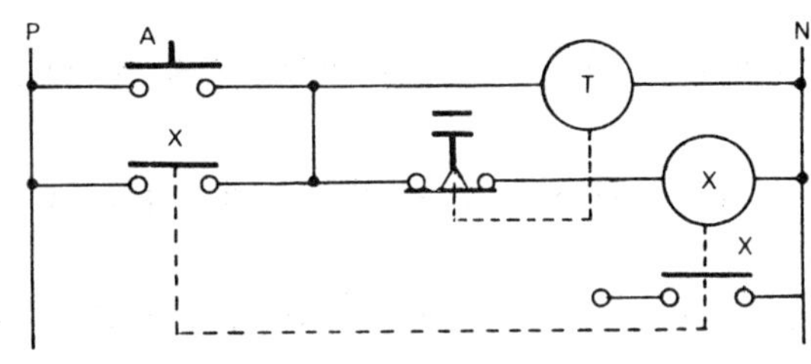

(3) 타임 차트

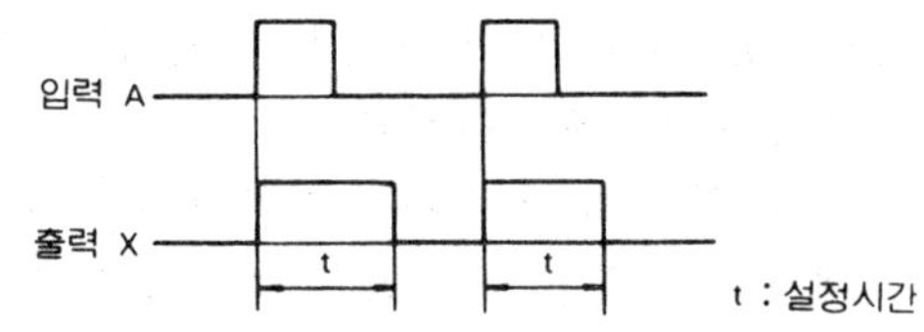

(4) 논리기호도

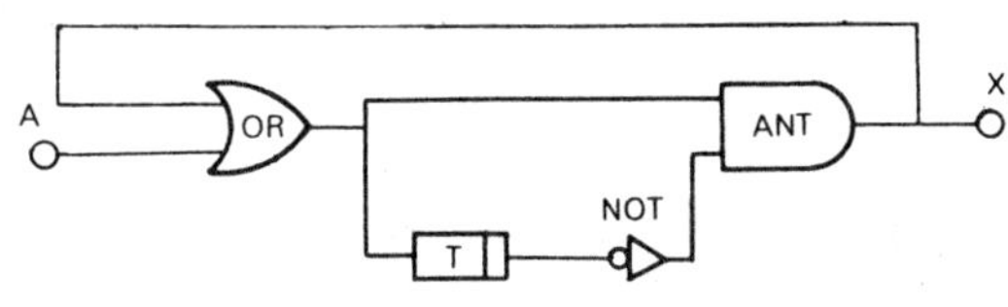

(5) 입력 A가 0일 때

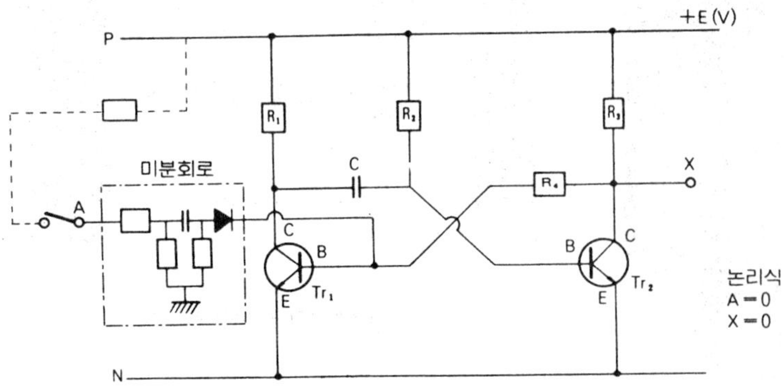

〔작동설명〕

① 입력신호 A가 0이면 P→ $\boxed{R_2}$ →Tr$_2$ B(Tr$_2$의 베이스)로 되어 Tr$_2$에 베이스 전류가 흘러 Tr$_2$가 도통된다.

② Tr$_2$가 도통되면 P→ $\boxed{R_3}$ →Tr$_2$→N으로 연결되어 전류가 계속 흐르므로 출력 X에는 전압이 걸리지 않는다(0이 된다).

③ 출력 X가 0이므로(전압이 걸리지 않으므로) Tr$_1$에 베이스 전류가 흐르지 않아서 Tr$_1$이 작동하지 않는다.

④ 따라서 콘덴서 C는 P→ $\boxed{R_1}$ →C→Tr$_2$ B→N의 회로가 연결되며 충전이 시작된다.

(6) 입력 A에 1을 주어 설정시간까지의 작동

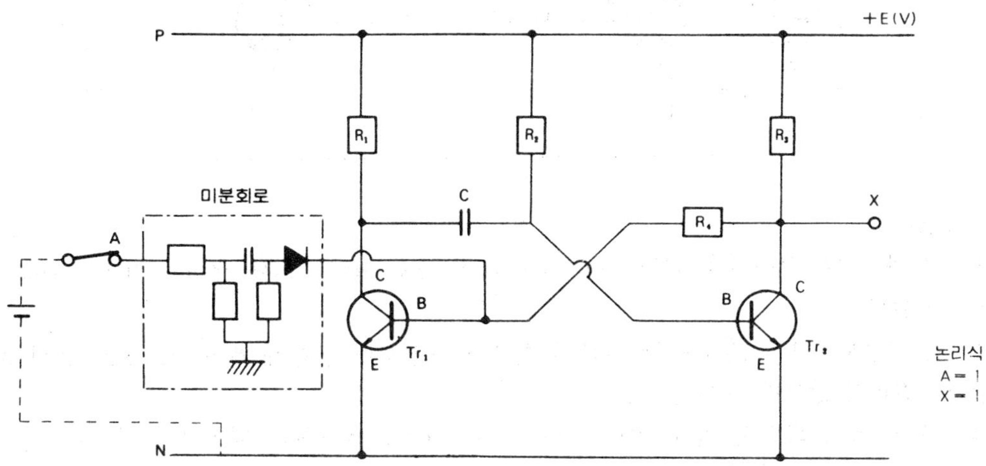

〔작동설명〕

① 입력 A에 1을 주면 미분회로를 통하여 미분 펄스가 Tr$_1$의 베이스에 인가되어 베이스 전류가 흐르고 Tr$_1$은 도통된다.

② Tr$_1$이 도통되면 Tr$_2$의 베이스에 전류가 흐르지 않아 Tr$_2$의 콜렉터 전류가 흐르지 않으므로 Tr$_2$는 차단된다.

③ Tr$_2$가 차단되면 출력 X에서는 전압이 나오게 된다(1이 된다).

④ 출력 X가 1이 되면 Tr$_1$에 P→ $\boxed{R_3}$ → $\boxed{R_4}$ →Tr$_1$B(Tr$_1$의 베이스)의 회로가 연결되어 입력이 제거되어도 계속 Tr$_1$에 베이스 전류가 흐르게 된다.

⑤ 따라서 콘덴서 C에는 시간이 지남에 따라 P→ $\boxed{R_2}$ →C→Tr$_1$→N으로 되어 방전되므로 출력 X의 전압이 낮아진다(0이 된다).

⑥ 출력 X가 0이 되면 Tr$_1$에 베이스 전압이 걸리지 않으므로 Tr$_1$이 차단된다.

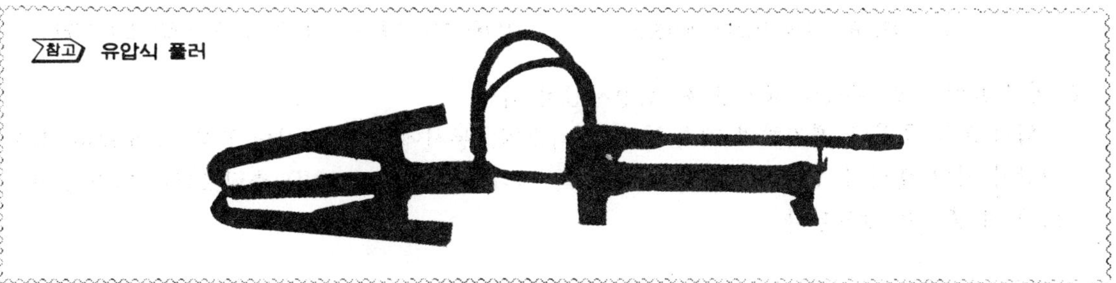

(7) 입력 A에 1을 준 후 설정시간 후의 작동

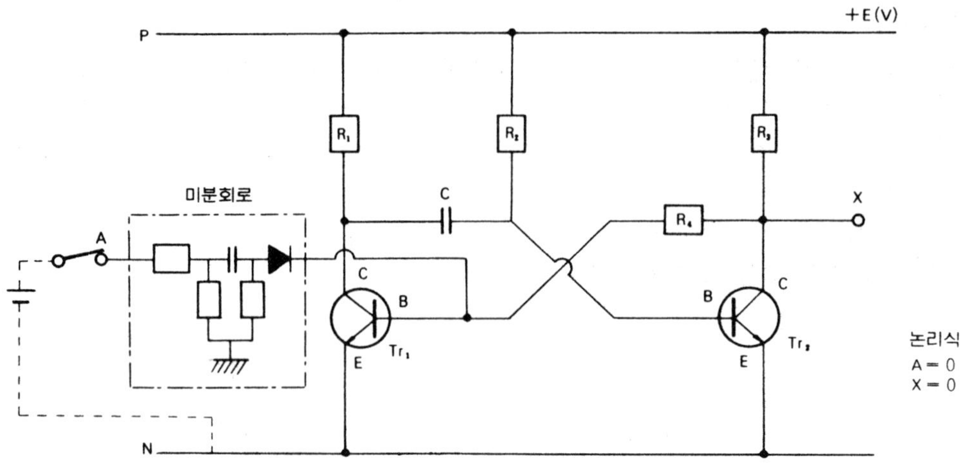

〔작동설명〕

① Tr_1이 차단되면 P → ⬚R_2 → Tr_2 B(Tr_2의 베이스)로 되어 Tr_2에 베이스 전류가 흘러 Tr_2가 도통된다.

② Tr_2가 도통되면 P → ⬚R_3 → Tr_2 → N의 회로가 연결되어 전류가 계속 흐르므로 출력 X에는 전압이 걸리지 않는다(0이 된다).

③ 출력 X가 0이 되면 콘덴서 C에 P → ⬚R_1 → C → Tr_2 B → N의 회로가 연결되어 충전되고 다음의 입력 A의 신호를 대기한다.

(8) 논리기호 설명

① 입력 A에 1을 주었다 제거하면

입력 A에 1을 주면 OR 회로를 지나 AND 회로의 입력조건이 되고 다른쪽의 입력 조건은 N이므로 출력 X는 1이 되고 다시 OR 회로로 반전하여 입력 A를 제거하여도 계속 출력이 나온다.

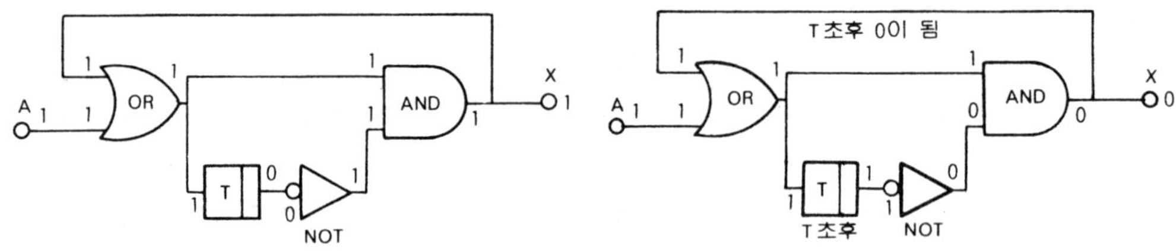

〔① 입력 A에 1을 주었다 제거하면〕　　〔입력 A에 1을 주었다 제거한 후 설정시간이 되면〕

② 입력 A에 1을 주었다 제거한 후 설정시간이 되면

입력 A를 주었다 제거하면 계속 출력이 나오며, 동시에 지연 타이머 T도 작동되어 설정시간이 되면 출력이 1이 된다. NOT 회로를 지나며 반전하여 AND 출력조건이 되지 못하므로 X의 출력은 정지된다.

2·10 쌍안정 멀티 바이브레이터 회로

플립 플롭 회로라고도 하며, 출력의 한곳은 전압이 나오고(1 이 되고), 다른 곳은 전압이 나오지 않으며(0 이 되며), 입력신호에 의하여 상태가 바뀌는 회로이다. 입력신호가 제거된 후에도 그 상태를 유지시킨다.

(1) 무접점 시퀀스도

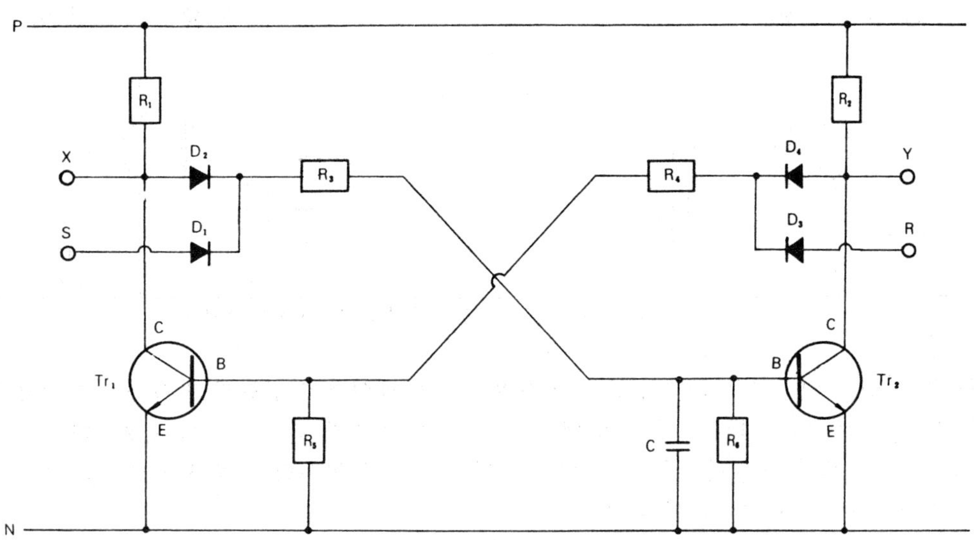

(2) 유접점 시퀀스도

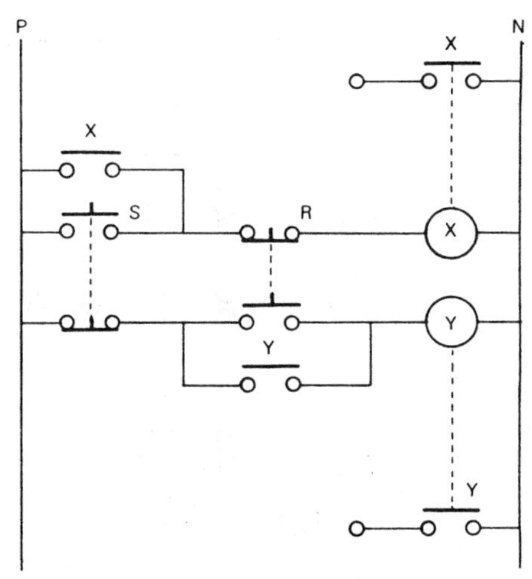

(3) 논리기호도

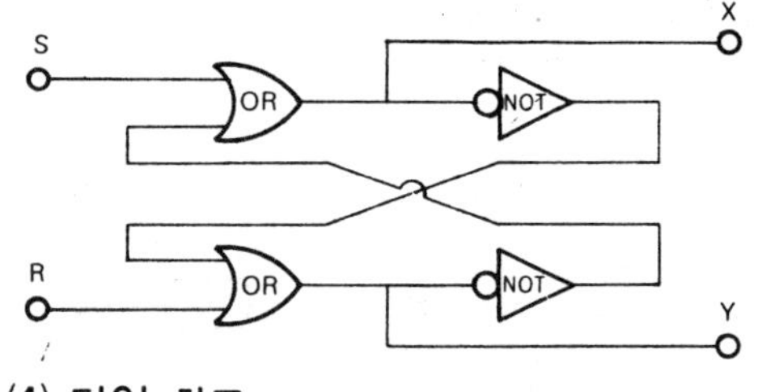

(4) 타임 차트

퓨즈라 함은 낮은 용점의 금속체이고 정격치를 초과하면 전기회로는 끊어지도록 되어 있다.

(5) 회로에 전원이 인가되면(입력 S와 입력 R이 0일 때)

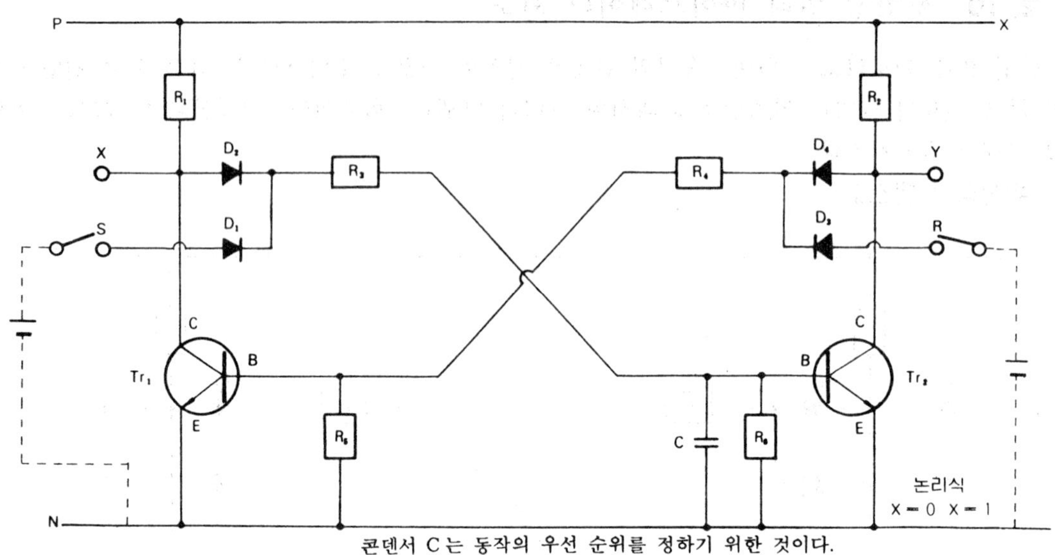

[작동설명]

① 회로에 전원이 인가되면 콘덴서 C로 인하여 Tr_2의 베이스에 전압의 인가가 늦어지므로 P → R₂ → D₄ → R₄ → Tr_1 B(Tr_1의 베이스)가 먼저 전류가 흘러 Tr_1이 도통된다.

② Tr_1이 도통되면 P → R₁ → Tr_1 → N의 회로가 연결되어 콜렉터 전류가 흐르므로 출력 X에는 전압이 걸리지 않는다(0이 된다).

③ 출력 X에 전압이 걸리지 않으면 Tr_2에 베이스 전압이 걸리지 않으므로 Tr_2는 차단된다.

④ 따라서 P → R₂ → Y의 회로가 연결되어 출력 Y에는 전압이 걸린다(1이 된다).

(6) 입력 S에 1을 주면

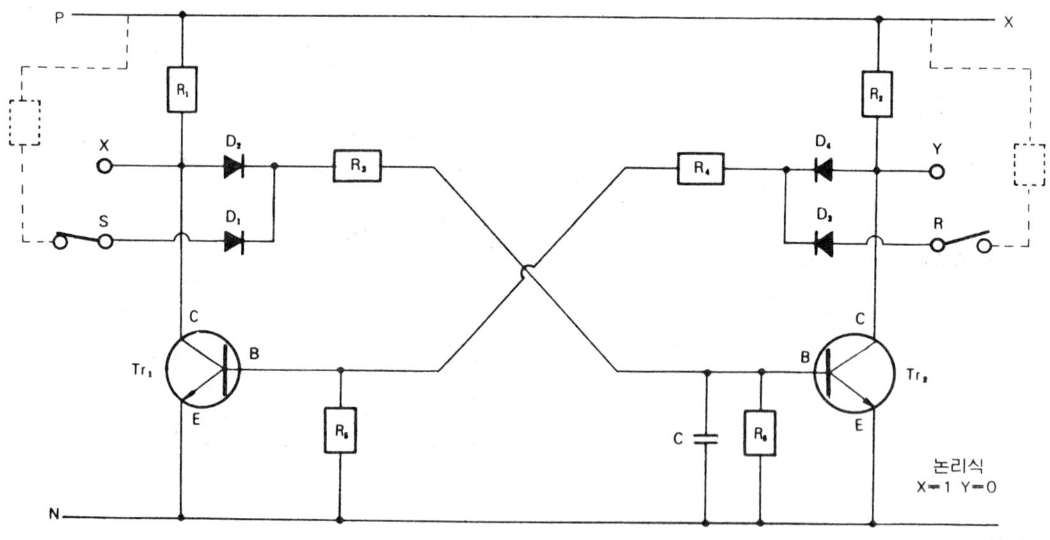

[작동설명]

① 입력 S에 1을 주면 S → D₁ → R₃ → Tr_2 B의 회로가 연결되어[전류는 저항에 반비례한다. (오옴의 법칙)]Tr_2에 베이스 전류를 흘리고 Tr_2를 도통시킨다.

② Tr_2가 도통되면 $P \rightarrow \boxed{R_2} \rightarrow Tr_2 \rightarrow N$의 회로가 연결되고 출력 Y에는 전압이 걸리지 않는다 (0이 된다).

③ 출력 Y가 0이 되면 Tr_1에 베이스 전류가 흐르지 못하므로 Tr_1의 회로가 차단된다.

④ Tr_1이 차단되면 $P \rightarrow \boxed{R_1} \rightarrow X$의 회로가 연결되어 출력 X에는 전압이 걸린다(1이 된다).

(7) 입력 R에 1을 주면

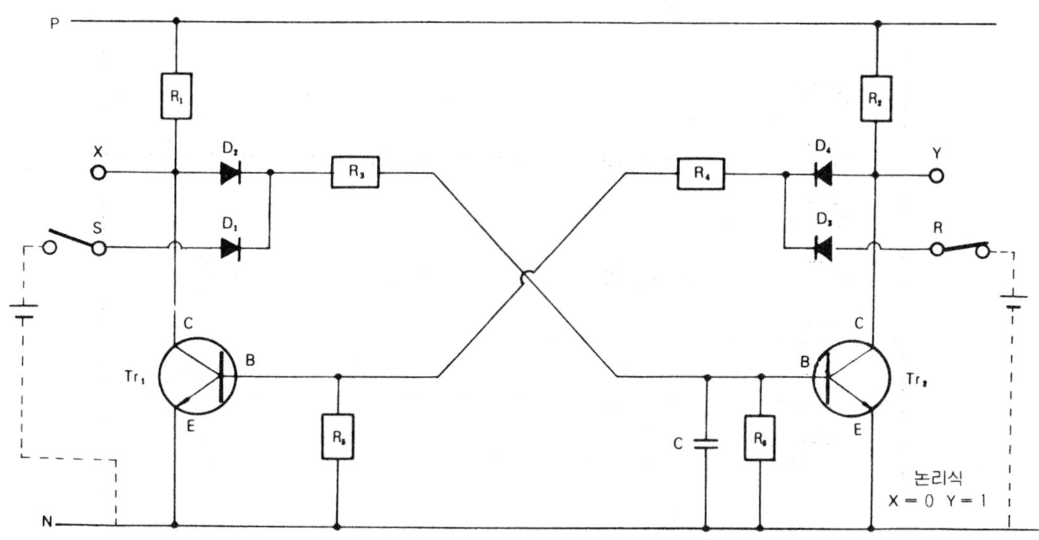

[작동설명]

① 입력 R에 1을 주면 $R \rightarrow \boxed{D_3} \rightarrow \boxed{R_4} \rightarrow Tr_1$ B(Tr_1의 베이스)의 회로가 연결되어 Tr_1에 베이스 전류가 흘러 Tr_1이 도통된다.

② Tr_1이 도통되면 $P \rightarrow \boxed{R_1} \rightarrow Tr_1 \rightarrow N$의 회로가 연결되어 콜렉터 전류가 흐르므로 출력 X에는 전압이 걸리지 않는다(0이 된다).

③ 출력 X에 전압이 걸리지 않으면 Tr_2에 베이스 전압이 걸리지 않으므로 Tr_2는 차단된다.

④ 따라서 $P \rightarrow \boxed{R_2} \rightarrow Y$의 회로가 연결되어 출력 Y에는 전압이 나오게 된다(1이 된다).

(8) 논리기호 설명

① 입력 S에 1을 주면

입력 S에 1을 주면 OR_1 회로를 통하여 출력 X가 1이 되며, 출력 X는 NOT_1 회로로 흘러 반전하여 0이 되며 출력 Y도 0이 된다.

② 입력 R에 1을 주면

입력 R에 1을 주면 OR_2 회로를 통하여 출력 Y가 1이 되며, 출력 Y는 NOT_2 회로로 흘러 반전하여 0이 되며, 출력 X도 0이 된다.

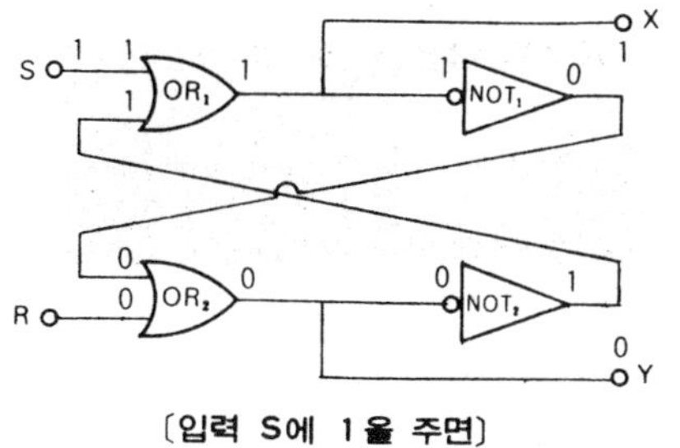

[입력 S에 1을 주면]

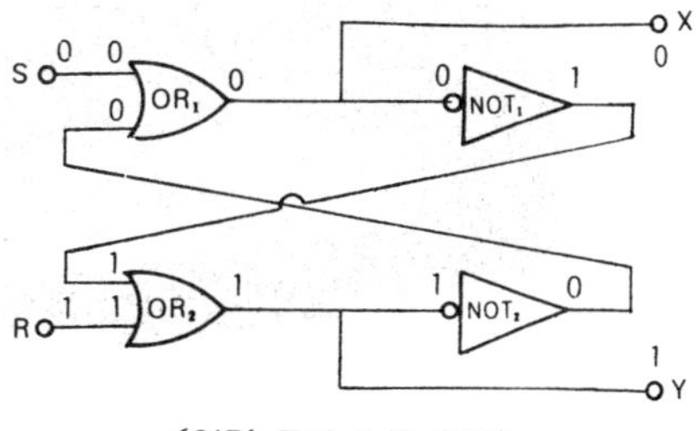

[입력 R에 1을 주면]

2·11　카운터 회로

수를 세는 회로이며 기본회로는 플립 플롭이다. 우리 주위의 자동판매기, 탁상계산기 등 수치
를 취급하는 것에는 모두 카운터 회로를 사용한다.

(1) 유접점 시퀀스도

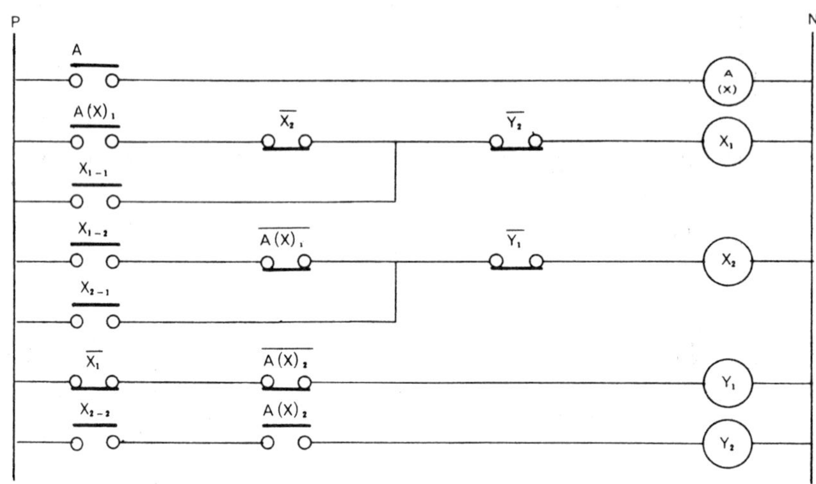

(2) 논리기호도 (2진 카운터 기본회로)

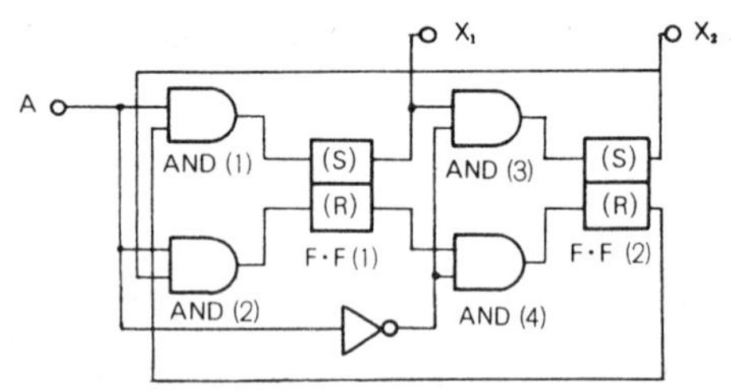

(4) 타임 차트

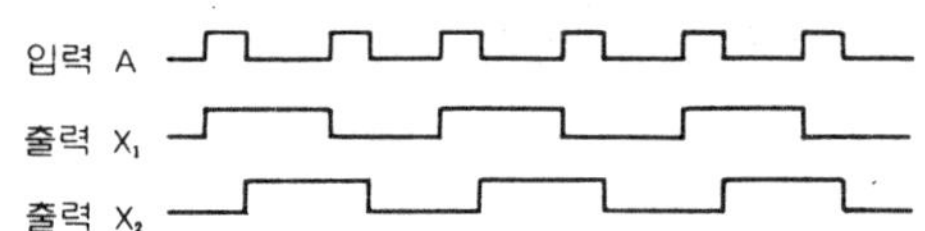

(3) 논리치표 (논리기호도 참조)

순서	입력 A	AND (1) 출력	AND (2) 출력	AND (3) 출력	AND (4) 출력	F·F (1) 출력	F·F (2) 출력
1	0	0	0	0	0	0	0
2	1	1	0	0	0	1	0
3	0	0	0	1	0	1	1
4	1	0	1	0	0	0	1
5	0	0	0	0	0	0	0
⋮	⋮	⋮	⋮	⋮	⋮	⋮	⋮

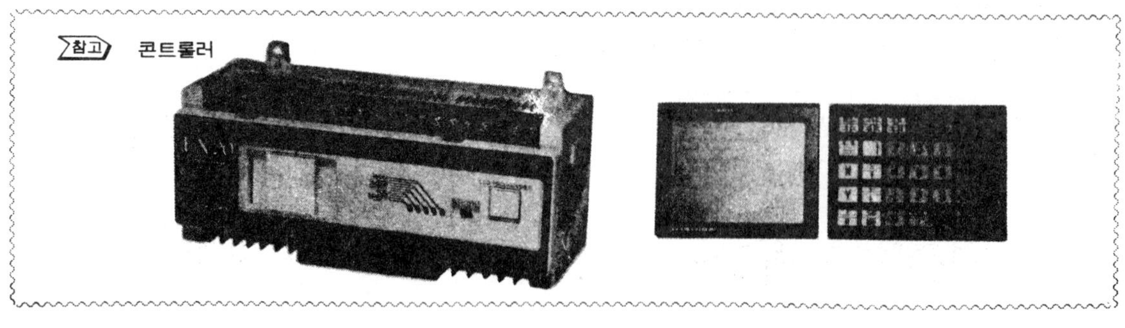

(5) 입력 A에 1이 주어지면(유접점회로)

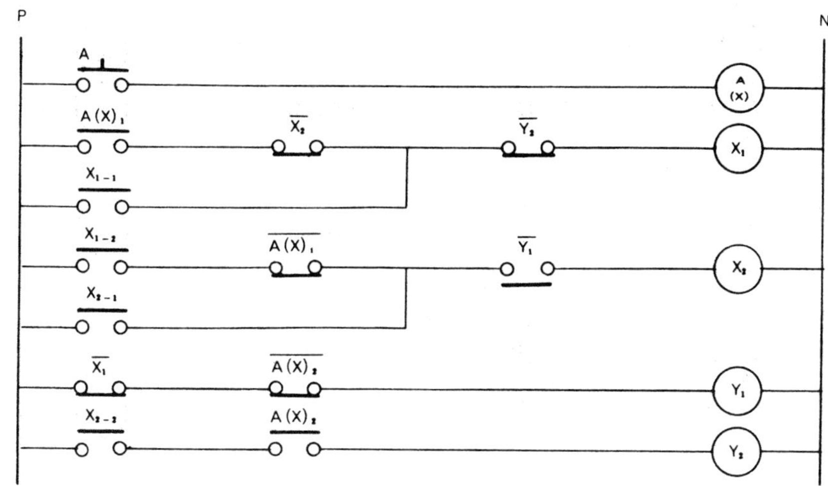

〔작동설명〕

① 입력 A에 1을 주면 P → A → $\underset{(X)}{A}$ → N의 회로가 연결되어 보조릴레이 $\underset{(X)}{A}$ 가 작동된다.

② 릴레이 $\underset{(X)}{A}$ 가 작동되면 $\underset{(X)}{A}$ 의 a접점 A(X)₁이 닫히고 P → A(X)₁ → $\overline{X_2}$ → $\overline{Y_2}$ → X₁ 의 회로가 연결되어 X₁ 이 작동된다.

③ $\underset{(X)}{A}$ 의 작동으로 $\underset{(X)}{A}$ 의 a접점 A(X)₂가 닫힌다.

④ $\underset{(X)}{A}$ 의 작동으로 $\underset{(X)}{A}$ 의 b접점 $\overline{AX_1}$ 이 열린다.

⑤ $\underset{(X)}{A}$ 의 작동으로 $\underset{(X)}{A}$ 의 b접점 $\overline{AX_2}$ 가 열린다(Y_1의 작동이 정지된다).

⑥ X₁ 이 작동되면 X₁ 의 a접점 X₁₋₁이 닫히어 자기 유지된다.

⑦ X₁ 이 작동되면 X₁ 의 a접점 X₁₋₂가 닫힌다.

⑧ X₁ 이 작동되면 X₁ 의 b접점 $\overline{X_1}$ 이 열린다.

⑨ 따라서 X₁ 의 작동상태를 계속 유지시킨다.

🄰 카운터 회로의 초기조건 : 전원이 인가되면 P → $\overline{X_1}$ → $\overline{A(X)}$ → Y₁ → N의 회로가 형성되어 있으므로 Y₁ 의 b접점 $\overline{Y_1}$ 은 열려 있다.

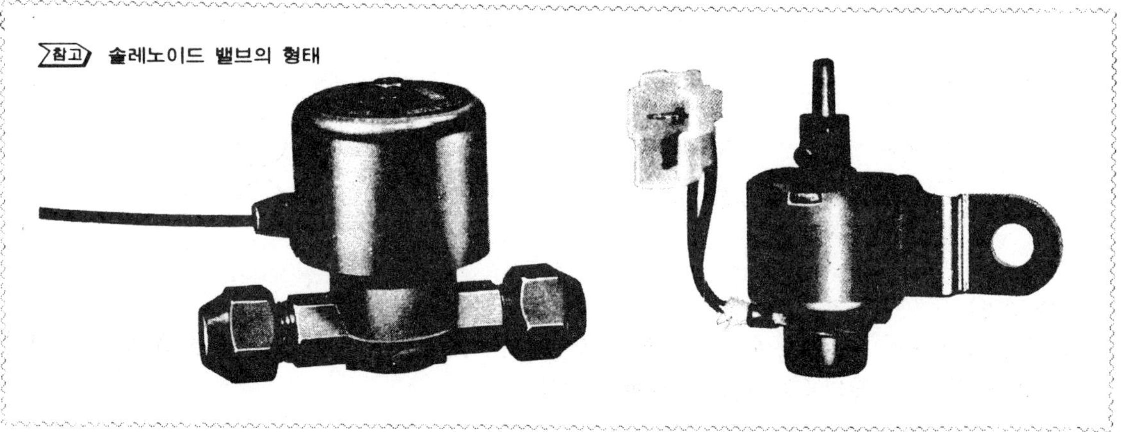

(6) 다시 입력 A에 1을 제거하면(0이 되면)

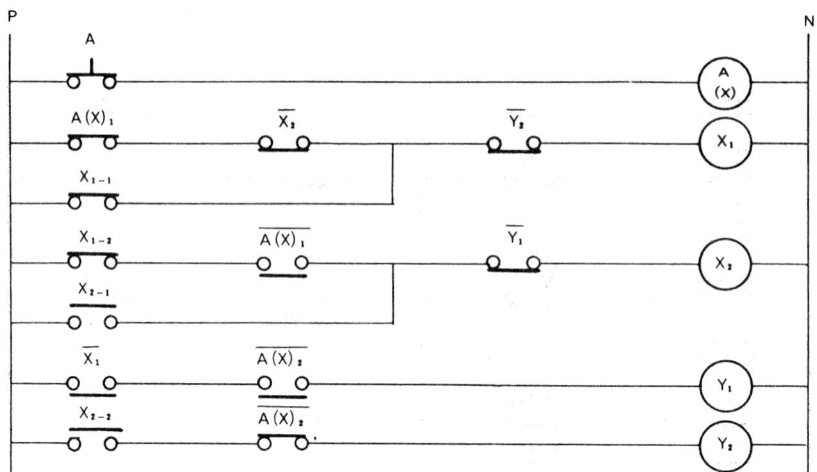

[작동설명]

① 릴레이 X_1이 작동되고 있으므로 입력 A를 제거하면(0이 되면) 보조릴레이 A(X)의 작동이 정지되므로 $\overline{A(X)_1}$이 닫힌다.

② $\overline{A(X)_1}$이 닫히면 P → X_{1-2} → $\overline{A(X)_1}$ → $\overline{Y_1}$ → $\textcircled{X_2}$ → N 의 회로가 연결되어 릴레이 $\textcircled{X_2}$ 가 작동하고 $\textcircled{X_2}$ 의 a접점 X_{2-1}이 닫히어 자기 유지된다.

③ $\textcircled{X_2}$ 의 작동으로 $\textcircled{X_2}$ 의 a접점 X_{2-2}가 닫힌다.

    🈳 이때 $\overline{X_1}$이 열려있음에 특히 주의한다.

④ 따라서 $\textcircled{X_1}$ 과 $\textcircled{X_2}$ 가 작동상태를 계속 유지시킨다.

(7) 다시 입력 A에 1을 주면

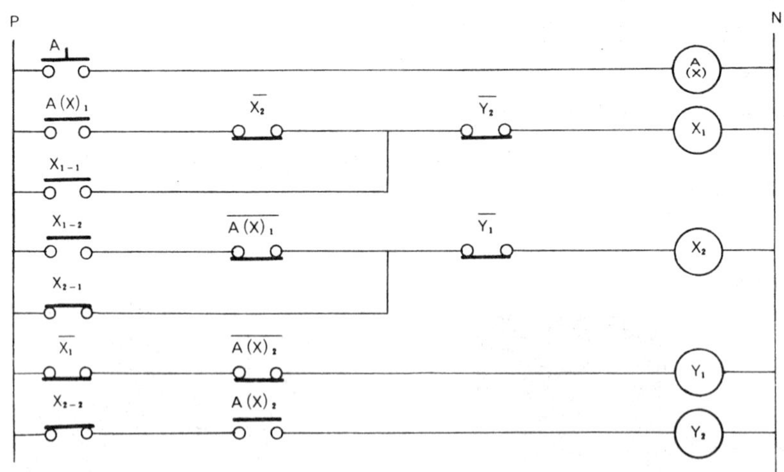

[작동설명]

① 다시 입력 A에 1을 주면 보조릴레이 $\textcircled{A(X)}$ 가 작동되고 $\textcircled{A(X)}$ 의 a접점 $A(X)_2$가 닫힌다(이때 X_2가 작동되므로 X_{2-2}는 닫혀 있다).

② A(X)$_2$가 닫히면 P → A$_{2-2}$ → A(X)$_2$ → Ⓨₐ → N 의 회로가 연결되어 릴레이 Ⓨₐ가 작동된다.

③ Ⓨₐ가 작동되면 Ⓨₐ 의 b접점 $\overline{Y_2}$가 열린다.

④ $\overline{Y_2}$가 열리면 Ⓧₐ 의 작동이 정지되고 Ⓧₐ 의 b접점 $\overline{X_1}$ 이 닫힌다.

⑤ 따라서 Ⓧₐ 와 Ⓨₐ 가 작동하게 된다.

　　🔢 다시 입력을 제거시키면 원상태로 됨을 확인할 것.

(8) 논리기호도 설명

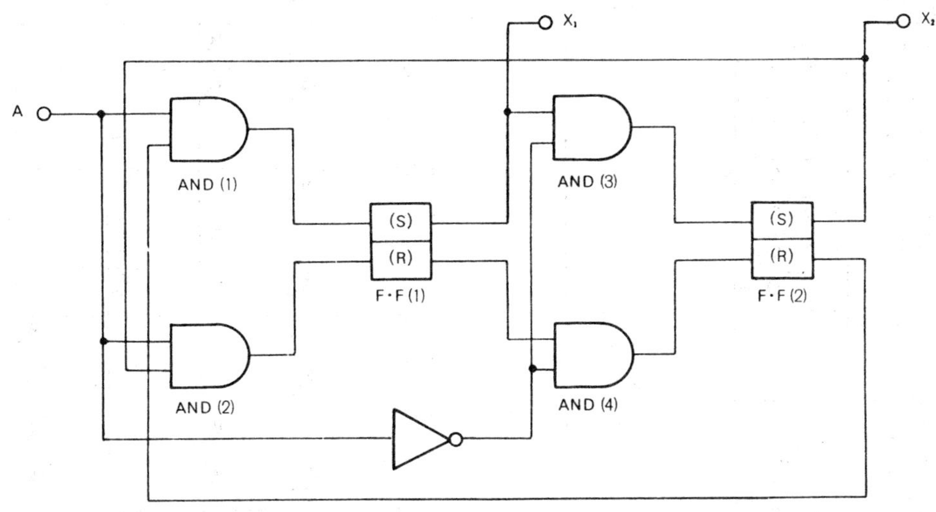

〔작동설명〕

① 처음조건은 플립 플롭(F.F) (1)과 (2)가 모두 리셋 상태에 있는 것으로 한다.

② 입력 A 에 1 이 주어지면 AND 회로 (1)의 조건이 완료되어 출력도 1 이 되고 F.F (1)이 세트된다.

③ F.F (1)이 세트되면 그 출력 X$_1$은 1로 되나 AND 회로 (3)은 입력 A 의 반전신호에 의하여 조건이 만족되지 않으므로 AND 회로 (3)의 출력은 0 이다.

④ 따라서 F.F (2)의 상태도 그대로이나 다시 입력 A 가 0 이 되면 F.F (1)은 세트된 그대로이고 출력 X 도 1 이므로 이번에는 AND 회로 (3)의 조건이 완료되어 출력이 나오므로 F.F (2)도 세트된다.

⑤ 다음에 입력 A 에 1 이 주어지면 AND 회로 (2)의 조건도 완료되어 F.F (1)이 리셋되며, 이때 F.F (2)는 AND 회로 (4)가 입력 A 의 반전신호에 의하여 조건이 되지 못하므로 리셋 신호가 주어지지 않고 세트된 그대로이다.

⑥ 다시 입력 A 가 0 이 되면 AND 회로 (4)의 조건이 완료되어 F.F (2)에 리셋 신호가 주어지므로 F.F (2)는 리셋된다.

⑦ 계속 반복하면 2 회 작동할 때마다 F.F (1) 또는 F.F (2)는 1 회씩 작동하게 된다(출력 X$_1$과 X$_2$가 1 회씩 나온다).

　　🔢 저항의 접속방법은 직렬 접속과 병렬 접속이 있으며, 직렬 접속 저항값은 저항을 모두 더한 값과 같다.

$$R_t = R_1 + R_2 + R_3$$

　　그러나, 병렬 접속에서는 $R_t = \dfrac{1}{\dfrac{1}{R_1} + \dfrac{1}{R_2} + \dfrac{1}{R_3}}$ 이 된다.

2·12 엔코더 회로

부호화 코드화를 의미하는 것으로 1 : 1로 대응시켜서 하는 것이 아니고, 각각의 신호를 코드화하여 처리하는 것이며 신호의 전송에 편리하다.

(1) 유접점 시퀀스도

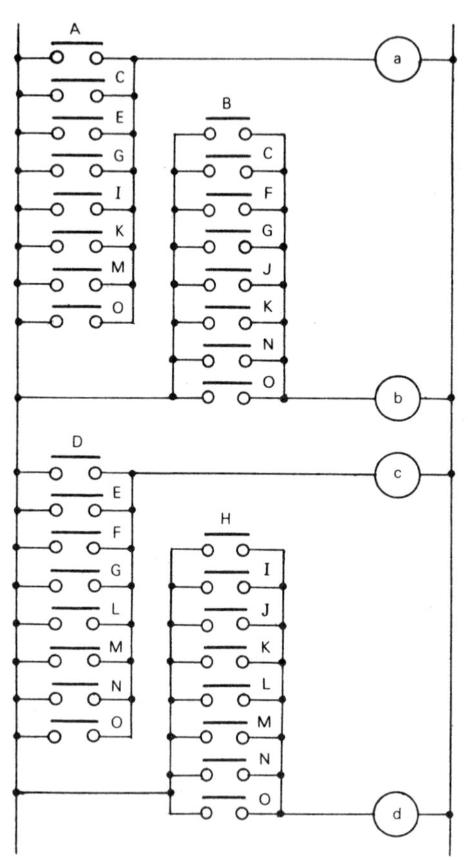

(2) 무접점 시퀀스도

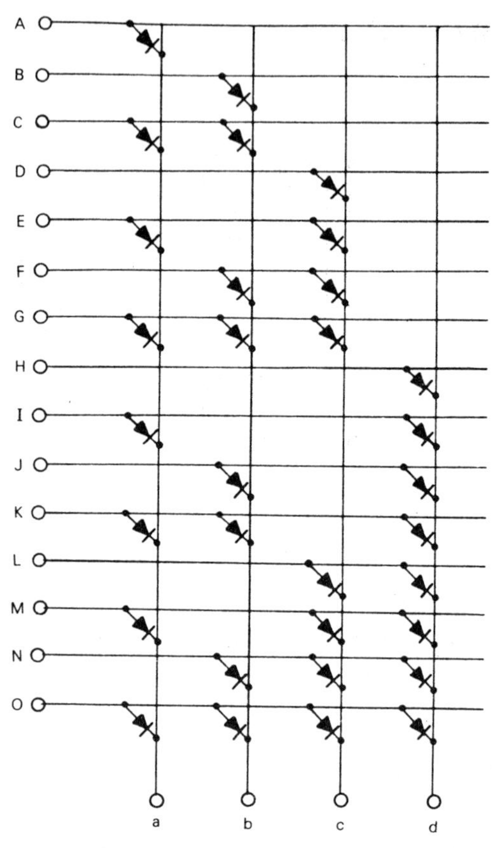

(3) 논리기호도

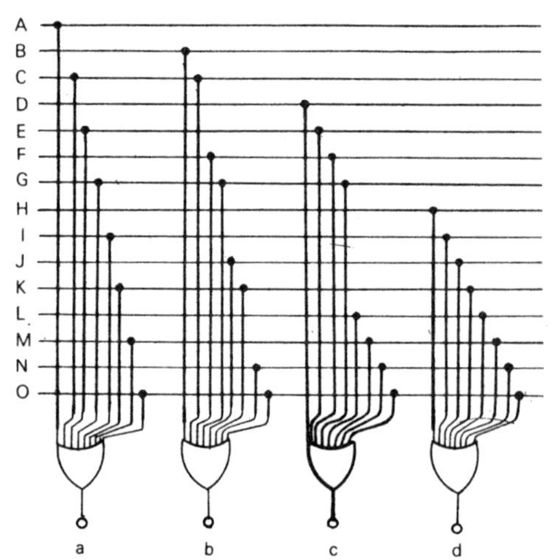

(4) 논리치표

입														력	출			력
A	B	C	D	E	F	G	H	I	J	K	L	M	N	O	a	b	c	d
1															1	0	0	0
	1														0	1	0	0
		1													1	1	0	0
			1												0	0	1	0
				1											1	0	1	0
					1										0	1	1	0
						1									1	1	1	0
							1								0	0	0	1
								1							1	0	0	1
									1						0	1	0	1
										1					1	1	0	1
											1				0	0	1	1
												1			1	0	1	1
													1		0	1	1	1
														1	1	1	1	1

(5) 출력 a가 1이 되는 회로(무접점 시퀀스)　　**(6) 출력 b가 1이 되는 회로**(무접점 시퀀스도)

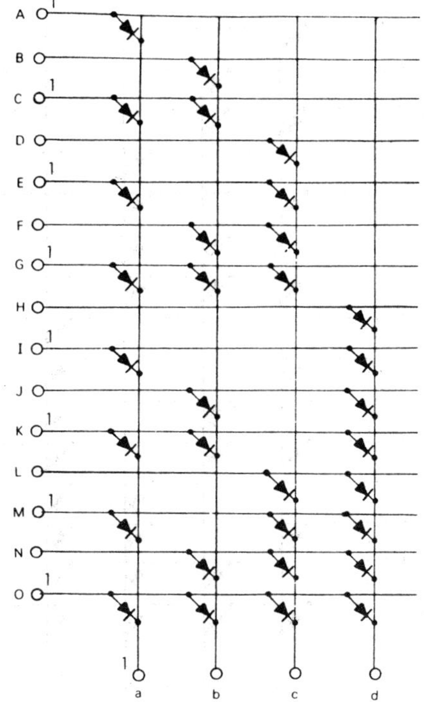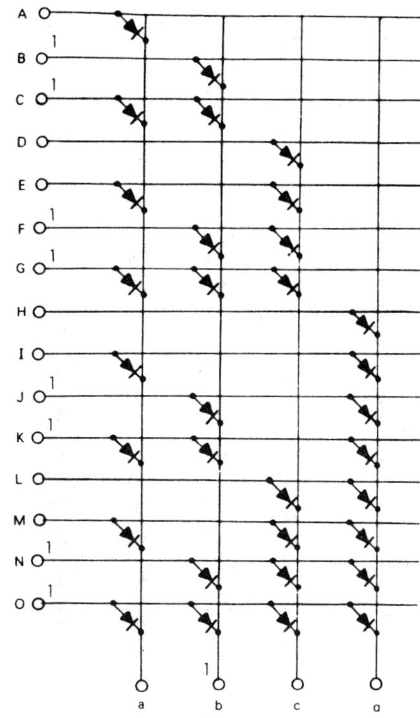

〔작동설명〕
① 입력 A에 1을 주면 출력 a가 1이 된다.
② 입력 C에 1을 주면 출력 a가 1이 된다.
③ 입력 E에 1을 주면 출력 a가 1이 된다.
④ 입력 G에 1을 주면 출력 a가 1이 된다.
⑤ 입력 I에 1을 주면 출력 a가 1이 된다.
⑥ 입력 K에 1을 주면 출력 a가 1이 된다.
⑦ 입력 M에 1을 주면 출력 a가 1이 된다.
⑧ 입력 O에 1을 주면 출력 a가 1이 된다.

〔작동설명〕
① 입력 B에 1을 주면 출력 b가 1이 된다.
② 입력 C에 1을 주면 출력 b가 1이 된다.
③ 입력 F에 1을 주면 출력 b가 1이 된다.
④ 입력 G에 1을 주면 출력 b가 1이 된다.
⑤ 입력 J에 1을 주면 출력 b가 1이 된다.
⑥ 입력 K에 1을 주면 출력 b가 1이 된다.
⑦ 입력 N에 1을 주면 출력 b가 1이 된다.
⑧ 입력 O에 1을 주면 출력 b가 1이 된다.

주 출력 a, b, c, d에 0과 1을 대입하고 A의 입력에 1을 주면 1, 0, 0, 0,　B의 입력에 1을 주면 0, 1, 0, 0,　C의 입력에 1을 주면 1, 1, 0, 0 등 부호화 또는 코드화할 수 있다.

〔피스톤형 에어 모터〕

(7) 출력 C가 1이 되는 회로(무접점 시퀀스도)　　**(8) 출력 d가 1이 되는 회로(무접점 시퀀스)**

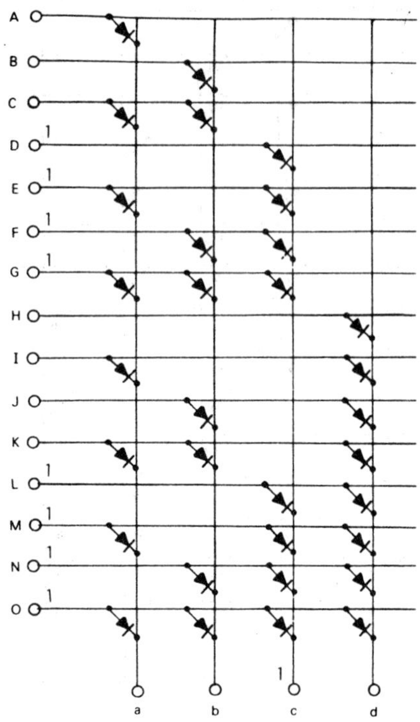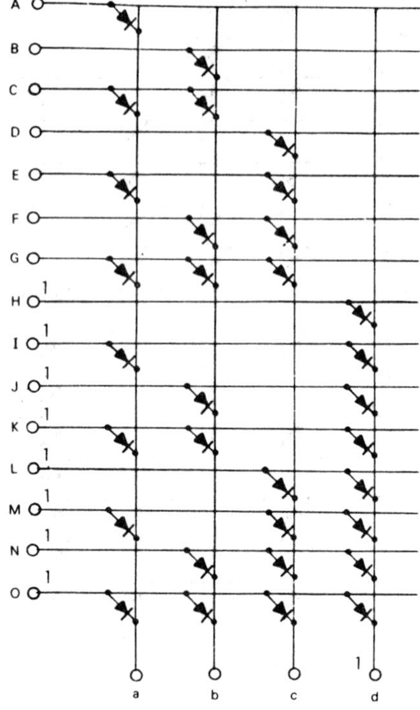

〔작동설명〕

① 입력 D에 1을 주면 출력 c가 1이 된다.
② 입력 E에 1을 주면 출력 c가 1이 된다.
③ 입력 F에 1을 주면 출력 c가 1이 된다.
④ 입력 G에 1을 주면 출력 c가 1이 된다.
⑤ 입력 L에 1을 주면 출력 c가 1이 된다.
⑥ 입력 M에 1을 주면 출력 c가 1이 된다.
⑦ 입력 N에 1을 주면 출력 c가 1이 된다.
⑧ 입력 O에 1을 주면 출력 c가 1이 된다.

〔작동설명〕

① 입력 H에 1을 주면 출력 d가 1이 된다.
② 입력 I에 1을 주면 출력 d가 1이 된다.
③ 입력 J에 1을 주면 출력 d가 1이 된다.
④ 입력 K에 1을 주면 출력 d가 1이 된다.
⑤ 입력 L에 1을 주면 출력 d가 1이 된다.
⑥ 입력 M에 1을 주면 출력 d가 1이 된다.
⑦ 입력 N에 1을 주면 출력 d가 1이 된다.
⑧ 입력 O에 1을 주면 출력 d가 1이 된다.

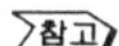

〔고압 개폐기〕

〔워터 펌프〕

2·13 데코더 회로

코드화된 신호를 원래의 상태로 복귀시키는 회로이며, 엔코더 회로와 조합하여 여러가지 용도에 사용된다.

(1) 유접점 시퀀스도

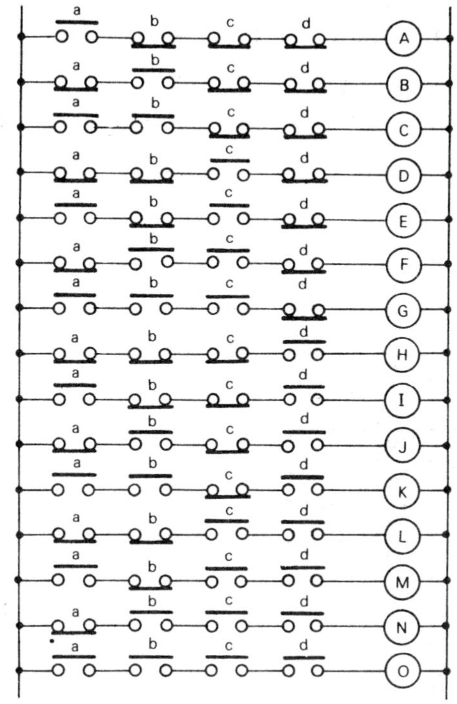

(2) 무접점 시퀀스도

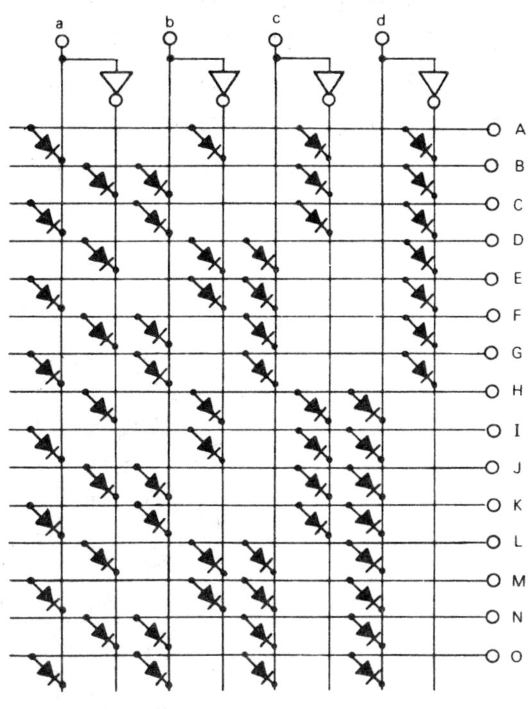

(3) 논리기호도

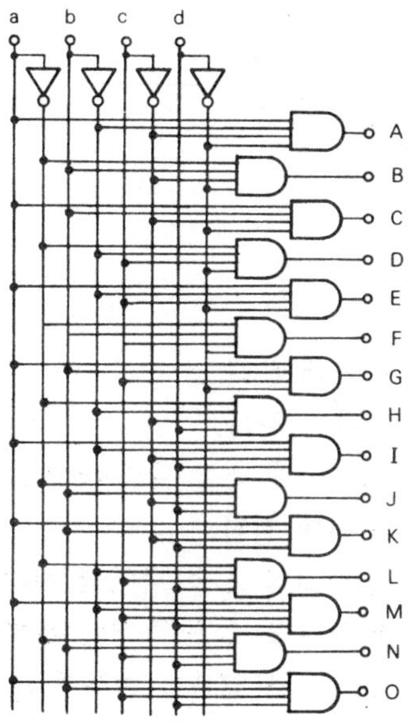

(4) 논리치표

입		력		출									력					
a	b	c	d	A	B	C	D	E	F	G	H	I	J	K	L	M	N	O
1	0	0	0	1														
0	1	0	0		1													
1	1	0	0			1												
0	0	1	0				1											
1	0	1	0					1										
0	1	1	0						1									
1	1	1	0							1								
0	0	0	1								1							
1	0	0	1									1						
0	1	0	1										1					
1	1	0	1											1				
0	0	1	1												1			
1	0	1	1													1		
0	1	1	1														1	
1	1	1	1															1

(5) 출력 A, B, C, D, E, F, G, H가 1이 되는 회로 (무접점 시퀀스)

〔작동설명〕

① 출력 A가 1이 되기 위해서는 입력 a에 1을 주면 된다.

② 출력 B가 1이 되기 위해서는 입력 b에 1을 주면 된다.

③ 출력 C가 1이 되기 위해서는 입력 a와 입력 b에 1을 주어야 한다(동시에).

④ 출력 D가 1이 되기 위해서는 입력 c에 1을 주면 된다.

⑤ 출력 E가 1이 되기 위해서는 입력 a와 입력 c에 1을 주어야 한다(동시에).

⑥ 출력 F가 1이 되기 위해서는 입력 b와 입력 c에 1을 주어야 한다(동시에).

⑦ 출력 G가 1이 되기 위해서는 입력 a에 입력 b 그리고 입력 c에 1을 주어야 한다(동시에).

⑧ 출력 H가 1이 되기 위해서는 입력 d에 1을 주면 된다.

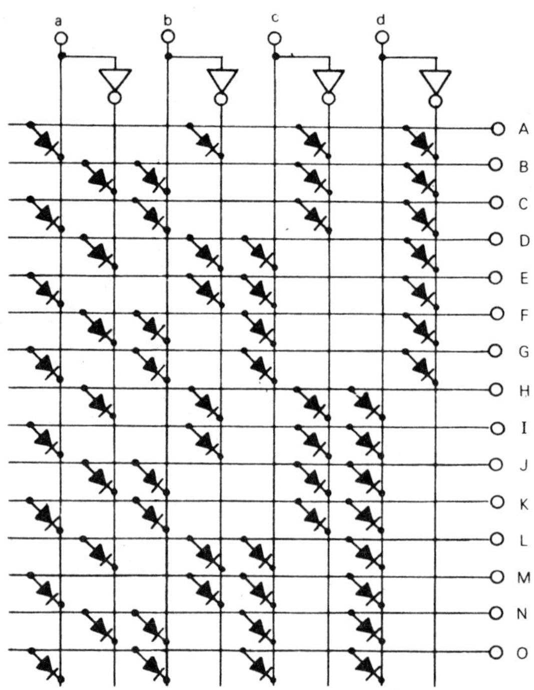

(6) 출력 I, J, K, L, M, N, O가 1이 되는 회로 (무접점 시퀀스)

〔작동설명〕

① 출력 I가 1이 되기 위해서는 입력 a와 입력 d에 1을 주어야 한다.

② 출력 J가 1이 되기 위해서는 입력 b와 입력 d에 1을 주어야 한다.

③ 출력 K가 1이 되기 위해서는 입력 a와 입력 b 그리고 입력 d에 1을 주어야 한다.

④ 출력 L이 1이 되기 위해서는 입력 c와 입력 d에 1을 주어야 한다.

⑤ 출력 M이 1이 되기 위해서는 입력 a와 입력 c 그리고 입력 d에 1을 주어야 한다.

⑥ 출력 N이 1이 되기 위해서는 입력 b와 입력 c 그리고 입력 d에 1을 주어야 한다.

⑦ 출력 O가 1이 되기 위해서는 입력 a와 입력 b 그리고 입력 c와 입력 d 전부에 1을 주어야 한다.

2·14 시프트 레지스터 회로

레지스터란 수치나 문자를 전기신호로 기억하는 회로이며, 시프트 레지스터는 이 레지스터의 정보를 다른 레지스터에 순차적으로 이동(시프트)시켜 정보를 전달하는 기능을 갖는 회로이다.

(1) 유접점 회로도

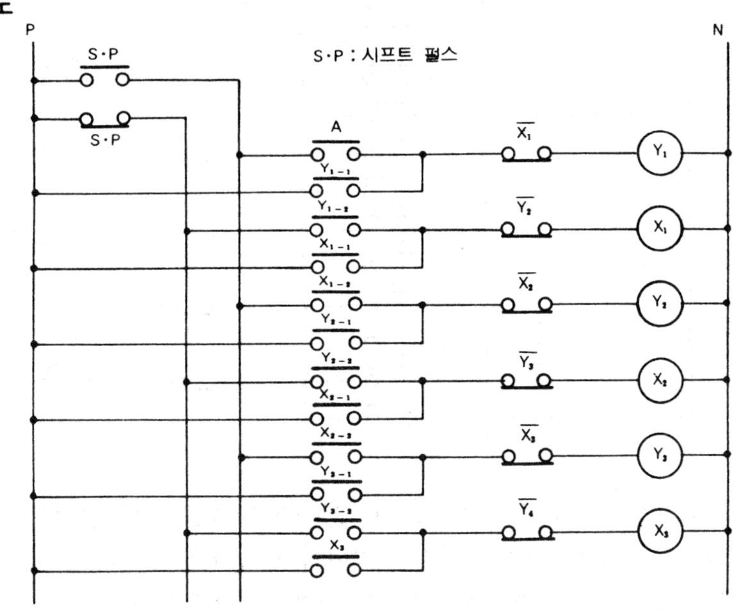

(2) 논리기호도

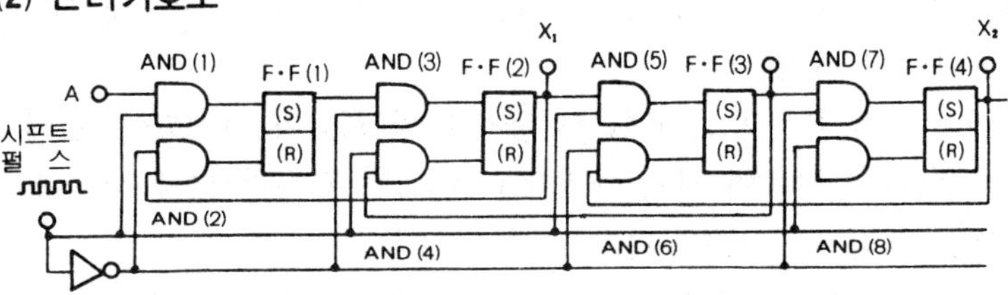

(3) 타임 차트

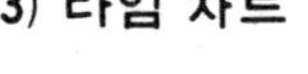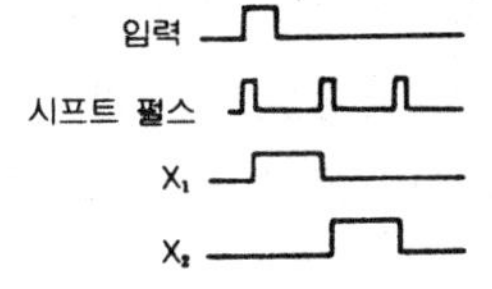

(4) 논리치표

순서	시프트 펄스	입력 A	AND (1)	AND (2)	F·F (1)	AND (3)	AND (4)	F·F (2)	AND (5)	AND (6)	F·F (3)	AND (7)	AND (8)	F·F (4)
1	0	0	0	0	0	0	0	0	0	0	0	0	0	0
2	1	1	1	0	1	0	0	0	0	0	0	0	0	0
3	0 ↓	0	0	0	1	1	0	1	0	0	0	0	0	0
	0	0	0	1	0	0	0	1	0	0	0	0	0	0
4	1 ↓	0	0	0	0	0	0	1	1	0	1	0	0	0
	1	0	0	0	0	0	1	0	0	0	1	0	0	0
5	0 ↓	0	0	0	0	0	0	0	0	0	1	1	0	1
	0	0	0	0	0	0	0	0	0	1	0	0	0	1

※ 주울의 법칙 : 저항 $R(\Omega)$에 $I(A)$의 전류가 t초 동안 흘렀을 때의 발열량을 나타내는 것이며,

$$H = 0.24 I^2 R, \quad t\,(\text{cal})\ 6^{-80}\,\text{이 된다.}$$

여기서, H : 전류의 발열량 R : 저항 I : 전류 t : 시간(초)

(5) 입력 A에 1을 주면〔유접점회로(시프트 펄스가 계속 작동되는 것으로 한다)〕

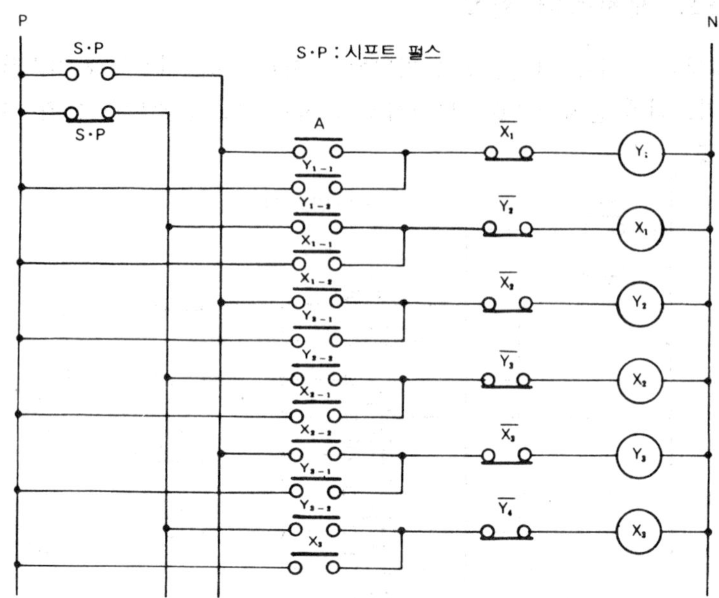

〔작동설명〕

① 입력 A에 1을 주면 $P \rightarrow S \cdot P \rightarrow A \rightarrow \overline{X_1} \rightarrow \text{Y}_1 \rightarrow N$ 의 회로가 연결되어 릴레이 Ⓨ₁ 이 작동되고 Ⓨ₁ 의 a접점 Y_{1-1} 이 닫히어 자기 유지되며 Y_{1-2} 가 닫힌다(다음 작동대기).

② 시프트 펄스가 0이 되면 $P \rightarrow \overline{S \cdot P} \rightarrow Y_{1-2} \rightarrow \overline{Y_2} \rightarrow \text{X}_1 \rightarrow N$ 의 회로가 연결되어 릴레이 Ⓧ₁ 이 작동되고 Ⓧ₁ 의 a접점 X_{1-1} 이 닫히어 자기 유지되고 X_{1-2} 가 닫히며(다음 작동대기) Ⓧ₁ 의 b접점 $\overline{X_1}$ 이 열리어 Ⓨ₁ 의 작동이 정지된다.

③ 다시 시프트 펄스가 1이 되면 $P \rightarrow S \cdot P \rightarrow X_{1-2} \rightarrow \overline{X_2} \rightarrow \text{Y}_2 \rightarrow N$ 의 회로가 연결되어 릴레이 Ⓨ₂ 가 작동되고 Ⓨ₂ 의 a접점 Y_{2-1} 이 닫히어 자기 유지되고 Y_{2-2} 가 닫히며(다음 작동대기) Ⓨ₂ 의 b접점 $\overline{Y_2}$ 가 열리어 Ⓧ₁ 의 작동이 정지된다.

④ 다시 시프트 펄스가 0이 되면 위와 같은 방법으로 Ⓧ₂ 가 작동되고 Ⓨ₂ 의 작동이 정지된다.

⑤ 다시 시프트 펄스가 1이 되면 같은 방법으로 Ⓨ₃ 가 작동되고 Ⓧ₂ 의 작동이 정지된다.

🔳 따라서 시프트 시키고자 하는 위치에 옮겨질 때까지 입력 A를 주면 된다.

(6) 논리기호도 설명

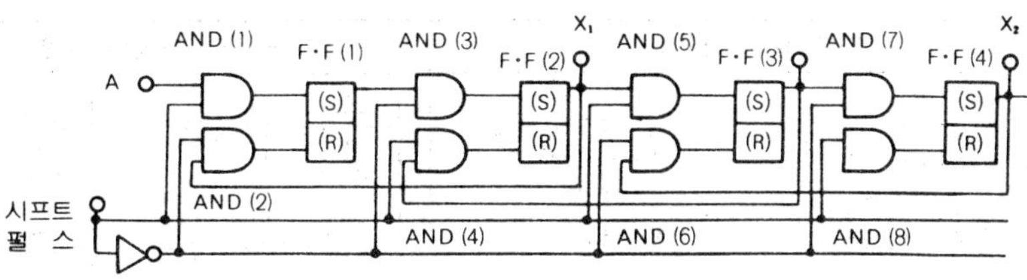

〔작동설명〕

① 초기상태에는 F.F를 모두 리셋된 상태로 한다.

② 입력 A가 1이 되어 시프트 펄스가 1로 되면 AND (1)의 입력조건이 완료되어 F.F (1)을 세트한다(이때 AND (3)에는 반전 출력이 입력되어 있다).

③ 시프트 펄스가 0 이 되면 AND (3)의 입력조건이 완료되어 F.F (2)가 세트된다. F.F (2)가 세트되면 AND (2)의 입력조건이 완료되어 F.F (1)이 리셋된다.

④ 다시 시프트 펄스가 1이 되면 AND (5)의 입력조건이 완료되어 F.F (3)이 세트된다. 또한 AND (4)의 입력조건이 완료되어 F.F (2)가 리셋된다.

⑤ 같은 방법으로 다시 시프트 펄스가 0 이 되면 F.F (4)가 세트되고 F.F (3)은 리셋된다.

> **참고** 피이드백 제어계의 구성
>
> 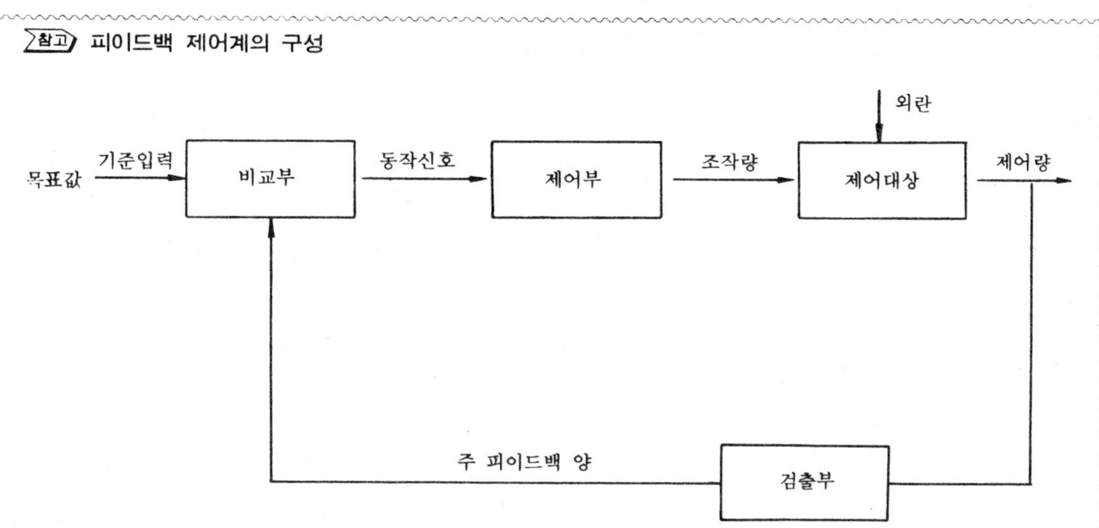
>
>
>
> - 목표값(desired value) : 목표로 하는 양을 말하며, 정치 제어에서는 설정값이라고도 한다.
> - 기준 입력(reference input) : 목표값에 비례하는 전압으로 바꾸어 얻어진 양
> - 비교부 : 목표값과 주피이드백 양(검출기 출력)을 비교하여 오차를 구한다.
> - 동작 신호(actuating signal) : 기준입력과 제어량의 차를 말하며, 오차 제어 편차라고도 한다.
> - 제어부(controller) : 동작신호를 증폭 조절하는 작용을 하는 곳을 말한다.
> - 조작량(manipulated) : 제어대상을 조작하기 위한 양을 말한다.
> - 제어 대상(controlled system) : 제어하고자 하는 기계나 장치를 말한다.
> - 외란(disturbance) : 제어량을 목표값과 틀리게 하려는 상태를 말한다.
> - 검출부(primary means) : 제어량을 기준입력과 같은 물리량으로 변환시키는 부분을 말한다.
> - 주피이드백 양(primary feed back) : 목표값과 비교하기 위하여 제어량과 일정한 관계를 갖고 비교부에 전달되는 양을 말한다.

2·15 논리대수와 회로구성

법칙·정리	무접점 시퀀스	유접점 릴레이 시퀀스
교환의 법칙 $A+B=B+A$ $A \cdot B=B \cdot A$	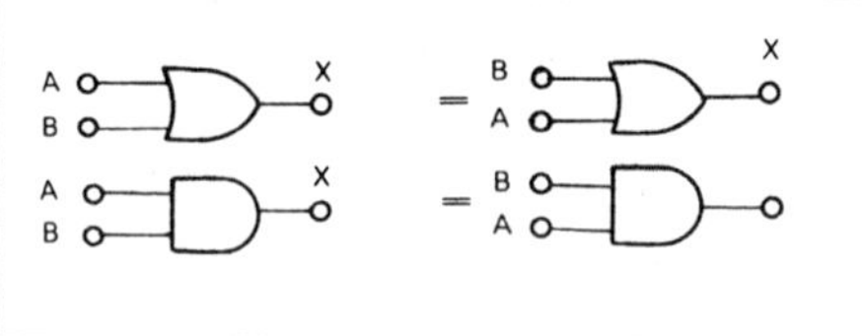	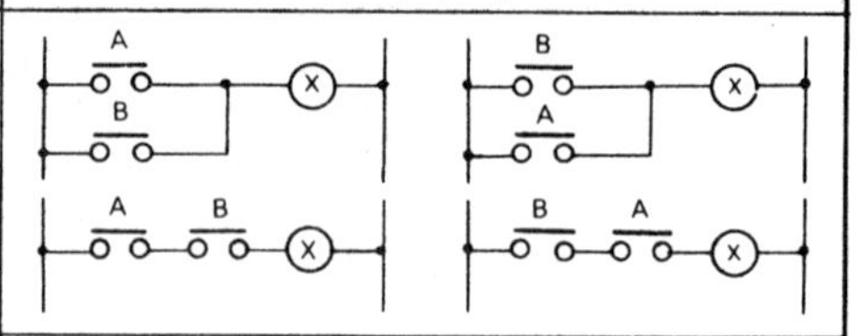
결합의 법칙 $A+(B+C)$ $\quad=(A+B)+C$ $A \cdot (B \cdot C)$ $\quad=(A \cdot B) \cdot C$	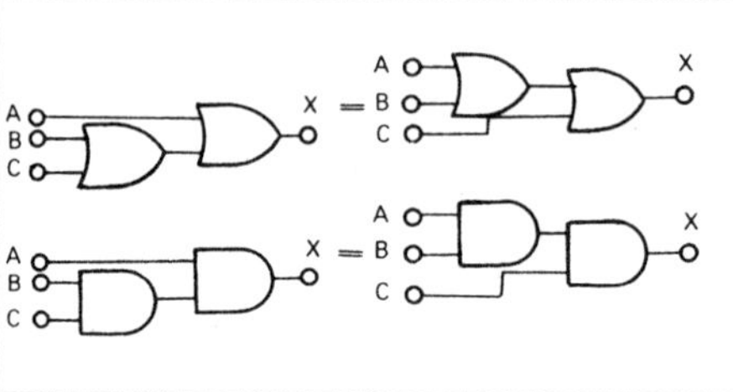	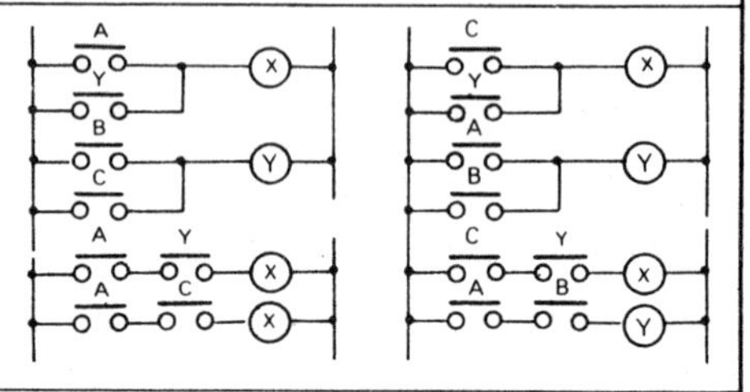
분배의 법칙 $A \cdot (B+C)$ $\quad=A \cdot B+A \cdot C$ $A+B \cdot C$ $\quad=(A+B)$ $\quad\quad \cdot (A+C)$	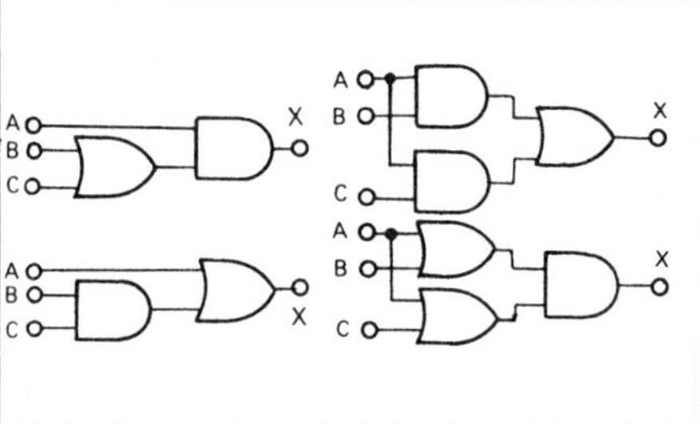	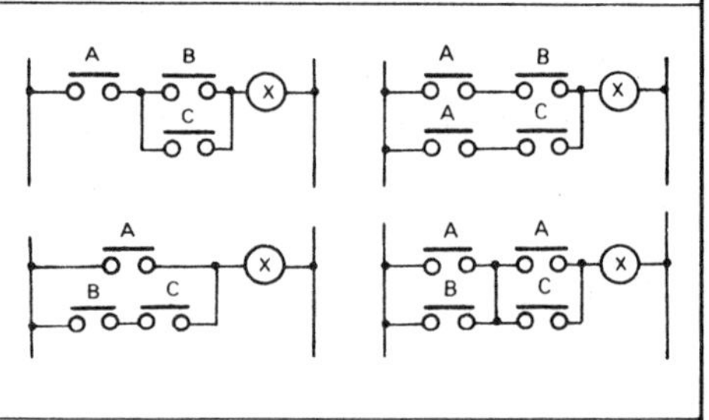
동일의 법칙 $A+A=A$ $A \cdot A=A$	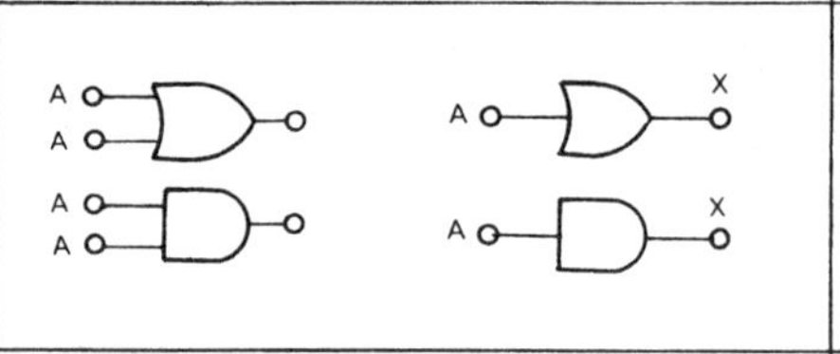	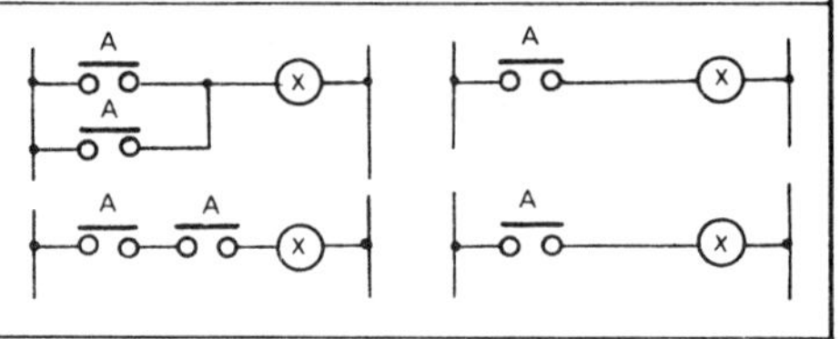
흡수의 법칙 $A \cdot (A+B)$ $\quad=(A+\overline{B}) \cdot B$ $\quad=A \cdot B$ $A \cdot \overline{B}+B$ $\quad=A+B$	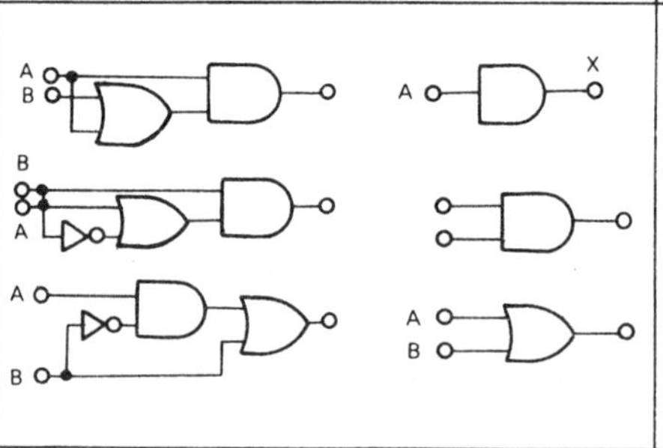	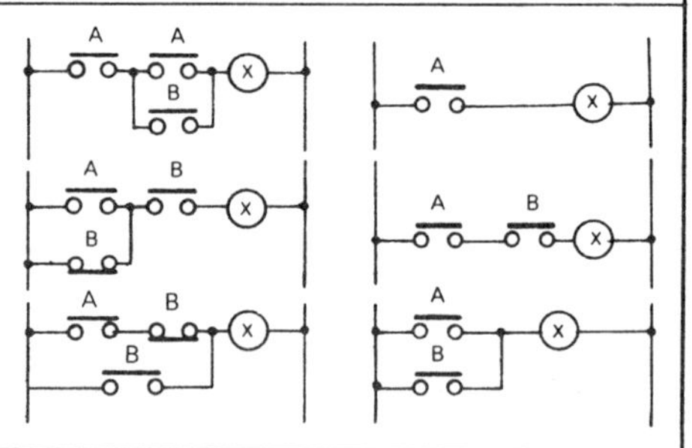
부정에 대한 정리 $A+\overline{A}=1$ $A \cdot \overline{A}=0$ $\overline{\overline{A}}=A$	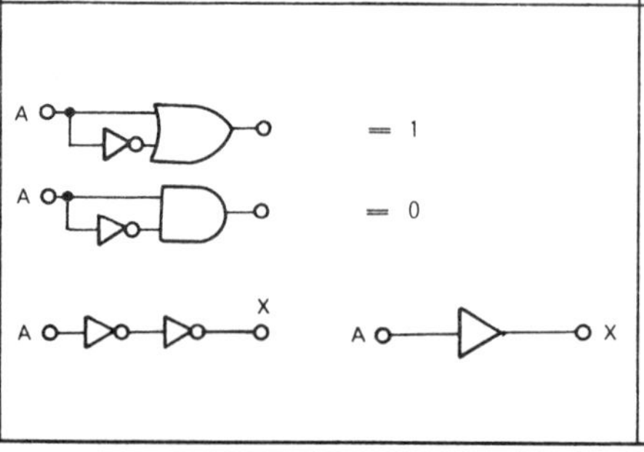	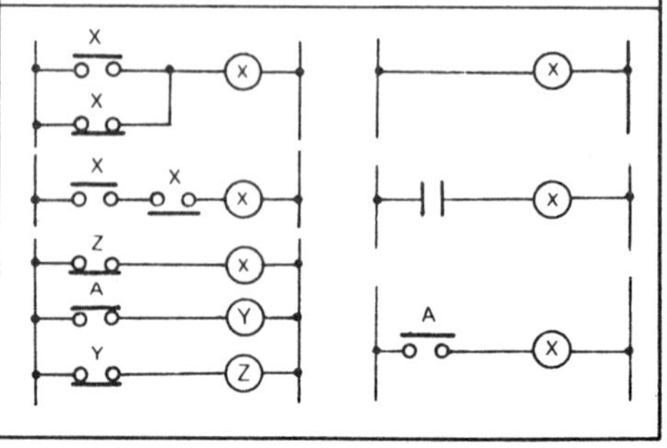

3. 무접점 전동기회로

3·1　전동기의 무접점 기동제어

　전동기의 무접점 시퀀스도는 조작신호를 주는 접점부 릴레이 시퀀스를 무접점 시퀀스로 바꾸는 입력부, 논리 연산장치인 제어부, 무접점 시퀀스를 릴레이 시퀀스로 바꾸는 출력부와 실제의 기기 작동에 사용되는 작동부로 구성되어 있다.

(1) 시퀀스도

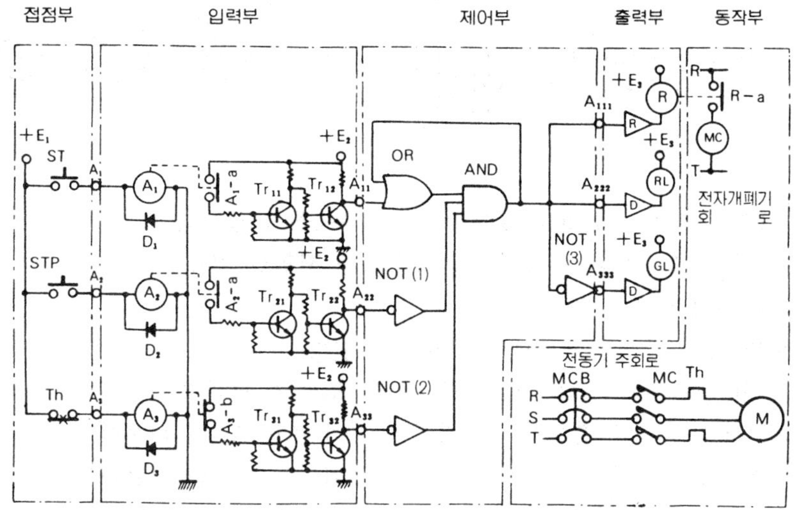

ST : 기동접점　　　　　　　　STP : 정지접점　　　　　　　　Th : 과전류 접점　　　　D₁, D₂, D₃ : 다이오드 D
(A₁) (A₂) (A₃) : 입력 절연용 릴레이　　　　　　Tr₁₁, Tr₁₂, Tr₂₁, Tr₂₂, Tr₃₁, Tr₃₂ : 전압 레벨 변환용 트랜지스터
SR : 논리합 회로　　　　　　AND : 논리적 회로　　　　　　NOT : 논리부 회로
(OR▷) : 릴레이 드라이버 회로　　(D▷) : 램프 드라이버 회로　　(R) : 출력 절연용 릴레이
(RL) : 작동 표시등　　　　　　(GL) : 전원 표시등　　　　　　(MC) : 전자접촉기
MCB : 배선용 차단기　　　　　(M) : 전동기

㊟ 무접점 시퀀스도는 도면의 왼쪽에서 오른쪽을 향하여 신호가 흐르는 횡서로 나타낸다. 다만, 논리회로 소자의 전압 E 는 꼭 필요한 것이나 일일이 도면에 기입하지 않고 생략하는 것이 원칙이다.

[참고] 용접기 제어기판

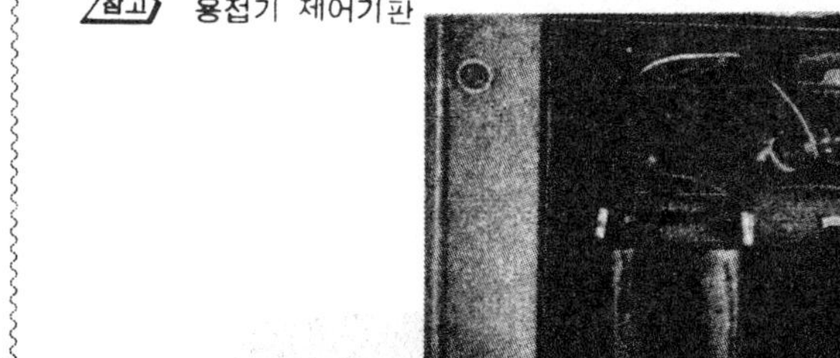

(2) 기동회로

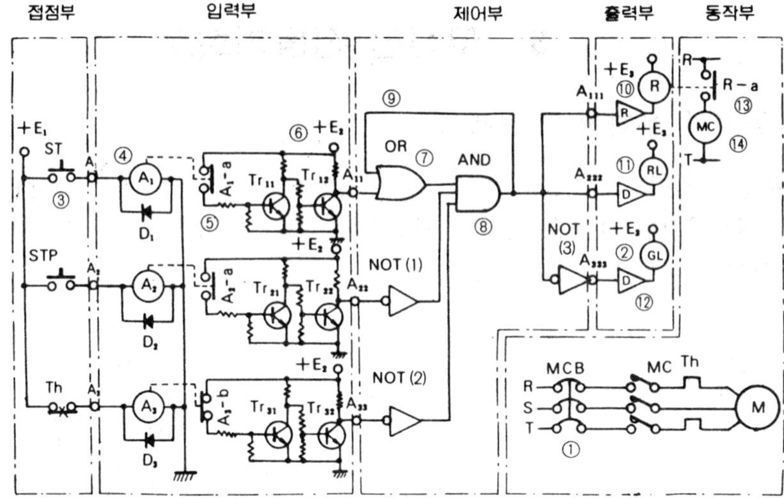

[작동설명]

① 회로에 전원을 투입하기 위하여 배선용 차단기 MCB를 넣는다.

② 전원표시등 Ⓖ Ⓛ 이 점등된다(설명은 작동순서를 확인할 것).

③ 기동스위치(기동접점) ST 를 누른다.

④ ST를 누르면 입력 절연용 릴레이 Ⓐ₁ 이 작동된다.

⑤ 절연용 릴레이 Ⓐ₁ 이 작동되면 Ⓐ₁ 의 a접점 A_1-a가 닫힌다.

⑥ A_1-a가 닫히면 전압 레벨변환회로가 작동을 하여 출력 A_{11}이 나온다.

⑦ A_{11}로 ⟩OR⟩ 회로가 작동된다(입력중 하나만 1이어도 출력이 나온다).

⑧ ⟩OR⟩ 회로 작동으로 AND 회로가 작동된다(입력이 모두 1이어야 출력이 나오지만 두개의 입력은 NOT 회로이므로 D이어야 하기 때문이다).

⑨ AND 회로의 작동으로 ⟩OR⟩ 회로에 계속 입력을 주므로 자기 유지된다.

⑩ AND 회로의 작동으로 A_{111}에 출력이 나오며 릴레이 드라이버 회로를 통하여 릴레이Ⓡ이 작동된다.

⑪ AND 회로의 작동으로 A_{222}에 출력이 나오며 램프 드라이버 회로를 통하여 작동 표시등 Ⓡ Ⓛ 이 점등된다.

⑫ AND 회로의 작동으로 A_{333}에 출력이 나오지 않으며(NOT 회로이기 때문에), 따라서 전원 표시등 Ⓡ Ⓛ 은 소등된다.

⑬ 릴레이 Ⓡ 의 작동으로 Ⓡ 의 a접점 R－a가 닫힌다.

⑭ R－a가 닫히면 전자접촉기 ⓂⒸ 가 작동된다.

✤ 이후 작동은 유접점을 확인할 것.

(3) 정지회로

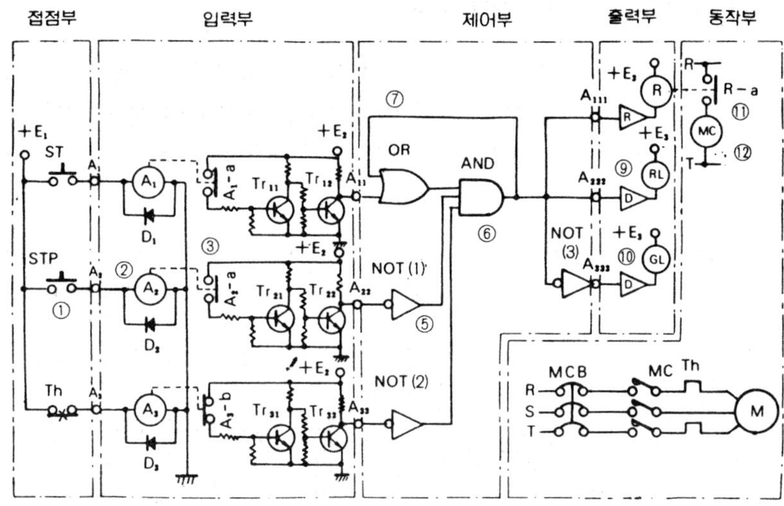

〔작동설명〕

① 정지스위치 STP를 누른다.

② 정지스위치 STP를 누르면 입력 절연 릴레이 Ⓐ₂가 작동된다.

③ 절연용 릴레이 Ⓐ₂가 작동되면 Ⓐ₂의 a접점 A_2-a가 닫힌다.

④ A_2-a가 닫히면 전압 레벨변환회로가 작동을 하여 출력 A_{22}가 나온다.

⑤ A_{22}로 NOT에서 출력이 나오지 않는다 (입력이 주어지면 출력은 나오지 않음).

⑥ NOT 회로의 출력이 0이므로 AND 회로가 작동하지 않는다.

⑦ AND 회로 작동의 정지로 자기유지가 풀린다.

⑧ AND 회로 작동의 정지로 A_{111}에 출력이 나오지 않으며 릴레이 Ⓡ의 작동도 정지된다.

⑨ AND 회로 작동의 정지로 A_{222}에도 출력이 나오지 않으며 작동표시등 ⓇⓁ 이 소등된다.

⑩ AND 회로 작동의 정지로 A_{333}에는 출력이 나오며(NOT 회로이므로), 따라서 램프 드라이버 회로를 통하여 전원표시등 ⒼⓁ 이 점등된다.

⑪ 릴레이 Ⓡ의 작동 정지로 Ⓡ의 a접점 R-a′가 열린다.

⑫ R-a가 열리므로 전자접촉기 MC 의 작동도 정지된다.

🔚 열동형 계전기 작동시도 같은 방법이다.

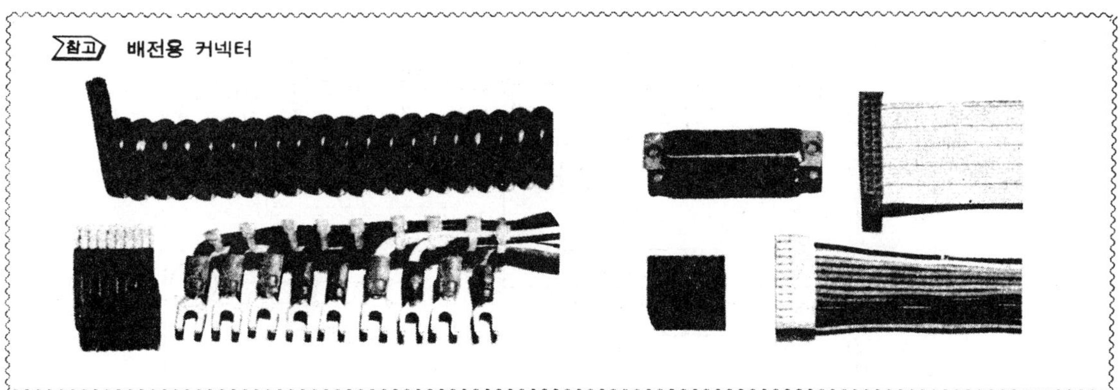

3·2   전동기 무접점 한시 제어회로

전동기의 무접점 시퀀스도는 조작신호를 주는 접점부(유접점부) 릴레이 시퀀스를 무접점 시퀀스로 바꾸는 입력부(전원 레벨 변환부), 논리 연산장치인 제어부(한시제어부), 무접점 시퀀스를 릴레이 시퀀스로 바꾸는 출력부(증폭부)와 실제의 기기 작동에 사용되는 작동부로 구성된다.

(1) 시퀀스도

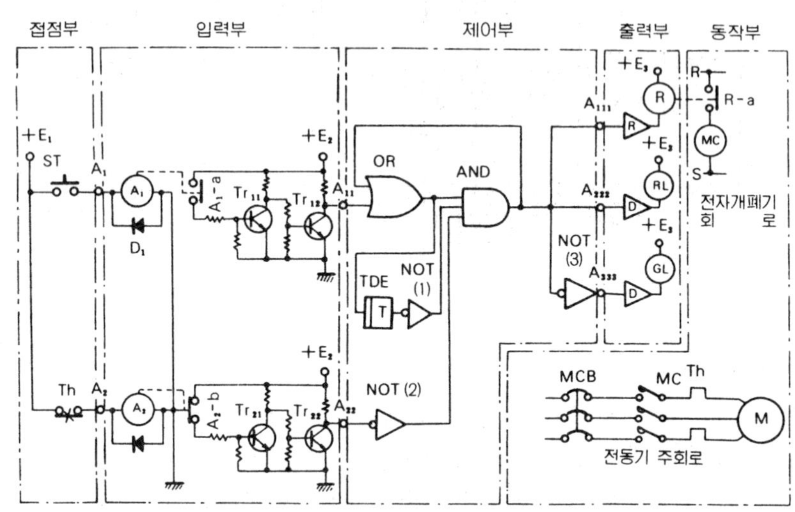

ST : 기동 접점
D₁, D₂ : 다이오드
OR : 논리합 회로
TDE : 온 디레이 타이머 회로
Ⓡ : 출력 절연용 릴레이
MC : 전자접촉기

Th : 과전류 접점
Tr₁₁, Tr₁₂, Tr₂₁, Tr₂₂ : 전압 레벨 변환용 트랜지스터
AND : 논리적 회로
▷ : 릴레이 드라이버 회로
RL : 작동표시등
MCB : 배선용 차단기

A₁ A₂ : 입력 절연용 릴레이
NOT : 논리부 회로
▷ : 램프 드라이버 회로
GL : 전원표시등
M : 전동기

(2) 전동기의 기동작동

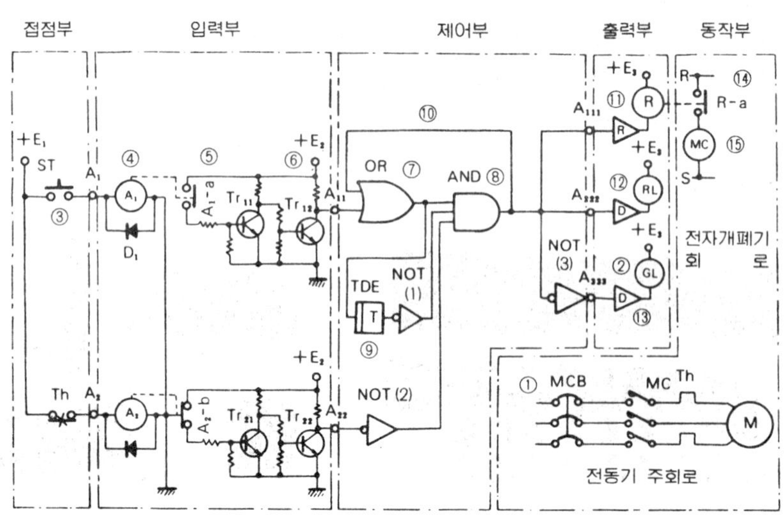

〔작동설명〕

① 회로에 전원을 투입하기 위하여 배선용 차단기 MCB 를 넣는다.

② 전원표시등 ⓖⓛ 이 점등된다.

③ 기동스위치 ST 를 누른다.

④ 기동스위치 ST 를 누르면 입력 절연용 릴레이 Ⓐ₁ 이 작동된다.

⑤ 입력 절연용 릴레이 Ⓐ₁ 이 작동되면 Ⓐ₁ 의 a접점 A_1-a가 닫힌다.

⑥ A_1-a가 닫히면 전압 레벨 변환회로가 작동하여 출력 A_{11} 이 나온다.

⑦ A_{11}로 OR 회로가 작동된다(여러개의 입력중 하나만 1일 때에도 출력은 1이다).

⑧ OR 회로의 작동으로 AND 회로가 작동된다(입력이 모두 1이어야 되나 두입력은 NOT 회로임을 확인할 것).

⑨ OR 회로의 작동으로 온 디레이 타이머 TDE 의 기동이 시작된다.

⑩ AND 회로의 작동으로 OR 회로에 계속 입력을 주므로 자기 유지된다.

⑪ AND 회로의 작동으로 A_{111}에 출력이 나오며, 릴레이 드라이버회로 R 을 통하여 Ⓡ 이 작동된다.

⑫ AND 회로의 작동으로 A_{222}에 출력이 나오며, 램프 드라이버회로 D 를 통하여 작동표시등 ⓡⓛ 이 점등된다.

⑬ AND 회로의 작동으로 A_{333}에 출력이 나오지 않으며 전원표시등 ⓖⓛ 은 소등된다.

⑭ 릴레이 Ⓡ 의 작동으로 Ⓡ 의 a접점 R-a가 닫힌다.

⑮ R-a가 닫히면 전자접촉기 ⓜⓒ 가 작동한다.

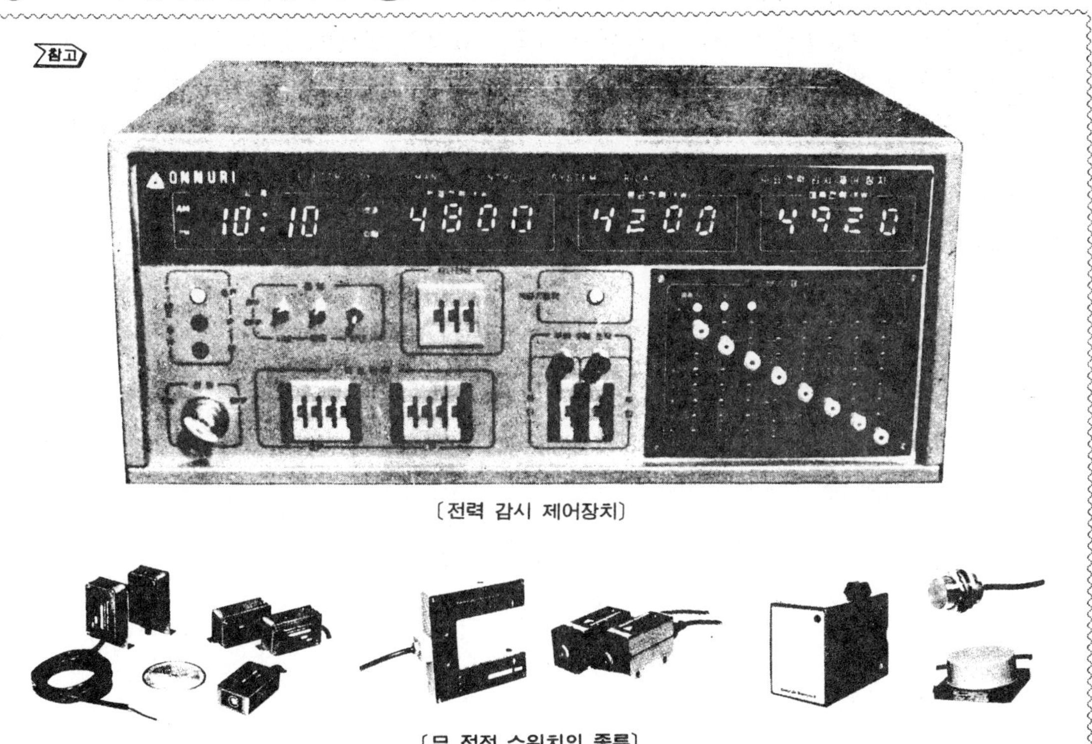

〔전력 감시 제어장치〕

〔무 접점 스위치의 종류〕

(3) 전동기의 정지작동

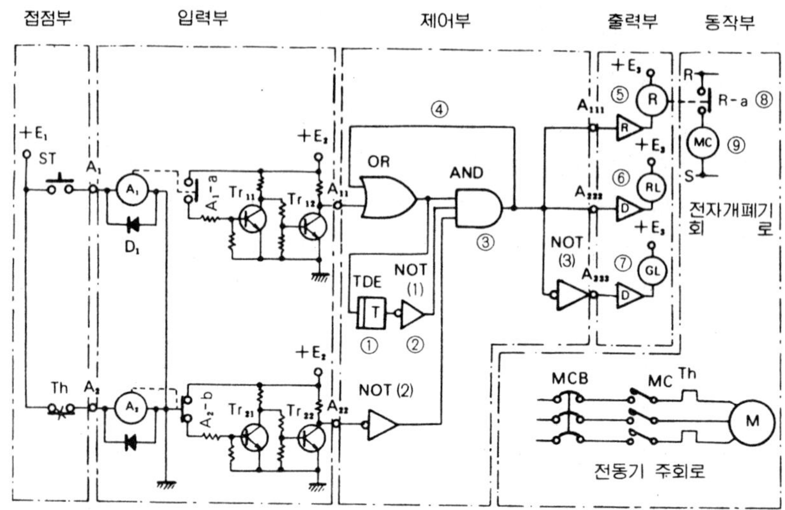

〔작동설명〕

① 설정시간이 지나면 온 디레이 타이머 TDE 가 작동된다.

② 온 디레이 타이머 TDE 가 작동되면 NOT 회로에 입력을 주어 출력은 0 이 된다.

③ 따라서 AND 회로에 출력이 나오지 않는다.

④ AND 회로의 작동정지로 자기 유지가 풀린다.

⑤ AND 회로의 작동정지로 A_{111}에 출력이 나오지 않으며 릴레이 Ⓡ 의 작동도 정지된다.

⑥ AND 회로의 작동정지로 A_{222}에 출력이 나오지 않으며 작동표시등 RL 이 소등된다.

⑦ AND 회로의 작동정지로 A_{333}에는 출력이 나오며(NOT 회로이므로), 따라서 램프 드라이버 회로를 통하여 전원표시등 GL 이 점등된다.

⑧ 릴레이 Ⓡ 의 작동정지로 Ⓡ 의 a접점 R-a가 열린다.

⑨ R-a가 열리면 전자접촉기 MC 의 작동도 정지된다.

부　록

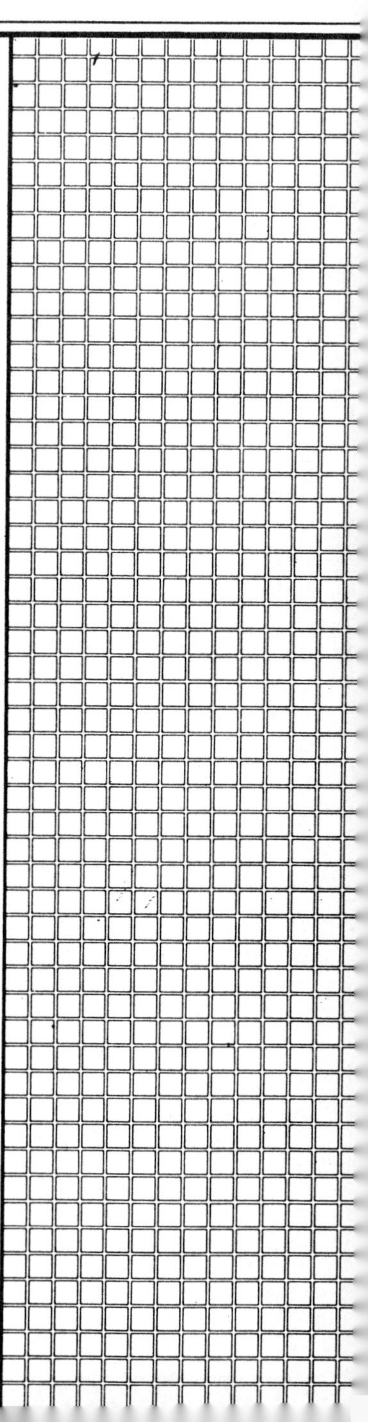

1. 타워 크레인 (tower crane)

〔전기 회로 읽는법〕

〔비상시 장치〕

약호	원 어	뜻	약호	원 어	뜻
I	ON	온	Im	Impulse	충격전파
O	OFF	오프	Sh	Shunting	분 로
X	Control	콘트롤	Px	Control potentiometer	콘트롤 전위차계
S	Safety device	안전장치	Pr	Adjusting potentiometer	콘트롤 전위차계
R	Slow down	감 속	Cm	Switch	스 위 치

〔접 점〕

약호	원 어	뜻	약호	원 어	뜻
Cx	Control contact	조절 접속	Ps	Contact	접 속
Ex	Balancing contact	균형 접속	An	Anemometer contact	풍력계 접속
Cp	Door contact	도어 접속			

〔지시 표시〕

약호	원 어	뜻	약호	원 어	뜻
Ih	Height indicator	높이 지시기	Ich	Load indicator	적재 지시기
Ip	Radius indicator	라듐 지시기	V	Signal light	신호등
Im	Moment indicator	순간 지시기			

〔제 1 기관군〕

약호	원 어	뜻	약호	원 어	뜻
P	Protection devices	보호장치	Gi	Weathervaning	풍량 조절
L	Hoist winch	호이스트 윈치	Gt	Hydraulic group	유압군
R	Slewing mechanism	로테이션 좌우 회전	A	Klaxon	경 적
Ct	Heating	난 방	K	Drivers control unit	운전자 조절장치
T	Travelling mechanism	전후 이동	Di	Autom circuit breaker	자동회로 차단기
D	Trolley winch	트롤러 윈치	Sc	Isolating switch	차단 스위치
E	Cable winder	케이블 와인더	Ve	Fan	바람개비
Ec	Cabin lighting	선실 난방	Sf	Fuse cut out switch	퓨즈 절환 스위치
Eg	Windscreen wiper	윈드스크린 와이퍼	Ta	Auxiliary winch	보조 윈치
Cc	Cabin heating	선실 난방			

〔제 2 또는 제 3 그룹〕

약호	원 어	뜻	약호	원 어	뜻
M	Motor	모 터	Tc	Transformer	트랜스
Ts	Transformer	트랜스	Th	Load contact	부하 접속
Co	Coupling	연결부	Mo	Moment contact	순간 접속
Fs	Safety brake	안전 브레이크	Dy	Tachometer dynamo	속도계 발전기
Ra	Electrodynamic brake	전동 브레이크	Cv	Speed change	변 속
Fr	Reterdation brake	감속 브레이크	Fu	Fuse	퓨 즈
Hy	Hydraulic group	유압군	Ev	Solenoid valve	전기 밸브

〔방향 속도〕

약호	원 어	뜻	약호	원 어	뜻
H	Hoisting up	감아올림	G	Left	왼 쪽
D	Lowering	감아내림	Pv	Low speed	저 속
Av	Forwards	앞으로	Gv	High speed	고 속
Ar	Backwards	뒤 로	Sv	Super speed	초고속
D	Right	오른쪽	Mv	Creep speed	크리프 속도

(1) 콘트롤 박스

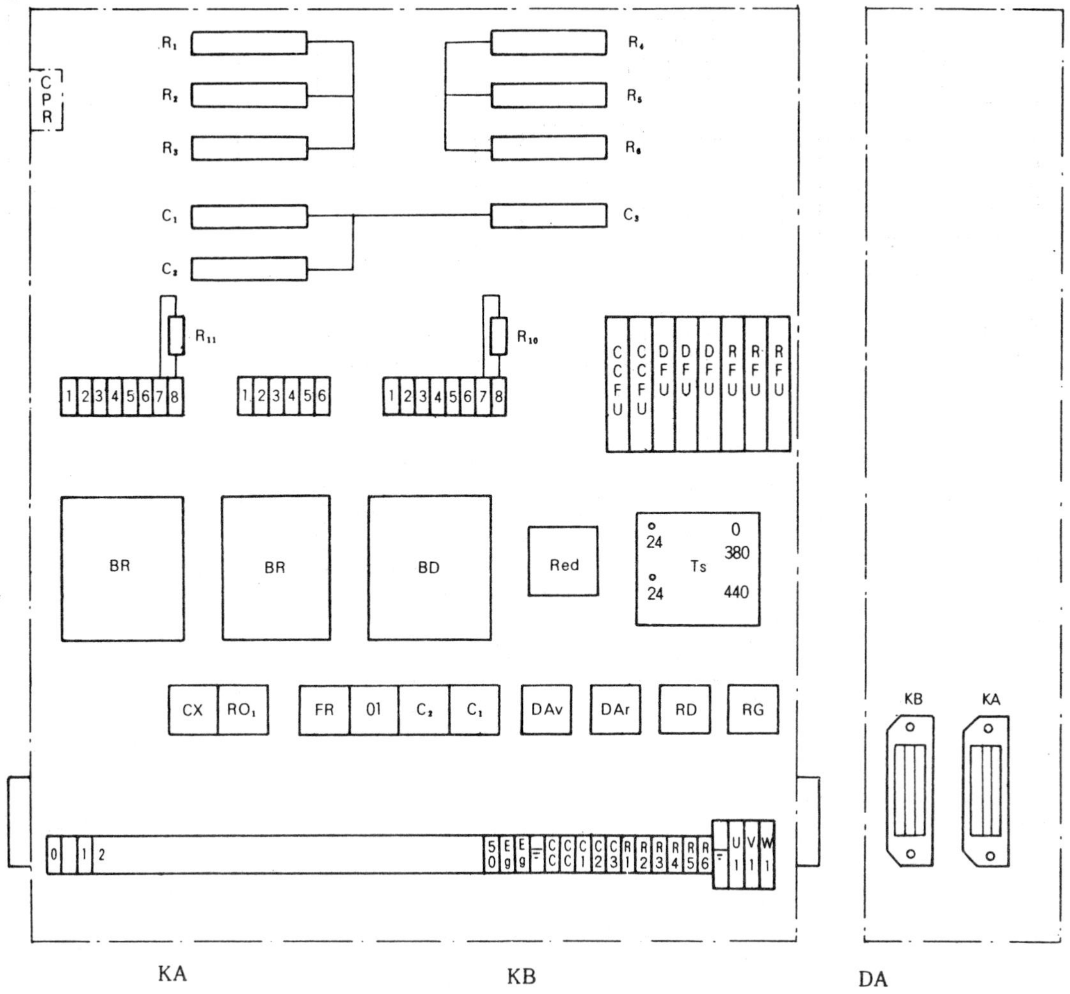

KA

EMBASE SOCKEL SOCKET					
X	Y	X	Y	X	Y
1	1	9	50	17	44
2		10		18	
3		11	2	19	
4		12	39	20	25
5		13	40	21	
6	36	14	41	22	
7	37	15	42	23	
8	38	16	43	24	

KB

EMBASE SOCKEL SOCKET					
X	Y	X	Y	X	Y
1	50	9	16	17	
2	3	10	19	18	
3	6	11	21	19	7
4	2	12	22	20	
5	33	13	8	21	
6	35	14	9	22	
7	1	15	32	23	
8	47	16	48	24	

DA

EMBASE SOCKEL SOCKET					
X	Y	X	Y	X	Y
1	25	9		17	C 1
2		10		18	C 2
3	28	11	23	19	$\bot$
4	29	12	16	20	DAr 2
5	17	13	24	21	DAr 4
6	20	14	19	22	DAr 6
7		15		23	C 3
8	27	16		24	

- X : Broche Stecker Plug
- Y : Borne Anschlussklemme Terminal

(2) 콘트롤 박스

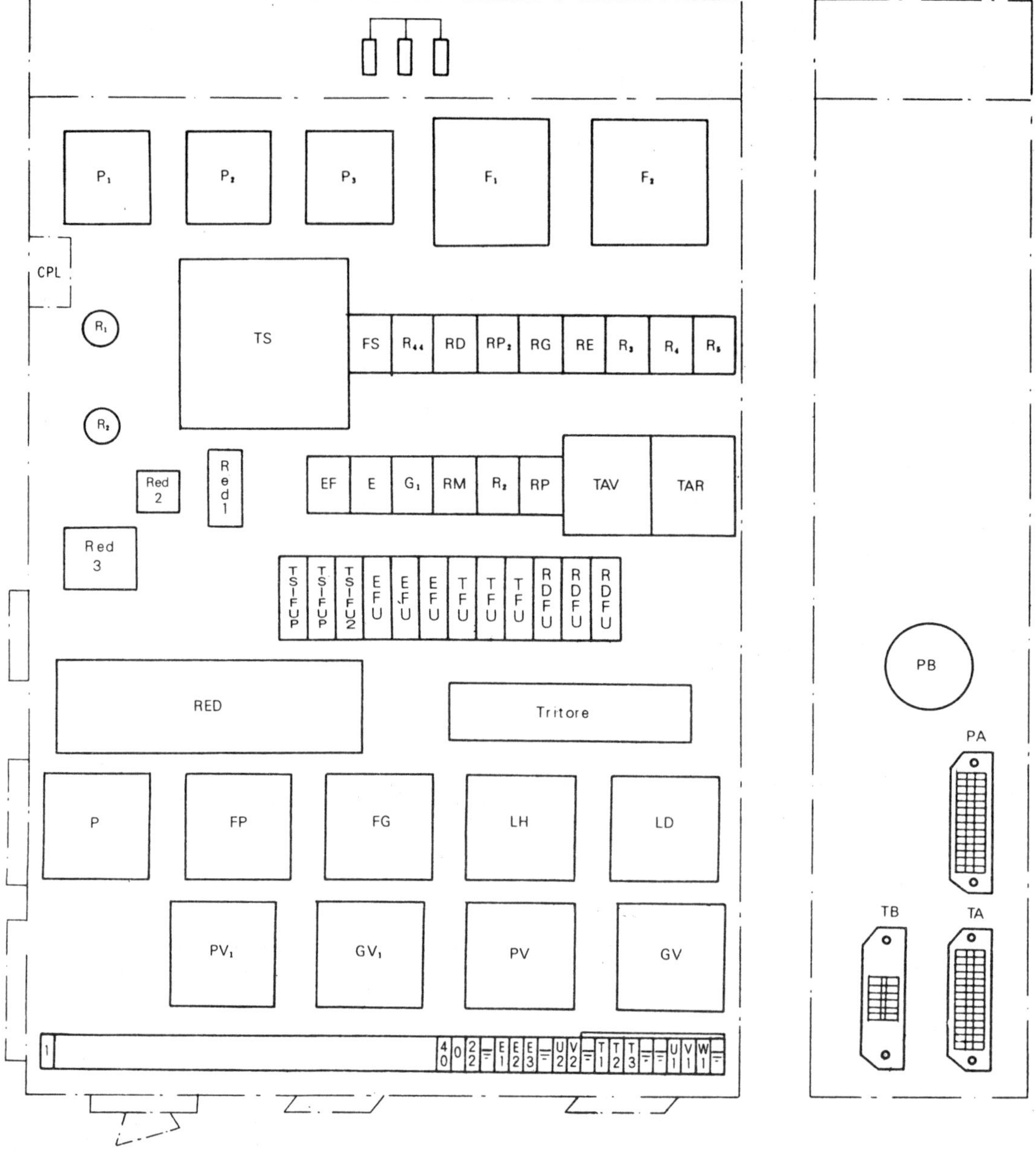

PA					
X	Y	X	Y	X	Y
1	0	9		17	29
2	220	10	9	18	30
3	1	11	11	19	31
4	2	12	18	20	32
5	4	13	20	21	33
6	5	14	22	22	34
7	7	15	26	23	
8	8	16	35	24	12

TA					
X	Y	X	Y	X	Y
1	8	9	U_2	17	V_2
2		10		18	
3	17	11	16	19	⏚
4	15	12	18	20	T_1
5	19	13	15	21	T_2
6	21	14	20	22	T_3
7	22	15	23	23	12
8		16	\	24	

TB					
X	Y	X	Y	X	Y
3	17	11	16	19	⏚
4	14	12		20	T_1
5		13	14	21	T_2
6		14		22	T_3

주
- X : Broche Stecker Plug
- Y : Borne Anshlussklemme Terminal

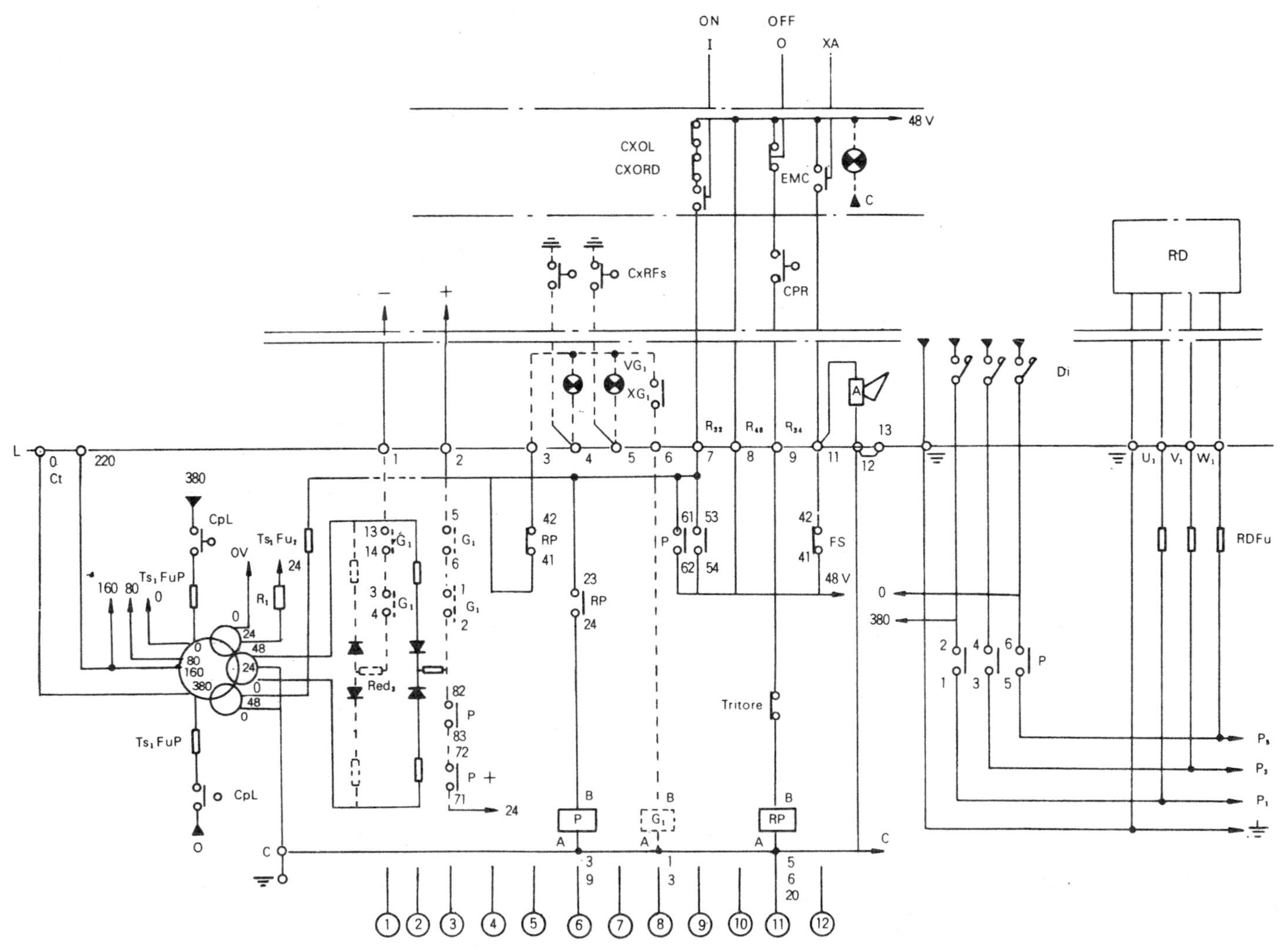

ON OFF XA
I O
48 V
CXOL
CXORD
EMC
C
RD
CxRFs
CPR
Di
VG₁
XG₁
A
R₂₂ R₄₄ R₅₄
13 12
U₁ V₁ W₁
L
0 220
Ct
380
CpL
Ts₁Fu₂
OV
Ts₁FuP
160 80 0
R₁
24
80 160 380
Red₁
13 14 G₁
3 4 G₁
5 6 G₁
1 2 G₁
42 41 RP
23 24 RP
82 83 P
72 71 P +
24
P
61 53 62 54
42 41 FS
48 V
Tritore
RDFu
0
380
2 4 6 P
1 3 5
P₃ P₂ P₁
Ts₁FuP
CpL
B P A
3 9
B G₁ A
1 3
B RP A
5 6 20
C
1 2 3 4 5 6 7 8 9 10 11 12

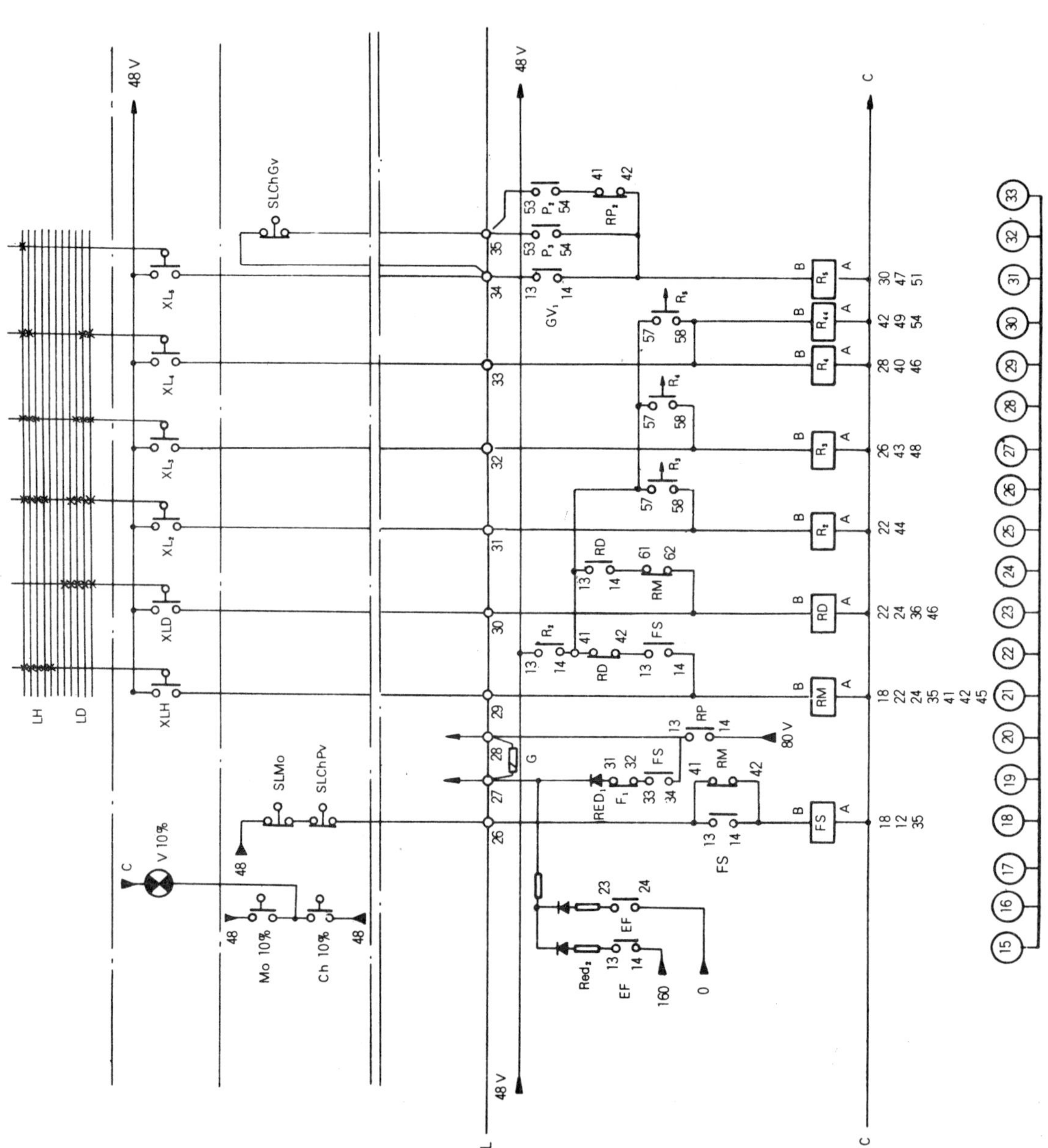

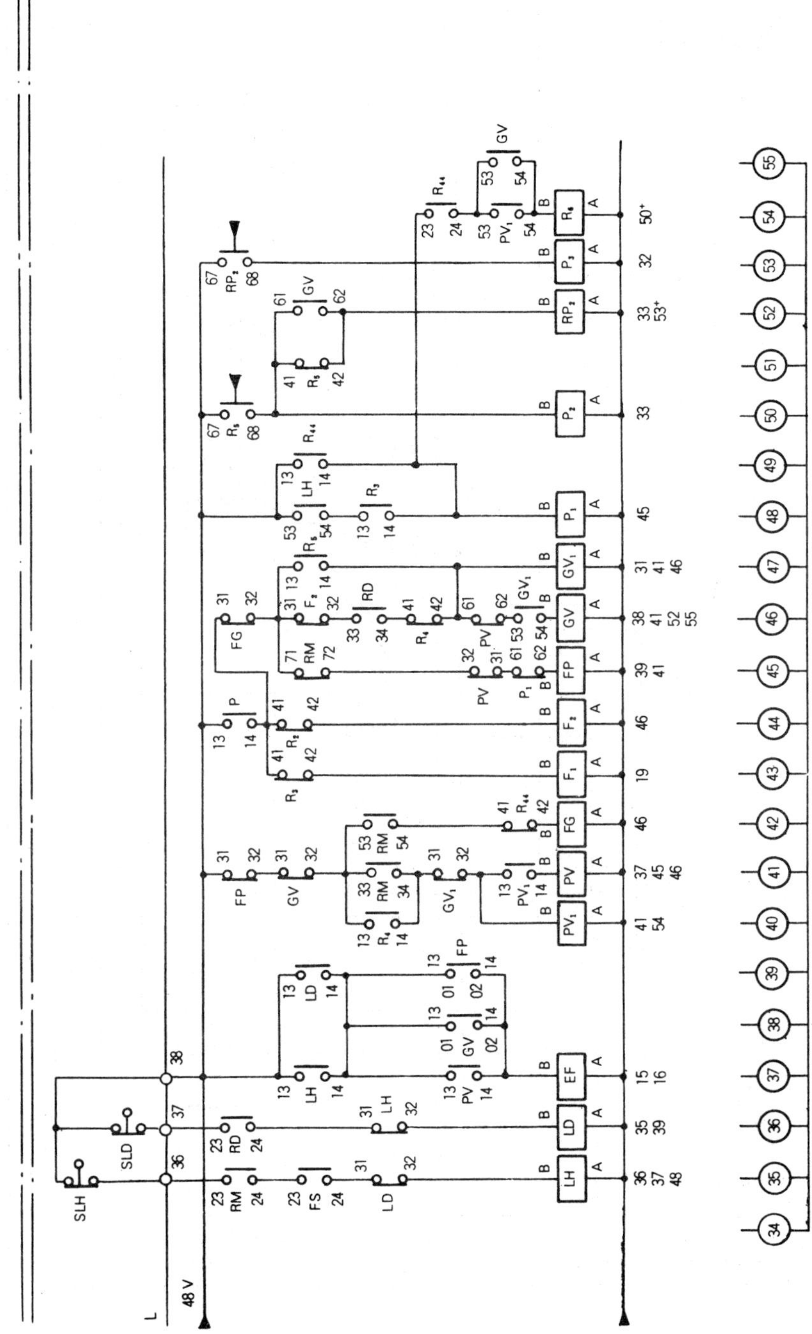

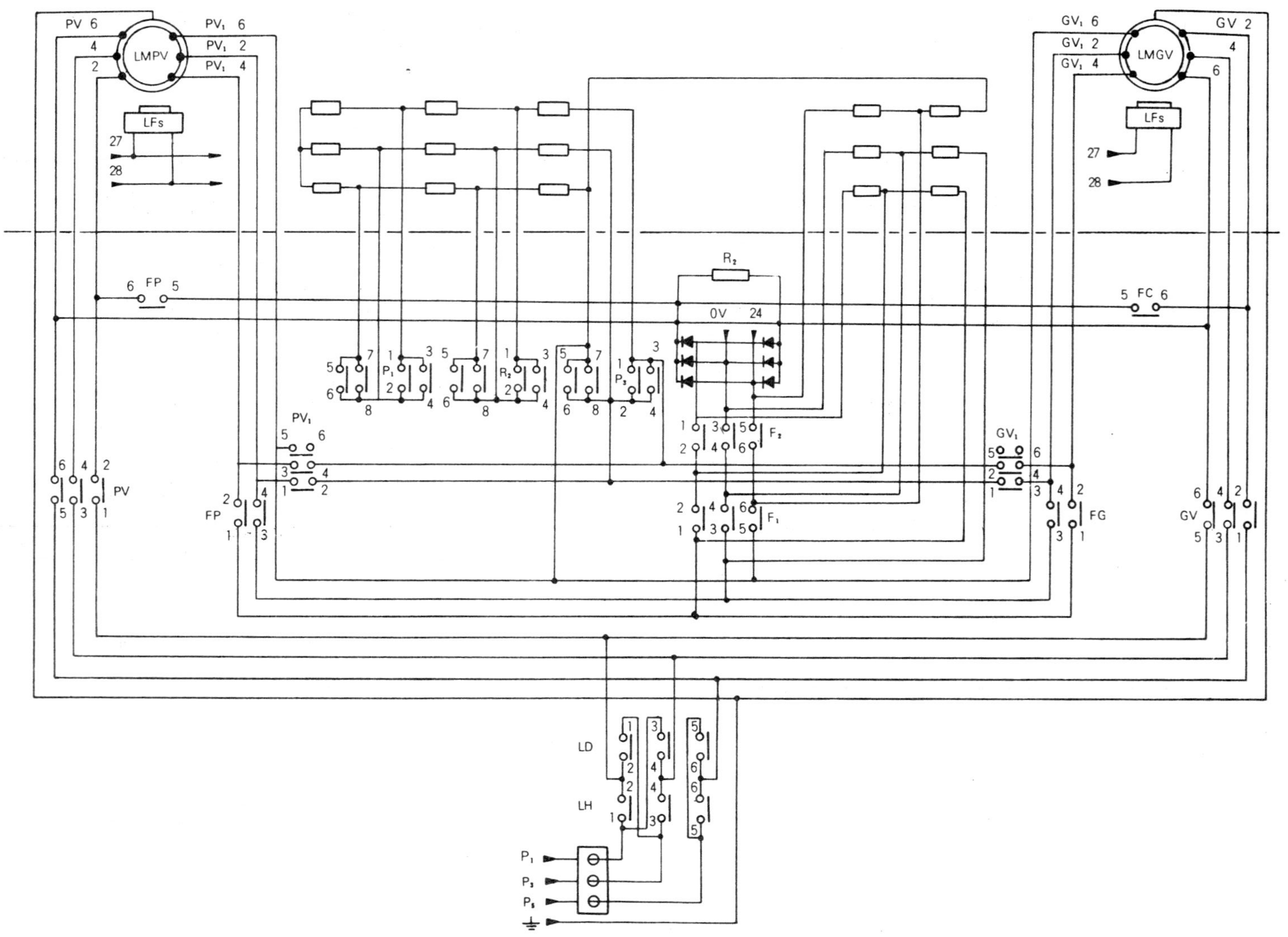

PV 6
PV, 6
4
PV, 2
2
LMPV
PV, 4
LFs
27
28
GV, 6
GV, 2
GV, 4
LMGV
GV 2
4
6
LFs
27
28
R₂
6 FP 5
0V 24
5 FC 6
5 7 1 3
6 P₁ 2
8
5 7 1 3
6 R₂ 2
8 4
5 7 1 3
6 P₃ 2 4
8
1 3 5
2 4 6
F₂
PV₁
5 6
3 4
1 2
GV₁
5 6
2 4
1 3
6 4 2
PV
5 3 1
FP
2 4 1
1 3
2 4 6
1 3 5
F₁
4 2
FG
3 1
6 4 2
GV
5 3 1
LD
1 3 5
2 4 6
LH
2 4 6
1 3 5
P₁
P₂
P₃

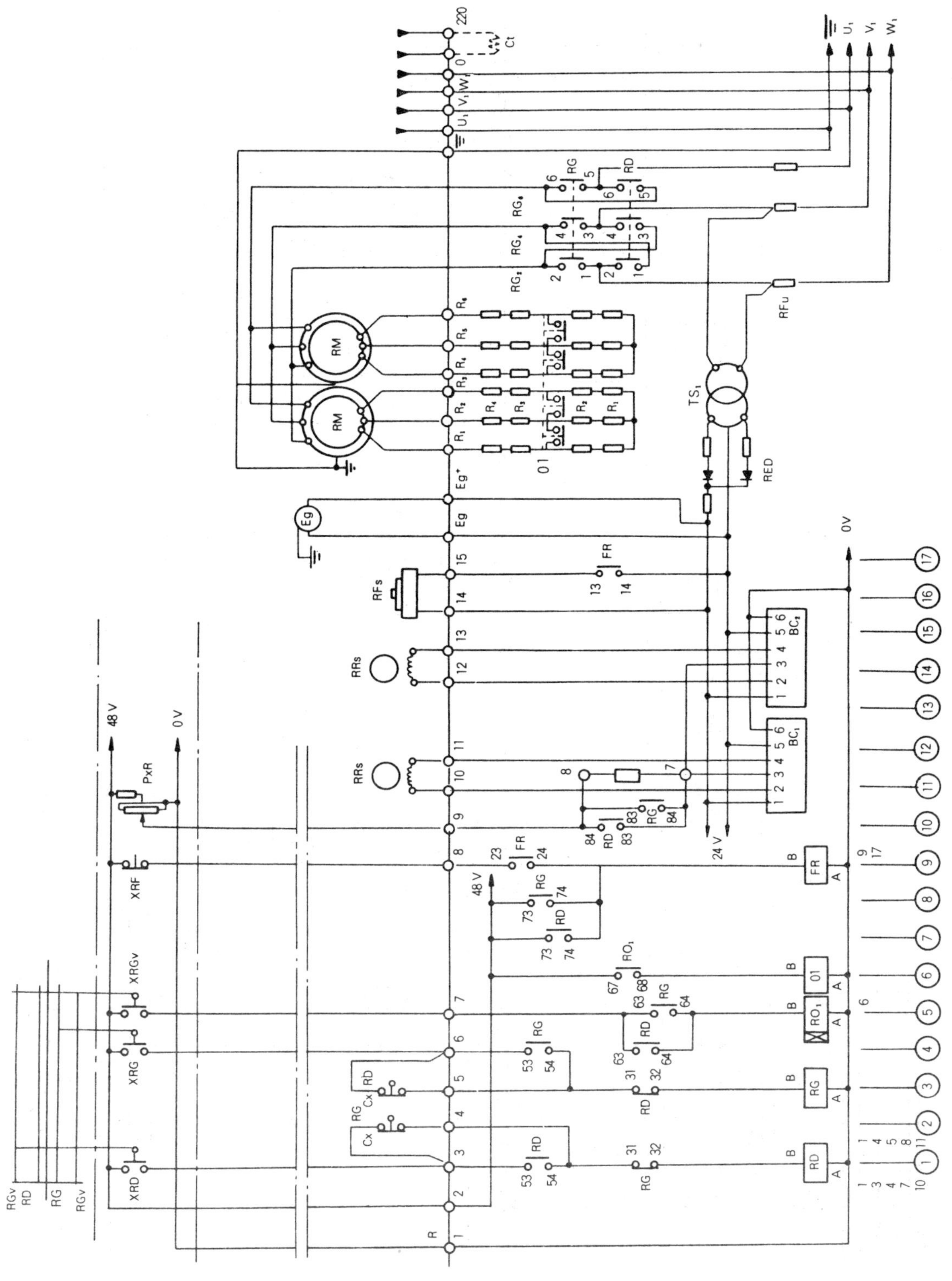

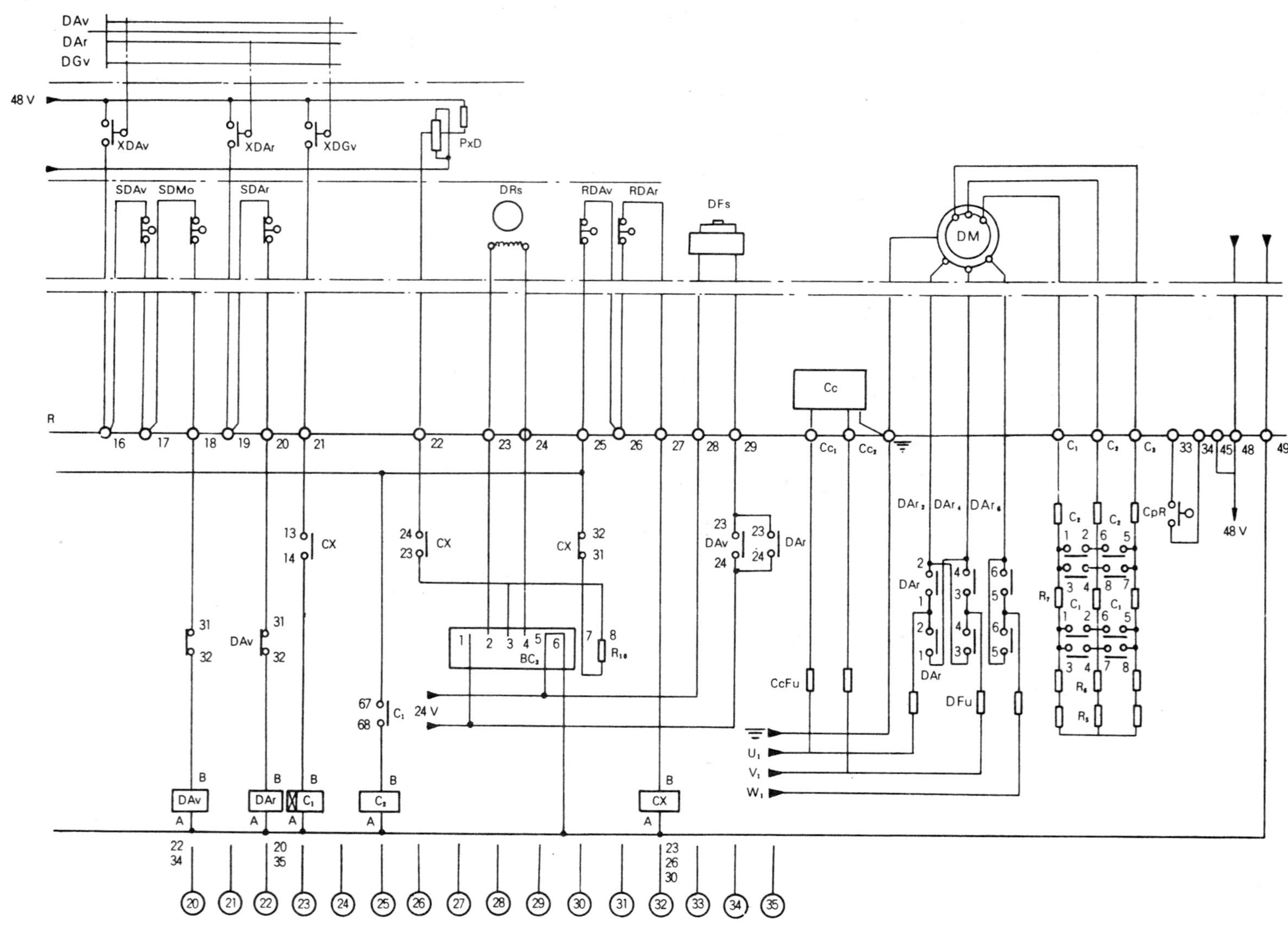

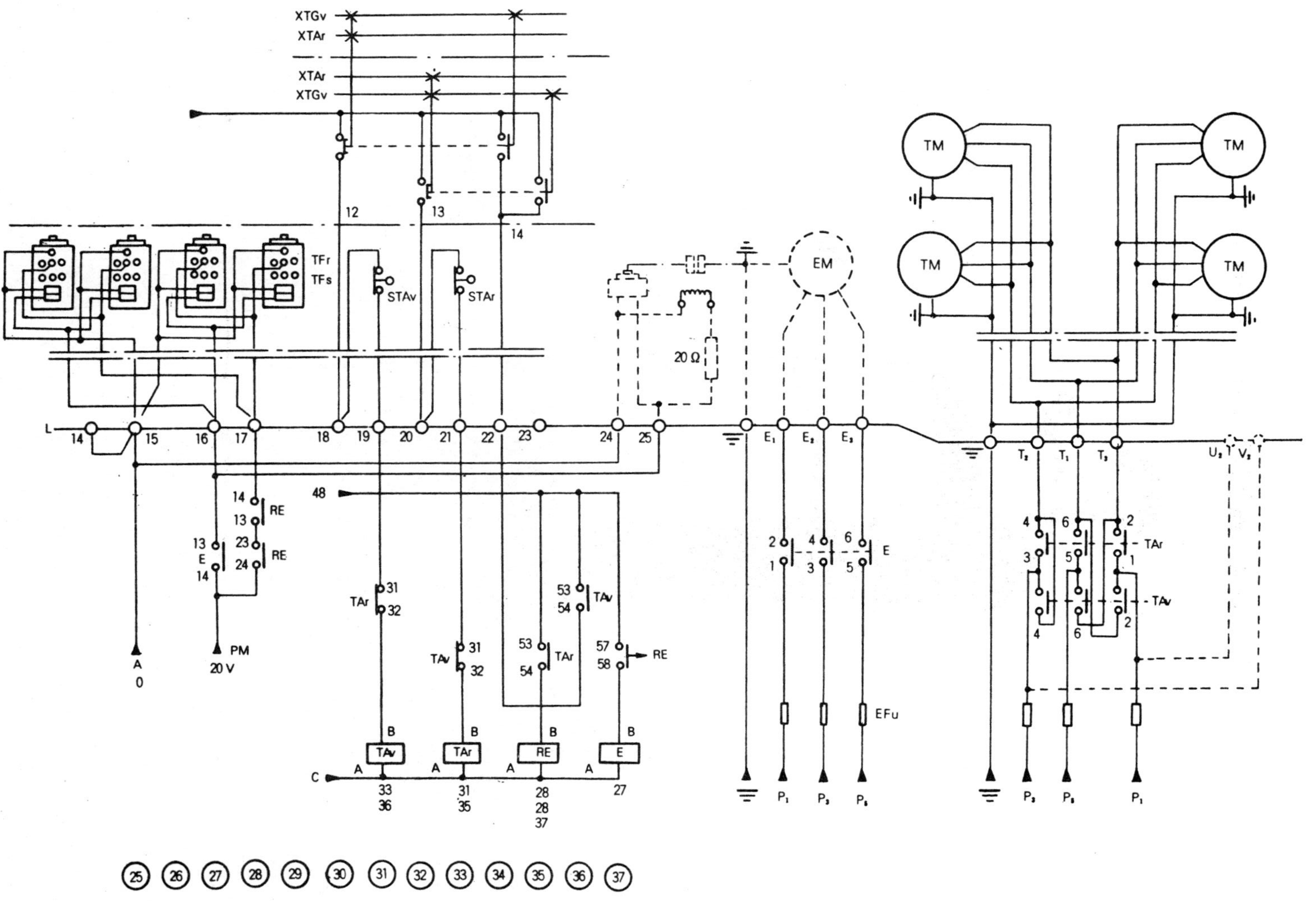

2. 배처 플랜트(batcher plant)

〔배처 플랜트 기호설명〕

	e
$1e_1$	MIXER 전용차단기
e_1	$R_1,\ S_1,\ T_1$ 차단기
$3e_1$	HOIST 전용차단기
$7e_1$	CEMENT SCREW 전용차단기
$7e_2$	CEMENT SCREW 전용차단기
$12e_1$	WATER PUMP 전용차단기
$0e_7$	EV 80에 들어가는 O.L
e_2	$R_2,\ S_2,\ T_2$ FUSE
$2e_1$	COMPRESSOR 전용차단기
$2e_3$	SAND VIBRATOR 전용차단기
$8e_1$	CEMENT VIBRATOR 전용차단기
$16e_1$	BLENDING AGENT 전용차단기
e_s	SCRAPER 전용차단기
$16e_{12}$	BLENDING AGENT PUMP 전용차단기
$9e_1$	SILO BAG FILTER 전용차단기
$9e_2$	SILO BAG FILTER 전용차단기
$0e_{11}$	EV 80 1차 COIL O.L
$0e_{12}$	EV 80 1차 COIL O.L
$0e$	EV 80 TRANS 2차 COIL O.L (24 V)
$0e_1$	EV 80 TRANS 2차 COIL O.L (20 V)
$0e_{15}$	EV 80 TRANS 2차 COIL O.L (220 V)
$0e_1$	CONTROL LINE 변압기 1차 O.L
$0e_2$	CONTROL LINE 변압기 1차 O.L
$0e_5$	정류기 O.L
$0e_{10}$	CONTROL LINE 변압기 2차 O.L (220 V)
$0e_3$	CONTROL LINE 변압기 2차 O.L (225 V)
$0e_4$	CONTROL LINE 변압기 2차 O.L (20 V)

	c
$1c_1$	MIXER MAIN MAGNET
$1c_2$	MIXER Y MAGNET
$1c_3$	MIXER Δ MAGNET
$3c_1$	HOIST up MAGNET
$3c_2$	HOIST DOWN MAGNET
$7c_1$	CEMENT SCREW MAGNET
$7c_2$	CEMENT SCREW MAGNET
$12c_1$	WATER PUMP MAGNET
$2c_1$	COMPRESSOR MAGNET
$2c_3$	VIBRATOR SAND MAGNET
$8c_1$	VIBRATOR CEMENT MAGNET
$16c_1$	BLENDING AGENT 흡입 PUMP MAGNET
$16c_2$	BLENDING AGENT 흡입 PUMP MAGNET
$16c_3$	BLENDING AGENT 흡입 PUMP MAGNET
$16c_4$	BLENDING AGENT 흡입 PUMP MAGNET
$16c_{12}$	BLENDING AGENT 배출 PUMP MAGNET
$9c_1$	VIBRATOR MAGNET
$9c_2$	VIBRATOR MAGNET

	d
$0d_9$	MOTOR 가 들어가면 작동하는 RELAY
$0d_2$	DELIVERY PIPE EV 80 작동시키기 위한 RELAY
$0d_2{}_{/1}$	LINE SWITCH ON RELAY
$10d_2$	자동 RELAY
$11d_{13}$	골재 EMPTY RELAY
$7d_3$	CEMENT EMPTY RELAY
$7d_4$	CEMENT FULL RELAY
$12d_3$	WATER EMPTY RELAY
$12d_4$	WATER FULL RELAY
$16d_3$	혼화재 EMPTY RELAY
$16d_4$	혼화재 FULL RELAY
$10d_3$	READY RELAY
$10d_4$	START S/W RELAY
$11d_5$	SAND RELAY
$11d_4$	SAND RELAY
$11d_3$	467 골재 RELAY
$11d_2$	57 골재 RELAY
$11d_1$	57 골재 RELAY
$3d_4{}_{/1}$	HOIST BUCKET UP RELAY
$3d_4$	HOIST IS UP RELAY
$3d_{10}$	HOIST WAITING RELAY
$3d_1$	HOIST BREAK RELAY
$3d_6$	HOIST DOWN RELAY
$3d_2{}_{/1}$	HOIST DOWN RELAY
$7d_5$	CEMENT FULL (SILO)
$7d_1$	CEMENT FILLING (SCREW CONV 의 작동)
$6d_2$	CEMENT GATE OPEN
$6d_1$	CEMENT GATE CLOSED
$4d_4$	MIXER FULL
$10d_7$	MIXER 의 CEMENT 확인
$10d_{90}$	MIXING TIME END
$12d_1$	WATER ON
$4d_1$	OPEN (자동)
$4d_2{}_{/1}$	MIXER 의 배출 GATE CLOSE (자동)
$4d_2$	MIXER 의 배출 GATE CLOSE (자동)
$4d_5$	OPEN (수동)
$4d_3$	CLOSE (수동)
$4d_{10}$	배출 자동
$4d_6$	배출 OPEN

	dz
$1dz_2$	MIXER Y 에서 Δ 로 넘어가는 시간
$11dz_{14}$	골재 FULL 후 시간
$8dz_1$	CEMENT VIRATING 시간
$2dz_4$	VIBRATOR SAND 시간
$10dz_4$	자동 START
$3dz_{11}$	DOWN 까지의 대기시간
$3dz_{12}$	HOIST 의 배출시간
$3dz_{13}$	HOIST 의 대기시간
$6dz_3$	CEMENT GATE OPEN 시간
$10dz_9$	물계량 완료시간
$4dz_{13}$	DRY MIXING 시간
$4dz_{14}$	배출 자동
$4dz_2$	MIXER GATE OPEN 시간
$12dz_6$	물 투입시간

	SOLENOID VALVE
SOL	SILO 에 AIR 를 집어넣는 SOLENOID VALVE
$11V_1$	57 골재 GATE SOLENOID VALVE
$11V_2$	57 골재 GATE SOLENOID VALVE

코드	명칭	코드	명칭
$11\,V_3$	467 골재 GATE SOLENOID VALVE	$12\,b_2$	WATER OFF PBS
$11\,V_4$	SAND GATE SOLENOID VALVE	$4\,b_1$	배출 SELECTOR S/W
$11\,V_5$	SAND GATE SOLENOID VALVE	$4\,b_4$	배출 OPEN PBS
$6\,V_2$	CEMENT GATE SOLENOID VALVE	$4\,b_2$	배출 PBS
$12\,V_1$	WATER GATE SOLENOID VALVE	$4\,b_5$	배출 CLOSE PBS
$76\sim77$	배출 OPEN GATE SOLENOID VALVE	$4\,b_{10}$	AUTO SELECTOR S/W
$78\sim79$	배출 CLOSE GATE SOLENOID VALVE	$10\,b_4$	STOP PBS

b		h	
$0\,b_0$	HOOTER PBS	$1\,h_1$	MIXER BREAK 풀림 표시등
$0\,b_1$	STOP PBS	$1\,h_3$	Y 기동 LAMP
$0\,b_2$	START PBS	$1\,h_4$	Δ 운전 LAMP
$1\,b_1$	MIXER STOP PBS	$8\,h_1$	시멘트 VIBRATOR 작동 LAMP
$1\,b_2$	자동 START S/W	$2\,h_3$	VIBRATOR SAND 작동 LAMP
$1\,b_3$	수동으로 바로 Δ 운전 S/W	$10\,h_2$	자동 표시등
$9\,b_1$	SILO VIBRATOR PBS	$11\,h_{13}$	골재가 빈 표시등
$9\,b_2$	SILO VIBRATOR PBS	$11\,h_{14}$	골재가 찬 표시등
$9\,b\,1/1$	AIR SOLENOID VALVE를 열어주는 PBS	$7\,h_3$	CEMENT EMPTY LAMP
$9\,b\,2/1$	AIR SOLENOID VALVE를 열어주는 PBS	$7\,h_4$	CEMENT FULL LAMP
$8\,b_1$	VIBRATOR SELECTOR S/W	$12\,h_3$	WATER EMPTY LAMP
$2\,b_1$	COMPRESSOR SELECTOR S/W	$12\,h_4$	WATER FULL LAMP
$2\,b_3$	VIBRATOR SAND PBS	$16\,h_3$	혼화재가 계량컵에 빈 LAMP
$2\,b_4$	배출 SELECTOR S/W	$16\,h_4$	혼화재가 계량컵에 찬 LAMP
$10\,b_1$	AUTOM ON STOP PBS	$10\,h_3$	자동 READY LAMP
$10\,b_2$	AUTOM ON START PBS	$10\,h_4$	START LAMP
$11\,b_1$	57 골재 PBS	$11\,h_5$	모래 투입 표시등
$11\,b_2$	57 골재 PBS	$11\,h_4$	모래 투입 표시등
$11\,b_3$	467 골재 PBS	$11\,h_3$	467 골재 투입 표시등
$11\,b_4$	SAND PBS	$11\,h_2$	57 골재 투입 표시등
$11\,b_5$	SAND PBS	$11\,h_1$	57 골재 투입 표시등
$3\,b_0$	HOIST UP EMERGENCY S/W	$3\,h_1$	HOIST BREAK 풀림 표시등
$3\,b_1$	HOIST UP STOP PBS	$3\,h_4$	HOIST IS UP LAMP
$3\,b_2$	HOIST UP START PBS	$3\,h_{10}$	HOIST WAITING LAMP
$3\,b_5$	HOIST UP LIMIT S/W	$3\,h_2$	DOWN MOTOR 작동 표시등
$3\,b_4$	HOIST UP LIMIT S/W	$3\,h_6$	HOIST DOWN LAMP
$3\,b_{10}$	HOIST WAITING LIMIT S/W	$7\,h_1$	CEMENT SCREW 작동 표시등
$3\,b_3$	HOIST DOWN PBS	$7\,h_2$	CEMENT SCREW 작동 표시등
$3\,b_6$	HOIST DOWN LIMIT S/W	$6\,h_2$	CEMENT HOPPER GATE OPEN LAMP
$3\,b_7$	HOIST DOWN LIMIT S/W	$6\,h_1$	CEMENT HOPPER GATE CLOSE LAMP
$7\,b_1$	CEMENT FILTER SELECTOR S/W	$4\,h_4$	MIXER 에 골재와 시멘트 투입 표시등
$7\,b_{10}$	CEMENT SCREW SELECTOR S/W	$10\,h_9$	DRY MIXING 끝 표시등
$7\,b_{20}$	CEMENT SCREW SELECTOR S/W	$12\,h_1$	물 투입 표시등
$6\,b_1$	CEMENT GATE SELETOR S/W	$4\,h_5$	MIXER AUTO OPEN LAMP
$6\,b_2$	CEMENT GATE OPEN PBS	$4\,h_3$	MIXER AUTO CLOSED LAMP
$6\,b_5$	CEMENT GATE CLOSE PBS	$4\,h_{10}$	자동 배출 표시등
$12\,b_1$	WATER ON SELECTOR S/W	$4\,h_{11}$	자동 끝 표시등
$12\,b_3$	WATER ON PBS	$4\,h_6$	열려있는 시간의 표시등

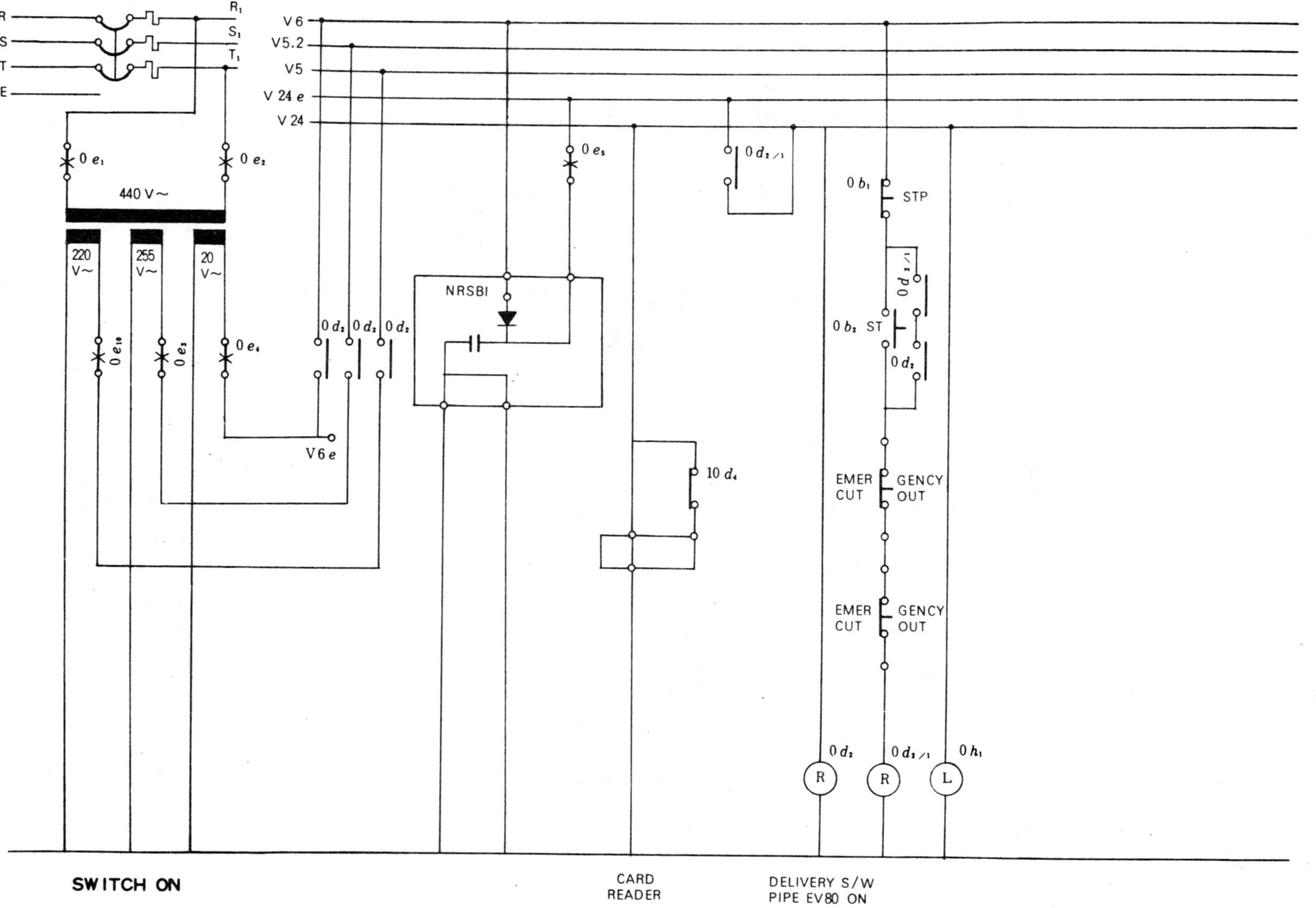

R
S
T
E
R₁
S₁
T₁
0 e₁
0 e₂
440 V ~
220 V ~
255 V ~
20 V ~
0 e₁₀
0 e₃
0 e₄
V 6 e
V 6
V5.2
V5
V 24 e
V 24
0 e₅
0 d₂ 0 d₂ 0 d₂
NRSBI
0 e₃
0 d₂ /₁
0 b₁ STP
0 d₂ /₁
0 b₂ ST
0 d₂
10 d₄
EMER CUT GENCY OUT
EMER CUT GENCY OUT
0 d₂
0 d₂ /₁
0 h₁
R   R   L
SWITCH ON
CARD READER
DELIVERY S/W PIPE EV80 ON

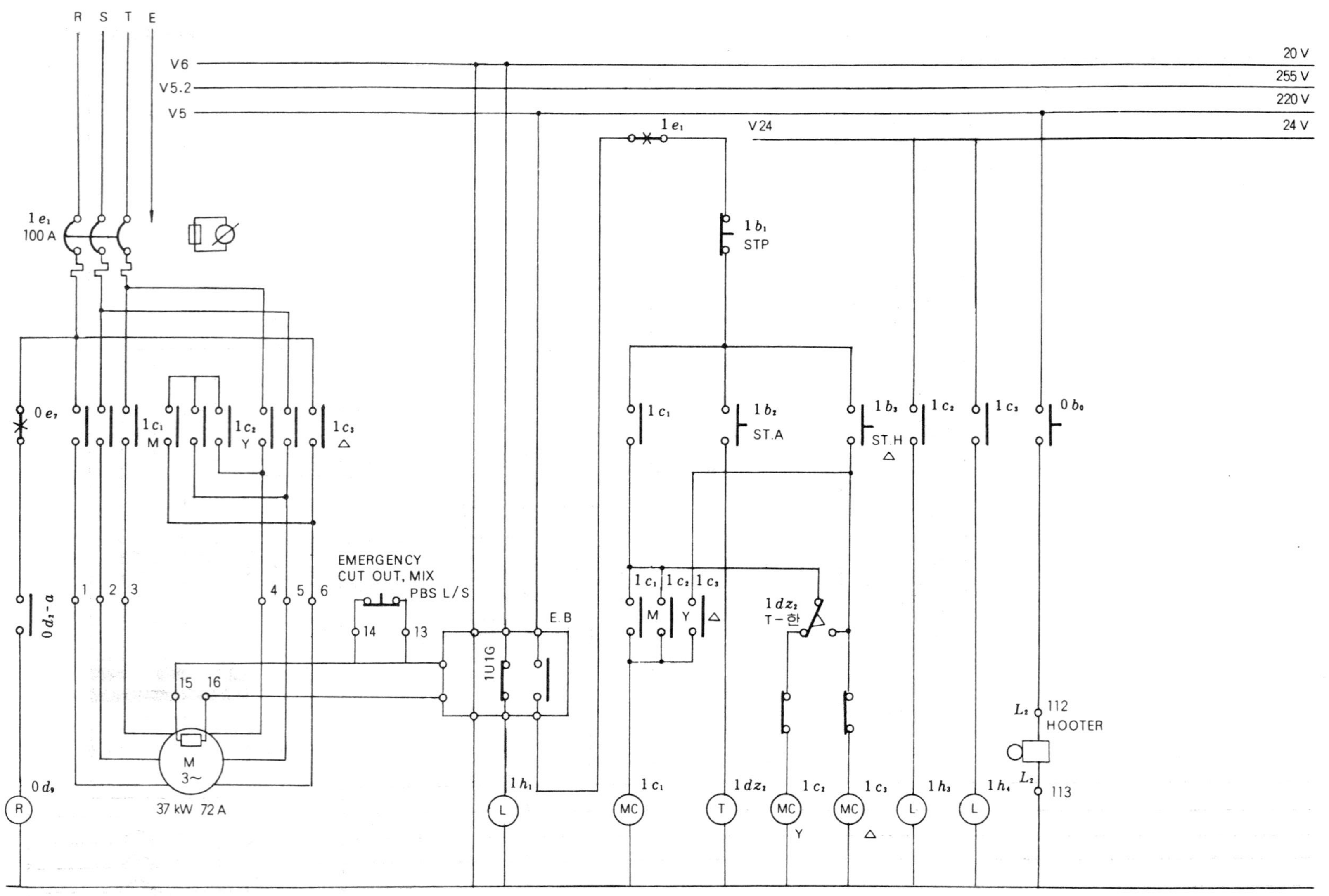
R S T E
20 V
255 V
220 V
24 V
V6
V5.2
V5
1 e₁
V24
1 e₁
100 A
1 b₁
STP
0 e₇
1 c₁
M
1 c₂
Y
1 c₃
△
1 c₁
1 b₂
ST.A
1 b₃
ST.H
△
1 c₂
1 c₃
0 b₀
EMERGENCY
CUT OUT, MIX
PBS L/S
14 13
0 d₂-a
1 2 3
4 5 6
15 16
E.B
1U1G
1 c₁ 1 c₂ 1 c₃
M Y △
1 dz₂
T-하
M
3~
37 KW 72 A
L₂ 112
HOOTER
L₂ 113
0 d₉
R
1 h₁
L
1 c₁
MC
1 dz₂
T
1 c₂
MC
Y
1 c₃
MC
△
1 h₃
L
1 h₄
L
MIXER

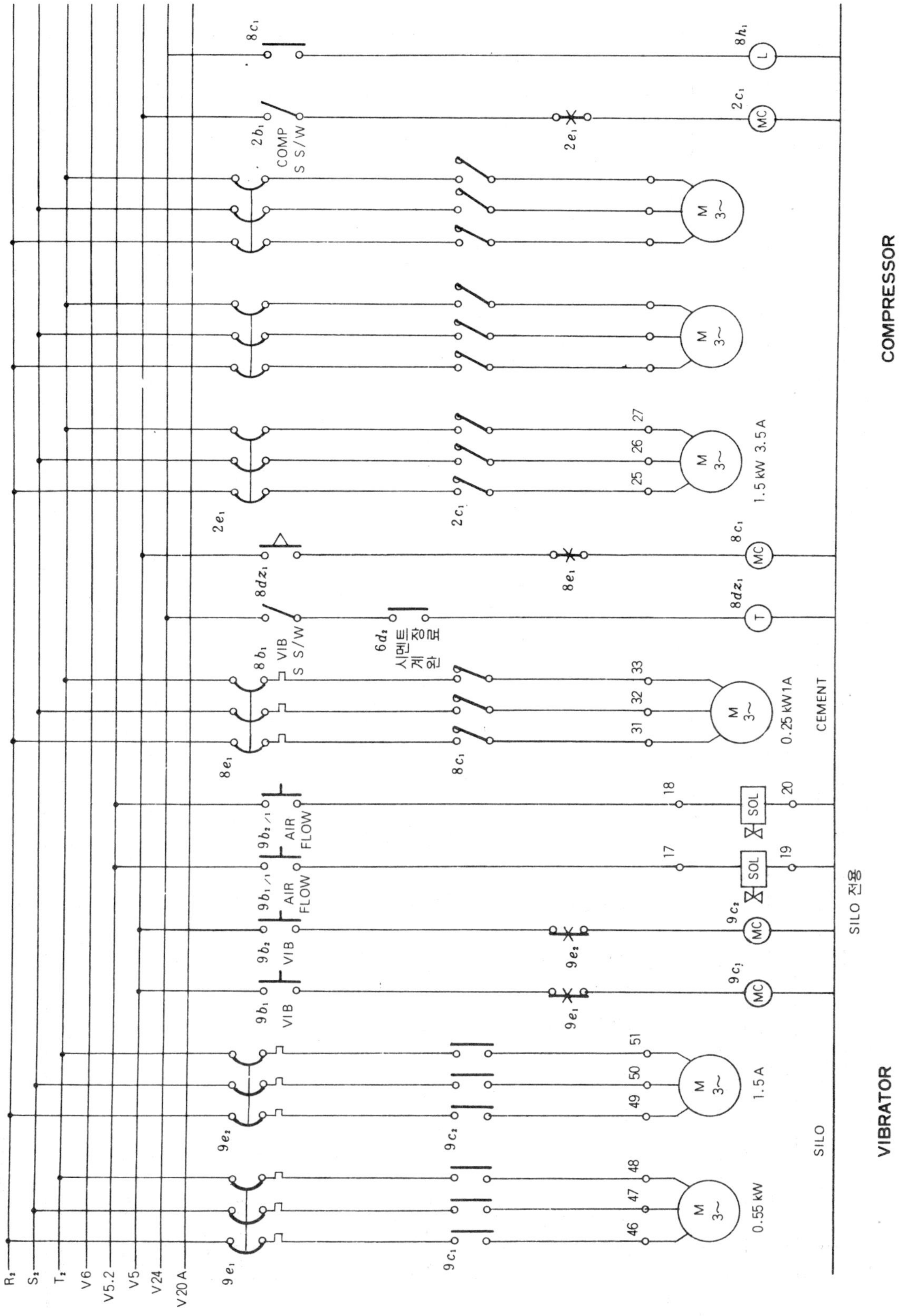

COMPRESSOR
VIBRATOR
8c₁
8h₁
L
2b₁
COMP S S/W
2e₁
2c₁
MC
M 3~
M 3~
M 3~
1.5 kW 3.5 A
25 26 27
2e₁
2c₁
8dz₁
8e₁
8c₁
MC
8b₁ VIB S S/W
6d₂
시멘트 계량기 완료
8dz₁
T
M 3~
0.25 kW 1A
CEMENT
31 32 33
8e₁
8c₁
AIR FLOW
9b₂₋₁
18
SOL
20
AIR FLOW
9b₁₋₁
17
SOL
19
9b₂ VIB
9e₂
9c₂
9c₂
MC
SILO 전용
9b₁ VIB
9e₁
9c₁
MC
9e₂
9c₂
M 3~
1.5 A
49 50 51
9e₁
9c₁
M 3~
0.55 kW
46 47 48
SILO
R₂ S₂ T₂ V6 V5.2 V5 V24 V20A

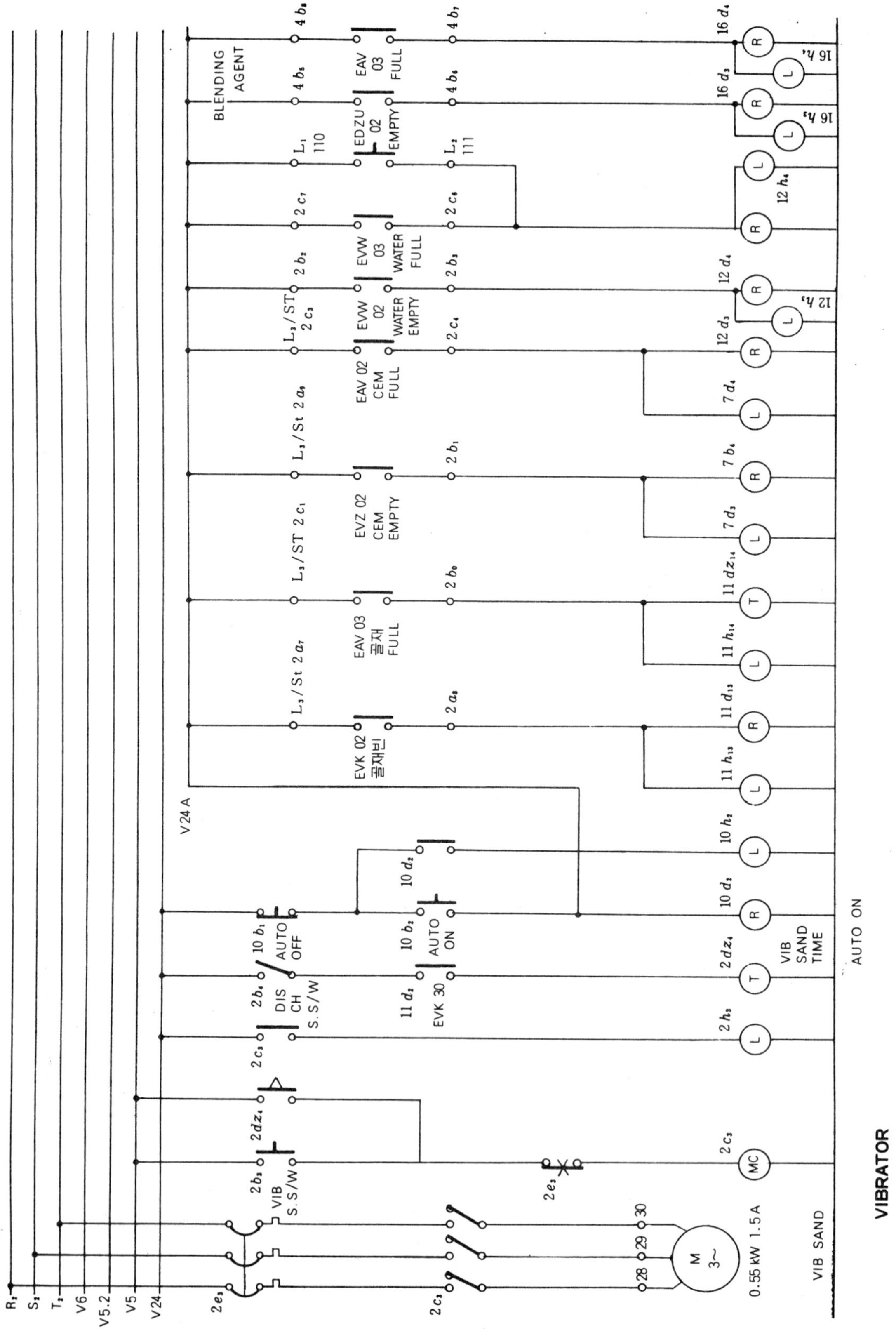

BLENDING AGENT

EAV 03 FULL
EDZU 02 EMPTY
EVW 03 WATER FULL
EVW 02 WATER EMPTY
EAV 02 CEM FULL
EVZ 02 CEM EMPTY
EAV 03 끝재 FULL
EVK 02 끝재빈

V24A

DIS CH S.S/W
AUTO OFF
AUTO ON
EVK 30
VIB S.S/W

VIB SAND TIME
AUTO ON

VIBRATOR

VIB SAND

0.55 KW 1.5 A

M 3~

R_2　S_2　T_2　V6　V5.2　V5　V24

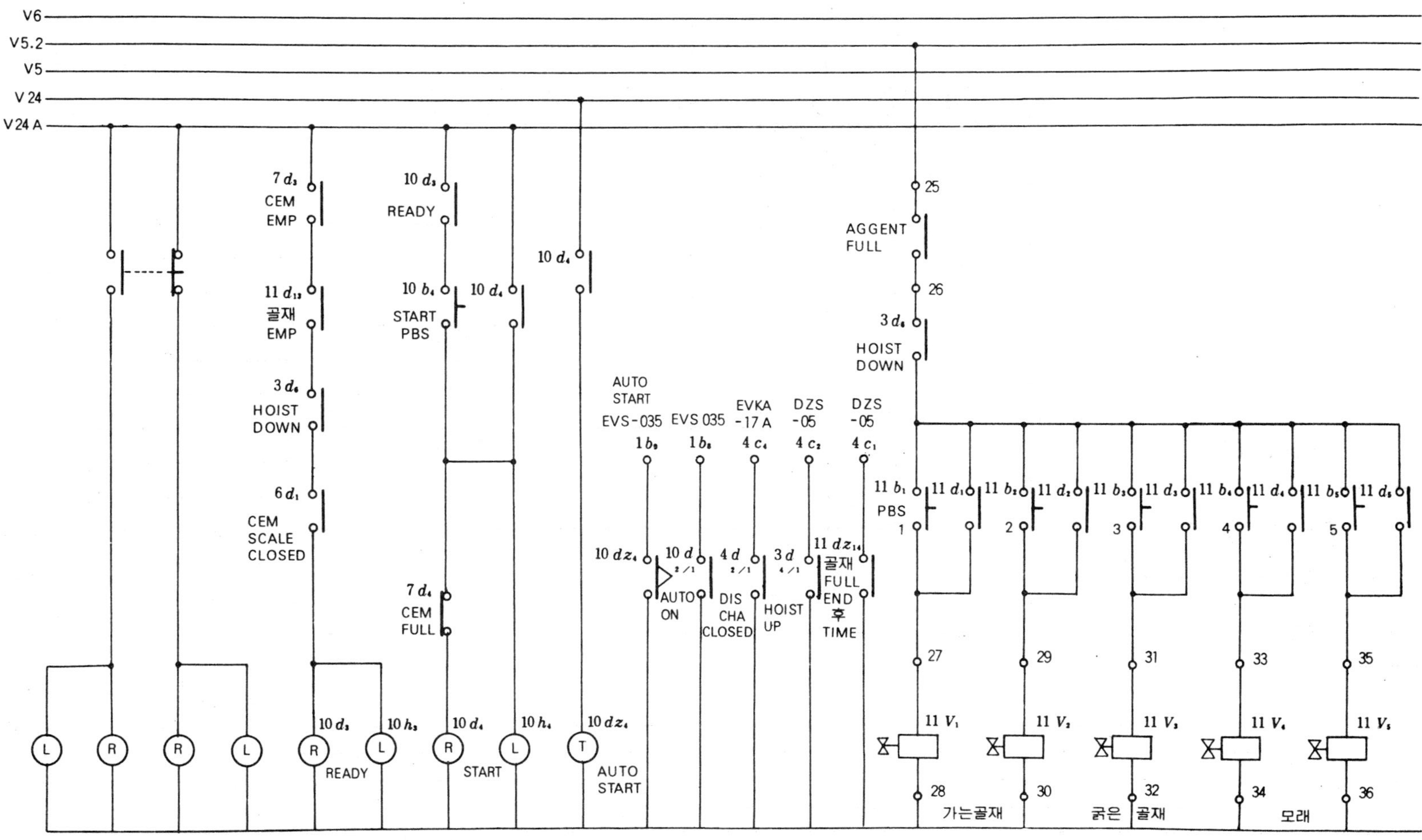

V6
V5.2
V5
V 24
V 24 A
7 d₃ CEM EMP
11 d₁₂ 골재 EMP
3 d₄ HOIST DOWN
6 d₁ CEM SCALE CLOSED
10 d₃ READY
10 b₆ START PBS
10 d₄
7 d₄ CEM FULL
10 d₄
AUTO START
EVS-035 1 b₉
EVS 035 1 b₈
EVKA -17 A 4 c₄
DZS -05 4 c₂
DZS -05 4 c₁
10 dz₄
10 d AUTO ON
4 d DIS CHA CLOSED
3 d HOIST UP
11 dz₁₄ 골재 FULL END 후 TIME
25
AGGENT FULL
26
3 d₄ HOIST DOWN
11 b₁ PBS 1
11 d₁
11 b₂ 2
11 d₂
11 b₃ 3
11 d₃
11 b₄ 4
11 d₄
11 b₅ 5
11 d₅
27 11 V₁ 28
29 11 V₂ 30
31 11 V₃ 32
33 11 V₄ 34
35 11 V₅ 36
가는골재
굵은 골재
모래
L R R L
R L READY
R L START
T AUTO START
10 d₃ 10 h₃ 10 d₄ 10 h₄ 10 dz₄

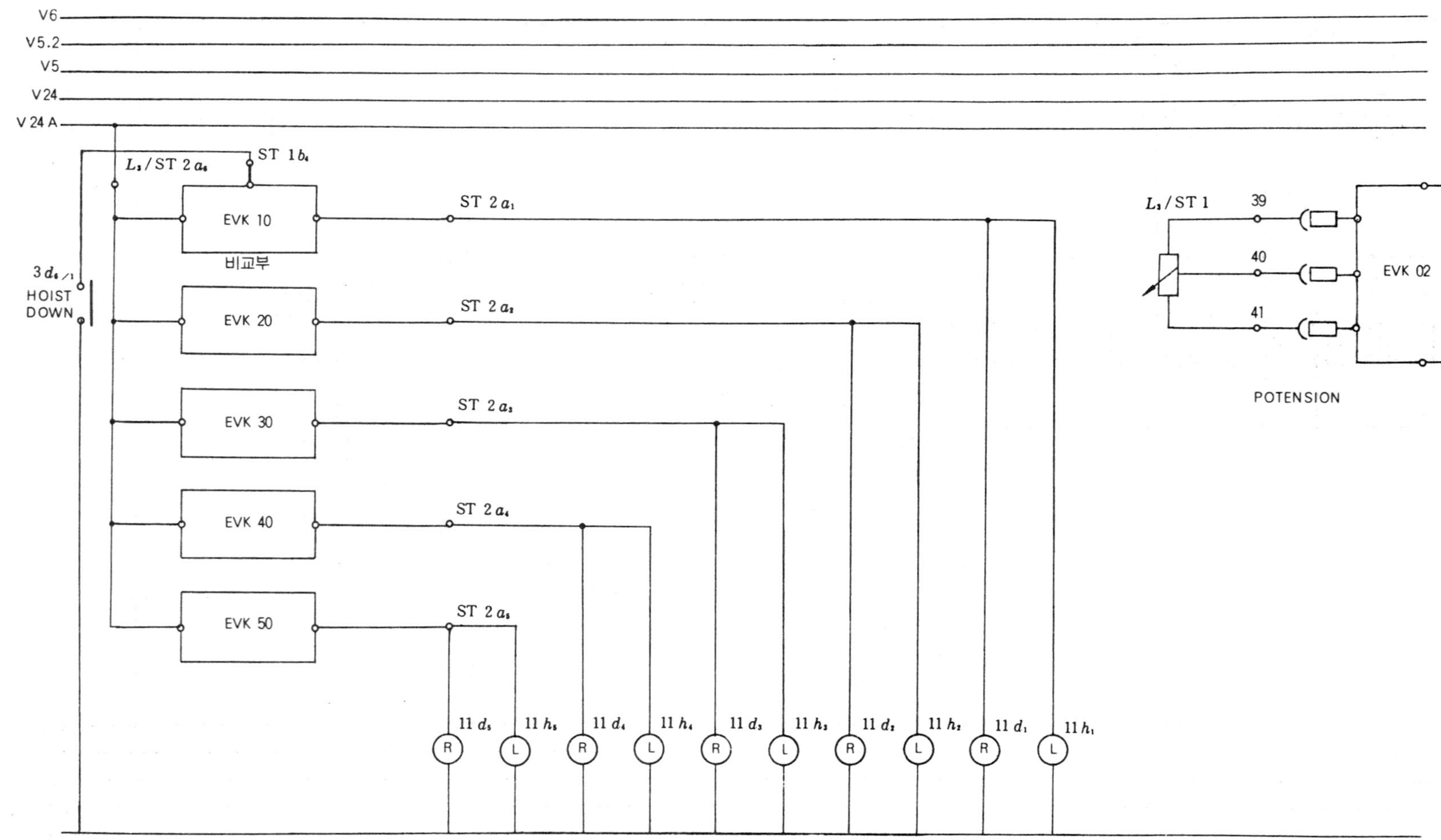

V6
V5.2
V5
V24
V24 A
L_3/ST 2 a_4
ST 1 b_4
EVK 10
비교부
$3 d_4$ /1
HOIST DOWN
EVK 20
EVK 30
EVK 40
EVK 50
ST 2 a_1
ST 2 a_2
ST 2 a_3
ST 2 a_4
ST 2 a_5
L_3/ST 1
39
40
41
EVK 02
POTENSION
11 d_5
11 h_5
11 d_4
11 h_4
11 d_3
11 h_3
11 d_2
11 h_2
11 d_1
11 h_1
R
L
R
L
R
L
R
L
R
L

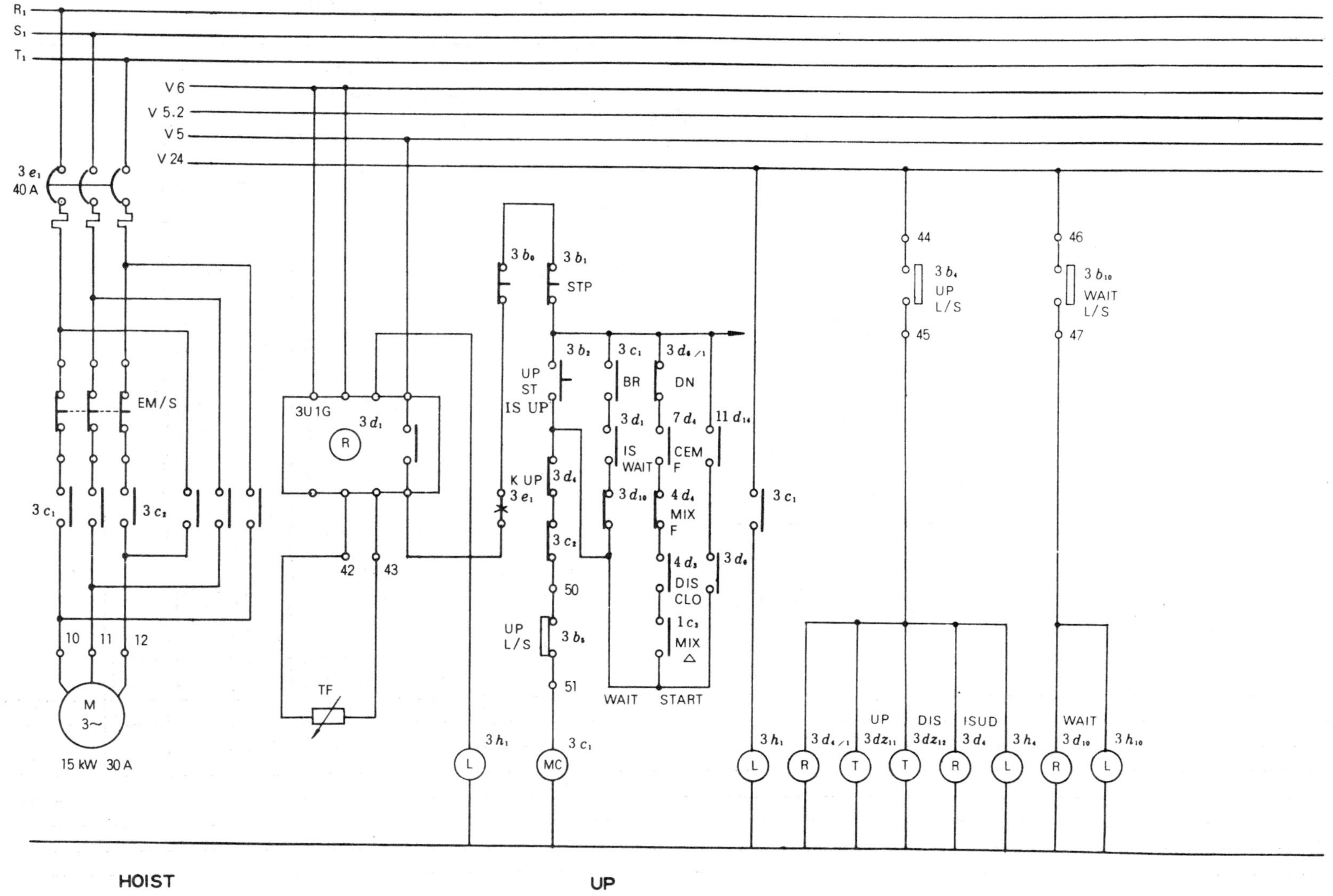

R₁
S₁
T₁
V 6
V 5.2
V 5
V 24
3 e₁
40 A
EM/S
3 c₁
3 c₂
10
11
12
M 3~
15 kW 30 A
3U1G
3 d₁
R
42
43
TF
3 b₀
3 b₁ STP
3 b₂
UP ST
IS UP
K UP
3 e₁
3 c₂
50
UP L/S
3 b₅
51
3 c₁ BR
3 d₄/1 DN
3 d₁ IS WAIT
7 d₄ CEM F
11 d₁₄
3 d₁₀
4 d₄ MIX F
4 d₃ DIS CLO
3 d₆
1 c₃ MIX △
WAIT START
3 c₁
44
3 b₄ UP L/S
45
46
3 b₁₀ WAIT L/S
47
HOIST
UP
3 h₁ L
MC 3 c₁
3 h₁ L
3 d₄/1 R
3 dz₁₁ T
UP
3 dz₁₂ T
DIS
3 d₄ R
ISUD
3 h₄ L
3 d₁₀ R
WAIT
3 h₁₀ L
385
2. 배처 플랜트

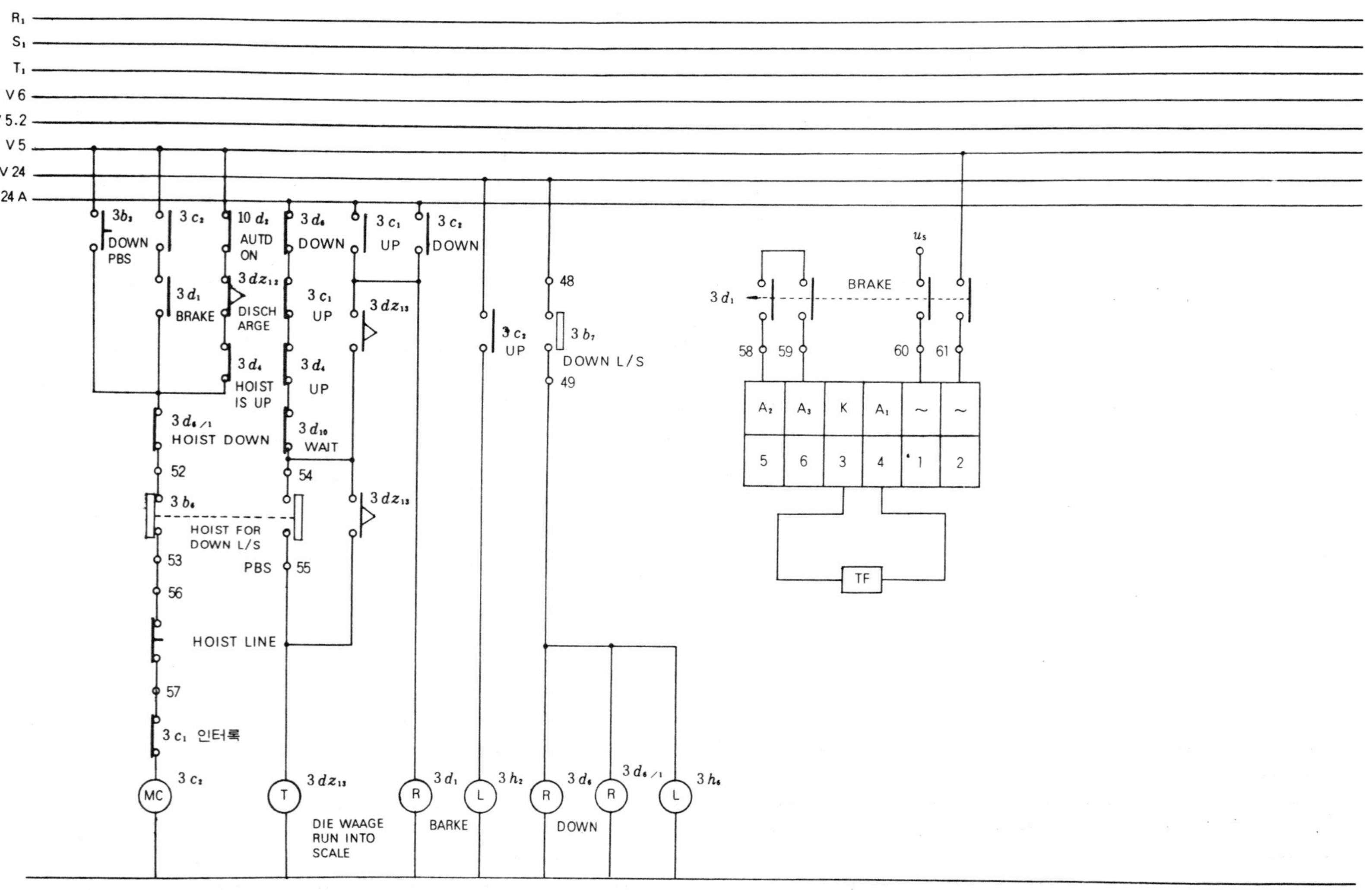

R₁
S₁
T₁
V 6
V 5.2
V 5
V 24
V 24 A
3 b₃
DOWN PBS
3 c₂
10 d₂
AUTD ON
3 d₄
DOWN
3 c₁
UP
3 c₂
DOWN
3 d₁
BRAKE
3 dz₁₂
DISCHARGE
3 c₁
UP
3 dz₁₃
48
us
BRAKE
3 d₁
3 d₄
HOIST IS UP
3 d₄
UP
3 c₂
UP
3 b₇
DOWN L/S
49
58 59   60 61
3 d₄/1
HOIST DOWN
3 d₁₀
WAIT
A₂ A₃ K A₁ ~ ~
5 6 3 4 1 2
52
54
3 b₆
3 dz₁₃
HOIST FOR DOWN L/S
53   PBS 55
56
HOIST LINE
TF
57
3 c₁ 인터록
3 c₂
MC
3 dz₁₃
T
DIE WAAGE RUN INTO SCALE
3 d₁
R
BARKE
3 h₂
L
3 d₆
R
DOWN
3 d₆/1
R
3 h₄
L
DOWN

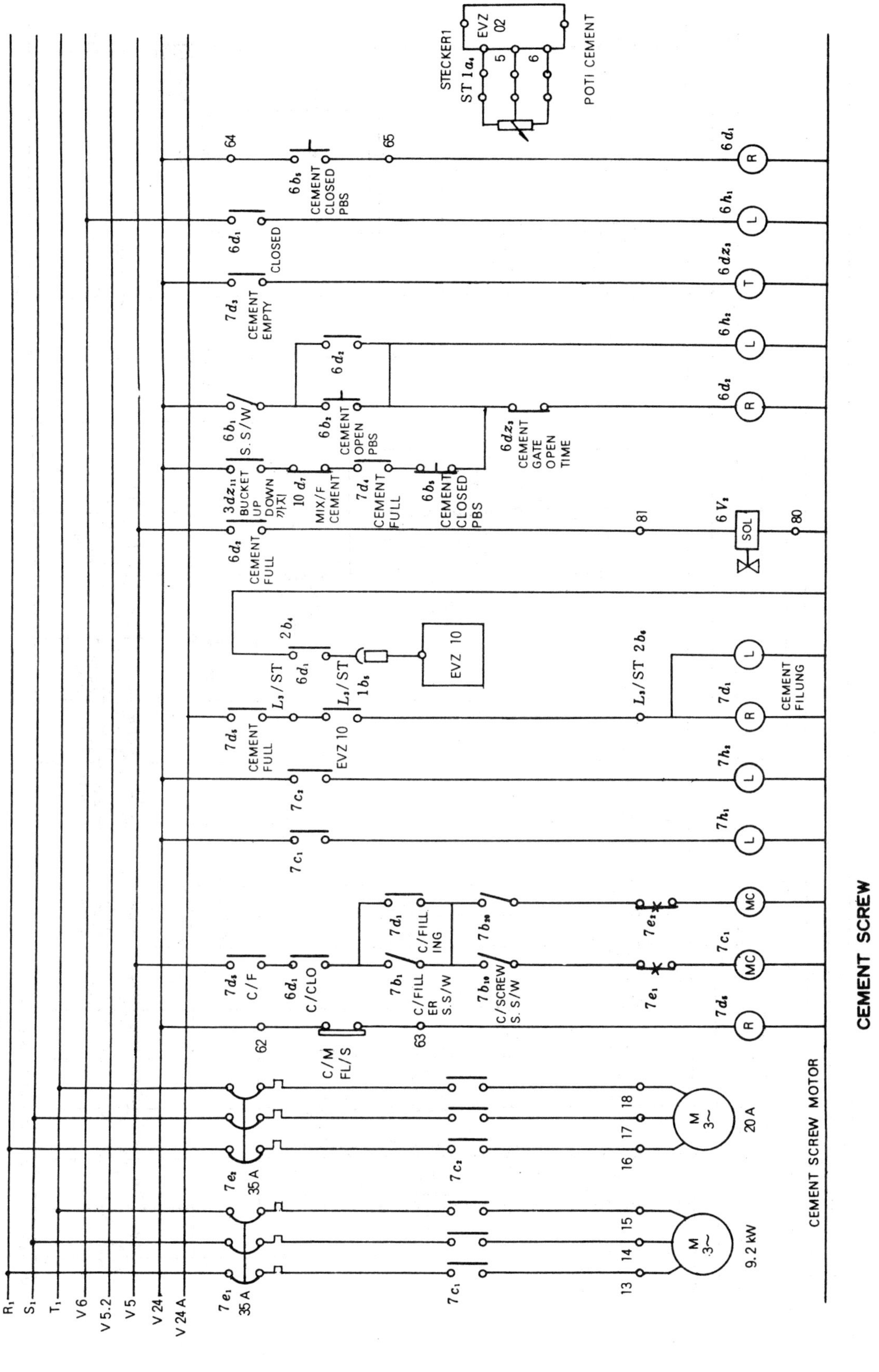

CEMENT SCREW

CEMENT SCREW MOTOR

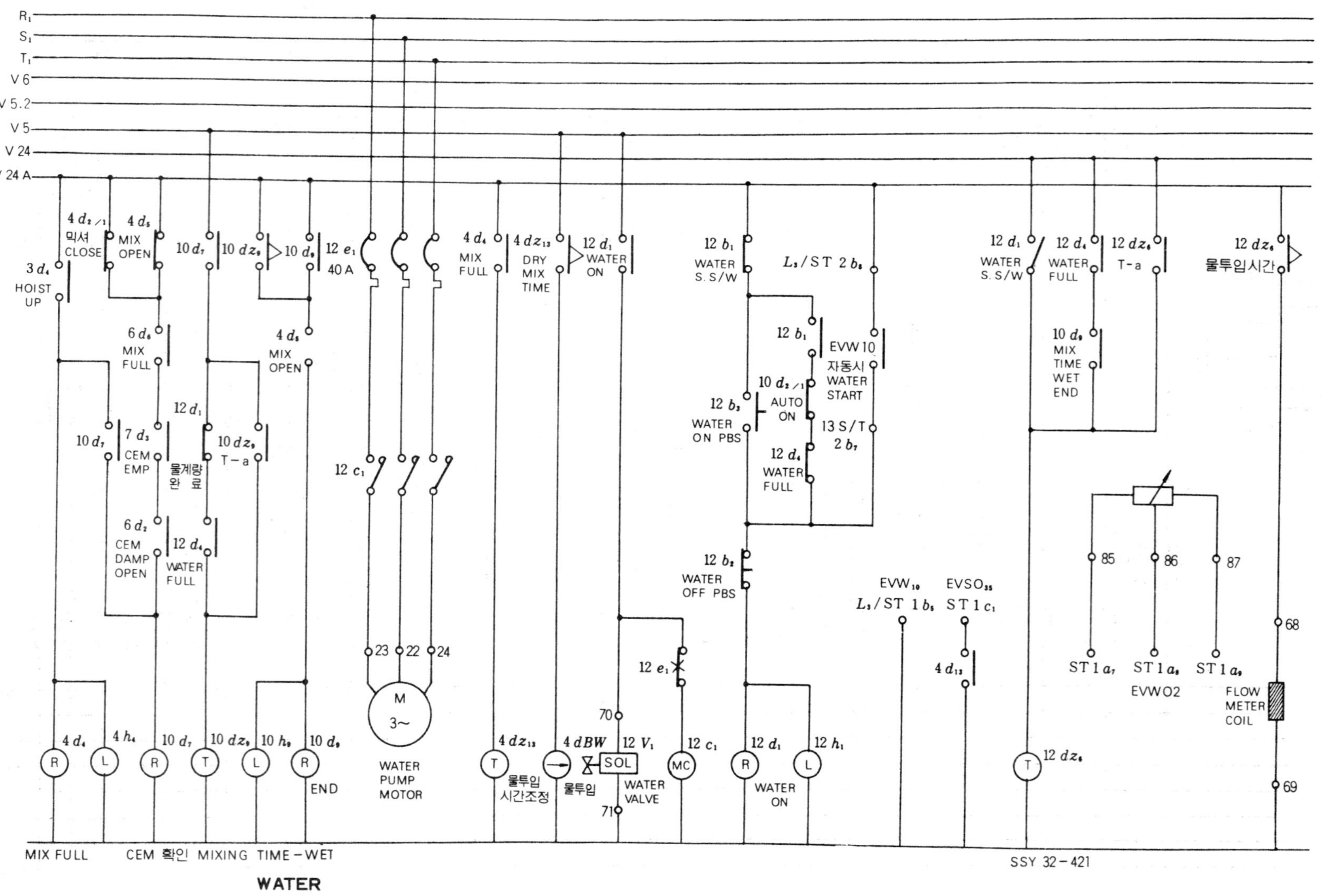
R₁
S₁
T₁
V 6
V 5.2
V 5
V 24
V 24 A
4 d₂/1 믹서 CLOSE
4 d₅ MIX OPEN
3 d₄ HOIST UP
10 d₇
10 dz₉
10 d₉
12 e₁ 40 A
6 d₆ MIX FULL
4 d₅ MIX OPEN
10 d₇
7 d₃ CEM EMP
12 d₁ 물계량 완료
10 dz₉ T-a
6 d₂ CEM DAMP OPEN
12 d₄ WATER FULL
4 d₄ MIX FULL
4 dz₁₃ DRY MIX TIME
12 d₁ WATER ON
12 b₁ WATER S.S/W
L₃/ST 2 b₆
12 b₁
EVW 10 자동시 WATER START
12 b₃ WATER ON PBS
10 d₂/1 AUTO ON
13 S/T 2 b₇
12 d₄ WATER FULL
12 b₂ WATER OFF PBS
EVW₁₀ L₃/ST 1 b₆
EVSO₃₅ ST 1 c₁
4 d₁₃
12 d₁ WATER S.S/W
12 d₄ WATER FULL
12 dz₆ T-a
10 d₉ MIX TIME WET END
12 dz₆ 물투입시간
85 86 87
ST 1 a₇ ST 1 a₆ ST 1 a₈
EVWO2
FLOW METER COIL
68
69
12 c₁
23 22 24
M 3~ WATER PUMP MOTOR
12 e₁
70
71
4 d₄ R
4 h₄ L
10 d₇ R
10 dz₉ T
10 h₉ L
10 d₉ R END
4 dz₁₃ T 물투입 시간조정
4 dBW 물투입
12 V₁ SOL WATER VALVE
12 c₁ MC
12 d₁ R WATER ON
12 h₁ L
12 dz₆ T
MIX FULL   CEM 확인 MIXING TIME-WET
WATER
SSY 32-421

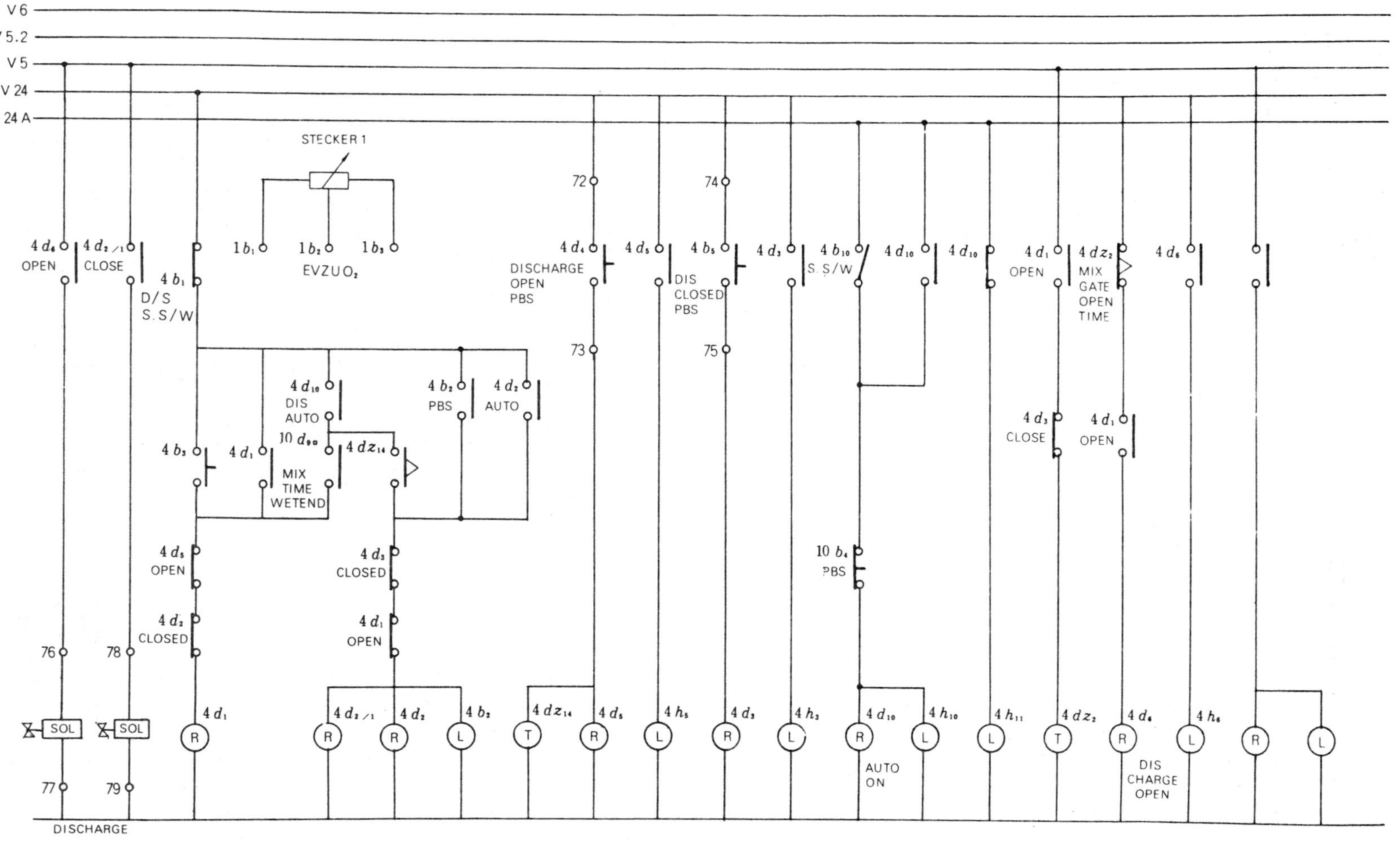

V 6
V 5.2
V 5
V 24
V 24 A
STECKER 1
EVZUO₂
4 d₆ OPEN
4 d₇/₁ CLOSE
4 b₁ D/S S.S/W
1 b₁
1 b₂
1 b₃
4 d₁₀ DIS AUTO
10 d₉₀
4 dz₁₄
4 b₂ PBS
4 d₂ AUTO
4 b₃
4 d₁ MIX TIME WETEND
4 d₅ OPEN
4 d₃ CLOSED
4 d₂ CLOSED
4 d₁ OPEN
76
78
77
79
DISCHARGE
SOL
SOL
72
73
74
75
4 d₄ DISCHARGE OPEN PBS
4 d₅ DIS CLOSED PBS
4 b₅
4 d₃
4 b₁₀ S.S/W
4 d₁₀
4 d₁₀
10 b₄ PBS
4 d₁ OPEN
4 dz₂ MIX GATE OPEN TIME
4 d₃ CLOSE
4 d₁ OPEN
4 d₆
4 d₁ R
4 d₇/₁ R
4 d₂ R
4 b₂ L
4 dz₁₄ T
4 d₅ R
4 h₅ L
4 d₃ R
4 h₃ L
4 d₁₀ R AUTO ON
4 h₁₀ L
4 h₁₁ L
4 dz₂ T
4 d₄ R DIS CHARGE OPEN
4 h₆ L
R
L

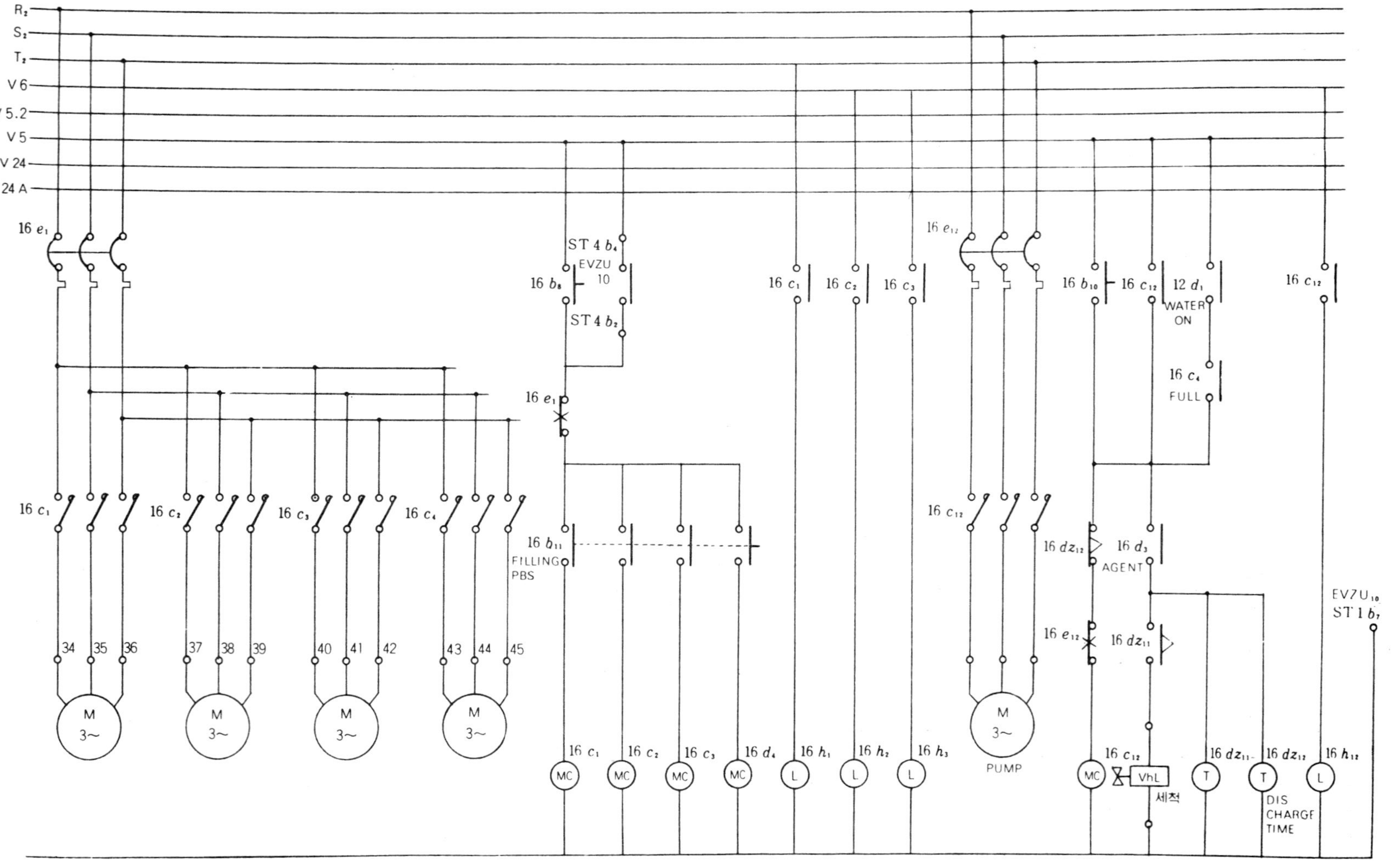

R₂
S₂
T₂
V 6
V 5.2
V 5
V 24
V 24 A
16 e₁
ST 4 b₄
EVZU 10
16 b₈
ST 4 b₂
16 e₁₂
16 b₁₀
16 c₁₂
12 d₁
WATER ON
16 c₁₂
16 c₁
16 c₂
16 c₃
16 c₄
FULL
16 c₁₂
16 c₁
16 c₂
16 c₃
16 c₄
16 e₁
16 b₁₁
FILLING PBS
16 c₁₂
16 dz₁₂
16 d₃
AGENT
EVZU 10
ST 1 b₇
34 35 36
37 38 39
40 41 42
43 44 45
16 e₁₂
16 dz₁₁
M 3~
M 3~
M 3~
M 3~
M 3~
PUMP
16 c₁
16 c₂
16 c₃
16 d₄
16 h₁
16 h₂
16 h₃
16 c₁₂
16 dz₁₁
16 dz₁₂
16 h₁₂
MC
MC
MC
MC
L
L
L
MC
VhL
세척
T
T
DIS CHARGE TIME
L
BLENDING- AGENT

시퀀스 제어 일반

1987년 10월 5일 1판 1쇄
1989년 1월 10일 1판 2쇄
1991년 2월 20일 2판 1쇄
2023년 1월 10일 2판 15쇄

저   자 : 최승길 · 이영우

펴낸이 : 이정일

펴낸곳 : 도서출판 **일진사**
www.iljinsa.com
(우) 04317 서울시 용산구 효창원로 64길 6
전화 : 704-1616/팩스 : 715-3536
등록 : 제1979-000009호 (1979.4.2)

값 14,000 원

ISBN : 978-89-429-0826-4